铝及铝合金的焊接

第 2 版

姚君山　周万盛　从保强　曲文卿　张彦华　编著

U0280640

机 械 工 业 出 版 社

本书全面介绍铝及铝合金的焊接方法及其工程实践应用，主要包含焊接冶金及接头力学行为、焊接工艺方法和质量检验。着重阐述典型可热处理强化高强度铝合金熔焊焊缝的气孔、裂纹等缺陷的成因与预防，以及固相焊接（搅拌摩擦焊等）接头的缺陷特征、成因与预防。重点突出铝合金焊接方法及配套工艺装备在工程应用领域的最新进展。

本书既全面阐述了铝及铝合金焊接基础理论及其焊接制造新进展，又列举了多项具有代表性的典型工程应用实例。

本书可供从事铝合金焊接技术研究和生产工作的人员使用，也可作为大专院校焊接专业教学的参考书。

图书在版编目（CIP）数据

铝及铝合金的焊接／姚君山等编著. --2 版.

北京：机械工业出版社，2024. 12. -- ISBN 978-7-111-76561-5

Ⅰ. TG457. 14

中国国家版本馆 CIP 数据核字第 2024DE7948 号

机械工业出版社（北京市百万庄大街 22 号　邮政编码 100037）

策划编辑：吕德齐　　　　　　责任编辑：吕德齐　戴　琳
责任校对：潘　蕊　梁　静　　封面设计：马若濛
责任印制：邓　博

北京盛通数码印刷有限公司印刷

2024 年 12 月第 2 版第 1 次印刷

184mm×260mm · 27.25 印张 · 674 千字

标准书号：ISBN 978-7-111-76561-5

定价：89.00 元

电话服务　　　　　　　　　　网络服务

客服电话：010-88361066　　机 工 官 网：www.cmpbook.com
　　　　　010-88379833　　机 工 官 博：weibo.com/cmp1952
　　　　　010-68326294　　金 书 网：www.golden-book.com
封底无防伪标均为盗版　　机工教育服务网：www.cmpedu.com

前　言

铝及铝合金具有优异的物理特性、化学特性、力学特性及工艺特性，是航空、航天、电力、电子、轨道交通、空气分离、船舶等工业产品的重要结构材料之一。随着焊接技术的进步，人们已研制出多种能够满足特殊使用要求的铝合金焊接结构，如宇宙飞船、航天飞机、空间站、轻型汽车车架、高铁/地铁车体、船舶上层建筑、相控阵雷达面板，以及能导电、散热、耐蚀、耐超低温的各种铝合金焊接结构产品。

近年来，随着工业领域绿色环保与能源能效政策的收紧，人们对交通运输工具提出了更高的轻量化性能要求，既要提高承载和高速运营能力，又要绿色安全、节省能耗，以铝代钢成为汽车车架、高铁/地铁车体、豪华邮轮上层建筑材料的重要发展方向。

至20世纪末，铝及铝合金的焊接技术与工艺装备已取得了长足的发展，先后涌现了多项先进的焊接技术与装备，相关的焊接理论与工艺也得到了工程实践验证、丰富和完善。鉴于此，2006年1月机械工业出版社首次出版了《铝及铝合金的焊接》这本专著，将铝及铝合金的焊接技术与应用的论述推进到2004年，市场反响良好，并获得焊接技术人员与读者的广泛认可，为读者了解铝及铝合金焊接的基础知识和先进技术提供了有效指导与帮助。

时光荏苒，不觉已过去十几年，多项新型焊接技术（铝合金电阻点焊、变极性等离子弧穿孔立焊、搅拌摩擦焊等）、焊接增材制造技术及其工程应用实践得到了长足的发展，其行业应用日益广泛与深入，因此有必要对2006年版的《铝及铝合金的焊接》进行修订，以便及时反映国内外铝及铝合金焊接技术的最新进展，为读者提供与时俱进的铝及铝合金焊接方面的原理知识、技术进展与工程应用实践等内容。

本书定位为铝及铝合金的焊接专著，内容翔实全面并与时俱进，涵盖了铝合金主流焊接技术的原理、工艺装备与工程应用实践三个方面。本书以《铝及铝合金的焊接》第1版为基础，结合近年来铝合金焊接技术的发展与工程应用实践的知识、经验及国内外文献资料信息编著而成。本次修订的说明如下：

1）维持第1版的章节框架不变，顺序略有调整，将原第6章"焊接接头的力学行为"改为第18章"铝合金焊接结构完整性分析"。

2）对每一章的内容与时俱进地进行增补，重点扩充工程应用实践内容。

3）增加新的一章——第17章"铝合金的电弧增材制造"。

4）对第2、3、5、13、16、18章涉及的标准进行了更新，并对参考文献进行了调整，以期与时俱进，吐故纳新。

特别邀请北京航空航天大学机械工程及自动化学院张彦华、曲文卿、从保强三位教授参与第 6、13、14、17、18 章内容的修订，在此对三位教授的辛勤付出与帮助致以诚挚的感谢。

特别感谢我国《焊接手册》第 3 版有关章节及其他文献资料的各位作者，感谢本书第 1 版的合作者——中国航天科技集团公司第一研究院 703 所研究员周万盛老师及其夫人张洁女士，感谢我的夫人张红桥女士，感谢他们以各种不同的方式对本书的修订做出的贡献。

热切希望本次修订能够为读者提供有益的专业帮助，但限于编著者的学识和经验，书中的缺点与错误在所难免，殷切希望读者批评指正。

姚君山

目　录

第1章 概 论

与其他金属相比较，铝及铝合金具有独特且优异的物理特性、化学特性、力学特性及工艺特性，能适应现代科技及高新技术发展的需要，广泛应用于制造各类工业产品。

几种金属的物理特性及力学特性的比较分别见表 1-1、表 1-2。

由表 1-1、表 1-2 可见，铝及铝合金的密度仅为钢的密度的 1/3 左右，小于除金属镁以外的其他金属的密度。诚然，其抗拉强度和弹性模量比钢低，但铝合金经热处理强化后，其比强度（抗拉强度与密度之比）已超过高强度钢而接近超高强度钢（如马氏体时效钢），其比模量（弹性模量与密度之比）则接近于高强度钢，因此铝合金特别适用于轻质承载结构。

铝及铝合金为面心立方晶体结构。当温度降低时，它们不发生脆性转变，其强度、延性、韧度不仅不降低，反而可同步提升。现在，铝合金的工作温度可达零下 253℃，因此特别适用于低温和超低温容器。

表 1-1 几种金属的物理特性

金属名称	密度 /(kg/m^3)	电导率 (%I. A. C. S)	热导率(25℃) /[$W/(m \cdot ℃)$]	线膨胀系数 /$℃^{-1}$	比热容 (0~100℃) /[$J/(kg \cdot ℃)$]	熔点 /℃
铝	2700	62	222	$23.6×10^{-6}$	940	660
纯铜	8925	100	394	$16.5×10^{-6}$	376	1083
H65 黄铜	8430	27	117	$20.3×10^{-6}$	368	930
低碳钢	7800	10	46	$12.6×10^{-6}$	496	1350
304 不锈钢	7880	2	21	$16.2×10^{-6}$	490	1426
镁	1740	38	159	$25.8×10^{-6}$	1022	651

表 1-2 几种金属的力学特性

金属名称	密度 /(g/cm^3)	抗拉强度/MPa	弹性模量 /MPa	比强度/10^3cm	比模量/10^3cm
7A04 超硬铝	2.85	588	69.630	2.10	2.49
ZK61M 镁合金	1.80	314	42.170	1.78	2.39
TC4 钛合金	4.43	1030	110.819	2.37	2.55
30CrMnSi 高强度钢	7.85	1079	196.140	1.40	2.54
00Ni18Co9Mo5TiAl 马氏体不锈钢	8.0	1765	181.430	2.25	2.31

铝及铝合金的化学性质活泼、极易氧化，在大气条件下，其表面可随时生成一层附着力强难熔的（熔点 2050℃）氧化膜（Al_2O_3），它对铝及铝合金表面起防止进一步氧化和介质腐蚀的作用，因而其耐蚀性好，可在不同气候条件下与液态的氢、氧、氮、天然气和重水、

石油、浓硝酸、冰醋酸等长期接触和相容，特别适用于化工容器。

铝的电导率高，约是低碳钢的六倍；其热导率也高，约是低碳钢的五倍。前者适用于电力输配，后者适用于热交换。

铝及铝合金的工艺性好，易于轧压、挤压、锻压、冲压、旋压，可制成各种截面形状的型材，如图1-1所示。挤压型材有利于减少焊缝数量、减小焊接变形，便于装配焊接，适用于制造轻质复杂结构。

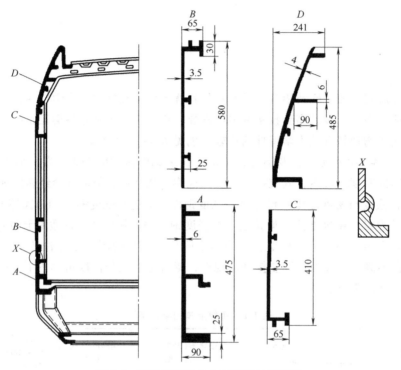

图1-1 车厢侧壁铝合金挤压型材的截面

铝及铝合金的理化特性也使其焊接工艺与钢有许多不同之处。铝及铝合金的表面氧化膜会妨碍焊接及钎焊过程的进行或引发一些缺陷，因此焊接前需将它去除，焊接过程中需防止焊接区发生氧化。由于铝及铝合金比热容、电导率及热导率很高，焊接时，特别是电阻焊时，焊接热输入应远大于焊接钢件，需采用功率很大的焊接设备。由于铝及铝合金线膨胀系数较大，焊件变形及裂纹倾向也较大，焊接时需采取相应的有效措施。由于焊铝时的温度变化不会引起焊件颜色的变化，故焊接时操作有一定难度，需提高焊工的技术熟练程度。铝及多数防锈铝合金焊接性好，但不少高强度铝合金焊接性不良，容易在焊接过程中产生焊接裂纹或在钎焊时发生母材过烧现象。

目前，铝及铝合金的焊接技术已经有了长足的进步。除早年的气焊、电弧焊外，现已广泛采用氩弧焊、氦弧焊、等离子弧焊、真空电子束焊、真空钎焊、气体保护钎焊、电阻焊、扩散焊、摩擦焊及其他许多特种焊接方法。有些历来被视为不可焊的铝合金，如 Al-Cu-Mg、Al-Cu-Mg-Si、Al-Zn-Mg、Al-Li 等硬铝及超硬铝合金，通过氩弧焊、氦弧焊、搅拌摩擦焊等新方法及特殊焊接材料的配合，已成为可焊的铝合金并可制成高新产品。

铝及铝合金焊接结构已成为我国民用及军工产品上的重要组成部分。例如各种化工容器，包括能贮存浓硝酸、醋酸、酒精、尿素、聚乙烯醇、碳酸氢铵等介质的耐腐蚀容器及能贮存液氧、液氮、液氢、液氩及液态天然气等介质的耐超低温容器，它们都是全部用铝或铝合金制成的焊接结构。例如各种交通运输工具，包括：地面的各种车辆，如轿车、货车、槽车、缆车、铁道列车、磁悬浮列车等；水上的舰船，如巡逻艇、鱼雷及鱼雷快艇、气垫船、双体船、水翼船、水陆两用坦克等，突出的实例是国产的"南星"号和"北星"号燃气轮机喷水推进的深浸式自控水翼高速客船和"远舟Ⅰ型"水翼高速客船，其船体即为高强度铝合金的焊接结构，如图1-2及图1-3所示，它们已分别航行于香港与澳门之间和重庆与万州之间；还有空中的飞行器，如飞机、火箭、飞船、太空站、宇宙探测器等，突出的实例是"神舟"系列载人宇宙飞船及长征五号捆绑式运载火箭，如图1-4所示。其宇航员座舱的舱体及推进剂贮箱的箱体均为高强度铝合金焊接结构，它们已完成了运载中国太空人上天的壮举。

图1-2　燃气轮机喷水推进深浸式自控水翼高速客船

图1-3　水翼高速客船

随着我国现代化建设的高速发展，铝及铝合金焊接结构、焊接材料和焊接工艺必将获得更广泛的应用和更快速的发展。

图1-4　长征五号捆绑式运载火箭

第2章 母 材

被焊接的金属统称为母材，或称为基体金属。作为母材，铝及铝合金的分类、牌号及状态代号与钢及其他金属显著不同。特别是铝及铝合金的状态代号非常复杂，又非常重要。它们表示了铝及铝合金焊前变形强化的不同程度或热处理强化的不同程度。不了解这些状态代号的具体规定就无法了解母材焊前的工艺经历、力学性能、组织特征及焊接特性。

2.1 分类

铝及铝合金分为两大类。一大类为变形铝及铝合金，它一般表现为冶金工业半成品，即板、棒、管、丝、带等，或具有一定形状及尺寸的锻件和挤压型材。另一大类为铸造铝合金，它一般表现为铸造的零件或其毛坯。

变形铝及铝合金又可分为两类。一类为热处理不可强化的铝及铝合金（或称为非热处理强化铝及铝合金）。它们只可变形强化，由于热处理强化效应很弱，故不能热处理强化。此类铝及铝合金有工业纯铝、Al-Mn 系防锈铝合金、Al-Mg 系防锈铝合金。另一类为热处理强化铝合金。它们既可变形强化，也可热处理强化。此类铝合金有 Al-Cu、Al-Mg-Si、Al-Zn、Al-Li 等系列铝合金。

2.2 牌号

按我国国家标准 GB/T 16474—2011《变形铝及铝合金牌号表示方法》，变形铝及铝合金采用四位字符体系牌号。牌号的第一位数字表示铝及铝合金的组别，见表 2-1；第二位字母表示原始纯铝或铝合金的改型情况；第三及第四位数字表示同一组中不同的铝合金或表示铝的纯度。

表 2-1　变形铝及铝合金牌号表示法

组　　别	牌　　号
纯铝[w(Al)不小于 99.00%]	1×××
以铜为主要合金元素的铝合金	2×××
以锰为主要合金元素的铝合金	3×××
以硅为主要合金元素的铝合金	4×××
以镁为主要合金元素的铝合金	5×××

（续）

组　别	牌　号
以镁和硅为主要合金元素且以 Mg_2Si 相为强化相的铝合金	6×××
以锌为主要合金元素的铝合金	7×××
以其他合金元素为主要合金元素的铝合金	8×××
备用合金组	9×××

2.3 状态

1. 基础状态

按我国国家标准 GB/T 16475—2023《变形铝及铝合金状态代号》，铝及铝合金有下列五种状态：

F——自由加工状态。合金力学性能无规定。

O——退火状态。合金充分软化，延性高，强度水平最低。

H——加工硬化状态。有不同硬化程度，用 H 代号后的数字表示。

W——固溶热处理状态。合金经固溶处理，然后自然时效。

T——不同于 F、O 或 H 状态的热处理状态。合金固溶时效后有不同强化程度，用 T 代号后的数字表示。

2. 细分状态

（1）O 状态的细分状态　　O 后面可以跟随除零以外的数字或数字下角标，O 状态的细分状态应符合表 2-2 的规定。

表 2-2　O 状态的细分状态

细分状态		细分状态释义
代号	名称	
O1 或 O_1	高温退火后慢速冷却状态	适用于超声波检测或尺寸稳定化前，将产品或试样加热至近似固溶热处理规定的温度并进行保温(保温时间与固溶热处理规定的保温时间相近)，然后缓慢冷却至室温的状态。该状态产品对力学性能不做规定，一般不作为产品的最终交货状态
O2 或 O_2	热机械处理状态	适用于需方在产品进行热机械处理前，将产品进行高温(可至固溶热处理规定的温度)退火，以获得优异的塑性成形性能的状态。适用于在固溶热处理前需承受大变形量的塑性加工产品
O3 或 O_3	均匀化状态	适用于铸锭，为达到优异的均匀化效果或提高成形性能而进行的高温退火状态

（2）H 状态的细分状态　　H 后面可以跟随 2 位或 3 位数字或数字与字母的组合。

1）H 后面的第 1 位数字表示获得该状态的基本工艺，用数字 1~4 表示，见表 2-3。

2）H 后面的第 2 位数字表示产品的最终加工硬化程度，用数字 1~9 来表示，数字 8 表示硬状态。通常采用 O 状态的最小抗拉强度与表 2-4 规定的强度差值之和，来确定 H×8 状态的最小抗拉强度值。H×1~H×9 加工硬化程度应符合表 2-5 的规定。

3）H 后面的第 3 位数字或字母，表示影响产品特性，但产品特性仍接近其两位数字状态（H112、H116、H321 状态除外）的特殊处理，见表 2-3。

表 2-3 H 状态的细分状态

细分状态		细分状态释义
代号	名称	
H1×	单纯加工硬化的状态	适用于未经附加热处理，只经加工硬化即可获得所需强度的状态
H2×	加工硬化后不完全退火的状态	适用于加工硬化程度超过成品规定要求后，经不完全退火，使强度降低到规定指标的产品。对于室温下自然软化的合金，H2×状态与对应的 H3×状态具有相同的最小抗拉强度值；对于其他合金，H2×状态与对应的 H1×状态具有相同的最小抗拉强度值，但伸长率比 H1×稍高
H3×	加工硬化后稳定化处理的状态	适用于加工硬化后经低温热处理或因加工受热致使其力学性能达到稳定的产品。H3×状态仅适用于在室温下自然软化的合金（主要是 3×××、5×××系铝合金产品）
H4×	加工硬化后涂漆（层）处理的状态	适用于加工硬化后，经涂漆（层）处理导致了不完全退火的产品
H×11	—	适用于最终退火后又进行了适量的加工硬化（如拉伸或矫直），但加工硬化程度又不及 H×1 状态的产品
H112	—	适用于经热加工成形但不经冷加工而获得一些加工硬化的产品，该状态产品对力学性能有要求
H116	—	适用于镁含量≥3.0%（质量分数）的 5×××系铝合金制成的产品。这些产品通过控制中间过程的加工或热处理工艺，最终加工硬化后，具有稳定的拉伸性能和在快速腐蚀试验中合适的耐蚀能力。腐蚀试验包括晶间腐蚀试验和剥落腐蚀试验。这种状态的产品适用于温度不大于 65℃的环境
H321	—	适用于镁含量≥3.0%（质量分数）的 5×××系铝合金制成的产品。这些产品通过控制中间过程的加工或热处理工艺，最终经热稳定化处理后，具有稳定的拉伸性能和在快速腐蚀试验中合适的耐蚀能力。腐蚀试验包括晶间腐蚀试验和剥落腐蚀试验。这种状态的产品适用于温度不大于 65℃的环境
H××4	—	适用于 H××状态坯料制作花纹板或花纹带材的状态。这些花纹板或花纹带材的力学性能与坯料不同，如 H22 状态的坯料经制作成花纹板后的状态为 H224
H××5	—	适用于 H××状态带坯制作的焊接管。管材的几何尺寸和化学成分与带坯相一致，但力学性能可能与带坯不同
H32A	—	对 H32 状态进行强度、弯曲性能和腐蚀性能改良的工艺改进状态

表 2-4 H×8 状态与 O 状态最小抗拉强度的差值　　　　（单位：MPa）

O 状态的最小抗拉强度	H×8 状态与 O 状态最小抗拉强度的差值	O 状态的最小抗拉强度	H×8 状态与 O 状态最小抗拉强度的差值
≤40	55	165~200	100
45~60	65	205~240	105
65~80	75	245~280	110
85~100	85	285~320	115
105~120	90	≥325	120
125~160	95	—	—

表 2-5　H×1~H×9 状态之间的关系

细分状态代号	最终加工硬化程度
H×1	最终抗拉强度极限值,为 O 状态与 H×2 状态的中间值
H×2	最终抗拉强度极限值,为 O 状态与 H×4 状态的中间值
H×3	最终抗拉强度极限值,为 H×2 状态与 H×4 状态的中间值
H×4	最终抗拉强度极限值,为 O 状态与 H×8 状态的中间值
H×5	最终抗拉强度极限值,为 H×4 状态与 H×6 状态的中间值
H×6	最终抗拉强度极限值,为 H×4 状态与 H×8 状态的中间值
H×7	最终抗拉强度极限值,为 H×6 状态与 H×8 状态的中间值
H×8	硬状态,最小抗拉强度符合表 2-4 的规定
H×9	超硬状态,H×9 状态的最小抗拉强度极限值,超过 H×8 状态至少 10MPa 及以上

（3）T 状态的细分状态　T 后面可以跟随数字或数字与字母的组合。

1）T 后面的数字 1~10 表示基本处理状态,状态释义见表 2-6。

2）T1~T10 后面的附加数字或字母表示影响产品特性的特殊处理,状态释义见表 2-7。

3）T_后面附加的"51、510、511、52、54"表示消除应力状态,状态释义见表 2-8。

表 2-6　T 状态——基本处理状态

代号	关键工艺	细分状态释义
T1	高温成形+自然时效	适用于高温成形后冷却、自然时效,不再进行冷加工(或影响力学性能极限的矫平、矫直)的产品,仅适用于可热处理强化铝合金
T2	高温成形+冷加工+自然时效	适用于高温成形后冷却,进行冷加工(或影响力学性能极限的矫平、矫直)以提高强度,然后自然时效的产品
T3[①]	固溶热处理+冷加工+自然时效	适用于固溶热处理后,进行冷加工(或影响力学性能极限的矫平、矫直)以提高强度,然后自然时效的产品
T4[①]	固溶热处理+自然时效	适用于固溶热处理后,不再进行冷加工(或影响力学性能极限的矫直、矫平),然后自然时效的产品
T5	高温成形+人工时效	适用高温成形后冷却,不经冷加工(或影响力学性能极限的矫直、矫平),然后进行人工时效的产品
T6[①]	固溶热处理+人工时效	适用于固溶热处理后,不再进行冷加工(或影响力学性能极限的矫直、矫平),然后人工时效的产品
T7[①]	固溶热处理+过时效	适用于固溶热处理后,进行过时效至稳定化状态的产品,为获取除力学性能外的其他某些重要特性,在人工时效时,强度在时效曲线上越过了最高峰点的产品
T8[①]	固溶热处理+冷加工+人工时效	适用于固溶热处理后,经冷加工(或影响力学性能极限的矫直、矫平)以提高强度,然后人工时效的产品
T9[①]	固溶热处理+人工时效+冷加工	适用于固溶热处理后,人工时效,然后进行冷加工(或影响力学性能极限的矫直、矫平)以提高强度的产品
T10	高温成形+冷加工+人工时效	适用于高温成形后冷却,经冷加工(或影响力学性能极限的矫直、矫平)以提高强度,然后进行人工时效的产品

① 某些 6××× 系或 7××× 系的铝合金,无论是固溶热处理,还是高温成形后急冷以保留可溶性组分在固溶体中,均能达到相同的固溶热处理效果。这些合金的 T3、T4、T6、T7、T8 和 T9 状态可采用上述两种处理方法的任一种,但应保证产品的力学性能和其他性能（如耐蚀性）。

表 2-7 T1～T10 后面附加第 1 位数字或字母的状态

代号	关键工艺	细分状态释义
T34	固溶热处理+冷加工+自然时效	适用于固溶热处理后，经 3%～4.5%永久冷加工变形，然后自然时效的产品
T39		适用于固溶热处理后，经适当的冷加工获得规定强度，然后自然时效的产品
T4P	固溶热处理+人工时效	适用于固溶热处理后经过预时效处理，在一定时间内，强度稳定在一个较低值的产品
T61		适用于固溶热处理，然后不完全时效处理以改善成形性能的产品
T64		适用于固溶热处理，然后不完全时效处理以改善成形性能的产品。该状态产品的性能介于 T6 状态与 T61 状态产品的性能之间
T66		适用于固溶热处理，然后人工时效的产品，该状态产品通过对工艺过程进行特殊控制，使力学性能比 T6 状态的高一些（适用于 6×××系铝合金），其力学性能由供需双方商定
T6A		适用于固溶热处理后不完全时效处理，以改善材料电导率的产品
T6B		适用于对 T4P 处理后再进行不完全时效的产品（时效工艺模拟烤漆过程的时效温度和时间）
T73[①]	固溶热处理+过时效	适用于固溶热处理后完全过时效，耐蚀性优于 T74、T76、T79，强度远低于 T74 状态的产品
T74[①]		适用于固溶热处理后中等程度过时效，强度、耐蚀性介于 T73 状态与 T76 状态之间的产品
T76[①]		适用于固溶热处理后轻微过时效，强度、耐蚀性介于 T74 状态与 T79 状态之间的产品
T77	固溶热处理+预时效+回归处理+人工时效	适用于固溶热处理后，经回归再时效（属于典型的三级时效），要求强度达到或接近 T6 状态，耐蚀性接近 T76 状态的产品
T79[①]	固溶热处理+过时效	适用于固溶热处理后极轻微过时效，耐蚀性优于 T6 状态，强度低于 T6 状态的产品
T81	固溶热处理+冷加工+人工时效	适用于固溶热处理后，经 1%左右的冷加工变形，然后进行人工时效的产品
T84		适用于固溶热处理后，经 3%～4.5%永久冷加工变形，然后进行人工时效的产品
T87		适用于固溶热处理后，经 7%左右的冷加工变形，然后进行人工时效的产品
T89		适用于固溶热处理后，冷加工适当量以达到规定的力学性能，然后进行人工时效的产品
T89A		适用于固溶热处理后，经 8%～10%左右的冷加工变形，然后进行人工时效的产品

① 过时效状态的性能如图 2-1 所示（图中曲线仅示意规律，真实的变化曲线应按合金来具体描绘）。

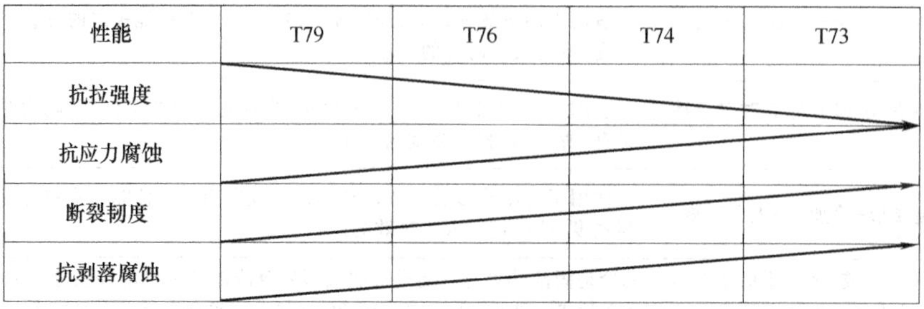

性能	T79	T76	T74	T73
抗拉强度				
抗应力腐蚀				
断裂韧度				
抗剥落腐蚀				

图 2-1 过时效状态的性能示意图

表 2-8　消除应力状态

状态	关键工艺	细分状态释义
T_51	拉伸消除应力	适用于固溶热处理或高温成形后冷却,按规定量进行拉伸的厚板、薄板、轧制棒、冷精整棒、自由锻件(含锻环)、轧环。这些产品拉伸后不再进行矫直,其规定的永久拉伸变形量如下 1)厚板:1.5%~3% 2)薄板:0.5%~3% 3)轧制棒或冷精整棒:1%~3% 4)自由锻件(含锻环)、轧环:1%~5%
T_510		适用于固溶热处理或高温成形后冷却,按规定量进行拉伸的挤压棒材、型材和管材,以及拉伸(或拉拔)管材。这些产品拉伸后不再进行矫直,其规定的永久拉伸变形量如下 1)挤压棒材、型材和管材:1%~3% 2)拉伸(或拉拔)管材:0.5%~3%
T_511		适用于固溶热处理或高温成形后冷却,按规定量进行拉伸的挤压棒材、型材和管材,以及拉伸(或拉拔)管材。这些产品拉伸后可轻微矫直以符合标准公差,其规定的永久拉伸变形量如下 1)挤压棒材、型材和管材:1%~3% 2)拉伸(或拉拔)管材:0.5%~3%
T_52	压缩消除应力	适用于固溶热处理或高温成形后冷却,通过压缩来消除应力,以产生 1%~5% 的永久变形量的产品
T_54	拉伸与压缩相结合消除应力	适用于在终锻模内通过冷整形来消除应力的模锻件

注:拉伸消除应力状态(T351、T451、T651、T7351、T7651、T851)产品,拉伸前、后的力学性能相近,但可能有一定差异。

（4）W 状态的细分状态　W 状态的细分状态见表 2-9。

表 2-9　W 状态细分状态

细分状态		细分状态释义
代号	名称	
W_h	经一定时间自然时效的不稳定状态	如 W2h,表示产品淬火后,在室温下自然时效 2h
W_h/_51	室温下经一定时间自然时效再进行冷变形消除应力的不稳定状态	W2h/351,表示产品淬火后,在室温下自然时效 2h 便开始拉伸以消除应力的状态
W_h/_52		W2h/352,表示产品淬火后,在室温下自然时效 2h 便开始压缩以消除应力的状态
W_h/_54		W2h/354,表示产品淬火后,在室温下自然时效 2h 便开始拉伸与压缩结合以消除应力的状态

2.4　成分

国家标准 GB/T 3190—2020《变形铝及铝合金化学成分》及 GB/T 1173—2013《铸造铝合金》规定了铝及铝合金的牌号和化学成分。部分常用铝及铝合金化学成分见表 2-10~表 2-12。

表2-10　部分常用于熔焊结构的变形铝及铝合金化学成分

化学成分(质量分数,%)

序号	牌号	Si	Fe	Cu	Mn	Mg	Cr	Ni	Zn	Ti	Zr	其他	单个	合计	Al	曾用牌号
1	1070A	0.20	0.25	0.03	0.03	0.03	—	—	0.07	0.03	—	—	0.03	—	99.70	L1
2	1370	0.10	0.25	0.02	0.01	0.02	0.01	—	0.04	—	—	Ga:0.03; V+Ti:0.02; B:0.02	0.02	0.10	99.70	—
3	1060	0.25	0.35	0.05	0.03	0.03	—	—	0.05	0.03	—	V:0.05	0.03	—	99.60	L2
4	1050	0.25	0.40	0.05	0.05	0.05	—	—	0.05	0.03	—	V:0.05	0.03	—	99.50	—
5	1050A	0.25	0.40	0.05	0.05	0.05	—	—	0.07	0.05	—	—	0.03	—	99.50	L3
6	1A50	0.30	0.30	0.01	0.05	0.05	—	—	0.03	—	—	Fe+Si:0.45	0.03	—	99.50	LB2
7	1035	0.35	0.6	0.10	0.05	0.05	—	—	0.10	0.03	—	V:0.05	0.03	—	99.35	L4
8	1A30	0.10~0.20	0.15~0.30	0.05	0.01	0.01	—	0.01	0.02	0.02	—	①	0.03	—	99.30	L4-1
9	1100	Si+Fe:0.95		0.05~0.20	0.05	—	—	—	0.10	—	—	①	0.05	0.15	99.00	L5-1
10	1200	Si+Fe:1.00		0.05	0.05	—	—	—	0.10	0.05	—	①	0.05	0.15	99.00	L5
11	2A12	0.50	0.50	3.8~4.9	0.30~0.9	1.2~1.8	—	—	0.30	0.15	—	Fe+Ni:0.50	0.05	0.10	余量	LY12
12	2A14	0.6~1.2	0.7	3.9~4.8	0.40~1.0	0.40~0.8	—	0.10	0.30	0.15	—	—	0.05	0.10	余量	LD10
13	2A16	0.30	0.30	6.0~7.0	0.40~0.8	0.05	—	—	0.10	0.10~0.20	0.20	—	0.05	0.10	余量	LY16
14	2B16	0.25	0.30	5.8~6.8	0.20~0.40	0.05	—	—	—	0.08~0.20	0.10~0.25	V:0.05~0.15	0.05	0.10	余量	LY16-1
15	2A20	0.20	0.30	5.8~6.8	—	0.02	—	—	0.10	0.07~0.16	0.10~0.25	V:0.05~0.15; B:0.001~0.01	0.05	0.15	余量	LY20
16	2014	0.50~1.2	0.7	3.9~5.0	0.40~1.2	0.20~0.8	0.10	—	0.25	0.15	—	—	0.05	0.15	余量	—
17	2014A	0.50~0.9	0.50	3.9~5.0	0.40~1.2	0.20~0.8	0.10	0.10	0.25	0.15	—	Ti+Zr:0.20	0.05	0.15	余量	—
18	2219	0.20	0.30	5.8~6.8	0.20~0.40	0.02	—	—	0.10	0.02~0.10	0.10~0.25	V:0.05~0.15	0.05	0.15	余量	LY19
19	2024	0.50	0.50	3.8~4.9	0.30~0.9	1.2~1.8	0.10	—	0.25	0.15	—	③	0.05	0.15	余量	—
20	2124	0.20	0.30	3.8~4.9	0.30~0.9	1.2~1.8	0.10	—	0.25	0.15	—	③	0.05	0.15	余量	—
21	3A21	0.6	0.7	0.20	1.0~1.6	0.05	—	—	0.10④	0.15	—	③	0.05	0.10	余量	LF21
22	3003	0.6	0.7	0.05~0.20	1.0~1.5	—	—	—	0.10	—	—	—	0.05	0.15	余量	—
23	3103	0.50	0.7	0.10	0.9~1.5	0.30	0.10	—	0.20	—	—	Ti+Zr:0.10①	0.05	0.15	余量	—
24	3004	0.30	0.7	0.25	1.0~1.5	0.8~1.3	—	—	0.25	—	—	—	0.05	0.15	余量	—
25	3005	0.6	0.7	0.30	1.0~1.5	0.20~0.6	0.10	—	0.25	0.10	—	—	0.05	0.15	余量	—
26	3105	0.6	0.7	0.30	0.30~0.8	0.20~0.8	0.20	—	0.40	0.10	—	—	0.05	0.15	余量	—
27	4A01	4.5~6.0	0.6	0.20	—	—	—	—	—	0.15	—	Zn+Sn:0.10	0.05	0.15	余量	LT1

（续）

序号	牌号	Si	Fe	Cu	Mn	Mg	Cr	Ni	Zn	Ti	Zr	其他	单个	合计	Al	曾用牌号
													其他			
28	4A11	11.5~13.5	1.0	0.50~1.3	0.20	0.8~1.3	0.10	0.50~1.3	0.25	0.15	—	—	0.05	0.15	余量	LD11
29	4043	4.5~6.0	0.8	0.30	0.05	0.05	—	—	0.10	0.20	—	①	0.05	0.15	余量	—
30	4043A	4.5~6.0	0.6	0.30	0.15	0.20	—	—	0.10	0.15	—	①	0.05	0.15	余量	—
31	4047	11.0~13.0	0.8	0.30	0.15	0.10	—	—	0.20	—	—	①	0.05	0.15	余量	—
32	4047A	11.0~13.0	0.6	0.30	0.15	0.10	—	—	0.20	0.15	—	①	0.05	0.15	余量	—
33	5A01	Si+Fe:0.40		0.10	0.30~0.7	6.0~7.0	0.10~0.20	—	0.25	0.15	0.10~0.20	—	0.05	0.15	余量	LF15
34	5A02	0.40	0.40	0.10	0.15~0.40	2.0~2.8	—	—	—	0.15	—	Si+Fe:0.6	0.05	0.15	余量	LF2
35	5A03	0.50~0.8	0.50	0.10	0.30~0.6	3.2~3.8	—	—	0.20	0.15	—	—	0.05	0.10	余量	LF3
36	5A05	0.50	0.50	0.10	0.30~0.6	4.8~5.5	—	—	0.20	—	—	—	0.05	0.10	余量	LF5
37	5B05	0.40	0.40	0.20	0.20~0.6	4.7~5.7	—	—	—	0.15	—	Si+Fe:0.6	0.05	0.10	余量	LF10
38	5A06	0.40	0.40	0.10	0.50~0.8	5.8~6.8		—	0.20	0.02~0.10	—	Be:0.0001~0.005②	0.05	0.10	余量	LF6
39	5B06	0.40	0.40	0.10	0.50~0.8	5.8~6.8		—	0.20	0.10~0.30	—	Be:0.0001~0.005②	0.05	0.10	余量	LF14
40	5A12	0.30	0.30	0.05	0.40~0.8	8.3~9.6		0.10	0.20	0.05~0.15	—	Be:0.005 Sb:0.004~0.05	0.05	0.10	余量	LF12
41	5A13	0.30	0.30	0.05	0.40~0.8	9.2~10.5	—	0.10	0.20	0.05~0.15	—	Be:0.005 Sb:0.004~0.005	0.05	0.10	余量	LF13
42	5A30	Si+Fe:0.40		0.10	0.50~1.0	4.7~5.5	0.05~0.20	—	0.25	0.03~0.15	—	—	0.05	0.10	余量	LF16
43	5A33	0.35	0.35	0.10	0.10	6.0~7.5		—	0.50~1.5	0.05~0.15	0.10~0.30	Be:0.0005~0.005②	0.05	0.10	余量	LF33
44	5A41	0.40	0.40	0.10	0.30~0.6	6.0~7.0	—	—	0.20	0.02~0.10	—	—	0.05	0.10	余量	LT41
45	5A43	0.40	0.40	0.10	0.15~0.40	0.6~1.4	—	—	—	0.15	—	—	0.05	0.15	余量	LF13
46	5A66	0.005	0.01	0.005	—	1.5~2.0	—	—	0.10	—	—	—	0.005	0.01	余量	LT66
47	5005	0.30	0.7	0.20	0.20	0.50~1.1	0.10	—	0.25	—	—	—	0.05	0.15	余量	
48	5019	0.40	0.50	0.10	0.10~0.6	4.5~5.6	0.20	—	0.20	0.20	—	Mn+Cr:0.10~0.6	0.05	0.15	余量	—
49	5050	0.40	0.7	0.20	0.10	1.1~1.8	0.10	—	0.25	—	—	—	0.05	0.15	余量	—
50	5251	0.40	0.50	0.15	0.10~0.15	1.7~2.4	0.15	—	0.15	0.15	—	—	0.05	0.15	余量	—
51	5052	0.25	0.40	0.10	0.10	2.2~2.8	0.15~0.35	—	0.10	—	—	—	0.05	0.15	余量	—
52	5154	0.25	0.40	0.10	0.10	3.1~3.9	0.15~0.35	—	0.20	0.20	—	①	0.05	0.15	余量	—
53	5154A	0.50	0.50	0.10	0.50	3.1~3.9	0.25	—	0.20	0.20	—	Mn+Cr:0.10~0.50	0.05	0.15	余量	—

（续）

序号	牌号	化学成分（质量分数，%）											其他		Al	曾用牌号
		Si	Fe	Cu	Mn	Mg	Cr	Ni	Zn	Ti	Zr		单个	合计		
54	5454	0.25	0.40	0.10	0.50~1.0	2.4~3.0	0.05~0.20	—	0.25	0.20	—	—	0.05	0.15	余量	—
55	5554	0.25	0.40	0.10	0.50~1.0	2.4~3.0	0.05~0.20	—	0.25	0.05~0.20	—	①	0.05	0.15	余量	—
56	5754	0.40	0.40	0.10	0.50	2.6~3.6	0.30	—	0.20	0.15	—	Mn+Cr：0.10~0.6	0.05	0.15	余量	—
57	5056	0.30	0.40	0.10	0.05~0.20	4.5~5.6	0.05~0.20	—	0.10	—	—	—	0.05	0.15	余量	LF5-1
58	5356	0.25	0.40	0.10	0.05~0.20	4.5~5.5	0.05~0.20	—	0.10	0.06~0.20	—	①	0.05	0.15	余量	—
59	5456	0.25	0.40	0.10	0.50~1.0	4.7~5.5	0.05~0.20	—	0.25	0.20	—	—	0.05	0.15	余量	—
60	5082	0.20	0.35	0.15	0.15	4.0~5.0	0.15	—	0.25	0.10	—	—	0.05	0.15	余量	—
61	5182	0.20	0.35	0.15	0.20~0.50	4.0~5.0	0.10	—	0.25	0.10	—	—	0.05	0.15	余量	—
62	5083	0.40	0.40	0.10	0.40~1.0	4.0~4.9	0.05~0.25	—	0.25	0.15	—	—	0.05	0.15	余量	LT4
63	5183	0.40	0.40	0.10	0.50~1.0	4.3~5.2	0.05~0.25	—	0.25	0.15	—	①	0.05	0.15	余量	—
64	5086	0.40	0.50	0.10	0.20~0.7	3.5~4.5	0.05~0.25	—	0.25	0.15	—	—	0.05	0.15	余量	—
65	6A02	0.50~1.2	0.50	0.20~0.6	0.15~0.35	0.45~0.9	—	—	0.20	0.15	—	—	0.05	0.10	余量	LD2
66	6B02	0.7~1.1	0.40	0.10~0.40	0.10~0.30	0.40~0.8	0.04~0.35	—	0.15	0.01~0.04	—	—	0.05	0.10	余量	LD2-1
67	6061	0.40~0.8	0.7	0.15~0.40	0.15	0.8~1.2	0.04~0.35	—	0.25	0.15	—	—	0.05	0.15	余量	LD30
68	6063	0.20~0.6	0.35	0.10	0.10	0.45~0.9	0.10	—	0.10	0.10	—	—	0.05	0.15	余量	LD31
69	6063A	0.30~0.6	0.15~0.35	0.10	0.15	0.6~0.9	0.05	—	0.15	0.10	—	—	0.05	0.15	余量	—
70	6070	1.0~1.7	0.50	0.15~0.40	0.40~1.0	0.50~1.2	0.10	—	0.25	0.15	—	—	0.05	0.15	余量	—
71	7A04	0.50	0.50	1.4~2.0	0.20~0.6	1.8~2.8	0.10~0.25	—	5.0~7.0	0.10	—	—	0.05	0.10	余量	LC4
72	7A09	0.50	0.50	1.2~2.0	0.15	2.0~3.0	0.16~0.30	—	5.1~6.1	0.10	—	—	0.05	0.10	余量	LC9
73	7005	0.35	0.40	0.10	0.20~0.7	1.0~1.8	0.06~0.20	—	4.0~5.0	0.01~0.06	0.08~0.20	—	0.05	0.15	余量	—
74	7050	0.12	0.15	2.0~2.6	0.10	1.9~2.6	0.04	—	5.7~6.7	0.06	0.08~0.15	—	0.05	0.15	余量	—
75	7075	0.40	0.50	1.2~2.0	0.30	2.1~2.9	0.18~0.28	—	5.1~6.1	0.20	—	⑤	0.05	0.15	余量	—
76	7475	0.10	0.12	1.2~1.9	0.06	1.9~2.6	0.18~0.25	—	5.2~6.2	0.06	—	—	0.05	0.15	余量	—
77	8090	0.20	0.30	1.0~1.6	0.10	0.6~1.3	0.25	—	0.25	0.10	0.04~0.16	Li：2.2~2.7	0.05	0.15	余量	—

注：1. 表中元素含量为单个数值时，AI元素含量为最低限，其他元素含量为最高限。
2. 元素栏中"—"表示该位置不规定极限数值，对应元素为非常规分析元素，"其他"栏中"—"表示无极限数值要求。
3. "其他"表示表中未规定数值的元素和表中未列出的"其他"金属元素之和。
4. 用于焊条和焊丝时，w(Be)≤0.0003%。
"合计"表示不小于0.010%的"其他"金属元素之和。

① 钕含量需双方商定。
② 经供需双方商定，挤压和锻造产品的 w(Ti+Zr) 最大可达 0.20%。
③ 镉含量按双方商定加入，可不做分析。
④ 铆钉线材的 w(Zn) 最大可达 0.03%。
⑤ 经供需双方商定，挤压和锻造产品的 w(Ti+Zr) 最大可达 0.25%。

表 2-11　铸造铝合金化学成分

合金种类	合金牌号	合金代号	主要元素（质量分数，%）							
			Si	Cu	Mg	Zn	Mn	Ti	其他	Al
Al-Si 合金	ZAlSi7Mg	ZL101	6.5~7.5	—	0.25~0.45	—	—	—	—	余量
	ZAlSi7MgA	ZL101A	6.5~7.5	—	0.25~0.45	—	—	0.08~0.20	—	余量
	ZAlSi12	ZL102	10.0~13.0	—	—	—	—	—	—	余量
	ZAlSi9Mg	ZL104	8.0~8.5	—	0.17~0.35	—	0.2~0.5	—	—	余量
	ZAlSi5Cu1Mg	ZL105	4.5~5.5	1.0~1.5	0.4~0.6	—	—	—	—	余量
	ZAlSi5Cu1MgA	ZL105A	4.5~5.5	1.0~1.5	0.4~0.55	—	—	—	—	余量
	ZAlSi8Cu1Mg	ZL106	7.5~8.5	1.0~1.5	0.3~0.5	—	0.3~0.5	0.10~0.25	—	余量
	ZAlSi7Cu4	ZL107	6.5~7.5	3.5~4.5	—	—	—	—	—	余量
	ZAlSi12Cu2Mg1	ZL108	11.0~13.0	1.0~2.0	0.4~1.0	—	0.3~0.9	—	—	余量
	ZAlSi12Cu1Mg1Ni1	ZL109	11.0~13.0	0.5~1.5	0.8~1.3	—	—	—	Ni:0.8~1.5	余量
	ZAlSi5Cu6Mg	ZL110	4.0~6.0	5.0~8.0	0.2~0.5	—	—	—	—	余量
	ZAlSi9Cu2Mg	ZL111	8.0~10.0	1.3~1.8	0.4~0.6	—	0.10~0.35	0.10~0.35	—	余量
	ZAlSi7Mg1A	ZL114A	6.5~7.5	—	0.45~0.75	—	—	0.10~0.20	Be:0~0.07	余量
	ZAlSi5Zn1Mg	ZL115	4.8~6.2	—	0.4~0.65	1.2~1.8	—	—	Sb:0.1~0.25	余量
	ZAlSi8MgBe	ZL116	6.5~8.5	—	0.35~0.55	—	—	0.10~0.30	Be:0.15~0.40	余量
	ZAlSi7Cu2Mg	ZL118	6.0~8.0	1.3~1.8	0.2~0.5	—	0.1~0.3	0.10~0.25	—	余量
Al-Cu 合金	ZAlCu5Mn	ZL201	—	4.5~5.3	—	—	0.6~1.0	0.15~0.35	—	余量
	ZAlCu5MnA	ZL201A	—	4.8~5.3	—	—	0.6~1.0	0.15~0.35	—	余量
	ZAlCu10	ZL202	—	9.0~11.0	—	—	—	—	—	余量
	ZAlCu4	ZL203	—	4.0~5.0	—	—	—	—	—	余量
	ZAlCu5MnCdA	ZL204A	—	4.6~5.3	—	—	0.6~0.9	0.15~0.35	Cd:0.15~0.25	余量
	ZAlCu6MnCdVA	ZL205A	—	4.6~5.3	—	—	0.3~0.5	0.15~0.35	Cd:0.15~0.25 V:0.05~0.3 Zr:0.15~0.25 B:0.005~0.06	余量
	ZAlR5Cu3Si2	ZL207	1.6~2.0	3.0~3.4	0.15~0.25	—	0.9~1.2	—	Zr:0.15~0.2 Ni:0.2~0.3 RE:4.4~5.0	余量
Al-Mg 合金	ZAlMg10	ZL301	—	—	9.5~11.0	—	—	—	—	余量
	ZAlMg5Si	ZL303	0.8~1.3	—	4.5~5.5	—	0.1~0.4	—	—	余量
	ZAlMg8Zn1	ZL305	—	—	7.5~9.0	1.0~1.5	—	0.10~0.20	Be:0.03~0.10	余量
Al-Zn 合金	ZAlZn11Si7	ZL401	6.0~8.0	—	0.1~0.3	9.5~13.0	—	—	—	余量
	ZAlZn6Mg	ZL402	—	—	0.5~0.65	5.0~6.5	0.2~0.5	0.15~0.25	Cr:0.4~0.6	余量

注：RE 为含铈混合稀土，其中混合稀土总量不少于 98%（质量分数），铈含量不少于 45%（质量分数）。

表2-12 铸造铝合金杂质元素允许含量

杂质元素（质量分数，%）不大于

合金种类	合金牌号	合金代号	Fe S	Fe J	Si	Cu	Mg	Zn	Mn	Ti	Zr	Be	Ni	Sn	Pb	其他杂质总和 S	其他杂质总和 J
Al-Si合金	ZAlSi7Mg	ZL101	0.5	0.9	—	0.2	—	0.3	0.35	Ti+Zr:0.25		0.1	—	0.05	0.05	1.1	1.5
	ZAlSi7MgA	ZL101A	0.2	0.2	—	0.1	—	0.1	0.10	—	—	—	—	0.05	0.03	0.7	0.7
	ZAlSi12	ZL102	0.7	1.0	—	0.30	0.10	0.1	0.5	0.2	—	—	—	—	—	2.0	2.2
	ZAlSi9Mg	ZL104	0.6	0.9	—	0.1	—	0.25	—	Ti+Zr:0.15		—	—	0.05	0.05	1.1	1.4
	ZAlSi5Cu1Mg	ZL105	0.6	1.0	—	—	—	0.3	0.5	—	—	—	—	0.05	0.05	1.1	1.4
	ZAlSi5Cu1MgA	ZL105A	0.2	0.2	—	—	—	0.1	0.1	Ti+Zr:0.15		0.1	—	0.05	0.05	0.5	0.5
	ZAlSi8Cu1Mg	ZL106	0.6	0.8	—	—	—	0.2	—	—	—	—	—	0.05	0.05	0.9	1.0
	ZAlSi7Cu4	ZL107	0.5	0.6	—	—	0.10	0.3	0.5	—	—	—	0.3	0.05	0.05	1.0	1.2
	ZAlSi12Cu2Mg1	ZL108	—	0.7	—	—	—	0.2	0.2	0.20	—	—	—	—	—	—	1.2
	ZAlSi12Cu1Mg1Ni1	ZL109	—	0.7	—	—	—	0.2	0.2	0.20	—	—	—	—	—	—	1.2
	ZAlSi5Cu6Mg	ZL110	—	0.8	—	—	—	0.6	0.5	—	—	—	—	—	—	—	2.7
	ZAlSi9Cu2Mg	ZL111	0.4	0.4	—	—	—	0.1	—	—	0.20	—	—	—	—	—	1.2
	ZAlSi7Mg1A	ZL114A	0.2	0.2	0.3	0.2	—	0.1	0.1	—	—	—	—	—	—	0.75	0.75
	ZAlSi5Zn1Mg	ZL115	0.3	0.3	0.1	0.1	—	—	0.1	—	—	—	—	0.05	0.05	1.0	1.0
	ZAlSi8MgBe	ZL116	0.60	0.60	1.2	0.3	—	0.3	0.1	—	0.20	—	—	0.05	0.05	1.0	1.0
	ZAlSi7Cu2Mg	ZL118	0.3	0.3	1.2	—	—	0.1	—	—	—	—	—	0.05	0.05	1.0	1.5
Al-Cu合金	ZAlCu5Mn	ZL201	0.25	0.3	0.06	—	0.05	0.2	—	—	0.2	—	0.1	—	—	1.0	1.0
	ZAlCu5MnA	ZL201A	0.15	—	0.06	—	0.05	0.1	—	—	0.15	—	0.05	—	—	0.4	—
	ZAlCu10	ZL202	1.0	1.2	—	—	0.3	0.8	0.5	—	0.1	—	0.5	—	—	2.8	3.0
	ZAlCu4	ZL203	0.8	0.8	0.3	—	0.05	0.25	0.1	0.2	—	—	—	0.05	0.05	2.1	2.1
	ZAlCu5MnCdA	ZL204A	0.12	0.12	—	—	0.05	0.1	—	—	0.15	—	0.05	—	—	0.4	—
	ZAlCu5MnCdVA	ZL205A	0.15	0.16	0.2	—	0.05	—	0.1	0.15	—	—	—	—	—	0.3	0.3
	ZAlR5Cu3Si2	ZL207	0.6	0.6	—	—	—	0.2	—	—	—	—	—	—	—	0.8	0.8
Al-Mg合金	ZAlMg10	ZL301	0.3	0.3	0.3	0.1	—	0.15	0.15	0.15	0.20	0.07	0.05	0.05	0.05	1.0	1.0
	ZAlMg5Si	ZL303	0.5	0.5	0.2	0.1	—	0.2	0.1	0.2	—	—	—	—	—	0.7	0.7
	ZAlMg8Zn1	ZL305	0.3	—	—	0.1	—	—	0.1	—	—	—	—	—	—	0.9	—
Al-Zn合金	ZAlZn11Si7	ZL401	0.7	1.2	—	0.6	—	—	0.5	—	—	—	—	—	—	1.8	2.0
	ZAlZn6Mg	ZL402	0.5	0.8	0.3	0.25	—	—	0.1	—	—	—	—	—	—	1.35	1.65

注：熔模、壳型铸造的主要元素及杂质含量按表2-11及本表表中的砂型指标检验。

2.5　性能

铝及铝合金的力学性能因其供应状态和形状不同而不同。国家标准 GB/T 3880.2—2024 《一般工业用铝及铝合金板、带材　第 2 部分：力学性能》规定了变形铝及铝合金板、带材的力学性能。部分常用于熔焊结构的变形铝及铝合金力学性能见表 2-13。

表 2-13　部分常用于熔焊结构的变形铝及铝合金力学性能

牌号	供应状态	试样状态[①]	厚度/mm	室温拉伸试验结果				弯曲半径[②]	
				抗拉强度 R_m/MPa	规定非比例延伸强度 $R_{p0.2}$/MPa	断后伸长率（%）		90°	180°
						A_{50mm}	$A_{5.65}$		
						不小于			
1070	O	O	>0.20~0.30	55~95	≥15	15	—	0t	—
			>0.30~0.50			20	—	0t	—
			>0.50~0.80			25	—	0t	—
			>0.80~1.50			30	—	0t	—
			>1.50~3.00			35	—	0t	—
	H112	H112	>4.50~6.00	≥75	≥35	20	—	—	—
			>6.00~12.50	≥70		20	—	—	—
			>12.50~25.00	≥60	≥25	—	25	—	—
			>25.00~100.00	≥55	≥15	—	30	—	—
	H12、H22	H12、H22	>0.20~0.30	70~100	—	2	—	0t	—
			>0.30~0.50			3	—	0t	—
			>0.50~0.80			4	—	0t	—
			>0.80~1.50		≥55	6	—	0t	—
			>1.50~3.00			8	—	0t	—
			>3.00~7.00			9	—	0t	—
	H14、H24	H14、H24	>0.20~0.30	85~120	—	1	—	0.5t	—
			>0.30~0.50			2	—	0.5t	—
			>0.50~0.80			3	—	0.5t	—
			>0.80~1.50		≥65	4	—	1.0t	—
			>1.50~3.00			5	—	1.0t	—
			>3.00~7.00			6	—	1.0t	—
	H16、H26	H16、H26	>0.20~0.50	100~135	—	1	—	1.0t	—
			>0.50~0.80			2	—	1.0t	—
			>0.80~1.50		≥75	3	—	1.5t	—
			>1.50~4.00			4	—	1.5t	—
	H18	H18	>0.20~0.50	≥120	—	1	—	—	—
			>0.50~0.80			2	—	—	—
			>0.80~1.50			3	—	—	—
			>1.50~3.00		≥80	4	—	—	—
			>3.00~6.00			5	—	—	—
			>6.00~8.00	≥115		6	—	—	—
	H19	H19	>0.20~0.50	≥130		1	—	—	—
1070A	O	O	>0.20~0.50	60~90	≥15	23	—	0t	0t
			>0.50~1.50			25	—	0t	0t
			>1.50~3.00			29	—	0t	0t
			>3.00~6.00			32	—	0.5t	0.5t

（续）

牌号	供应状态	试样状态①	厚度/mm	抗拉强度 R_m/MPa	规定非比例延伸强度 $R_{p0.2}$/MPa	断后伸长率（%） A_{50mm}	断后伸长率（%） $A_{5.65}$	弯曲半径② 90°	弯曲半径② 180°
						不小于			
1070A	H12	H12	>0.20~0.50	80~120	≥55	5	—	$0t$	$0.5t$
			>0.50~1.50			6	—	$0t$	$0.5t$
			>1.50~3.00			7	—	$0.5t$	$0.5t$
	H22	H22	>0.20~0.50	80~120	≥50	7	—	$0t$	$0.5t$
			>0.50~1.50			8	—	$0t$	$0.5t$
			>1.50~3.00			10	—	$0.5t$	$0.5t$
	H14	H14	>0.20~0.50	100~140	≥70	4	—	$0t$	$0.5t$
			>0.50~1.50			4	—	$0.5t$	$0.5t$
			>1.50~3.00			5	—	$1.0t$	$1.0t$
	H24	H24	>0.20~0.50	100~140	≥60	5	—	$0t$	$0.5t$
			>0.50~1.50			6	—	$0.5t$	$0.5t$
			>1.50~3.00			7	—	$1.0t$	$1.0t$
	H16	H16	>0.20~0.50	110~150	≥90	2	—	$0.5t$	$1.0t$
			>0.50~1.50	110~150	≥90	2	—	$1.0t$	$1.0t$
			>1.50~4.00			3	—	$1.0t$	$1.0t$
	H26	H26	>0.20~0.50	110~150	≥80	3	—	$0.5t$	—
			>0.50~1.50			3	—	$1.0t$	—
			>1.50~4.00			4	—	$1.0t$	—
	H18	H18	>0.20~0.50	≥125	≥105	2	—	$1.0t$	—
			>0.50~1.50			2	—	$2.0t$	—
			>1.50~3.00			2	—	$2.5t$	—
			>3.00~7.00			2	—	—	—
1060	O	O	>0.20~0.30	55~95	≥15	15	—	—	—
			>0.30~0.50			20	—	—	—
			>0.50~1.50			25	—	—	—
			>1.50~6.00			30	—	—	—
			>6.00~12.50			30	—	—	—
			>12.50~65.00			—	30	—	—
	H112	H112	>6.00~12.50	≥75	≥40	20	—	—	—
			>12.50~25.00	≥70	≥35	—	25	—	—
			>25.00~40.00			—	30	—	—
			>40.00~80.00	≥60	≥30	—	30	—	—
	H12	H12	>0.20~0.50	80~120	≥60	6	—	—	—
			>0.50~1.50			6	—	—	—
			>1.50~7.00			12	—	—	—
	H22	H22	>0.50~1.50	80~120	≥60	10	—	—	—
			>1.50~7.00			12	—	—	—
	H14	H14	>0.20~0.30	85~120	≥70	1	—	—	—
			>0.30~0.50			2	—	—	—
			>0.50~0.80	95~130	≥75	3	—	—	—
			>0.80~1.50			4	—	—	—
			>1.50~3.00			6	—	—	—
			>3.00~6.00			10	—	—	—
	H24	H24	>0.20~0.50	95~130	≥70	4	—	—	—
			>0.50~0.80			6	—	—	—

（续）

牌号	供应状态	试样状态①	厚度/mm	抗拉强度 R_m/MPa	规定非比例延伸强度 $R_{p0.2}$/MPa	断后伸长率（%）A_{50mm}	断后伸长率（%）$A_{5.65}$	弯曲半径② 90°	弯曲半径② 180°
						不小于			
1060	H24	H24	>0.80~1.50	95~130	≥70	8	—	—	—
			>1.50~3.00			10	—	—	—
			>3.00~6.00			12	—	—	—
	H16、H26	H16、H26	>0.20~0.30	110~155	≥80	1	—	—	—
			>0.30~0.50			2	—	—	—
			>0.50~1.50			4	—	—	—
			>1.50~4.00			5	—	—	—
	H18	H18	>0.20~0.30	≥125	≥85	1	—	—	—
			>0.30~0.50			2	—	—	—
			>0.50~1.50			3	—	—	—
			>1.50~3.00			4	—	—	—
	H19	H19	>0.20~0.30	≥135	—	1	—	—	—
1050	O	O	>0.20~0.50	60~100	—	20	—	0t	0t
			>0.50~0.80		—	25	—	0t	0t
			>0.80~1.50		≥20	25	—	0t	0t
			>1.50~6.00			30	—	0.5t	0.5t
	H111	H111	>1.50~6.00	60~100	≥20	28	—	0.5t	0.5t
			>6.00~12.50			28	—	1.0t	1.0t
			>12.50~30.00			—	30	—	—
	H112	H112	>4.50~6.00	≥85	≥45	18	—	—	—
			>6.00~12.50	≥80	≥45	20	—	—	—
			>12.50~25.00	≥70	≥35	—	25	—	—
			>25.00~40.00			—	30	—	—
	H12	H12	>0.50~0.80	85~125	≥70	6	—	0t	0.5t
			>0.80~1.50			6	—	0t	0.5t
			>1.50~3.00			8	—	0.5t	0.5t
			>3.00~6.00			9	—	1.0t	1.0t
	H22	H22	>0.50~0.80	80~125	≥65	4	—	0t	0.5t
			>0.80~1.50			6	—	0t	0.5t
			>1.50~3.00			10	—	0.5t	0.5t
			>3.00~6.00			12	—	1.0t	1.0t
	H14	H14	>0.20~0.30	95~140	—	1	—	0t	1.0t
			>0.30~0.50		—	2	—	0t	1.0t
			>0.50~0.80		≥75	3	—	0.5t	1.0t
			>0.80~1.50			4	—	0.5t	1.0t
			>1.50~3.00			5	—	1.0t	1.0t
			>3.00~6.00			6	—	1.5t	—
			>6.00~8.00			6	—	—	—
	H24	H24	>0.20~0.50	95~140	≥75	4	—	0.5t	1.0t
			>0.50~0.80			6	—	0.5t	1.0t
			>0.80~1.50			8	—	0.5t	1.0t
			>1.50~3.00			8	—	1.0t	1.0t
			>3.00~6.00			10	—	1.5t	1.5t
	H16	H16	>0.20~0.50	120~150	≥85	1	—	0.5t	—
			>0.50~0.80			2	—	1.0t	—
			>0.80~1.50			3	—	1.0t	—

（续）

牌号	供应状态	试样状态①	厚度/mm	室温拉伸试验结果				弯曲半径②	
				抗拉强度 R_m/MPa	规定非比例延伸强度 $R_{p0.2}$/MPa	断后伸长率（%）			
						A_{50mm}	$A_{5.65}$	90°	180°
						不小于			
1050	H16	H16	>1.50~4.00	120~150	≥85	4	—	1.5t	—
	H26	H26	>0.20~0.50	120~150	≥85	1	—	0.5t	—
			>0.50~0.80			2	—	1.0t	—
			>0.80~1.50			3	—	1.0t	—
			>1.50~4.00			5	—	1.5t	—
	H18	H18	>0.20~1.50	≥130	—	1	—	—	—
			>1.50~3.00		—	4	—	—	—
	H19	H19	>0.20~0.50	≥140	—	1	—	—	—
1050A	O、H111	O、H111	>0.20~0.50	65~95	≥20	20	—	0t	0t
			>0.50~1.50			22	—	0t	0t
			>1.50~3.00			26	—	0t	0t
			>3.00~6.00			29	—	0.5t	0.5t
			>6.00~12.50			35	—	1.0t	1.0t
			>12.50~80.00			—	32	—	—
	H112	H112	>6.00~12.50	≥75	≥30	20	—	—	—
			>12.50~80.00	≥70	≥25	—	25	—	—
	H12	H12	>0.20~0.50	80~125	≥65	2	—	0t	0.5t
			>0.50~1.50			4	—	0t	0.5t
			>1.50~3.00			5	—	0.5t	0.5t
			>3.00~4.00			7	—	1.0t	1.0t
	H22	H22	>0.20~0.50	85~125	≥55	4	—	0t	0.5t
			>0.50~1.50			5	—	0t	0.5t
			>1.50~3.00			6	—	0.5t	0.5t
			>3.00~4.00			11	—	1.0t	1.0t
	H14	H14	>0.20~0.50	105~145	≥85	2	—	0t	1.0t
			>0.50~1.50			2	—	0.5t	1.0t
			>1.50~3.00			4	—	1.0t	1.0t
			>3.00~4.00			5	—	1.5t	—
	H24	H24	>0.20~0.50	105~145	≥75	3	—	0t	1.0t
			>0.50~1.50			4	—	0.5t	1.0t
			>1.50~3.00			5	—	1.0t	1.0t
			>3.00~4.00			8	—	1.5t	1.5t
	H16	H16	>0.20~0.50	120~160	≥100	1	—	0.5t	—
			>0.50~1.50			2	—	1.0t	—
			>1.50~4.00			3	—	1.5t	—
	H26	H26	>0.20~0.50	120~160	≥90	2	—	0.5t	—
			>0.50~1.50			3	—	1.0t	—
			>1.50~4.00			5	—	1.5t	—
	H18	H18	>0.20~0.50	≥140	≥120	1	—	1.0t	—
			>0.50~1.50			2	—	2.0t	—
			>1.50~3.00			2	—	3.0t	—
	H28	H28	>0.20~0.50	≥140	≥110	2	—	1.0t	—
			>0.50~1.50			2	—	2.0t	—
			>1.50~3.00			3	—	3.0t	—
1145	H14	H14	>0.20~0.30	95~150	—	1	—	—	—

（续）

牌号	供应状态	试样状态①	厚度/mm	室温拉伸试验结果				弯曲半径②	
				抗拉强度 R_m/MPa	规定非比例延伸强度 $R_{p0.2}$/MPa	断后伸长率（%）		90°	180°
						A_{50mm}	$A_{5.65}$		
					不小于				
2014	O	O	>0.40~1.50	≤220	≤110	12	—	0t	0.5t
			>1.50~3.00			13	—	1.0t	1.0t
			>3.00~6.00			16	—	1.5t	1.0t
			>6.00~9.00			16	—	2.5t	
			>9.00~12.50			16	—	4.0t	
			>12.50~25.00			—	10	—	—
		T42③	>0.40~6.00	≥395	≥230	14	—	—	—
			>6.00~12.50	≥400	≥235	14	—	—	—
			>12.50~25.00			—	12	—	—
	T3	T3	>0.40~1.50	≥405	≥245	14	—		
			>1.50~6.00			14	—		
	T4	T4	>0.40~1.50	≥405	≥240	14	—	3.0t	3.0t
			>1.50~6.00			14	—	5.0t	5.0t
			>6.00~12.00	≥400	≥250	14	—	8.0t	
	T6	T6	>0.40~1.50	≥440	≥395	6	—	5.0t	
			>1.50~6.00			7	—	7.0t	
			>6.00~12.50	≥450	≥395	7	—	10.0t	
			>12.50~40.00	≥460	≥400	—	6		
			>40.00~60.00	≥450	≥390	—	5		
	T651	T651	>6.00~12.50	≥450	≥390	7	—	10.0t	
			>12.50~40.00	≥460	≥400	—	6	—	
			>40.00~60.00	≥460	≥390	—	5	—	
			>60.00~80.00	≥435	≥380	—	4	—	
			>80.00~100.00	≥420	≥360	—	4	—	
			>100.00~125.00	≥410	≥350	—	4	—	
			>125.00~160.00	≥390	≥340	—	2	—	
包铝2014	O	O	>0.40~10.00	≤205	≤95	16	—	—	
		T42③	>0.40~0.63	≥370	≥215	14	—	—	
			>0.63~1.60	≥380	≥220	14	—	—	
			>1.60~10.00	≥395	≥235	15	—	—	
	T3	T3	>0.40~0.63	≥370	≥230	14	—	—	
			>0.63~1.60	≥380	≥235	14	—	—	
			>1.60~6.00	≥395	≥240	15	—	—	
	T4	T4	>0.40~0.63	≥370	≥215	14	—	—	
			>0.63~1.60	≥380	≥220	14	—	—	
			>1.60~6.00	≥395	≥235	15	—	—	
	T6	T6	>0.40~0.63	≥425	≥370	7	—	—	
			>0.63~1.60	≥435	≥380	7	—	—	
			>1.60~2.50	≥440	≥395	8	—	—	
			>2.50~6.30	≥440	≥395	8	—	—	
2024	O	O	>0.20~1.50	≤220	≤140	12	—	0t	0.5t
			>1.50~3.00			13	—	1.0t	2.0t
			>3.00~6.00			13	—	1.5t	3.0t
			>6.00~12.50			13	—	2.5t	—
			>12.50~40.00			—	13	4.0t	—

（续）

牌号	供应状态	试样状态①	厚度/mm	室温拉伸试验结果		断后伸长率（%）		弯曲半径②	
				抗拉强度 R_m/MPa	规定非比例延伸强度 $R_{p0.2}$/MPa	A_{50mm}	$A_{5.65}$	90°	180°
				不小于					
2024	O	T42③	>0.20~0.50	≥425	≥260	12	—	—	—
			>0.50~6.00	≥425		15	—	—	—
			>6.00~12.50			12	—	—	—
			>12.50~25.00	≥420		—	7	—	—
			>25.00~40.00	≥415		—	6	—	—
		T62③	>0.40~12.50	≥440	≥345	5	—	—	—
			>12.50~25.00	≥435		—	4	—	—
	T1	T42	>4.50~12.50	≥425	≥260	12	—	—	—
			>12.50~25.00	≥420		—	7	—	—
			>25.00~40.00			—	6	—	—
			>40.00~50.00	≥415		—	5	—	—
			>50.00~80.00	≥400		—	3	—	—
	T3	T3	>0.20~1.50	≥435	≥290	12	—	4.0t	4.0t
			>1.50~3.00			14	—	4.0t	4.0t
			>3.00~6.00	≥440		14	—	5.0t	5.0t
			>6.00~12.50			13	—	8.0t	—
			>12.50~15.00	≥430		—	11	—	—
	T351	T351	>1.20~1.50	≥435	≥290	12	—	4.0t	4.0t
			>1.50~3.00			14	—	4.0t	4.0t
			>3.00~6.00	≥440		14	—	5.0t	5.0t
			>6.00~12.50			13	—	8.0t	—
			>12.50~25.00	≥435		—	11	—	—
			>25.00~40.00	≥430		—	11	—	—
			>40.00~80.00	≥420		—	8	—	—
			>80.00~100.00	≥400	≥285	—	7	—	—
			>100.00~120.00	≥380	≥270	—	5	—	—
			>120.00~150.00	≥360	≥250	—	5	—	—
	T4	T4	>0.40~1.50	≥425	≥275	12	—	—	4.0t
			>1.50~6.00			14	—	—	5.0t
	T8	T8	>0.40~1.50	≥460	≥400	5	—	—	—
			>1.50~6.00			6	—	—	—
			>6.00~12.50			5	—	—	—
			>12.50~25.00	≥455	≥400	—	4	—	—
			>25.00~40.00		≥395	—	4	—	—
	T851	T851	>6.00~12.50	≥460	≥400	5	—	—	—
			>12.50~25.00	≥455	≥400	—	4	—	—
			>25.00~40.00		≥395	—	4	—	—
包铝 2024	O	O	>0.20~0.25	≤205	≤95	12	—	—	—
			>0.25~1.60			12	—	—	—
			>1.60~10.00	≤220		12	—	—	—
		T42③	>0.20~0.25	≥380	≥235	10	—	—	—
			>0.25~0.50	≥395		12	—	—	—
			>0.50~1.60			15	—	—	—
			>1.60~6.30	≥415	≥250	15	—	—	—
			>6.30~10.00			12	—	—	—

（续）

牌号	供应状态	试样状态①	厚度/mm	室温拉伸试验结果				弯曲半径②	
				抗拉强度 R_m/MPa	规定非比例延伸强度 $R_{p0.2}$/MPa	断后伸长率（%）			
						A_{50mm}	$A_{5.65}$	90°	180°
				不小于					
包铝 2024	T3	T3	>0.20~0.25	≥400	≥270	10	—	—	—
			>0.25~0.50	≥405	≥270	12	—	—	—
			>0.50~1.60	≥405	≥270	15	—	—	—
			>1.60~3.20	≥420	≥275	15	—	—	—
			>3.20~6.00	≥420	≥275	15	—	—	—
	T4	T4	>0.40~0.50	≥400	≥245	12	—	—	—
			>0.50~1.60	≥400	≥245	15	—	—	—
			>1.60~3.20	≥420	≥260	15	—	—	—
2A12	O	O	>0.50~4.50	≤215	—	14	—	—	—
			>4.50~10.00	≤235	—	12	—	—	—
		T42③	>0.50~3.00	≥390	≥245	15	—	—	—
			>3.00~10.00	≥410	≥265	12	—	—	—
	T1	T42	>4.50~10.00	≥410	≥265	12	—	—	—
			>10.00~12.50	≥420	≥275	7	—	—	—
			>12.50~25.00	≥420	≥275	—	7	—	—
			>25.00~40.00	≥390	≥255	—	5	—	—
			>40.00~70.00	≥370	≥245	—	4	—	—
			>70.00~80.00	≥345	≥245	—	3	—	—
	T3	T3	>0.50~1.50	≥425	≥275	12	—	—	—
			>1.50~3.00	≥425	≥275	12	—	—	—
			>3.00~10.00	≥425	≥275	12	—	—	—
	T351	T351	>6.00~12.50	≥440	≥290	12	—	—	—
			>12.50~25.00	≥435	—	—	7	—	—
			>25.00~40.00	≥425	—	—	6	—	—
			>40.00~50.00	≥425	—	—	5	—	—
			>50.00~80.00	≥415	—	—	3	—	—
			>80.00~100.00	≥395	≥285	—	3	—	—
	T4	T4	>0.50~10.00	≥425	≥270	12	—	—	—
包铝 2A12	O	O	>0.50~1.60	≤215	—	14	—	—	—
			>1.60~10.00	≤235	—	12	—	—	—
		T42③	>0.50~1.60	≥390	≥245	15	—	—	—
			>1.60~10.00	≥410	≥265	12	—	—	—
	T1	T42	>1.60~10.00	≥410	≥265	12	—	—	—
	T3	T3	>0.50~1.60	≥405	≥270	15	—	—	—
			>1.60~10.00	≥425	≥275	15	—	—	—
	T4	T4	>0.50~1.60	≥405	≥270	13	—	—	—
			>1.60~10.00	≥405	≥270	13	—	—	—
2A14	O	O	0.50~10.00	≤245	—	10	—	—	—
			>10.00~12.50	≤220	—	15	—	—	—
			>12.50~30.00	≤220	—	—	13	—	—
	T4	T4	0.50~3.00	≥390	≥240	7	—	—	—
	T6	T6	0.50~1.50	≥430	≥340	5	—	—	—
			>1.50~3.00	≥430	≥340	6	—	—	—
			>3.00~6.00	≥430	≥340	5	—	—	—
			>6.00~12.50	≥430	≥340	5	—	—	—
			>12.50~200.00	≥430	≥340	—	5	—	—

（续）

牌号	供应状态	试样状态①	厚度/mm	室温拉伸试验结果				弯曲半径②	
				抗拉强度 R_m/MPa	规定非比例延伸强度 $R_{p0.2}$/MPa	断后伸长率（%）		90°	180°
						A_{50mm}	$A_{5.65}$		
						不小于			
2A14	T651	T651	>6.00~12.50	≥430	≥340	5	—	—	—
			>12.50~140.00			—	5	—	—
3A21	O	O	>0.20~0.80	100~150	—	19	—	—	—
			>0.80~4.50			23	—	—	—
			>4.50~12.50			25	—	—	—
			>12.50~25.00			—	25	—	—
	H112	H112	>4.50~12.50	≥110	—	18	—	—	—
			>12.50~25.00			—	22	—	—
			>25.00~125.00			—	22	—	—
	H22	H22	>1.00~1.50	130~180	—	7	—	0t	1.5t
			>1.50~3.00			8	—	0.5t	1.5t
	H14、H24	H14、H24	>0.20~1.30	145~200	—	6	—	—	—
			>1.30~4.50			6	—	—	—
	H18	H18	>0.20~0.50	≥195	—	1	—	—	—
			>0.50~0.80			2	—	—	—
			>0.80~1.30			3	—	—	—
			>1.30~4.50			4	—	—	—
	H19	H19	>0.50~0.80	205	—	2	—	—	—
5005、5005A	O	O	>0.20~0.50	100~145	≥35	15	—	0t	0t
			>0.50~1.50			19	—	0t	0t
			>1.50~3.00			21	—	0t	0.5t
	H111	H111	>0.20~0.50	100~145	≥35	15	—	0t	0t
			>0.50~1.50			19	—	0t	0t
			>1.50~3.00			20	—	0t	0.5t
			>3.00~6.00			22	—	1.0t	1.0t
			>6.00~12.50			24	—	1.5t	—
			>12.50~50.00			—	20	—	—
	H12	H12	>3.00~6.00	125~165	≥95	5	—	—	—
	H22、H32	H22、H32	>0.20~0.50	125~165	≥80	4	—	0t	1.0t
			>0.50~1.50			7	—	0.5t	1.0t
			>1.50~3.00			8	—	1.0t	1.5t
			>3.00~6.00			10	—	1.0t	—
	H14	H14	>0.20~0.50	145~185	≥120	2	—	0.5t	2.0t
			>0.50~1.50			2	—	1.0t	2.0t
			>1.50~3.00			3	—	1.0t	2.5t
			>3.00~6.00			4	—	2.0t	—
	H24、H34	H24、H34	>0.20~0.50	145~185	≥110	3	—	0.5t	1.5t
			>0.50~1.50			4	—	1.0t	1.5t
			>1.50~3.00			5	—	1.0t	2.0t
			>3.00~6.00			6	—	2.0t	—
	H16	H16	>0.20~0.50	165~205	≥145	1	—	1.0t	—
			>0.50~1.50			2	—	1.5t	—
			>1.50~3.00			3	—	2.0t	—
			>3.00~4.00			3	—	2.5t	—

（续）

牌号	供应状态	试样状态①	厚度/mm	室温拉伸试验结果				弯曲半径②	
				抗拉强度 R_m/MPa	规定非比例延伸强度 $R_{p0.2}$/MPa	断后伸长率（%）		90°	180°
						A_{50mm}	$A_{5.65}$		
					不小于				
5005、5005A	H26、H36	H26、H36	>0.20~0.50	165~205	≥135	2	—	1.0t	—
			>0.50~1.50			3	—	1.5t	—
			>1.50~3.00			4	—	2.0t	—
			>3.00~4.00			4	—	2.5t	—
	H18	H18	>0.20~0.50	≥185	≥165	1	—	1.5t	—
			>0.50~1.50			2	—	2.5t	—
			>1.50~3.00			2	—	3.0t	—
	H28、H38	H28、H38	>0.20~0.50	≥185	≥160	1	—	1.5t	—
			>0.50~1.50			2	—	2.5t	—
			>1.50~3.00			3	—	3.0t	—
	H19	H19	>0.20~0.50	≥205	≥185	1	—		
			>0.50~1.50			2	—		
			>1.50~3.00			2	—		
5086	O、H111	O、H111	>0.20~0.50	240~310	≥100	11	—	0.5t	1.0t
			>0.50~1.50			12	—	1.0t	1.0t
			>1.50~3.00			13	—	1.0t	1.0t
			>3.00~6.00			15	—	1.5t	1.5t
			>6.00~12.50			17	—	2.5t	—
			>12.50~150.00			—	16		
	H12	H12	>0.20~0.50	275~335	≥200	3	—		
			>0.50~1.50			4	—		
			>1.50~3.00			5	—		
			>3.00~6.00			6	—		
	H32	H32	>0.20~0.50	275~335	≥185	5	—	0.5t	2.0t
			>0.50~1.50			6	—	1.5t	2.0t
			>1.50~3.00			7	—	2.0t	2.0t
			>3.00~6.00			8	—	2.0t	2.0t
	H34	H34	>0.20~0.50	300~360	≥220	4	—	1.0t	2.5t
			>0.50~1.50			5	—	2.0t	2.5t
			>1.50~3.00			6	—	2.5t	2.5t
			>3.00~6.00			7	—	3.5t	—
	H36	H36	>0.20~0.50	325~385	≥250	2	—		
			>0.50~1.50			3	—		
			>1.50~3.00			3	—		
			>3.00~4.00			3	—		
	H116	H116	>1.50~3.00	≥275	≥195	8	—	2.0t	2.0t
			>3.00~6.00			9	—	2.5t	—
			>6.00~12.50			10	—	3.5t	—
			>12.50~50.00			—	9		
5A02	O	O	>0.50~1.00	165~225	—	17	—		
			>1.00~10.00			19	—		
	H112	H112	>4.50~12.50	≥175	—	10	—		
			>12.50~25.00			—	12		
			>25.00~80.00	≥155		—	13		

（续）

牌号	供应状态	试样状态[1]	厚度/mm	室温拉伸试验结果				弯曲半径[2]	
				抗拉强度 R_m/MPa	规定非比例延伸强度 $R_{p0.2}$/MPa	断后伸长率（%）		90°	180°
						A_{50mm}	$A_{5.65}$		
						不小于			
5A02	H14、H24、H34	H14、H24、H34	>0.50~1.00	235~285	—	4	—	—	—
			>1.00~4.50			6	—	—	—
	H18	H18	>0.50~1.00	≥265	—	3	—	—	—
			>1.00~4.50			4	—	—	—
5A03	O	O	>0.50~4.50	195~250	≥100	16	—	—	—
	H112	H112	>4.50~10.00	≥185	≥80	16	—	—	—
			>10.00~12.50	≥175	≥70	13	—	—	—
			>12.50~25.00			—	13	—	—
			>25.00~50.00	≥165	≥60	—	12	—	—
	H14、H24、H34	H14、H24、H34	>0.50~4.50	225~280	≥195	8	—	—	—
5A05	O	O	>0.50~4.50	275~340	≥125	16	—	—	—
	H112	H112	>4.50~10.00	≥275	≥125	16	—	—	—
			>10.00~12.50	≥265	≥115	14	—	—	—
			>12.50~25.00			—	14	—	—
			>25.00~50.00	≥255	≥105	—	13	—	—
5A06	O	O	>0.50~4.50	315~375	≥155	16	—	2.0t	—
			>4.50~12.50			16	—	—	—
	H112	H112	>3.00~10.00	≥315	≥155	16	—	—	—
			>10.00~12.50	≥305	≥145	12	—	—	—
			>12.50~25.00			—	12	—	—
			>25.00~50.00	≥295	≥135	—	12	—	—
			>50.00~265.00	≥280	≥120	—	12	—	—
	H34	H34	>3.00~6.00	375~425	≥265	8	—	—	—
			>6.00~12.50			8	—	—	—
6A02	O	O	>0.50~4.50	≤145	—	21	—	—	—
			>4.50~10.00			21	—	—	—
		T62[4]	>0.50~4.50	≥295	—	11	—	—	—
			>4.50~10.00			8	—	—	—
	T1	T62[5]	>4.50~12.50	≥295	—	8	—	—	—
			>12.50~25.00			—	7	—	—
			>25.00~50.00	≥285	—	—	6	—	—
			>50.00~90.00	≥275		—	6	—	—
		T42[5]	>4.50~12.50	≥175	—	17	—	—	—
			>12.50~25.00			—	14	—	—
			>25.00~50.00	≥165	—	—	12	—	—
			>50.00~90.00			—	10	—	—
	T4	T4	>0.50~2.90	≥195	—	21	—	—	—
			>2.90~4.50			19	—	—	—
			>4.50~10.00	≥175		17	—	—	—
	T6	T6	>0.50~4.50	≥295	—	11	—	—	—
			>4.50~10.00			8	—	—	—

（续）

牌号	供应状态	试样状态①	厚度/mm	室温拉伸试验结果				弯曲半径②	
				抗拉强度 R_m/MPa	规定非比例延伸强度 $R_{p0.2}$/MPa	断后伸长率（%）		90°	180°
						A_{50mm}	$A_{5.65}$		
				不小于					
7075	O	O	>0.40~0.80	≤275	≤145	10	—	0.5t	1.0t
			>0.80~1.50			11	—	1.0t	2.0t
			>1.50~3.00			12	—	1.0t	3.0t
			>3.00~6.00			13	—	2.5t	—
			>6.00~12.50			14	—	4.0t	
			>12.50~15.00		—	—	15	—	
			>15.00~75.00			—	9	—	
	O	T62④	>0.40~0.80	≥525	≥460	6	—	4.5t	—
			>0.80~1.50	≥540	≥460	6	—	5.5t	
			>1.50~3.00	≥540	≥470	7	—	6.5t	
			>3.00~6.00	≥545	≥475	8	—	8.0t	
			>6.00~12.50	≥540	≥460	8	—	12.0t	
			>12.50~25.00	≥540	≥470	—	6		
			>25.00~50.00	≥530	≥460	—	5		
			>50.00~60.00	≥525	≥440	—	4		
			>60.00~75.00	≥495	≥420	—	4		
	T1	T62	>6.00~12.50	≥540	≥460	8	—		
			>12.50~25.00	≥540	≥470	—	6		
			>25.00~50.00	≥530	≥460	—	5		
	T6	T6	>0.40~0.80	≥525	≥460	6	—	4.5t	
			>0.80~1.50	≥540	≥460	6	—	5.5t	
			>1.50~3.00	≥540	≥470	7	—	6.5t	
			>3.00~6.00	≥545	≥475	8	—	8.0t	
			>6.00~12.50	≥540	≥460	8	—	12.0t	
			>12.50~25.00	≥540	≥470	—	6	—	
			>25.00~50.00	≥530	≥460	—	5	—	
			>50.00~60.00	≥525	≥440	—	4	—	
			>60.00~80.00	≥495	≥420	—	4	—	
			>80.00~90.00	≥490	≥390	—	4	—	
			>90.00~100.00	≥460	≥360	—	3	—	
			>100.00~120.00	≥410	≥300	—	2	—	
			>120.00~150.00	≥360	≥260	—	2	—	
			>150.00~200.00	≥360	≥240	—	2	—	
	T651	T651	>1.50~3.00	≥545	≥475	7	—	6.5t	
			>3.00~6.00			8	—	8.0t	
			>6.00~12.50	≥540	≥470	8	—	12.0t	
			>12.50~25.00	≥540	≥470	—	6	—	
			>25.00~50.00	≥530	≥460	—	5	—	
			>50.00~60.00	≥525	≥440	—	4	—	
			>60.00~80.00	≥495	≥420	—	4	—	
			>80.00~90.00	≥490	≥390	—	4	—	
			>90.00~100.00	≥460	≥360	—	3	—	
			>100.00~120.00	≥410	≥300	—	2	—	
			>120.00~150.00	≥360	≥260	—	2	—	
			>150.00~203.00	≥360	≥240	—	2	—	

（续）

牌号	供应状态	试样状态①	厚度/mm	室温拉伸试验结果				弯曲半径②	
				抗拉强度 R_m/MPa	规定非比例延伸强度 $R_{p0.2}$/MPa	断后伸长率（%）		弯曲半径②	
						A_{50mm}	$A_{5.65}$	90°	180°
						不小于			
7075	T73	T73	>1.50~3.00	≥460	≥385	7	—	—	—
			>3.00~6.00			8	—	—	—
			>6.00~12.50	≥475	≥390	7	—	—	—
			>12.50~25.00			—	6	—	—
			>25.00~50.00			—	5	—	—
			>50.00~60.00	≥455	≥360	—	5	—	—
			>60.00~80.00	≥440	≥340	—	5	—	—
			>80.00~100.00	≥430	≥340	—	5	—	—
	T7351	T7351	>1.50~3.00	≥460	≥385	7	—	—	—
			>3.00~6.00			8	—	—	—
			>6.00~12.50	≥475	≥390	6	—	—	—
			>12.50~25.00			—	6	—	—
			>25.00~50.00			—	5	—	—
			>50.00~60.00	≥455	≥360	—	5	—	—
			>60.00~80.00	≥440	≥340	—	5	—	—
			>80.00~100.00	≥430	≥340	—	5	—	—
			>100.00~120.00	≥420	≥320	—	4	—	—
			>120.00~203.00	≥400	≥300	—	4	—	—
	T76	T76	>1.50~3.00	≥500	≥425	7	—	—	—
			>3.00~6.00			8	—	—	—
			>6.00~12.50	≥490	≥415	7	—	—	—
包铝 7075	O	O	>0.40~1.60	≤250	≤140	10	—	—	—
			>1.60~4.00	≤260		10	—	—	—
			>4.00~10.00	≤270	≤145	10	—	—	—
	T6	T6	>0.40~0.80	≥490	≥420	8	—	—	—
			>0.80~1.60	≥495	≥425	9	—	—	—
			>1.60~3.00	≥510	≥440	9	—	—	—
			>3.00~6.30			9	—	—	—
	T76	T76	>0.80~1.50	≥460	≥385	8	—	—	—
			>1.50~3.00	≥470	≥395	8	—	—	—
			>3.00~6.30	≥485	≥405	8	—	—	—

① 试样状态与供应状态不一致时，需方复检性能时应使用相应热处理制度将样品热处理至试样状态再进行验证。

② 弯曲半径中的 t 表示板材的厚度，当90°和180°两栏均有数值时，应由供需双方协商确定折弯角度，并在订货单（或合同）中注明，未注明时按90°执行。需方对折弯半径有特殊要求时，其室温拉伸力学性能由供需双方协商确定，并在订货单（或合同）中注明。

③ 对于2014、包铝2014、2024、包铝2024、2A12、包铝2A12合金的O状态板、带材，需要T42状态或T62状态的性能值时，应在订货单（或合同）中注明。

④ 对于6A02、7075合金的O状态板、带材，需要T62状态的性能值时，应在订货单（或合同）中注明。

⑤ 对于6A02合金T1状态的板、带材，应由供需双方协商确定试样状态为T42状态或T62状态，并在订货单（或合同）中注明，未注明时按T62状态执行。

第3章 填 充 金 属

按我国国家标准 GB/T 3669—2001 及 GB/T 10858—2023，填充金属分为焊条及焊丝两个类别。按美国标准 ANSI/AWS A5.10—2021，焊丝分为电极丝（代号 E）及填充丝（代号 ER），但实际上分为填充丝（代号 R）和电极丝、填充丝两者兼用丝（代号 ER）两个类别。

焊丝是影响焊缝金属的成分、组织、液相线温度、固相线温度、焊缝金属及熔合区母材的抗热裂性、焊接接头的耐蚀性及常温或高温、低温下力学性能的重要因素。当铝材焊接性不良、熔焊时出现裂纹、焊缝及焊接接头力学性能欠佳或焊接结构出现脆性断裂时，改用适当的焊丝而不改变设计和工艺条件常成为必要、可行和有效的技术措施。

3.1 成分

我国铝及铝合金焊芯及焊丝的化学成分见表 3-1 和表 3-2，美国铝及铝合金标准焊丝的化学成分见表 3-3。

3.2 质量

3.2.1 内部质量

由表 3-1～表 3-3 可见，焊芯和焊丝化学成分中包含合金元素、添加的微量元素及杂质元素。合金元素在焊丝化学成分中占主体地位，它们决定了焊丝的使用性能，如力学性能、焊接性能、耐蚀性能。添加的微量元素，如 Ti、Zr、V、B 有利于辅助改善上述性能，细化焊缝金属的晶粒、降低焊接时生成焊接裂纹的倾向，提高焊缝金属的延性及韧性。在微量元素中，稀土金属钪（Sc）具有特殊的价值，在母材及焊丝成分中加入微量钪，能比上述微量元素更强烈地发挥细化金属晶粒组织的作用，降低焊接时生成焊接裂纹的倾向，提高母材及焊缝金属的强度、延性及韧性。但是微量元素的添加量应有严格限制，以 Ti、Zr 为例，其最大添加量一般不宜超过 0.25%（质量分数），否则将造成偏析，在焊丝卷的不同部位，Ti 及 Zr 的含量将出现大起大落超差现象。杂质元素对焊丝的性能是有害的，应予以严格控制。

表 3-1 我国铝及铝合金焊芯的化学成分（GB/T 3669—2001）

型号	化学成分（质量分数，%）									
	Si	Fe	Cu	Mn	Mg	Zn	Be	其他元素 单个	其他元素 合计	Al
E1100	Si+Fe 0.95		0.05~0.20	0.05	—	0.10	0.0008	0.05	0.15	≥99.00
E3003	0.6	0.7	0.20	1.0~1.5						余量
E4043	0.45~6.0	0.8	0.30	0.05	0.05					余量

表 3-2 我国铝及铝合金焊丝的化学成分（GB/T 10858—2023）

序号	化学成分分类	字符代号	化学成分代号	化学成分（质量分数，%）												其他②	
				Si	Fe	Cu	Mn	Mg	Cr	Zn	Ca,V,Sc	Ti	Zr	Al	Be①	单值	合计
1	铝-低合金	Al 1070	Al99.7	0.20	0.25	0.04	0.03	0.03	—	0.04	V:0.05	0.03	—	≥99.70	0.0003	0.03	—
2		Al 1080A	Al99.8（A）	0.15	0.15	0.03	0.02	0.02	—	0.06	Ga:0.03	0.02	—	≥99.80	0.0003	0.02	—
3		Al 1100	Al99.0Cu	Si+Fe:0.95		0.05~0.20	0.05	—	—	0.10	—	—	—	≥99.00	0.0003	0.05	0.15
4		Al 1188	Al99.88	0.06	0.06	0.005	0.01	0.01	—	0.03	Ga:0.03 V:0.05	0.01	—	≥99.88	0.0003	0.01	—
5		Al 1200	Al99.0	Si+Fe:1.00		0.05	0.05	—	—	0.10	—	0.05	—	≥99.00	0.0003	0.05	0.15
6		Al 1450	Al99.5Ti	0.25	0.40	0.05	0.05	0.05	—	0.07	—	0.10~0.20	—	≥99.50	0.0003	0.03	—
7	铝-铜	Al 2319	AlCu6MnZrTi	0.20	0.30	5.8~6.8	0.20~0.40	0.02	—	0.10	V:0.05~0.15	0.10~0.20	0.10~0.25	余量	0.0003	0.05	0.15
8	铝-锰	Al 3103	AlMn1	0.50	0.7	0.10	0.9~1.5	0.30	0.10	0.20	—	Ti+Zr:0.10		余量	0.0003	0.05	0.15
9	铝-硅	Al 4009	AlSi5Cu1Mg	4.5~5.5	0.20	1.0~1.5	0.10	0.45~0.6	—	0.10	—	0.20	—	余量	0.0003	0.05	0.15
10		Al 4010	AlSi7Mg	6.5~7.5	0.20	0.20	0.10	0.30~0.45	—	0.10	—	0.20	—	余量	0.0003	0.05	0.15
11		Al 4011	AlSi7Mg0.5Ti	6.5~7.5	0.20	0.20	0.10	0.45~0.7	—	0.10	—	0.04~0.20	—	余量	0.04~0.07	0.05	0.15
12		Al 4018	AlSi7Mg	6.5~7.5	0.20	0.05	0.10	0.50~0.8	—	0.10	—	0.20	—	余量	0.0003	0.05	0.15

（续）

序号	字符代号	化学成分代号	化学成分分类	Si	Fe	Cu	Mn	Mg	Cr	Zn	Ca、V、Sc	Ti	Zr	Al	Be①	其他② 单值	其他② 合计
13	Al 4020③	AlSi3Mn1	铝-硅	2.5~3.5	0.20	0.03	0.8~1.2	0.01	0.01	—	—	0.005	0.01	余量	0.0003	0.02	0.10
14	Al 4043	AlSi5		4.5~6.0	0.8	0.30	0.05	0.05	—	0.10	—	0.20	—	余量	0.0003	0.05	0.15
15	Al 4043A	AlSi5（A）		4.5~6.0	0.6	0.30	0.15	0.20	—	0.10	—	0.15	—	余量	0.0003	0.05	0.15
16	Al 4046	AlSi10Mg		9.0~11.0	0.50	0.03	0.40	0.20~0.50	—	0.10	—	0.15	—	余量	0.0003	0.05	0.15
17	Al 4047	AlSi12		11.0~13.0	0.8	0.30	0.15	0.10	—	0.20	—	—	—	余量	0.0003	0.05	0.15
18	Al 4047A	AlSi12（A）		11.0~13.0	0.6	0.30	0.15	0.10	—	0.20	—	0.15	—	余量	0.0003	0.05	0.15
19	Al 4145	AlSi10Cu4		9.3~10.7	0.8	3.3~4.7	0.15	0.15	0.15	0.20	—	—	—	余量	0.0003	0.05	0.15
20	Al 4643	AlSi4Mg		3.6~4.6	0.8	0.10	0.05	0.10~0.30	—	0.10	—	0.15	—	余量	0.0003	0.05	0.15
21	Al 4943	AlSi5Mg		5.0~6.0	0.40	0.10	0.05	0.10~0.50	—	0.10	—	0.15	—	余量	0.0003	0.05	0.15
22	Al 5087	AlMg4.5MnZr（A）	铝-镁	0.25	0.40	0.05	0.7~1.1	4.5~5.2	0.05~0.25	0.25	—	0.15	0.10~0.20	余量	0.0003	0.05	0.15
23	Al 5183	AlMg4.5Mn0.7（A）		0.40	0.40	0.10	0.50~1.0	4.3~5.2	0.05~0.25	0.25	—	0.15	—	余量	0.0003	0.05	0.15
24	Al 5183A	AlMg4.5Mn0.7		0.40	0.40	0.10	0.50~1.0	4.3~5.2	0.05~0.25	0.25	—	0.15	—	余量	0.0005	0.05	0.15
25	Al 5187	AlMg4.5MnZr		0.25	0.40	0.05	0.7~1.1	4.5~5.2	0.05~0.25	0.25	—	0.15	0.10~0.20	余量	0.0005	0.05	0.15
26	Al 5249	AlMg2Mn0.8Zr		0.25	0.40	0.05	0.50~1.1	1.6~2.5	0.30	0.20	—	0.15	0.10~0.20	余量	0.0003	0.05	0.15
27	Al 5356	AlMg5Cr（A）		0.25	0.40	0.10	0.05~0.20	4.5~5.5	0.05~0.20	0.10	—	0.06~0.20	—	余量	0.0003	0.05	0.15
28	Al 5356A	AlMg5Cr		0.25	0.40	0.10	0.05~0.20	4.5~5.5	0.05~0.20	0.10	—	0.06~0.20	—	余量	0.0005	0.05	0.15

（续）

序号	化学成分分类 字符代号	化学成分代号		Si	Fe	Cu	Mn	Mg	Cr	Zn	Ca,V,Sc	Ti	Zr	Al	Be①	其他② 单值	其他② 合计
29	Al 5554	AlMg2.7Mn	铝-镁	0.25	0.40	0.10	0.50~1.0	2.4~3.0	0.05~0.20	0.25	—	0.05~0.20	—	余量	0.0003	0.05	0.15
30	Al 5556	AlMg5Mn1Ti(A)		0.25	0.40	0.10	0.50~1.0	4.7~5.5	0.05~0.20	0.25	—	0.05~0.20	—	余量	0.0003	0.05	0.15
31	Al 5556A	AlMg5Mn1(A)		0.25	0.40	0.10	0.6~1.0	5.0~5.5	0.05~0.20	0.20	—	0.05~0.20	—	余量	0.0003	0.05	0.15
32	Al 5556B	AlMg5Mn1		0.25	0.40	0.10	0.6~1.0	5.0~5.5	0.05~0.20	0.20	—	0.05~0.20	—	余量	0.0005	0.05	0.15
33	Al 5556C	AlMg5Mn1Ti		0.25	0.40	0.10	0.50~1.0	4.7~5.5	0.05~0.20	0.25	—	0.05~0.20	—	余量	0.0005	0.05	0.15
34	Al 5654	AlMg3.5Ti(A)		Si+Fe:0.45		0.05	0.01	3.1~3.9	0.15~0.35	0.20	—	0.05~0.15	—	余量	0.0003	0.05	0.15
35	Al 5654A	AlMg3.5Ti		Si+Fe:0.45		0.05	0.01	3.1~3.9	0.15~0.35	0.20	—	0.05~0.15	—	余量	0.0005	0.05	0.15
36	Al 5754④	AlMg3		0.40	0.40	0.10	0.50	2.6~3.6	0.30	0.20	—	0.15	—	余量	0.0003	0.05	0.15
37	Al 5R59	AlMg5.5ScZr		0.20	0.30	0.10	0.20~0.50	4.9~6.1	—	0.30~0.90	Sc:0.05~0.55	0.12	0.05~0.30	余量	—	0.05	0.15
38	AlZx⑤	Alx		其他协定成分													

注：除Al含量外所有单值均为最大值。
① 当Be含量超过0.0003%时，不建议焊丝作为电极应用于熔化极焊接工艺。
② 对焊丝中的氢含量有要求时，应提供氢含量实测值。
③ B≤0.005%。
④ （Mn+Cr）：0.10%~0.6%。
⑤ 表中未列出的化学成分分类可用相类似的分类表示，词头加字母Z，化学成分范围不进行规定。两种分类之间不可替换。

表3-3　美国铝及铝合金标准焊丝的化学成分（ANSI/AWS A5.10—2021）

美国焊接协会分类	ISO 18273 化学成分符号	Si	Fe	Cu	Mn	Mg	Cr	Zn	Ga、V	Ti	Zr	Al（最小值）	Be②	单个	总量
低合金铝															
ER1070，R1070	Al1070	0.20	0.25	0.04	0.03	0.03	—	0.04	V 0.05	0.03	—	99.70	0.0003	0.03	—
ER1080A，R1080A	Al1080A（A）	0.15	0.15	0.03	0.02	0.02	—	0.06	Ga 0.03	0.02	—	99.80	0.0003	0.02	—
ER1100，R1100	Al1100Cu	Si+Fe 0.95		0.05~0.20	0.05	—	—	0.10	—	—	—	99.00	0.0003	0.05	0.15
ER1188，R1188	Al1188	0.06	0.06	0.005	0.01	0.01	—	0.03	Ga 0.03 V 0.05	0.01	—	99.88	0.0003	0.01	—
ER1200，R1200	Al1200	Si+Fe 1.00		0.05	0.05	—	—	0.10	—	0.05	—	99.00	0.0003	0.05	0.15
ER1450，R1450	Al1450Ti	0.25	0.40	0.05	0.05	0.05	—	0.07	—	0.10~0.20	—	99.50	0.0003	0.03	0.15
铝铜合金															
R-206.0③	—	0.10	0.15	4.2~5.0	0.20~0.50	0.15~0.35	—	0.10	—	0.15~0.30	—	余量	—	0.05	0.15
ER2319，R2319	Al2319 AlCu6MnZrTi	0.20	0.30	5.8~6.8	0.20~0.40	0.02	—	0.10	V 0.05~0.15	0.10~0.20	0.10~0.25	余量	0.0003	0.05	0.15
铝锰合金															
ER3103，R3013	Al3103 AlMn1	0.50	0.7	0.10	0.9~1.5	0.30	0.10	0.20	—	Ti+Zr 0.10		余量	0.0003	0.05	0.15
铝硅合金															
R-C355.0	—	4.5~5.5	0.20	1.0~1.5	0.10	0.40~0.6	—	0.10	—	0.20	—	余量	—	0.05	0.15
R-A356.0	—	6.5~7.5	0.20	0.20	0.10	0.25~0.45	—	0.10	—	0.20	—	余量	—	0.05	0.15
R-357.0	—	6.5~7.5	0.15	0.05	0.03	0.45~0.6	—	0.05	—	0.20	—	余量	—	0.05	0.15

化学成分（质量分数，%）①

（续）

美国焊接协会分类	合金符号 ISO 18273 化学成分符号	化学成分（质量分数，%）① Si	Fe	Cu	Mn	Mg	Cr	Zn	Ga,V	Ti	Zr	Al（最小值）	Be②	单个	总量
		铝硅合金													
R-A357.0	—	6.5~7.5	0.20	0.20	0.10	0.40~0.7	—	0.10	—	0.04~0.20	—	余量	0.04~0.07	0.05	0.15
ER4009,R4009	AlSi5Cu1Mg	4.5~5.5	0.20	1.0~1.5	0.10	0.45~0.6	—	0.10	—	0.20	—	余量	0.0003	0.05	0.15
ER4010,R4010	AlSi7Mg	6.5~7.5	0.20	0.20	0.10	0.30~0.45	—	0.10	—	0.20	—	余量	0.0003	0.05	0.15
R4011	AlSi7Mg0.5Ti	6.5~7.5	0.20	0.20	0.10	0.45~0.7	—	0.10	—	0.04~0.20	—	余量	0.04~0.07	0.05	0.15
ER4018,R4018	AlSi7Mg	6.5~7.5	0.20	0.05	0.10	0.50~0.8	—	0.10	—	0.20	—	余量	0.0003	0.05	0.15
ER4043,R4043	AlSi5	4.5~6.0	0.8	0.30	0.05	0.05	—	0.10	—	0.20	—	余量	0.0003	0.05	0.15
ER4043A,R4043A	AlSi5(A)	4.5~6.0	0.6	0.30	0.15	0.20	—	0.10	—	0.15	—	余量	0.0003	0.05	0.15
ER4046,R4046	AlSi10Mg	9.0~11.0	0.50	0.03	0.40	0.20~0.50	—	0.10	—	0.15	—	余量	0.0003	0.05	0.15
ER4047,R4047	AlSi12	11.0~13.0	0.8	0.30	0.15	0.10	—	0.20	—	—	—	余量	0.0003	0.05	0.15
ER4047A,R4047A	AlSi12(A)	11.0~13.0	0.6	0.30	0.15	0.10	—	0.20	—	0.15	—	余量	0.0003	0.05	0.15
ER4145,R4145	AlSi10Cu4	9.3~10.7	0.8	3.3~4.7	0.15	0.15	0.15	0.20	—	—	—	余量	0.0003	0.05	0.15
ER4643,R4643	AlSi4Mg	3.6~4.6	0.8	0.10	0.05	0.10~0.30	—	0.10	—	0.15	—	余量	0.0003	0.05	0.15
ER4943,R4943	AlSi5Mg	5.0~6.0	0.40	0.10	0.05	0.10~0.50	—	0.10	—	0.15	—	余量	0.0003	0.05	0.15
		铝镁合金													
ER5087,R5087	AlMg4.5MnZr(A)	0.25	0.40	0.05	0.7~1.1	4.5~5.2	0.05~0.25	0.25	—	0.15	0.10~0.20	余量	0.0003	0.05	0.15
ER5183,R5183	AlMg4.5Mn0.7(A)	0.40	0.40	0.10	0.50~1.0	4.3~5.2	0.05~0.25	0.25	—	0.15	—	余量	0.0003	0.05	0.15

（续）

合金符号（美国焊接协会分类）	ISO 18273 化学成分符号	化学成分（质量分数，%）①													
		Si	Fe	Cu	Mn	Mg	Cr	Zn	Ga,V	Ti	Zr	Al（最小值）	Be②	单个	总量
		铝镁合金													
ER5183A, R5183A	Al 5183A	AlMg4.5Mn0.7	0.40	0.40	0.10	0.50~1.0	4.3~5.2	0.05~0.25	0.25	—	0.15	—	余量	0.0005	0.05	0.15
ER5187, R5187	Al 5187	AlMg4.5MnZr	0.25	0.40	0.05	0.7~1.1	4.5~5.2	0.05~0.25	0.25	—	0.15	0.10~0.20	余量	0.0005	0.05	0.15
ER5249, R5249	Al 5249	AlMg2Mn0.8Zr	0.25	0.40	0.05	0.50~1.1	1.6~2.5	0.30	0.20	—	0.15	0.10~0.20	余量	0.0003	0.05	0.15
ER5356, R5356	Al 5356	AlMg5Cr(A)	0.25	0.40	0.10	0.05~0.20	4.5~5.5	0.05~0.20	0.10	—	0.06~0.20	—	余量	0.0003	0.05	0.15
ER5356A, R5356A	Al 5356A	AlMg5Cr	0.25	0.40	0.10	0.05~0.20	4.5~5.5	0.05~0.20	0.10	—	0.06~0.20	—	余量	0.0005	0.05	0.15
ER5554, R5554	Al 5554	AlMg2.7Mn	0.25	0.40	0.10	0.50~1.0	2.4~3.0	0.05~0.20	0.25	—	0.05~0.20	—	余量	0.0003	0.05	0.15
ER5556, R5556	Al 5556	AlMg5Mn1Ti(A)	0.25	0.40	0.10	0.50~1.0	4.7~5.5	0.05~0.20	0.25	—	0.05~0.20	—	余量	0.0003	0.05	0.15
ER5556A, R5556A	Al 5556A	AlMg5Mn(A)	0.25	0.40	0.10	0.6~1.0	5.0~5.5	0.05~0.20	0.20	—	0.05~0.20	—	余量	0.0005	0.05	0.15
ER5556B, R5556B	Al 5556B	AlMg5Mn1	0.25	0.40	0.10	0.6~1.0	5.0~5.5	0.05~0.20	0.20	—	0.05~0.20	—	余量	0.0005	0.05	0.15
ER5556C, R5556C	Al 5556C	AlMg5Mn1Ti	0.25	0.40	0.10	0.50~1.0	4.7~5.5	0.05~0.20	0.25	—	0.05~0.20	—	余量	0.0005	0.05	0.15
ER5654, R5654	Al 5654	AlMg3.5Ti(A)	Si+Fe 0.45	Si+Fe 0.45	0.05	0.01	3.1~3.9	0.15~0.35	0.20	—	0.05~0.15	—	余量	0.0003	0.05	0.15
ER5654A, R5654A	Al 5654A	AlMg3.5Ti	Si+Fe 0.45	Si+Fe 0.45	0.05	0.01	3.1~3.9	0.15~0.35	0.20	—	0.05~0.15	—	余量	0.0005	0.05	0.15
ER5754, R5754	Al 5754④	AlMg3	0.40	0.40	0.10	0.50	2.6~3.6	0.30	0.20	—	0.15	—	余量	0.0003	0.05	0.15
		通用													
ERG,RG	—	—	供应商和用户约定的化学成分												

① 表中显示的值是最大值，铝除外，铝是最小值。
② $w(Be) > 0.0003\%$ 的金属通常不用作电极。
③ 对于 R-206.0，$w(Ni)$ 和 $w(Sn)$ 的最大值为 0.05%。
④ Al 5754 也限制 $w(Mn+Cr) = 0.10\% \sim 0.6\%$。

3.2.2 表面质量

焊丝表面应光洁、光滑、光亮，无毛刺、划伤、裂纹、凹坑、折叠、皱纹、油污及对其焊接工艺特性、焊接设备（焊丝输送机构）运作及焊缝金属质量有不利影响的其他外来杂质。

在焊丝制造厂内，铝焊丝经拉伸、定径并经化学清洗后，再用化学方法或电化学方法抛光其表面，从而制成表面光洁、光滑、光亮的焊丝成品，虽然其表面仍留有抛光过程中生成的薄层氧化膜，但其厚度仅为几微米，且不再生长变化，焊丝表面膜组织致密，不易吸潮，经抛光后若干个小时、1年、2年测试，其表面氢含量低，且较稳定。还有一种同心刮削的机械抛光方法，可制成表面更为光洁、光滑、光亮的铝焊丝成品。表面经过化学抛光、电化学抛光或机械抛光的铝及铝合金焊丝均无须用户使用前再进行化学清洗，可直接用于焊接生产，开封存放待用时间允许延长，在真空或惰性气体保护下封装并在干燥洁净环境条件下的贮存有效期可以年计。对抛光焊丝的焊接工艺性能试验鉴定及生产使用实践结果表明，抛光焊丝的工艺特性及其对焊缝气孔、氧化膜夹杂物的敏感性与经化学清洗的同型号焊丝无异，使用效果甚至更好。

而质量低劣的铝焊丝表面有油膜及自然生长的氧化膜，焊接时易引起焊缝气孔。用户使用前需对它进行表面机械清理或化学清洗。化学清洗即溶剂除油、碱腐蚀、酸中和、冷热水反复冲洗、风干或烘干，但是在化学清洗后的存放待用时间内，铝焊丝表面又将自然形成新的氧化膜，经放大观察，其表面疏松、不致密，甚至有较多孔洞，易吸收水分，经实测，其表面氢含量较高。存放待用时间越长，表面氧化膜的厚度及水化程度越大，即使按要求在 8~24h 内用于焊接，此种焊丝表面状态也难以保证焊接时不引发焊缝气孔。

3.3 填充金属的选用

选用焊丝时，对焊丝性能的要求是多方面的，包括：

1）焊接时生成焊接裂纹的倾向低。

2）焊接时生成焊缝气孔的倾向低。

3）焊接接头的力学性能（强度、延性）好。

4）焊接接头在使用环境条件下的耐蚀性能好。

5）焊缝金属表面颜色与母材表面颜色能相互匹配。

不是每种焊丝均能同时满足上述各项要求，焊丝在某些方面的性能有时互相矛盾，如强度与延性难以兼得，抗裂与颜色匹配难以兼顾。例如 Al 4043 焊丝的液态流动性好，抗热裂纹能力强，但延性不足，特别是当用于焊接 Al-Mg 合金、Al-Zn-Mg 合金时，焊缝脆性较大，此外，由于 Si 含量高，其焊缝表面颜色发乌，如果焊件焊后需施行阳极化，阳极化后其表面将进一步变黑，与母材颜色难以匹配。

焊丝的性能表现及其适用性需与其预定用途联系起来，以便针对不同的材料和主要的（或特殊的）性能要求来选择焊丝，见表3-4。在一般情况下，焊丝选用可参考表3-5。

焊接纯铝时，可采用同型号纯铝焊丝。

焊接铝-锰合金时，可采用同型号铝-锰合金焊丝或铝-低合金焊丝 Al 1200。

表 3-4　针对特殊要求选择填充焊丝

母材	推荐的填充焊丝			
	要求必要的强度	要求必要的塑性	要求阳极化处理后颜色的一致性	要求抗海水腐蚀性能
1100	Al 4043	Al 1100	Al 1100	Al 1100
2219	Al 2319	Al 2319	Al 2319	Al 2319
6061	Al 5356	Al 5356	Al 5154	Al 4043
6063	Al 5356	Al 5356	Al 5356	Al 4043
3003	Al 5356	Al 1100	Al 1100	Al 1100
5052	Al 5356	Al 5356	Al 5356	Al 4043
5086	Al 5556	Al 5356	Al 5356	Al 5183
5083	Al 5183	Al 5356	Al 5356	Al 5183
5454	Al 5356	Al 5554	Al 5554	Al 5554
5456	Al 5556	Al 5356	Al 5556	Al 5556

表 3-5　母材与填充金属的配合

母材	1060 1100 1350 3003 3004	5052	5083 5086	5454	6061 6063 6351	7004
7004	Al 5356①	Al 5356①	Al 5356①	Al 5356① Al 5554	Al 5356①	Al 5356①
6061 6063 6351	Al 4043 Al 5356①	Al 5356① Al 5454	Al 5356①	Al 5356① Al 5554①③	Al 4043 Al 5356①②	
5454	Al 5356① Al 5554③	Al 5356① Al 5354③	Al 5356①	Al 5554③ Al 5356		
5083 5086	Al 5356①	Al 5356①	Al 5356①			
5052	Al 5356①	Al 5356① Al 5554				
1060 1100 1350 3003 3004	Al 4043 Al 5356①					

注：焊接表中任何合金（或合金的组合）的管道时，可优先选用 Al 5654 焊丝。

① 可在阳极化后实现颜色更好的匹配。

② 尽管 Al 5356 是最常用的高强度 Al-Mg 合金丝，但仍有一些类似合金（Al 5183 和 Al 5556）可取代它。

③ 可长期曝于 65℃ 以上的温度下。

焊接铝-镁合金时，如果 $w(Mg)$ 在 3% 以上，可采用同系同型号焊丝；如果 $w(Mg)$ 在 3% 以下，如 5050 及 5A02 合金，由于其热裂倾向大，应采用 Mg 含量高的 Al 5556 或 Al 5356 焊丝。

焊接铝-镁-硅合金时，由于生成焊接裂纹的倾向大，一般应采用 Al 4043 焊丝；如果焊缝与母材颜色不匹配，在结构拘束度不大的情况下，也可改用铝-镁合金焊丝。焊接铝-铜-镁、铝-铜-镁-硅合金时，如硬铝合金 2A12、2A14，由于焊接时热裂倾向大，易生成焊缝金属结晶裂纹和熔合区母材液化裂纹，一般应采用抗热裂性能好的焊丝。

焊接铝-铜-锰合金时，如 2B16、2219 合金，由于其焊接性较好，可采用化学成分与母材基本相同的 Al 2319、Al 2319 焊丝。

焊接铝-锌-镁合金时，由于焊接时有产生焊接裂纹的倾向，可采用与母材成分相同的铝-锌-镁焊丝、高镁的铝-镁合金焊丝或高镁低锌的焊丝（Al-2Zn-4Mg）。

焊接铝-镁-锂、铝-镁-锂-钪合金时，由于生成焊接裂纹的倾向不大，可采用化学成分与母材成分相近的铝-镁合金、铝-镁-钪合金焊丝。

焊接不同型号的铝及铝合金时，由于每种合金组合时的焊接性表现多种多样，有的组合焊接性良好，有的组合焊接性较差，因此除可参考表 3-4 和表 3-5 外，尚需通过焊接性试验或焊接工艺评定，最终选定焊丝。

第4章 焊接接头的冶金行为

　　铝及铝合金焊接接头包括焊缝区、熔合区及母材热影响区。焊缝区是母材与填充金属熔化后凝固结晶而成的铸造组织，其内可能产生气孔或结晶裂纹；热影响区内可能产生再结晶裂纹，或过时效而软化去强；熔合区内可能发生过热、晶界熔化，还可能产生液化裂纹。

　　本章将论述惰性气体保护电弧焊条件下，焊接接头的冶金特性及冶金缺陷（气孔及裂纹）。

4.1　焊接接头的冶金特性

4.1.1　焊缝区

　　在电弧高温下，填充金属及母材边缘受热熔化，形成液态金属熔池，并随后冷却和凝固，形成焊接接头的焊缝区。

　　金属熔池结晶有两种方式：一种为外延结晶，另一种为自由结晶（或体积结晶）。结晶时，熔池外沿有母材未完全熔化的固态晶粒，熔池内部有少量不熔化的难溶固态质点，它们均提供了现成的固态表面，因此形成了上述两种结晶方式且无须自发形核而结晶。

　　外延结晶的起始部位为熔池的边缘，或尚未熔化的母材晶粒部分，熔池液态金属依附这些晶粒的现成表面而析出固态晶粒并继续由母材向熔池内生长，其晶粒取向与母材未熔化晶粒的取向相同，因此这种外延结晶方式也称为联生结晶。由于各晶粒取向不同，晶粒取向与熔池散热方向相反的晶粒将争相生长，晶粒取向与此方向不一致的晶粒将受压抑而中途停止生长，如图4-1所示。

　　外延结晶的最终结晶形态有柱状平面晶、胞状晶、胞状树枝晶、柱状树枝晶及等轴晶。铝及铝合金焊缝的最终结晶形态多为柱状的树枝晶和焊缝中心的等轴晶。

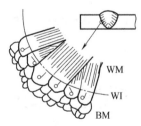

图4-1　外延结晶示意图

BM—母材　WM—焊缝

WI—熔合线

　　焊接工艺及参数的变化可明显改变熔池凝固速率从而改变焊缝金属的结晶形态。以焊接速度为例，它对焊缝金属宏观组织的影响如图4-2所示。

　　自由结晶发生于熔池中含有难溶固态质点的液态焊缝金属结晶过程中。这些质点来自母材及填充金属原成分中所含的少量（或微量）变质剂（如 Ti、Zr、V、B）与铝化合而成的金属间化合物（如 $TiAl_3$、$ZrAl_3$、VAl_3、BAl_2），它们的熔点高，随母材及填充金属进入熔池后不熔化，只在熔池的液体空间（如树枝晶前方）或空隙（如树枝晶轴间）悬浮，液态

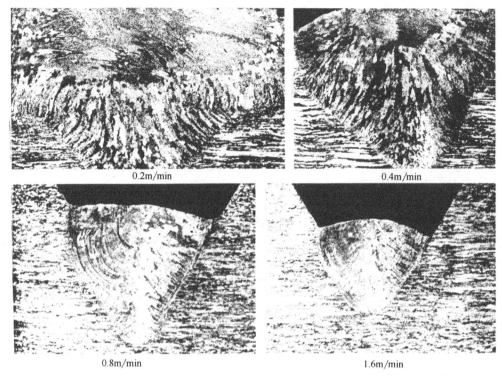

0.2m/min　　　　　　　　0.4m/min

0.8m/min　　　　　　　　1.6m/min

图 4-2　MIG 焊接速度对焊缝凝固速率及宏观组织的影响（×6.5）

金属即依附这些悬浮质点的现成表面而析出固态晶粒并就地生长。自由结晶的最终形态为等轴晶。

以 Zr 为例，当 Al-6Mg-0.6Mn 及 Al-5Cu-0.6Mn 铝合金中 Zr 含量不同时，其宏观和微观组织细化情况明显不同，如图 4-3~图 4-5 所示。

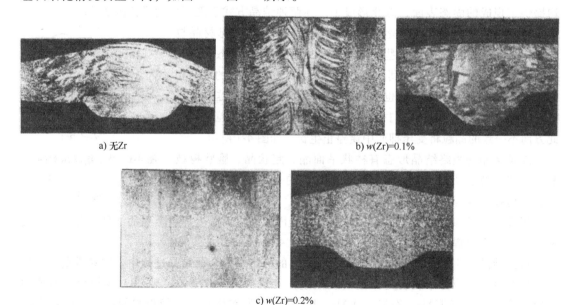

a) 无Zr　　　　　　　　　　　　　　b) $w(Zr)=0.1\%$

c) $w(Zr)=0.2\%$

图 4-3　不同 Zr 含量的 Al-6Mg-0.6Mn 合金焊缝金属宏观组织（×7）

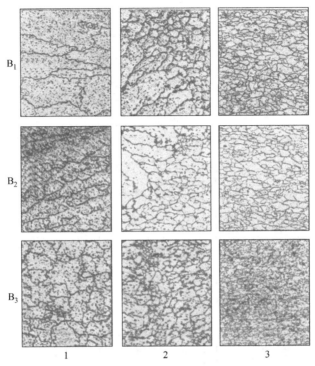

图4-4　不同 Zr 含量的 Al-6Mg-0.6Mn 合金焊接接头各区的显微组织（×150）

1—焊缝区　2—熔合区　3—热影响区　B_1—无 Zr　B_2—w（Zr）= 0.1%　B_3—w（Zr）= 0.3%

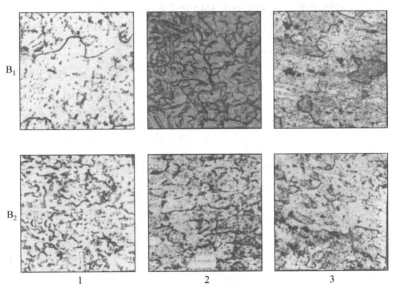

图4-5　不同 Zr 含量的 Al-5Cu-0.6Mn 合金焊接接头各区的显微组织（×340）

1—焊缝区　2—熔合区　3—热影响区　B_1—无 Zr　B_2—w（Zr）= 0.3%

与 Zr 类似，Ti 及 B 也能细化焊接接头各区的显微组织，如图4-6、图4-7所示。

焊缝金属的成分取决于下列条件：

1）母材及填充金属的成分及其混合比。

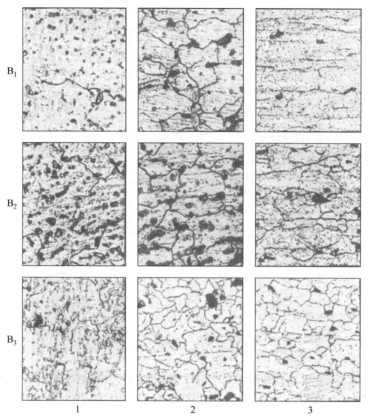

图 4-6 不同 Ti 含量的 Al-6Mg-0.6Mn 合金焊接接头各区显微组织 （×500）

1—焊缝区 2—熔合区 3—热影响区 B₁—无 Ti B₂—w（Ti）= 0.05% B₃—w（Ti）= 0.10%

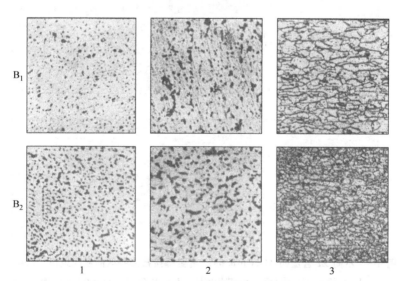

图 4-7 不同 B 含量的 Al-6Mg-0.6Mn 合金焊接接头各区的显微组织 （×150）

1—焊缝区 2—熔合区 3—热影响区 B₁—无 B B₂—w（B）= 0.1%

2）合金元素在焊接过程中的损失（如蒸发）。

3）接头形式及其相关尺寸。

4）焊接热输入。

当母材的焊接性不良时，母材成分、填充金属成分、母材与填充金属成分的混合比均很重要。母材一旦选定，其成分一般不易改变，只有通过焊丝来调节焊缝金属的成分才能改善焊接工艺特性，此时，混合比的选择应有利于增大填充金属在焊缝金属中的比例。

母材与填充金属成分的混合比与焊接热输入和接头形式及其相关尺寸有关。

焊缝金属内存在化学成分不均匀的偏析现象。焊接熔池快速结晶过程中，在液-固相及固-固相间，溶质来不及扩散，加之各相组元（如树枝晶的树干、树枝）、熔池各部位（如边缘部位、中心部位）结晶先后不同，溶质浓度有差异，且来不及均匀化，因此结晶时可能出现显微偏析、区域偏析、层状偏析，从而可能引起性能缺陷（如晶界脆性、晶间腐蚀）和某些质量缺陷（如气孔、裂纹、氧化物夹杂）。

焊缝区是焊接接头的薄弱环节之一，与母材组织的最大区别是它具有铸造组织的特征，其强度、硬度和塑性均比母材低，因此焊缝正反面需有适量余高，用以补偿。

4.1.2　熔合区

在焊缝区与不熔化的母材（热影响区）之间必然存在一个过渡区。这个区域的化学成分和显微组织的特点非常复杂，通常称为熔合区。

对熔合区成分和组织分析的结果表明，熔合区内可分为两个小区。其中一个小区靠近母材区，母材各晶粒自身只是局部发生了熔化，该区是晶粒局部熔化后的液相和剩余的局部未熔化的固相共存的小区，即为半熔化区。另一个小区靠近焊缝区，母材各晶粒已完全熔化，成为焊缝区的边缘部分，但其成分仍与母材基本相同，此小区称为未混合区。未混合区与半熔化区之间的界面称为熔合线。未混合区与半熔化区的组合称为熔合区，即焊缝与母材之间的过渡区，如图4-8所示。

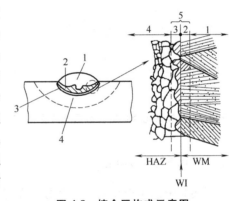

图4-8　熔合区构成示意图

1—焊缝区　2—未混合区　3—半熔化区

4—热影响区　5—熔合区　WI—实际熔合线

熔合区内存在着严重的化学成分及组织形态上宏观及微观的不均匀性。在焊接异种金属（如Al与Cu、Al与Fe、Al与Ti等），或异种合金系的铝合金（如Al-Mg合金与Al-Cu合金），或同种铝合金但采用合金系不同的填充金属（如母材为Al-Cu-Mg合金，焊丝为Al-Si合金）等情况下，熔合区内的多种不均匀性将更为明显和复杂，详见本书其他章节。

熔合区由于焊接时温度高、加热及冷却快，易发生局部过热、偏析物集聚、晶界液化，因而易产生熔合区气孔、晶界液化裂纹、应力腐蚀开裂、熔合区晶界液化及沿晶裂纹，如图4-9及图4-10所示。

此外，熔合区位于焊接接头因几何形状变化而造成应力集中的部位，如果焊缝成形不良，焊缝形状向母材急剧过渡，或出现咬边、边缘未熔合等工艺缺陷，则熔合区将发生严重应力集中，使焊接接头的承载能力大幅度降低。因此熔合区是焊接接头最薄弱的环节，往往成为断裂失效的典型部位，如图4-11所示。

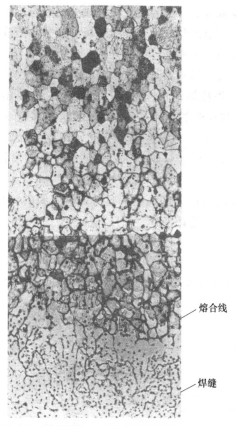

熔合线

焊缝

图 4-9　时效强化合金熔合区晶界液化（×200）

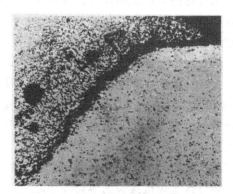

图 4-10　补焊时熔合区焊接裂纹（×500）

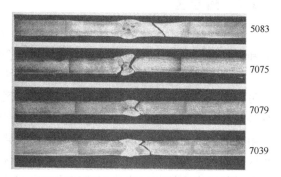

5083

7075

7079

7039

图 4-11　铝合金焊接接头拉伸断裂模式

4.1.3　母材热影响区

　　焊接时未发生熔化的母材部分，在焊接热循环条件下，其不同部位受到不同的热影响，相当于经历不同的特殊热处理，其组织和性能均发生变化，这部分母材称为热影响区。焊缝及其附近不同部位焊接热循环如图 4-12 所示。

　　由图 4-12 可见，焊接时母材上的温度场分布极不均匀，离焊缝越近的部位，其加热速度越大，峰值温度越高，冷却速度也越大；反之，离焊缝越远的部位，加热速度越小，峰值温度越低，冷却速度也越小。由于不同的热处理，在热影响区内即形成在组织和性能上互不相同的若干小区。

　　影响各小区组织和性能的因素有：①母材的种类及其物理冶金特点；②母材焊前的状态及其原始组织；③焊接方法、焊接工艺、焊接热输入。

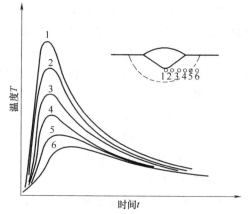

图 4-12　焊缝及其附近不同部位焊接热循环

1. 非热处理强化铝及铝合金

（1）工业纯铝　在焊接热循环条件下，固态纯铝无相变，也不发生明显相析出，但需区别其焊前两种状态。

1）焊前呈退火（或热轧）状态的纯铝的原始组织为等轴晶粒。焊接时，母材上紧邻焊缝的部位将发生晶粒长大，形成一个晶粒粗大的过热区（Ⅰ），如图4-13所示。长大的晶粒无法通过热处理而使其细化，在同一部位进行重复焊接（如补焊、多层焊）将使晶粒越长越大。

2）焊前呈冷轧或其他冷作硬化状态的纯铝的原始组织为变形的晶粒。焊接时仍将形成一个过热区（Ⅰ），其晶粒形态有所矫正，但晶粒仍变得粗大。在与其相邻的部位将发生再结晶，形成一个再结晶区（Ⅱ），晶粒的形状可获矫正，出现新的晶粒，晶粒组织细化、塑性提高、硬度降低，因此该区也称为软化区。焊前硬化程度越高及焊接热输入越大，则软化区宽度越大，焊接前对母材变形强化的效应完全消失，焊接接头的强度可接近母材退火状态的强度。

（2）铝合金　这类铝合金主要有 Al-Mg、Al-Mn 系铝合金，其组织内除含 α 相固溶体外，还含有合金元素与铝化合而成的金属间化合物，如 Mg_2Al_3、$MnAl_6$ 等。铝合金在加热和冷却时，化合物相可溶入固溶体或从固溶体中析出，但其析出强化作用不大。这类铝合金也有两种焊前状态。

1）焊前呈退火（或热轧）状态的铝合金的原始组织为 α 固溶体及已从中充分析出的化合物相。焊接时，在临近焊缝的部位，由于峰值温度高，冷却速度大，该部位相当于经历了一次固溶热处理，因此常温下即形成固溶区（Ⅰ），如图4-14所示。

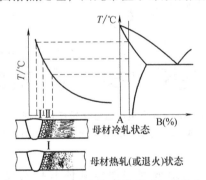

图 4-13　工业纯铝焊接热影响区的特点

Ⅰ—过热区　Ⅱ—再结晶区　A—Al　B—第2合金元素

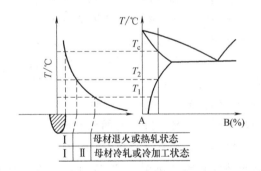

图 4-14　非热处理强化铝合金焊接热影响区的特点

Ⅰ—固溶区　Ⅱ—再结晶区　A—Al　B—第2合金元素

2）焊前呈冷轧或其他冷作硬化状态的铝合金的原始组织为变形的晶粒组织，焊接后，除仍可形成一个固溶区（Ⅰ）外，尚可形成一个再结晶区（Ⅱ），其晶粒组织细化、塑性提高，再结晶区软化，如图4-14所示。无论怎样冷作硬化（加工强化），同一铝合金经过熔焊后，其焊缝强度与该铝合金退火状态强度相近。焊接热输入对铝合金 5356-H321 焊接接头硬度的影响如图4-15所示。焊前状态对铝合金 5083 焊接接头屈服强度的影响如图4-16所示。

2. 热处理强化铝合金

热处理强化铝合金有 Al-Cu、Al-Mg-Si、Al-Zn-Mg、Al-Li 等系列铝合金，其组织内含有 α 相固溶体及金属间化合物相，如 $CuAl_2$、Al_2CuMg、Mg_2Si、$MgZn_2$、$Al_2Mg_3Zn_3$、$LiAl_3$ 等，

它们都是相应铝合金内的强化相，其强化机制主要为析出强化（或沉淀强化）。

以 Al-Cu 合金为例，其时效强化过程如图 4-17 所示。

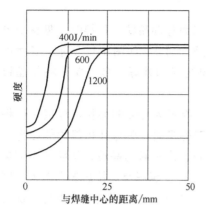

图 4-15　焊接热输入对铝合金 5356-H321
焊接接头硬度的影响

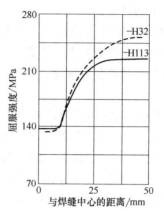

图 4-16　焊前状态对铝合金 5083
焊接接头屈服强度的影响

在接近但低于共晶熔化温度对铝合金进行加热时，铝合金的强化相即全部或大部分溶于固溶体。从该温度下快速冷却时，强化相来不及析出，固溶体过饱和，此即固溶处理。过饱和固溶体不稳定，当于常温下持续放置或于较低温度下加热时，在过饱和固溶体中发生 Cu 原子扩散、聚集和局部富集，形成 GP 区，由于 Cu 原子与 Al 原子的大小不同，在固溶体的局部区域内产生很大的点阵畸变，铝合金开始强化，此即自然时效。当加热温度升高、持续时间延长时，Cu 原子继续扩散和聚集，当 GP 区中的 Cu

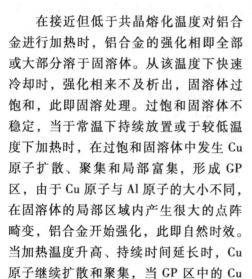
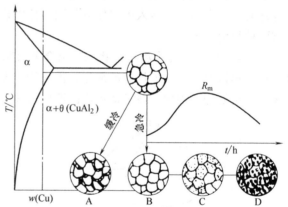

图 4-17　Al-Cu 合金时效强化过程示意图
A—退火状态　B—固溶状态　C—时效状态　D—过时效状态

含量达到 θ 相（$CuAl_2$）的成分，点阵发生改组，开始形成与固溶体基体共格的过渡相 θ′（$CuAl_2$），铝合金强化达到最佳状态，此即人工时效。当继续升高温度，θ′相脱离固溶体而转变成平衡 θ 相（$CuAl_2$），且脱溶析出后继续长大，铝合金即陷入软化，类似半退火状态，塑性提高，硬度、强度降低，此后即使再进行时效，其强度也不会恢复，此即过时效。

焊接热处理强化铝合金时，其热影响区的情况比较复杂，焊接前后可能安排多种热处理方案，见表 4-1。

表 4-1　焊接前后热处理方案

焊接前	焊接后	焊接前	焊接后
退火	固溶+人工（或自然）时效	固溶+人工时效	焊态（不再热处理）
固溶	自然时效	固溶+变形+人工时效	焊态（不再热处理）
固溶	人工时效	固溶+自然时效	自然时效
固溶+自然时效	焊态（不再热处理）	固溶+人工时效	自然时效

对热处理强化铝合金的焊接热影响区，只能根据焊接前后热处理方案的具体安排，按热处理原理进行具体分析。

以焊前呈退火状态的 Al-Zn-Mg 合金为例，其热影响区硬度变化如图 4-18 所示。焊接时，在邻近焊缝的小区内，由于峰值温度高及随后快速冷却，该区将发生固溶，焊接后可自动发生自然时效，视自然时效时间长短不同，该区硬度将不同程度地高于原退火状态母材的硬度，但受热影响不大的母材原退火状态组织焊接后不发生自然时效强化。

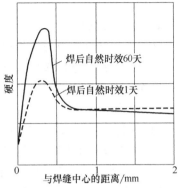

**图 4-18　退火状态 Al-Zn-Mg
合金热影响区硬度变化**

再以焊前呈自然时效状态的 6061-T4（Al-Mg-Si）铝合金为例，其热影响区硬度变化如图 4-19 所示。在焊态下，热影响区内出现两个硬度最低点。一个硬度最低点对应的峰值温度约 370℃，显示该部位焊接时曾发生部分退火；另一硬度最低点对应的峰值温度约 230℃，显示该部位焊接时曾发生回复；焊后时效后，热影响区内有两个硬度最高点，其中一个硬度最高点对应的峰值温度接近 285℃，显示焊接时该部位曾发生某种析出强化；还有一个硬度最高点对应的峰值温度约 420℃，显示焊接时该部位曾发生固溶。因此焊后人工时效时，回复区及固溶区发生时效硬化，过时效区则不能达到完全人工时效的状态，成为热影响区内的硬度最低点。

焊接热影响区的过时效软化区是热处理强化铝合金焊接接头的薄弱环节之一，调节焊接参数对过时效区软化的程度及范围可产生明显的影响，如图 4-20 所示。

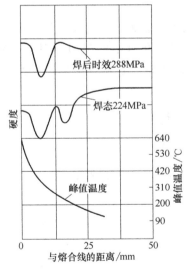

**图 4-19　自然时效状态 6061-T4
铝合金焊接热影响区硬度变化**

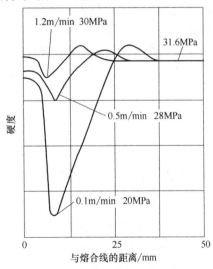

**图 4-20　不同的焊接热输入对自然时效状态
6061-T4 铝合金焊接热影响区性能变化的影响**

注：热输入恒定，焊接速度变化，焊后人工时效至 T6 状态。

4.2　焊接接头的冶金缺陷

焊接接头的主要冶金缺陷，一为焊缝气孔，二为焊接裂纹，后者既可能位于焊缝区，也可能位于熔合区。

4.2.1 焊缝气孔

1. 气孔的成分

从铝的焊缝气孔中直接抽取其内的气体并进行分析，结果证实：气体的主要成分是氢气，因此铝及铝合金焊缝金属内的气孔有时称为氢气孔。

2. 氢的来源（氢源）

惰性气体保护焊时的氢源很多。焊接时的弧柱气氛、母材和焊丝是氢的三大载体。

（1）弧柱气氛　弧柱气氛中的氢可能有以下来源：

1）瓶装惰性气体中超标的氢气和水分。

2）因惰性气体管路和冷却水管路潮湿或不密封而混入弧柱气氛中的空气和水分。

3）因焊炬结构不气密而混入弧柱气氛中的空气和水分。

经验表明，弧柱气氛中的上述氢源不难查明、排除和预防。

（2）母材及焊丝　铝材（即母材及焊丝）中的氢可能有以下来源：

1）因铝材熔炼生产中除气不尽而固溶于其内的超标氢。

2）铝材加工过程中黏附于其表面的润滑油、油脂、污物等碳氢化合物或其他含氢的表面污染物。

3）铝材表面的氧化膜及吸附的潮气（空气和水分）。

经验表明，母材及焊丝中的氢源常成为导致焊缝内生成气孔的主要因素。

3. 氧化膜致气孔的机理

铝和铝合金表面氧化膜内有许多毛细孔隙，在相对湿度较大的环境条件下，氧化膜层增厚，吸潮吸水性增强，表面氧化膜可转化为含水氧化膜或水化氧化膜 $Al_2O_3 \cdot H_2O$、$Al_2O_3 \cdot 3H_2O$。铝材存放时间越长，表面氧化膜含水程度越高。在焊接电弧的高温下，母材及焊丝表面的含水氧化膜分解：

$$Al_2O_3 \cdot H_2O \longrightarrow Al_2O_3 + H_2O$$

$$3H_2O + 2Al \longrightarrow Al_2O_3 + 6[H]$$

析出的原子态氢即进入焊缝金属中，其溶解度可用 Sievert's Law 方程表示为

$$[H] = K\sqrt{p_{H_2}} \tag{4-1}$$

式中　　$[H]$——原子态氢的溶解度；

　　　　p_{H_2}——熔池上方的氢分压；

　　　　K——平衡常数。

由式（4-1）可见，氢在熔池中的溶解度与熔池上方的氢分压（即焊接时氢源中的氢浓度）成正比，氢源中的氢浓度越大，氢溶入熔池中的量也越大。但是当熔池液体金属冷却并将凝固时，氢在液体金属中的溶解度将突然降低，如图 4-21 所示。

随着氢溶解度陡降，熔池内液态焊缝金属中的氢过饱和。这就为焊缝金属内生成气

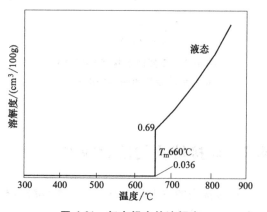

图 4-21　氢在铝中的溶解度

孔提供了前提条件。

4. 气孔的形成

气孔的形成过程可分为三个阶段。

（1）气泡形核 熔池开始结晶时，氢过饱和的液体金属将析出氢原子。在焊接条件下，熔池周边有母材未熔化的固态晶粒及成长中的固态树枝晶和少量难溶的固态质点，它们的现成表面为氢原子聚集，形成氢气提供了条件，气泡随即开始长大。

（2）气泡长大 气泡形成并长大需满足的条件：

$$p_G > p_a + p_c \tag{4-2}$$

$$p_c = \frac{2\sigma}{r_c} \tag{4-3}$$

式中 p_G——气泡内的气压；

　　　p_a——气泡外部的气压；

　　　p_c——由表面张力构成对气泡的压力；

　　　σ——液体金属与气泡间的表面张力；

　　　r_c——气泡的半径。

气泡长大有两种途径：一种途径为自行长大，但刚形成的小气泡半径（r_c）非常小，由表面张力构成对气泡的压力（p_c）则非常大，因此很小的气泡自行长大是困难的；另一途径是各小气泡在熔池各空间的液体金属内浮动，由于液体金属的对流和氢的扩散，各小气泡以不同的速度浮游、汇聚，相邻的小气泡不断发生合并，小气泡尺寸变大，然后气泡有可能继续自行长大。

（3）气泡上浮 气泡能否逸出熔池的关键是它的上浮速度。气泡上浮的速度可粗略地表示为

$$v = \frac{2(\rho_1 - \rho_2)gr^2}{9\eta} \tag{4-4}$$

式中 v——气泡上浮的速度；

　　　ρ_1——液体金属的密度；

　　　ρ_2——气体的密度；

　　　g——重力加速度；

　　　r——气泡的半径；

　　　η——液体金属的黏度。

由式（4-4）可见，气泡上浮的速度（v）与气泡的半径的平方成正比。气泡的半径（r）越大，其上浮的速度也越大，因此大气泡快速上浮，极可能逸出熔池表面而不至于形成焊缝气孔；半径越小的气泡，上浮越慢，有可能来不及逸出熔池表面，残留在凝固的焊缝金属内，成为焊缝气孔。由树枝晶偏析和层状偏析而伴生的小气泡则由于孔隙被封闭而就地残留，如图4-22及图4-23所示。

5. 气孔的形态

（1）弥散和单个气孔 在焊缝界面内弥散分布的气孔和接近焊缝表面的单个气孔，在扫描电镜下放大观察其断口时，可见气孔壁树枝晶的端头紧密排列的球状形貌，气孔壁表面光滑、洁净、无氧化痕迹。据此认为，此类气孔是氢在焊接熔池内溶解，冷却时析出、上浮，

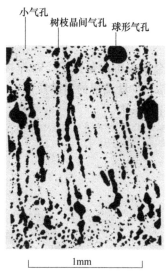

图 4-22 焊缝中的小气孔、球形
气孔及树枝晶间气孔

图 4-23 7106 铝合金 TIG 焊缝层环绕气孔

但未来得及逸出熔池表面的产物。为预防此类气孔，必须严格控制氢源并减慢焊接时的熔池冷却速度。

（2）链状氧化膜气孔 链状氧化膜气孔一般大体上沿焊缝中心线分布，恰与对接间隙位置相吻合，有时就位于焊缝根部。在扫描电镜下观察其断口，可见气孔壁上有一层极薄的薄膜，看不到树枝晶端头的形貌。此类气孔多与氧化膜夹杂物伴生，气孔壁与氧化膜夹杂物具有相同的形态，有时两者联生在一起。焊接试验证明，此类气孔与铝材对接间隙处表面残存的潮湿、含水氧化膜及碳氢化合物污染有关。为预防此类气孔，必须在焊前彻底清理坡口对接表面，或将对接接头制成反面 V 形坡口（也称"倒 V 形"坡口），使此类链状氧化膜气孔移至垫板槽内或焊缝有效厚度以外的反面余高内，以便不影响焊缝强度。

（3）熔合区气孔 熔合区气孔位于熔合线焊缝一侧，多呈孔洞形态。在扫描电镜下观察断口，其气孔壁形貌与弥散气孔壁形貌相似，也属氢气孔性质。此处氢来自母材。焊接时，固态母材与液态熔池瞬间共存，由于存在溶解度差异，固态母材所含的氢向熔池扩散和溶解，熔池快速结晶时，氢原子大量析出，形成气泡，由于熔池快速冷却凝固，气泡来不及逸出，即形成熔合区气孔。

6. 气孔的预防

预防气孔是一个复杂的难题。在一些研究成果及生产实际经验的基础上，根据制造技术条件对气孔容限的宽严程度及具体条件，可选用下列气孔预防措施。

（1）母材及焊丝 母材及焊丝自身的氢含量应控制为每 100g 金属内不超过 0.4mL。

1）母材表面应经机械清理或化学清洗，以去除油污及含水氧化膜。清理或清洗后，用干燥、洁净、不起毛的织物或聚乙烯薄膜胶带（图 4-24）将坡口及其邻近区域覆盖好，防止其被污染。必要时临焊前再用洁净的刮刀刮削其表面，继而用焊枪向坡口吹氩气，吹除坡口内刮屑，然后施焊。母材表面清洗后，存放待焊时间不超过 24h，否则需再次清洗。

2）焊丝表层的氢污染危害比母材更大，因为其表面积的比值（单位长度焊缝内消耗焊丝的总表面积与发生焊接的母材坡口面积之比）很大。例如 MIG 焊时的焊丝直径为 $\phi 2.4mm$，母材厚度为 20mm，焊接 1m 长的焊缝，大约需消耗的焊丝长度达 65m，则它们的表面积的比值约为 12∶1。因此消除焊丝表层氢污染更为重要。最好的办法是采用抛光的焊丝，其表面光滑、光洁、光亮，拆封后无须任何清理即可用于焊接。

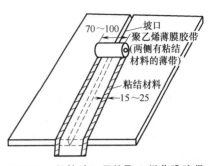

图 4-24　保护坡口用的聚乙烯薄膜胶带

（2）保护气体　作为保护气体的氩气或氦气应分别符合标准要求；航天行业推荐的指标要求：$\varphi(H_2)<0.0001\%$，$\varphi(O_2)<0.1\%$，$\varphi(H_2O)<0.02\%$，露点不高于$-55℃$。

（3）气体管路　管路应气密，材料最好不用塑料，因为有些塑料气密性差，最好采用不锈钢管。管路连接不用螺纹球头连接，而应采用焊接或钎焊连接。管路端部与焊枪之间的柔性软管最好采用聚三氟氯乙烯塑料管，它的密封性相较于其他塑料管更好。当现场环境湿度大时，可用经加热的氩气通吹气体管路，以去除管壁上可能附着的水分。可采用试板进行氩弧焊试验，根据焊道的外观和阴极雾化区的宽窄来定性检查惰性气体的纯度、露点和保护效果，同时清除焊枪和气体管路中的冷凝水。

（4）焊枪结构　由于焊枪内需接冷却水管，应确保其管接头不会漏水。

（5）现场环境　铝及铝合金焊接生产现场的环境温度不宜超过 25℃，相对湿度不宜超过 50%。如果难于控制整体环境，可考虑在大厂房内创造有空调或去湿的局部小环境。焊接工作地应远离切割、钣金加工等工作地，应禁放杂物，保持现场整齐清洁。从事装配及焊接的工人身上和手上的油污和汗迹含有碳氢化合物，也是氢源。接触、加工、焊接铝件时，必须穿戴白色衣、帽及手套。选择白色穿戴的目的是易于发现和清除其上的脏污。此外，焊工应多备一副白手套，专用于接触坡口及操作焊丝，而不能用于其他作业。

（6）设计　设计时应选用对焊缝气孔敏感性较小的铝材，结构焊接时操作可达性好，尽量采用自动焊，以便减少焊缝接头，避免手工焊频繁引弧、熄弧而引起焊缝气孔。此外，焊缝余高不能设计得过高，因焊缝过分突出将增大液态焊缝金属内的气泡的上浮距离而导致气泡来不及逸出焊缝。

（7）焊接方法　气焊、电弧焊难以保证减少焊缝气孔，质量要求高时不宜选用。钨极氩弧焊（TIG 焊）的电弧过程较稳定，空气混入弧柱气氛的机会较小，且焊接速度不高，熔池凝固速度较低，生成焊缝气孔的概率较小。熔化极氩弧焊（MIG 焊）的电弧过程激烈，稳定性相对较差，空气混入弧柱的概率较大，且一般选用较细焊丝，其比表面积较大，氢污染程度及产生焊缝气孔的敏感性也较大，因此焊接中薄板时宜选用 TIG 焊，焊接中、大厚板时可选用 MIG 焊。采用变极性（极性参数可非对称调节）钨极方波交流氩弧焊和等离子弧立焊时，阴极雾化充分，焊接过程中可排除气孔和夹杂物，后者甚至可获得无缺陷焊缝。

（8）焊接参数　弧长、电流、焊接速度的选择关系到熔池在高温下存在时间的长短、熔池凝固速度的高低及氢的溶入或逸出。增大热输入时，可延长熔池在高温下存在时间，有利于氢逸出，但也有利于氢溶入。从单项参数来说，弧长（电弧电压）不宜太高，焊接速度宁可就低而不就高。生产时应按零件厚度、焊接方法、接头形式等综合考虑并经气孔敏感性试验后，再优选出最佳配合的参数。

（9）焊前预热、减缓散热　焊前预热、减缓散热有利于减缓熔池冷却速度，延长熔池存在时间，便于氢气泡逸出，免除或减少焊缝气孔，是铝及铝合金结构定位焊、焊接、补焊时预防焊缝气孔的有效措施。预热方法最好是在夹具内设置电阻加热或远红外局部加热的装置。对于退火状态的 Al、Al-Mn 及 $w(Mg) < 5\%$ 的 Al-Mg 合金，预热温度可选用 $100 \sim 150℃$；对于固溶时效强化的 Al-Mg-Si、Al-Cu-Mg、Al-Cu-Mn、Al-Zn-Mg 合金，预热温度一般不超过 $100℃$。减缓散热的方法为选用热导率小的材料制造胎夹具（如钢）及焊缝垫板（不锈钢或钛及钛合金）。

（10）操作技术　始焊及定位焊时，零件温度低、散热快，熔池冷却速度大，焊接处易产生焊缝气孔，宜采用引弧板。定位焊引弧后稍停留，然后填丝焊接，以免该部位产生未焊透及气孔。

1）单面焊时，背面焊根处易产生根部气孔。最好采用反面坡口，正面焊后，反面清根，去除根部气孔及氧化膜夹杂物，然后施行反面封底焊。

2）多层焊时，宜采用薄层焊道，每层熔池的熔化金属体积较小，便于氢气泡逸出。

3）向下立焊或斜焊时，由于液态焊缝金属下沉，气泡上浮和逸出的通道较长，焊后易残留气孔。此时宜设法改用向上立焊或斜焊（斜角约30°），由于气泡上浮和逸出的通道较短，有利于气泡逸出。

4）手工焊及补焊时，对焊缝气孔的控制在很大程度上有赖于操作者的技艺。操作者应善于观察熔池状态转化过程和气泡产生、上浮及逸出的情况，必要时对熔池做适当的搅动，助其逸出焊缝表面。

经验表明，对熔池的搅拌，包括手工、机械和物理方法搅拌，如超声、电磁、脉冲电流、脉冲送丝、脉冲换气（氩气与氦气按一定频率轮换送气）等，均有助于焊接时动态除氢。

在铝及铝合金结构焊接生产中，焊缝气孔是易发生的焊接缺陷，下面介绍一个实例。

有两种铝合金 5A03 的圆筒，其尺寸分别为 $\phi600mm \times 800mm \times 1.8mm$ 和 $\phi600mm \times 1310mm \times 1.8mm$。试制时，由于多种原因，TIG 自动焊的焊缝内曾出现大量气孔。按 X 射线检测结果统计，单个气孔中约有 3/4 分布在焊缝中部，1/4 分布在焊缝边缘；密集气孔中约有 2/3 分布在焊缝中部，1/3 分布在焊缝边缘；链状气孔绝大多数分布在焊缝中部，个别位于焊缝根部边缘。

据此，从两方面着手：一方面是尽量减少氢在焊接过程中溶入熔池，另一方面是采取合适的工艺措施，使已经进入熔池中的氢得以逸出。

在尽量减少氢的来源方面，主要是做好焊前清理，母材及焊丝需经过表面清理，并在 $3 \sim 5$ 天内进行焊接，临焊前，须用刮刀将母材连接面上的氧化膜及脏污处仔细刮去，然后用直径为 0.15mm 的不锈钢丝刷将连接面刷净。

采用纯度不低于 99.99% 的氩气作为 TIG 焊保护气体。

在上述措施的基础上，还采取了下列工艺技术措施。

1）改连续送丝为断续（脉冲）送丝。熔滴间断加入熔池可起到搅拌熔池的作用，有利于氢的逸出和焊缝气孔的减少。断续送丝机构如图 4-25 所示。送丝轮与压紧轮（从动轮）之间的压紧力靠压紧弹簧调节，压紧力不可过大，否则易使焊丝出现压痕，增加导向压力，甚至使焊丝失稳。

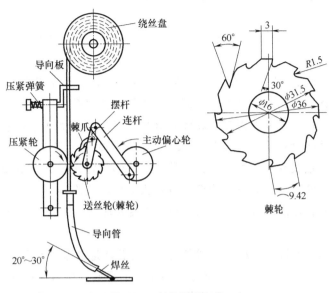

图 4-25 断续送丝机构

原有的连续送丝机构改为断续送丝机构后，可保证在焊接速度为 28~29m/h 的情况下，在每 100mm 长的焊缝上送丝 26~28 次，每次送丝长为 7mm。

2）合理选择焊接夹具。为了减小热传导，减小熔池的冷却速度，以利于减少气孔，应尽可能减小夹具与焊件的接触面积。因此气动的琴键式压板夹具较为理想，其单位面积压力大，容易夹紧，同时接触面小，焊件散热少，熔池冷却速度低。

3）焊缝垫板预热。虽然薄壁结构不宜预热，但焊缝体积小，可预热焊缝垫板，使其温度达到 50~60℃，以减小熔池冷却速度。此外，为避免焊缝与垫板槽间的空气热膨胀，沿垫板凹槽中心线钻了若干 $\phi1.5$mm 的排气孔。

4）合理选择焊接参数。经过试验优选，最佳焊接参数见表 4-2。

表 4-2 试验优选出的最佳焊接参数

网络电压/V	焊接电流/A	焊接速度/(m/h)	送丝速度/(m/h)	氩气流量/(L/min)	夹具气压/MPa	喷嘴直径/mm
380~410	140~142	28.2~29.5	49.92	10~12	0.5~0.6	12

生产实践结果表明，采取上述各方面措施后，提高了焊接质量，焊缝气孔大幅度减少。

7. 对超标气孔的处理

在焊接生产中，铝及铝合金比其他金属更容易产生焊缝气孔，一旦超标，即需补焊，补焊又将引起焊件局部变形，或引发新的补焊缺陷，又需再次补焊。有时，为消除一个气孔，补焊造成一条裂纹，得不偿失。因此对超标的焊缝气孔，有必要结合不同情况（气孔尺寸、出现部位、焊件工况、影响大小），慎重处理。

气孔的危害性与其尺寸、相邻气孔的间距、数量、形状、出现部位等多方面条件有关。

产品制造技术条件中对单个气孔、密集气孔、链状气孔的容限做了具体要求，因此有必要对这些名词予以明确定义。

1）单个气孔是指任何两相邻气孔的间距不小于此两气孔直径平均值3倍（或4倍）的气孔。

2）密集气孔是指呈聚集状，数量众多，任何两相邻气孔的间距小于此两气孔直径平均值3倍的气孔群。

3）链状气孔是指大体上分布在一条近似的直线上，数量不少于3个，线上任何两相邻气孔的间距均小于此两气孔直径平均值3倍（或4倍）的气孔。

单个气孔的危害性主要表现为减小焊缝的承载面积，对焊缝的气密性或焊缝的强度可能有所影响。但与其他线性缺陷（如咬边、未焊透、焊接裂纹）相比，其实际危害较小。国内外就焊缝内气孔对铝及铝合金焊接接头力学性能的影响曾做过大量试验，试验结果表明，单个气孔对焊接接头的静载和动载（疲劳）强度没有影响或影响不大。

处理超标气孔时，建议同时考虑气孔的超标程度和焊缝、结构、材料的背景及补焊的难易和得失。

如果气孔呈圆球体或近球体形（一般如此），位于焊缝中部，超标程度不太大，焊缝留有余高（正面、反面），或该部位焊缝属于承载不大的区域，材料焊接性不良，补焊时易产生焊接裂纹，则此种超标气孔不必也不宜排除并补焊，建议超差验收。

如果气孔呈柱体形（X射线照相底片上呈黑度很深的黑点），或位于熔合线部位，或排列成链状，或位于已去除正反面余高的焊缝内，或该部位焊缝属于承载较大的区域，且此种气孔如果不排除并补焊，将带来很大的使用风险，则不宜超差验收，应予以排除并补焊。

排除气孔并补焊时，必须遵循补焊规则，避免补焊时产生焊接裂纹或其他新的超标缺陷，争取一次补焊成功，避免多次补焊。

4.2.2　焊接裂纹

焊接裂纹是铝合金结构焊接生产中可能遇见的重大焊接冶金缺陷。

铝合金焊接裂纹的性质属于热裂纹，简称热裂。它们是在固相线温度附近的高温下沿晶界开裂的。与钢铁材料不同，铝合金很少出现冷裂纹。

铝合金焊接热裂纹有两种特征形式：一种为凝固裂纹或结晶裂纹，另一种为液化裂纹。前者出现的部位多为焊缝中心或弧坑内，后者出现的部位多为熔合区或多层焊时前层焊缝的热影响区内。

铝及铝合金焊接热裂纹出现部位及其概率统计结果如图4-26所示。由图可见，热处理强化铝合金焊接时易出现熔合区液化裂纹。

铝合金焊接裂纹外观形貌如图4-27所示，焊缝金属和熔合区剖面及断口的形貌如图4-28~图4-31所示。

结晶裂纹断口形貌的基本特征是断口表面由大面积的、光滑但凸凹不平的粒状（俗称"土豆"或"鹅卵石"）结构组成，其表面还残留有晶间低熔点共晶体生成物或液膜褶皱及树枝晶脆性断裂的痕迹。

液化裂纹的断口形貌特征与结晶裂纹断口形貌特征类似。视其出现部位不同，液化裂纹的断口表面具有轧制母材纤维组织高温沿晶断裂特征或多层焊的前层焊缝原有组织高温沿晶断裂的特征。

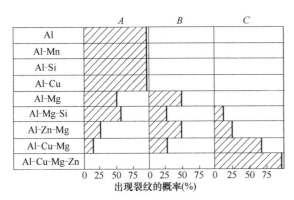

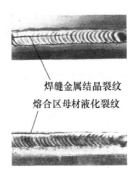

焊缝金属结晶裂纹

熔合区母材液化裂纹

图 4-26　焊接裂纹出现部位及其概率

A—焊缝区　*B*—焊缝区和熔合区　*C*—熔合区

图 4-27　2A12-T4 铝合金焊接裂纹外观形貌

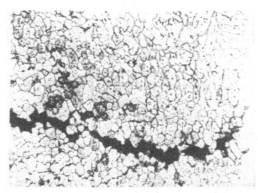

**图 4-28　2A12-T4/Al4043 铝合金焊缝
金属沿晶开裂形貌**

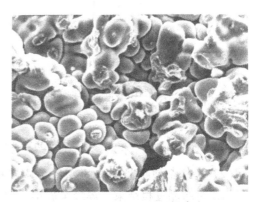

**图 4-29　2A12/Al4043 铝合金
焊缝金属结晶裂纹断口形貌**

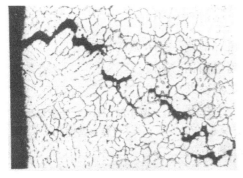

**图 4-30　2A12/Al4043 铝合金熔
合区沿晶开裂形貌**

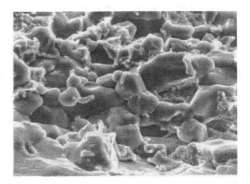

**图 4-31　2A12/Al4043 铝合金熔
合区液化裂纹断口形貌**

1. 结晶裂纹

焊缝金属结晶裂纹是在凝固过程中由于高温下金属的性能、形态和收缩应变随温度的降低而发生一系列变化的条件下发生的。

（1）焊缝金属性能的变化　从金属学理论可知，决定金属高温沿晶断裂的主要性能是它的高温塑性，即高温下塑性变形的能力。以 Al6Mg0.6Mn 和 Al3Zn4Mg 铝合金为例，其高温塑性随温度的变化如图 4-32 所示。

由图可见，在固相线以上的高温下，金属仍表现有一定的塑性。随着温度的降低，金属的塑性不断降低，在接近或到达固相线温度时，A 降到最小值。此后温度进一步降低，A 又开始增大。因此在固相线以上的一段温度区间内，金属将表现脆性，该区间即称为脆性温度区间（brittle temperature range，BTR）。

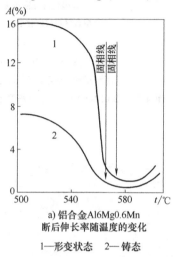
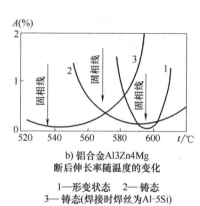

a) 铝合金Al6Mg0.6Mn
断后伸长率随温度的变化

1—形变状态　2—铸态

b) 铝合金Al3Zn4Mg
断后伸长率随温度的变化

1—形变状态　2—铸态
3—铸态(焊接时焊丝为Al-5Si)

图 4-32　铝合金高温塑性随温度的变化

（2）焊缝金属结晶形态的变化　从液相线开始结晶，到固相线时结晶过程结束，焊缝金属熔体要经历液-固态及固-液态两个阶段。以 Al-Cu 二元合金为例，其熔体形态变化如图 4-33 所示。L-S 为液-固阶段，S-L 为固-液阶段，两者之间相隔的直线表示树枝晶开始交织长合的温度线，C 表示裂纹率（裂纹倾向）。

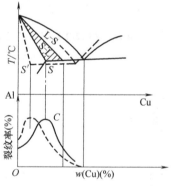

图 4-33　Al-Cu 合金结晶过程形态变化

当熔体温度降至液相线，主体液相中析出固相（即固溶体树枝晶），熔体即进入液-固态，大量液相分割包围固相，并可在固相间流动，因此焊缝金属将表现一定塑性并可发生形变，而固相仅可随之发生位移而自身不会发生变形。当温度进一步降低，至固相树枝晶开始互相交织长合，形成树枝晶骨架，熔体即进入脆性温度区间和固-液态阶段。

固-液态阶段尚可包含两个时段。在固-液态阶段初期，树枝晶骨架开始发生形变。当树枝晶骨架发生形变开裂时，如液相的体积和数量尚可能流入并填充树枝晶骨架的裂隙，此即裂纹愈合现象。到了固-液阶段后期，固相树枝晶骨架已长成刚性网络，应变高度发展，残余液相数量锐减，流动性减弱并被排挤到树枝晶之间滞留，形成液态薄膜，其强度低，塑性差，易发生断裂，即形成结晶裂纹。

（3）结晶裂纹形成的条件　结晶裂纹的形成是焊缝金属的形态、性能、应变在高温结晶过程中变化及发展的结果。结晶裂纹的产生如图 4-34 所示。T_L 为液相线，T_s 为固相线，

ΔT_f 为结晶区间，T_U 为树枝晶开始交织长合的温度，ΔT_B 为 BTR，即脆性温度区间，A 表示结晶期间金属的断后伸长率，A_{min} 表示温度接近或达到固相线时金属断后伸长率的最小值，直线 1、2、3 分别表示不同的累积变形的发展，e 表示脆性温度区间金属的累积应变量。

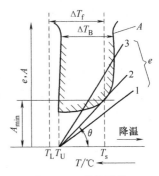

图 4-34　结晶裂纹的产生示意

当 e 按直线 1 发展时，$e<e_{min}$，焊缝金属将不会产生裂纹；当按直线 3 发展时，$e>e_{min}$，焊缝金属将产生裂纹；当按直线 2 发展时，$e=A_{min}$，此时即为产生裂纹的临界状态。直线 2 表示的临界增长率 $\dfrac{\partial e}{\partial T}$，称为临界应变增长率，以 CST（critical strain rate for temperature drop）表示，其数学表达式为

$$CST = \tan\theta$$

CST 与材料的成分有关，反映材料的热裂纹敏感性。CST 值越大，材料的热裂纹敏感性越低。

2. 液化裂纹

液化裂纹的形成机理与结晶裂纹的相似。焊接加热时，与焊缝紧邻的熔合区内的过热区，晶粒未熔化，呈固态，但晶粒边界上的低熔点共晶物熔化（晶界液化），从而出现液相与固相共存的现象，并开始发生形态、性能和应变逐步变化和发展的过程，由此产生的晶间裂纹即称为液化裂纹。

多层焊时，后层焊缝的热输入使前层焊缝遭到热影响，使两者熔合线的前层焊缝一侧的晶粒边界低熔点共晶物熔化，由此产生的裂纹在本质上也属于液化裂纹。

3. 焊接裂纹的影响因素及防治措施

（1）冶金因素

1）合金（或不填丝焊接时的焊缝）牌号及其成分。仍以简单的 Al-Cu 二元合金为例，参见图 4-33。其中，用实线表示的固相线、液相线、共晶线均为合金在缓慢加热及冷却的平衡状态下的几个阶段。实际焊接过程是快速加热及冷却条件下的不平衡结晶过程。先结晶的固相与液相之间来不及进行溶质的扩散，因此固相线和热裂纹倾向变化曲线均向左下方移位，如图 4-33 中虚线所示。在 S' 点成分范围内，当合金元素含量增大时，合金在固-液态下结晶的区间增宽，在脆性温度区间内停留时间增长，累积应变量增大，热裂纹倾向也随之增大；当合金元素含量达 S' 点成分时，合金热裂纹倾向达最高值；在 S' 点成分以外，当合金元素含量增大时，合金在固-液态下结晶的区间逐渐变窄，在脆性温度区间内停留时间逐渐缩短，累积应变量减小，热裂纹倾向即随之降低。具有高热裂纹倾向的典型铝合金主要合金元素含量范围如下：

$$\text{Al-Si 合金} \quad w(\text{Si}) = 0.5\% \sim 1.2\%$$
$$\text{Al-Cu 合金} \quad w(\text{Cu}) = 2.0\% \sim 4.0\%$$
$$\text{Al-Mn 合金} \quad w(\text{Mn}) = 1.5\% \sim 2.5\%$$
$$\text{Al-Mg 合金} \quad w(\text{Mg}) = 0.5\% \sim 2.5\%$$
$$\text{Al-Zn 合金} \quad w(\text{Zn}) = 4.0\% \sim 5.0\%$$

以 Al-Mg 合金为例，$w(\text{Mg}) \leqslant 3\%$ 的 Al-Mg 合金热裂纹倾向较高，$w(\text{Mg})>3\%$ 的 Al-Mg

合金热裂纹倾向较低。

铝合金中的少量合金元素，如 Mn、Cr 等，其质量分数一般不超过 1%；铝合金中的微量合金元素，如 Ti、Zr、B 等，除对合金的基本性能（力学性能、耐蚀性能）各有所贡献外，在焊接性能方面，由于微量元素可细化合金组织（凝固时的树枝晶尺寸和结构），打乱柱状晶的方向性，破坏液态薄膜的连续性，因而有利于降低铝合金（或其焊缝）的热裂纹倾向。这些合金元素对不同铝合金热裂纹率的影响如图 4-35~图 4-39 所示。

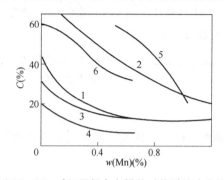

图 4-35　Mn 对不同铝合金焊接时热裂纹率的影响

1—Al6Mg　2—Al5Cu　3—Al1.2Mg1Si

4—Al1.4Mg0.4Si　5—Al3Zn4Mg　6—Al6Zn3Mg

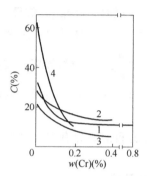

图 4-36　Cr 对不同铝合金焊接时热裂纹率的影响

1—Al6Mg0.4Mn　2—Al1.2Mg1Si

3—Al1.2Mg0.4Si　4—Al6Zn3Mg

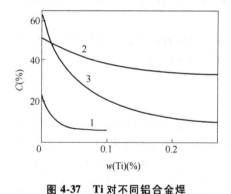

图 4-37　Ti 对不同铝合金焊
接热裂纹率的影响

1—Al6Mg0.6Mn　2—Al5Cu0.6Mn

3—Al6Zn3Mg

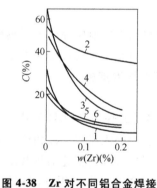

图 4-38　Zr 对不同铝合金焊接
热裂纹率的影响

1—Al6Mg0.4Mn　2—Al5Cu0.6Mn

3—Al6Zn3Mg　4—Al3Zn4Mg

5—Al1.2Mg1Si　6—Al1.4Mg0.4Si

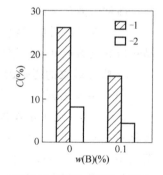

图 4-39　B 对 Al6Mg0.6Mn
合金焊接热裂纹率的影响

1—焊缝裂纹　2—熔合区裂纹

Si、Fe、Na 等微量元素一般认为是铝合金成分中的有害杂质，Si、Fe 能与 Al 及合金元素形成复杂的金属间化合物和熔点很低的多元低熔点共晶体，因此铝及铝合金成分中一般限制其含量，质量分数不大于 0.5%。Na 在 α 固溶体内的溶解度很小，它以脆性薄膜的形式存在于晶界上。在 Al-Mg 合金中，如果 $w(Na) \geqslant 0.0006\%$，则合金裂纹倾向将增大 3~4 倍，降低冷弯角将达 30%~40%。

由此可见，不同的铝合金，由于成分不同，可带来不同程度的热裂纹倾向。遗憾的是，许多传统的铝合金虽具有高的强度水平，却不具有低的热裂纹倾向。许多选材设计者一般易倾向于追求材料的强度，却忽略考察材料的焊接性，特别是其热裂纹倾向，因此在焊接生产中频繁地遇到焊接裂纹的难题。

防治焊接裂纹不如避免焊接裂纹。选材设计时，必须避免选用热裂纹倾向大的材料，应优先选用或改用力学性能水平相当，但焊接性较好、热裂纹倾向小的材料。

例如，2014-T6 与 2219-T87（及 T81）同为 Al-Cu 系铝合金，两者强度水平相当，但前者强度略高，后者焊接性良好。在为大型运载火箭贮箱选材时，孰取孰舍曾出现分歧。研制登月运载火箭"土星五号"时，决定上面级（即火箭的第二级和第三级）贮箱继续沿用 2014-T6 铝合金及相关焊接工艺，一级 10m 直径贮箱则首次选用 2219-T87 及 2219-T81 铝合金，采用立式装配及柔性工装等新焊接工艺。实践结果表明，2219 铝合金的焊接性能良好，新工艺相当成功。此后，美国在航天飞机庞大的外贮箱及宇航员座舱的舱体等焊接结构选材时，均改用了 2219 铝合金。此后世界各国也相继选用 2219 铝合金或 2195 铝锂合金作为贮箱结构材料。

2）填充金属的牌号及其成分。焊缝金属是由母材与填充金属熔合而成的。填充金属的牌号与母材的牌号需适当配合，配合不当可能导致不同的裂纹倾向。例如 $w(Mg)<3\%$ 的 Al-Mg 合金焊接时热裂纹倾向大。当以 $w(Mg)>3\%$ 的 Al-Mg 合金为焊丝进行焊接时，则可能不出现焊接结晶裂纹，因为此举可提高焊缝金属内的 Mg 含量，高 Mg 的铝合金焊丝熔化后可提供大量的低熔点共晶体，以便能及时愈合凝固时可能产生的结晶裂纹。但是如果以 Al-Mg 合金为焊丝去焊接热裂纹倾向不大的 Al5Cu0.6Mn 铝合金，则焊缝及熔合区热裂纹倾向将增大，焊缝塑性将降低，因 Mg 是 Al-Cu-Mn 合金内有害的杂质，铝合金技术标准中规定其内 $w(Mg)$ 不得超过 0.02%。Mg 对 Al5Cu0.6Mn 合金热裂纹率及力学性能的影响分别如图 4-40 及图 4-41 所示。

对于一些难焊的铝合金，如硬铝合金 2024（Al4CuMg）、2014（Al4CuMgSi），如果用与母材同成分的焊丝进行焊接，其热裂纹率 C 值可高达 70%。

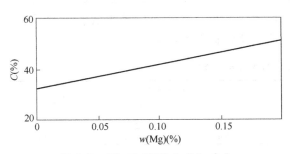

图 4-40　Mg 对 Al5Cu0.6Mn 合金
焊接时热裂纹率的影响

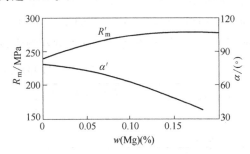

图 4-41　Mg 对 Al5Cu0.6Mn 合金
焊接接头力学性能的影响

R_m—抗拉强度　R'_m—抗拉强度随 Mg 含量的变化曲线
α—弯曲角度　α'—弯曲角度随 Mg 含量的变化曲线

为寻求能与不同牌号铝合金适当配合的焊丝，可参考本书第 3 章中的表 3-4 及表 3-5，或求助于各种手册或焊丝生产厂商的焊丝选用指南，但应视这些指南为有待实践验证的推荐。对于某些特殊情况，有些指南中的推荐尚不足以解决裂纹难题。现在仍以 2024 及 2014 难焊铝合金为例，有些指南推荐的焊丝有 Al 4145、Al 2319、Al 4043。2014-T6 铝合金焊接试验结果表明，Al 4145 焊丝（Al10Si4Cu）的抗热裂纹能力最强，可能因它能提供大量低熔点共晶体，但焊丝及焊缝的脆性也最大，很难用于焊接拘束度很大的铝合金重要焊接结构。

Al 2319（Al6.3CuMnTiZrV）是焊接 2219 合金的最佳焊丝，但如用于焊接 2014 铝合金，则热裂纹倾向仍居高不下。Al 4043（Al5SiTi）焊丝抗焊缝结晶裂纹能力很强，但仍有少许产生液化裂纹的倾向。

3）开发新焊丝。为寻求能同时抑制 2014、2024 铝合金产生结晶裂纹和液化裂纹的铝合金焊丝，可考虑以 Al 4043（Al5SiTi）合金成分为基础，研制一种新的合金焊丝。能同时降低 Al-Cu-Mg、Al-Cu-Mg-Si 系铝合金焊接时产生结晶裂纹及液化裂纹倾向的新焊丝应具备下列特性。

① 焊丝熔入熔池后能提供大量的、流动性好的低熔点共晶体，以便及时愈合焊缝金属内可能产生的结晶裂纹。

② 在熔合区晶界液化状态临近结束前，在熔合线焊缝一侧应尚存足够数量的流动性好的液态低熔点共晶体，其固相线温度应低于熔合区晶界低熔点共晶体的固相线温度（即母材的固相线温度），以便前者能顺沿熔合线两侧晶间的液相通道流到熔合区晶间去愈合可能产生的晶界液化裂纹。

这就意味着新焊丝必须是熔点更低的合金，使焊缝金属的完全凝固滞后于熔合区晶界液化状态结束。

硬铝合金的焊接难度正好在于母材固相线温度 T_s 过低，而 Al-Si 共晶的熔点又过高。

$$2024 铝合金，T_s = 502℃$$
$$2014 铝合金，T_s = 507℃$$
$$Al-Si 共晶，T_s = 577℃$$
$$4043 铝合金，T_s = 575℃$$

要想进一步降低 Al5Si 铝合金的熔点，必须往其成分内引入 Cu。Cu 的添加量不能过少，否则降低其熔点及热裂纹倾向不明显；Cu 的添加量也不可过多，否则焊缝金属的脆性过大。新型 BJ-380A 焊丝（Al5Si2CuTiB），$w(Cu) = 1.3\% \sim 2.3\%$，实测其固相线温度 T_s 为 539 ~ 541℃。Al 4043 焊丝与 BJ-380A 焊丝的焊接性能试验结果见表 4-3。

表 4-3　Al 4043 及 BJ-380A 焊丝的焊接性能

焊丝合金	焊接裂纹率 $C(\%)$		焊接接头力学性能		
	C_1	C_2	R_m/MPa	$A(\%)$	$\alpha/(°)$
Al 4043	6.0	1.0	274~284	4.5~5.5	28~34
BJ-380A	3~8	0	264~294	3.0~6.0	22~36

注：母材为 2A14-T6，厚度为 5mm，焊接方法为 TIG（Ar）焊。

由于焊丝的作用与接头形式及焊接方法有关，不开坡口 TIG（He）焊时，焊丝可用 Al 4043，因为此时母材的 Cu 进入焊缝的比例较大；但开坡口 TIG（Ar）焊时，应该用 BJ-380A，因为此时母材内的 Cu 进入焊缝的比例较小，焊丝成分内必须增 Cu，故需以有适量 Cu 的 BJ-380A 焊丝取代无 Cu 的 Al 4043 焊丝。

（2）工艺因素

1）焊缝成形。焊缝成形系数 $\varphi\left(\varphi = \dfrac{B}{H}\right)$ 可影响焊缝金属产生结晶裂纹的倾向，如图 4-42 所示。φ 值增大时，焊缝热裂纹倾向降低，但 $\varphi > 7$ 以后，由于焊缝截面过薄，抗热裂纹能力降低。φ 值较小时，最后凝固的树枝晶汇合面因晶粒相向生长而成为杂质严重聚集的部位，最易生成焊缝结晶裂纹。因此当铝材焊接性不良且焊件厚度较大时，宜施行开坡口焊接，避免形成窄而深的焊缝。

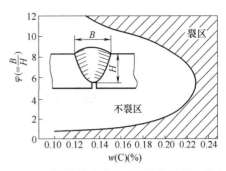

2）组织形态。焊缝金属的晶粒越粗大，柱状晶的方向性越明显，则焊缝产生结晶裂纹的倾向越大；熔合区晶粒越粗大，晶界熔化越明显，则该区产生液化裂纹的倾向越大。

图4-42 焊缝成形系数对焊缝热裂纹的影响

组织形态取决于焊接时的热输入。提高焊接时的热输入，例如增大焊接电流，降低焊接速度，可降低焊缝金属的应变率，降低焊缝金属产生结晶裂纹的倾向。但应注意，此举可能同时引起母材热影响区过热，晶界熔化，引发该区液化裂纹。

当铝材焊接性不良时，为同时防止上述两种热裂倾向，可在保证焊透的热输入条件下，适当降低焊接速度，以预防结晶裂纹；同时通过工装夹具对焊件加强散热，以免熔合区过热，以预防液化裂纹。

3）拘束度。拘束度是引起应力应变的重要条件，也是影响焊接裂纹是否生成的重要因素。热裂纹倾向大的铝合金在拘束度小的焊接过程中也可能不产生焊接裂纹，热裂纹倾向小的铝合金在拘束度大的焊接过程中也可能产生焊接裂纹。

结构因素造成的拘束度一般不可改变（有时也可改变），但制造工艺因素造成的拘束度是可以改变的。应合理选用焊件的装配和焊接的顺序，动态控制焊接时的拘束度条件，减小焊接时的应力应变。

4）补焊。高强度铝合金一般焊接性不良，焊接时热裂纹倾向大，特别是补焊时容易产生液化裂纹，因为补焊处拘束度大，且局部多次重复受热，焊接条件恶劣。为此，应提高焊件的焊接生产质量，避免或减少焊接缺陷，尽量避免补焊。当质量缺陷超差不太严重时，甚至宁可超差放行，不予补焊。当不得不进行补焊时，应针对每一缺陷的具体情况，具体制定各缺陷最佳的排除和补焊方案，争取一次补焊成功，切忌对同一缺陷部位施行多次补焊。

4. 对焊接裂纹的处理

焊接裂纹具有尖锐的两端，在焊接残余应力和工作应力的作用下，易产生严重的应力集中，裂纹极易扩展，常成为低应力下脆性断裂或疲劳断裂、应力腐蚀断裂的断裂源。因此不论焊接裂纹的性质、尺寸、出现部位如何，一经发现，必须予以彻底清除并随即补焊。

第5章 材料的焊接性

焊接性是金属材料，包括铝及铝合金的一项非常重要的性能指标，它关乎材料的正确选择和焊接工艺的正确选用。

5.1 焊接性试验方法

根据 GB/T3375—1994《焊接术语》，焊接性的定义为：材料在限定的施工条件下焊接成按规定设计要求的构件，并满足预定服役要求的能力，即材料对焊接加工的适应性和使用的可靠性。

焊接性分为工艺焊接性和使用焊接性。工艺焊接性是指在一定的焊接工艺条件下，能否获得优质、无缺陷的焊接接头的能力。使用焊接性是指焊接接头或焊接结构满足使用性能的程度。

根据焊接性的定义及内容，焊接性评定试验方法可分为直接法和间接法。

铝及铝合金焊接性试验方法如下：

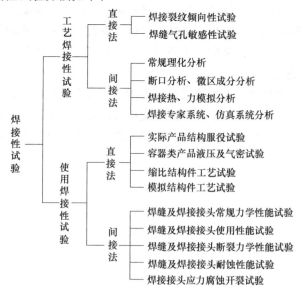

上述分类只是为了理解每项焊接性试验的性质、内容及其范畴。在实际工作中，焊接性试验是按工作要求及工作程序进行的。工艺焊接性试验与使用焊接性试验，直接法试验与间

接法试验往往是互相结合及互相穿插进行的。一般来说，在开发一种新合金或为新结构选用新材料时必须进行焊接性试验，且一般程序是焊接裂纹倾向性试验（包括母材和填充金属）、焊缝气孔敏感性试验、焊接接头常规力学性能试验、焊接接头耐蚀性能试验、焊接接头使用性能（按结构设计要求）试验，其间可能穿插进行焊接接头常规理化试验、金相分析、断口分析等。

5.1.1　焊接裂纹倾向性试验方法

　　焊接裂纹是一种不被允许的缺陷，因此开发新合金及研制新结构时，焊接裂纹倾向性试验常成为首要的焊接性试验项目。

　　铝合金易出现热裂纹，或为结晶裂纹，或为液化裂纹。与钢及其他金属不同，铝及铝合金很少出现冷裂纹及其他性质的焊接裂纹。

　　铝及铝合金焊接裂纹倾向性试验可用下列四种试验方法。

1. T形接头试件焊接裂纹试验法

　　T形接头试件尺寸及形状如图 5-1 及图 5-2 所示。此法适用于试验铝合金母材及其与填充金属的配合。

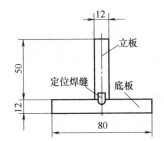
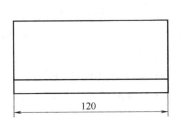

图 5-1　T形接头试件尺寸及形状

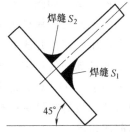

图 5-2　T形接头试件试验
焊缝的焊接位置

　　试件组装时，立板底面应予机械加工，使它与底板良好接触，两端用定位焊缝固定。先焊接拘束焊缝 S_1，然后立即焊一条检验焊缝 S_2，两条焊缝的间隔时间不大于20s，焊接方向相反，焊缝 S_2 的平均厚度应比焊缝 S_1 小 20%。试件数量为 3~5 件，各试件两条焊缝的焊接参数及焊缝厚度应保持基本上相同，焊接时均采用船形位置。

　　试件冷却后，检测焊缝 S_2 有无裂纹及裂纹长度，检查方法可用目视、放大镜、渗透剂等，然后按式（5-1）计算裂纹率（裂纹倾向），即

$$C = \frac{\sum L_i}{L} \times 100\% \tag{5-1}$$

式中　　C——焊接裂纹率（%）；

　　　　$\sum L_i$——表面裂纹长度之和（mm）；

　　　　L——试件长度。

　　必须指出，焊接结晶裂纹长度一般较长（为两位甚至三位数），焊接液化裂纹长度一般较短（为一位数），如计算两者长度之和，则后者易为前者埋没，从而难以显示液化裂纹出现规律及特性。此时，裂纹率可分开计算，即

$$C_1 = \frac{\sum L_1}{L} \times 100\% \tag{5-2}$$

$$C_2 = \frac{\sum L_2}{L} \times 100\% \tag{5-3}$$

式中 $\sum L_1$——结晶裂纹长度之和；

       $\sum L_2$——液化裂纹长度之和；

         C_1——结晶裂纹率；

         C_2——液化裂纹率。

实际上，$C = C_1 + C_2 = \dfrac{\sum L_1 + \sum L_2}{L} = \dfrac{\sum L_i}{L}$。

作为对裂纹倾向的评价和处理，由于液化裂纹多位于焊缝与母材交界部位，外观细小，检验时易于忽略，补焊时将涉及母材热影响区，更重要的是液化裂纹体现了高强度铝合金焊接特点，因此评价和处理时，应对 C_2 采取从严控制的原则，可要求 $C_2 = 0$。

本试验法的缺点是需要厚板。

2. 十字搭接试件焊接裂纹试验法

十字搭接试件如图5-3所示。图中，$a = 200mm$，$b = 100mm$，$c = 50mm$，板厚为1~3mm。

试验前，先将两块试板按图5-3所示的位置定位焊在一起（也可以在搭接端定位焊，或在夹具上用压板定位并压紧），然后按图上的序号及方向连续焊完1、2、3、4条焊缝，焊接时的拘束度是随序号数字的增大而增大的。

多采用手工TIG焊，焊接参数应保证焊缝背面出现余高（即焊漏）。每条焊缝引弧时，先不加填丝，待目视可见一初始裂纹后再及时填丝。焊接4条焊缝后的检查方法和裂纹计算方法与前述相同。

本试验法的优点是只需要薄板，试件数量为3~5件，耗费材料较少，更重要的是易于显示液化裂纹现象。缺点是只能采用手工焊，要求焊工具有操作此种试验方法的专门技巧。如果引弧后填丝过早，则可能不出现裂纹；如果填丝过迟，则可能裂纹过长。

3. 鱼骨状试件焊接裂纹试验法

鱼骨状试件如图5-4所示。试板上每隔10mm即加工出一条深度逐渐增大的槽，造成该试件长度方向的不同拘束度，槽深越大，拘束度越小。

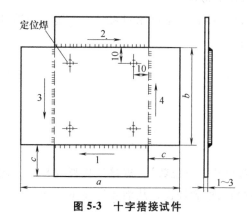

图5-3 十字搭接试件

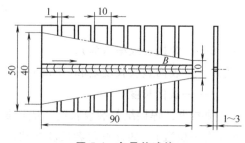

图5-4 鱼骨状试件

试验时可采用手工 TIG 或自动 TIG 焊接方法，可填丝也可不填丝。当试验新合金时，可不填丝，以便评价合金的焊接性；当合金焊接性已知时，可填丝，以便评价母材与焊丝的匹配度。

焊接时，试件在有铜垫板的夹具上夹紧，铜垫板上有焊漏槽，焊接方向由 A 到 B。裂纹产生后，随拘束度降低而停止扩展。裂纹的检查和计算方法与前述相同。

本试验法的优点在于试件简单，用料少，可手工或自动焊接。

4. 拘束可调焊接裂纹试验法

拘束可调焊接裂纹试验在专用试验装置上进行。试验装置如图 5-5 所示，可用以进行纵向及横向试验，测定铝合金及焊丝对产生焊缝金属结晶裂纹及熔合区液化裂纹的敏感性。

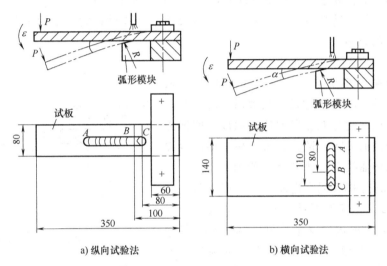

a) 纵向试验法　　　　　　b) 横向试验法

图 5-5　拘束可调焊接裂纹试验装置简图

本项试验方法是在焊缝凝固过程的后期（即固-液态区间或高温脆性温度区间）给焊缝施加不同的应变量，当它超过焊缝或熔合区本身的塑性变形能力时，即产生裂纹。

图 5-5 所示的试件，试板厚度为 5~16mm。板厚小于 5mm 时，需加辅助板，其尺寸与试板相同。将试板装夹在试验装置上，根据试验要求选择不同曲率的弧形模块。

试验时，从 A 到 B 进行焊接，当电弧到达 B 时，通过行程开关控制，启动加载压头，在试件一端突然施加外力 P，使试件按弧形模块曲率发生强制变形，此时电弧继续前行至 C 点后熄弧。

为保证试件变形速度均匀和试件承受应变准确，采用旋转式加载机构，使加载压头始终垂直于试件表面。

通过变换不同曲率半径的弧形模块，可使焊缝金属产生不同的应变量 ε。

拉伸应变量为

$$\varepsilon = \frac{\delta}{2R} \times 100\% \tag{5-4}$$

式中　δ——试板厚度（mm）；

　　　R——弧形模块曲率半径（mm）。

当 ε 值达到某一临界值时，在焊缝或熔合区就会出现裂纹，此时的应变量称为临界应变量 ε_{cr}。此后，随着 ε 值的增大，出现的裂纹数量和尺寸均会增加，从而可得到一系列的定量数据作为评定热裂纹倾向性指标。

1）产生热裂纹的临界应变量 ε_{cr}。

2）某应变量下的裂纹最大长度 L_{max}。

3）某应变量下的裂纹总长度 L_t。

4）某应变量下的裂纹总条数 N_t。

5）产生热裂纹的脆性温度区间 BTR。

6）在 BTR 内产生裂纹的应变增长速率 CST。

根据不同的具体要求，可提供不同的热裂纹倾向性指标，其中，ε_{cr}、L_{max}、BTR 等都是反映热裂纹倾向性的特性指标，而 CST 能综合反映铝合金材料的冶金因素和工艺因素对其热裂纹倾向性的影响。

BTR 和 CST 的测定方法如下：

通过更换弧形模块，不断增大外加应变量 ε，L_{max} 即随之增长，但 ε 增至某一数值后，L_{max} 基本上趋于一个定值。此时 L_{max} 所对应的温度区间即为材料产生热裂纹的 BTR。试验时采用热电偶测定焊缝中央的热循环曲线 $T\text{-}t$，如图 5-6 所示。

按图 5-6 测出 BTR 后，进而可求得产生裂纹的 CST。由图 5-6 右上角可看出，当试件某点冷却至 BTR 下限 T_b 时，累积应变达到 ε_1 时产生裂纹，小于 ε_1 时不产生裂纹，则由 ε_1 和 BTR 可确定应变对温度变化曲线的临界斜率 $\tan\theta$，此即代表 CST 值。

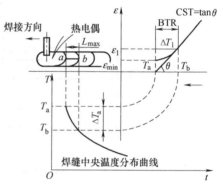

图 5-6 材料 BTR 和 CST 的测定

CST 值越小，材料产生焊接热裂纹的倾向性越大。

检测裂纹时，可用 50 倍工具显微镜检测裂纹的最大长度 L_{max}、总长度 L_t 和裂纹的数量 N_t。此外，该装置还配有各种自动记录仪（温度、时间、应变量等）。

前述三种可用于铝合金热裂纹试验法的共同特点是无须专用试验装置，但其本质特点是人工制造一条微小初始裂纹，然后测定该裂纹的扩展长度。它实质上反映了焊接时裂纹扩展的特性，而不是焊接时产生裂纹的敏感性或倾向性。这三种试验方法的试验结果大体上符合铝合金材料或其填充材料对焊接裂纹敏感性的实际表现，因此已获得广泛应用。拘束可调焊接裂纹试验法的优点在于直接指向焊接时裂纹产生的条件，能综合反映冶金因素和工艺因素对裂纹形成的影响，因而是一种更为精细的热裂纹倾向的试验方法，但它需要专用试验装置。

5.1.2 焊接接头力学性能试验方法

焊接接头力学性能试验是新材料焊接性试验的一个组成部分，也是焊接研究和生产中常需进行的工作。试验项目包括拉伸、弯曲、冲击等，可获得 R_m、R_{eH}、R_{eL}、A、Z、KV、KU 等性能指标。其中冲击性能指标一般需指定切口部位，视需求而定。

焊接接头力学性能各项试验可按照下列标准进行或参考下列标准的工业部门自定标准进行：

GB/T 2651—2023　　《金属材料焊缝破坏性试验　横向拉伸试验》

GB/T 2652—2022　　《金属材料焊缝破坏性试验　熔化焊接头焊缝金属纵向拉伸试验》

GB/T 228.1—2021　　《金属材料　拉伸试验　第1部分：室温试验方法》

GB/T 2653—2008　　《焊接接头弯曲试验方法》

GB/T 232—2024　　《金属材料　弯曲试验方法》

GB/T 2650—2022　　《金属材料焊缝破坏性试验　冲击试验》

GB/T 229—2020　　《金属材料　夏比摆锤冲击试验方法》

5.1.3　焊接接头高低温力学性能试验方法

有些结构需在高温或低温下工作。Al-Cu合金工作温度可高达250℃，也可低至-253℃。Al-Mg合金、Al-Zn-Mg合金的工作温度最低也可低至-253℃，因此铝合金及其焊接接头有时需按结构需要而进行高低温力学性能试验。这些试验，特别是超低温下的力学性能试验，需在特制试验机或特殊试验室内进行，因此有关工业部门或有关单位常自定特殊的试验方法。

5.1.4　焊接接头疲劳与动载性能试验

焊接结构在动载服役过程中，如果承受载荷的数值和方向变化频繁，即可在工作应力比静载的抗拉强度 R_m 小，甚至比材料的下屈服强度 R_{eL} 还小的情况下发生破坏，称为疲劳破坏。

为测定材料及其焊接接头承受载荷时的疲劳强度，需进行疲劳试验。

疲劳试验在专门的疲劳试验机上进行，按载荷交变循环次数分为高周疲劳（循环次数大于 10^5）和低周疲劳（循环次数小于 10^5）。试验时，选用一定的应力（或应变）循环特性的载荷，进行多次反复加载，测出使试样破坏所需的加载循环次数 N，将破坏应力 σ 与 N 绘成疲劳曲线，从而得到不同循环次数下的疲劳强度及疲劳极限。

焊接接头及焊缝的疲劳试验方法分为旋转弯曲试验法和轴向循环疲劳试验法两类。前者一般按 GB/T 4337—2015《金属材料　疲劳试验　旋转弯曲方法》进行，后者一般按 GB/T 3075—2021《金属材料　疲劳试验　轴向力控制方法》、GB/T 26077—2021《金属材料　疲劳试验　轴向应变控制方法》进行。铝及铝合金焊接结构多使用板材，因此宜于采用轴向拉伸疲劳试验方法。

铝及铝合金焊接接头轴向循环疲劳试验方法、试验数据处理，应力、循环次数及 σ-N 曲线和条件疲劳极限等的确定可按照或参考 GB/T 3075—2021《金属材料　疲劳试验　轴向力控制方法》、GB/T 26077—2021《金属材料　疲劳试验　轴向应变控制方法》、GB/T 24176—2009《金属材料　疲劳试验　数据统计方案与分析方法》进行。

焊接结构在制造过程中由于材质和工艺等原因可产生内部或表面的各类型裂纹，在动载、交变载荷作用下，裂纹将逐渐扩展而导致结构破坏。应用断裂力学理论，将疲劳设计建立在构件本身存在裂纹这一客观条件的基础上，按照裂纹在循环载荷下的扩展规律，计算结构的工作寿命，是保证结构安全运行的重要途径。

焊接接头疲劳裂纹扩展速率测定方法可按照或参考 GB/T 6398—2017《金属材料　疲劳试验　疲劳裂纹扩展方法》的规定进行。

5.1.5 焊接接头断裂韧度试验方法

断裂韧度是反映材料和焊接接头在内部存在裂纹类缺陷时，阻止裂纹扩展和结构断裂的能力。常用的铝合金断裂韧度参量有 K_{IC}、K_I 等，它们不仅与材质有关，也与试样的尺寸、试验温度及加载速度等因素有关。

非热处理强化的铝合金焊接结构一般壁厚较大，但材料的强度较低，塑性及韧度较高；热处理强化铝合金焊接结构的材料强度较高，塑性及韧度较低，但一般壁厚较小。如测定其临界应力强度因子，即断裂韧度 K_{IC}，试样常不符合规定的平面应变条件，因此一般常采用表面裂纹法测定材料或焊接接头的 K_{IC}。

测试 K_{IC} 时，需将预制裂纹开在焊接接头的不同特征区域，如焊缝区、熔合区、固溶区、过时效区、母材区，以获得一系列 K_{IC} 数据。

5.1.6 焊接热、应力、应变模拟试验方法

焊接热、应力、应变模拟试验主要用于材料焊接性的研究分析工作。

母材热影响区的各小区有互不相同的组织和性能的变化，但其尺寸很小，无法按其特性部位制成必要尺寸的试件进行相应的性能试验。焊接热、应力、应变模拟试验可将各小区焊接条件模拟再现，并放大试件尺寸，按均质材料进行相应试验，从而可获得相应各区的性能数据或技术特性。

焊接热、应力、应变模拟试验在热模拟试验机上进行。通过控制试样的加热和冷却，准确地模拟焊缝及热影响区的热循环过程及其基本参数，即加热速度 v_H、峰值温度 T_m、高温停留时间 t_H、冷却速度 v_c 及冷却时间 t 等。试验时，可同时模拟应力、应变过程，得到组织和状态与模拟对象相仿的试件，然后利用该试件进行力学性能试验和相应的分析研究。

热模拟试验机型很多，可供用户协作使用，如 Gleeble-1500、Gleeble-2000、Gleeble-3200、Gleeble-3800 热/力模拟试验机，Thermorestor-W 热/拘束模拟试验机，HRJ-2、CKR-II、DM-100、DM-100A 等热模拟试验机。

DM-100A 热模拟试验机采用电阻加热法，除可模拟焊接热循环外，也可用于后热、恒温、热疲劳和热处理等热过程的模拟。

焊接热、应力、应变模拟试验可用于研究和分析铝合金热影响区的晶粒长大、晶界熔化、结晶裂纹、液化裂纹。在热模拟试验机上，通过对高温下的试样施加足够大的可控应变，可测出金属在开裂或断裂时所具有的塑性值（变形能力）和强度（阻止变形的能力）。所用的试样多为圆柱形或扁条形，与普通拉伸试样类似，试样的断面收缩率即表征材料的高温塑性。为此，对应热循环曲线，在达到峰值温度前后不同温度下进行拉伸试验，即可测出材料在不同温度下的热塑性曲线和热强度曲线，并获得试样的断面收缩率、断裂载荷（强度）、零塑性温度、零强度温度、高温下产生裂纹的敏感温度区，以及产生裂纹的应力、应变量等数据。利用这些定量数据，即可评定焊接时产生裂纹的敏感性。

5.1.7 使用焊接性直接试验方法

经过工艺焊接性（直接法及间接法）和使用焊接性（间接法）试验后，根据结构特点

或设计要求，有时需结合产品结构进行实际验证试验，以考核验证母材、焊接材料、焊接方法、焊接工艺选择的正确性、可行性及使用可靠性。

当结构尺寸过大，或服役试验成本过高（风险过大），则可在结构尺寸上缩比，或在结构形式上模拟，制成结构试验件，进行工艺试验或服役试验。

容器类产品一般可直接进行工艺试验、液压强度试验、气密性试验，长期存放试验。

使用焊接性直接法试验的结果有时与一系列工艺焊接性试验结果一致，有时则可能不完全一致或完全不一致。当母材焊接性不太好，结构拘束度很大时，使用焊接性直接法试验显得尤为重要。

5.2 铝及铝合金的焊接性评价

铝及铝合金焊接性可分为三个等级，即焊接性好（A）、焊接性尚好（B）、焊接性不良（C）。

焊接性好的标志：

1）焊接时焊接接头内产生焊接裂纹的倾向性低。以十字搭接试件焊接裂纹试验结果为例，如果 $C_1 \leqslant 10\%$，$C_2 = 0$，则认为抗热裂性好，其中 C_1 为焊缝结晶裂纹率，C_2 为焊缝液化裂纹率。

2）焊接时焊缝内产生气孔的倾向性低。

3）焊接接头力学性能好。焊接接头强度系数 $k \geqslant 0.9$，其余力学性能指标满足技术要求。

$$k = \frac{R'_m}{R_m}$$

式中　R'_m——有焊缝余高的焊接接头抗拉强度；

　　　R_m——母材技术条件中规定的抗拉强度下限值。

4）焊接接头耐蚀性（包括耐应力腐蚀性）好。

1. 工业纯铝

工业纯铝一般指纯度为 99.0%～99.9% 的纯铝，纯度高于 99.9% 的纯铝则称为高纯铝。

工业纯铝的强度低，但塑性、韧性、加工性、导电性、导热性、耐蚀性好，应用范围广泛。

常用的工业纯铝有 1070A、1060、1050A，退火状态强度 $R_m = 55 \sim 100$MPa，不能热处理强化，但可变形强化，$R_m = 110 \sim 150$MPa。为消除变形强化效应或残余内应力，可在 $300 \sim 500$℃下加热后空冷退火。

工业纯铝焊接性好，热裂纹倾向低，适于各种焊接方法（包括钎焊），但易产生焊缝气孔。当 Si、Fe 等杂质含量偏高时，有时也出现焊接裂纹，故应严格控制杂质含量，应采用纯度较高的纯铝为焊丝进行焊接，切忌采用来历不明的杂牌铝焊丝，焊丝牌号一般与母材牌号相同。

焊接退火状态的工业纯铝时，焊接接头强度系数不低于 0.9；焊接变形强化状态的纯铝时，由于母材热影响区内发生再结晶软化，焊接接头强度与退火状态时焊接的接头强度相近。

2. Al-Mn 合金

Al-Mn 合金的强度比工业纯铝的强度略高，其塑性、加工性、耐蚀性好，易于成形，常挤压成型材，与强度较高的铝合金钣金件联合制成复杂的轻质结构。

常用的 Al-Mn 合金有 3003、3A21，退火状态抗拉强度 $R_m = 100 \sim 150MPa$，不能热处理强化，但可变形强化，$R_m = 145 \sim 215MPa$。

为消除变形强化效应，可加热至 300~500℃ 后空冷，实行完全退火，或加热至 200~290℃ 后空冷，实行不完全退火。

Al-Mn 合金焊接性好。热裂纹倾向大的成分范围为 $w(Mn) = 1.5\% \sim 2.5\%$，3003、3A21 合金的 $w(Mn)$ 分别为 $1.0\% \sim 1.5\%$、$1.0\% \sim 1.6\%$，因此热裂纹倾向不大。当 Fe、Si、Cu 等杂质超标或当板厚很大（$\delta > 18mm$）时，可能在焊接时生成焊缝金属结晶裂纹。

3A21 铝合金熔焊时，焊丝牌号一般与母材牌号相同。焊接退火状态的 3A21 铝合金时，焊接接头强度系数不低于 0.9；焊接变形强化状态的 3A21 铝合金时，焊接接头强度与退火状态时的焊接接头强度相近。

3. Al-Si 合金

Al-Si 合金耐蚀性好，液态流动性好，铸造性及焊接性好，但塑性不高，一般不用作变形铝合金，而用作铸造铝合金、熔焊用的焊丝及钎焊用的钎料。

4. Al-Mg 合金

Al-Mg 合金耐蚀性好，称为防锈铝，强度较高（各系铝合金中的中等强度水平），低温力学性能好，加工性及焊接性好。

Al-Mg 合金属于共晶型合金。Mg 在 Al 中的溶解度很大，在共晶温度（449℃）下，Mg 在 Al 中的最大溶解度达 17.4%。合金在室温下的相成分为 α 相（Mg 在 Al 中的固溶体）及 β 相（Mg 与 Al 形成的金属间化合物 Mg_2Al_3）。

Mg 含量增大时，Al-Mg 合金强度提高。Mg 含量过分增大时，塑性下降、加工难度增大，特别是耐应力腐蚀性能恶化，因此实用 Al-Mg 合金的 $w(Mg)$ 上限为 6.8%，西方国家则定为 5.5%。

在退火状态下，Al-Mg 合金的屈服强度不高，仅为合金抗拉强度的半值。由于 Mg 在 Al 中的溶解度大，固溶体稳定性高，Mg 在 Al 中的扩散速度低，因此合金对固溶、淬火及时效反应不强，故不能热处理强化，但可变形强化，强化后的屈服强度增长明显，抗拉强度也有所提高。各国早期的运载火箭贮箱即以变形强化的 Al-Mg 合金作为结构材料。

Al-Mg 合金焊接时的热裂纹倾向与 Mg 含量有关。由于热裂纹倾向高的 Al-Mg 合金中 $w(Mg) = 0.5\% \sim 2.5\%$，因此 $w(Mg) < 3\%$ 的 Al-Mg 合金，如 5A02 合金中 $w(Mg) = 2.0\% \sim 2.8\%$，其热裂纹倾向高。5A03 合金中 $w(Mg) = 3.2\% \sim 3.8\%$，Mg 含量增加不多，成分中加大了 Si 的含量，$w(Si) = 0.5\% \sim 0.8\%$，因此 5A03 合金的焊缝内低熔点共晶体 $\alpha(Al) + Mg_2Si$ 的量增大，有利于愈合焊缝金属结晶裂纹，合金热裂纹倾向降低。但 Si 在各 Al-Mg 合金中本属于有害杂质，其含量一般均控制在 $w(Si) = 0.2\% \sim 0.5\%$ 的范围。现利用其增大愈合裂纹的能力，将它提升为合金元素，就可能引来两个问题：其一是当焊接时重复加热，可能使熔合区及母材近缝区过热，晶间的 $Al + Mg_2Si$ 低熔点共晶体熔化，如图 5-7b、c 所示，当焊接拘束度大时，可能产生晶间裂纹；其二是 Si 含量的提升及 MgSi 的存在，可能降低焊缝的塑性及耐蚀性。

降低 Al-Mg 合金热裂纹倾向的正确途径仍是提高合金内的 Mg 含量，远离其热裂纹倾向高的 Mg 含量范围，如 5A05 中 $w(Mg) = 4.8\% \sim 5.5\%$，5A06 中 $w(Mg) = 5.8\% \sim 6.8\%$，它们的热裂倾向显著降低。

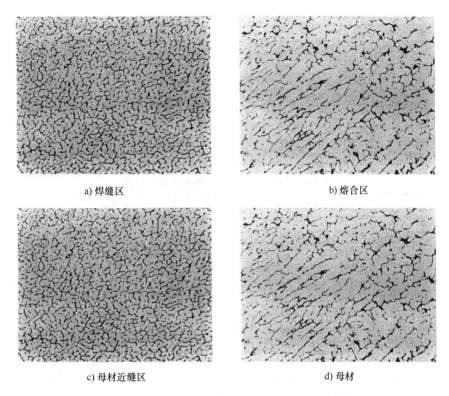

a) 焊缝区   b) 熔合区

c) 母材近缝区   d) 母材

图 5-7 5A03 焊接接头各区的显微组织（×200）

因此焊接 $w(Mg) > 3\%$ 的 Al-Mg 合金时，可采用与母材同成分的 Al-Mg 合金焊丝。焊接 $w(Mg) < 3\%$ 的 Al-Mg 合金时，建议采用 $w(Mg) > 5\%$ 的 Al-Mg 合金焊丝。

退火状态 Al-Mg 合金的焊接接头强度系数一般不低于 0.9，但变形强化状态 Al-Mg 合金的热影响区发生再结晶而软化，其焊接接头强度仍与退火状态时的焊接接头强度相近。5A02、5A03、5A06 铝合金焊接接头的力学性能见表 5-1 及表 5-2。

表 5-1 5A02 及 5A03 铝合金焊接接头的力学性能

合金牌号	厚度/mm	焊接方法	焊丝		试样状态		力学性能	
			牌号	直径/mm	焊接	焊后	R_m/MPa	冷弯角 α /(°)
5A02	1.0	手工 TIG	5A02	1.0~2.5	M	W	194	
	1.2	手工 TIG	5A02	1.0~2.5	M	W	195	
	1.5	手工 TIG	5A02	1.0~2.5	M	W	190	≥100
	1.5	自动 TIG	5A03	1.0~2.5	M	W	193	≥110
5A03	1.0	手工 TIG	5A03	1.0~2.0	M	W	217	63
	1.5	手工 TIG	5A03	1.0~2.0	M	W	222	74
	2.0	手工 TIG	5A03	1.0~2.0	M	W	221	64

（续）

合金牌号	厚度/mm	焊接方法	焊丝		试样状态		力学性能	
			牌号	直径/mm	焊接	焊后	R_m/MPa	冷弯角 α/(°)
5A03	3.0	手工 TIG	5A03	2.0~3.0	M	W	223	
	1.5	手工 TIG	5A03	2.0~3.0	M	W	235(-70℃)	
	1.5	手工 TIG	5A03	2.0~3.0	M	W	284(-196℃)	
	1.8	自动 TIG	5A03	2.0~3.0	M	W	227	75
	1.8	脉冲自动 MIG	5A03	1.6	M	W	229	

注：1. 余高未去除。

2. 性能数据为平均值。

3. M—退火。

4. W—焊态。

表 5-2 5A06 铝合金焊接接头的力学性能

材料厚度/mm	焊接方法	焊丝		试样状态		环境温度/℃	R_m/MPa	冷弯角 α/(°)
		牌号	直径/mm	焊前	焊后			
1.0	手工 TIG	5A06	1.5~2.0	M	W	20	318	74
2.0	手工 TIG	5A06	2.0~3.0	M	W	20	325	63
3.0	手工 TIG	5A06	2.0~3.0	M	W	20	337	83
1.5	手工 TIG	5A06	2.0~3.0	M	W	20	342	
6.0	手工 TIG	5A06	3.0~4.0	M	W	20	332	
2.0	手工 TIG	5A06	2.0~3.0	M	W	20	309	
2.0	手工 TIG	5A06	2.0~3.0	M	W	100	284	
2.0	手工 TIG	5A06	2.0~3.0	M	W	150	245	
2.0	手工 TIG	5A06	2.0~3.0	M	W	200	191	
2.0	手工 TIG	5A06	2.0~3.0	M	W	250	157	
2.0	手工 TIG	5A06	2.0~3.0	M	W	300	127	
1.5	自动 TIG	5A06	2.0~3.0	M	W	20	341	77~84
1.5	自动 TIG	5A06	2.0~3.0	M	腐蚀	20	313	
1.5	自动 TIG	5A06	2.0~3.0	M	W	250	206	
1.5	自动 TIG	5A06	2.0~3.0	M	腐蚀	-290	406	

注：1. M—退火。

2. W—焊态。

3. 5A06 厚度 6mm 试样去除余高。

4. 性能数据为平均值。

Al-Mg 合金焊接时易生成焊缝气孔，Mg 含量高的 Al-Mg 合金 $[w(Mg)>5\%]$ 火焰气焊时，不仅易在焊缝内生成气孔，而且可在熔合区内发现表面鼓胀和皱缩，如图 5-8 所示。一种解释是高 Mg 的 Al-Mg 合金焊接时，β 相（Mg_2Al_3）在晶界析出富集，Mg_2Al_3 熔点低（仅稍高于 Al-Mg 合金的共晶温度），且极易氧化。火焰气焊配用的焊剂中 Li 等氯化物极易吸水，Mg_2Al_3 与水分发生下列反应：

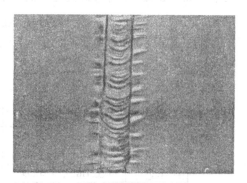

图 5-8 Al5Mg 铝合金火焰气焊接头熔合区表面鼓胀现象

$$Mg_2Al_3 + 2H_2O \longrightarrow 2MgO + 3Al + 2H_2 \uparrow$$

析出的氢在焊接的高温下渗入熔合区晶界，冷却时，积聚的氢欲析出，其气压即造成熔合区表面鼓胀和皱缩。在惰性气体保护下进行 TIG 焊或 MIG 焊时，则不出现此种现象。

退火状态的 Al-Mg 合金及其焊接接头具有良好的耐蚀性，但当 Mg 含量过高且呈变形强化状态时，合金及其焊接接头的耐蚀性将降低且对应力腐蚀敏感。如果 β 相析出呈串珠状，则耐应力腐蚀性能尚好，但如果呈细线状，则对应力腐蚀敏感，如图 5-9 所示。

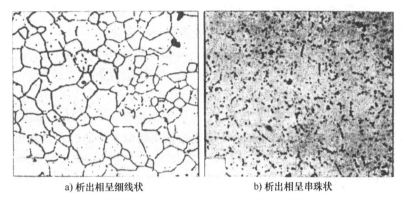

a) 析出相呈细线状　　　　　　　　　　b) 析出相呈串珠状

图 5-9　Al5.6Mg 合金显微组织（×410）

Al-Mg 合金低温力学性能良好，但其焊接接头的焊缝区铸态组织有氢致低温脆化倾向，焊缝的低温冲击韧度明显低于母材的低温冲击韧度。

为消除变形强化效应或消除残余内应力，可对合金及焊接接头施行完全退火或不完全退火。

不完全退火（低温退火）温度：5A02 为 150～250℃；5A03 为 150～300℃。

完全退火温度：5A02、5A03 为 300～420℃；5A05、5A06 为 310～335℃。

5. Al-Mg-Si 合金

Al-Mg-Si 合金可热处理强化，强度居中等水平，耐蚀性及加工性优良，可挤压成各种截面形状的型材，焊接性尚好。

Al-Mg-Si 合金的常用牌号有 6A02、6061、6063，合金的主要强化相为金属间化合物 Mg_2Si。

6A02 铝合金的热处理工艺如下。

退火：380～420℃，10～60min。

不完全退火：350～380℃，1～3h 空冷。

固溶淬火：510～530℃，水冷。

人工时效：>96h。

几种 Al-Mg-Si 合金的固相线温度：6A02、6061 为 582℃；6063 为 615℃。

Al-Mg-Si 合金具有一定的热裂纹倾向。如焊接时配用 Al 4043 焊丝，可预防它产生焊接裂纹。

为避免焊后进行整个焊件的完全热处理，Al-Mg-Si 合金焊接结构可采用以下两种制造工艺方案。

1）固溶淬火+焊接+人工时效，焊丝采用 Al 4043，此时焊接接头强度系数可达 0.8～0.85。

2）固溶淬火+人工时效+焊接，焊丝采用 Al 4043，此时焊接接头强度系数不低于 0.7。

Al-Mg-Si 合金及其焊接接头在固溶及自然时效状态下具有很好的耐蚀性，无晶间腐蚀及应力腐蚀开裂倾向。人工时效状态则可能有晶间腐蚀倾向。

Al-Mg-Si 合金常以薄壁变截面挤压型材的形式与 Al-Mg 合金板材联用于许多复杂的焊接结构。

6. Al-Cu 合金

Al-Cu 合金的种类和牌号很多，已用于焊接结构的铝合金有 2A12（Al4CuMg）、2A14（Al4CuMgSi）及 2219（Al6CuMn），均属于热处理强化铝合金。

Al-Cu 合金的最大特点是具有良好的室温、高温及低温力学性能，高温工作温度可达 250℃，低温工作温度可达 -253℃。由于强度很高，Al-Cu 合金被称为硬铝。

Al-Cu 二元合金的焊接性视主要合金元素 Cu 的含量而定，与其脆性温度区间相对应的高热裂纹倾向的 Cu 含量为 $w(Cu) = 2.0\% \sim 4.0\%$。由辅助合金元素 Mg、Si、Mn 的加入而形成的三元及四元合金情况则比较复杂，主要表现是强化相增多，低熔点共晶相增多。

2A12 与 2A14 铝合金的 Cu 含量基本相同，焊接性及热裂纹倾向性的表现相近，热裂纹倾向均很高。2219 铝合金 Cu 含量很高，$w(Cu) = 5.8\% \sim 6.8\%$，焊接性较好、热裂纹倾向较低。

（1）2A12、2A14 铝合金　两种铝合金的主要成分、力学性能和熔化温度见表 5-3。

表 5-3　2A12、2A14 铝合金的主要成分、力学性能和熔化温度

牌号	$w(Cu)(\%)$	$w(Mg)(\%)$	$w(Si)(\%)$
2A12	3.8~4.9	1.2~1.8	<0.5
2A14	3.9~4.8	0.4~0.8	0.6~1.2
牌号	R_m/MPa	$R_{p0.2}/MPa$	$A(\%)$
2A12-T4	≥425	≥275	≥12
2A14-T6	≥430	≥340	≥5
牌号	固相线温度/℃	液相线温度/℃	
2A12	502	638	
2A14	509	638	

由此可见，这两种铝合金的突出特点是固相线温度低。2A14 铝合金中的低熔点共晶体的组成物及其熔点见表 5-4。

表 5-4　2A14 铝合金中的低熔点共晶体的组成物及熔点

共晶体的组成物	共晶体的化学成分 （质量分数，%）（余量为 Al）	共晶体的熔点/℃
$Al+CuAl_2+Mg_2Si$	28Cu, 6Mg, 3.5Si	514~517
$Al+CuAl_2+CuMgAl_2$	(27~31)Cu, (6~7.2)Mg	500~507
$Al+CuAl_2+CuMg_5Si_4Al_4+Si$	25Cu, 1.7Mg, 8.3Si	509

由表 5-4 可见，该铝合金晶界上的低熔点共晶体的最低熔点略高于 500℃，因此该合金固溶处理时，在非真空炉内加热的温度不得超过 500℃，否则其晶界低熔点共晶体将发生熔化及氧化，导致合金力学性能严重降低，即使重新固溶处理，合金也无法恢复其固溶状态时的正常性能，此即所谓过烧。过烧是铝合金材料应予判废的依据。

但是在焊接条件下，热循环的峰值温度远超过 500℃，此种铝合金在晶界上的低熔点共晶体的熔化不可避免，只是不同焊接条件下的晶界熔化轻重程度不同。如果将晶界熔化一律称为过烧，则出现焊件是否需一律报废的问题。但焊接条件与热处理条件不同，焊接区有惰性气体保护，焊接加热过程短暂，晶界低熔点共晶体虽难免发生熔化，但尚来不及氧化。对焊接时轻度晶界熔化的母材进行重新固溶时效的试验结果表明，此种母材的力学性能得以恢复。因此焊接时的晶界液化现象不宜称为过烧，一般可称为晶界熔化，严重者（连续的沿晶网状液膜）即称为晶间裂纹或液化裂纹。

对 2A12 和 2A14 铝合金进行焊接裂纹试验时，如果采用与母材同成分的焊丝，则热裂纹倾向很高，C_1 可达 70%，C_2 可达 8%。裂纹的外观、显微组织和断口形貌特征与图 4-27~图 4-31 类似。焊接有关产品时，液化裂纹有时目视可见，但紧邻焊缝并沿其边缘轮廓线发展，难以辨识；有时则潜藏于熔合区表层以下，呈沿晶连续开裂形态，在残余焊接应力作用下，裂纹可延时缓慢扩展，直至表面目视可见。

为解决此类铝合金焊接裂纹问题，首先必须通过特种合金焊丝来调节焊缝金属的成分，向熔池内引入大量的、流动性好的低熔点共晶体，使焊缝金属的固相线温度低于熔合区的固相线温度。研究及实践结果表明，当采用直流正接钨极氩弧焊方法焊接此类铝合金的无坡口（或小坡口）对接接头时，可采用 Al 4043 焊丝。以此为基础，再配合采用特殊的装配焊接工艺措施，即可防止产生焊缝金属结晶裂纹及熔合区晶界液化裂纹。在我国，2A12、2A14 铝合金及其焊接技术已在一些重要焊接结构生产中获得了成功的应用。

据此可以认为，Al-Cu-Mg、Al-Cu-Mg-Si 类 2A12、2A14 铝合金属于焊接性不良，但尚不属于不可焊类铝合金。

此类合金的另一焊接技术难点为热影响区过时效软化，这也是所有热处理强化高强度铝合金共同存在的问题。近代的解决办法是对焊接区实行厚度补偿，如图 5-10 所示。厚度补偿的部位一般为硬壳式结构的加强部位（类似加强凸缘）。由于近代化学铣切技术、数控加工技术的发展，焊接区厚度补偿已成为增强焊接结构强度及刚度的有效措施。

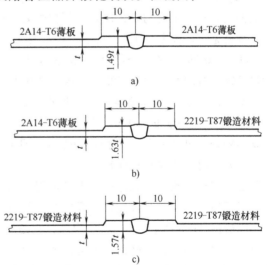

图 5-10 热处理强化铝合金焊接区厚度补偿

（2）2219、2B16 铝合金 2219、2B16 铝合金成分相近，同属 Al-Cu-Mn 类既可热处理强化又可变形强化的高强度硬铝合金。

2219 铝合金的合金元素成分：$w(Cu)=5.8\%~6.8\%$，$w(Mn)=0.2\%~0.4\%$，$w(Ti)=0.02\%~0.10\%$，$w(Zr)=0.10\%~0.25\%$，$w(V)=0.05\%~0.15\%$。Si、Fe、Mg 为杂质。Mg 需特别严格控制，$w(Mg)<0.02\%$。

由于主要合金元素 Cu 的含量很高，合金中又添加了晶粒细化元素 Ti、Zr、V，此外，合金的固相线温度较高，$T_s=543℃$，因此 2219 及 2B16 铝合金的焊接性好，热裂纹倾向较低，断裂韧度高。采用与母材成分基本相同的 Al 2319 铝合金焊丝进行焊接时，其热裂纹倾向与 5A06（Al6MgMnTi）合金的热裂纹倾向相近，对焊接工艺的要求可较为简单，但需预防焊缝气孔。

2219 铝合金有两种使用状态：其一为 2219-T87，这是一种先固溶处理后冷加工变形 7% 再人工时效的状态，其强度水平与 2A14-T6 铝合金相当，适用于结构上承受内压及轴压的部位；其二为 2219-T81，这是一种先固溶处理后冷加工变形 1% 再人工时效的状态，其强度略低，塑性较好，适用于结构上承受内压为主的部位。

作为一种热处理强化铝合金，焊接时热影响区仍将发生过时效并软化，焊态的焊接接头强度系数约为 0.7，真空电子束焊的接头强度系数可达 0.8~0.85，因此焊接区也需厚度补偿，参见图 5-10。

2219 铝合金焊接接头工作温度范围为 250~-253℃，是美国航天飞机大型液氢、液氧外贮箱的主要结构材料。

2219 铝合金及其焊接接头耐一般腐蚀和晶间腐蚀能力较差，焊件表面需涂漆保护或阳极化处理。

7. Al-Zn 合金

Al-Zn 合金实际上包括两类铝合金，即 Al-Zn-Mg 合金及 Al-Zn-Mg-Cu 合金，前者强度居中等水平，后者强度在所有铝合金中是最高的，称为超硬铝合金。

（1）Al-Zn-Mg 合金 Al-Zn-Mg 合金塑性及加工性好，可冷热状态下成形，可挤压成不同截面的型材，低温力学性能好，焊接性好，耐一般腐蚀的性能好，但对应力腐蚀敏感。

为避免应力腐蚀，Al-Zn-Mg 合金的成分最好调整成：$w(Zn+Mg)<6\%$，$w(Zn$ 或 $Mg)\approx4\%$，$w(Cu)=0~0.2\%$。这里介绍几种国外的牌号：德国 AlZnMg1（Al4.8Zn1.2MgTi）、美国 7005（Al4.5Zn1.4MgTiZr）、美国 7039（Al4Zn2.8MgTi）、法国 AZ5G（Al4.5Zn1.2MgTiZr）等。

Al-Zn-Mg 合金的焊接性有两个特点：其中一个特点为具有一定的热裂纹倾向，因此焊接时宜配用高 Mg 的 Al-Mg 合金（如 5356、5183）焊丝或 Al-Zn-Mg 合金（如 5180、Al2Zn4MgZr）焊丝；另一个特点为焊接时具有自淬效应，有时称此类合金为自淬合金。因其固溶处理时允许淬火速度较低，一般淬火时可用空淬取代水淬，因此焊接过程中的冷却速度即足以使热影响区实现淬火，焊接过程即相当于焊接接头的固溶处理过程，焊接后的存放过程即相当于其自然时效过程。焊接接头经三个月的存放，其强度系数可达 0.9~0.95。

以法国 Al-Zn-Mg 合金 AZ5G 为例，它是欧洲的三级运载火箭"阿里安"内第二级和第三级推进剂贮箱的结构材料，与美、俄、中、日各国火箭贮箱选材不同。其第三级贮箱的直径为 2600mm，长度为 5428mm，壁厚为 0.75~1.6mm，贮存介质为液氢和液氧，焊接方法为钨极氩弧焊。AZ5G 的化学成分见表 5-5。

表 5-5　法国 AZ5G 铝合金的化学成分　　　　　　　　　　　　　　（%）

$w(Si)$	$w(Fe)$	$w(Cu)$	$w(Mn)$	$w(Mg)$	$w(Cr)$	$w(Zn)$	$w(Zr)$	$w(Al)$
<0.35	<0.40	<0.2	0.05~0.5	<0.9~1.5	<0.35	3.7~5.0	0.08~0.20	余量

注：1. $w(Mn+Cr)\geqslant0.15\%$。
　　2. $w(Ti+Zr)=0.08\%~0.25\%$。

AZ5G 铝合金的成分与我国 7075 铝合金的成分相近。在低温和超低温下使用时，其力学性能不但不降低，反而有所提高，其焊接接头强度系数在常温下可达 0.95，在低温下可达 0.75~0.95。AZ5G-T6 铝合金的力学性能见表 5-6。

表 5-6 AZ5G-T6 铝合金的力学性能

轧制方向	抗拉强度 R_m/MPa			屈服强度 $R_{p0.2}$/MPa			伸长率 A(%)		
	300K	79K	20K	300K	77K	20K	300K	77K	20K
横向	391	518	615	343	418	444	14.3	18.5	23.4
纵向	388	514	613	345	420	447	15.7	19.9	24.7

（2）Al-Zn-Mg-Cu 合金　Al-Zn-Mg-Cu 合金强度水平最高，但焊接性不良且对应力集中和应力腐蚀敏感，多用于铆接结构。常用的铝合金有 7075（Al5.6Zn2.5Mg1.5Cu，固相线温度为 532℃，R_m = 505MPa）及 7475 等。

Al-Zn-Mg-Cu 合金的焊接性严重不良，焊缝区及熔合区分别易产生结晶裂纹及液化裂纹，如图 5-11 所示，热影响区将发生软化，焊接接头强度系数一般不超过 0.6，焊接接头对应力腐蚀敏感。因此一般不推荐用于熔焊结构，但其中有些合金可适用于电阻点焊。

新型搅拌摩擦焊是能够取代熔焊来焊接 Al-Zn-Mg-Cu 合金的适用方法，因为该方法实际上是一种固态焊接过程，可焊接板材，可形成焊缝（纵缝、环缝），也有热影响区，但没有任何金属的熔化及结晶过程，从而不存在结晶裂纹及液化裂纹问题。

8. Al-Li 合金

Al-Li 合金问世已有 100 年左右，其研究、开发、改进、应用工作至今仍在继续。

Li 的密度为 0.53g/cm^3，仅为 Al 的密度的 1/5 左右，因此 Al-Li 合金密度低、比强度及比模量高，是理想的航空航天需用的轻质高性能材料。Al-Li 二元合金相图如图 5-12 所示。

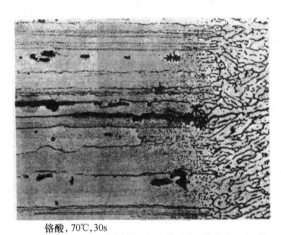

铬酸，70℃，30s

图 5-11 7075-T73 铝合金电子束焊液化裂纹（×500）

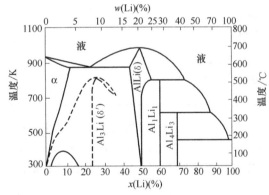

图 5-12 Al-Li 二元合金相图

Li 在高温液态铝中的最大溶解度达 4.2%，但在室温下的溶解度很小，因此它能引起固溶体过饱和及随后的时效强化作用。Al-Li 合金中的主要强化相为亚稳相 δ′（Al₃Li）。近代 Al-Li 合金尚含有其他合金元素，如 Cu、Mg、Zr、Sc，从而形成了 Al-Cu-Mg-Li-Zr 及 Al-Mg-Li-Zr 两个支系。

Al-Cu-Mg-Li-Zr 合金的发展方向是取代传统的硬铝和超硬铝合金（2024、2014、7075 等）。这里介绍几种国外的牌号。其代表性牌号有 8090、8091、8092、8192 和 2090、2091 等，其化学成分和力学性能见表 5-7。

由表 5-7 可见，西方国家开发的 Al-Cu-Mg-Li-Zr 合金虽具有高强度或超高强度，但从文献报道及试验结果和实践经验判断，这些合金的焊接裂纹倾向很高，焊接接头强度系数很低，当用于航空航天刚性的复杂结构时，必将遇到传统硬铝及超硬铝焊接生产时曾经遇到的困难和麻烦。

为了改进、改善 Al-Cu-Mg-Li-Zr 合金的焊接性和耐应力腐蚀性，美国开发了新型高强度可焊的 Weldlite049（Al5.4Cu1.3Li0.4Ag0.4Mg0.14Zr）铝合金。与表 5-7 中的铝合金成分相比较，新铝合金中的 Cu 含量增高，Mg 及 Li 含量降低，另外加了贵金属 Ag，据说用氩弧焊或等离子弧焊可使焊缝的热裂纹倾向与 2090 铝合金相当，但热影响区的热裂纹倾向比 2014 和 2219 铝合金的热裂纹倾向要低。在该合金的基础上又开发了 2195 合金，有报道称，其强度高，密度小，焊接性好，已试用于航天飞机的外贮箱。

表 5-7 Al-Cu-Mg-Li-Zr 合金的成分及性能

合金牌号	合金成分（质量分数，%）						热处理状态	抗拉强度 /MPa	屈服强度 /MPa	伸长率 （%）	断裂韧度 K_{IC} /MPa·m$^{1/2}$	弹性模量 /GPa	密度/ （g/cm³）	拟取代合金
	Li	Cu	Mg	Zr	Fe	Si								
8089A （美国）	2.1~2.7	1.1~1.6	0.8~1.4	0.08~0.150	<0.15	<0.10	T8，厚板	476	400	9	45.6	78.6	2.55	2024 -T3
2090 （美国）	1.9~2.6	2.4~3.0	0.25	0.08~0.15	<0.15	<0.10	T8，厚板	569	530	7.9	42.5	78.6	2.59	7075 -T6
8192 （美国）	2.3~2.4	0.4~0.7	0.9~1.4	0.08~0.15	<0.15	<0.10	T6，厚板	460	390	6	>40	>90	2.54	2024 -T8
8092 （美国）	2.1~2.7	0.5~0.8	0.9~1.4	0.08~0.15	<0.15	<0.10	T8，厚板	488	406	7.5	45.5	78.6	2.55	7075- T3
8090 （英国）	2.5	1.3~1.9	0.7	0.12	<0.2	<0.1	T8，厚板	495	450	6	37	79	2.54	2014-T6
8091 （英国）	2.6	1.9	0.9	0.12	<0.2	<0.10	T651，厚板	465	530	5	24	80	2.55	7075-T73
2091 （法国）	1.7~2.3	1.8~2.5	1.1~1.9	0.04~0.16	<0.3	<0.2	T651，厚板	480	460	12	—	78.8	2.57~2.60	7075-T7× 和2024-T3

俄罗斯很重视新开发合金的焊接性，在焊接性良好的非热处理强化 Al-Mg 合金的基础上开发了 01420、01421、01570、01970 及 1460、1460-1 等 Al-Mg-Li-Zr、Al-Cu-Mg-Li-Zr-Sc 中强度及高强度铝合金，其主要合金元素含量及力学性能见表 5-8。

表 5-8 Al-Mg-Li-Zr 及 Al-Cu-Mg-Li-Zr-Sc 合金元素含量及力学性能

合金牌号	主要合金元素含量（质量分数，%）						力学性能		
	Al	Mg	Li	Cu	Zr	Sc	R_m/MPa	R_{eL}/MPa	A（%）
01420	余量	4.9~5.5	1.8~2.1	—	0.08~0.15	—	410	255	6
01421	余量	4.9~5.5	1.8~2.1	—	0.08~0.15	0.1~0.2			
01570	余量	5.8~6.5	—	—	0.08~0.12	0.1~0.25	400	310	19
01970[①]							480	460	11
1460[②]	余量	0.05~0.1	1.9~2.3	2.6~3.3	0.08~0.12	0.07~0.13	560	470	7
1460-1[③]	余量	0.02~0.07		5.0~5.5	0.08~0.01	0.1~0.2	605	555	4.6

① 01970 为 Al-Zn-Mg-Li-Zr-Sc 合金。

② 合金元素中尚有 $w(Ti)=0.5\%~0.15\%$，$w(Mn)=0.05\%~0.1\%$。

③ 合金元素中尚有 $w(Ti)=0.5\%~0.1\%$，$w(Mn)=0.08\%~0.1\%$。

表 5-8 中的 01420 铝合金比较成熟，它以非热处理强化 Al-Mg 合金为基础，但由于 Li 的加入，它已可热处理强化，屈服强度比 5A05 铝合金退火状态屈服强度提高 1.8 倍，抗拉强度已接近 2A12 硬铝合金水平，焊接性良好，焊接时可采用成分与母材 01420 成分相同或相近的焊丝，如 AlMg6 或 1557 铝合金焊丝〔Al（4.5~5.5）Mg（0.2~0.6）Mn（0.07~0.15）Cr（0.2~0.35）Zr〕。由于 01420 铝合金固溶处理时只需在空气中淬火，氩弧焊时焊接接头强度系数可达 0.7，电子束焊时可达 0.75。01420 铝合金已应用于俄罗斯大型飞机焊接结构。

表 5-8 中的新型铝锂合金中均含有钪（Sc），这对铝锂合金的发展及其他难焊合金的发展均具有重大意义。

Sc 是过渡族元素中最活泼的金属，与钇一起被列为稀土金属，其密度为 2.98g/cm^3，熔点为 1539℃，沸点为 2832℃。Sc 在 Al 中的合金化作用主要有以下几个方面：

1）Sc 能强烈细化晶粒组织，其细化剂效果超过 Ti、Zr、V，见表 5-9，有利于改善铝合金及铝合金焊丝的焊接性能。

表 5-9　Sc、Ti、Zr、V 对 Al 细化效果比较

晶粒细化剂	基材	
	Al99（99.99%）	AlCu4
	单位面积内的晶粒数/（N/cm^2）	
Sc	1090	900
Ti	900	900
Zr	840	900
V	400	625

2）Sc 能显著提高合金的抗拉强度和屈服强度。在 Al 中加入 w（Sc）= 0.1%~0.45% 的 Sc 可使屈服强度提高 80MPa 以上。

3）Sc 能显著提高合金的耐热性，因为强化相 ScAl$_3$ 在较高温度下仍能长时间保持其强化效果。

4）Sc 可提高铝合金的再结晶温度。例如，冷作强化的工业纯铝的再结晶开始温度为 230℃，加入 w（Sc）= 0.30% 的 Sc 后，再结晶开始温度升高至 450℃；在 Al5.25Mg 铝合金中加入 w（Sc）= 0.30% 的 Sc 后，再结晶开始温度可从 245℃ 升高至 450℃。

5）Sc 有利于提高铝合金耐应力腐蚀性能和疲劳强度。例如，在 Al-Mg 合金中加入 Sc，可使耐应力腐蚀平均寿命提高一个数量级。

为改善 Al-Cu-Mg-Li-Zr 合金的焊接性，1460 及 1460-1 合金内均加入 Sc，经十字搭接试样焊接裂纹试验、鱼骨形试样焊接裂纹试验和应变增长速率试验，其热裂纹率 C 值可降至分别不超过 30%、15% 的水平。1460 合金焊接接头强度系数可达 0.5，带切口的焊缝金属抗拉强度与不带切口的焊缝金属抗拉强度的比值则接近于 1.0。由于 1460 合金低温力学性能好，当工作温度从 20℃ 降至 -253℃ 时，其焊接接头及焊缝金属的强度可随之分别增长 30% 及 40%，俄罗斯将该铝合金用作"能源号"重型运载火箭推进剂贮箱的结构材料。但从国内相关焊接试验评定结果来看，1460 铝合金熔焊（氩弧焊、氦弧焊）的焊接性及其焊接工艺仍不理想，而其搅拌摩擦焊工艺性较好。

各种含 Li 的铝合金氩弧焊的共同性难题之一是焊缝气孔，这主要是由于 Li 的活泼性及合金在高温加工时形成的表面层内含有 Li$_2$O、LiOH、Li$_2$CO$_3$ 和 Li$_3$N 等化合物，它们极易吸

附环境大气内的水分，从而导致氢进入熔池，使焊缝金属产生气孔。虽经多方探讨采用多种焊前表面清理方案，但收效不大。现在公认的避免 Al-Li 合金焊缝产生气孔最有效的措施是通过机械铣削或化学腐蚀的方法，将合金零件表面去掉 0.2~0.5mm，这对航空航天产品来说并非特别困难，例如产品常具有数控加工的网格结构或化学铣切（腐蚀）的变厚度结构。有些冶金厂可根据用户要求提供表面经过磨削的 Al-Li 合金板材，磨削量不小于双面 0.2mm。

随着国内外 Al-Li 合金（2090、2097、2A97、8090、1460、2195、2198、2050 等）在民用客机和航天器密封结构（火箭贮箱、空间站舱体等）上的应用不断扩大，可以看到高强度、高韧性、焊接性好的 Al-Li 合金（8090、2090、2195、2197、2A97、2198 等）是 Al-Li 合金的主要发展方向。在空客、波音的民机舱段结构生产中，激光焊工艺是 Al-Li 合金舱段结构的主流制造手段。作为一种新型铝合金固相焊接技术，搅拌摩擦焊工艺的出现，大幅度改善和提高了高强度 Al-Li 合金的焊接性、接头强度与韧性，进一步拓展了高强度 Al-Li 合金在民用客机结构和航天器结构上的应用。搅拌摩擦焊是一种基于微区摩擦加热锻造的固相焊接工艺，其接头内部不存在焊接裂纹、焊缝气孔等熔焊缺陷，详见本书第 11 章的相关论述。

除冷焊方法外，大多数熔焊方法均存在一个高强度铝合金（包括 Al-Li 合金在内）焊接时热影响区软化去强的问题。随着数控加工、化学加工（如化学铣切）技术和变截面结构设计的发展，对焊接接头的焊接区（同时也是结构刚度加强区）实行厚度补偿的技术已可满足焊接接头与零件材料等强度的要求，也为解决焊接接头热影响区软化去强问题提供了新的思路。

9. 不同牌号铝合金的组焊

一个复杂的焊接结构往往需由不同特性的材料零件组成。例如，高强度铝合金的刚性零件与成形性良好的低强度高塑性铝合金零件组合焊接，变形铝合金零件与铸造铝合金零件组合焊接。这些不同种类和牌号的铝合金具有各不相同的化学成分、显微组织、物理特性、力学特性和焊接特性，因此不同牌号铝合金组合焊接时，其焊接性表现较为复杂。有些组合的焊接性尚好；有些组合，虽双方或其中一方的焊接性好，但组合焊接时，其焊接性表现变差，或裂纹倾向大，或焊接接头脆性大、强度低，但焊接前很难预测其焊接性可能的表现。

为此，对于不同牌号铝合金的组合，必须就其焊接性进行多方面的试验，根据结构、工艺等具体情况，制定适合的焊接工艺技术措施。

不同牌号铝合金组合焊接试验结果的信息报道较少。表 5-10 中的数据可供参考。

表 5-10　不同牌号铝合金组合焊接时的焊接裂纹倾向及焊接接头的力学性能

序号	合金组合	焊丝	裂纹率（%）	裂纹部位[①]		焊接接头力学性能	
				焊缝	熔合区	R_m/MPa	α/(°)
1	3A21+3A21	3A21	2.2	+	-	121	156
2	3A21+2A12	3A21	52.0	-	+2A12	130	155
3	3A21+2A12	2A12	21.6	+	-	125	154
4	2A12+5A06	2A12	20.5	-	+5A06	265	65
5	2A12+5A06	5A06	30.7	+	+5A06	221	100
6	3A12+5A06	3A21	25.0	-	+5A06	123	155

（续）

序号	合金组合	焊丝	裂纹率（%）	裂纹部位①		焊接接头力学性能	
				焊缝	熔合区	R_m/MPa	α/(°)
7	3A21+5A06	5A06	15.8	+	−	133	156
8	2A16+5A06	2A16	9.5	−	+5A06	266	41
9	2A16+3A21	5A06	24.0	+	−	163	55
10	2A16+3A21	2A16	16.4	+3A21	+2A16	124	95
11	2A16+3A21	3A21	69.0	+3A21	+2A16	125	133
12	2A16+2A12	2A16	30.8	+2A16	+2A12	321	49
13	2A16+2A12	2A12	57.8	+	+	130	28
14	ZL201+2L16	2A16	7.5	−	+	289	−
15	ZL201+2A16	ZL201	12.3			292	61
16	ZL201+5A06	5A06	52.0	−	+5A06	222	51
17	ZL201+5A06	5A03	34.2	+5A03	+ZL201	227	58
18	L201+5A03H	ZL201	28.2	+5A03	−	204	38
19	5A03+3A21H	3A21	0	−	−	178	118
20	5A06+3A21H	5A03	0	−	−	184	100
21	5A03+5A03	5A03	0	−	−	226	84
22	5A03+5A06	5A03	16.3	−	+5A06	227	93
23	5A03+5A06	5A06	29.8	−	+5A06	213	73
24	5A03+2A12	5A03	24.0	−	2A12	237	53
25	5A03+2A12	2A12	17.5	−	+2A12	208	40
26	5A03H+2A12	2A12	18.0	−	+2A12,+5A06	222	45
27	5A03H+2A16	5A03	37.6	+	−	222	40
28	5A03+2A16	5A03	36.0	+	−	223	38
29	5A03H+2A16	2A16	20.0	+2A16,+5A03	+5A03	203	38
30	5A03H+ZL201	5A03	34.2	+ZL201,+5A03	+ZL201	207	58
31	5A03H+ZJ201	ZL201	28.2	+5A03,+ZL201	−	204	38

注：试验材料厚度为2mm，焊接方法为钨极氩弧焊。
① 本栏中"+"表示有裂纹，"−"表示无裂纹。

第6章　钨极惰性气体保护电弧焊

6.1　概述

钨极惰性气体保护电弧焊（tungsten inert gas arc welding，简称 TIG 焊或 GTAW），如图 6-1 所示，是一种以钨棒为一个电极，以焊件为另一个电极，使用惰性气体（氩、氦或氩与氦的混合气）保护两电极之间的电弧、熔池及母材热影响区而实施电弧焊接作业的焊接方法。保护气采用氩气（或氩氦混合气）时，通常简称为钨极氩弧焊；保护气采用氦气时，通常简称为钨极氦弧焊。钨极氦弧焊相比于钨极氩弧焊，焊接电弧的挺度更大、长度更短、温度更高。

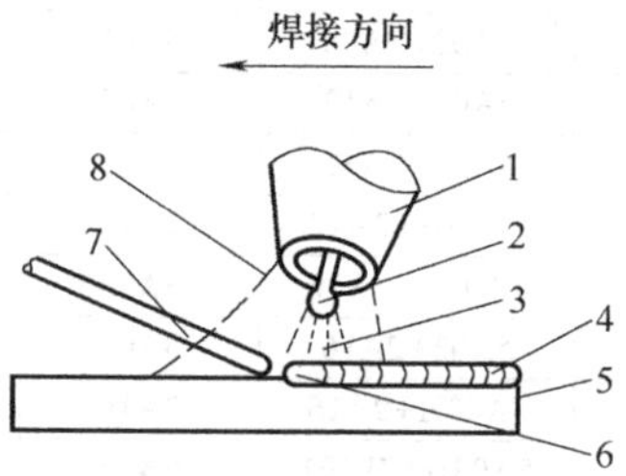

图 6-1　钨极惰性气体保护电弧焊示意图
1—喷嘴　2—钨极　3—电弧　4—焊缝　5—焊件
6—熔池　7—填充焊丝　8—惰性气体

进行 TIG 焊时，以待焊部位与钨极尖端间的电弧（由等离子态气体和金属蒸气构成）作为恒流焊接热源，以焊缝填充金属作为焊丝，有些自熔焊缝则不需要焊丝。TIG 焊常用于焊接不锈钢和铝、镁、铜合金等非铁金属的薄板构件，按操作方式分为手工 TIG 焊、自动 TIG 焊两类，按焊接电流的类型分为直流 TIG 焊、交流 TIG 焊两类。

钨极氩弧焊具有下列工艺特点：

1）焊接时无须使用焊条或熔剂和焊剂，焊接后无须清除残余熔剂或焊渣。因为氩气可良好地保护电弧、熔池及母材热影响区而使其不被氧化，氩气本身也不与铝发生物理或化学反应。

2）钨极电弧稳定，即使在焊接电流小于 10A 的情况下，电弧仍可保持稳定，特别适用于焊接铝合金薄板。

3）热源和填充焊丝可分别控制，热输入易于调整。

4）由于填充焊丝不通过电流，无熔滴过渡，故电弧安静，噪声小，无金属飞溅。

5）交流氩弧焊时具有对母材表面氧化膜的阴极清理作用，特别有利于焊接表面易氧化的铝、镁及其合金。

6）钨极载流（焊接电流）能力较弱，生产率不高。

7）氩气及氦气价格较高，不利于降低生产成本。

8）钨极氩弧焊受作业现场气流影响较大，不适于室外作业。

为提高焊接熔深、焊接效率，基于焊枪结构的设计改进，1953年科研人员又从TIG焊方法创新衍生出等离子弧焊工艺，包括直流等离子弧自动焊、交流等离子弧自动焊，大大扩展了TIG焊的工业应用场景，有效推动了焊接电源及其工艺装备的发展。

随着科技的快速发展，TIG焊技术的发展也与时俱进，主要体现在高频脉冲电流精准调控、高精度NC系统编程控制、振动热丝TIG焊、窄间隙热丝TIG焊、激光-TIG复合电弧焊、铝合金TIG熔丝增材制造系统等方面。近年来，激光-TIG复合焊技术、铝合金TIG焊熔丝增材制造技术均得到了长足的发展和初步的工业应用。

目前，TIG焊技术已广泛应用于航空、航天、电力、核电、兵工、船舶、管道等工业领域，并常常作为叶片、工具、模具等部件再制造的首选焊接工艺。

6.2 焊接过程原理

1. 采用直流电源

（1）直流正接（DCEN，电极接负，焊件接正）　当采用直流正接法焊接铝及铝合金时，焊件与电源的正极相连而成为阳极，钨极与电源的负极相连而成为阴极。此时，钨极的电子发射能力强，可发出大量的电子流，并赋予电子流以能量IU，其中，I为发出来的电子流，U为钨极电子逸出功，由于付出这部分能量，钨极自身也得以冷却。在电场的驱使下，钨极发射出来的高能电子流高速冲击阳极（即焊件），将全部能量交付焊件，使其深熔，形成窄而深的焊缝。但因电子质量很小，电子流对焊件的冲击尚不足以破除焊件表面的氧化膜。与此同时，正离子流奔向阴极即钨极，虽使其发热，但此时的钨极具有自身冷却功能，不致过热烧损。

（2）直流反接（DCEP，电极接正，焊件接负）　当采用直流反接法焊接铝及铝合金时，钨极与电源的正极相连而成为阳极，焊件与电源的负极相连而成为阴极。此时，由于焊件表面上存在氧化膜，其电子逸出功较小，易发射电子，因此阴极斑点始终是优先在氧化膜处形成。由于焊件为冷阴极，阴极区有很高的电压降，因此阴极斑点的能量密度很高，在阴极电场的作用下，正离子流高速撞击焊件上的表面氧化膜，使其破碎、分解而被清理掉。阴极斑点随即又在邻近的氧化膜发射电子，继而氧化膜又被清理，因此被清理的氧化膜的面积不断扩大，直至扩大到氩气所能保护的范围内，此即阴极清理（俗称阴极雾化）。其作用的强弱与阴极区的能量密度及正离子的质量大小有关。与此同时，从焊件发射出来的大量电子流冲击阳极（即钨极），使其撞击生热，由于此时的钨极已不具有自身冷却功能，钨极易发生过热，甚至熔化，因此不得不限制焊接电流的大小。

根据上述原理及特性，直流正接法主要用于铝合金钨极氦（或氦氩混合）弧焊，因氦弧发热量大，热量集中，电弧很短，穿透力强，虽无对焊件表面氧化膜的阴极清理作用，但实践中仍有一定的去除氧化膜效果。直流反接法不推荐用于焊接铝及铝合金，反接法虽具有阴极清理作用，但钨极易过热烧损，容许使用的焊接电流很小，电弧稳定性较差，焊接效率低。

2. 采用交流电源

为具有阴极清理作用而钨极不致过热，只有采用交流钨极氩弧焊。

交流电的极性是周期性变化的，在每个周期里，半波相当于直流正接，另一半波相当于直流反接。正接的半波期间钨极不致过热，可承载较大的焊接电流，有利于电弧稳定，可焊厚度增大；反接的半波期间有阴极清理作用，可去除母材表面氧化膜，保证焊缝良好成形。

三种钨极氩弧焊特性的比较见表6-1。

表6-1　三种钨极氩弧焊特性比较

电流种类	直流		交流	
	正接	反接	正弦波	矩形波
示意图				
电流波形				
两极热量比例（近似）	焊件70% 钨极30%	焊件30% 钨极70%	焊件50% 钨极50%	通过占空比可调
熔深特点	深、窄	浅、宽	中等	较深
钨极许用电流	最大 例如，3.2mm，400A	小 例如，6.4mm，120A	较大 例如，3.2mm，225A	大 例如，3.2mm，325A
阴极清理作用	无	有	有（焊件为负极的半周时）	有
电弧稳定性	很稳	不稳	很不稳	稳
直流分量	无	无	有	无
适用材料	氩弧焊：除铝、镁合金、铝青铜外的其余金属 氦弧焊：几乎所有金属	一般不采用	铝、镁合金、铝青铜等	铝、镁合金、铝青铜等

交流钨极氩弧焊在特性和功能上基本满足铝及铝合金焊接的需要，但焊接回路内将出现直流分量，引弧稳弧性能差，熔透能力弱，可用下列方法加以改善。

（1）消除直流分量　交流钨极氩弧焊时电弧电压及焊接电流的波形及产生的直流分量如图6-2所示。

由图6-2可见，正半波时，钨极为负极，由于其熔点和沸点高，且导热性差，尺寸小，因而温度高，电子热发射容易，故电弧电压低，焊接电流大，通电时间长；

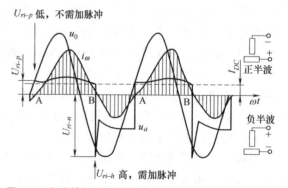

图6-2　交流钨极氩弧焊的电压和电流波形及直流分量

负半波时，焊件为负极，由于其熔点和沸点低，且尺寸大，散热快，温度低，电子热发射困难，故电弧电压高，焊接电流小，通电时间短，因此出现了正负半波电流不对称现象，在交流焊接回路内出现了一个由焊件流向钨极的直流分量，这种现象称为"整流作用"。

直流分量的存在可削弱阴极清理作用，焊接过程变得困难，使焊接变压器由于直流分量磁通导致铁心饱和而发热、输出功率降低，甚至烧毁变压器。

为消除此种直流分量，可在焊接回路或电源回路内串接无极性的电容器组，容量可按 $300\sim400\mu F/A$ 计量。

（2）改善引弧和稳弧　由于交流氩弧的电压及电流的幅值和极性随时间而不断变化，每秒有 100 次过零，因此电弧的能量及电弧空间的温度也随之不断变化。当电流过零时，电弧熄灭，下半周必须重新引弧。有以下几种引弧方法可供选择。

1）短路引弧：利用钨极与焊件短暂接触、短路、快速脱开而引弧。此法便利，但易使钨极沾污、损耗，破坏其端部形状及尺寸，应避免使用。

2）高频引弧：利用高频振荡器产生的高频高压击穿钨极与焊件之间的间隙（3mm 左右），从而引燃电弧。但高频发生器的高频振荡也会损坏电源或焊接程序控制系统（包括计算机）内的精密器件，需采取防干扰技术措施。

3）高压脉冲引弧：在钨极与焊件之间加一高压脉冲，使两者间的保护气体电离而引弧，脉冲幅值 $\geqslant800V$。

4）高频叠加辅助直流电源引弧：在电源两端并联一个辅助的直流电源，如图 6-3 所示。

有些引弧方法在原理上有助于在焊接过程中稳弧，如高频高压稳弧、高压脉冲稳弧（施加在过零点的时刻）、矩形波交流引弧。矩形波在过零瞬间的电流变化大，极性转换时能迅速反向引燃电弧。

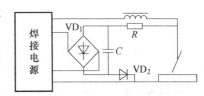

图 6-3　高频叠加辅助直流电源引弧

3. 采用脉冲交流电源

脉冲交流钨极氩弧焊过程中有一个基值电流 i_b 和一个脉冲电流 i_p，前者始终连续工作，借以引弧，后者断续工作，借以深熔。电流波形如图 6-4 所示。

每次脉冲电流通过时，焊件被加热熔化，形成一个点状熔池，随后基值电流持续，该熔池冷却凝固，同时维持电弧稳定，因此焊接是一个断续熔化、凝固过程，焊缝由一个一个焊点叠加而成，电弧是脉动的，有明亮和暗淡相互交替的闪烁现象。由于焊接电流脉冲化，焊接电流的平均有效值降低，可调参数多，便于合理选择焊接热输入。

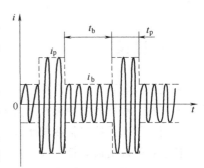

图 6-4　脉冲交流钨极氩弧焊波形

i_p—脉冲电流幅值　i_b—基值电流幅值
t_p—脉冲电流持续时间　t_b—基值电流持续时间

随着脉冲电流频率的提高，电弧的电磁收缩效应随之增强。当脉冲电流频率高于 5kHz 时，电弧的挺度和刚度明显增大，即使焊接电流很小，电弧也有很强的稳定性和指向性，因而有利于焊接薄件。此外，随着电流脉冲频率的提高，电弧压力也随之增大，如图 6-5 所示，因而高频电弧的穿透力强，有利于深熔。高频电弧的振荡作用有利于晶粒细化，消除焊缝气孔，获得优质焊缝。

4. 采用变极性方波脉冲电源

变极性方波脉冲钨极氩弧焊的特点是：采用方波（或称矩形波）交流焊接电源，两半波参数不一定对称。焊接时的电流波形如图 6-6 所示。

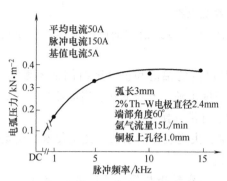

图 6-5 电流脉冲频率对电弧压力的影响

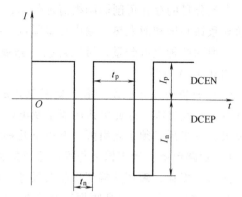

图 6-6 变极性方波脉冲氩弧焊电流波形

t_n—负半波电流（DCEP）持续时间 t_p—正半波电流（DCEN）持续时间 I_n—负半波电流（DCEP）幅值 I_p—正半波电流（DCEN）幅值

"变极性"这个名词并不确切，因为交流焊接时的极性本来是变换的，确切的名词应为"极性参数可调"，但"变极性"一词现已约定俗成。

由图 6-6 可见，由于电流波形呈矩形，半波转换可瞬间完成，过零点时电流增长迅速，再引燃电弧较容易，稳弧性能明显提高。

由于负半波时电流 I_n 对阴极清理作用的影响比电流持续时间 t_n 更大，因此将 I_p 增大，将 t_n 减小，既可增强阴极清理作用，去除焊件表面氧化膜，又能减少钨极受热，增大其载流能力。

6.3 焊接设备

手工钨极氩弧焊机由焊接电源、供气系统及供水系统组成。焊接电源中包括焊枪、引弧及稳弧装置、程序控制面板及遥控器。供气系统内包括保护气体的气瓶、减压阀、流量计、电磁气阀。供水系统包括冷却水泵、水压开关。

自动氩弧焊机由焊接电源、焊接机头、操作机、变位机、控制箱、供气系统、供水系统及装配焊接夹具组成。焊接机头上包括焊枪、焊枪升降及姿态微调机构、焊丝输送机构，有时还包括轨迹跟踪装置、电弧摆动装置等。操作机上装有能使焊接机头升降及行走的立柱和横臂结构，横臂可绕立柱适当回转。变位机一般具有两个自由度的翻转功能。控制箱内包括基本控制系统和程序控制系统，前者包括焊接电源输出调节系统、焊接机头行走调节系统、保护气体流量调节系统；后者包括各配套件在焊接过程前、过程中及过程后程序动作的调节、协调和控制装置。

自动氩弧焊专机是按用户的特殊订货要求，根据用户的产品结构类型、尺寸范围、焊缝形式、装配-焊接工艺而设计和制造的专用焊接设备。

现在焊接设备行业发展很快，焊接设备技术进步明显，焊接设备产品相当完善，因此用户被迫自行设计制造焊接设备的年代已过去了，可根据需要和条件，参考国内外焊接设备产品最新样本资料向焊接设备厂商洽谈选购。

上述焊接设备系统内的核心设备是焊接电源，对铝及铝合金焊接电源的要求如下：

1）具有可调节的陡降（或内拖）外特性（即恒流特性），如图6-7所示。

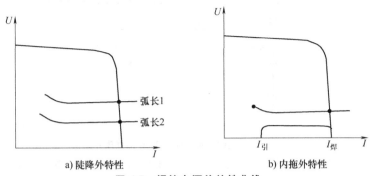

图6-7　焊接电源外特性曲线

2）引弧容易，电弧稳定。

3）具有适应用户网路电压波动的能力，保证焊接参数稳定。

4）故障发生率低，便于使用、维护和维修。

5）能满足用户对焊接过程的程序及控制的特殊要求。

6）价格合理。

焊接电源按其电流种类，有正弦波交流弧焊电源、正弦波交流脉冲弧焊电源、交直流两用弧焊电源、矩形波交流弧焊电源；按其主要器件，有晶闸管式弧焊电源、逆变式弧焊电源，后者高效节能，已广泛使用，大有取代前者的趋势。

国内外TIG焊电源种类繁多，其中之一如图6-8所示。该电源特点为数字化、多功能。

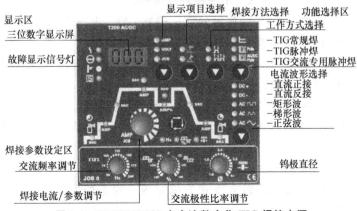

图6-8　TRITON 220 交直流数字化 TIG 焊接电源

钨极氩弧焊一般工作程序如图6-9所示。

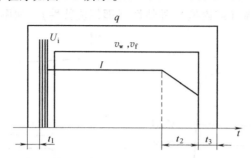

图 6-9 钨极氩弧焊一般工作程序

U_i—高频或引弧脉冲电压 I—焊接电流 q—保护气体流量 t_1—提前送气时间

t_2—电流衰减时间 t_3—延迟送气时间 v_w—焊接速度 v_f—送丝速度

6.4 焊接工艺

铝及铝合金的钨极氩弧焊应是一种精细的工艺过程，必须注意从材料准备到焊接质量检验全过程中的各个环节。

1. 焊接材料

（1）钨极 铝及铝合金钨极氩弧焊可供选用的钨极材料有纯钨、钍钨、锆钨、铈钨等，钨的熔点为3400℃，是迄今为止最好的一种非（不）熔化电极材料，具有很强的电子发射能力，在钨电极成分中加入稀土元素钍、铈、锆等的氧化物后，电子逸出功降低，载流（电流）能力提高。

纯钨电极（牌号W1、W2）熔点高，不易熔化和挥发，但电子发射能力较低，载流能力也较低，抗铝污染性较差，现已较少采用。

钍钨电极含氧化钍1%~2%（质量分数），电子发射能力较强，允许电流密度较大，寿命较长，抗铝污染性较好，易引弧，电弧稳定，但价格稍高，有微量放射性，应用范围受到一定限制，$w(\text{Th})=2\%$的钍钨电极已极少采用。

锆钨电极含1%（质量分数）左右的微量氧化锆，载流能力强，抗铝污染性好，保持电极端部形状（半球形）的能力较强，不易使焊缝夹钨。

铈钨极成分中含1.8%~2.2%（质量分数）的氧化铈，具有下列优点：

1）发射X射线剂量较小，抗氧化性较钍钨极有明显改善。

2）逸出功比钍钨极低10%，因而易于引弧，电弧稳定性较好。用小直径铈钨电极进行TIG焊时，引弧电流（8A）最低，引弧后弧长可达10mm。

3）化学稳定性好，对保护气体纯度的要求比钍钨电极略低。

4）允许的电流密度大。如果采用直流正接TIG焊，则允许的电流密度比钍钨电极高5%~8%。

5）烧损率低，电极使用寿命较钍钨电极更长。

我国工业部门已广泛采用铈钨电极和锆钨电极，西方国家则较多采用钍钨电极［$w(\text{ThO}_2)\leqslant 1\%$］及锆钨电极。

一定直径的钨极要求相应的极限电流。超过极限电流值，钨极将过热、熔化或蒸发，引起电弧不稳、焊缝夹钨。钨极许用的极限电流还与极性有关。直流正接时，可采用较大的焊接电流；交流时，可采用的电流较小；直流反接时，可采用的电流更小。钨极的许用电流见表6-2。

表6-2　钨极的许用电流

电极直径 /mm	直流/A				交流/A	
	正接(电极-)		反接(电极+)			
	纯钨	钍钨、铈钨	纯钨	钍钨、铈钨	纯钨	钍钨、铈钨
0.5	2~20	2~20	—	—	2~15	2~15
1.0	10~75	10~75	—	—	15~55	15~70
1.6	40~130	60~150	10~20	10~20	45~90	60~125
2.0	75~180	100~200	15~25	15~25	65~125	85~160
2.5	130~230	160~250	17~30	17~30	80~140	120~210
3.2	160~310	225~330	20~35	20~35	150~190	150~250
4.0	275~450	350~480	35~50	35~50	180~260	240~350
5.0	400~625	500~675	50~70	50~70	240~350	330~460
6.3	550~675	650~950	65~100	65~100	300~450	430~575
8.0	—	—	—	—	—	650~830

交流TIG焊铝及铝合金时，电极端部应呈半球形，为此，可采用如下的简单成形方法：取比使用焊接电流要求的钨极规格大一号的钨极，将端部磨成圆锥形，然后垂直地夹持电极，用比使用的焊接电流大20A的电流焊接几秒，此电极端部即成为半球形。

直流正接TIG焊铝及铝合金时，常采用钍钨极，此时电极的端部应磨成60°~120°的圆锥，以便获得最大的熔深。

如果钨极被铝所污染，则必须立即去除污染物。如果污染程度较轻微，可采用该钨极在铝试板上引弧，加大电流并短时维弧，争取烧掉铝污染物。如果污染程度严重，则应立即清理、修整，或予以更换。

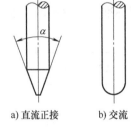

a) 直流正接　　b) 交流

图6-10　钨极端部的形状

TIG焊时钨极端部的形状如图6-10所示。

（2）保护气体　电弧焊铝及铝合金时，保护气体一般只用惰性气体，即氩、氦或各种比例的氩-氦混合气体。各种气体的物理特性见表6-3。

表6-3　各种气体的物理特性

气体	相对分子质量	密度(273K,0.1MPa) /(kg/m³)	电离电位 /V	比热容(273K时) /[J/(g·K)]	热导率(273K时) /[W/(m·K)]	5000K时离解程度
Ar	39.944	1.782	15.7	0.523	0.0158	不离解
He	4.003	0.178	24.5	5.230	0.1390	不离解
H_2	2.016	0.089	13.5	14.232	0.1976	0.96
N_2	28.016	1.250	14.5	1.038	0.0243	0.038
空气	29	1.293	—	1.005	0.0238	

由表6-3可见，氩气的密度比空气大，比热容和热导率比空气小，这些特性使氩气能很好地保护焊接区域，并具有良好的稳弧特性。氦气的密度比空气及氩气小，因此为有效地保

护焊接区，其流量消耗应比氩气大许多。

氦气的电离电位比氩气高，热导率大，在相同的焊接电流和电弧长度下，氦弧的电弧电压比氩弧高（即电弧的电场强度高），因此氦弧功率较大，加之氦气的热导率高，冷却效果好，使得电弧能量密度大，弧柱较细，热量集中，利于深熔。

交流钨极氦弧焊时，引弧较困难，电弧不稳定，无阴极清理作用，因此考虑采用氦气时，一般不采用交流电源，而只采用正接的直流电源。

直流正接氦弧焊铝合金时，一般采用短弧。此时，氦弧发热大，热量集中，电弧穿透力强，焊缝成形窄而深。单面焊接厚度可达 12mm，双面焊可达 20mm。与交流氩弧焊相比较，坡口小，熔深大，焊道窄，变形小，热影响区窄，软化程度低，虽无阴极清理，但仍有去除母材表面氧化膜的作用，虽然焊接区表面出现黑尘，但易于擦掉，且内部质量良好，气孔及氧化膜夹杂物等缺陷较少。氩气容易买到且价格较低，氦气价格昂贵，只在某些特殊行业获得应用，如航空、航天及核工业等。

考虑到氩气及氦气的优缺点，实践中常采用氩气与氦气混合的保护气体。例如：氩弧焊时氩气中加少量氦气，以增大电弧的熔透能力；氦弧焊时氦气中加少量氩气，以改善引弧及稳弧特性。

焊接铝及铝合金时，氩气、氦气的纯度应不低于 99.9%（体积分数），其内 $\varphi(H_2)<0.002\%$，$\varphi(N_2)<0.1\%$，含水量应小于 0.02mg/L，露点应低于 -55℃。

2. 接头设计

设计和选用焊接接头的形式及坡口尺寸时，应根据产品的结构及零件厚度，参考相关国家标准、行业标准或本节提供的资料（表6-4），来进行设计选用。

表6-4 接头形式及坡口尺寸

接头、坡口形式		示图	板厚 δ /mm	间隙 b/mm	钝边 p/mm	坡口角度 α
对接接头	卷边		≤2	<0.5	<2	—
	I形坡口		1~5	0.5~2	—	—
	V形坡口		3~5	1.5~2.5	1.5~2	60°~70°
			5~12	2~3	2~3	
	X形坡口		>10	1.5~3	2~4	

（续）

接头、坡口形式		示图	板厚 δ /mm	间隙 b/mm	钝边 p/mm	坡口角度 α
搭接接头			<1.5	0~0.5	$L \geqslant 2\delta$	—
			1.5~3	0.5~1	$L \geqslant 2\delta$	—
角接 接头	I 形坡口		<12	<1	—	—
	V 形坡口		3~5	0.8~1.5	1~1.5	50°~60°
			>5	1~2	1~2	50°~60°
T 形接头	I 形坡口		3~5	<1	—	—
			6~10	<1.5	—	—
	K 形坡口		10~16	<1.5	1~2	60°

设计接头时，除了考虑其设计必要性，还应考虑其工艺性及适用性。焊缝分布应合理，施焊时可达性要好，焊接后便于无损检测。

一般来说，接头设计应尽量采用对接或锁底对接形式。当材料及焊接接头的塑性及韧性较低、承受载荷较大、结构刚性较强、零件厚度差较大时，则应采用对接形式，不宜采用锁底对接、搭接、角接、T 形接、端接等形式，因为这些接头应力集中严重，接头承载能力低，或者难以实施 X 射线检测，难以保证焊接质量，或者当采用溶剂进行焊接时，焊后难以完全清除残余溶剂或残渣，可能造成腐蚀。图 6-11a 所示的非对接接头形式宜改为图 6-11b 所示的对接接头形式。

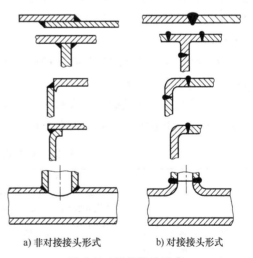

a) 非对接接头形式　　b) 对接接头形式

图 6-11　焊接接头形式

当确已无法避免非对接接头形式时，应尽可能将非对接接头安置在结构上承载不大、要求不高或无须 X 射线检测的部位。

有时，在接头设计上稍加改进，也能改善非对接接头的使用性能。例如，铝合金的山地自行车的车架，是一种管架式结构。最初设计的 T 形角接，如图 6-12a 所示，其前管 $\phi36mm\times3.5mm$，上管 $\phi32mm\times2.3mm$，上衬管 $\phi27.4mm\times2mm$，下管 $\phi35mm\times2.5mm$，下衬管 $\phi30mm\times2mm$。

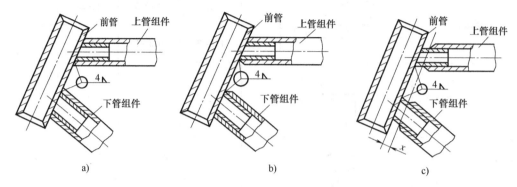

图 6-12　车架接头形式改进示意图

上述零件尺寸及接头形式具有机械加工简单、装配方便、焊缝成形规则的优点，但组合后的壁厚较大，上管组件达 $2.3mm+2.0mm=4.3mm$，下管组件达 $2.5mm+2.0mm=4.5mm$。由于 TIG 焊的熔深不大，焊接时易产生未焊透，造成应力集中，车架振动试验结果不满足验收标准要求。此后改进设计，接头形式如图 6-12b、c 所示。实践证明，图 6-12c 所示的接头形式（$x=2mm$）效果最佳，焊透率达 $80\%\sim100\%$，车架管接头不发生疲劳断裂，车架振动试验结果满足验收标准要求。

3. 零件制备

按照设计图样的规定进行下料和坡口加工时，可采用剪、锯、铣、车（旋转体）等冷加工手段和方法；也可采用热切割方法（氧乙炔焰切割、等离子弧切割），但随后需去除其热影响区。零件加工后的尺寸和质量必须有利于满足零件装配焊接时对坡口尺寸、错边、间隙的要求。

装配前，零件及普通焊丝必须进行表面清理、清除表面油脂、污物及氧化膜，以免焊接时产生气孔等焊接缺陷。

表面清理方法有机械清理法和化学清理法。化学清理法效率高，质量稳定，适用于清理成批生产的中小型零件。铝及铝合金化学清理法工序见表 6-5。

表 6-5　铝及铝合金化学清理法工序

| 焊丝 | 除油 | 碱洗 | | | 冲洗 | 中和光化 | | | 冲洗 | 干燥 |
		溶液（体积分数）	温度/℃	时间/min		溶液（体积分数）	时间/min	温度/℃		
纯铝	汽油、丙酮、四氯化碳、磷酸三钠	$6\%\sim12\%$ NaOH	$40\sim60$	$\leqslant20$	流动清水	30% HNO_3	$1\sim3$	室温或 $40\sim60$	流动清水	风干或低温干燥
铝镁、铝锰合金		$6\%\sim10\%$ NaOH	$40\sim60$	$\leqslant7$	流动清水	30% HNO_3	$1\sim3$	室温或 $40\sim60$	流动清水	风干或低温干燥

当工件尺寸较大，生产周期较长，多层焊或化学清理后又沾污时，常采用机械清理。先用有机溶剂（丙酮或汽油）擦拭表面以除油，随后直接用 $\phi0.15mm$ 的不锈钢丝刷子刷，要刷到露出金属光泽为止。一般不宜用砂轮或砂布等打磨，因为砂粒留在金属表面，焊接时会

产生夹渣等缺陷。也可用刮刀清理焊接表面。

零件和焊丝经过清理后，在存放过程中会重新产生氧化膜。特别是在潮湿环境下，以及在被酸、碱等蒸气污染的环境中，氧化膜生长更快。因此零件、焊丝清理后到焊接的存放时间应尽量缩短，在气候潮湿的情况下，一般应在清理后4~8h内施焊，如清理后存放时间过长，则需重新清理。表面抛光的铝及铝合金焊丝无须焊前清理或清洗。

4. 零件装配

零件焊前装配是重要工序，它影响焊接质量、焊接变形和应力、焊接时的拘束度和焊接裂纹倾向。零件装配时一般应有夹具，否则需先定位焊，但焊件变形难以控制。

采用夹具时，需从零件正反面夹紧铝材零件，夹具的刚性和夹紧力大小要适当，过小则难以控制变形和保证焊件尺寸；过大则焊缝拘束度太大，有时会引起焊缝开裂。一般以每100mm长度焊缝能有3.5kN左右的均匀夹紧力为好。装配大尺寸厚壁零件时，一般采用众多的小型柔性夹具（如夹子、弓形夹钳等）。装配焊接大尺寸薄壁结构时，一般采用焊接纵缝的琴键式夹具和焊接环缝的液压胀形夹具。

装配软状态铝材零件时，夹具材料可选用碳素钢或不锈钢，以减小焊接时散热速度；装配强化状态的铝材零件时，可选用铜或铝合金，以增大散热速度，缓解热影响区软化及热裂纹倾向。为防止铝材焊缝及熔合区塌陷和利于焊缝根部良好成形，在紧贴零件焊接区背面的夹具上应镶嵌垫板，垫板材料可选用铜、不锈钢、碳素钢、钛合金、石墨等，视工艺对焊缝冷却速度的要求而定。紧贴零件焊缝区的垫板上部应铣出沿焊缝纵向的圆弧形槽，焊接时，槽内即形成向母材圆滑过渡的焊缝反面余高，槽径及槽深视焊缝反面余高形状及尺寸而定。

若垫板上不开槽，则不利于焊缝背面成形和焊根部位的质量，因为铝材焊缝根部往往存在气孔及氧化膜夹杂物，焊接时应让其透漏于垫板槽内，从而可减小或免除焊缝反面的缺陷对焊接接头强度的不利影响。垫板槽呈矩形也是不适宜的，虽然矩形槽允许焊缝对中有所偏差，但极易造成焊缝反面余高向母材急剧过渡，导致应力集中。当两零件配装不良时，宁可调换零件，不宜强力装配，以免造成过大的装配应力。当结构刚性较大时，应采取能减小焊接应力及变形的装配技术措施。例如，焊接纵向焊缝前，装配时可适当增大预留的对接间隙，以便纵缝有横向收缩的余地；焊接环形焊缝前，如在钣金件上装配法兰盘时，可适当预留工艺性的反向错边，以便焊接环缝后不致出现法兰塌陷变形。

零件清理并装配后，坡口及焊接区表面可能存有碎屑、油迹、灰尘，此时又需要清理，如用氩气或干燥的压缩空气通吹坡口，再用丙酮擦拭坡口及焊接区表面，然后用不起毛的白色薄软织物或如图4-24所示的聚乙烯薄膜胶带覆盖焊接区，以保护焊接区在存放待焊期间免遭污染，焊接时再将覆盖物除去。

5. 焊接参数选择

焊接参数可影响焊缝成形、焊接质量及焊接接头的性能。选择焊接参数的依据是焊件的材料、焊件厚度、焊接方法、接头形式、坡口尺寸、焊接位置、操作人员的经验及技艺。可供参考的信息可来自《焊接手册》、焊接工艺指导资料，包括本节所列的焊接参数及现代焊接设备内附设的焊接专家系统中储存的焊接参数。但用户仍应就各参数的影响及供参考的成套焊接参数的可能效果做出分析和预测，必要时应通过工艺试验或工艺评定来决定是否选用或如何修改。

（1）焊接电流　在焊接参数中，焊接电流起主导作用，是应予首选的工艺参数。焊接电流的选用取决于对焊件厚度、接头形式、坡口尺寸、焊接位置、操作人员经验等因素的考虑。焊接电流主要影响熔深，如果电流过小，将可能产生未焊透、焊缝边缘未熔合；如果电流过大，则易使焊件烧穿成洞。手工交流 TIG 焊 6mm 以下板材时，焊接电流可按 $I = kd[k = 60 \sim 65A/mm$，$d$ 为钨极直径（mm）] 选用。

（2）电弧电压　电弧电压主要取决于弧长。弧长主要影响熔宽。如果电弧太长、电弧电压太高，则易引起咬边，气体保护效果不好；如果弧长过短、电弧电压过低，则焊丝可能触及钨极，引起短路，使钨极污染，加大钨极烧损，使焊缝夹钨。根据操作人员经验，弧长近似地等于钨极直径较好。

（3）焊接速度　焊接速度取决于焊接操作人员的经验。可预定一个数值，操作时根据熔池大小、形状及其两侧熔合情况再实时调整。自动 TIG 焊时，焊接速度预定后，焊接过程中一般保持不变。焊接速度不可过低，否则易发生焊漏或烧穿；但也不可过高，否则易发生未焊透及未熔合，且可能使保护气流严重偏后，使钨极端部、弧柱、熔池暴露在空气中。高速自动 TIG 焊时，需相应加大保护气体流量或将焊枪后倾一定的角度，以保持良好的气体保护。

（4）喷嘴孔径和保护气体流量　喷嘴孔径与保护气体流量互相关联。喷嘴孔径越大，保护区范围越大，保护气体流量即需相应增大。在喷嘴孔径一定时，如果气体流量过小，则气流挺度差，排除周围空气的能力弱，保护效果不佳；如果流量过大，气流易变成紊流，易使空气卷入，也会降低保护效果。在流量一定时，如果喷嘴孔径过小，则气体保护范围小，且易形成紊流；如果喷嘴孔径过大，不仅妨碍操作者视线，且使保护效果变差。因此气体流量与喷嘴孔径必须配合，其选用范围见表 6-6。

表 6-6　喷嘴孔径与保护气体流量选用范围

焊接电流/A	直流正接		交流	
	喷嘴孔径/mm	流量/（L/min）	喷嘴孔径/mm	流量/（L/min）
10 ~ 100	4 ~ 9.5	4 ~ 5	8 ~ 9.5	6 ~ 8
101 ~ 150	4 ~ 9.5	4 ~ 7	9.5 ~ 11	7 ~ 10
151 ~ 200	6 ~ 13	6 ~ 8	11 ~ 13	7 ~ 10
201 ~ 300	8 ~ 13	8 ~ 9	13 ~ 16	8 ~ 15
301 ~ 500	13 ~ 16	9 ~ 12	16 ~ 19	8 ~ 15

（5）喷嘴至焊件距离　为防止电弧烧坏喷嘴，钨极端部应突出喷嘴。喷嘴至焊件距离较小时，保护效果较好，但不能过小，否则会影响操作者视线，且可能导致钨极与焊丝或熔池接触，污染钨极或使焊缝夹钨；但也不能过大，否则气体保护效果变坏。通常喷嘴至焊件的距离为 8 ~ 14mm，对接焊时，钨极伸出长度为 5 ~ 6mm，角接焊时，钨极伸出长度为 7 ~ 8mm。

如本节所述，有许多焊接参数可影响气体保护效果。为验证选用这些参数及其配合的合适性，可在投入焊接前进行如下的简单试验：取出一块铝试板，用一组拟选用的参数在试板上引弧，但焊枪保持静止不动，也不填丝。引弧 5 ~ 10s 后，衰减熄弧，观察留在试板上的痕迹。如图 6-13 所示，如果可见一明显的光亮圆圈，则说明电弧的阴极清理作用正常，气体保护效果良好。如果见不到光亮的表面，则说明气体保护效果不好。光亮圆圈就是有效保护区，其直径可作为衡量气体保护效果的尺度。

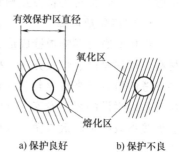

图 6-13　有效保护区

脉冲交流钨极氩弧焊可调参数较多（参见图6-6），有 I_p、I_n、t_p、t_b 及脉幅比 $R_i\left(R_i = \dfrac{I_p}{I}\right)$，占空比 $R_t\left(R_t = \dfrac{t_p}{t_p+t}\right)$，还有脉冲频率 f。

对于一定厚度的板材，有一个合适的通电量 $I_p t_p$，可根据板厚确定 I_p，再确定 t_p。I_n 一般为 I_p 的 10%～20%，t_n 为 t_p 的 1～3 倍。I_n 与 t_n 的匹配应保证电弧在全过程中得以保持且熔池在 t_n 期间得以冷却和凝固。R_i、R_t 值较大时，脉冲特点较显著，有利于克制金属过热，但过大则可能引起咬边，因此协调 R_i、R_n 及焊接速度，即可控制熔透率，避免发生过热及咬边。

6.4.1 交流手工钨极氩弧焊

铝及铝合金焊接结构生产时，往往需同时采用钨极（TIG）及熔化极（MIG）氩弧焊。厚大零件一般选用 MIG 焊，小尺寸薄壁零件则用 TIG 焊，且后者多采用手工焊方式实施。

手工焊前，应检查焊接设备、供气、供水、喷嘴、钨极等系统及元器件的状态。引弧前，最好提前 5～10s 启送氩气，以排除管路、焊枪及待焊区内的空气。

引弧及熄弧最好在引弧板及引出板上进行，待钨极炽热后再将电弧平稳过渡到工件的始焊处或定位焊处。

1. 定位焊

定位焊的部位一般置于双面焊正面坡口的背面。单面焊时可在坡口内进行定位焊，但需在定位后削除定位焊缝的多余部分。定位焊缝是正式焊道的一个组成部分，其引弧、焊接、熄弧操作要求均应等同于正式焊道，不可轻视。定位焊时一定要焊透，无气孔、裂纹、未焊透、未熔合。定位焊一般为冷态引弧，为保证焊透，电弧应在引弧点稍作停留，待母材熔化并形成熔池后，再及时填丝运行。定位焊后，应打磨并检查定位焊缝表面，当出现未焊透、未熔合、气孔、裂纹时，应将其铲除，并重新定位焊。定位焊圆形嵌入件（如法兰座）时，应首先从装配间隙最大处开始，然后对称定位焊该环缝的其他部位。

焊接时焊枪、焊丝及工件之间需保持正确的相对位置，如图6-14所示。

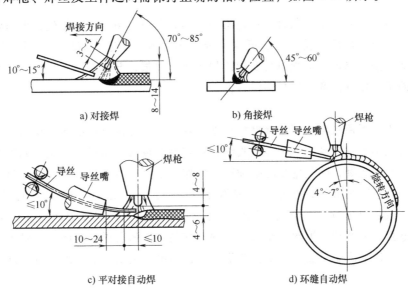

图 6-14 焊枪、焊丝与工件之间相对位置

手工交流 TIG 氩弧焊工艺参数见表 6-7。

表 6-7 手工交流 TIG 氩弧焊工艺参数

板材厚度 /mm	焊丝直径 /mm	钨极直径 /mm	预热温度 /℃	焊接电流 /A	氩气流量 /(L/min)	喷嘴孔径 /mm	焊接层数 (正面/反面)	备注
1	1.6	2	—	45～60	7～9	8	正 1	卷边焊
1.5	1.6～2.0	2	—	50～80	7～9	8	正 1	卷边或单面对接焊
2	2～2.5	2～3	—	90～120	8～12	8～12	正 1	对接焊
3	2～3	3	—	150～180	8～12	8～12	正 1	V 形坡口对接
4	3	4	—	180～200	10～15	8～12	1～2/1	V 形坡口对接
5	3～4	4	—	180～240	10～15	10～12	1～2/1	V 形坡口对接
6	4	—	—	240～280	16～20	14～16	1～2/1	V 形坡口对接
8	4～5	5	100	260～320	16～20	14～16	2/1	V 形坡口对接
10	4～5	5	100～150	280～340	16～20	14～16	3～4/1～2	V 形坡口对接
12	4～5	5～6	150～200	300～360	18～22	16～20	3～4/1～2	V 形坡口对接
14	5～6	5～6	180～200	340～380	20～24	16～20	3～4/1～2	V 形坡口对接
16	5～6	6	200～220	340～380	20～24	16～20	4～5/1～2	V 形坡口对接
18	5～6	6	200～240	360～400	25～30	16～20	4～5/1～2	V 形坡口对接
20	5～6	6	200～260	360～400	25～30	20～22	4～5/1～2	V 形坡口对接
22～25	5～6	6～7	200～260	360～400	30～35	20～22	3～4/3～4	X 形坡口对接

铝及铝合金手工 TIG 氩弧焊时，必须两手操作。一般为右手握焊枪，左手握焊丝，通过拇指、食指和中指的配合动作来均匀拨动（熔池）并向熔池输送焊丝。送丝可连续或断续，要防止送丝时与钨极接触，以免污染钨极。填丝位置一般在熔池前缘，而不必送丝至熔池中央。送丝中途回撤时，不应使焊丝热端撤至气体保护区以外，以免焊丝热端氧化后再次填丝时将热端氧化层带入熔池。

手工 TIG 焊时，一般采用左焊法，以便于观察熔池及其预定的运行轨迹。电弧长度、填丝频率及焊接速度取决于操作者的技艺及经验。一般应保持稳定的短弧，以便获得较大熔深，防止咬边。

手工 TIG 双面焊时，第一条打底焊道必须焊透，此时可填丝或不填丝，但对焊接性不良的铝合金必须填丝。随后的盖面焊缝可增大焊接热输入，保证与前层焊道及两侧壁良好熔合。焊接反面封底焊缝前，必须对打底焊缝根部进行清根，开坡口或不开坡口。封底焊缝一般成形为浅而宽，保证向两侧母材圆滑过渡。

2. 熄弧

熄弧的要点是不留弧坑。即使母材焊接性良好，但因焊接过程中热量积累，熄弧部位温度很高，弧坑内熔池快速凝固和全方位收缩，很容易导致弧坑和弧坑裂纹。如果母材焊接性不良，则弧坑必裂无疑，因此熄弧时必须精心操作，不可突然断弧。为平稳熄弧，一般有两种方法：其一为衰减熄弧法，在超前于熄弧点一段距离内，如 20～30mm，通过衰减电流，或抬高电弧，或加速运行，直至最终熄弧，在此过程中，不能中断填丝；其二为堆高熄弧法，即抬高电弧、加速加量填丝，使熄弧处焊缝堆高，熄弧后再将其修磨。对于焊接性不良的母材，必须采用堆高熄弧法。如果备有引出板，则可在引出板上自由熄弧，这是最好的熄弧方法。

熄弧后，应继续向焊枪送气 5～15s，以保护工件熄弧区表面及钨极不被氧化。

6.4.2 交流自动钨极氩弧焊

手工 TIG 焊时，电弧长度和填丝频率及焊接速度均由操作者掌握。焊丝无法太长（标准长度为 1m），因而引弧、熄弧、接头等部位多，焊缝外观及内部质量难以控制，因人而异。因此宜创造条件，实行自动焊，电弧运行及焊丝填入均由机械控制，焊接电流及焊接速度和焊接质量均可较手工 TIG 焊有所提高。

可供参考的交流自动钨极氩弧焊工艺参数见表 6-8。

表 6-8　交流自动钨极氩弧焊工艺参数

焊件厚度 /mm	焊接层数	钨极直径 /mm	焊丝直径 /mm	喷嘴孔径 /mm	氩气流量 /(L/min)	焊接电流 /A	送丝速度 /(m/h)
1	1	1.5~2	1.6	8~10	5~6	120~160	—
2	1	3	1.6~2	8~10	12~14	180~220	65~70
3	1~2	4	2	10~14	14~18	220~240	65~70
4	1~2	5	2~3	10~14	14~18	240~280	70~75
5	2	5	2~3	12~16	16~20	280~320	70~75
6~8	2~3	5~6	3	14~18	18~24	280~320	75~80
8~12	2~3	6	3~4	14~18	18~24	300~340	80~85

交流自动钨极氩弧焊时，钨极尖端与焊件之间的距离保持为 0.8~2.0mm。随着焊件厚度的增大，焊接速度应相应降低，否则可能引起未焊透或未熔合。当实行高速焊时，应相应增大保护气体流量或将焊枪后倾一定角度，以保持良好的气体保护。

TIG 自动焊对焊前零件装配质量的要求比 TIG 手工焊要高。一般应备有反面垫板，对接间隙及错边不可太大，否则可能引起焊接故障或缺陷。操作者必须严密监控电弧的运行轨迹和钨极至焊件的距离。

变极性方波钨氩弧焊是交流钨极氩弧焊的一种。其焊接电流的主要特征是正负半波幅值与持续时间相同，因此钨极容易过热产生钨夹杂。随着焊接电源技术的快速发展，正负半波幅值与持续时间可调的变极性焊接电源已成为交流钨极氩弧焊的主流焊接电源。

6.4.3 交流脉冲钨极氩弧焊

交流脉冲钨极氩弧焊可有效地控制焊缝反面成形，提高焊接接头强度、塑性，减少气孔，避免裂纹，特别有利于焊接热处理强化的高强度铝合金结构。

可供参考的交流脉冲钨极氩弧焊工艺参数见表 6-9。

表 6-9　交流脉冲钨极氩弧焊工艺参数

材料	板厚 /mm	焊丝直径 /mm	电流/A		脉宽比 （%）	频率 /Hz	电弧电压 /V	气体流量 /(L/min)
			脉冲	基值				
5A03	2.5	2.5	95	50	33	2	15	5
5A03	1.5	2.5	80	45	33	1.7	14	5
5A06	2.0	2	83	44	33	2.5	10	5

6.4.4 直流正接钨极氦弧焊

直流正接钨极氦弧焊（TIG DCSP）的特点为钨极细、电流小、无坡口（或小坡口）、填丝少，钨极受热小，焊件受热大，无阴极清理作用，焊接时短弧、深熔、高速，是一种适用于焊接厚件、焊接热处理强化的高强度铝合金的优质高效的焊接方法。

由于焊接过程中无阴极清理作用，焊前零件及焊丝表面清理显得特别重要。由于短弧及发热量大，氦弧仍有破碎并清除氧化膜的作用。虽然焊后的焊缝及熔合区表面出现一层黑灰（TIG 氩弧焊后焊缝表面白亮），但易于刷净，焊缝内部质量良好，气孔、夹杂物少，热影响区窄，显微组织细化，焊接接头性能好。

手工钨极氦弧焊操作困难，引弧不易，短弧要求高（有时弧长仅为 0.5mm），故一般采用自动焊。直流正接单面焊时，焊件厚度可达 12mm，双面焊时可达 20mm。

可供参考的直流正接钨极氦弧焊工艺参数见表 6-10 及表 6-11。

表 6-10　直流正接手工钨极氦弧焊工艺参数

材料厚度 /mm	坡口形式	钨极直径 /mm	焊丝直径 /mm	氦气流量 /(L/min)	焊接电流 /A	电弧电压 /V	焊接速度 /(cm/min)	焊接层数
0.8	平口对接	1.0	1.2	9.5	20	21	42	1
1.0	平口对接	1.0	1.6	9.5	26	20	40	1
1.5	平口对接	1.0	1.6	9.5	44	20	50	1
2.4	平口对接	1.6	2.4	14	80	17	28	1
3	平口对接	1.6	3.2	9.5	118	15	40	1
6	平口对接	3.2	4.0	14	250	14	3	1
12	V 形,90°钝边 6mm	3.2	4.0	19	310	14	14	2
18	X 形,90°钝边 5mm	3.2	4.0	24	300	17	10	2
25	X 形,90°	3.2	6.4	24	300	19	3.5	5

表 6-11　直流正接自动钨极氦弧焊工艺参数

材料厚度 /mm	钨极直径 /mm	焊丝直径 /mm	送丝速度 /(cm/min)	氦气流量 /(L/min)	焊接电流 /A	电弧电压 /V	焊接速度 /(cm/min)	备注
0.6	1.2	1.2	150	28	100	10	150	
0.8	1.2	1.2	192	28	110	10	150	
1.0	1.2	1.2	173	28	125	10	150	
1.2	1.2	1.2	162	28	150	12	150	不开坡口、钍钨极、平焊位置、单层焊道
1.6	1.2	1.2	252	28	145	13	150	
2.0	1.2	1.2	254	28	290	10	150	
3.0	1.6	1.6	140	14	240	11	110	
6.0	1.6	1.6	102	14	350	11	38	
10	1.6	1.6	76	19	430	11	20	

双面焊时，铝材厚度达 20mm 时也可不开坡口。三种高强度铝合金 5083、2219、7039 的直流正接自动钨极氦弧焊工艺参数见表 6-12。

表 6-12　三种高强度铝合金直流正接自动钨极氦弧焊工艺参数[①]

材料 /mm	焊接位置[②]	送丝速度(直径 1.6mm)/(cm/min)	氦气流量 /(L/min)	焊接电流 （直流正接） /A	电弧电压 /V	每道焊接速度 /(cm/min)	焊道数
			铝合金 5083				
6	V	无	24	260	10	51	两道,每面一道
10	F、V	无	38	300	12	36	两道,每面一道
10	F	5.1	47	360	10	25	两道,每面一道
12	F、V	无	47	400	10	38	两道,每面一道

（续）

材料/mm	焊接位置[2]	送丝速度(直径1.6mm)/(cm/min)	氩气流量/(L/min)	焊接电流(直流正接)/A	电弧电压/V	每道焊接速度/(cm/min)	焊道数
			铝合金 5083				
12	F	5.1	47	390	10	20	两道，每面一道
20	F、V	无	47	500	9	13	两道，每面一道
6	F、V	15.2	47	145	12	20	两道，一面
6	H	15.2	47	135	12	25	两道，一面
			铝合金 2219				
10	F、V	13.5	56	220	12	20	两道，一面
10	H	13.5	56	180	12	25	两道，一面
12	H、V	4.2	47	250	12	13	两道，一面
16	H、V	2.1～3.1	56	300	12	19	两道，每面一道
20	H、V	2.1～3.1	59	340	12	15	两道，每面一道
22	H、V	1.7～2.5	59	385	12	13	两道，每面一道
25	H、V	1.3～2.1	56	425	12	11	两道，每面一道
			铝合金 7039				
6	F、H、V	无	47	265	10	46	两道，每面一道
6	F	17.0	56	250	14	51	两道，每面一道
10	F、V	无	24	300	10	31	两道，每面一道
12	F、V	无	47	390	10	38	两道，每面一道
20	F、V	无	47	450	9	15	两道，每面一道
20	F	20.3	47	390	10.5	11	两道，每面一道

① 钍钨极：对于 6～20mm 厚的金属，电极直径为 3.2mm，端部直径为 2.5mm；对于 22mm 厚的金属，电极直径为 4mm，端部直径为 3mm，对于 25mm 厚的金属，电极直径为 4.8mm，端部直径为 3.6mm。

② F—平焊位置，H—横焊位置，V—立焊位置。

6.4.5　直流正接高频脉冲钨极氩弧焊

直流正接高频脉冲钨极氩弧焊的焊接设备为大功率晶体管式直流高频脉冲自动焊接装置，基值电流为 7～100A 连续可调，脉冲电流的平均值为 10～300A 连续可调，脉冲频率调节范围为 1～25kHz，送丝速度调节范围为 20～100m/h，焊接速度调节范围为 10～47m/h。下面介绍一实例。

材料为 2A14-T6 高强度铝合金，其强度很高，但焊接性很差。材料厚度为 5mm。

为了改善焊接接头的力学性能和显微组织，必须确定其最佳脉冲频率，只有具有此种频率的脉动电弧才能引起熔池的高频振荡或使熔池产生共振，从而达到充分搅拌熔池、细化晶粒、改善焊接接头力学性能的目的。焊接热输入的大小直接影响焊接接头的力学性能，它是选择最佳脉冲频率的依据。

为此，在焊缝成形良好和焊透率相同的条件下，保持基值电流（50A）、电弧电压（13.5V）、送丝速度（61.8m/h）、焊接速度（21m/h）诸参数不变，而改变脉冲频率及脉冲电流，可求得热输入与脉冲频率之间的关系，如图 6-15 所示。

由图 6-15 可见，在 9～13kHz 频率范围内，

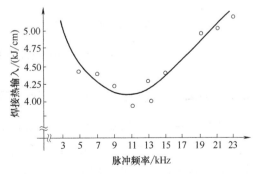

图 6-15　焊接热输入与脉冲频率的关系

焊接热输入最小，可认为它就是有利于 2A14-T6 铝合金取得良好力学性能和显微组织的最佳脉冲频率范围。

性能检测结果表明，在脉冲频率为 9~13kHz 的范围内，焊态（焊后不热处理）的焊接接头力学性能良好：$R_m \geqslant 33MPa$，$A \geqslant 3.0\%$，$\alpha \geqslant 25°$，$K_{IC} \geqslant 20MPa \cdot m^{1/2}$。与普通交流钨极氩弧焊及直流正接钨极氩弧焊相比较，直流正接高频脉冲钨极氩弧焊的焊接接头显微组织更为细化，焊缝断口上的粗大韧带、深凹的韧窝等塑性断裂特征明显，而普通交流钨极氩弧焊的焊缝断口则呈脆性断裂特征，如图 6-16 及图 6-17 所示。

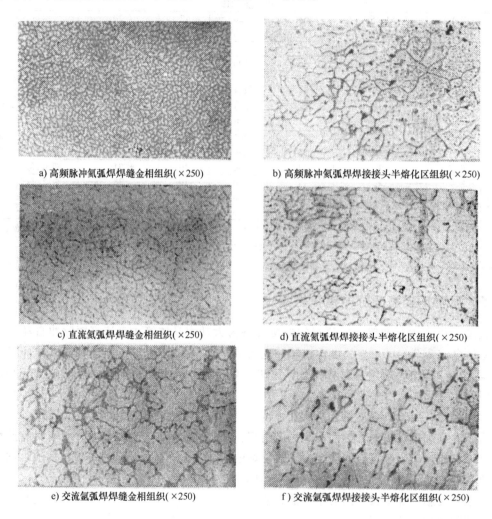

a) 高频脉冲氩弧焊焊缝金相组织(×250)

b) 高频脉冲氩弧焊焊接接头半熔化区组织(×250)

c) 直流氩弧焊焊缝金相组织(×250)

d) 直流氩弧焊焊接接头半熔化区组织(×250)

e) 交流氩弧焊焊缝金相组织(×250)

f) 交流氩弧焊焊接接头半熔化区组织(×250)

图 6-16　三种焊接方法的焊接接头显微组织比较

6.4.6　超音频变极性方波脉冲钨极氩弧焊

超音频变极性方波脉冲 TIG 焊（hybrid pulsed variable polarity TIG，HPVP-TIG）是由北京航空航天大学开发的一种适用于铝合金氩弧焊的新方法，它是在实现变极性电流快速过零及其极性快速变换（$di/dt \geqslant 50A/\mu s$）的基础上，直接精准复合超音频方波脉冲电流（脉冲频率最高达 100kHz，脉冲电流幅值最大 100A；电流变化速率 $di/dt \geqslant 50A/\mu s$）。在铝合金焊

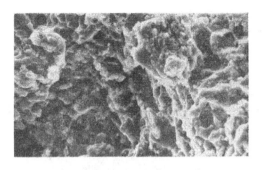
a) 交流氩弧焊的焊缝断口形貌

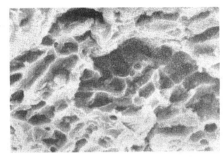
b) 高频脉冲氩弧焊的焊缝断口形貌

图 6-17 两种焊接方法的焊缝断口形貌比较

接过程中，利用超音频方波脉冲电流在熔池液态金属内激发产生独特的超声振动及高频效应，具有显著细化焊缝组织，有效去除气孔缺陷，提升电弧熔透能力等工艺特点，进而可显著提高铝合金 TIG 焊的质量和效率。

HPVP-TIG 焊设备的操作使用方法与传统 TIG 焊设备完全一样，可灵活用于手工焊和自动焊。以研制的 BHHF WSM-300 型焊接电源系统为例，图 6-18 所示为一种典型的超音频变极性方波脉冲电流波形，其可调参数范围见表 6-13。

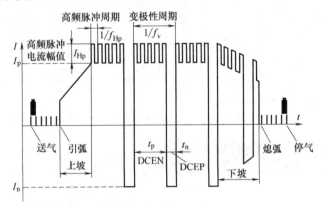

图 6-18 超音频变极性方波脉冲电流波形示意图

I_p—正半波电流（DCEN）幅值 I_n—负半波电流（DCEP）幅值 t_p—正半波电流（DCEN）持续时间
t_n—负半波电流（DCEP）持续时间 f_v—变极性频率 f_{Hp}—超音频脉冲频率

表 6-13 BHHF WSM-300 型焊接电源主要技术参数

类别	超音频脉冲频率 /kHz	超音频脉冲占空比 （%）	变极性电流 /A	变极性频率 /Hz	DCEN 持续时间比 （%）
范围	20~100	0~100	5~300	0~1000	0~100

铝合金 HPVP-TIG 焊具有极佳的焊接工艺适用性，以 2mm 厚 1460（Al-Li）铝合金及 4mm 厚 2219（Al-Cu）铝合金的平板对接焊为例进行说明，其焊接参数见表 6-14。

焊接接头的检测结果分别如图 6-19~图 6-21 所示，可见焊接过程中 HPVP-TIG 电弧具有很好的铝合金氧化膜清理效果，实现单面焊双面成形，焊缝成形良好。与传统变极性 TIG 工艺相比，HPVP-TIG 焊接工艺对铝合金焊缝组织的均匀化和细化作用非常明显，能够有效控制焊缝区和熔合区粗大的柱状晶组织，促进大量细化等轴晶的形成，同时显著降低甚至消除铝合金焊缝的气孔缺陷，进而明显提升铝合金 TIG 焊接接头的力学性能。

表 6-14 1460 及 2219 铝合金 HPVP-TIG 焊的主要参数

材料	变极性频率 /Hz	正极性基值 /峰值电流 /A	DCEN 持续 时间/ms	高频脉冲 频率/kHz	高频脉冲 电流/A	焊接速度 /(mm/min)	氩气流量 /(L/min)
1460 铝锂合金	100	40/120	8	40	50	200	20
2219 铝铜合金	100	80/170	8	40	50	180	15

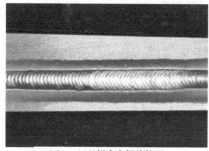 

a) 2mm 1460铝合金焊缝外观　　　　　　　　b) 4mm 2219铝合金焊缝外观

图 6-19 平板对接 HPVP-TIG 焊缝外观

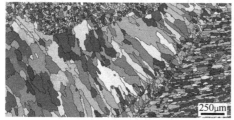 

a) 传统VPTIG焊缝熔合区组织　　　　　　　　b) HPVP-TIG焊缝熔合区组织

图 6-20 两种焊接方法 1460 铝合金焊接接头显微组织比较

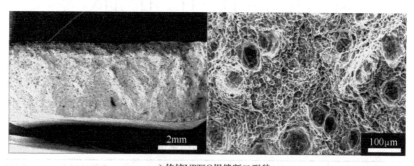

a) 传统VPTIG焊缝断口形貌

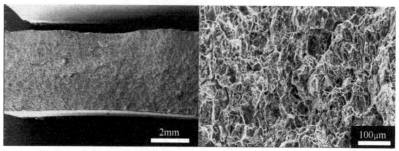

b) HPVP-TIG焊缝断口形貌

图 6-21 两种焊接方法 2219 铝合金焊接接头断口对比

6.5 焊接过程故障及焊接缺陷

6.5.1 过程故障及其原因

1. 引弧困难

引弧困难的原因：高频火花间隙调节不当，焊接回路不通，钨极被污染。

2. 电弧阴极清理作用不佳

阴极清理作用不佳的原因如下。

1）母材表面氧化物过多过厚。

2）高频装置调节不当。

3）空载电压太低。

4）气体保护不充分：①气体流量不足；②气体喷嘴内侧粘有飞溅物；③喷嘴与焊件的距离不正确；④焊枪位置不正确；⑤有侧风或穿堂风。

3. 焊道不洁净

焊道不洁净的原因如下。

1）气体不充分：①气体流量不足；②喷嘴损坏或不清洁；③喷嘴与焊件的距离不正确；④焊枪位置不正确；⑤喷嘴规格选错（应选小规格）；⑥钨极与喷嘴不同心；⑦有风。

2）由于漏气或漏水而使保护气体不纯。

3）电弧清理作用不佳。

4）电弧不稳定。

5）焊道被电极污染。

6）焊件或焊丝不洁净。

4. 电极被铝污染

造成电极被铝污染的原因：填丝的角度或位置不当，焊枪与焊丝操作配合不当，电极外伸过大，电极与焊件接触。

5. 电极外形不正确

造成电极外形不正确的原因：电极与电流选配不当，焊前电极端外形不正确，电极材料选错（交流 TIG 焊铝合金时应选用铈钨或锆钨电极）。

6. 焊道被电极污染

造成焊道被电极污染的原因：在所用电流下的电极直径太小，焊枪操作不当，电极材料不合适。

7. 焊道粗糙

造成焊道粗糙的原因：焊丝不均匀，电弧不稳定，焊枪操作不当，电流不合适。

8. 填丝困难

造成填丝困难的原因：焊枪角度或位置不当，焊枪操作不当，电弧不稳定。

9. 电弧和熔池可见度差

造成电弧和熔池可见度差的原因：焊件位置不适当，焊枪位置不正确，面罩护镜小或不清洁，喷嘴规格不合适。

10. 电源过热

造成电源过热的原因：使用功率过大，电源风扇冷却功能差，高频装置接地不良，旁路电容器功能不良，电池偏压功能差，整流不洁净（应定期维修）。

11. 焊枪、导线或电缆过热

造成焊枪、导线或电缆过热的原因：接线松动或不合规格，焊枪、导线或电缆规格太小，冷却水流量不足。

12. 电弧爆炸

造成电弧爆炸的原因：焊丝内部质量低劣（含夹杂物），焊枪与焊件短路，供气突然中断。

6.5.2 焊接缺陷及其成因

1. 焊接裂纹

产生焊接裂纹的原因：材料焊接性不良（热裂纹倾向大），焊丝抗热裂纹能力差，焊丝与母材熔合比不合适，拘束度过大，热输入过大。

2. 未焊透

产生未焊透缺陷的原因：坡口太窄，背面清根不彻底，电流过小，弧长过长，焊接速度过高。

3. 未熔合

产生未熔合缺陷的原因：母材表面氧化层过厚，坡口尺寸不合适，弧长过长或焊枪倾角不合适，焊件表面不清洁，电流过小，焊接速度过高。

4. 咬边

产生咬边缺陷的原因：弧长过长，电流过大，焊接速度过低，焊枪倾角不合适，电弧横向摆动时在坡口边缘停留时间不当。

5. 焊道尺寸不合格

造成焊道尺寸不合格的原因：焊接参数不合适（电流、电压、焊接速度），操作人员操作不当。

6. 焊缝气孔

产生焊缝气孔的原因：焊件或焊丝焊前表面清理不彻底，供气系统不干燥或漏气、漏水，焊件或焊丝清理后的待焊时间过长或发生新的沾污，厚大焊件缺乏预热，焊接速度过高，多层焊层间表面清理不彻底，焊接时气体保护不良，母材或焊丝材质内氢含量过高。

7. 焊缝夹氧化膜

造成焊缝夹氧化膜的原因：焊件或焊丝焊前表面清理不彻底，焊件或焊丝焊前清理后待焊时间过长或发生新的沾污。

8. 焊缝夹钨

造成焊缝夹钨的原因：钨极过热熔化，钨极与熔池接触，焊接参数选用不合适，电极材料选用不合适。

9. 焊缝向母材急剧过渡

造成焊缝向母材急剧过渡的原因：焊缝反面垫板凹槽形状及尺寸不正确（不应采用矩形槽），操作人员技术不佳。

6.6　典型工程应用

6.6.1　液体火箭2A14铝合金贮箱箱底自动氩弧焊系统

推进剂贮箱是液体火箭箭体结构的关键构件，除了作为液体容器实现推进剂的贮存、增压输送等功能，也是箭体的主要承力结构。火箭推进剂贮箱占全箭箭体结构体积80%、重量60%以上。推进剂贮箱的结构材料主要为高比强度、高比刚度的2系热处理强化铝合金（如2A14、2219、2195等）。

从结构本质而言，铝合金贮箱属于大尺寸低压铝合金容器，主要由箱底、筒段、前后短壳和附属件装焊而成。按照成形制造工艺路线的不同，贮箱的箱底主要分为组焊式结构（图6-22a）和整体式结构（图6-22b）。

a) 组焊式贮箱箱底　　　　　　　b) 整体式贮箱箱底

图6-22　液体火箭贮箱的箱底结构形式

自液体火箭诞生以来，手工/自动TIG焊工艺一直是火箭贮箱结构的主要组焊手段。与TIG焊接电源技术的发展脉络相匹配。铝合金TIG焊工艺经历了直流正接氩弧焊、交流TIG焊、方波交流TIG焊、变极性TIG焊和超音频变极性TIG焊等5个重要技术发展阶段。目前国内外用于火箭贮箱制造TIG焊工艺主要是变极性TIG焊工艺（含超音频变极性TIG焊工艺），焊缝对象主要是箱底叉形环环缝、锁底环缝、贮箱筒段环缝、箱底-筒段环缝、法兰焊缝和附属件搭接焊缝等。

CZ-2/3/4运载火箭的贮箱采用组焊式箱底，其结构材料为热处理强化的高强度铝合金2A14-T6，力学性能达$R_m \geqslant 430\text{MPa}$，$\sigma_s \geqslant 380\text{MPa}$，$A \geqslant 7\%$，零件厚度为1.6~6.0mm。所有的焊接接头除应满足对该材料专门制定的焊接技术条件的要求外，封头制成贮箱后尚需满足对结构强度及气密性的要求：单孔漏率不大于$6.7 \times 10^{-9}\text{Pa} \cdot \text{m}^3/\text{s}$，总漏率不大于$6.7 \times 10^{-7}\text{Pa} \cdot \text{m}^3/\text{s}$。

由于2A14铝合金的焊接性不良，结构复杂，焊缝众多，封头焊接技术难度很大。为此，焊接方法采用钨极交流脉冲氩弧焊，焊接材料采用抗裂性强的BJ-380、BJ-380A焊丝。由于封头型面呈椭球形，有些焊缝的走向呈空间曲线形状，为避免手工焊，保证各焊缝质量的一致性，特在焊接生产中应用了封头TIG自动焊接系统。

1. 系统的构成

焊接自动化系统是由数控主机、焊接机头、焊接电源和焊接自动控制系统四部分组成。该系统为多坐标焊接自动化系统，现将系统各运动坐标定义如下：水平方向的直线运动坐标为 X，垂直方向的直线运动坐标为 Z，垂直 X、Z 平面方向的直线运动坐标为 Y。与 X、Y、Z 方向相一致的微动直线运动坐标分别为 U、V、W，绕 X 轴旋转的转动坐标为 A，绕 Y 轴旋转的转动坐标为 B，绕 Z 轴旋转的转动坐标则为 C。

（1）数控主机　数控主机主要保证焊接机头以恒定的焊接速度沿着理论的椭球曲线运行，同时，在任何施焊位置，焊枪始终在椭球点的法线方向且垂直于地面，即焊接点处于水平位置。主要参数如下：焊接速度范围为 5~25m/h，焊接速度均衡性小于 1%，与理论椭球型面偏差为 ±0.5mm。

1）主机结构概述。主机由数控两坐标支臂、数控两坐标转台（图 6-23）及数控系统三部分组成。转台通过地脚螺栓安装在 1250mm 的地基坑内，支臂通过立柱和立柱底座组件安装在与地面水平的基础上。在支臂上设有 X（行程 1600mm）和 Z（行程 700mm）两个互相垂直的直线运动坐标；在转台上设有 B（可顺时针方向翻转 0°~90°）和 C（可翻转 360°）的两个互相垂直的旋转运动坐标，它们之间通过数控装置完成各坐标轴的联动，实现封头曲线焊缝的恒速、法向及垂直于水平位置的自动化焊接。

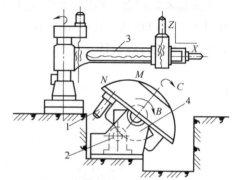

图 6-23　变位机与单支臂结构数控方案
1—环焊减速机组　2—纵焊减速机组
3—支臂　4—转台

转台由花盘、回转支承、转台体、转台支座、底座、气动锁紧装置及直流伺服电动机-谐波齿轮减速机组等部件组成。花盘通过高精度回转支承用高强度螺栓与转台体相连接，花盘的驱动是通过固定在转台体上的直流伺服电动机-谐波齿轮减速机组传到回转支承的外齿圈上，使花盘获得回转运动。

转台体通过两端的短轴而安装在转台体支座的高精度滚动轴承孔内。在转台体的一端侧面上，装有扇形齿轮，通过螺栓、销钉固接在转台体上。转台的翻转运动是通过安装在底座上的直流伺服电动机-谐波齿轮减速机组来实现的。为了使转台只能在顺时针方向做 0°~90° 翻转，在其极限位置上装有行程限位开关及超程限位安全挡块。

支臂是采用高强度球墨铸铁加工而成的，在支臂上的 X、Z 两个坐标运动，采用了滚珠丝杠副及滚动导轨副，它们分别由直流伺服电动机直接驱动，支臂上下运动通过装在立柱上的交流电动机来驱动，可根据工件尺寸沿立柱做上下移动调整并进行液压自锁。松开立柱下端的定位挡块的螺栓，支臂便可做逆时针方向回转，这样，便可顺利地吊装工件及工装。为了便于立柱、支臂对转台中心相互位置的调整，在立柱的底座上设有调整装置，便于其精度的调整。

2）主机控制系统。主机控制系统采用了 FANUC-7CM 数控系统。FANUC-7CM 系统在国内数控机床行业应用很广，但用在焊接设备上，特别是用在带有高频引弧的焊接设备上，抗干扰是个十分突出的问题。为此采取了一些有效措施，把系统和外界有联系的信号用继电器进行了隔离，设计制作了接地系统，防止了高频引弧可能引起的数控系统报警。在编制数控程序时，应用了参数编程法，保证了主机焊枪在垂直于水平及工件曲面法向的理想工作状态下完成工件匀速施焊的工艺要求。

（2）焊接机头与焊接电源　焊接机头由自动氩弧焊枪、送丝机构、电视摄像机和光电跟踪装置组成。在焊枪的左前方有一台 CCD 黑白摄像机 XC-77CE，用于监视焊接过程。另一台 CCD 彩色摄像机 WV-CL300 位于焊枪的后部，用于观察焊缝的成形。氩弧焊枪安装在数控主机的 Z 轴溜板上，它设置了 W_1、V_1 轴两个互相垂直的直线运动微动坐标，修正工件实际焊缝曲线位置与理论曲线产生的偏差。这种偏差主要来自工件焊接边缘的加工误差、工件成形误差和工件的安装位置误差。送丝机和摄像机与焊枪固接在一起，这样在调节焊枪时，焊枪、送丝机和摄像机的相互位置始终保持一致。光电跟踪装置有 W_2、V_2 轴两个微动坐标，W_2 轴保证光电跟踪头始终处于正确成像位置，V_2 轴则保证光电探头自动跟踪对缝。

焊接电源选用了美国米勒公司生产的方波交、直流两用钨极氩弧焊接电源 SYNCRO-WAVE-500。

（3）焊接自动控制系统　焊接自动控制系统包括焊接主程序控制、焊接参数实时控制和焊接过程的监视，它是用标准的 IBMPC/AT 微计算机作为上位机、STD 工业控制机作为下位机实现控制的。它们之间用串行通信接口相互连接在一起。采用这种配置是为了充分发挥 PC 灵活的键盘输入、屏幕显示功能及丰富的软件功能，也发挥了 STD 工业控制机抗干扰能力强、接口灵活、方便、适合于焊接工作现场的优点。

1）焊接主程序控制。焊接主程序控制是对焊前准备、焊接引弧、电流上升、主体焊接、电流衰减、停止焊接及焊后处理的全部焊接过程实现计算机控制。

在焊接前，通过键盘将起始电流、焊接电流、结束电流、起始电流维持时间、电流上升时间、电流下降时间、结束电流维持时间、引弧前焊枪预定高度、焊接电流增量、焊接速度、送丝速度、电弧电压、氩气流量等参数输入计算机，并在电视屏幕上显示出参数清单，可根据需要进行修改，然后按照程序，焊枪自动调节到引弧预定高度，同时屏幕上提示数控主机：焊接电源和送丝机构做好准备，处于待焊状态。

当按下启动按钮后，焊枪提前送气，高频振荡工作，电弧引燃。为了防止高频振荡的干扰，在硬件和软件上采取了措施，保证了程序的顺利执行。电弧引燃后，焊枪根据设置的参数抬高一定高度并向数控主机发出一回答信号，数控主机工作，焊接电流进入初始电流阶段，当维持一段时间后，电流逐渐上升到焊接电流，进入主体焊接阶段。焊接电流上升斜率由电流上升时间和焊接电流与起始电流差值经计算机计算求得。

当进入主体焊接后，时钟开始计时，在屏幕的右上角提示焊接进行时间，屏幕上显示焊接电流值，同时送丝机开始送丝，光电跟踪、弧压调节进入自动控制状态，工业电视开始监视焊接过程。为了保证焊接电流的恒定，焊接电流采用了闭环反馈控制，即比例-微分-积分调节。焊接时焊接电流往往需要细调，因此设有八个电流细调档次，即四个向下和四个向上的档次，电流的增量由参数输入时确定。当细调时，屏幕上显示出调节时间和电流值，并在内存中记录下时间、电流值、电弧电压和电流反馈值。当接到数控主机发出的程序终止信号后，焊接电流按照一定的衰减斜率逐渐衰减到结束电流。电流衰减斜率由下降时间、焊接电流与结束电流的差值经计算机计算确定。结束电流维持一段时间，自动切断电源，电弧熄灭。焊后滞后停气。当电流开始衰减时，停止送焊丝，光电跟踪、弧压调节停止控制，工业电视关闭。

焊接完毕后，打印机打印出全部焊接参数，将各微调电流点的时间、电流值、电弧电压和焊接电流反馈值打印输出，以备焊后检查。数控主机回到起始点并停止运行。至此，焊接主程序控制全部结束。

2）焊枪位置参数的自动控制。焊枪位置参数的自动控制包括弧压的自动调节和焊缝的光电跟踪。在钨极氩弧焊中，焊接电弧电压与电弧长度呈正比关系，因此可以利用控制电弧电压来保证焊枪高度的恒定。然而，在铝合金焊接中，电弧电压为交流波形，因此需将电弧电压转换成计算机可以接收的直流电压信号，将此信号采样进入计算机，与设定值相比较并进行比例-微分-积分计算求得控制量，实现闭环反馈控制，保证弧压稳定，从而保持焊枪高度恒定。生产试验表明，弧压自动调节精度为±0.5V。

焊缝的光电跟踪是利用接缝与焊接材料的黑白差获得跟踪信息，从而保证焊枪对准接缝，如图 6-24 所示。

在焊枪的前方有一个光电跟踪头，光电跟踪头上的光源经透镜将矩形光斑投射到接缝上，经光学透镜将光斑及接缝图像投影到光电屏上，当光电屏上的光电二极管的光照不相等时，传感器发出跟踪信息，使光电跟踪头对中接缝，当光电屏上的光敏电池光照面积不相等时，提供距离差信息，以维持光电跟踪头与工件的正常距离。由于光电跟踪头与焊枪之间保持了一定距离。因此光电跟踪头获取的跟踪信号波形送入计算机后，计算机对信号进行处理，经过一段延时，再把信号还原送到焊枪执行机构，使焊枪准确对准接缝。焊缝跟踪精度为±0.3mm。

3）焊接时的电视监视。在 CCD 黑白摄像机 XC-77CE 的前方安装一特殊的滤光片组，使摄像管工作在近红外区，这时电弧光强与焊接熔池、场景的辐射光强比较接近，电视屏幕上可以清晰地观察到焊接熔池、焊丝和周围的场景，如图 6-25 所示。

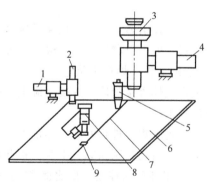

图 6-24 焊缝的光电跟踪系统示意图
1—光电头跟踪电动机 2—光电头高度电动机
3—弧长调节电动机 4—焊枪跟踪电动机
5—焊枪 6—焊件 7—接缝
8—光电头 9—光斑

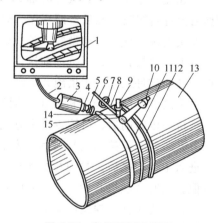

图 6-25 电视监视示意图
1—监视器 2—电缆 3—摄像机 4—镜头
5—滤光器 6—焊丝 7—送丝轮 8—接缝
9—焊枪 10—光源 11—焊缝 12—夹具
13—焊件 14—钨极 15—电弧

该摄像管用于观察焊接过程进行的情况，可代替焊工的直接观察。在焊枪后方的彩色摄像管 WV-CL300 则用于观察焊缝的成形。

2. 生产应用

用焊接自动化系统焊接贮箱的箱底，取得了满意的结果。焊接 20 个箱底，约 403m 焊缝，焊缝返修率仅为 0.3%，箱底经液压试验，达到了设计要求，焊缝的单孔漏率和总漏率也满足设计要求，箱底型面优良，力学性能试验表明，焊缝力学性能良好。不同厚度封头的焊接参数列于表 6-15 中。

表 6-15 贮箱箱底 TIG 自动焊参数

焊缝位置	板厚 /mm	焊接电流 /A	焊接速度 /(m/h)	填丝速度 /(m/h)	氩气流量 /(L/min)
纵缝	1.6	80~200	8.4	25	10
环缝	1.6	110~190	6.3	19	10
纵缝	3.5	140~260	6.0	18	10
环缝	3.5	150~250	5.4	16	10

实践结果表明：

1) 数控主机的四坐标三联动方案保证了焊接机头以恒定速度沿理论椭球曲线运动，同时，在任何施焊位置焊枪沿焊接点法线方向。焊接点处于水平位置。

2) 采用微型计算机实现了焊接主程序控制和焊接多参数的闭环反馈控制，保证了系统稳定、可靠地工作。特殊的电视摄像机实现了焊接自动化远距离监视。

3) 焊接自动化系统成功地应用于贮箱封头的焊接生产，提高了产品质量，缩短了生产周期，改善了劳动条件。

6.6.2 液体火箭 2219 铝合金贮箱变极性自动氩弧焊

如图 6-26 所示，CZ-5 液体火箭助推器 φ3350 推进剂贮箱主要由箱底、短壳、筒段和附属件装配组焊而成。焊接工艺主要有变极性 TIG 自动焊、搅拌摩擦焊、变极性等离子穿孔立焊、手工变极性 TIG 焊和电阻点焊，其中变极性 TIG 焊（手工或自动）、搅拌摩擦焊是贮箱结构焊缝的主要焊接工艺。

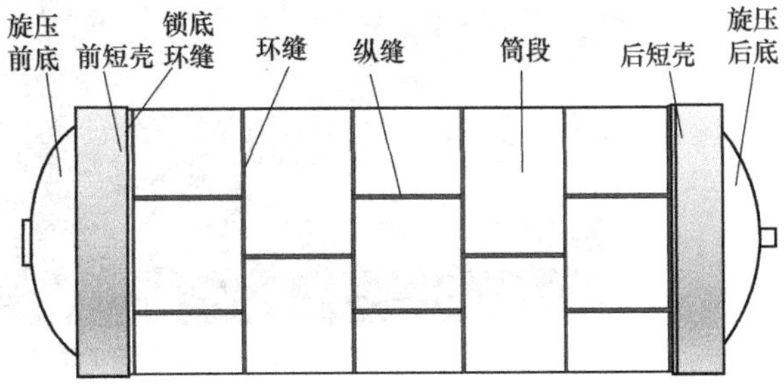

图 6-26 液体火箭推进剂贮箱结构

这里重点介绍贮箱筒段环缝、箱底叉形环环缝的变极性 TIG 自动焊工艺应用实例。以 CZ-5 运载火箭 φ3350 助推器液氧贮箱为例，该液氧贮箱总长 12m，内径为 φ3350，筒段网格壁板的最大厚度为 12mm、最小厚度为 4mm，前箱底的厚度为 6mm，后底的厚度为 8mm，前/后箱底采用瓜瓣、顶盖、叉形环组焊而成（见图 6-27），其结构材料为 2219 铝合金。

在 CZ-5 运载火箭箭体结构制造中，VPTIG 自动焊主要用于 φ3350 助推器燃料箱箱底与环缝的自动焊接、液氧箱环缝的自动焊接，主要采用十字架式+变位机构成的 VPTIG 自动焊系统。

用于 φ3350 助推器燃料箱箱底自动氩弧焊的系统为机器人 VPTIG 焊接系统（见图 6-28a），而用于 φ3350 助推器贮箱环缝的自动氩弧焊系统为十字架式环缝 VPTIG 焊接系

图 6-27 CZ-5 运载火箭 φ3350 助推器液氧模块液氧贮箱

统（见图 6-28c）。对于 6mm 厚 2219-T6 铝合金箱底，采用 φ1.2mm/φ1.6mm2319 焊丝，采用 "打底焊+盖面焊" 焊接工艺。焊后对箱底进行外观检验、X 射线探伤、液压气密试验测试。

a) 机器人VPTIG焊接系统

b) 箱底

c) 贮箱环缝VPTIG焊

图 6-28 CZ-5 助推器模块贮箱 VPTIG 自动焊

6mm 厚 2219 铝合金箱底焊接接头拉伸力学性能见表 6-16。由表 6-16 可以看出，焊缝抗拉强度达到了母材抗拉强度的 60% 以上，伸长率为母材伸长率的 50% 以上。断裂方式为延性断裂，断面呈 45°，断裂位置位于熔合线附近。

表 6-16 2219-T6 铝合金母材和焊缝的力学性能

部位	抗拉强度 R_m/MPa	伸长率 A(%)	断裂位置
母材	415	12	
焊缝	265	6.5	熔合线

6.6.3 贮罐双人及双枪交流钨极氩弧焊

一种铝合金贮罐，材料为厚 6mm 的 AlMg4.5Mn 合金。根据具体情况，决定采用双人同步交流 TIG 手工氩弧立焊及双枪交流 TIG 自动氩弧焊两种焊接方法。

1. 双人同步交流 TIG 手工氩弧立焊

两名操作者分别在焊件外面和内面同步进行自下而上的 TIG 手工氩弧立焊，焊丝为 SAl 5183，直径为 $\phi4mm$，表面经过化学或电化学抛光。焊接时，以焊件外面的焊枪为主导，进行有序的焊枪左右摆动和填丝，内面的焊枪不填丝，但其电弧始终跟踪外面焊枪的电弧中心，以加强内面保护，使外面焊缝的根部熔透，确保焊缝内面良好成形。此种双人两面同步焊接法无须坡口，间隙较大，背面无须清根和压紧的工装，故具有工艺简化、焊透性好、气孔少、变形小、工装简单的优点。焊接参数见表 6-17。

表 6-17　双人同步交流 TIG 手工氩弧立焊参数

接头间隙 /mm	焊接位置	焊丝直径 /mm	焊接电流 /A	焊接速度 /(mm/min)	氩气流量 /(L/mm)
4~8	正面	4	80~85	60~100	12~15
4~8	背面	4	85~90	60~100	12~15

2. 双枪交流 TIG 自动氩弧焊

焊接机头上装两支氩弧焊枪，其中一支为主枪，另一支为副枪，副枪装在主枪前方。副枪电弧超前于主枪电弧，对工件进行逐点均匀预热和阴极清理及净化工件坡口，因此焊缝外形美观、焊透性好、气孔少、焊接变形小。在气动的琴键式夹具上装配焊接，可获得单面焊双面成形的优质焊缝。双枪交流 TIG 自动氩弧焊参数见表 6-18。

表 6-18　双枪交流 TIG 自动氩弧焊参数

接头间隙 /mm	焊丝直径 /mm	焊接电流/A		送丝速度 /(m/min)	焊接速度 /(mm/min)	氩气流量/(L/h)		备注
		主枪	副枪			主枪	副枪	
0~0.5	1.6	300	200~400	2.6~3.0	200~300	1400	700	采用交流电源

6.6.4　铝合金薄壁筒体钨极氩弧焊工艺装备

铝合金开口薄壁筒体如图 6-29 所示。该筒体材料为 5A06 铝合金，结构复杂，对尺寸及尺寸精度要求严格。为此，生产时准备了完善的工艺装备，包括底座、内胎、纵向夹紧机构、纵缝垫板、环向撑紧机构、外卡箍、气路控制系统、传动系统等。

内胎为可分解的框架式结构，如图 6-30 所示，可适应开口薄壁筒体的形状及尺寸要求，零件组装方便，对缝简易。

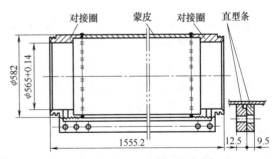

图 6-29　铝合金开口薄壁筒体结构示意图

纵向夹紧机构为气缸-摆动架-琴键式压板结构，如图 6-31 所示。它代替了传统的气囊式结构，因而压紧力均匀可调，使用可靠，能有效控制焊缝成形并防止蒙皮失稳变形。

外卡箍采用链节式（4 节）结构，如图 6-32 所示，可防止蒙皮凸起，控制对接圈与蒙皮间的错边。

环向撑紧机构采用凸轮-挺杆-滑块式结构，如图 6-33 所示，其内有向外撑出的 8 个大滑块，每个大滑块又由 6 个不锈钢小滑块组成，小滑块上有弧形焊漏槽，以控制焊缝反面余

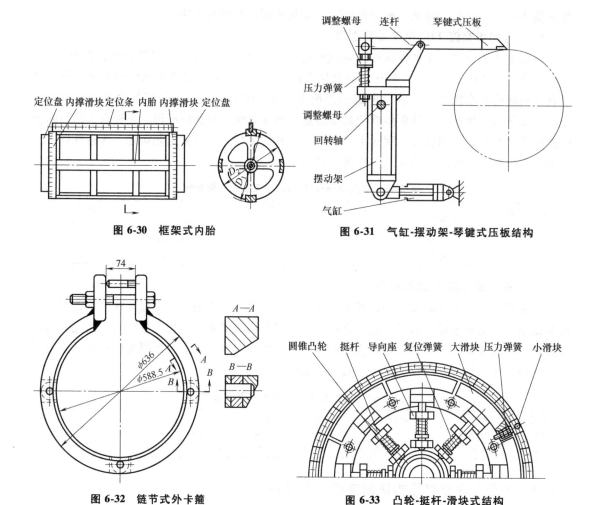

图 6-30　框架式内胎

图 6-31　气缸-摆动架-琴键式压板结构

图 6-32　链节式外卡箍

图 6-33　凸轮-挺杆-滑块式结构

高。通过气缸和弹簧动作，可撑紧两零件对接部位，使滑块与零件紧密贴合，保证良好散热，防止熔池金属下坠。

纵向垫板用不锈钢制成，其上有弧形焊漏槽，宽度为 6~8mm，深度为 0.5~0.8mm。

内胎由无级调速的蜗杆传动机构带动，可实现纵缝换位及环缝转动。

上述工艺装备可实现筒体一次装夹，完成两条纵缝和两条环缝的 TIG 焊，焊缝成形及质量良好。

6.6.5　铝合金薄壁油箱悬空脉冲自动钨极氩弧焊

飞机副油箱材质为 3A21，壁厚为 1.2mm+1.8mm，1.8mm+1.8mm，焊接时油箱内部不能放置任何胎具或焊缝背面垫板，既要焊透，又不能烧穿，也不允许过分变形。因此，只能采用悬空焊。为满足技术要求，决定采用悬空交流脉冲 TIG 自动氩弧焊，目的是要实现单面焊双面成形。

焊接设备采用自制的交流脉冲断续器，脉冲频率可调范围为 1~4Hz，脉冲时间 t_m 和维弧时间 t_v 可调范围为 0.1~0.5s。由于焊枪与工件之间的径向偏差较大，焊接时采用 HTJ 交流弧长调节器，其灵敏度最高可达 $\Delta U = \pm 0.12\text{V}$。

油箱主焊缝的接头形式为双卷边对接，如图 6-34 所示，接头背面为产品装配时用的一种型材。卷边高度为 $6.5 \sim 7\text{mm}$，其贴合间隙小于 0.3mm。

为增加熔池金属量，保证避免烧穿，并满足整体刚度要求，焊接时需少量填丝，但不能连续填丝，否则维弧作用期间焊丝熔化困难，影响焊缝成形。为此，采用了与脉冲电流同步脉动的送丝方法。

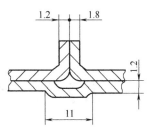

图 6-34　双卷边接头

此外，为防止电弧偏离焊接接头，自动焊时采用机械式靠轮对中，即由一滚轮沿卷边处行进，实行对焊缝的跟踪。

铝合金油箱环缝悬空交流脉冲 TIG 自动氩弧焊在转胎上进行，焊接参数见表 6-19。

表 6-19　油箱环缝悬空交流脉冲 TIG 自动氩弧焊参数

材料名称	焊件厚度 /mm	焊接电流/A		脉冲周期/s		脉冲频率 /Hz	焊接速度 /(cm/min)	脉动送丝速度 /(cm/min)	氩气流量 /(L/min)	钨极直径 /mm
		I_{m}	I_{V}	t_{m}	t_{V}					
3A21	1.2+1.8	190~200	50~60	0.4~0.5	0.35	1.1	8~9	50~90	1.5	3
	1.8+1.8	230~240	50~60	0.4~0.5	0.35	1.1	8~9	50~90	1.5	3

用上述方法焊接后，带焊缝余高的焊接接头强度系数达到 100%，油箱产品焊接质量良好。经产品气密性试验，焊缝无渗漏；经静力试验，产品无永久变形，无失稳；经产品投放试验，完全满足设计要求。

第7章 熔化极惰性气体保护电弧焊

7.1 焊接过程原理

熔化极惰性气体保护电弧焊是一种以连续送进的焊丝作为一个电极，以工件作为另一个电极，在惰性气体保护和两极之间电弧热的作用下，焊丝一面熔化并向熔池过渡和填充，一面不断引弧和稳弧的电弧焊接过程，此过程简称 MIG 焊，如图 7-1 所示。

铝及铝合金熔化极惰性气体保护电弧焊常采用氩气作为保护气体，称为熔化极氩弧焊。有时也采用氦气，一般不采用氧气、二氧化碳或其他活性气体。

铝及铝合金氩弧焊生产率高，可焊大厚度板材。

7.1.1 焊丝的加热及熔化

电弧是在焊丝与工件之间并在气体保护下产生的强烈持久的放电现象，它将电能转化为热能并用以熔化焊丝及工件。

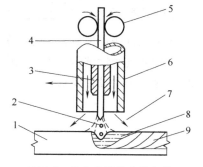

图 7-1　熔化极惰性气体保护电弧焊过程示意图

1—母材　2—电弧　3—导电嘴
4—焊丝　5—送丝轮　6—喷嘴
7—保护气体　8—熔池　9—焊缝金属

可供焊丝熔化的热能来自三个区，即阴极区、阳极区、弧柱区的产热和焊丝自身的电阻发热。铝丝的电导率高，电阻热小，对焊丝熔化的作用不大。弧柱区不直接接触电极，它的产热对焊丝的加热和熔化所起的作用也不大。使焊丝受热和熔化的主要热源来自阴极区和阳极区，其产热的表达式为

$$Q_A = I(U_A + U_W) \tag{7-1}$$

$$Q_K = I(U_K - U_W) \tag{7-2}$$

式中　Q_A 和 Q_K——阳极区和阴极区产热；

　　　　U_A 和 U_K——阳极区和阴极区电压降；

　　　　　　I——电弧电流；

　　　　U_W——电极材料的逸出功。

由式（7-1）及式（7-2）可见，两个电极区的产热主要与电极材料种类、保护气体种类和电流大小有关。由于 MIG 焊时阳极区的电压降 U_A 较小（为 $0\sim2V$），而阴极区的电压降

U_K 较大（约为 10V），因此直流正接 MIG 焊时，焊丝接阴极，其熔化速率较高，但电弧不稳，熔滴过渡不规则，且焊缝成形不良，因而一般不采用直流正接。直流反接时，焊丝熔化速率较低，但电弧较稳定，因而绝大多数情况下，MIG 焊需采用直流反接。

MIG 焊时也不采用交流，因为交流过零时电弧熄灭，再引燃困难，且焊丝为阴极的半波内电弧不稳。

7.1.2 熔滴过渡

MIG 焊过程的一大关键就是熔滴过渡，它有三种形式，即短路过渡、大滴过渡、喷射过渡（包括射滴过渡和射流过渡）。

1. 短路过渡

当电流较小、电压较低时，熔滴过渡呈短路过渡形式。此时，焊丝熔滴在未脱离焊丝端头前即与熔池直接接触，电弧瞬间熄灭，短路电流产生的电磁力及液体金属表面张力将熔滴拉入熔池，随后焊丝端头与熔池脱开，电弧重新引燃，准备下一轮短路过渡，其发生频率可达 20 ~ 200 次/s。短路过渡过程及相应的电流和电压波形如图 7-2 所示。

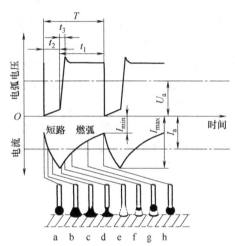

图 7-2 短路过渡过程和电流及电压波形
t_1—燃弧时间 t_2—短路时间 t_3—电压恢复时间
T—焊接循环时间 I_{max}—短路峰值电流
I_{min}—最小电流 U_a—平均电弧电压

当焊丝与熔池接触时，电弧熄灭，电弧电压急剧降低，接近于零。同时，短路电流上升（图 7-2 中的 a~d），在焊丝与熔池之间形成液体金属柱（图 7-2 中的 b），在不断增大的短路电流所形成的电磁收缩力和液体金属表面张力的作用下，液体金属柱被压缩而形成缩颈（图 7-2 中的 c、d）。当短路峰值电流通过缩颈时，缩颈过热汽化而迅速爆断，电弧电压即迅速恢复到空载电压以上，电弧又重新引燃（图 7-2 中的 e）。在短路后期，电流上升速率较低，以保证缩颈爆断时产生飞溅较少。电弧建立后，焊丝继续送进和熔化，这时电源的空载电压必须足够低，以免在焊丝端头与熔池接触之前发生熔滴过渡。

现代逆变电源极大地改善了电源的动特性，可使短路初期保持电流的低值，然后以双斜率控制电流的波形，如图 7-3 所示，既可消除初期的瞬时短路，又可减小正常短路时的飞溅，并获得良好的焊缝成形。

MIG 焊短路过渡形式适用于细焊丝、小电流、全位置焊接。

2. 大滴过渡

在平均电流等于或略高于短路过渡所用的电流时，熔滴直径大于焊丝直径，可称为大滴。它在焊丝端头不停地飘摇，最后因质量过大，表面张力支持不住，便在重力作用下，从焊丝端头脱离而滴落于熔池，如图 7-4 所示，频率为每秒过渡几个大滴，此即大滴过渡。其过程很不稳定，焊缝成形不良，易产生很大的飞溅及未熔合、未焊透或焊缝余高过大，因此一般限制使用大滴过渡形式。

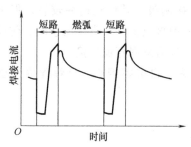

图 7-3　逆变式短路过渡时的电流波形

图 7-4　大滴过渡示意图

3. 喷射过渡

当进一步增大电流时，电弧力也随之增强，熔滴尺寸随之变小。当电流增大到某个电流值时，熔滴尺寸细小到接近焊丝直径。由大滴向小滴转变时的电流称为临界电流，此时，电弧的形态和熔滴过渡的特点发生明显变化，弧柱呈钟罩型，小滴呈球状。由于电流增大，电弧力增强，熔滴较小，重力作用减弱。在电弧力的作用下，熔滴即沿轴向高速射向熔池，此种过渡形式可称为射滴过渡，其飞溅不大，熔透形状呈弧形，焊缝成形良好。

当电流进一步增大，直到临界电流以上，熔滴尺寸即更为细小，仅为焊丝直径的 1/5~1/3，此时弧柱呈锥形，焊丝端头呈铅笔尖状，细小熔滴沿着焊丝尖端一个跟着一个地以束状液流方式射向熔池，此即射流过渡。此时，焊丝与工件不会短路，没有飞溅，电弧十分稳定。

射滴过渡和射流过渡均属喷射过渡，其过程示意如图 7-5 所示。

临界电流不是一个固定的数值，它取决于焊丝材料、焊丝直径、保护气体等，如图 7-6 所示。

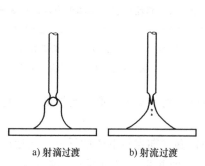

a) 射滴过渡　　b) 射流过渡

图 7-5　喷射过渡示意图

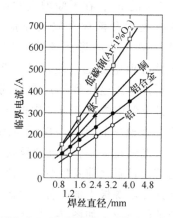

图 7-6　铝合金 MIG 焊临界电流与焊丝直径的关系

铝合金常用的熔滴过渡形式为射流过渡。对 $\phi1.2mm$、$\phi1.6mm$ 和 $\phi2.4mm$ 的焊丝，其相应的临界电流分别为 130A、170A、220A，只有当使用电流大于临界电流时，才能进行稳定的焊接。由于焊接电流很大，焊接薄板时易产生切割，且熔敷率高，熔池大，因此普通的射流过渡形式难以用于立焊及仰焊。

7.1.3　熔化极脉冲焊

为了突破普通射流过渡在电流选择、工件厚度及焊接位置等方面的限制，又开发出熔化极脉冲焊（也叫脉冲 MIG 焊）。它的焊接电流由维弧电流和脉冲电流组成，如图 7-7 所示。

由图 7-7 可见，维弧电流只维持电弧连续而不在焊丝端头生成熔滴，脉冲电流在数值上均高于射流过渡临界电流值，在脉冲期间可形成和过渡一个熔滴或几个熔滴，还可能在维弧初期过渡一个熔滴。熔化极脉冲焊时，脉冲频率一般为 30~300Hz。

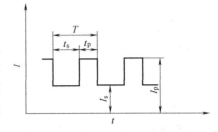

图 7-7 熔化极脉冲焊电流波形
T—脉冲周期 I_p—脉冲电流 t_p—脉冲持续时间 I_s—维弧电流 t_s—维弧时间

1. 熔滴过渡形式

视脉冲电流和脉冲持续时间的不同，熔化极脉冲焊时可出现三种熔滴过渡方式：其一，I_p 及 t_p 过小，能量不足，只能几个脉冲过渡一个熔滴；其二，I_p 及 t_p 过大，能量过大，一个脉冲可过渡几个熔滴；其三，I_p 及 t_p 配合适当，一个脉冲过渡一个熔滴，这是一种最佳的熔滴过渡形式。前两种由于伴生出少量飞溅和指状熔深，一般不推荐使用。

2. 电流调节

1）熔化极脉冲焊通常采用脉冲频率调制。每个脉冲的宽度（t_p）和幅值（I_p）是不变的，但可改变脉冲频率以调节焊接平均电流。当弧长变短时，自动增大脉冲频率。提高平均电流，加快焊丝熔化速度，使电弧恢复原有长度；反之，当弧长变长时，自动减小脉冲频率。

2）焊接平均电流是通过送丝速度来调节的。调节送丝速度时，通过设备的控制电路自动调整脉冲频率与它相适应，从而也实现了平均电流的调节。例如，送丝速度高时，脉冲频率也高，焊接平均电流也大，反之亦然。

3. 应用

由于熔化极脉冲焊可在低于临界电流的较小电流下实现对电弧、熔滴过渡和熔池的控制，飞溅小，焊缝成形良好，因而获得了广泛的应用。

1）可焊接薄板。由于脉冲 MIG 焊的下限电流仅为普通 MIG 焊临界电流的 0.4~0.5，因而可焊厚度为 1.6mm 的铝材，而普通 MIG 焊对厚度小于 4.5mm 的铝材已很困难。

2）可用粗丝取代细丝。对厚度为 2mm 的铝材，普通 MIG 焊需采用直径为 0.8mm 的细焊丝，一般推丝机构难以送丝。脉冲 MIG 焊时，可采用 1.6mm 的焊丝，推丝问题即可缓解。由于粗丝的比表面积较细丝小，由焊丝带入熔池的表面氧化膜及污染物较少，因此较粗的焊丝有利于减少气孔类焊缝缺陷。

3）较易实现无坡口单面焊双面成形。对于厚度在 3~6mm 范围内的铝板，可在平焊位置不开坡口实现单面焊双面成形。

4）有利于焊接对热敏感的铝材。脉冲 MIG 焊能控制热输入及焊缝成形，因而有利于预防对热敏感的铝合金焊接时发生过热、晶界熔化、液化裂纹、焊缝气孔等缺陷。

5）可施行全位置焊接。脉冲 MIG 焊可调参数多，通过调节参数可改变电弧的形态、熔滴过渡的形式及熔池的体积，可调节熔滴过渡的力度，可控制小熔池内的液体金属不致因重力作用而滴落，因而可实现包括立焊、仰焊的全位置焊接。

6）可施行厚壁零件的窄间隙高效焊接。普通 MIG 窄间隙焊接时，必须采用粗丝大电流，从而易降低成形系数（宽深比），增大焊缝裂纹倾向，此外，大电流电弧易与零件侧壁打弧，破坏焊接过程的稳定性。脉冲 MIG 焊时，电流可选较小，焊丝可选较细，从而可避免上述问题。

MIG 焊铝及铝合金时，在射流过渡区和短路过渡区之间，有一个亚射流过渡区，如图 7-8 所示。

亚射流过渡时，电压比射流过渡低，焊丝端部的熔滴长大到大约等于焊丝直径，射流状态时的锥状电弧逐渐向外扩张而成为蝶状电弧，如图 7-9 所示，并发出轻微的"啪啪"声。这时尽管弧长较短，却不一定发生短路，焊接过程稳定，无论是采用平特性电源或陡降特性电源，电弧的固有弧长调节功能很强，弧长的变化可获很好的自行调节，熔池形状呈"盆底"状，焊缝熔宽和熔深也很均匀。

图 7-8 亚射流过渡区

图 7-9 熔滴过渡时的电弧形态及熔透形状

L_1—可见弧长 L_2—真正弧长

7.2 焊接设备

手工熔化极氩弧焊设备由焊接电源、送丝系统、焊枪、供气系统、供水系统组成。自动熔化极氩弧焊设备则由焊接电源、送丝系统、焊接机头、行走小车或操作机（立柱、横臂）和变位机及滚轮架、供气系统、供水系统、控制系统组成。自动熔化极氩弧焊设备组成如图 7-10 所示。

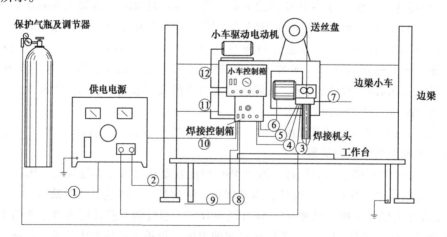

图 7-10 自动熔化极氩弧焊设备组成（行走小车型）

①—一次电源输入 ②—焊件插头及连线 ③—供电电缆 ④—保护气输入 ⑤—冷却水输入 ⑥—送丝控制输入

⑦—冷却水输出 ⑧—输入到焊接控制箱的保护气 ⑨—输入到焊接控制箱的冷却水

⑩—输入到焊接控制箱的 220V 交流 ⑪—输入到小车控制箱的 220V 交流 ⑫—小车驱动电动机控制输入

现在，国内外 MIG 焊设备已相当完善和先进，可考查选购，无须自制。但对焊接电源、送丝系统、焊枪形式及结构应予以特别关注。

1. 焊接电源

熔化极气体保护焊通常采用直流焊接电源。用于缺电的野外作业现场的老式焊接电源配有发电机组。现在常用电源有变压器-整流器，新式电源为逆变电源。

焊接电源的额定电流通常要求 50～500A，特种应用要求 1500A。空载电压要求 55～85V。电源的负载持续率在 60%～100% 范围内。

MIG 焊电源的外特性和动特性都很重要。

（1）焊接电源的外特性　MIG 焊有三种外特性的焊接电源，即平特性（恒压）、陡降特性（恒流）和缓降特性。

当保护气体为惰性气体（如纯 Ar）、焊丝直径小于 $\phi1.6$mm 时，广泛采用平特性电源并配以等速送丝系统，此时可通过改变电源空载电压来调节电弧电压，通过改变送丝速度来调节焊接电流，故焊接参数调节非常方便。平特性电源有较强的自调节作用，弧长的变化可引起电流的较大变化，同时短路电流较大，引弧比较容易。

当焊丝直径较大（大于 2mm）时，一般采用下降特性电源并匹配变速送丝系统。此时，由于焊丝较粗，电弧的自调作用较弱，弧长变化后恢复速度慢，单靠电弧的自调作用难以保证焊接过程稳定，需外加弧压反馈电路，将电弧电压（弧长）的变化及时反馈到送丝控制电路，调节送丝速度，使弧长能及时恢复。采用亚射流过渡形式在焊丝直径小于 1.6mm 的情况下焊接铝合金时，电弧的固有自调能力很强。由于恒流，焊缝熔深可基本保持稳定不变。

（2）焊接电源的动特性　MIG 焊电弧过程瞬变频繁，电源必须及时做出反应，以便动态稳弧。

电源动特性是指当负载状态发生瞬时变化时焊接电流和输出电压与时间的关系，用以表征电源对负载瞬变的反应能力。

MIG 焊时负载瞬变最大的是短路过渡及伴有瞬时短路的喷射过渡，因此焊接电源动特性的针对性指标有三项，即短路电流上升速度、短路峰值电流、从短路到引弧的电源电压恢复速度。这些指标如图 7-11 所示。

为保证电弧过程的稳定性不被破坏，无强烈飞溅，无不良焊缝成形，在粗焊丝和大电流情况下，要求短路电流上升速度稍小，反之，在细焊丝和小电流情况下，要求短路电流上升速度稍大；在其他条件不变时，要求短路峰值电流较小，以免飞溅过大，然后迅速提升短路电流，当达到某一设定值后，立刻改变电流上升速度，以很小的速度增大电流，以便降低短路峰值电流和减小飞溅。

逆变式焊接电源的工作频率高达 20kHz，因而其响应速度很高，能充分满足短路过渡的需要，其电流、电压波形如图 7-12 所示。

2. 送丝系统

送丝系统由送丝机、送丝软管及焊丝盘组成。根据送丝方式不同，送丝系统可分为三种方式，如图 7-13 所示。

（1）推丝式　在此方式中，焊枪结构简化，操作轻便，但送丝阻力大，较难送进较细、较软的焊丝，且软管不能太长，一般送丝软管长度为 3～5m。

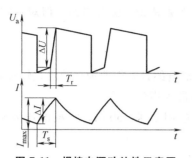

图 7-11 焊接电源动特性示意图

$\Delta U/T_r$—电压恢复速度 $\quad \Delta I/T_s$—短路电流上升速度

I_{max}—短路峰值电流

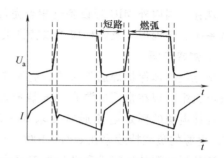

图 7-12 逆变式焊接电源的电流及电压波形

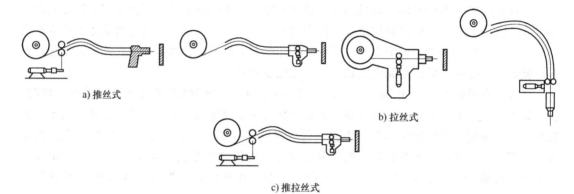

a) 推丝式

b) 拉丝式

c) 推拉丝式

图 7-13 三种送丝方式

（2）拉丝式　拉丝式可分为三种形式。一种是拉丝机构装在焊枪上，焊丝盘通过软管与它相连。另一种是拉丝机构和焊丝盘都装在焊枪上。这两种均适用于细丝半自动 MIG 焊。还有一种是焊丝盘与送丝电动机都与焊枪分开。

（3）推拉丝式　这种送丝方式的送丝软管可长达 15m 左右，因而扩大了半自动焊操作的距离。但拉丝速度应比推丝速度稍大，以拉丝为主，使焊丝在长软管内始终保持拉直状态。

送丝机可采用两轮或四轮驱动装置，后者适于送较软的焊丝，如铝焊丝。四轮送丝机如图 7-14 所示。

3. 焊枪

焊枪的形式及结构特征如图 7-15～图 7-18 所示。

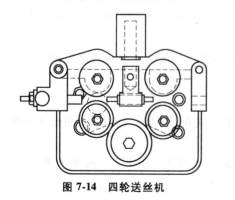

图 7-14 四轮送丝机

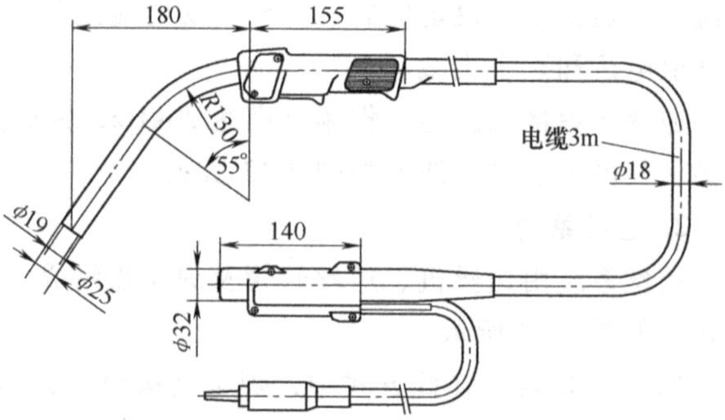

图 7-15 鹅颈式焊枪

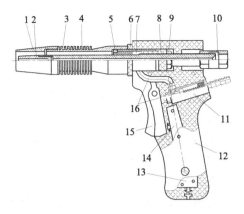

图 7-16　手枪式焊枪　　　　图 7-17　拉丝式焊枪

1—喷嘴　2—导电嘴　3—套筒　4—导电杆　5—分流环　6—挡圈
7—气室　8—绝缘圈　9—紧固螺母　10—锁母　11—球型气阀
12—枪把　13—退丝开关　14—送丝开关　15—扳机　16—气筒

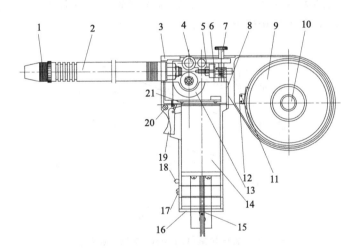

图 7-18　带有焊丝盘的拉丝式焊枪

1—喷嘴　2—外套　3、8—绝缘外壳　4—送丝滚轮　5—螺母　6—导丝杆
7—调节螺杆　9—焊丝盘　10—压栓　11、15、17、20、21—螺钉　12—压片
13—减速器　14—电动机　16—底板　18—退丝按钮　19—扳机

　　鹅颈式焊枪应用最为广泛，它适合于细焊丝，使用灵活方便，可达性好。手枪式焊枪适合于粗焊丝，常需水冷。装有小型送丝机构和小型焊丝盘的拉丝式焊枪，主要用于铝及铝合金细焊丝或软焊丝。装满焊丝的小型焊丝盘重 5kg，造成枪体较重，不便操作使用，但送丝可靠。

　　在焊枪结构上，值得注意的是导电嘴。一般焊枪的导电嘴内孔应比焊丝直径大 0.13 ~ 0.25mm，对于铝焊丝则应更大一些。导电嘴必须牢固地固定在枪体上，并使它定位于喷嘴中心。导电嘴与喷嘴之间的相对位置取决于熔滴过渡形式。若要采用短路过渡，则导电嘴常伸出喷嘴；若要采用喷射过渡，则导电嘴应缩到喷嘴内，最多可缩进 3mm。焊接时应定期检查导电嘴，如果发现导电嘴内孔因磨损而变大或由于飞溅而堵塞时，应立即更换，因磨损或沾污的导电嘴将破坏电弧的稳定性。

7.3　焊接工艺

1. 保护气体选择

铝及铝合金 MIG 焊时，只采用惰性气体（氩气或氦气），不采用其他活性气体。氩气或氦气虽同为保护气体，但其物理特性有差异，因而其工艺性能也有差异。

氩气的密度大约是空气的 1.4 倍，比空气重；氦气的密度大约是空气的 0.14 倍，比空气轻。在平焊位置焊接时，氩气下沉，驱走空气，对电弧的保护和对焊接区的覆盖作用较好。为得到相同的保护效果，氦气的流量应比氩气高 2~3 倍。

氦气的导热性比氩气高，能产生能量分布更均匀的电弧等离子体。氩弧等离子体则是弧柱中心能量高而其周围能量低。因此氦弧 MIG 焊的焊缝形状特点为熔深与熔宽大，焊缝底部呈圆弧状，而氩弧 MIG 焊的焊缝中心呈窄而深的"指状"熔深，其两侧熔深较浅。

氦气的电离电位比氩气高。当弧长和焊接电流一定时，氦气保护的电弧电压比氩弧高，如图 7-19 所示。因此纯氦气保护 MIG 焊时，很难实现轴向射流过渡，常发生较多的飞溅，焊缝表面较粗糙。氩气保护的 MIG 焊则较易实现射流过渡。

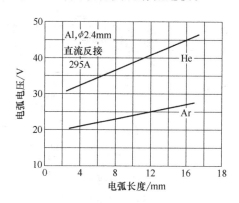

图 7-19　氩气和氦气的 MIG 电弧电压特性

MIG 氩弧焊的电弧电压低，电弧能量密度小，电弧稳定，飞溅极少，因而适用于焊接薄件。MIG 氦弧焊的能量密度高，适用于焊接中厚件，但电弧不够稳定，且氦气价格高昂。

由于氩气和氦气各有优缺点，当有必要采用氦气时，最好采用氩气与氦气的混合气体保护，例如，氩气 75%~25%（体积分数，后同），氦气 25%~75%。在一般情况下，宜优先选用氩气进行 MIG 焊。

2. 焊接设备选择

选择设备时，用户应根据焊件的结构、材料、厚度、接头形式及尺寸、焊接位置等多方面情况来确定对设备的使用要求，如功率输出范围、静态特性、动态特性、送丝机特点、工艺装备配套等。

当需焊接厚大铝及铝合金焊件时，应选用大电流和较大输出功率的电源。当需焊接空间位置焊缝或焊接较薄的焊件时，应选用脉冲或短路过渡焊接电源，此时应特别注意电源的动特性，选用动特性可调的电源，例如适应性较大的逆变式焊接电源。当采用亚射流过渡形式进行焊接时，宜选用下降或陡降式外特性焊接电源，此时，电源的恒流特性及弧长自调作用有利于稳定电弧及熔深。

3. 接头形式的选择

接头形式及其有关尺寸取决于铝及铝合金母材厚度、焊接位置、熔滴过渡形式及焊接工艺。

单面焊时，若母材厚度小于6mm，一般采用无坡口对接；若母材厚度大于6mm，可采用V形坡口对接。铝及铝合金V形坡口角度一般不大于90°，以免产生未熔合。

零件对接间隙和钝边的尺寸因熔滴过渡形式而异。短路过渡时，间隙应较大，钝边应较小；射流过渡时，因为熔深较大，所以间隙应较小，钝边应较大。

与大多数其他金属相比较，铝及铝合金结构上常采用搭接接头。搭接接头的强度系数一般为0.6~0.8，它取决于合金成分及热处理状态。搭接接头的优点是无须加工坡口，易于装配，焊接区处于"船形"位置时易于焊接操作；缺点是难以检验焊接缺陷。热处理强化的铝合金焊接时易发生焊接裂纹，这时就应改搭接为对接。T形接头有时也被采用，也很少需要开坡口，但最好是接头的左右两面均有焊缝，以实现受力平衡。

可供参考的接头形式及坡口尺寸见表7-1。

表 7-1 接头形式及坡口尺寸

板厚/mm	接头和坡口形式	根部间隙 b/mm	钝边 p/mm	坡口角度 α/(°)
≤12	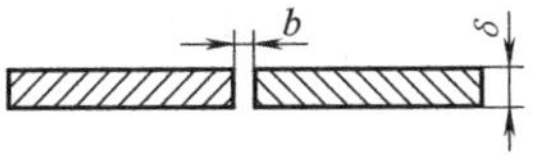	0~3	—	—
5~25	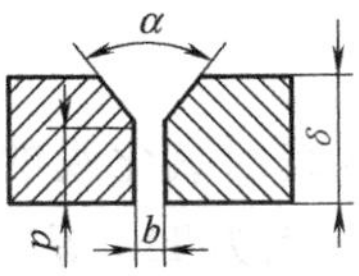	0~3	1~3	60~90
8~30	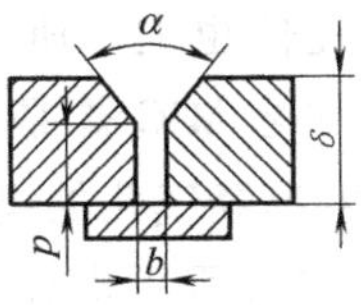	3~6	2~4	60
20以上	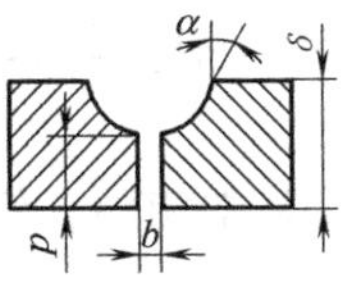	0~3	3~5	15~20
8以上	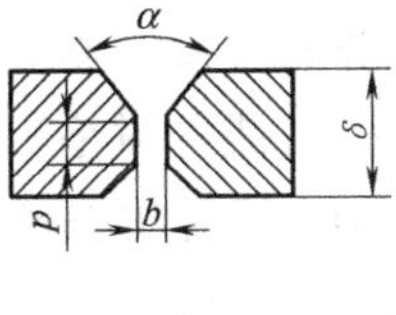	0~3	3~6	70
20以上		0~3	6~10	70

（续）

板厚 /mm	接头和坡口形式	根部间隙 b /mm	钝边 p /mm	坡口角度 α/(°)
≤3	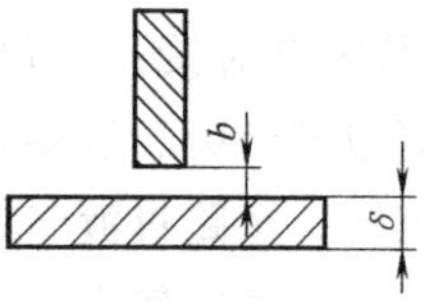	0~1	—	—
4~12	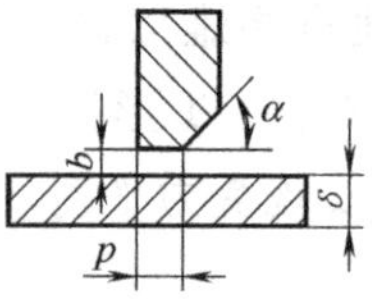	1~2	2~3	45~55
>12	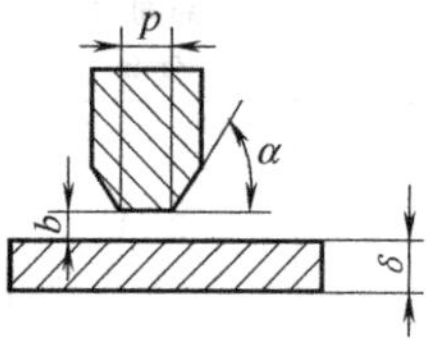	1~3	1~4	40~50

4. 零件及焊丝的制备

虽然直流反接 MIG 焊的电弧能始终保持对铝材表面氧化膜的阴极清理作用，但与 TIG 焊相比较，MIG 焊时生成焊缝气孔的敏感性仍较大。因为 TIG 焊时使用的焊丝较粗，其直径一般为 $\phi3 \sim \phi6mm$，而 MIG 焊时使用的焊丝较细，其直径通常为 $\phi1.2 \sim \phi1.6mm$，细丝的比表面积比粗丝的比表面积大，焊丝与坡口表面积的比值也大，所以 MIG 焊时，焊丝表面的氧化膜及污染物随焊丝进入熔池的相对数量较大，加之 MIG 焊是焊丝的熔滴过渡过程，电弧只是动态稳定，焊接熔池冷却凝固较快，因而产生焊缝气孔的概率比 TIG 焊更大。

零件及焊丝表面的氧化膜及污染物可引起 MIG 焊过程中电弧静特性曲线下移，从而使焊接电流突然上升，焊丝熔化速度增大，电弧拉长。此时，电弧的声音也从原来有节奏的嘶嘶声变为刺耳的呼叫声。因此 MIG 焊前零件及焊丝表面清理的质量对焊接过程及焊接质量（主要是焊缝气孔）影响很大。

MIG 焊前，零件及焊丝表面清理方法与 TIG 焊时基本相同，铝及铝合金焊丝最好采用经特殊表面处理的光滑、光洁、光亮的"三光"焊丝。

5. 工艺装备的准备

MIG 焊所需的工艺装备，如小车及轨道（或操作机、变位机、滚轮架）、焊件的胎夹具与 TIG 焊时基本相同，本节着重介绍焊缝背面的垫板（或称衬垫）。

TIG 焊及 MIG 焊有时均需要焊缝背面的垫板。MIG 焊时功率较大，熔透能力较强，背面垫板有利于缩小接头的有关尺寸，操作条件较为宽松，对操作技能的要求可适当降低。

背面垫板可分为临时垫板及永久垫板。前者可称为可拆卸式垫板，它一般装在焊件的胎夹具内，与焊缝位置对应，并紧贴在两焊件反面，焊接后即与焊件分离；后者的材料与焊件材料相同，并与焊件背面焊接起来。

临时垫板的材料一般为碳素钢；为了防锈、防粘及保温，可采用不锈钢；为了加强散热，可采用铜或铝。有时将临时垫板制成复合结构，由垫板和垫板条组成。垫板条镶嵌在碳素钢垫板内，垫板条材料为不锈钢、铜或铝。垫板条上还加工出一条凹槽，凹槽截面呈矩形或弧形。矩形凹槽可保证接纳透漏的液体金属，可允许焊缝在横向有所偏移，但可能造成背面成形的余高以 90°角向焊件急骤过渡，从而形成强烈的应力集中，因此矩形凹槽可用于强度不高、塑性良好、能适应应力集中的铝及铝合金。弧形凹槽有利于反面余高良好成形，余高可向母材圆滑过渡，但对焊缝横向偏移要求较严。中高强度铝合金 MIG 焊时，必须采用凹槽为弧形的垫板。此时，槽深宜为 0.25 ~ 0.75mm，槽宽要大于焊缝根部的宽度，但不能过宽。

永久垫板是工艺需要并经设计允许的一个小零件，一般用于多道焊，使用时必须使钝边及焊缝根部与垫板完全熔合，如图 7-20 所示。此时，接头根部对接间隙可稍大，焊接时可手工、机械或利用电磁力实施横向摆动。

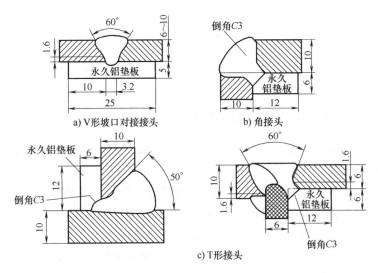

图 7-20　手工 MIG 多道焊背面衬垫

当采用铝合金挤压件时，挤压件本身带有便于与其他零件焊接的多种形式的垫板，有时垫板还可带有坡口及自定位和方便连接的配合部分，如图 7-21 所示。

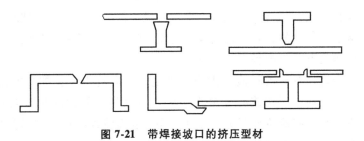

图 7-21　带焊接坡口的挤压型材

6. 焊接参数

（1）焊丝直径 MIG 焊时，焊丝直径与焊接电流及其范围有一定的关系。细丝可采用的焊接电流较小，电流范围也较窄，焊接时主要采用短路过渡方式，主要用于焊接薄件。由于细丝较软，对送丝系统要求较高。细丝比表面积大，随细丝进入熔池的污染物较多，出现气孔的概率比粗丝大。粗丝允许采用较大电流，电流范围也比较大，适用于焊接中厚板。手工半自动 MIG 焊时，一般采用细丝；自动 MIG 焊时，一般采用较粗的焊丝。

（2）焊接电流 MIG 焊时，焊接电流主要取决于母材厚度。当所有其他焊接参数保持恒定时，增大焊接电流，可增大熔深和熔宽，增大焊道尺寸，提高焊丝熔化速度及其熔敷率［即每安培每小时熔化的焊丝质量，$g/(A \cdot h)$］。

铝合金 MIG 焊时，焊丝直径、焊接电流、送丝速度或熔化速度之间的关系如图 7-22 所示，调节送丝速度可调节焊接电流。

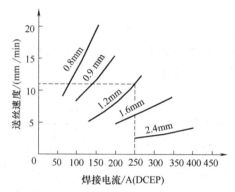

图 7-22 铝焊丝直径、焊接电流、送丝速度之间的关系

MIG 焊时，应尽量选取较大的焊接电流，以不致烧穿焊件为度，这样既能提高生产率，也有助于抑制焊缝气孔。

（3）电弧电压 MIG 电弧稳定性的主要表现就是弧长是否变化。弧长（电弧长度）和电弧电压是常被相互替代的两个术语。虽然二者互有关联，但并不相同。

弧长是一个独立的参数。MIG 焊时，弧长的选择范围很窄。喷射过渡时，如果弧长太短，可能发生瞬时短路，飞溅大；如果弧长太长，则电弧易发生飘移，从而影响熔深及焊道的均匀性和气体保护效果。

生产中发现，电弧长度易受外界偶然因素的干扰时，如网路电压波动、焊丝及焊件表面局部污染（油污、氧化膜、水分等），由于电弧气氛发生变化，电弧静特性曲线下移，引起电流突然升高，焊丝熔化速度增大，电弧拉长，电弧过程发生动荡。

电弧电压与弧长有关，还与焊丝成分、焊丝直径、保护气体和焊接技术有关。电弧电压是在电源的输出端子上检测的，它还包括焊接电缆和焊丝伸出长度上的电压。当其他参数保持不变时，电弧电压与电弧长度呈正比关系。

焊接铝及铝合金时，在射流过渡范围内的给定焊接电流下，宜配合电流来调节电弧电压，将弧长调节并控制在无短路或间有短路（称为半短路）的射流状态或亚射流状态。此时，电弧稳定、飞溅小、阴极清理区宽、焊缝光亮、表面波纹细致、成形美观。电弧电压与焊接电流的匹配窗口如图 7-23 所示。

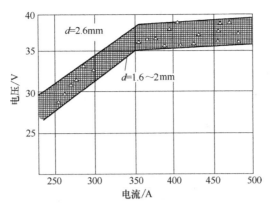

图 7-23　电弧电压与焊接电流的匹配窗口

（4）焊接速度　焊接速度与母材厚度、焊接电流、电弧电压等密切相关。随着电流的增大，焊接速度也应提高。但焊接速度不能过分提高，否则焊接接头可能出现咬边或形成"驼峰"焊道，有时还可能使气体保护超前于熔池范围，失去对熔池的全面保护作用。焊接速度宜取适中值，此时熔深最大。焊接速度过低时，电弧将强力冲击熔池，使焊道过宽，或零件烧穿成洞。

（5）焊接位置　焊接位置（或称全位置）有平焊、横焊、立焊、仰焊，焊接技术难度按此顺序依次加大。由于重力的作用，熔池液态金属总是有下落的倾向，因此最好通过机械化的辅助装置，使工件上的所有焊缝均变成平焊或接近平焊的位置。当不得不按不同位置进行焊接时，则应按不同位置的特点来选择焊接参数。例如仰焊时，宜选用细焊丝、小电流、短弧，实行短路过渡，使熔池较小，熔池凝固较快，焊缝快速成形。如果此时电流较大，熔池较大，熔池内的液态金属就可能向下流失。立焊有两种情况，一种是向下立焊，另一种是向上立焊。前者焊缝成形难以控制，电流应小；后者对焊缝成形的影响不大，电流可大。对不同焊接位置，除了焊接参数不同，焊接操作时还应有不同的技巧。

（6）焊接道次　焊接道次主要取决于母材厚度、接头形式、坡口尺寸及结构和材料特性。零件厚度较大时，自然需要多道焊。当结构要求气密或材料对热敏感时，也宜优选多道焊，减小每个焊道所需的热输入，增大道次间隔时间，防止金属过热。此外，每个道次的熔池体积较小，也有利于氢气泡在熔池凝固前得以逸出。相邻两焊道内残存的两气孔巧合相连而形成通孔的概率不大，因此多道焊较有利于保证气密性，防止渗漏。

（7）保护气体流量　气体流量与其他因素有关，必须选配适当。气体流量偏小时，虽也能达到保护目的，但经不起外界因素对保护的干扰，特别是在引弧处的保护易遭到破坏。气体流量过大时，会引起熔池铝液翻腾，恶化焊缝成形。此外，气体流量过大、过小均易形成湍流，造成保护不良，焊缝表面起皱。

必须指出，某一参数的影响是在其他参数给定的条件下的表现。实际各参数之间是互有关联的，改变某一个参数就要求同时改变另一个或另一些参数，才能获得所期望的结果。选择最佳的相互适配的成套参数需要参考资料和专家经验（如先进焊接设备内所设的专家系统），但仍需用户自行试验和验证。

可供参考的铝及铝合金焊接参数见表 7-2 ~ 表 7-5。

表 7-2 短路过渡 MIG 焊焊接参数

板厚/mm	接头形式/mm	焊道数	焊接位置	焊丝直径/mm	焊接电流/A	电弧电压/V	焊接速度/(cm/min)	送丝速度/(cm/min)	气体流量/(L/min)	备注
2	（搭接，0~0.5）	1	全	0.8	70~85	14~15	40~60	—	15	使用垫板
1	（角接，0~2）	1	平	1.2	110~120	17~18	120~140	590~620	15~18	
		1	全	0.8	40	14~15	50	—	14	
2		1	全	0.8	70	14~15	30~40	—	10	
			全	0.8	80~90	17~18	80~90	950~1050	14	

表 7-3 喷射过渡及亚射流过渡 MIG 焊焊接参数

板厚/mm	坡口尺寸/mm	焊道数	焊接位置	焊丝直径/mm	电流/A	电压[1]/V	焊接速度/(cm/min)	送丝速度[1]/(cm/min)	氩气流量/(L/min)	备注
6	（c=0~2，α=60°）	1	水平	1.6	200~250	24~27(22~26)	40~50	590~770(640~790)	20~24	使用垫板，仰焊时增加焊道数
		1	横立		170~190	23~26(21~25)	60~70	500~560(580~620)		
		2（背）	仰							
8	（c=0~2，α=60°）	1、2	水平	1.6	240~290	25~28(23~27)	45~60	730~890(750~1000)	20~24	
		1、2	横立		190~210	24~28(22~23)	60~70	560~630(620~650)		
		3~4	仰							

（续）

板厚/mm	坡口尺寸/mm	焊道数	焊接位置	焊丝直径/mm	电流/A	电压①/V	焊接速度/(cm/min)	送丝速度①/(cm/min)	氩气流量/(L/min)	备注
12	c=1~3 α₁=60°~90° α₂=60°~90°	1 2 3（背）	水平	1.6 或 2.4	230~300	25~28 (23~27)	40~70	700~930 (750~1000) 310~410	20~28	仰焊时增加焊道数
		1 2 3	横立	1.6	190~230	24~28 (22~24)	30~45	560~700 (620~750)	20~24	
		1~8（背）	仰							
16	c=1~3 α₁=90° α₂=90°	4 道	水平	2.4	310~350	26~30	30~40	430~480	24~30	
		4 道	横立	1.6	220~250	25~28 (23~25)	15~30	660~770 (700~790)		
		10~12 道	仰	1.6	230~250	25~28 (23~25)	40~50	700~770 (720~790)		
25	c=2~3 (7道时) α₁=90° α₂=90°	6~7 道	水平	2.4	310~350	26~30	40~60	430~480	24~30	焊道数可适当增加或减少，以减少变形；正反两面交替焊接
		6 道	横立	1.6	220~250	25~28 (23~25)	15~30	660~770 (700~790)		
		约 15 道	仰	1.6	240~270	25~28 (23~26)	40~50	730~830 (760~860)		

① 括号内所给各值适用于亚射流过渡。

表 7-4 半自动 MIG 焊焊接参数

板厚 /mm	坡口及坡口形式	焊丝直径 /mm	焊接电流 /A	电弧电压 /V	焊接速度 /(m/h)	气体流量 /(L/min)	焊道数
<4		0.8~1.2	70~150	12~16	24~36	8~12	1~2
4~6	对接 I 形坡口	1.2	140~240	19~22	20~30	10~18	2
8~10		1.2~2	220~300	22~25	15~25	15~18	2
12		2	280~300	23~25	15~18	15~20	2
5~8	对接 V 形坡口加垫板	1.2~2	220~280	21~24	20~30	12~18	2~3
10~12		1.6~2	260~280	21~25	15~20	15~20	3~4
12~16		2	280~360	24~28	20~30	18~24	2~4
20~25	对接 X 形坡口	2	330~360	26~28	18~20	20~24	3~8
30~60		2	330~360	26~28	18~20	24~30	10~30
4~6	T 形接头	1.2	200~260	18~22	20~30	14~18	1
8~16	角接接头	1.2~2	270~330	24~26	20~25	15~22	2~6
20~30	搭接接头	2	330~360	26~28	20~25	24~28	10~20

表 7-5 自动 MIG 焊焊接参数

板厚 /mm	坡口及坡口形式	焊丝直径 /mm	焊接电流 /A	电弧电压 /V	焊接速度 /(m/h)	气体流量 /(L/min)	焊道数
4~6		1.4~2	140~240	19~22	25~30	15~18	2
8~10	对接 I 形坡口	1.4~2	220~300	20~25	15~25	18~22	2
12		1.4~2	280~300	20~25	15~20	20~25	2
6~8	对接 V 形坡口加垫板	1.4~2	240~280	22~25	15~25	20~22	1
10		2~2.5	420~460	27~29	15~20	24~30	1
12~16		2~2.5	280~300	24~26	12~15	20~25	2~4
20~25	对接 X 形坡口	2.5~4	380~520	26~30	10~20	28~30	2~4
30~40		2.5~4	420~540	27~30	10~20	28~30	3~5
50~60		2.5~4	460~540	28~32	10~20	28~30	5~8
4~6	T 形接头	1.4~2	200~260	18~22	20~30	20~22	1
8~16		2	270~330	24~26	20~25	24~28	1~2

7.3.1 熔化极半自动氩弧焊

（1）引弧　最好在引弧板上引弧，也可在焊件上引弧，但引弧部位最好选在正式焊接的始点前方约 20mm 处。

引弧有三种方法：其一为爆断引弧，使焊丝接触焊件，接通电流，使接触点熔化，焊丝爆断，实现引弧；其二为慢送丝引弧，缓慢送进焊丝，与焊件接触后引燃电弧，再提高送丝速度至正常值；其三为回抽引弧，焊丝接触焊件，通电后回抽焊丝，引燃电弧。

铝及铝合金焊接时，引弧处常易出现未焊透或未熔合，为此最好是热启动，引弧电流应稍大，有些设备甚至在引弧时提供一个 700A 的脉冲电流，或者引燃电弧后停留片刻，再过渡到正常焊接速度。

（2）定位焊　定位焊是零件组装的需要，但也是易产生缺陷的部位。定位点最好设在坡口反面，定位焊缝长度一般为 40~60mm。如果在坡口正面定位，则定位焊缝宜较薄一点。定位焊缝熔深要大，要焊透，否则正式焊接前应将未焊透的定位焊缝去除。

（3）焊接　引弧后，焊枪以正常姿态运行，焊枪与工件及焊接方向应保持一定的角度，但运行过程中允许机动地调整。焊枪指向焊接前方时称为左焊法，焊枪指向焊接反方向时称为右焊法。焊枪倾角见表7-6。

表 7-6　焊枪倾角

焊接方法	左焊法	右焊法	焊接方法	左焊法	右焊法
焊枪角度	10°~15° 焊接方向	10°~15° 焊接方向	焊道断面形状		

当其他焊接条件不变时，采用左焊法时熔深较小，焊道较宽较平，熔池被电弧力推向前方，操作者易观察到焊接接头的位置，易掌握焊接的方向；采用右焊法时可获得较大的熔深，焊道窄而凸起，熔池被电弧力推向后方，电弧能直接作用于母材上。铝及铝合金的焊接多采用左焊法及亚射流过渡方式。

焊接时，喷嘴下端与工件间的距离保持在 8~22mm。过低时喷嘴易与熔池接触，过高时，弧长被拉长，保护效果变差。当弧长波动时，喷嘴高度可作为微调弧长的因素。焊丝伸出长度以喷嘴内径的一半左右为宜。

（4）焊枪摆动　在焊接过程中，视具体情况及操作者习惯，焊枪可摆动或不摆动。焊接角焊缝及中厚板（8~12mm）盖面焊道时，焊枪可不摆动。焊接过程中有摆动时，可有几种摆动方式。其一为小幅度起伏摆动，有人称之为"小碎步"，在电流较大时，此种摆动方式可使打底焊不致焊穿，同时可获得大熔深，焊道饱满；当焊枪起伏向下时，电弧将发出有节奏的"沙沙"声。其二为较大幅度的前后摆动，适用于厚板，但焊丝摆动幅度不能超越熔池，其程序是：前进—回拉—停留—再前进—再回拉——……。采用这种方式可避免焊穿，同时能加大熔深。其三为划圈摆动，适用于焊接时温度过高而需避免过热，此法可将焊接热量扩散，但熔深将有所降低。其四为"八字步"摆动，适用于立焊和爬坡焊，这种摆动方式可防止熔池铝液下坠，也可避免焊穿。

（5）全位置焊　在平焊、横焊、向上立焊、向下立焊、仰焊的不同位置进行焊接时，不仅需要采用不同焊接参数，还需要不同的焊接操作技巧。横焊时易出现"坠肚子"现象，焊缝下淌，在焊缝的上部出现气孔，这时焊枪应稍向上方运行。立焊时，需采用"爬坡焊""溜坡焊"的操作技巧，做"八字步"或月牙形摆动，防止铝液下坠。仰焊时，铝液的重力远大于其表面张力，极易下淌，为此应尽量采用短电弧、小电流，减小熔池体积，实施短路过渡，争取快速移动电弧，在铝液下淌前即让电弧前移，使熔池快速冷却凝固。当对环焊缝实行全位置焊时，如果先焊外面、后焊里面，则可采用"里爬外溜"的焊接工艺，即外焊道先焊"溜坡"一侧，里焊道先焊"爬坡"一侧，这样外焊道不致焊穿，成形比较美观，里焊道可保证熔深。

（6）多道焊　对接厚达 10mm 或更厚的母材时，一般应尽量从两面进行焊接，正面实施打底焊和盖面焊，然后背面清根，再实施封底焊。正面打底焊应争取焊透，重要焊缝最好插入一次工艺性 X 射线检验，然后进行反面清根直至排尽打底焊缝根部缺陷，再施行封底焊。

单面多道焊时，打底焊前应细心刮削坡口表面。每焊完一条焊道，必须清理焊道表面。熔敷焊道宁可宽而浅，以便气泡逐层逸出。可采用焊枪摆动方式，控制焊道成形及气泡逸出。对于热敏感铝合金，焊缝道次之间的间隔时间应适当安排，以便散热冷却。

（7）熄弧 熄弧时容易产生弧坑及焊缝过热，甚至由此产生裂纹。熄弧可有多种方法：其一为电流衰减，即平缓降低送丝速度使电流相应衰减，填满弧坑；其二为焊丝反烧，即先停止送丝，经过一定时间后切断焊接电源；其三为加快前行，使熔池逐渐变窄，并形成一定坡度。熄弧过程的始点可在距焊缝终点前方约 30mm 处。熄弧处的焊缝一般会高出焊缝表面，余高过高时再将它修平。熄弧最好是在引出板上进行。

7.3.2 熔化极自动氩弧焊

铝及铝合金 MIG 焊工艺易于实现自动化，但零件尺寸精度及装配质量比手工焊和半自动焊要求更高，对焊接工艺装备的配套要求更多，如小车-导轨或操作机-变位机。

自动 MIG 焊适用于形状规则的长焊缝，引弧、熄弧、接头处少，可采用比手工焊更大的电流，提高焊接生产率，较少人为因素影响焊接质量，焊接参数及焊缝质量较手工焊稳定。

自动 MIG 焊时，全部焊接参数可预先设定，操作者只需在焊接过程中调整两个参数，即电弧电压和喷嘴高度，此外，还需严密注意焊接机头的运行对中并及时调整。

在亚射流过渡方式下，如果弧长在焊接过程中发生变化，通过电弧电压旋钮进行粗调，也可利用喷嘴高度进行细调，以便及时恢复原定弧长，使电弧过程保持稳定。

焊接纵缝时，对接坡口两端焊上引弧板及引出板。焊接环缝时，熄弧处应超越引弧点100mm 左右，以弥补引弧处焊缝成形不良，也使熄弧处与引弧处不致重叠。

如果焊接过程中出现严重异常情况，如出现工件烧穿或喷嘴烧毁时，应立即停止焊接，进行现场处理，如更换喷嘴，剪掉焊丝端部，彻底清理工件上与上述故障有关的部位，准备补焊。

对焊穿部位进行补焊前，应在该处加一铝或铜的垫板。补焊时，可提高电弧电压，降低送丝速度，减小电流，减小热输入。补焊后，将补焊的焊缝加工出坡口，然后继续进行正常的焊接。补焊用的铝垫板或予以保留，或予以去除。

7.3.3 熔化极脉冲氩弧焊

普通 MIG 焊时，同一直径的焊丝的电流范围很窄，焊接电流不超过临界值便不能得到稳定的射流过渡或短路过渡。脉冲 MIG 焊时，只要脉冲电流大于临界电流，即可获得射流过渡，此时的平均电流可以比临界电流小，甚至小很多。因此脉冲 MIG 焊的电流调节范围可包括从短路过渡到射流过渡的所有电流值，既适用于焊接厚板，又适用于焊接薄板。当原定焊丝较细时，可便利地以粗丝取代细丝。例如，用 $\phi2.0$mm 焊丝取代 $\phi1.2$mm、$\phi1.6$mm 焊丝，即可在 50A 电流下实现稳弧，从而实现以粗丝焊接薄板。脉冲 MIG 焊时，平均电流小，易于减小熔池体积，而脉冲电流大，熔滴过渡力度大，熔滴过渡时轴向性好，有利于克服重力的作用，以便射流过渡的细小熔滴成形，特别适合仰焊或立焊防止铝液下淌，保证焊缝良好成形。

脉冲 MIG 焊时，为获得焊件的同等熔化深度所需的焊接电流（平均电流）比普通 MIG 焊的连续电流小得多，且对焊件既有脉冲加热熔化，又有随之短暂散热凝固，因此对焊接接头的热影响小，有利于预防金属过热、软化及焊接裂纹，特别适用于焊接对热敏感的铝合金。

脉冲 MIG 焊过程参数多且可调，主要参数是脉冲频率、脉宽比和焊接电流。频率范围一般为 30~300Hz，当要求焊接电流大时，可采用较高频率，当要求焊接电流小时，可采用较低的频率。但频率不宜过低，因电弧形态的瞬时变化和弧光闪动使人感觉难受，电弧过程也变得不够稳定，且会产生一些细小的飞溅。脉宽比的一般范围为 25%~50%，空间位置焊接时选用 30%~40%。脉宽比过小将影响电弧的稳定性，脉宽比大则近似普通 MIG 焊，失去脉冲 MIG 焊特征。焊接热敏感铝合金时，脉宽比宜较小，以控制焊接热输入。可供参考的脉冲 MIG 焊的参数见表 7-7 和表 7-8。

表 7-7 脉冲半自动 MIG 焊焊接参数

板厚/mm	焊丝直径/mm	脉冲频率/Hz	焊接电流/A	电弧电压/V	焊接速度/(m/h)	气体流量/(L/min)	焊道数
4	1.1~1.6	50	130~150	17~19	20~25	10~12	1
5	1.4~1.6	50	140~170	17~19	20~25	10~13	1
6	1.4~1.6	100	160~180	18~21	20~25	12~14	1
8	2	100	160~190	22~24	25~30	15~18	2
10	2	100	220~280	24~26	25~30	18~20	2

表 7-8 脉冲自动 MIG 焊焊接参数

板厚/mm	接头形式	焊接位置	焊丝直径/mm	焊接电流/A	电弧电压/V	焊接速度/(cm/min)	气体流量/(L/min)	焊道数
3	I 形坡口对接	水平	1.4~1.6	70~100	18~20	21~24	8~9	1
		横向	1.4~1.6	70~100	18~20	21~24	13~15	
		向下立焊	1.4~1.6	60~80	17~18	21~24	8~9	
		仰	1.2~1.6	60~80	17~18	18~21	8~10	
4~6	T 形接头	水平	1.6~2.0	180~200	22~23	14~20	10~12	
		向上立焊	1.6~2.0	150~180	21~22	12~18	10~12	
		仰	1.6~2.0	120~180	20~22	12~18	8~12	
14~25	T 形接头	向上立焊	2.0~2.5	220~230	21~24	6~15	12~25	3
		仰	2.0~2.5	240~300	23~24	6~12	14~26	

7.3.4 熔化极大电流氩弧焊

为了焊接大厚度（25~75mm）铝及铝合金母材并提高焊接效率，可采用大电流 MIG 焊。

大电流 MIG 焊时，如果采用直径为 2.4mm 的细焊丝，当焊接电流达到 500A 以上时，可能出现"起皱"现象，焊道表面粗糙，还有许多气孔，焊缝成形严重恶化。此时，可改用直径达 3.2~5.6mm 的粗焊丝，使用 500~1000A 的大电流，以减小电弧压力。同时，需改善其保护条件，采用双层喷嘴，实行双层气流保护，如图 7-24 所示。

由图 7-24 可见，覆盖焊接区的保护气体分为内外两层，外层气流负责将外围空气与内层气流隔开，以便防止由于大电流密度而引起的强等离子流将空气卷入内层保护气流中。此时，内层气流与外层气流的流量应有所不同，需合理配置。内层与外层可采用同种气体，也

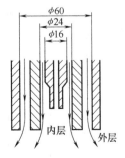

图 7-24 双层气流保护示意

可采用不同的气体，如内层用氦-氩混合气体，发挥氦气的高能深熔特性，外层用氩气，以便节约氦气。

可供参考的对接接头及角接接头大电流 MIG 焊的焊接参数见表 7-9 和表 7-10。

表 7-9　对接接头大电流 MIG 焊的焊接参数

板厚/mm	接头形式	坡口尺寸 θ/(°)	坡口尺寸 a/mm	坡口尺寸 b/mm	层数	焊丝直径/mm	焊接电流/A	电弧电压/V	焊接速度/(cm/min)	气体流量/(L/min)	保护气体[1]
25		90	—	5	2	3.2	480~530	29~30	30	100	Ar
25		90	—	5	2	4.0	560~610	35~36	30	100	Ar+He
38		90	—	10	2	4.0	630~660	30~31	25	100	Ar
45		60	—	13	2	4.8	780~800	37~38	25	150	Ar+He
50		90	—	15	2	4.0	700~830	32~33	15	150	Ar
60		60	—	19	2	4.8	820~850	38~40	20	180	Ar+He
50		60	30	9	2	4.8	760~780	37~38	20	150	Ar+He
60		80	40	12	2	5.6	940~960	41~42	18	180	Ar+He

① Ar+He：内喷嘴 Ar 50%+He 50%，外喷嘴 Ar 100%（均为体积分数）。

表 7-10　角接接头大电流 MIG 焊的焊接参数

角焊缝尺寸/mm	焊道类型（见上图）	焊道数	焊丝直径/mm	焊接电流（直流反接）/A	电弧电压[1]/V	焊接速度/(cm/min)
12	A	1	4	525	22	30
12	A	1	4.8	550	25	30
16	A	1	4	525	22	25
20	A	1	4	600	25	25
20	A	1	5	625	27	20
20	A	1	6	625	22	20
25	B	1	4	600	25	30
		2、3	4	555	24	25
25	B	1	5	625	27	20
		2、3	5	550	28	30
25	A	1	6	675	23	15
32	B	1	4	600	25	25
		2、3	4	600	25	25
32	B	1	5	625	27	20
		2、3	5	600	28	25
32	B	1	6	625	22	20
		2、3	6	625	22	25
38	C	1	6	650	23	15
		2~4	6	650	23	25

注：氩气作为保护气体，流量为 47L/min。
① 由导电嘴至母材间测出的电压。

采用粗焊丝大电流进行 MIG 焊时，需配用具有下降或陡降特性的焊接电源；其等速送丝机构需具有足够大的输出转矩，以便能保持精确的送丝速度；需要有特殊的大功率焊枪，以便能承受大的焊接热输入；还需要加强对熔池的气体保护。为增大焊道熔深同时减小焊道余高，对接接头应在正反面设有小坡口；焊接一般只在平焊位置进行，最好略有上坡（焊缝轴线与水平线成 4°~8°夹角），实行上坡焊；焊接电弧应精确对准接头间隙，以防熔透中心偏移而使接头根部未熔合。

当在平焊位置焊接 25~75mm 厚的焊件时，增大电流或（和）电压，可减少氩气消耗量。

大电流 MIG 焊所要求的坡口加工量及焊丝消耗量比普通 MIG 焊明显减少，以粗丝取代细丝，也有利于减少焊缝气孔。

7.3.5　熔化极双丝氩弧焊

双丝 MIG 焊的焊枪如图 7-25 所示。

双丝 MIG 焊时，采用两台焊接电源和两台送丝机构，但分开动作。两根焊丝的直径可相同，也可不同。既可进行 MIG 焊，也可进行脉冲 MIG 焊，其电弧影像如图 7-26 所示。

双丝 MIG 焊时，如果负载持续率为 100%，连续电流可达 500A，脉冲电流可达 1500A，送丝速度可达 30m/min。因此其优点为熔敷速度和焊接速度快，可减小热输入，同时延长熔池中气体逸出时间，有利于减少焊缝气孔。

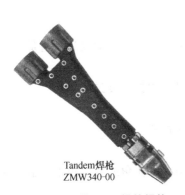

Tandem焊枪
ZMW340-00

图 7-25　双丝 MIG 焊的焊枪

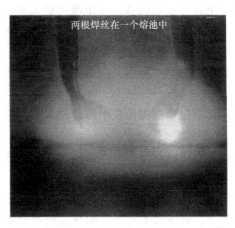

两根焊丝在一个熔池中

图 7-26　双丝 MIG 焊电弧影像（Tandem 双丝焊工艺）

7.4　MIG 焊过程故障及焊接缺陷

7.4.1　MIG 焊过程故障及其成因

1. 引弧困难

造成引弧困难的原因：极性接错（焊丝应接正极），焊接回路不闭合，保护气体流量不足，送丝速度太高或焊接电流太小。

2. 弧长波动

造成弧长波动的原因如下。

1）导电嘴状态不良（内壁粗糙、台肩有尖角、有飞溅物）。

2）送丝不稳定：①焊丝折弯或送丝软管锐弯（软管高吊时）；②在导丝管或焊枪中摩擦过大或不规则（导丝管状态不良，导丝管尺寸不合适）；③导电嘴堵塞；④焊丝盘动作不均匀；⑤焊丝电动机或焊丝矫直器运转不正常；⑥接到送丝机构上的网络电压波动；⑦接地线接触不良或送丝电动机调速器烧坏；⑧送丝机构中驱动轮打滑或压力不足。

3. 回烧

当焊丝熔化到铜导电嘴时，即产生回烧，送丝停止。原因是送丝速度太慢，导致电弧拉长，直至导电嘴端部过热。造成电弧回烧的原因：送丝不稳定，导电嘴状态不良，电源参数或送丝速度选用不当，冷却功能差，电缆与焊件之间接触不良。

4. 电弧阴极清理（阴极雾化）作用不足

造成电弧阴极清理作用不足的原因如下。

1）极性接错。

2）气体保护不充分：①气体流量不足；②喷嘴内存在飞溅物；③导电嘴相对喷嘴偏心；④喷嘴至焊件的距离不恰当；⑤焊枪倾角不合适（应后倾 7°~15°）；⑥现场有风。

5. 焊道不清洁

造成焊道不清洁的原因：焊件或焊丝不清洁，保护气体中有杂质（焊机系统漏气或漏水），焊枪后倾角度不合适，喷嘴损坏或不清洁，喷嘴规格不合适，保护气体流量不足，现场有风，电弧长度不合适，导电嘴内缩太深（内缩量应不大于 3mm）。

当焊接 Al-Mg 合金时，出现少量黑污不是故障。

6. 焊道粗糙

造成焊道粗糙的原因：电弧不稳，焊枪操作不正确，电流不合适，焊接速度过低。

7. 焊道过窄

造成焊道过窄的原因：电弧长度太短，电流或电压不足，焊接速度过高。

8. 焊道过宽

造成焊道过宽的原因：电流过大，焊接速度过低，电弧过长。

9. 电弧和焊接熔池可见度差

造成电弧和焊接熔池可见度差的原因：作业位置不恰当，工作角或后倾角不合适，面罩上的镜面小，或镜面不洁净，喷嘴规格不合适。

10. 电源过热

造成电源过热的原因：功率消耗过大（如果一台电源功率不足，可用两台相似电源并联），冷却风扇功能差，整流器片不清洁。

11. 电缆线过热

造成电缆线过热的原因：电缆接头松动或接错，电缆线太细，冷却水供应不足。

12. 送丝电动机过热

造成送丝电动机过热的原因：焊丝与导丝管之间摩擦过大，送丝机构内齿轮传动比不恰当，焊丝盘制动器调节不当，送丝机构中齿轮及送丝轮未调整好，送丝电动机故障，送丝电动机的功率不足（高送丝速度和粗焊丝要求电动机有足够的功率），调速控制器磨损或击穿。

7.4.2　MIG 焊缺陷及其成因

1. 焊缝金属裂纹

产生焊缝金属裂纹的原因：合金焊接性不良，焊丝与合金选配不当，焊缝深宽比太大，熄弧不佳导致产生弧坑。

2. 熔合区裂纹

产生熔合区裂纹的原因：合金焊接性不良，焊丝与合金选配不当（焊缝固相线温度远高于母材固相线温度），熔合区过热，焊接热输入过大。

3. 焊缝气孔

产生焊缝气孔的原因：工件清理质量低（表面有氧化膜、油污、水分），焊丝清理质量低（表面有氧化膜、油污、水分），保护气体保护效果不好，电弧电压太高，喷嘴与工件距离太大。

4. 咬边

产生咬边缺陷的原因：焊接速度太快，电弧电压太高，电流过大，电弧在熔池边缘停留时间不当，焊枪角度不正确。

5. 未熔合

造成未熔合的原因：工件边缘或其坡口表面清理不足，热输入不足（电流过小），焊接技术不合适，接头设计不合理。

6. 未焊透

造成未焊透的原因：接头设计不合适（坡口太窄），焊接技术不合适（电弧应处于熔池前沿），热输入不合适（电流过小、电压过高），焊接速度过高。

7. 飞溅

造成飞溅的原因：电弧电压过低或过高，焊丝与工件表面清理不良，送丝不稳定，导电嘴严重磨损，焊接动特性不合适（对整流式电源应调整直流电感，对逆变式电源应调整控制回路的电子电抗器）。

7.5　典型工程应用

7.5.1　低温压力容器特种接头 MIG 焊

大型空气分离装置的空分塔直径一般为 $\phi 2.3 \sim \phi 3.0 \mathrm{m}$，高度达 $25 \sim 30 \mathrm{m}$，全部由铝合金制成。空分塔包括上塔、下塔、冷凝蒸发器三部分，通过厚度为 $90 \sim 120 \mathrm{mm}$ 的异形环组焊成一体式结构。异形环的结构如图 7-27 所示。

空分塔材料为 5A02-M 铝合金，焊丝为表面抛光的 ER5356 铝合金焊丝。异形环与锥形筒连接处有 A、B 两个搭接接头。原制造工艺为手工 TIG 焊，焊接前需预热。A 接头处空间狭小（70mm），工作环境恶劣，焊接操作不便；B 接头处零件厚度相差极大（异形环厚度为 90mm），预热困难，难以保证焊缝根部焊透。手工 TIG 焊效率低，当 1 人预热另一人焊接时，焊完 A、B 两条焊缝需耗费 $4 \sim 5 \mathrm{h}$。

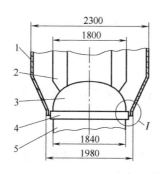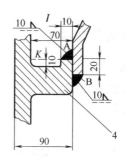

图 7-27 空分塔异形环与锥形筒连接示意图

1—冷凝器蒸发器锥形筒 2—支座 3—封头 4—异形环 5—下塔筒体

为提高效率，改用单人半自动 MIG 焊，此时无须预热，采用 V 形坡口、φ1.6mm 焊丝，焊接电流为 200~210A，电弧电压为 25V，氩气流量为 30L/min，焊接速度为 350~400mm/min。焊接内外 A、B 两条焊缝仅需 1.5h，比手工 TIG 焊提高工效 5 倍多，经 100% 的 X 射线检验，焊接质量合格率达 100%，液压强度试验及气密性检验时未发现泄漏。

7.5.2 87m³ 浓硝酸铝容器 MIG 焊

87m³ 纯铝容器的结构如图 7-28 所示。该容器直径为 2856mm，总长为 14780mm，有 5 个圆筒，壁厚为 28mm，两端各有一个封头，壁厚为 30mm，此外还有接管、加强板、支座板、人孔法兰，全部由纯铝 1060（L2）MIG 焊组合而成，20% 的焊缝要求经 X 射线检验。筒体焊接坡口形式如图 7-29 所示。

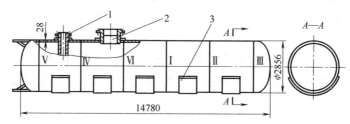

图 7-28 87m³ 纯铝容器的结构

1—拉管 2—人孔 3—支座板

在坡口两侧各 100mm 处用氧乙炔焰加热至 100℃ 以上，然后进行局部化学清洗。施焊前再用不锈钢丝旋转刷打磨坡口及其两侧。

每节圆筒先由两张 1m×3m 铝板拼焊。拼焊时先在坡口处用半自动 MIG 焊机进行定位焊，定位焊缝长度为 50~60mm，间距为 400~500mm。定位焊后置于 3mm 厚度不锈钢垫板上进行焊接。焊接参数：焊

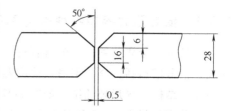

图 7-29 筒体焊接坡口形式

接电流为 560~570A，电弧电压为 29~31V，焊接速度为 13~15m/h，氩气流量为 50~60L/min，焊枪前倾角为 15°，焊枪喷嘴端面与焊件间的距离为 10~15mm。

拼焊后的铝板卷成一节圆筒，先焊内面纵缝，再焊外面纵缝。将自动 MIG 焊机置于容

器内外的钢制导轨上,由焊机自动行走,完成纵缝的焊接。

整个容器上共有 6 条环缝,其焊接顺序如图 7-28 中的Ⅰ~Ⅵ所示。在分别从内面和外面完成Ⅰ、Ⅱ、Ⅲ环缝及Ⅳ、Ⅴ环缝焊接后,按技术要求进行 X 射线检验,然后焊接第Ⅵ条环缝。

其他单个零件与容器壳体的焊接采用半自动 MIG 焊完成,焊接电流为 320~340A,电弧电压为 29~30V,焊丝直径为 2.2mm,焊枪倾角为 10°~20°,喷嘴端面与焊件间的距离为10~20mm。

7.5.3 铝合金管道野外自动 MIG 焊

铝合金管道长度为 8km 或更长,需在野外条件下装配焊接,材料为 6351-T4 铝合金,管径为 φ150mm,管壁厚为 5mm。管道外貌和接头形式及焊缝断面如图 7-30 所示。

用溶剂擦拭并清理接头坡口区后,采用一种可出入管内的夹具使单节管子组装对中,通过一个伸长的臂,人工使该夹具在管子接头部位张口或收缩,并使它在焊接时作为根部焊道的垫板。

焊接设备为安装在管子上并可环绕管子接头转动的全位置焊管机,焊管机上备有焊枪及焊丝盘。焊接方法为自动 MIG 氩弧焊,填充焊丝为ER5254,焊丝直径为 φ0.8mm。每个焊缝有 6 条焊道,按焊道的部位及深度及时调整焊枪。第 1、2、6 条焊道的焊接机头旋转焊接方向与 3、4、5条焊道的焊接机头旋转方向相反,但机头反转时不熄弧,以确保充分焊透及焊道间互相熔合。

由于野外作业条件,焊接电源为内燃机驱动的弧焊发电机,使用焊接电流为 200A,电弧电压

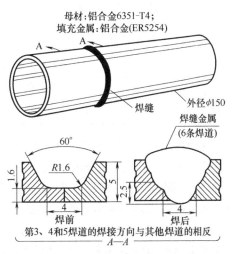

母材:铝合金6351-T4;
填充金属:铝合金(ER5254)

外径φ150

焊缝金属
(6条焊道)

第3、4和5焊道的焊接方向与其他焊道的相反

图 7-30 管道外貌和接头形式及焊缝断面

为 22~24V,焊接速度为 254cm/min,氩气保护气体流量为 28L/min,每台焊机的生产率为每小时 12 条焊缝,其中还包括正常的停机时间。

7.5.4 电解槽大截面铝母线半自动 MIG 焊

电解铝厂电解槽的导电母线由数段厚度达 440mm 的大厚度铝板焊接而成。为了避免直接焊厚大截面,焊接接头实际上由两段 440mm 厚的大铝板与其间的 16 层厚度为 25mm 的铝板焊接而成,如图 7-31所示。

铝母线材料为 1060(L2)工业纯铝,一个连接处共有 100 个焊接接头。设计要求通过铝母线接头的电流达到 $6.6 \times 10^4 A$,焊缝表面应光滑,不得有明显的凹坑、未熔合、气孔等缺陷。接头形式及坡口尺寸如图 7-32 所示。16 层铝板的层间间隙为 3mm,每层铝板坡口尺寸一致,最终焊缝的表面应高出铝母线表面 4~6mm。

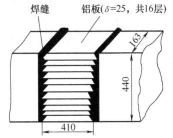

焊缝 铝板(δ=25,共16层)

图 7-31 铝母线焊接形式

施焊前，将坡口两侧及母线立面和熔合区表面（100mm 范围内）清理干净，先用丙酮将油污和尘垢擦除，再用角向磨光机和不锈钢丝刷去除表面氧化层，使之露出金属光泽。

施焊时采用左焊法，其气体保护效果好，运行时焊枪的喷嘴不挡视线，熔池清晰可见，焊缝成形均匀、平缓、美观，焊道两侧不产生夹角，可保证厚母材一侧熔合良好。焊丝角度及位置如图 7-33 所示。

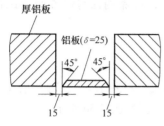

图 7-32 接头形式及坡口尺寸

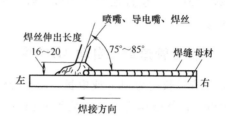

图 7-33 焊丝角度及位置示意

铝母线半自动 MIG 焊焊接参数见表 7-11，焊丝牌号为 SAl 1450（HS301）。

表 7-11 铝母线半自动 MIG 焊焊接参数

焊接材料	焊丝直径 /mm	焊接电流 /A	电弧电压 /V	焊丝伸出长度 /mm	氩气流量 /(L/min)	焊接速度 /(mm/min)
HS301	1.6	280~300	25~27	16~20	24~26	210~350

在焊接第一层铝板的第一层焊道时，为保证熔透及背面成形良好，并防止烧穿塌陷，背面需加垫板（材质为纯铜或不锈钢板）。为防止厚板侧熔合不良，应先从厚板侧开始多层多道焊，如图 7-34 所示。

在保证厚铝板一侧熔合良好的情况下，焊丝以直线或划小圈向前快速运行，焊道要细，焊层要薄，始终保持熔池清晰可见。

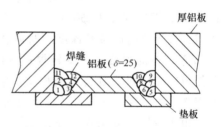

图 7-34 多层多道焊示意

熄弧时，当焊丝运行到坡口边缘，应再回焊 20mm 长度以上，以防产生弧坑，并避免坡口边缘或铝板端头未焊满。焊枪也不要马上抬起，以便氩气流继续保护尚未凝固的熔池。

每焊完一层 25mm 厚的铝板，应将该层焊缝的余高铲去，再组装下一层板。

每个大接头（指 16 层 25mm 厚铝板与 440mm 厚铝母线的接头）要一次连续完成焊接，中途不得停焊，因焊接温度保持越高，16 层的焊接过程就越顺利。

焊完铝母线接头后，将焊缝表面修磨成圆滑过渡，不得存在弧坑、凹陷、未焊满等缺陷。可采用 5 倍放大镜进行检查。

本焊接方法无须预热，工艺简单，焊接效率高，可满足电解铝厂铝母线安装工程的要求。

第8章　变极性等离子弧焊

8.1　概述

等离子弧是由等离子枪将阴、阳两极间的自由电弧经机械压缩（喷嘴压缩）、水冷喷嘴内壁表面冷气膜的热收缩和弧柱自身的磁收缩作用而形成的高温、高电离度、高能量密度及高焰流速度的压缩电弧。等离子弧焊具有电弧挺度好、扩散角小、焊接速度快、热影响区窄、焊接变形和应力小等优点，其接头性能比一般的气体保护焊要好。

国外在 20 世纪 40 年代末期就开始用交流 TIG 焊的方法进行铝合金的焊接。在 20 世纪 60 年代末，Sciaky 公司开发的 SW-3 方波交流 TIG 电源被用于铝合金的等离子弧焊。20 世纪 70 年代，波音公司的 B. P. VanCleave 最早提出变极性等离子弧焊（variable polarity plasma arc welding，VPPAW）的方法。20 世纪 70 年代末至 80 年代初，Hobart Brothers 公司成功推出了铝合金变极性等离子弧焊系统。20 世纪 90 年代，加拿大 Liburdi 公司和美国的 AMET 公司相继推出基于 DSP/SOC 片上系统控制架构的变极性等离子弧焊系统（图 8-1、图 8-2），其灵活可靠的控制特性和工艺稳定性在航天、电力、化工等工业领域获得广泛应用。

a) VPC450　　b) X-Feeder　　c) PCM
电源　　　　送丝机　　　离子控制器

d) PCM　　e) MPW400
离子控制器　等离子弧焊枪

图 8-1　AMET 变极性等离子弧焊系统

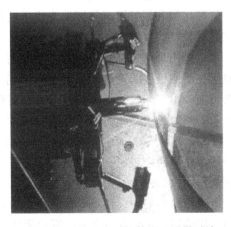

图 8-2　Liburdi 变极性等离子弧焊系统

在等离子弧焊接铝合金方面，经历了直流反接等离子弧焊、正弦波交流等离子弧焊、方波交流等离子弧焊和现在广获应用的变极性等离子弧焊。铝合金直流等离子弧焊主要用于

6mm 以下板厚接头，采用熔透法焊接，与 TIG 焊相比优势不大，应用范围不广，这里不再赘述。下面重点讨论用于铝合金中厚板焊接的变极性等离子弧焊方法。

8.2 焊接过程原理与工艺特性

等离子弧用于铝合金的焊接必须解决铝合金表面氧化膜的阴极清理和钨极烧损两者的矛盾。直到变极性电源的出现才完美解决了这一矛盾，既满足焊铝所需的阴极清理作用，又能将钨极的烧损降到最低。这种将等离子弧与变极性电源技术结合起来的焊接方法是专门针对铝及铝合金（尤其是中厚板铝合金构件）的自动焊接而开发的。图 8-3 所示为变极性等离子弧穿孔立焊及其焊接电流波形。

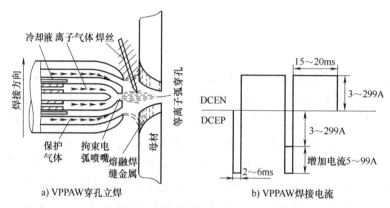

图 8-3 变极性等离子弧穿孔立焊及其焊接电流波形

研究发现，铝合金变极性等离子弧穿孔焊接时，最重要的参数是正、反极性时间及其比值。研究揭示，对于大多数铝合金，VPPAW 的正、反极性时间的最佳比例为 19ms：4ms；正、反极性时间的最佳取值范围：正极性时间为 15～20ms，反极性时间为 2～5ms，但比值应以在 19：4 附近变动为宜，而反极性电流幅值一般比正极性电流幅值大 30～80A。正、反极性这种比例和幅值可以很好地清理焊缝及根部表面的氧化膜，并且在喷嘴和钨极处产生最小的热量。

从电弧物理可知，阳极区的产热与阴极区的产热之比约为 7：3。也就是说，阳极区的产热远高于阴极区的产热。铝合金焊接时，反极性（即 DCEP 期间）时，钨极为正极，焊件为负极，由于阳极区的产热量远大于阴极区的产热量，所以钨极容易烧损，其持续时间不能太长。同时为了获得充分的阴极雾化作用，其电流幅值可以适当增加 30～80A。正极性（即 DCEN 期间）时，钨极为负极，焊件为正极，所以焊件端的产热量大，焊缝区可以得到充分的加热。研究表明，在变极性等离子弧焊过程中，80%的热量施加在焊件上，只有 20%的热量作用在钨极上。由于阴极具有自动寻找氧化膜，阳极具有寻找纯金属的特点，所以反极性电弧加热不集中，使得熔池较宽、较浅；而阳极斑点具有黏着性，所以正极性电弧加热集中，使得熔池窄而深。图 8-4 所示为国外几种 1/4in（1in = 0.0254m）厚铝合金变极性等离子弧焊的焊接参数。

铝合金变极性等离子弧焊是利用小孔效应实现单面焊双面成形的自动焊方法，用于焊接的转移型等离子弧能量集中（能量密度一般为 $10^5 \sim 10^6 W/cm^2$，而自由状态钨极氩弧能量密

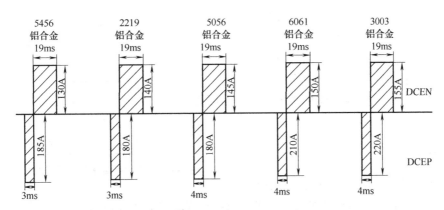

图 8-4 典型铝合金板材 VPPAW 焊接参数

度在 $10^5 W/cm^2$ 以下）、温度高（弧柱中心温度为 18000～24000K）、焰流速度大（可达 300m/s）。与激光焊和电子束焊相比，在设备造价、维护费用、设备操作复杂程度及焊枪运动灵活性等方面，等离子弧焊具有明显的优势。

变极性等离子弧的电弧力、能量密度及电弧挺度取决于五个参数：①正、反极性电流幅值与持续时间；②喷嘴结构和孔径；③离子气种类；④离子气流量；⑤保护气种类。

与钨极（TIG）或熔化极（MIG）惰性气体保护焊相比，穿孔型变极性等离子弧焊有着如下显著的优点：

1）能量集中、电弧挺度大。

2）3～16mm 对接，无须开坡口，焊前准备工作少，完全穿透焊接，单面焊双面自由成形。

3）焊缝对称性好，横向变形小。

4）去除气孔和夹渣能力强，孔隙率低。

5）生产率高，成本低。

6）电极隐蔽在喷嘴内部，电极受污染程度轻，钨极使用寿命长。

VPPAW 工艺柔性较好，既适用于纵缝的焊接，也适用于环焊缝的焊接。目前，VPPAW 仍是航天工业中 2219 铝合金（即国产 2B16 铝合金）结构产品首选的熔焊方法，是铝合金焊接的一项重要的技术进步，曾被 NASA 誉为"无缺陷"的铝合金焊接方法。图 8-5 所示为典型厚度铝合金 VPPAW 焊接接头的装配容限。

铝合金变极性等离子弧焊工艺也存在自身的不足：

1）焊接可变参数多，规范区间窄。

2）采用向上立焊工艺，只能自动焊接。

3）焊枪对焊接质量影响大，喷嘴寿命短。

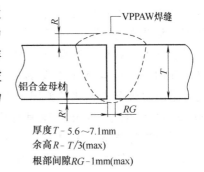

厚度 T - 5.6～7.1mm
余高 R - $T/3$(max)
根部间隙 RG - 1mm(max)

**图 8-5 铝合金 VPPAW 焊接接头
的装配容限**

注：错边量不超过 2.0mm。

8.3 焊接设备

变极性等离子弧焊工艺的稳定性和再现性主要取决于变极性电源输出电流的品质、焊接过程中主弧的顺利过零再引燃、各子系统（如离子气、保护气的气路系统，送丝机构、水

冷系统、行走机构）与主电源间的协调控
制，其系统构成如图8-6所示。

变极性等离子弧焊设备属于大电流自动
焊设备，大多采用转移弧，焊枪固定在支架
或行走机构上，送丝机构与焊枪集成在同一
结构（工装）上。

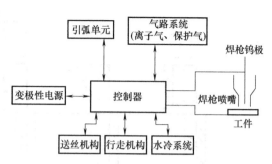

图8-6 变极性等离子弧焊系统构成示意图

8.3.1 引弧单元

引弧单元实质上是一台小电流直流焊接
电源，其主要功能是在焊接开始时，引燃钨极与喷嘴之间的非转移弧，在转移弧即焊接主弧
引燃后即熄灭，本质上起到引燃焊接主弧的作用。但在变极性电源发展早期，受限于当时开
关器件（主要采用半导体晶闸管器件即SCR）的技术指标，引弧单元还起到保证主电弧过
零时顺利引燃的作用，当时将引弧单元称为维弧单元（装置）。采用维弧时，虽然可以保证
过零时刻的空间温度和电离度，但在主弧由正极性变为反极性的时刻，由于主、维弧同时存
在，而电场方向却相反，因此对以场发射为主的负半波电流所需的场强起消离作用，因而不
利于主弧负半波的稳定，有时会造成维弧熄灭，即所谓的主、维弧相互干涉现象，使焊接过
程不稳定，对变极性等离子弧焊工艺的稳定性和再现性危害极大。随着高速半导体功率器件
IGBT的出现和人们对变极性等离子弧焊电流波形的改进，完全实现了主电弧自身的过零重
燃。引弧单元不再起维弧作用而仅起到引燃转移弧的作用。

8.3.2 焊接电源

在铝合金变极性等离子弧焊工艺发展过程中，变极性电源经历了由早期的晶闸管桥式整
流类型发展到今天基于IGBT功率开关管作为二次逆变开关的变极性电源。基于晶闸管桥式
整流技术的变极性电源，由于开关速率慢，在过
零时必须采用维弧或提高钨极与工件间的开路电
压来保证主弧过零后的顺利引燃。这会带来主、
维弧相互干涉或增加产生双弧的危险性，且这种
硅整流的变极性等离子电源的工艺稳定性较差。
这种电源的典型代表就是美国Hobart公司的VP-
300-S变极性电源，其电气原理如图8-7所示。

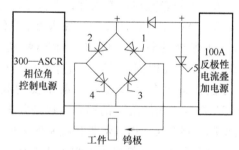

图8-7 变极性电源VP-300-S电气原理图

采用提高开路电压的方法，即是通过提高工
件与钨极间的场强来保证过零时主电弧的顺利引
燃。这种方法虽然消除了维弧对主电场的消离作用，但电压的提高却会增大等离子枪喷嘴冷
气膜被击穿而产生双弧，从而烧毁焊枪的危险性。

显然，为消除主、维弧相互干涉及反极性期间的双弧现象，最有效的方法就是焊接过程
中除去维弧，焊接主弧自身实现顺利过零重燃。随着基于IGBT功率开关管逆变技术和电流
PWM（脉宽调制）技术的发展成熟，为焊接过程中去掉维弧提供了技术可行性。研究表明，
在交流电弧过零的瞬时，弧柱两端受到钨极和工件的强烈冷却，如果没有能量输入来保持这
一时刻的弧柱电离度，电子可在很短的时间内丧失能量。这时电子将与阳离子中和而产生消

电离作用，致使带电粒子减少，电弧熄灭。但如果满足两个条件：①电流过零速度足够快；②电弧在过零的瞬时温度足够高，保持较高的电离度，即电子与阳离子发生消电离作用而复合的概率极低，那么电弧就不容易熄灭。

在变极性等离子弧焊过程中，如果解决以上两个问题，就可以在焊接主弧引燃后熄灭非转移弧，形成稳定的转移型变极性等离子弧。众所周知，在焊接电弧中，电流越大则电弧的温度越高，弧柱中的带电粒子越多。通过采取一定的电流波形调制技术，可以保证焊接主弧在过零时刻的弧柱空间仍维持较高的温度和气体电离度。基于 IGBT 二次逆变技术的变极性电源就是一种焊接过程中没有维弧的变极性电源。首先，IGBT 高的开关速率满足了上述条件①；其次，通过在电流换向前的几毫秒提高正极性焊接电流，使之与反极性电流数值相当，从而满足了上述条件②。这就是现在广泛使用的转移型变极性等离子弧焊电源，它具有优良的工艺稳定性和再现性，其基本原理如图 8-8 所示。6.4mm 板厚铝合金在平焊、横焊及立焊条件下的 VPPAW 参数见表 8-1。

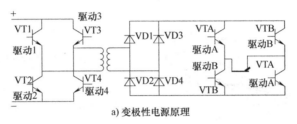

a) 变极性电源原理

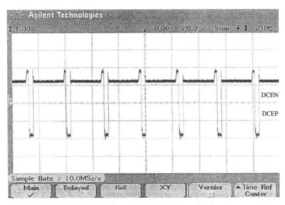

b) 变极性电流波形

图 8-8 基于 IGBT 二次逆变技术的转移型变极性等离子弧焊电源

表 8-1 铝合金在平焊、横焊及立焊条件下的 VPPAW 参数

焊接状态	平焊	横焊	立焊
板厚/mm	6.4	6.4	6.4
铝合金牌号	2219	3003	1100
填充焊丝直径/mm	1.6	1.6	1.6
填充焊丝牌号	2319	4043	4043
正极性电流/A	140	140	170
正极性电流时间/ms	19	19	19
反极性电流/A	190	200	250
反极性电流时间/ms	3	4	4

（续）

焊接状态	平焊	横焊	立焊
引弧离子气体流量/（L/min）	Ar0.9	Ar1.2	Ar1.2
焊接离子气体流量/（L/min）	Ar2.4	Ar2.1	Ar2.4
保护气体流量/（L/min）	Ar14	Ar19	Ar21
钨电极直径/mm	3.2	3.2	3.2
焊接速度/（mm/s）	3.4	3.4	3.2

8.3.3 焊枪

等离子弧焊时，用于产生等离子弧并进行焊接的机构称为等离子弧焊枪。其结构比 TIG 焊枪复杂，压缩喷嘴是其关键部件。等离子弧焊枪按其操作方式分为手工焊枪和自动焊枪。用于变极性等离子弧焊的焊枪属于自动等离子弧焊枪。美国 NASA 下属 MSFC（马歇尔空间飞行中心）开发的 VPPAW 焊枪如图 8-9 所示。

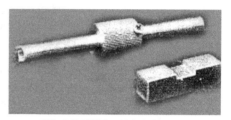

a) VPPAW焊枪　　　　　　　b) 钨极内缩量调整工具和喷嘴拆卸工具

图 8-9　美国 NASA 下属 MSFC 开发的 VPPAW 焊枪

1. 焊枪结构

等离子弧焊枪在结构上必须达到如下要求：①能够固定钨极与喷嘴之间的相对位置，并能保证钨极与喷嘴孔径同心；②钨极和喷嘴采用水冷；③喷嘴与钨极绝缘，便于钨极与喷嘴间产生非转移弧；④离子气与保护气采用独立的气路。

2. 压缩喷嘴

如图 8-10 所示，压缩喷嘴是等离子弧焊枪中产生等离子弧的关键零件之一，对电弧直径起机械压缩作用，它是一个铜质的水冷喷嘴。压缩喷嘴的结构、类型和尺寸对等离子弧性能起决定作用。

压缩喷嘴的主要尺寸有压缩角 α、喷嘴孔径 d_n 和孔道长度 l_n。其中喷嘴孔径 d_n 和孔道长度 l_n 是压缩喷嘴的两个重要尺寸，而压缩角 α 对等离子弧压缩作用不大，转移型

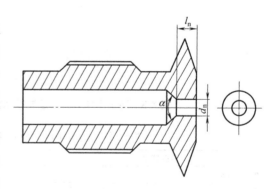

图 8-10　等离子弧焊枪的压缩喷嘴

等离子弧的压缩角一般取 60°～90°。孔径 d_n 决定等离子弧直径和能量密度，应根据电流和离子气流量来决定。对于给定的电流和离子气流量，增大 d_n 则降低喷嘴对电弧的压缩作用，弧压也随之降低，等离子电弧逐渐向 TIG 电弧转化；而减小 d_n 则易出现双弧，破坏等离子弧的稳定性。表 8-2 列出了常用等离子弧电流与喷嘴孔径之间的关系。

表 8-2　常用等离子弧电流与喷嘴孔径之间的关系

喷嘴孔径 d_n/mm	等离子弧电流/A	离子气流量（Ar）/（L/min）
0.8	1~25	0.24
1.6	20~75	0.47
2.1	40~100	0.94
2.5	100~200	1.89
3.2	150~300	2.36
4.8	200~500	2.83

孔径 d_n 确定后，孔道长度 l_n 增大则对等离子弧的压缩作用增大，同时也增大了双弧的倾向，常以 l_n/d_n 表示喷嘴孔道的压缩特性，称为孔道比。孔道比的推荐值见表 8-3。

表 8-3　转移型变极性等离子弧焊枪喷嘴的孔道比

喷嘴孔径 d_n/mm	孔道比 l_n/d_n	压缩角 α
1.6~3.5	1.0~1.2	60°~90°

等离子弧焊常用的压缩喷嘴结构类型如图 8-11 所示。图 8-11a、b 所示喷嘴的压缩孔道为圆柱形，在等离子弧焊中应用最广。图 8-11c、d、e 所示喷嘴的压缩孔道为收敛扩散型，减弱了对等离子弧的压缩作用。但这种喷嘴可以采用更大的焊接电流而不（很少）产生双弧，因此收敛扩散型喷嘴适用于大电流焊接厚板。

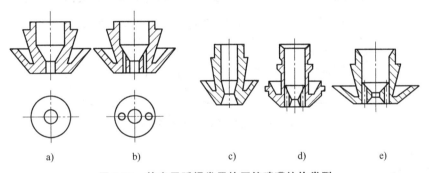

a)　　　　　b)　　　　　c)　　　　　d)　　　　　e)

图 8-11　等离子弧焊常用的压缩喷嘴结构类型

图 8-11b、d、e 为三孔型喷嘴。其典型的特征是除了中心孔，左右各有一个对称的小孔。采用三孔型喷嘴焊接时，电弧及部分离子气从较大的中心孔流出，而其他离子气则通过两旁较小的孔道。从这两个小孔喷出的离子气流可将等离子弧产生的圆形热场变为椭圆形。当三个孔中心的连线与焊道垂直时，椭圆形热场的长轴平行于焊接方向，有助于提高焊接速度及减小焊缝宽度。

喷嘴材料一般采用纯铜或锆铜。水冷的铜喷嘴可将等离子弧压缩至 16600℃ 高温。正常焊接时，喷嘴内部电弧弧柱被一层冷气膜包围，如果喷嘴冷却效果不好，冷气膜便容易被击穿而形成双弧，破坏正常的焊接过程。大功率喷嘴必须采用直接水冷。为提高冷却效果，喷嘴壁厚一般不大于 2.5mm。

3. 电极

（1）电极材料　等离子弧焊枪所采用的电极与 TIG 焊相同，主要有钍钨、铈钨和锆钨 [w(Zr) = 0.15% ~ 0.40%] 三种电极。其中钍钨含有少量放射性元素，使用时应多加注意，尽可能选用铈钨或锆钨。表8-4列出了等离子弧钨极直径与许用电流范围。

表8-4 等离子弧钨极直径与许用电流范围

钨极直径/mm	0.25	0.50	1.0	1.6	2.4	3.2	4.0
许用电流范围/A	≤15	5~20	15~80	70~150	150~250	250~400	400~500

在进行铝合金变极性等离子弧焊时，为了便于引弧和提高焊接电弧的稳定性，从保持钨极端部形状和降低钨极烧损程度出发，应采用专用钨极研磨机将钨极的端部磨成锥球形或球形，如图8-12a、b所示。

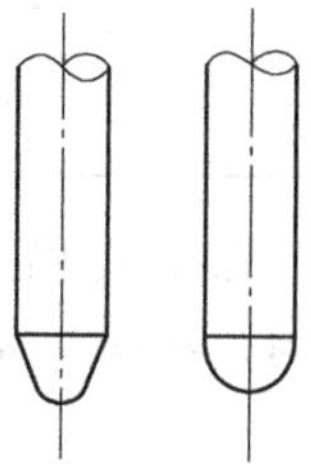

（2）内缩与同心度 在变极性等离子弧焊枪中，由钨极安装位置所确定的电极内缩长度 L_r 一般按下式来确定：

$$L_r = l_n \pm 0.2mm \tag{8-1}$$

安装电极时应注意电极与喷嘴保持同心。电极偏心将造成等离子弧偏斜，影响焊缝成形并增加产生双弧的危险性。同心度可依据电极与喷嘴之间的高频火花在电极四周的分布情况来检查，焊接时一般要求高频火花布满圆周75%以上，如图8-13所示。

现在生产的变极性等离子弧焊枪（如图8-9所示的MSFC开发的VPPAW焊枪），其钨极夹持机构多采用自定心结构，精度可达0.1mm。此外，焊枪还有配套的钨极对中夹紧和内缩量调整专用工具及喷嘴拧紧工具，可以方便地设定钨极的内缩量和更换钨极（图8-9b）。

a) 锥球形 b) 球形

图8-12 VPPAW 电极端部形状

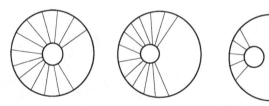

图8-13 电极同心度与高频火花

8.4 焊接材料

铝及铝合金均可采用VPPAW方法焊接，但有特殊使用要求的铝合金焊接构件，应首先根据该构件的特殊使用要求选择焊接方法。如对于航天贮箱这种焊接结构件，其工作温度从常温到-253℃，因而对接头的塑性有特殊要求，当结构材料为2A14-T6铝合金时，采用VPPAW方法，虽然接头强度满足使用要求，但由于接头的塑性指标 A_e 均小于3.0%，不能满足低温贮箱所要求的接头塑性指标，因此对于2A14铝合金运载火箭低温燃料贮箱的焊接生产，不宜使用VPPAW方法。而对于结构材料为2219铝合金（即国产2B16铝合金）或2195铝锂合金的航天贮箱（包括运载火箭低温燃料贮箱和航天飞机的外贮箱）均可采用VPPAW或Soft-VPPAW方法进行焊接生产，因为这些铝合金的VPPAW接头的力学性能指标完全满足航天贮箱的使用性能要求。

铝合金VPPAW的冶金过程与氩弧焊相同，只是由于变极性等离子弧的挺度大、弧柱直径较小，焊接时母材的熔化量少，焊缝深宽比大，热影响区窄。VPPAW主要采用向上立焊的方式施焊，由于没有背面垫板，所以在接头装配间隙上的要求比TIG焊严格，并要求在焊

接过程中不能发生接头错边，否则容易形成切割，造成焊接失败。

1. 填充金属

与氩弧焊一样，VPPAW工艺宜于自动焊，要求使用填充金属。填充金属一般为几种直径规格的光亮焊丝。光亮焊丝的主要成分与被焊母材相同，但有时为改善焊缝的组织和性能而加入一些少量的其他合金元素。

2. 气体

等离子弧焊枪中有两种气体，一种是从喷嘴流出的离子气，另一种是从保护罩流出的保护气。有时为了增强保护效果，还需要使用保护拖罩和通气的背面垫板以扩大保护气的保护范围。离子气对于钨极而言，应该是惰性的，防止钨极烧损过快。保护气对铝合金母材应该是惰性的，不容许向铝合金VPPAW的保护气中添加任何活性气体。

采用VPPAW焊接中厚板铝合金时，离子气和保护气选用Ar或Ar+He混合气；焊接3~6mm铝合金接头，离子气选用Ar气，保护气选用Ar或Ar+He混合气。使用Ar+He混合气作为离子气可以有效提高电弧的热量，增加电弧的穿透力，但对He气的含量有一定的要求。在Ar+He混合气中，只有当$\varphi(He)>40\%$时，电弧的热量才能有明显的变化，而当$\varphi(He)>75\%$时，电弧性能基本与纯He气相同。因此在Ar气中通常加入$\varphi(He)=50\%~75\%$的He气来进行铝及铝合金的小孔焊接。

8.5 焊接工艺及接头性能

8.5.1 接头形式与装配

在铝合金变极性等离子弧焊中，穿孔的电弧力和所需的热量主要来自于正极性电流，而反极性电流则为焊接区提供充分的阴极清理作用和预热效果，所以焊接大多数种类的铝合金时，无须采用机械法清除氧化膜。铝合金变极性等离子弧焊主要采用平头（即无坡口I形）对接的接头形式，有时也采用单面V形和U形坡口或者双面V形和U形坡口，这些坡口形式适用于从一侧或两侧进行对接接头的单道焊或多道焊。除对接接头外，采用熔透焊时，变极性等离子弧焊可用于铝合金角焊缝和T形接头的焊接，具有良好的熔透性。对于开坡口对接焊，与钨极氩弧焊相比，变极性等离子弧焊可采用较大的钝边和较小的坡口角度。第一道焊缝采用小孔法焊接，填充焊道则采用熔透法完成。但在大多数情况下，变极性等离子弧焊主要用于铝合金中厚板I形对接接头的单道焊。

进行铝合金中厚板I形接头对接焊时，接头最大间隙应≤1mm，引弧处坡口边缘必须紧密接触以利于引弧。接头装配错边应控制在1.5mm以内。为防止焊接过程中发生错边，推荐使用气动琴键式夹具或弹簧琴键式夹具进行逐点（逐段）压紧。如果焊接夹具压紧力不够，可以采用定位焊的方法防止错边，定位焊点必须打磨与接头齐平，再进行焊接。

当进行铝合金环焊缝的变极性等离子弧焊时，必须采用焊接电流和离子气流量联合递增、联合递减的控制来获得理想的小孔形成和小孔闭合（收孔）效果。现在生产的变极性等离子弧焊设备均具备这项功能。通过精确的引弧和收弧参数控制可以获得成形美观、无缺陷的环焊缝。

8.5.2 焊接工艺

在进行变极性等离子弧穿孔焊接时，穿孔的稳定性直接决定焊缝的成形和内部质量。凡是影响穿孔稳定性的因素都会影响焊缝成形和质量的稳定性。穿孔稳定性和焊缝成形的影响因素很多，其中最为明显的参数是焊接电流、离子气流量、钨极端部夹角、送丝速度及喷嘴到焊件的距离，下面逐一进行探讨。

1. 焊接电流的选取

（1）预热电流和穿孔电流的选取　在变极性等离子弧焊接过程中，焊接电流对变极性电弧的稳定和氧化膜的清理有显著影响。变极性焊接电流程序如图 8-14 所示，其中 I_1 为预热电流，t_1 为预热时间，I_2 为正极性电流，t_4 为正极性时间，I_3 为反极性电流，t_3 为反极性时间，$t_1 \sim t_2$ 为穿孔时间，$t_5 \sim t_6$ 为电流下降时间，$t_6 \sim t_7$ 为收弧电流持续时间，I_4 为收弧电流，q_p 为环缝焊接时离子气的流量控制线。

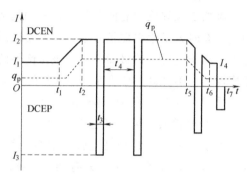

图 8-14　VPPAW 焊接电流程序图

预热电流和穿孔电流决定了穿孔起始阶段熔池的形状和初始穿孔的大小，它们对穿孔阶段能否顺利过渡到正常焊接阶段有显著影响。预热电流对不同板厚铝合金焊件的影响是不同的，薄板铝合金焊件的预热电流很小，预热时间很短。穿孔电流的初始值为预热电流值，终止值为正常焊接阶段的正极性电流值。例如 6mm 厚铝合金焊件焊接时，一般预热电流为 60A，预热时间为 5～10s，与之相对应的穿孔时间为 5～14s。在穿孔时间内，穿孔电流从 60A 缓升至 140A。试验发现，在 6mm 及更小厚度的焊件焊接时，可以不需要预热阶段而直接进入穿孔阶段，此时为了保证焊接起始穿孔有足够的热输入量，起始穿孔电流初值应选择得比较大，穿孔时间也选择得比较长。例如 6mm 厚 2A14 铝合金焊件焊接时，如果没有预热电流，起始穿孔电流为 80A，终止穿孔电流为 140A，穿孔时间为 17～19s 才能保证穿孔过程顺利实现。图 8-15 所示是 6mm 厚 2A14 铝合金焊件在没有预热电流情况下焊缝正、反面的成形。

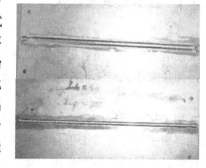

图 8-15　6mm 厚 2A14 铝合金 VPPAW
焊缝照片（无预热电流）

当铝合金焊件厚度超过 8mm 时，如果没有预热阶段即使穿孔时间很长，也不能保证焊接起始阶段穿孔过程的顺利实现。这是因为在焊件比较薄时，焊件的热容量相对较小，焊件传热比较慢，电弧周围的金属有足够高的温度来保证穿孔过程中金属的熔化。但是当焊件厚度超过 6mm 时，由于铝合金导热比较快，电弧周围金属的温度相对较低，如果没有经过预热阶段而直接进入穿孔程序，则等离子弧不能够熔化足够的金属来形成穿孔熔池。如果单纯增大穿孔时间，虽然可以提高电弧周围金属的温度，但是由于穿孔过程的电流比预热电流要大得多，而铝合金的熔点比较低（530～650℃），很容易造成焊件被烧穿而形成塌陷。为了保证穿孔起始过程的稳定及起始焊缝成形，在 8mm 以上铝合金焊接时，必须有预热程序。预热电流值一般比较低，8mm 厚铝合金焊件的预热电流一般为 80~100A，预热时间为 10~17s。在起始穿孔阶段，一般都需要等离子电弧均匀地增大，因此 VPPAW 焊机一般采用直流缓升的方式进行穿孔。预热电流值作为穿孔电流初始值，在穿孔时间内，电流由初始值上升到正极性电流值，完成起始穿孔转入正常焊接阶段。例如在 8mm 厚 2A14 铝合金焊件焊接时，预热电流为 80A，预热时间为 13s，穿孔时间为 15s，就可以顺利完成起始穿孔熔池的形成，进入正常焊接阶段。

（2）正极性焊接电流和反极性焊接电流的选取　正常焊接阶段的焊接电流参数是指正、反极性电流幅值及正、反极性时间。变极性等离子弧穿孔焊接过程中，如果反极性时间太短，则反极性期间电弧的阴极清理不充分，更重要的是，反极性电流可以显著提高焊件的热输入量。在反极性期间电弧扩张，铝合金焊件作为阴极时，其表面的阴极压降很大，电弧对焊件的加热面积比较大，这为正极性期间等离子弧的穿孔提供充分的热量积累。但如果反极性时间大于 5ms，则钨极烧损严重，端部熔化的小球比较大，电弧压缩减弱，严重影响电弧的稳定，造成穿孔力不足。因此，反极性时间一般为 2~5ms，正极性时间一般为 15~20ms。研究表明，对于绝大多数铝合金，正、反极性持续时间的比例应严格按照 19ms：4ms 的比值进行匹配，也就是说，在进行铝合金变极性等离子弧焊时，正、反极性的时间基本确定为 19ms：4ms，所需调节的主要是正、反极性电流的幅值。在电流幅值的选取上一般遵循的原则为：反极性电流幅值＝正极性电流幅值＋（30~80）A。

试验表明，在 8mm 厚 2A14 铝合金焊接工艺中，适当的焊接电流为：正极性电流 180A，反极性电流 240A。试验采用正、反极性电流同步衰减或同步增大的方式来验证电流对焊接稳定性的影响。试验表明，当其他焊接参数不变，焊接电流减小 10A，就使得焊缝正面余高不均匀，焊缝背面不能够成形且氧化严重。当焊接电流比正常焊接电流大 10A 时，焊缝正面余高减小，背面余高增大，这是由于电弧的热输入和等离子弧的电弧力比较大所造成，但是基本能够保持比较好的焊缝成形和焊接接头质量（图 8-16）。当焊接电流比正常电流大 20A 时，焊缝正面已经出现单侧塌陷，焊缝背面呈蓝黑色，起始穿孔处有较大的焊瘤，这是由于等离子弧的冲击力很大和焊接熔池的温度很高所致。

| a) 正、反极性电流为180A、240A | b) 正、反极性电流为190A、250A |

图 8-16　焊接电流对穿孔和焊缝成形的影响

2. 离子气流量对穿孔和焊缝成形的影响

在变极性等离子弧穿孔焊接过程中，当钨极端部形状一定时，离子气流对电弧的压缩起主要作用。如果离子气流量太小，则电弧的压缩程度不够，电弧直径比较粗，起始穿孔不能顺利过渡到正常焊接程序；较大的电弧加热面积使得焊缝周围温度很高，造成焊缝两侧熔化金属过多，形成不连续的切割，焊缝背面焊瘤十分严重。如果离子气流量太大，电弧压缩强烈，则在焊接过程中容易出现切割现象。

采用适当的焊接参数焊接时，其表象可描述为：起始穿孔很稳定，能够顺利过渡到正常焊接阶段，焊件背面等离子弧尾焰透出较多，尾焰挺度好，焊件正、反面余高均匀，焊缝成形良好。

3. 钨极端部夹角对电弧和焊缝成形的影响

钨极端部夹角对电弧的收缩和离子气的流动有重要的影响，从而影响到等离子弧的挺度。钨极端部夹角越小，位于钨极端部的等离子阴极或阳极斑点就越小，所产生的等离子射流就越强烈，电弧的动压力就越大。以端部夹角为10°和20°两种同样材质的钨极进行焊接试验比较，其他焊接参数相同，当夹角为20°时，电弧挺度适中，焊件背面透出的等离子尾焰呈尖锐的三角状，尾焰下部吹出的金属随着小孔的上移而均匀地向上移动并凝固成形，得到图8-16a所示的优质焊缝成形。当钨极端部夹角为10°时，其他焊接参数不变，电弧的挺度明显增强，等离子弧穿孔后的尾焰从焊件背面喷射出来，焊缝切割现象十分严重。当逐步减小离子气流量，电弧挺度也随之减弱，等离子弧穿孔后的尾焰喷射速度也逐渐减小，焊缝成形逐渐改善。当离子气流量减小到1.6L/min（标准状态）时，就可以获得与钨极端部夹角为20°、离子气流量为1.9L/min（标准状态）时相同的焊接效果。从试验可以得出，钨极端部夹角同离子气流一样，对等离子电弧起着强烈的压缩作用，采用较小的钨极端部夹角，可以在同样的焊接电流下减小等离子气流量。可以认为在变极性等离子弧焊工艺中，除了热压缩、磁压缩和喷嘴孔道的机械压缩，还存在钨极端部的电极压缩。在等离子弧焊枪喷嘴孔径比较小的情况下，电极的压缩作用并不明显，但是，当电极直径小于喷嘴直径时，电极的压缩作用在实际焊接过程中对焊接工艺影响很大。在变极性等离子弧穿孔焊接过程中，虽然选择比较小的钨极端部夹角可以增加电弧的挺度，但是由于较小的钨极端部夹角容易造成钨极的烧损，电极端部熔化成球状，使得电弧的挺度和电弧的穿孔力逐渐减弱，出现焊接过程中的穿孔不均匀现象。在实际焊接过程中，为了避免这种现象的发生，应适量增大钨极端部夹角，同时增大离子气流量以改善电弧的挺度，使得电弧比较稳定，从而获得良好的焊缝成形。

4. 送丝速度对焊缝成形的影响

在变极性等离子弧穿孔焊接工艺中，送丝速度只对焊缝的正面和背面成形有影响而与等离子电弧的稳定性无关。在铝合金中厚板的变极性等离子弧焊过程中，如果不填丝，则由于液态铝合金熔池的表面张力作用及金属在凝固时的收缩，在焊缝背面会出现贯穿整个焊缝纵向很深的凹陷（反抽），焊缝正面很平，几乎与母材表面一样。随着填丝量的增加，焊缝正面的余高增加，背面的凹陷（反抽）逐渐减小直至消失，背面开始出现余高，背面焊缝宽度也同时增加。在8mm厚2A14铝合金焊件焊接时，当其他焊接参数不变的情况下，送丝速度从正常的2m/min增大到2.3m/min，正面余高反而略有下降，焊缝背面的宽度和高度都有明显增加。这主要是由于等离子弧的穿孔力比一般的电弧力要大很多，熔化的金属通过熔池的小孔被吹到焊件背面，送丝越多，被吹到焊件背面的金属就越多，焊件背面的焊缝宽度越大。

5. 喷嘴到焊件的距离对焊缝成形的影响

变极性等离子弧穿孔焊接工艺中，喷嘴到焊件的距离对穿孔力有着重要的影响。虽然等离子弧的压缩程度很高，与TIG电弧相比电弧扩张很小，但是弧柱长度的变化仍对电弧等离子流的动压力影响很大。随着等离子射流离开喷嘴距离的增加，等离子射流速度迅速减小，因而电弧的穿孔力也急剧下降。在6mm以下的薄板焊接时，由于采用比较细的焊丝，可以尽量减小喷嘴到焊件的距离，一般保持在4mm左右。当板厚大到8mm时，由于焊丝直径的增大，喷嘴到焊件的距离也随之增大，但是，喷嘴到焊件的距离太大会造成穿孔力不足而使小孔在焊接过程中有闭合的现象或者在背面焊缝出现凹陷。图 8-17 所示为 8mm 厚 2A14 试件在喷嘴到焊件间的距离从正常 5~6mm 增加到 7mm 时的焊缝成形的照片，从图中可以看到，虽然焊缝正面成形与正常焊接时焊缝正面成形相差不大，但是，焊缝背面余高很小，并在两侧出现咬边现象。因此，在进行较大厚度铝合金焊接时，应尽量选用直径较小的焊丝，使得喷嘴到焊件的距离尽量减小。一般 6mm 以下的焊件焊接时，喷嘴到焊件的距离控制在 4mm 以内，8mm 厚铝合金焊接时喷嘴到焊件的距离为 4~6mm。

图 8-17　喷嘴到焊件距离为 7mm 时的焊缝成形

6. 变极性等离子弧穿孔焊接工艺稳定成形的参数区间

在穿孔型变极性等离子弧焊工艺中，当钨极端部夹角、喷嘴孔径及喷嘴到焊件的距离等焊接过程中不可变化的参数确定之后，对焊接工艺和焊缝成形有影响的只有焊接电流、离子气流量、焊接速度这三个在焊接过程中可随时改变的参数。在这三个参数中，获得优质焊缝成形的关键在于焊接电流和离子气流量的合理匹配，这对实际焊接生产有重要意义。本节通过试验来讨论焊缝成形的参数区间。

（1）6mm 厚 2A14 铝合金焊缝成形稳定的参数区间　为确定 6mm 厚铝合金穿孔等离子弧焊接成形的电流和离子气流的合理匹配，试验采用的焊接速度为 190mm/min，喷嘴与焊件之间的距离为 5mm，钨极直径为 3.2mm，喷嘴孔径为 3.2mm。试验中发现，对于每一送丝速度，存在一个电流和离子气流量的匹配区间，在此区间内，可以获得比较稳定的焊缝成形。当焊丝直径为 1.2mm、送丝速度为 1.2m/min 时，电流与离子气流量的匹配区间如图 8-18 所示。图中的电流值为焊接电流的等效值，焊接电流的正、反极性时间比为 19ms∶4ms，反极性电流的幅值比正极性电流的幅值大 60A。电流等效值按下面的公式计算：

$$I_{eq} = \sqrt{\frac{I_+^2 \times 19 + I_-^2 \times 4}{23}} \tag{8-2}$$

图 8-18 中的焊缝成形区间虽然比较大，但是由于送丝速度比较低，只有 1.2m/min，往往造成背面金属量填充不足，背面焊缝的余高低而窄。当喷嘴到焊件的距离在 4mm 以内时，焊缝正面成形和背面成形保持比较稳定。但是当喷嘴到焊件的距离超过 4mm 以后，在焊接过程中经常出现小孔闭合的现象，焊接背面成形容易出现凹陷。低而窄的背面焊缝余高是低送丝区间焊缝成形的突出特点。在该区间内，虽然可以获得比较满意

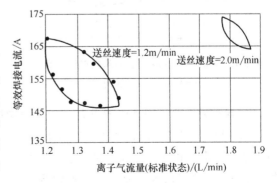

图 8-18　6mm 厚 2A14 铝合金焊接电流与离子气流量的关系

的焊缝正、背面成形，但是由于电流和离子气流量比较小，电弧的压缩程度和电弧的挺度都不是很高，电弧对焊接过程中喷嘴到焊件的距离要求比较高，喷嘴到焊件的距离在焊接过程中应尽量保持恒定。

随着送丝速度的增加，焊缝正、背面获得稳定焊缝成形的电流和气流的匹配区间要向图8-18的右上角移动，同时该区间的范围很快缩小。例如当送丝速度达到2.0m/min时，焊接电流为156~175A，离子气流量为1.7~1.9L/min，很窄的焊接参数区间内，等离子电弧的压缩程度和电弧挺度比较高，焊接电弧的穿孔比较大而均匀，焊缝背面成形饱满，正、背面宽度差别减小。在该焊接参数条件下，允许焊接过程中喷嘴到焊件的距离有一定的偏差。该区间的工艺特点是：由于送丝速度提高很多，填充金属量很大，焊缝正、背面余高在高度上差别不是很大，背面焊缝的宽度增加很多，焊缝成形比较均匀且饱满，是理想的焊接区间，但是由于焊接电流和离子气流量的变化范围要求很小，对等离子焊接电源和离子气流量控制提出了更高的要求。

（2）8mm厚2A14铝合金焊缝成形稳定的参数区间　当焊件的厚度增加时，焊接电流有较大幅度的增加而离子气流量变化不大。在焊接速度、送丝速度、喷嘴到焊件的距离等焊接参数都保持不变的情况下，使得8mm厚2A14铝合金获得稳定焊缝成形的电流和离子气流量匹配的区间比6mm厚2A14铝合金的参数匹配区间小得多，如图8-19所示。

在8mm厚铝合金的焊接工艺中，由于焊接电流和离子气流量都比较大，电弧的收缩程度和电弧的挺度都很高，焊接过程比较平稳，此时的送丝速度对焊缝成形的影响便非常明显。如果送丝速度比较小，虽然电弧对熔池的动压力很大，由于铝合金焊件比较厚，液态金属不容易通过小孔流到熔池的背面，在这种情况下，最容易出现的焊接缺陷是背面焊缝的凹陷或余高很低且比较窄（图8-20）。在8mm厚2A14铝合金焊接参数匹配区间内的工艺特点是：焊接电流和送丝速度都选择得比较大，焊接电流和离子气流量的匹配区间非常窄，但焊接工艺稳定，焊缝成形比较好。

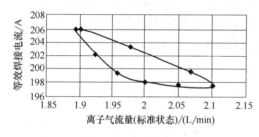

图8-19　8mm厚2A14铝合金焊接电流与离子
　　　　气流量的匹配区间

图8-20　8mm厚2A14铝合金VPPAW焊缝

7. 典型铝合金VPPAW接头的组织与力学性能

VPPAW焊接参数的选择主要取决于材料的类型、厚度和焊接位置。6.4mm厚度以下的板材平焊、横焊和立焊均可。对于厚度为6.5~16mm的板材最佳的焊接工艺是采用向上立焊。表8-5列出了航天工业中常用的铝合金采用变极性等离子弧穿孔向上立焊时的优化参数。焊枪与试件表面的距离均为6.5mm，钨极内缩距离采用标准内缩值。

表 8-5　铝合金变极性等离子弧穿孔向上立焊参数

板厚/mm	6	8	4
材料	2A14	2A14	2B16
接头形式	平头对接	平头对接	平头对接
φ1.6mm 焊丝	BJ-380A	BJ-380A	ER2319
送丝速度/(m/min)	1.6	1.7	1.4
DCEN 电流/A	156	165	100
DCEN 时间/ms	19	19	19
DCEP 电流/A	206	225	160
DCEP 时间/ms	4	4	4
离子气流量(标准状态)/(L/min)	Ar:2.0	Ar:2.5	Ar:1.86
保护气流量/(L/min)	Ar:13	Ar:13	Ar:13
钨极直径/mm	3.2	3.2	3.2
焊接速度/(mm/min)	160	160	160
喷嘴直径/mm	3.2	3.2	3.0

对 VPPAW 焊缝制备纵向和横向剖切金相试样，可以考察 VPPAW 焊缝结晶特点。金相组织研究表明，焊缝区无论纵向还是横向其显微组织均为铸造组织，无明显的方向性。这说明 VPPAW 熔池金属在各种搅动力的作用下，呈无序流动，其结晶无明显的方向性。

图 8-21 所示为 2A14 铝合金 VPPAW 接头的宏观形貌和微观组织。可以看到，焊缝区由铸造组织构成。在焊缝区以外是热影响区，其晶粒有所长大，原来的强化状态被软化。2A14 铝合金相当于美国 2014 高强度铝合金，其抗拉强度可达 480MPa，但热影响区由于焊接热的影响而发生过时效软化。我们知道，有时效强化的铝合金，焊后不论是否经过热处理，其接头塑性均不能达到母材的水平。对于 2A14 等 2×××系列的铝合金，其热影响区在常温下存放，硬度不会恢复，从而形成软化区。2A14 铝合金的焊缝为铸造组织，与基体金属不同，焊缝的热影响区基体金属的热处理强化效果会消失，具有接近软化状态的性能。

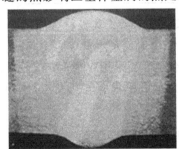
a) 接头宏观形貌

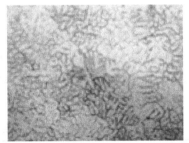
b) 焊缝区组织

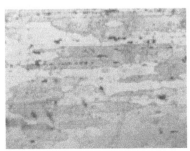
c) HAZ区

d) 基体组织

图 8-21　2A14 铝合金 VPPAW 接头的宏观形貌和微观组织

2219铝合金是国外航天贮箱广泛采用的主结构材料之一。2219铝合金的焊接性研究表明，2219铝合金熔焊时的最大问题是气孔倾向较大。采用变极性等离子弧焊方法并使用立向上小孔焊接的工艺时，熔融焊缝金属在重力、表面张力和等离子弧吹力等多种力的共同搅动作用下流动成形。由于穿孔的存在，熔化金属被排挤在小孔周围并向下、向后流动汇聚而结晶成形，非常有利于熔池中气体和固体杂质的排出，所以VPPAW工艺具有优异的去除焊缝气孔能力，使得该工艺成为2219铝合金构件首先考虑的高效、低成本熔焊工艺。在美国的航天贮箱（包括2219铝合金和2195铝锂合金）制造过程中，变极性等离子弧焊是主要的熔焊方法。

2A14-T6铝合金VPPAW接头的常温力学性能如表8-6所列。表中数据表明，2A14-T6铝合金VPPAW接头常温时$R_m = 280 \sim 300MPa$，A_e均小于3.0%，接头断裂发生在薄弱的熔合区。与钨极氩弧焊相比，2A14-T6铝合金VPPAW接头的强度略高于钨极氩弧焊接头，但伸长率较小，其主要原因在于变极性等离子弧热量集中，焊缝热影响区窄，焊缝附近母材软化的程度比钨极氩弧焊低。

表8-6 2A14-T6铝合金VPPAW接头的常温力学性能

试件号	R_m/MPa	A_e(%)
1-1	290	
1-2	285	
1-3	280	
2-1	295	
2-2	295	<3.0
2-3	290	
3-1	290	
3-2	300	
3-3	300	

国产2219铝合金VPPAW接头的常温力学性能见表8-7，其板材常温的抗拉强度约为440MPa。表中的性能数据表明，其VPPAW接头常温时，$R_m = 295 \sim 310MPa$，A_e平均在4.5%左右。由此可见，对气孔非常敏感的2219铝合金，当采用VPPAW工艺时，其接头强度系数接近0.7，而焊接时焊缝气孔发生率极低（焊缝几乎没有气孔），这主要得益于VPPAW立焊工艺特有的去除气孔的特性。

表8-7 国产2219铝合金VPPAW接头的常温力学性能

试件号	R_m/MPa	A_e(%)
1-1	295	4.5
1-2	300	4.0
1-3	295	4.5
2-1	310	4.5
2-2	305	4.5
2-3	310	5.0
3-1	300	5.0
3-2	305	5.0
3-3	305	5.0
4-1	310	4.5
4-2	300	4.5
4-3	305	5.0

8.6 典型工程应用

目前，变极性等离子弧焊工艺在铝合金结构件上获得了较为广泛的应用。一些典型的应用包括输变电 GIS/GIL 铝合金外壳、火箭贮箱、铝质压力容器等结构的焊接制造。上述这些铝合金结构带有多条中等厚度对接焊缝。由于上述焊接结构属于大尺寸、超大长径比铝合金筒体、压力容器结构，因此对圆度、素线直线度的控制要求极为严格，这给焊接变形控制带来了极大的挑战。变极性等离子弧焊由于一次穿透焊接、双面自由成形，焊接热输入在正反两面相对均衡，焊缝对称性好，因而成为焊接这类铝合金结构的理想熔焊方法。

8.6.1 液体火箭贮箱/航天密封舱体 VPPAW+VPTIG 复合焊

早在 1978 年，马歇尔空间飞行中心（MSFC）、Hobart 公司就合作进行了 VPPAW 工艺的开发，并成功应用于运载火箭贮箱和航天飞机外贮箱的焊接生产中，其焊接质量相比 TIG 多层焊明显提高。

20 世纪 80~90 年代，美国几家公司（洛·马、麦道、波音等）为解决 2219 铝合金低温贮箱熔焊气孔发生率高、焊接效率低的难题，创新开发了基于压缩电弧的变极性等离子弧穿孔立焊工艺，并应用于 2219 铝合金贮箱纵缝、环缝的自动焊，实现了 Atlas/Delta 系列液体火箭低温贮箱和航天飞机外贮箱焊接结构的近无缺陷焊接生产（图 8-22），大大提升了低温贮箱的焊接质量和焊接生产率。

a) 航天飞机 LH_2 贮箱　　　　　　　　　　　b) 航天飞机 LO_2 贮箱

图 8-22　航天飞机外贮箱 VPPAW+VPTIG 复合焊

在工艺实施上，采用一套变极性等离子弧焊接电源系统配置一把等离子弧焊枪、一把氩弧焊枪的焊接系统模式；航天飞机低温贮箱的焊接接头形式采用 I 形对接，打底焊工艺采用变极性等离子弧穿孔立焊，盖面焊工艺采用变极性 TIG 自动焊摆动盖面。这种变极性等离子弧穿孔立焊打底+变极性 TIG 焊盖面的复合焊工艺能够获得综合性能最优的熔焊焊缝，既消除了变极性等离子弧穿孔立焊软化区窄（接头塑性不足）、焊缝正面容易发生咬边等结构完整性问题，又对变极性等离子弧穿孔立焊焊缝表面组织进行二次重熔处理，消除了焊缝咬边，大大改善了焊缝表面成形，有效提高了焊接接头的塑性，如图 8-23 所示。

在洛·马公司生产的新一代 SLWET 航天飞机外贮箱（结构材料为 2195 铝锂合金）中，采用柔性变极性等离子弧焊工艺，在平焊位置焊接了箱体的纵缝和环缝。该种工艺原理与常

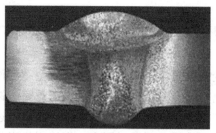

a) 接头正面形貌 b) 接头横截面金相形貌

图 8-23 2219 铝合金 VPPAW+VPTIG 复合焊焊接接头

规的 VPPAW 相同，但钨极不是内缩，而是伸出一部分，弧柱压缩效应较弱，等离子弧较常规的变极性等离子弧柔和，因此被称为 Soft-VPPAW。在国际空间站的焊接中，VPPAW 也成为首选的熔焊方法。在美国波音公司最新的 DeltaⅣ火箭中，贮箱的环缝和箱底组焊均采用了 VPPAW+VPTIG 复合焊的焊接工艺。

2001—2008 年，上海航天技术研究院下属上海航天设备制造总厂在 CZ-5 火箭 ϕ3350mm 助推器模块研制攻关过程中，充分结合 VPPAW+VPTIG 复合焊无须刚性焊接垫板装夹和一次焊透的工艺特点，在液氧贮箱环缝上采用了 VPPAW+VPTIG 复合焊工艺，取得了显著的"高质量、高效和近无缺陷"焊接生产效果（图 8-24）。

a) VPC450变极性等离子弧焊系统 b) CZ-5助推器模块液氧贮箱

图 8-24 CZ-5 火箭助推器模块液氧贮箱环缝 VPPAW+VPTIG 复合焊

2007—2014 年，中国空间技术研究院下属北京卫星制造厂在"载人航天工程"实施过程中，与北京工业大学合作完成了空间站密封舱体结构焊缝的 VPPAW 工艺攻关，并成功应用于后续载人航天密封舱体产品（神舟、天宫、天舟、试验飞船、空间站天和核心舱等）的焊接生产，如图 8-25 所示。

8.6.2 输变电 GIS 母线筒体 VPPAW+VPTIG 复合焊

在电力输变电工程中大量应用 GIS 变电装备、断路器、子母线和 GIL 输电装备，其外壳筒体主要采用 5×××系列防锈铝焊接制造，结构焊缝的厚度多为 6~18mm，属于中厚度铝合金焊缝。这类铝镁合金筒体工作时筒体内承受 72.5 ~ 1100kV 电压，通断电流为 2000 ~ 8000A。筒体内充入 0.5MPa 的 SF_6 气体用于灭弧和防腐。

一套 500kV 变电站系统需要安装数百台铝镁合金筒体，要求整套系统年漏气率不大于 1%。筒体保用期 40 年，系统运行中一旦发生筒体漏气属于重大质量事故，不仅给输变电行

a) VPPAW焊接机头(焊枪、送丝机等)　　　　b) 舱体法兰部件VPPAW

图 8-25　载人航天密封舱体部件 VPPAW

业造成巨大的经济损失，有关责任者需负法律责任。

过去输变电行业内对铝合金筒体纵缝普遍采用的焊接方法是交流 TIG（方波）或 MIG（脉冲）。利用"阴极雾化"作用去除氧化膜以获得良好的焊缝。MIG（脉冲）自动焊通常带垫板单面焊双面成形（焊缝正面按行业要求需 TIG 重熔整形盖面），探伤合格率约为 50%。采用手工 TIG 焊接铝合金筒体纵缝，焊接坡口为筒内 60°坡口，焊 2 层，筒外清根开坡口后（铣刀）焊 2 层（180~300A）。

该工艺存在的瓶颈问题如下：

1）焊接生产率低，无法满足月产至少 1000 件供货需求。

2）劳动条件差（筒内焊接温度高）。

3）焊接人员培养不易。

4）辅材消耗大（焊丝、氩气、焊枪、钨极、清理）。

5）不能确保焊缝质量（探伤合格率约为 80%）。

6）筒体焊后变形较大，带来烦琐的校形工序。

1. 输变电行业中厚度铝合金筒体制造要求

（1）筒体技术要求

1）筒体材料牌号：5A02、5052、5083 等。

2）筒体壁厚：6~16mm。

3）筒体直径：ϕ400~ϕ1100mm。

4）筒体长度：≤3000mm。

5）筒体制造工艺流程：剪板下料→铣坡口→卷筒→装配→焊接→探伤→水压试验→气密试验。

（2）筒体行业检验标准

1）焊缝外观检验：①焊缝应无孔穴（针孔）、裂纹、未熔合、夹渣、弧坑和焊瘤等缺陷；②飞溅及焊渣应清理干净；③焊缝长度在任意 300mm 范围内，焊缝凹凸的高低差应小于 0.5mm，焊缝边缘直线度应小于 2mm；④容器内部焊缝不允许咬边，容器外部焊缝咬边深度不大于 0.3mm，咬边连续长度不大于 100mm，焊缝两侧咬边的总长度不超过该焊缝长度的 10%；⑤容器外表面焊缝余高不大于 2mm，容器的内表面焊缝余高应符合（1±0.5）mm（打磨后）；⑥对于母材厚度（t）= 8mm，要求焊缝宽度为（12±1）mm，对于母材厚度（t）=

12mm，要求焊缝宽度为（16±1）mm；⑦纵焊缝错边量不大于1.0mm。

2）内部质量检验：①X光探伤：JB4730-94Ⅱ级；②水压试验：1MPa压力60min无泄漏（焊缝涂水漏发色剂检查渗漏）；③气密试验：0.5MPa压力的SF_6气体，12h后泄漏率$\leqslant 10^{-8} Pa \cdot m^3/s$。

2. 输变电行业中厚度铝合金筒体纵缝 VPPAW+VPTIG 复合焊

针对铝合金筒体纵缝焊接质量要求，并满足日益增长的市场对高效生产的需求，采用不用开坡口、一次可焊透16mm的中厚板铝合金的"VPPAW穿透打底焊+VPTIG盖面焊"成为首选的熔焊生产工艺。

如图8-26所示，采用变极性等离子弧穿孔立焊方法进行铝镁合金筒体纵缝的打底焊接，只需一道即可完成穿透焊接，焊缝气孔发生率大大降低，焊接生产率阶跃式提高，并显著降低了焊缝的残余应力和焊后变形量（尤其是挠曲变形和扭曲变形），VPTIG盖面焊使得VPPAW焊缝正面金属得到重熔，表面成形美观且均匀一致，从而使得结构的焊缝质量和结构完整性都得到显著的提高。

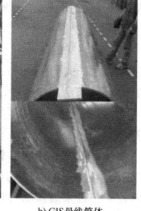

a) AMET VPC450 VPPAW焊接系统　　　　b) GIS母线筒体

图8-26　GIS母线筒体纵缝变极性等离子弧穿孔立焊

第9章 电子束焊

电子束焊简称 EBW，一般是指在真空环境中，利用会聚的高速电子流轰击焊件连接部位所产生的热能，使被焊金属熔合的一种焊接方法。电子束焊在工业上的应用已有 50 多年的历史，其技术的诞生和最初应用主要是为满足当时核能工业的焊接需求。目前，电子束焊已广泛应用到航空、航天、汽车、电机、电子电器、工程机械、重型机械、造船和能源等工业部门。几十年来，电子束焊创造了巨大的经济和社会效益。

9.1 原理、特点和分类

9.1.1 电子束焊的原理

电子束从电子枪中产生。电子枪通常以热发射或场致发射的方式发射电子，在加速电压的作用下，电子被加速到光速的 30%~70%，具有一定的动能，经电子枪中静电透镜和电磁透镜的作用，电子会聚成功率密度很高的电子束。图 9-1 所示为电子束发生的原理图。

电子束撞击到焊件表面，电子的动能就转变为热能，使金属迅速熔化和蒸发。电子束作为焊接热源具有两个明显的特征：在高压金属蒸气的作用下熔化的金属被排开，电子束就能继续撞击深处的固态金属，很快在焊件上"钻"出一个匙孔（图 9-2）。小孔的周围被液态金属包围。随着电子束与焊件的相对移动，液态金属沿小孔周围流向熔池后部，逐渐冷却、凝固形成焊缝。在电子束焊过程中，焊接熔池始终存在一个匙孔。匙孔的存在从根本上改变了焊接熔池的传质、传热规律，由一般熔焊方法的热导焊转变为穿孔焊，这是包括激光焊、等离子弧焊在内的高能束流焊接的共同特点。

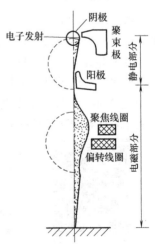

图 9-1 电子束发生的原理图

电子束传送到焊接接头的热量和其熔化金属的效果与束流强度、加速电压、焊接速度、电子束斑点质量及被焊材料的性能等因素有密切的关系。

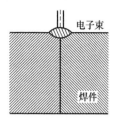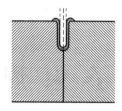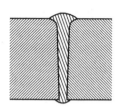

a) 接头局部熔化、蒸发　　b) 金属蒸气排开液体金属，　c) 电子束穿透焊件，匙孔　　d) 焊缝凝固成形
　　　　　　　　　　　　　　　电子束"钻入"母材，形成匙孔　　由液态金属包围

图 9-2　电子束焊接焊缝成形的原理

9.1.2　电子束焊的特点

1. 电子束的特点

电子束作为焊接热源，具有以下两个典型特征：

1）功率密度高。电子束焊常用的加速电压范围为 30～150kV，电子束电流为 20～1000mA，电子束焦点直径为 0.1～1mm。这样，电子束的功率密度可达 $10^6 W/cm^2$ 以上，属于高能束流。

2）精确、快速的可控性。电子具有极小的质量（$9×10^{-31}$kg）和一定的电荷（$1.6×10^{-19}$C），电子的荷质比高达 $1.76×10^{11}$C/kg，通过电场、磁场对电子束可做快速而精确的控制。这一特点明显优于激光束流的控制，后者只能使用透镜和反射镜进行控制。

基于电子束热源的上述特点和真空的焊接环境，真空电子束焊具有以下优缺点。

2. 电子束焊的优点

1）电子束穿透能力强，焊缝深宽比大，可达到 60∶1，可一次焊透 0.1～300mm 厚度的不锈钢板。图 9-3 所示的是电子束焊缝的特点。图 9-3a 是电子束焊过程的示意图，上部是电子枪的出口，中部的亮带就是高速的电子流，下部是铝合金活塞上电子束焊缝截面的照片，其标尺显示焊缝深度为 70mm，而焊缝的宽度仅为 1mm 左右，焊缝深宽比大。图 9-3b 是工程应用中常用的优质电子束焊缝形状的金相照片，焊缝自上到下宽度均匀，称为平行焊缝。图 9-3c 是 25mm 钢材等厚度电子束焊缝照片，电子束焊时可以不开坡口实现单道大厚度焊接。弧焊的材料和能源消耗是电子束焊的数十倍。

　　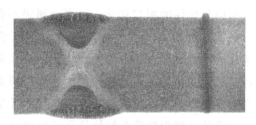

a) 电子束焊过程的示意　　b) 电子束焊缝形状　　c) 电子束焊缝与弧焊的比较

图 9-3　电子束焊缝的特点

2）焊接速度快，热影响区小，焊接变形小。电子束焊的焊接速度一般在 1m/min 以上，由图 9-3b 可以看出，电子束焊缝热影响区很小，有时几乎不存在。焊接热输入小及平行焊缝的特点使得电子束焊的变形较小，可以用作精加工构件的最后连接工序，焊后仍保持足够高的尺寸精度。

3）焊缝纯洁度高，接头质量好。真空电子束焊不仅可以防止熔化金属受到氢、氧、氮等气体的污染，而且有利于焊缝金属的除气和净化，因而特别适用于活泼金属的焊接。对于真空密封元件，也常采用电子束焊，可保证焊后元件内部保持真空状态。

4）再现性好，工艺适应性强，可焊材料多。电子束焊参数易于实现机械化、自动化控制，重复性、再现性好，可提高产品质量的稳定性。电子束焊工艺参数易于精确调节，束流便于偏转，对焊接结构有广泛的适应性。电子束焊不仅能焊接金属材料（同种和异种金属材料），还可焊接非金属材料，如陶瓷、石英玻璃等。

5）可简化加工工艺。可将重复的或大型整体加工焊件分解为易加工的、简单的或小型部件，采用电子束焊焊接为一个整体，减小加工难度，节省材料，简化工艺。

3. 电子束焊的缺点

1）设备比较复杂，投资大，费用比较昂贵。

2）电子束焊要求接头位置准确，间隙小且均匀，因而对接头焊前加工、装配要求严格。

3）真空电子束焊时，焊件尺寸和形状常受到真空室尺寸的限制。

4）电子束易受杂散电磁场的干扰，影响焊接质量。

5）电子束焊时产生 X 射线，操作人员必须严加防护。

由于上述特点，电子束焊特别适用于难熔合金和难焊材料的焊接，具有焊接深度大、焊缝性能好、焊接变形小、焊接精度高等优点，在核电、宇航、汽车、压力容器及工具制造等工业中得到了广泛的应用。

9.1.3　电子束焊的分类

电子束按加速电压的高低可分为高压电子束（120kV 以上）、中压电子束（60~100kV）和低压电子束（40kV 以下）三类。工业领域常用的高压真空电子束焊机的加速电压为 150kV，功率一般都小于 40kW；中压电子束焊机的加速电压为 60kV，功率一般都小于 75kW。

功率大小的选择，主要是考虑使用要求，焊接厚度是其中最主要的因素。高功率密度仅是获得深穿透的必要条件，其充分条件是要有足够大的功率。图 9-4 所示为电子束焊钢的焊接深度与电子枪功率的关系。对其他材料也有类似的关系。只是因不同材料的热物理性能不同，对应的具体数值不同而已。例如，在同样功率条件下，焊接铝合金时的穿透深度比钢的要大。以相同功率焊接不同合金系的铝合金，其穿透深度也不相同。焊接 Al-Mg 系 5A06 合金时的穿透深度比焊接 Al-Cu 系 2A14 合金的要大。这表明电子束焊时的深穿透效应与材料中合金元素的饱和蒸气压也有密切关系。

电子束焊按焊件所处环境的真空度可分为三种：高真空电子束焊、低真空电子束焊和非真空电子束焊。

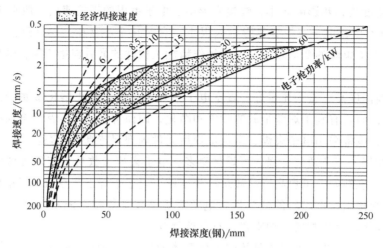

图9-4　焊接深度与电子枪功率的关系

高真空电子束焊是在 $10^{-4} \sim 10^{-1}$Pa 的绝对压力下进行的。良好的真空条件可以保护熔池，防止金属元素的氧化和烧损，而且对焊缝金属还有脱气作用，适用于活性金属、难熔金属和质量要求高的工件的焊接。这种方法的不足之处：一是抽真空需要辅助时间，影响生产率；二是工件尺寸受真空室的限制。

低真空电子束焊是在 $10^{-1} \sim 10$Pa 的绝对压力下进行的。从图 9-5 可知，绝对压力为 4Pa 时束流密度及其相应的功率密度的最大值与高真空的最大值相差很小。因此低真空电子束焊也具有束流密度和功率密度高的特点。由于只需抽到低真空，明显地缩短了抽真空时间，提高了生产率，适用于批量大的零件的焊接和在生产线上使用。例如汽车变速器组合齿轮多采用低真空电子束焊。

非真空电子束焊时，焊件放在大气中进行焊接，电子束仍是在高真空条件下产生的，然后穿过一组光阑、气阻和若干级预真空小室，射到处于大气中的工件上。由图 9-5 可知，在绝对压力增加到 $2 \sim 15$Pa 时，由于散射电子束功率密度明显下降，在大气压下，电子束散射更加强烈，即使将电子枪的工作距离限制在 $20 \sim 50$mm，焊缝深宽比最大也只能达到 5：1，且受电子

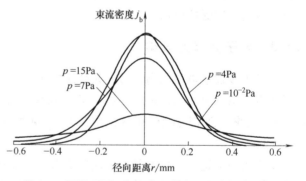

图9-5　不同压强下电子束斑点束流密度 j_b 的分布

散射的影响，焊接的可达性较差。目前，非真空电子束焊能够达到的最大熔深为 30mm。同真空电子束焊相比，非真空电子束焊不能通过改变聚焦来使焊接特性发生很大变化，电子束不能偏转和摆动，这种方法的优点是不需要真空室，因而可以焊接尺寸大的工件，生产率较高，但射线防护困难。

移动式真空室或局部真空电子束焊方法，既保留了真空电子束高功率密度的优点，又不需要大型真空室，因而在大型工件焊接工程上有一定的应用前景。

9.2 焊接设备

电子束焊机一般按真空状态或加速电压分类：按真空状态，可分为真空型、非真空型；按加速电压，可分为高压型（>80kV）、中压型（40~60kV）和低压型（≤30kV）。在实际应用中真空电子束焊机居多。图9-6所示为真空电子束焊机组成示意图。由图可见，电子束焊机主要组成部分有：电子枪、高压电源、控制系统、真空系统、焊接工作台和工装夹具。下面分别予以介绍。

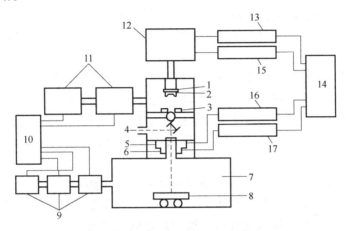

图9-6 真空电子束焊机组成示意图

1—阴极　2—聚束极　3—阳极　4—光学观察系统　5—聚焦线圈　6—偏转线圈　7—真空工作室　8—工作台及转动系统
9—工作室真空系统　10—真空控制及监测系统　11—电子枪真空系统　12—高压电源　13—阴极加热控制器
14—电气控制系统　15—束流控制器　16—聚焦电源　17—偏转电源

9.2.1 电子枪

电子束焊机中用以产生和控制电子束的电子光学系统称为电子枪。它是电子束焊机的核心部件，有二极枪和三极枪之分。图9-7所示为三极电子枪枪体结构示意图。现代电子束焊机多采用三极电子枪，其电极系统由阴极、偏压电极和阳极组成。阴极处于高的负电位，它与接地的阳极之间形成电子束的加速电场。偏压电极相对于阴极呈负电位，通过调节其负电位的大小和改变偏压电极形状及位置可以调节电子束流的大小和改变电子束的形状。

二极枪由阴极、聚束极和阳极组成电极系统。聚束极与阴极等电位。在一定的加速电压下，通过调节阴极温度来改变阴极发射的电子流，从而调节电子束流的大小。

阴极作为发射电子的源泉，要求它不仅具有较高的热电子发射能力，还要有较高的高温强度，而且不易"中毒"。常用的材料有钨、钽、六硼化镧（LaB_6）等。六硼

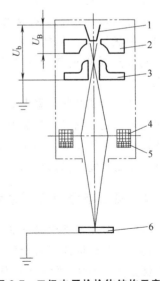

图9-7 三极电子枪枪体结构示意图

1—阴极　2—偏压电极　3—阳极
4—聚焦线圈（电磁透镜）　5—偏转线圈
6—工件　U_b—加速电压　U_B—偏压

化镧在较低的工作温度下具有很强的发射电子的能力，常用作大功率电子枪的间接加热式阴极。这种阴极在工作过程中遭受离子的轰击，会改变其形状和成分，使发射电子的能力随着阴极的使用时间而有所变化。含钍的钨极热电子发射能力强，但在长期工作过程中，正离子的轰击也会使其表面成分发生变化，影响其发射电子的稳定性。用钨或钽制成的直热式阴极结构简单，但要防止阴极的热变形和补偿加热电流的磁场对电子束的偏转作用。

电子枪的稳定性和重复性直接影响焊接质量。影响电子束稳定性的主要原因是高压放电，特别是在大功率电子束焊过程中，由于金属蒸气等的干扰，使电子枪产生放电现象，有时甚至造成高压击穿。为了预防高压放电，往往在电子枪中使电子束偏转，避免金属蒸气对束源段产生直接的影响。在大功率焊接时，将电子枪中心轴线上的通道关闭，使被偏转的电子束从旁边通道通过。另外还可以采用电子枪倾斜或焊件倾斜的方法避免焊接时产生的金属蒸气对束源段污染。

电子枪的重复性由电子枪的设计精度、制造精度及控制技术保证。

电子枪一般安装在真空室外部；垂直焊时，位于真空室顶部；水平焊时，位于真空室侧面；根据需要可使电子枪沿真空室壁在一定范围内移动。有时电子枪安装在真空室内可移动的传动机构上，即所谓的动枪。大多数动枪属于中低压型，但也开发出了 150kV 的高压动枪。

阴极的加热方式有两种：直接加热和间接加热。对直热式阴极，加热电流的类型和大小是影响阴极寿命和电子束参数稳定的主要因素。阴极加热电流应选择在阴极加热电流与束流关系曲线（图 9-8）的拐点 A 处。这样既可以避免使用过大的加热电流而降低阴极寿命，又可减小因加热电流波动对电子束参数的影响。直热式阴极多采用直流加热，电流脉动系数小于 3%。交流加热时电流产生的磁场会引起电子束周期性摆动。

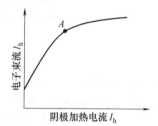

图 9-8　三极枪直热式阴极加热电流的选择

在间热式阴极中，阴极仍是发射电子的源泉，但其加热则是通过加热灯丝，在灯丝和阴极之间施加几千伏的电压，阴极受到灯丝发射的热电子的轰击而被加热。间热式阴极寿命长，几何精度稳定，热惯性大。

阴极的形状及其与聚束极的相对位置对电子束斑点位置和形状及会聚角大小影响很大。因此，电子枪的阴极应精确加工成形，必要时要进行稳定化处理，以保证在高温下工作时仍保持较好的几何精度。装卸阴极应采用专用夹具。通常，阴极形状及其相对位置的尺寸精度和重复装配精度应保持在 0.05~0.15mm 范围内。

9.2.2　高压电源及控制系统

高压电源为电子枪提供加速电压、控制电压及灯丝加热电流。高压电源内有高压变压器，其一次侧连接到三相 380V 主电源上，其二次侧产生的交流电压连接到整流器上。整流后需要滤波。图 9-9 所示为高压电源控制原理图。高压电源应密封在油箱内，以防止伤害人体和干扰设备的其他控制部分。

半导体高频大功率开关电源已应用到电子束焊机中，工作频率大幅度提高，用很小的滤波电容，即可获得很小的波纹系数；放电时所释放出来的电能少，减少了其危害性。另外，开关电源通断时间比接触器要短得多，与高灵敏度微放电传感器联用，为抑制放电现象提供了有力手段。该类电源体积小、质量小，如 15kW 高压油箱，外形尺寸为 $1100mm \times 500mm \times 100mm$，质量仅 600kg。

早期电子束焊机的控制系统仅限于控制束流的递减（焊接环缝时）、电子束流的扫描及真空泵阀的开关。可编程控制器及计算机数控系统等已在电子束焊机上得到成功应用，使控制范围扩大的同时使精度大大提高。计算机除了控制焊机的真空系统和焊接程序，还可实时控制电子束参数、工作台的运动轨迹和速度，实现电子束扫描和焊缝自动跟踪。

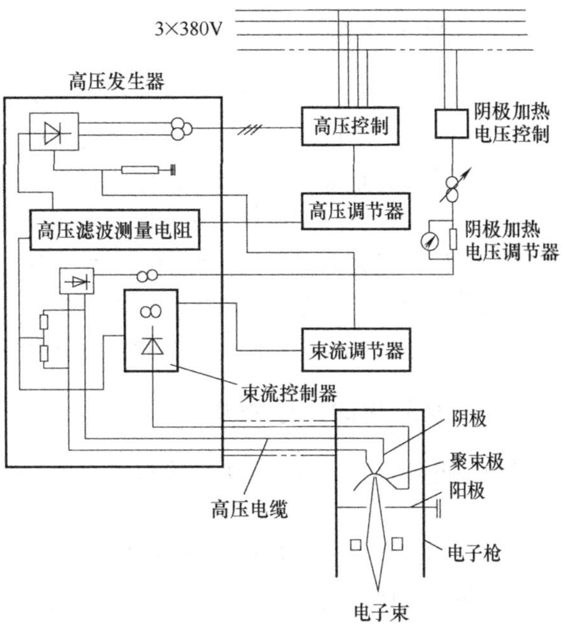

图 9-9　高压电源控制原理图

9.2.3　真空系统

真空电子束焊机的真空室尺寸由焊件大小或应用范围确定。真空室的设计一方面要满足气密性要求（取决于真空水平），另一方面还要满足刚度要求，此外还必须满足 X 射线防护需要。

真空室上通常设有观察窗口，用于观察内部焊件及焊接情况。观察窗口采用一定厚度的铅玻璃以隔绝 X 射线。

电子束焊机的真空系统一般分为两部分：电子枪抽真空系统和真空室抽真空系统。电子枪的高真空主要采用涡轮分子泵获得，其极限真空度更高，无油蒸气污染，不需要预热，节省抽真空时间。真空室压力可在 $10^{-1} \sim 10^{-3}Pa$，较低真空可用机械泵与双转子泵配合获得，高真空则采用机械泵和扩散泵系统获得。

图 9-10 所示为一种通用型高真空电子束焊机的真空系统。真空室使用机械泵 P_1、P_2 和扩散泵 P_3 来抽取真空，为了减少扩散泵的油蒸气对电子枪的污染，应在扩散泵的抽气口处装置水冷折流板（也称冷阱）。在有无油真空的要求时，可采用低温泵（以液氮为介质）替代油扩散泵。对于电子枪则采用机械泵 P_4 和涡轮分子泵 P_5 来抽真空，这不仅消除了油蒸气的污染，不需要预热，而且缩短了电子枪的抽真空时间。

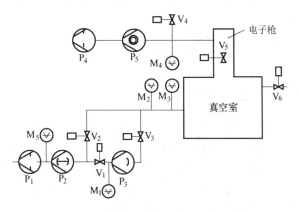

图 9-10　通用型高真空电子束焊机的真空系统

P_1、P_4—旋片泵　P_2—罗兹泵　P_3—油扩散泵

P_5—涡轮分子泵　$M_1 \sim M_5$—真空检测计

$V_1 \sim V_6$—各种阀门（其中 V4 和 V6 为进气阀）

9.2.4　焊接工作台和工装夹具

辅助装置包括直线工作台、旋转工作台和夹具等。根据焊机使用要求，直线工作台可包括 X、Y（方向）工作台，也可只有 X（或 Y）工作台。旋转工作台的旋转轴线应可升降、可倾斜。工装夹具是根据具体产品的结构特性设计的。有时为了提高生产率，可采用多工位工装夹具或双工作台。采用双工作台时，一个工作台在真空室内进行焊接，另一个工作台在室外装卸工件。对大中型焊机，为装卸工件方便，工作台大多可移出真空室外。工作台的驱动电动机有的置于真空室内，有的置于大气中。工作台的控制有手动和自动之分，现代焊机的工作台多采用数控式，从而可以实现复杂甚至空间焊缝的焊接。

9.2.5　工业应用的电子束焊机

目前全世界超过 13000 台电子束焊机在工业部门及实验室中应用。现举例说明几种焊机类型。

（1）大型真空电子束焊机　该类焊机的真空容积从几十立方米到几百立方米。日本的 MHI 公司和 HITACHI 公司分别有一台 $280m^3$ 和 $110m^3$ 的真空电子束焊机，乌克兰巴顿电焊研究所有一台 $450m^3$ 的 YN-193 型真空电子焊机，法国的 Techmeta 公司拥有一台 $800m^3$ 的真空电子束焊机。

（2）局部真空电子束焊机　该类焊机节省抽真空时间，适合大型构件的焊接。乌克兰巴顿电焊研究所已生产了多台这类电子束焊机。

（3）通用型电子束焊机　该类电子束焊机在实验室及一些加工车间常见。它可通过不同工装夹具及运动工作台的配合，完成不同类型零件的焊接，也可以进行多种电子束焊工艺研究试验。

（4）批量生产用小型电子束焊机　欧美及日本、中国等均有一些小型真空电子束焊机用于批量生产汽车零件等。柔性制造系统的引入，使该类电子束焊机更加灵活，不仅适合一种产品的大量生产，而且能满足多个产品批量生产的需求。

9.3　一般焊接工艺

9.3.1　接头设计

常用的电子束焊接头是对接、角接、T 形接、搭接和端接。电子束斑点直径小、能量集中，焊接时一般不加焊丝，所以电子束焊接头的设计应按无间隙接头考虑。

对接接头是常用的接头形式。图 9-11a、b、c 所示三种接头的准备工作简单，但需装配夹具。不等厚的对接接头采用上表面对齐的设计优于台阶接头，后者在焊接时要用宽而倾斜的电子束（图 9-11c）。带锁底的接头（图 9-11d、e、f）便于装配对齐，锁底较小时，焊后可避免留下未焊合的缝隙。图 9-11g、h 所示接头皆有自动填充金属的作用，焊缝成形得到改善。斜对接接头（图 9-11h）只用于受结构和其他原因限制的特殊场合。

角接接头是仅次于对接的常用接头，如图 9-12 所示。图 9-12a 所示为熔透焊缝的角接接头，它留有未焊合的间隙，接头承载能力差。图 9-12h 所示为卷边角接，主要用于薄板，其

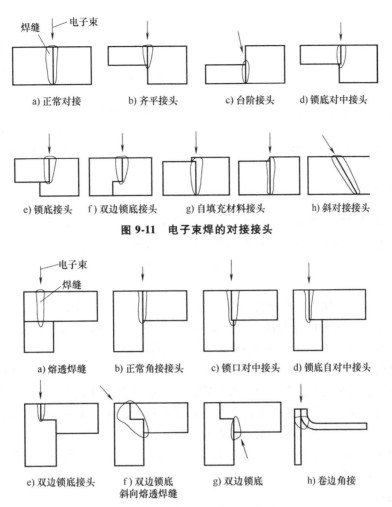

图 9-11　电子束焊的对接接头

a) 熔透焊缝　　b) 正常角接接头　　c) 锁口对中接头　　d) 锁底自对中接头

e) 双边锁底接头　　f) 双边锁底斜向熔透焊缝　　g) 双边锁底　　h) 卷边角接

图 9-12　电子束焊的角接接头

中一焊件需准确弯边 90°。其他几种接头都易于装配对齐。

T 形接头也常用于电子束焊，如图 9-13 所示。熔透焊缝在接头区有未焊合缝隙，接头强度差。推荐采用单面 T 形接头，焊接时焊缝易于收缩，残余应力较小。图 9-13c 所示方案多用于板厚超过 25mm 的场合。

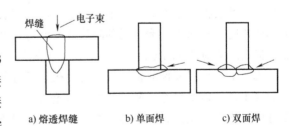

a) 熔透焊缝　　b) 单面焊　　c) 双面焊

图 9-13　电子束焊的 T 形接头

搭接接头多用于板厚在 1.5mm 以下的场合，如图 9-14 所示。熔透焊缝主要用于板厚小于 0.2mm 的场合，有时需要采用散焦或电子束扫描以增加熔合区宽度。厚板搭接焊时需添加焊丝以增加焊角尺寸，有时也采用散焦电子束加宽焊缝并形成光滑的过渡。

图 9-15 所示为端接接头，厚板端接接头常采用大功率深熔透焊接。薄板及不等厚度的端接接头常用小功率或散焦电子束进行焊接。

对于重要承力结构，焊缝位置最好避开应力集中区。对于角接接头和 T 形接头，可以改为对接接头以改善接头的动载性能。

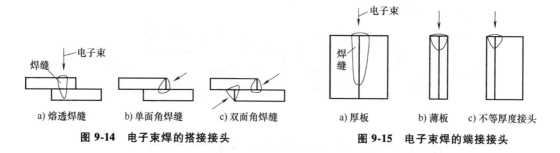

a) 熔透焊缝　　　b) 单面角焊缝　　　c) 双面角焊缝

图 9-14　电子束焊的搭接接头

a) 厚板　　　b) 薄板　　　c) 不等厚度接头

图 9-15　电子束焊的端接接头

9.3.2　焊前准备

对于多层焊缝和障碍焊缝，从技术上讲，电子束焊是完全可以实现的。但在实际操作中会出现许多问题，如接头制备、焊接时对中、焊接参数选择和焊后的质量检查等，这将大大增大制造成本。因此，除非万不得已，不推荐此类接头设计。

1. 零件制备

焊前必须对接头区域进行严格的除锈、除油和清理，零件上不允许存在有机物质的残留物。接头清理不当不仅会形成焊接缺陷，降低接头性能，还会污染真空系统，延长抽空时间，影响电子枪工作的稳定性，缩短真空泵油的更换周期。

零件表面的氧化物、油污可用化学方法或机械方法去除。煤油、汽油可用于去除油脂。丙酮是清理零件表面常用的溶剂。对铝合金零件，焊前应用专门的清洗液进行化学清洗，且清洗后应尽快进行焊接。清洗后允许停放的时间视具体材料和存放环境条件不同而异。清洗后不得用手或不清洁的工具接触接头待焊部位。

当零件和夹具是磁性材料时，焊前应去磁。用磁强计测量零件剩磁，一般允许的剩磁强度为 $(0.5 \sim 3) \times 10^{-4} \mathrm{T}$。

2. 零件装配

装配时应使零件紧密接触，接缝间隙应尽可能小而均匀。具体数值与焊接厚度及接头形式有关。对无锁底的对接接头，当板厚度 ≤1.5mm 时，推荐的局部最大间隙不超过 0.07mm，当板厚度超过 3.8mm 时，允许局部间隙最大可到 0.25mm。对填丝电子束焊，间隙要求可适当放宽，但应注意到过大间隙会导致电子束 "流失"，必要时应采用摆动电子束。

真空电子束焊零件的装夹方法同钨极氩弧焊相似，只是夹具的刚性和夹紧力比钨极氩弧焊的要小，不需要水冷，夹具的材料（包括运行的润滑）和结构要能在真空中使用。夹具设计中要注意避免留有封闭的气腔。在某些情况下可用定位焊缝代替夹具。

9.3.3　焊接参数

真空电子束焊的基本参数有加速电压、束流、焊接速度、聚焦电流、电子枪与焊件的距离。

加速电压是对电子束焊影响较大的一个参数，但又是一个不经常调节的参数，通常电子束焊机工作在额定电压下，通过调节其他参数来实现焊接参数的调整。提高加速电压能增加熔深。当电子枪的工作距离较大或者要获得深穿透的平行焊缝时，应提高加速电压（选用高压型设备）。

束流是对电子束焊影响较大的一个调节参数。焊接时需要的不同热输入大多是靠调节束流来实现的。随着束流增大，熔深将增大，但焊缝宽度也将增大。焊接速度也是一个视焊接厚度和材料、焊接结构和产品对热输入敏感性大小而需调整的参数。通常随着焊接速度的增大，焊缝宽度变小，熔深减小。从图 9-4 可以看出不同功率时的焊接速度与焊接深度的关系。

在电子束焊中，由于电压基本不变，为满足不同焊接工艺的需要，常常要调整束流，包括以下情况：

1）在焊接环缝时，要控制束流的递增、递减，以获得良好的起始、收尾搭接处质量。

2）在焊接各种不同厚度的材料时，需要改变束流，以得到不同的熔深。

3）在焊接大厚度件时，由于焊接速度较低，随着焊接温度的升高，焊接电流需要逐渐减小。

聚焦电流是电子束焊特有的一个重要参数，电子束焊区别于其他焊接方法的许多特点都是通过这一参数来实现的。例如电子束的工作距离、电子束焦点直径的大小、电子束焦点在焊件上的位置、电子束焦点内能量密度的分布和电子束的品质特性等都与聚焦电流有关。所以，聚焦电流是电子束焊中必须熟练掌握、认真选择的一个重要参数。

电子枪与焊件的距离随焊件大小和结构不同可能会有很大的变化。但人们总是力求把这一距离调整到电子束的最佳工作范围内。对低压型焊机这一范围为 100～500mm，对高压型焊机为 100～1200mm。具体数值随焊机的不同而异，通常在焊机的使用说明书中给出，所提供范围的中间区域内的电子束斑点更适合于焊接。

电子束焊时热输入的计算公式为

$$q = 60 U_b I_b / v$$

式中　q——热输入（J/cm）；

U_b——加速电压（kV）；

I_b——电子束流（mA）；

v——焊接速度（cm/min）。

在保证完全焊透的条件下，所需热输入与材料厚度及焊接速度的关系可利用试验得出的曲线图初步选择，并在焊接产品所用的设备上进行试焊修正。因为电子束斑点的品质特性和电子枪的特性是密切相关的，而不同设备的电子枪特性是不同的，所以从资料上得来的数据只作为选择参数的参考，必须经过试焊修正。

9.3.4　工艺控制

（1）定位焊　为装配和固定焊件上的接缝位置而进行定位焊。由于电子束焊的热输入小，导致的焊接变形和应力也小，故定位焊的点数可少且参数可小。定位焊的分段距离和焊接参数要通过试验确定。定位焊的痕迹应能通过随后的焊接而得以消除。

（2）束流的斜率控制　应根据焊缝尺寸、焊接厚度及焊接速度等因素合理确定束流上升和下降的斜率，特别是对封闭的环形焊缝，以避免焊缝成形不良（出现堆高和弧坑），甚至产生裂纹。

（3）修饰焊　为消除焊缝表面缺陷（表面氧化除外），改善表面质量和焊缝形状，可采用修饰焊，即利用散焦电子束熔化焊缝表面。通常修饰焊不算作返修焊，但对热输入或局部温升有限制的焊件，修饰焊的时间和参数应慎重考虑并通过试验确定。

（4）预热和后热　除淬硬倾向大和难焊金属外，对绝大多数的普通金属材料，即使是厚板，也不用预热。此外，是否需要预热还与焊缝的拘束度有关。

（5）穿透束流防护 在某些结构进行电子束穿透焊接时，会有部分穿透束流使得焊缝下面的焊件表面产生熔化或烧蚀现象，这种现象被称为熔蚀。当不允许存在熔蚀时，应在焊缝下面安装适当的防护垫板。对某些不能安装垫板的结构，有时可采用合适的焊接参数避免产生烧蚀现象。

（6）填丝 从实际操作角度看，电子束焊中填丝远不如常规焊接中那样简便，应尽量不用。但在某些情况下，不得不采用，例如：为保证焊缝成分，以满足工件使用要求时；改善焊缝冶金焊接性时；弥补不良装配时；修补焊缝缺陷或修复磨损报废零件时。

填丝材料可根据需要制成丝材、带材、颗粒或粉末状，也可以喷涂或堆焊在接头处。有时还可以利用在接头处加工出预留凸边作为填充材料。目前应用较多的是直径为 0.8 ~ 1.6mm 的丝材。通常弧焊用的填丝设备不能直接用于电子束焊中，因为焊丝、电子束和接头之间的相互位置需要有很高的精度。

焊丝一般是从电子束的后方加到熔池中，填丝和电子束的轴线成 15° ~ 45° 角。选择参数时应使部分焊丝在熔池中熔化，部分在电子束作用下熔化。焊丝也可以从电子束的前方填充，这时，填充材料可以直接加到熔池中，也可以预先安置在接头对缝上。

在对接间隙变化的情况下填充焊丝时，应该采用能自动调节送丝速度的送丝机构。

电子束焊的最大优点是具有深穿透效应。为了保证获得深穿透效果，除了选择合适的电子束焊参数，还可采取如下一些工艺方法：

1）电子束水平入射焊。焊接熔深超过 100mm 时，采用电子束水平入射，电子枪自下而上或横向水平施焊的方法可以获得深熔焊。因为水平入射侧向焊接时，液态金属在重力作用下，流向偏离电子束轰击路径的方向，它对小孔通道的封堵作用降低。

2）脉冲电子束焊。在同样功率下采用脉冲电子束焊，可有效地增大熔深。因为脉冲电子束的峰值功率比直流电子束高得多，使焊缝获得高得多的峰值温度，金属蒸发速率会以高出一个数量级的比例提高。脉冲电子束焊可产生很多的金属蒸气，蒸气反作用力增大，小孔效应增大。

3）变焦电子束。极高的功率密度是获得深熔焊的基本条件。电子束功率密度最高的区域在其焦点上。在焊接大厚度焊件时，焦点位置随着焊接时熔化速度变化而改变。由于变焦的频率、波形、幅值等参数是与电子束功率密度、焊件厚度、母材金属和焊接速度有关的，所以手工操作起来比较复杂，宜采用计算机自动控制。

4）焊件焊前预热或开坡口。焊件在焊前预热，可减小焊接时热量沿焊缝横向的热传导损失，有利于增大熔深。在深熔焊时，往往有一定量的金属堆积在焊缝表面，如果开坡口，则这些金属会填充坡口，相当于增大熔深。另外，如果结构允许，尽量采用穿透焊，因为液态金属的一部分可以在焊件的下表面流出，以减少熔化金属在接头表面的堆积，减小液态金属的封口效应，增大熔深，减少焊根缺陷。

9.4 铝合金电子束焊

9.4.1 铝合金电子束焊的特点

铝及铝合金化学活泼性强，表面易氧化，生成难熔氧化膜（Al_2O_3 的熔点约 2050℃，

MgO 的熔点约 2500℃），自然生长的氧化膜不致密，易吸收水分；有些合金元素，如 Mg、Zn、Li 等，焊接时易蒸发；电子束焊时的焊接速度大，熔池的凝固速度大。这些因素均易促成焊缝金属产生气孔。因此铝合金电子束焊时，必须采用高真空；母材内的氢含量最好控制在 0.04mL/100g；焊接前，零件需经认真化学清洗；焊接时宜采用表面下聚焦和形成较窄的焊缝，以抑制氢气泡的形成，使氢来不及聚集，难以形成焊缝气孔；焊接速度不可过大，对厚度小于 40mm 的铝板，焊接速度应在 60～120cm/min，对于 40mm 以上的厚铝板，焊接速度应在 60cm/min 以下；在焊接过程中，可使电子束按一定图形对熔池进行扫描，使熔池发生搅拌，促使氢气泡易于从熔池中逸出；或在焊接后使焊缝再电子束重熔一次，以利于消除焊缝气孔。

铝合金电子束焊时对束流十分敏感，尤其是对厚度大于 3mm 的铝合金构件。如果束流偏小，易产生未焊透；如果束流偏大，则焊缝金属易下塌，导致焊缝正面凹陷。为此，必须选择合适的焊接参数，控制焊缝成形。必要时，可采用在焊件表面下聚焦，并在接头一侧预留单边凸台，以其作为填充金属，可获得良好的焊缝成形。铝合金对接接头电子束焊的焊接参数见表 9-1。

表 9-1 铝合金对接接头电子束焊的焊接参数

厚度/mm	合金牌号	绝对压力/Pa	加速电压/kV	束流/mA	焊接速度/(mm/s)	热输入/(kJ/m)
1.27	6061		18	33	42	14.18
1.27	2024		27	21	29.8	18.91
3.0	2014		29	54	31.5	51.22
3.2	6061		26	52	33.6	39.4
3.2	7075		25	80	37.8	51.22
12.7	2219		30	200	39.9	149.72
16	6061	$1.33×10^{-3}$	30	275	31.5	260.04
19	2219		145	38	21	260.04
25.4	5086		35	222	12.6	591
50.8	5086		30	500	15.1	985
60.5	2219		30	1000	18.1	1654.8
125.4	5083		58	525	4.2	7170.8

由于电子束斑点和熔池相当小，因此电子束焊时对装配和对中的要求比一般焊接方法更为严格。有人用水平电子束在垂直平面内对热处理强化状态的 1201 铝合金（与 2219、2B16 铝合金相当）板材就接头间隙和错边量对焊缝成形的影响进行了电子束焊试验。试样厚度分别为 5mm、10mm、16mm、20mm、25mm、40mm 和 100mm，加速电压均为 60kV，厚 100mm 试样的焊接速度为 20m/h，其余厚度试样的焊接速度均为 70m/h，不加填料。

热输入的选择是在无间隙和错边的条件下，以保证焊缝成形质量为前提，取最小值。在存在间隙和错边的条件下，对焊接参数不做修正。对厚度在 25mm 以内的试样，电子束是在接头表面聚焦，对厚度为 40mm 和 100mm 的试样，电子束在接头表面下约 50% 厚度处聚焦。对接间隙变化为 0～1.2mm，而错边为 0～2.5mm。

试验结果表明，间隙的存在破坏了焊缝成形，间隙值增大导致焊缝正面凹陷增大和反面边缘未熔合。图 9-16 所示为其定量关系，可以看出，焊缝根部未熔合缺陷的产生取决于被焊金属的厚度和其接头间隙，当试样厚度达到 20mm 时，根部未熔合出现在间隙超过 0.5mm 时。厚度增大到 40mm 或 100mm 时，当间隙为 0.25～0.30mm 时即已出现未熔合。

在间隙同样大小的条件下，随着板厚增大，焊缝成形变差。这是由于厚度增大时，需要更高功率密度的电子束，但电子束的主要部分穿过间隙，形成"失流"，电子束没有参与熔化根部边缘。当板厚为100mm、间隙为1mm时，焊缝成形完全被破坏。

试验结果表明，接头错边对焊缝金属下凹和焊缝成形质量的影响较小。随着错边量增大，焊缝正面下凹量减小，因为凸起的错边作为填充材料加到焊缝中。

铝及铝合金有时焊前呈变形强化或热处理强化状态，即使电子束焊热输入小，合金焊接接头仍将发生热影响区软化去强或出现焊接裂纹倾向。此时，可提高焊接速度，以减小软化区及热影响区宽度和降低软化程度；也可施加特殊合金填充材料，以改变焊缝金属成分；或减轻熔合区过热程度，降低焊接裂纹倾向。

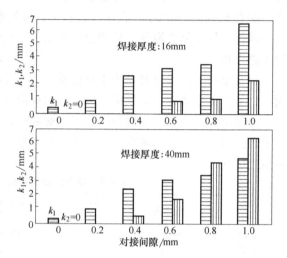

图 9-16　1201 铝合金对接间隙对焊缝正面凹陷和背面未熔合的影响

▦—k_1，正面凹陷　▥—k_2，背面未熔合

9.4.2　铝合金电子束焊的接头性能

退火状态的非热处理强化铝合金电子束焊的接头强度系数一般可达90%以上，不同程度变形强化状态的非热处理强化铝合金电子束焊的接头强度系数，由于热影响区发生再结晶软化而可能低于90%，但相比其他焊接方法的接头强度系数值仍较高，因其焊接速度高，热影响区软化程度较轻。

热处理强化铝合金电子束焊的接头强度系数由于其热影响区过时效软化而一般低于90%，例如 Al-Cu-Mn 合金（2219）和 Al-Zn-Mg-Cu 合金（7A04）。但如果焊后对接头进行适当热处理，则其焊接接头强度系数仍可达90%以上，见表9-2。

表 9-2　2A16 和 7A04 铝合金电子束焊焊接接头的力学性能

合金牌号	材料厚度/mm	焊前状态	焊后热处理	R_m/MPa	A(%)	α/(°)	η[①](%)
2A16	2.5	M	530℃ 固溶，170℃ 人工时效 16h	381		47	90
7A04	9.0	M	475℃ 固溶，120℃ 人工时效 3h,150℃ 再人工时效 3h	637	12		100

① η 为焊接接头强度系数。

用于防弹厚板外壳结构的 7039（Al-Zn-Mg）铝合金是一种焊接时可自动淬火（固溶）和焊接后自然时效的合金。因此，当其焊前为自然时效（T4 状态）时，电子束焊的接头强度系数可达 100%；当其焊前为固溶及人工时效状态时，电子束焊的接头强度系数可达 75%~90%。

热处理强化的 2219（Al-Cu-Mn）铝合金是用于航天产品的轻质高强结构材料。该合金钨极或熔化极气体保护电弧焊时，焊接接头强度系数仅为 50%~65%；该合金电子束焊时，视焊接前与焊接后热处理方案的不同配合，可获得不同的焊接接头强度，见表9-3。

表9-3 2219铝合金焊接接头的力学性能

热处理	厚度 /mm	环境温度 /℃	抗拉强度 R_m/MPa	屈服强度 R_{eL}/MPa	伸长率 A(%)	断裂韧度 K_{IC} /(MPa/m$^{3/2}$)
母材526℃固溶,177℃人工时效12h,未焊接	12.7	20	441.0	313.6	18	46.97
母材焊前固溶人工时效,钨极气体保护电弧焊,焊后不热处理	12.7	20	282.2	145.0	8	26.62 38.72
母材焊前固溶人工时效,真空电子束焊,焊后不热处理	12.7	20	345.0	255.8	13	41.47
		−196	470.4	307.7	14.5	40.81
母材焊前固溶自然时效,真空电子束焊,焊后人工时效	12.7	20	392.0	341.0	9.5	41.58
		−196	502.7	375.3	13.5	
母材焊前退火,真空电子束焊,焊后固溶人工时效	12.7	20	455.7	336.9	16	44.11
		−196	523.3	371.32	15.5	

从表9-3可见,电子束焊接头的力学性能,无论抗拉强度、屈服强度、伸长率、断裂韧度,均高于钨极气体保护电弧焊接头的力学性能。

与常规熔焊方法相比,电子束焊2219铝合金时能获得不同深宽比的焊缝。当用厚度6.35mm和12.7mm的2219铝合金进行电子束焊试验时,发现窄焊缝的力学性能比宽焊缝的更好,窄焊缝的焊接接头抗拉强度和断裂韧度更高,见表9-4。然而在某些情况下,为了使焊缝更光滑,根部余高更均匀,边缘熔合更充分,喷溅减少,有时宜采用宽焊缝。

表9-4 电子束焊缝宽度对接头性能的影响

焊缝宽度	材料厚度 /mm	环境温度 /℃	焊接接头力学性能				
			R_m/MPa	R_{eL}/MPa	A(%)	K_{IC}/(MPa/m$^{3/2}$)	
						焊缝中心线	熔合线
宽焊缝	6.35	20	274.4	164.6	3.5		
		−196	398.86	221.2	7	40.4	
窄焊缝	6.35	20	296.94	172.28	5.5		
		−196	407.9	228.7	6.5	44.99	
宽焊缝	12.7	20	321.0	190.8	6		
		−196	420.91	233.5	7.5	33.88	34.1
窄焊缝	12.7	20	345.20	255.28	4.5		
		−196	474.0	307.9	7.5	41.47	40.81

1201铝合金(Al6CuMn)的成分和性能与2219、2A16、2B16铝合金相近,是用于俄罗斯"能源号"运载火箭贮箱的结构材料。该合金在530℃水淬(固溶)和175~180℃、16h人工时效后进行电子束焊试验时,工艺参数为26kV、190mA、40m/h,不填丝;当钨极氩弧焊试验时,工艺参数为15~16V、640A、6m/h。性能试验结果见表9-5,表中为10~15个试样所得的数据。

表9-5 1201铝合金焊接方法及接头性能

焊接方法	R_m/MPa	a_K/(N·m/cm^2)	弯曲角 α/(°)
电子束焊	297.9	$\dfrac{24.5-27.44}{25.48}$	29
氩弧焊	239.1	$\dfrac{10.8-13.72}{11.76}$	18
基体金属	426.3	12.74	35

由表9-5可见,电子束焊的接头强度比氩弧焊高20%,焊缝冲击韧度则高一倍。由于电子

束焊时热输入仅为氩弧焊的 1/6，故其软化区宽度仅相当于氩弧焊的 1/4，只有 15~18mm。

从工程应用的角度考虑，电子束焊时也需对可能的焊接缺陷进行补焊或重复焊。为评估 1201 铝合金重复焊接后的接头性能，曾进行了相应试验。试样厚度为 20mm，试样呈完全热处理强化状态。电子束焊时，加速电压为 60kV，焊接速度为 70m/h，性能试验结果见表 9-6。

表 9-6 1201 铝合金电子束重复焊接的焊接接头力学性能

焊接次数	R_m/MPa	$R_{p0.2}$/MPa	A(%)	Z(%)	α_K/($N \cdot m/cm^2$)	α/(°)	接头强度系数(%)
1	329.3	295.0	16.8	30.1	$\dfrac{21.56~24.5}{23.52}$	20	79
2	324.4	291.0	3.0	24.8	$\dfrac{26.46~29.4}{27.44}$	19	78
3	317.5	274.4	2.8	22.5	$\dfrac{22.54~29.4}{25.48}$	17	77

重复焊接的熔化区的尺寸与第一次焊接相比没有变化，软化区尺寸也没有明显增大。

Al-Li 合金是新型航空航天飞行器需用的新型轻质高强度铝合金。俄罗斯在焊接性良好的 Al6MgMn 铝合金的基础上添加少量合金元素 Li，已研制成新型 AlMgLi 合金 1420（Al5Mg2LiZr）。经固溶（空淬）及 120℃人工时效 12h 后，合金抗拉强度可达 441~451MPa，屈服强度可达 274~304MPa。合金经钨极氩弧焊后，其焊态的焊接接头强度系数仅为 70%。如果改用电子束焊，则焊态焊接接头强度系数可达 80%~85%，而且热影响区窄，构件变形小。

9.5　典型工程应用

对于非热处理强化的铝合金，电子束焊技术多用于大厚件、薄壁件、精密件。对于热处理强化的高强度铝合金，电子束焊技术多用于航空航天工业内大型的轻质飞行器结构。例如，传统的飞机结构（机身、机器）多采用难焊的 2024-T4 铝合金，因此只能采用铆接技术制造。俄罗斯研制出 1420 等新型可焊高强度铝合金后，即出现了全焊接制造的飞机结构。

在航天工业内，大型运载火箭的尺寸越来越大，如美国土星五号运载火箭的一级火箭液体推进剂贮箱直径达 10m。俄罗斯能源号运载火箭液体推进剂贮箱直径已达 8m，其焊接区壁厚已达 42mm，贮箱的壳段由三块弧长为 8.4m、高为 2.1m 的 1201 铝合金通过三条纵缝电子束焊接而成。由于此焊件尺寸大，焊接时即采用了可移动的局部真空室，可对每条纵缝施行局部密封，其中，纵缝的下部空间采用橡胶密封条静密封技术，纵缝的上部空间采用磁液动密封技术（由铁磁氧化物粉末和有机硅油组成），以利电子枪在上部空间内进行电子束焊作业。此外，贮箱的大尺寸箱体上尚需焊接许多不同直径的进口和出口管的法兰座，为避免手工氩弧焊法兰座时引起残余应力和焊接变形，保证几何尺寸精度，也需采用局部真空室，以便只在法兰座环缝焊接区局部形成真空环境，然后灵活方便地实施真空电子束焊。俄罗斯为焊接火箭贮箱箱体的纵缝、环缝及法兰座环缝共采用了七种局部真空电子束焊机。

我国航天材料及工艺研究所与中国科学院电工研究所合作研制了法兰座环缝局部真空电子束焊机，如图 9-17 所示。电子枪与上真空室采用动密封结构，焊件与下真空室之间为静密封结构。电子枪径向移动采用步进电动机驱动，光栅尺检查位移；圆周方向转动通过交流伺服电动机驱动，光码盘检测器检测角位移。二次电子焊缝对中系统用于焊缝轨迹示教。采用两级微机控制，可编程序控制器控制焊接参数，可实现 $\phi100~\phi300$mm 直径的法兰座环缝的柔性焊接，局部真空室绝对压力$\leq 5 \times 10^{-3}$Pa。焊接5mm厚度的5A06铝合金法兰座时，不需要外加焊丝，仅单边预置平台，接头形式为I形对接接头，焊接质量满足国家军用标准GJB 1718—1993中I级接头的要求。法兰环缝典型结构样件如图9-18所示。

图9-17　法兰座环缝局部真空电子束焊机

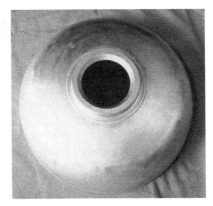

图9-18　法兰环缝典型结构样件

美国格鲁曼宇航公司采用西雅基公司研制的凹面板式滑动密封局部真空电子束焊机焊接直径约为9m的铝合金燃料贮箱。这种局部真空电子束焊机在电子枪的底部安装了一块凹面版，凹面板的弧度与被焊贮箱箱体的弧度相吻合。

美国的阿波罗飞船一级运载火箭上直径为10m的"Y"形环的焊接，则是在大型铝合金构件上应用真空电子束焊的又一个实例。"Y"形环的材料为2219铝合金（相当于国产2B16合金），横断面尺寸为139.7mm×68.58mm，由三个弧段拼焊而成，用局部真空电子束焊代替熔化极氩弧焊，焊缝层数从100层减少到2层，装配和焊接时间从80h减少到8h，焊缝强度系数从50%提高到75%，不仅经济效果好，而且接头质量高。

人类在外层空间活动中，为了装配空间站和维修在轨运行的航天飞行器，开发了用于外层空间的电子束焊接设备。在外层空间，电子束焊是一种重要的焊接方法。因为外层空间的高真空和失重环境，不仅省略了真空室和复杂的抽真空系统，而且电子束具有较高的电-热转换效率、高度集中的能量密度，电子束对熔化金属没有作用力、熔池也很小，对失重不敏感。应用于外层空间的电子束焊接设备必须具备很高的可靠性，对操作人员绝不能有任何伤害，要求体积小、重量轻、能耗低。焊接过程应最大限度地自动化，技术参数应有相当高的稳定性和精度，以保证焊接质量的稳定性和可靠性。图9-19所示是巴顿焊接研究所研制的可在外层空间进行手动电子束焊试验的装置，最大输出功率为350W，质量为40kg。该装置于1984—1986年间曾用在礼炮号空间站上，当时该技术居世界领先水平。

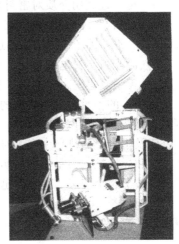

图9-19　外层空间用手动
电子束焊装置

第10章 激 光 焊

10.1 概述

激光焊是利用高能量密度的激光束作为热源的一种高效精密焊接方法。激光焊是当今先进的制造技术之一。与传统的焊接方法相比，激光焊具有如下特点。

1）聚焦后的功率密度可达 $10^5 \sim 10^7 \mathrm{W/cm^2}$，甚至更高，加热集中，完成单位长度、单位厚度工件焊接所需的热输入低，因而工件产生的变形极小，热影响区也很窄，特别适用于精密焊接和微纳焊接。

2）可获得深宽比大的焊缝，焊接厚件时可不开坡口一次成形。激光焊的深宽比目前已达到 12：1。

3）适用于难熔金属、热敏感性强的金属，以及热物理性能、尺寸和体积差异悬殊母材间的焊接。

4）可穿过透明介质对密封容器内的焊件进行焊接。

5）可借助反射镜使光束达到一般焊接方法无法施焊的部位，YAG 激光（波长 $1.06\mu m$）还可用光纤传输，可达性好。

6）激光束不受电磁干扰，无磁偏吹现象。

7）无须真空室，不产生 X 射线，便于观察与对中。

激光焊的不足之处是设备的一次投资大，对高反射率的金属（如金、银、铜和铝合金等）直接焊接比较困难。

铝及铝合金的热导率高，对激光的反射率极高。在 20 世纪 80 年代初，铝及铝合金的激光加工和焊接被认为是不可能实现的禁区。但经过此后多年的努力，铝及铝合金的激光深熔焊已突破了这个禁区，并且已迅速推广应用于海陆空交通工具的制造。

10.2 激光器

焊接用激光器主要有三大类：固体激光器、气体激光器和半导体激光器。固体激光器以 Nd：YAG 激光器、光纤激光器为代表，气体激光器以 CO_2 激光器为代表。

10.2.1 Nd：YAG 激光器

激光焊用 Nd：YAG 激光器，平均输出功率 $0.3 \sim 3kW$，最大功率可达 $4kW$。Nd：YAG

激光器可工作在连续或脉冲状态下，也可以在调 Q 状态下工作。三种输出方式的 Nd：YAG 激光器特点见表 10-1。典型的 Nd：YAG 激光器的一般结构如图 10-1 所示。

表 10-1　Nd：YAG 激光器不同输出方式的特点

输出方式	平均功率/kW	峰值功率/kW	脉冲持续时间	脉冲重复频率	脉冲能量/J
连续	0.3～4	—	—	—	—
脉冲	≈4	≈50	0.2～20ms	1～500Hz	≈100
Q-开关	≈4	≈100	<1μs	≈100kHz	10^{-3}

Nd：YAG 激光器输出激光的波长为 $1.06\mu m$，是 CO_2 激光器的 1/10。波长较短有利于激光的聚焦和光纤传输，也有利于金属表面吸收，这是 Nd：YAG 激光器的优势；但 Nd：YAG 激光器采用光泵，而且泵灯使用寿命较短，需要经常更换。Nd：YAG 激光器一般输出多模光束，模式不规则，发散角大。

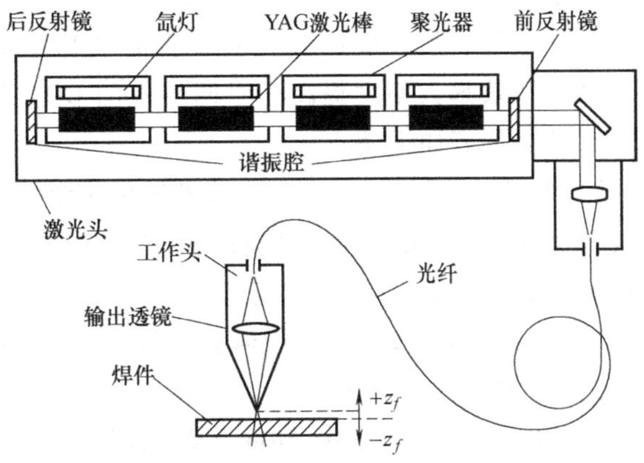

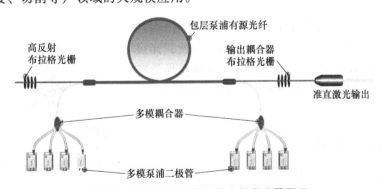

图 10-1　典型的 Nd：YAG 激光器的结构示意图

10.2.2　光纤激光器

如图 10-2 所示，光纤激光器（fiber laser）是指用掺稀土元素的玻璃光纤作为增益介质的激光器。光纤激光器可在光纤放大器的基础上开发出来：在泵浦光的作用下光纤内极易形成高功率密度，造成激光工作物质的激光能级"粒子数反转"，当适当加入正反馈回路（构成谐振腔）便可形成激光振荡输出。侧边泵浦光束传送到包层的发射方法开启大功率光纤激光器和放大器的新时代，有力推动其在金属加工（焊接、切割等）领域的大规模应用。

图 10-2　侧边包层泵浦有源光纤激光器原理

光纤激光器用于金属焊接与切割主要采用连续波（CW）、准连续波（QCW）两种光波模式。连续波激光器可在额定最大输出功率内提供稳定的输出，可以根据输出功率调制到 50kHz，但调制不会增加它们的峰值功率。QCW 激光器主要用于焊接、钻孔以及特殊切割操作，如切割高反射金属或其他材料。标准 QCW 模型机的峰值功率范围为 1～20kW，运行成本远低于同等输出的其他激光器。

10.2.3 CO₂ 激光器

CO₂ 激光器在目前工业中的应用最为广泛。CO₂ 激光器工作气体的主要成分是 CO_2、N_2 和 He。CO_2 分子是产生激光的粒子；N_2 气分子的作用是与 CO_2 分子共振交换能量，使 CO_2 分子激励，增加激光较高能级上的 CO_2 分子数，同时它还有抽空激光较低能级粒子的作用，即加速 CO_2 分子的弛豫过程；He 气的主要作用是抽空激光较低能级的粒子。He 分子与 CO_2 分子相碰撞，使 CO_2 分子从激光较低能级尽快回到基级。He 的导热性很好，故又能把激光器工作时气体中的热量传给管壁或热交换器，使激光的输出功率和效率大幅度提高。不同结构的 CO₂ 激光器，其最佳工作气体成分不尽相同。CO₂ 激光器具有如下特点。

1）输出功率范围大。CO₂ 激光器的最小输出功率为数毫瓦，最大可输出几百千瓦的连续激光功率。脉冲 CO₂ 激光器可输出 10^4 J 的能量，脉冲宽度单位为 ns。它在医疗、通信、材料加工和军工等领域应用广泛。

2）能量转换效率远高于固体激光器。CO₂ 激光器的理论转换功率为 40%，实际应用中其电光转换效率约为 15%。

3）CO₂ 激光波长为 10.6μm，属于红外光，它可在空气中传播很远而衰减很小。

用于热加工的 CO₂ 激光器按其气体流动的特点可分为密封式、轴流式、横流式和板条式四种。这里主要介绍板条式 CO₂ 激光器，其他类型的 CO₂ 激光器可查阅相关文献资料。

板条式 CO₂ 激光器的原理如图 10-3 所示。该激光器被国际工业界誉为工业 CO₂ 激光器新的里程碑。其主要特点是体积小、脉冲调制性能好、光束质量极好（$K > 0.8$）、消耗气体少（0.3L/h）、运行可靠、免维护、运行费用低。商品型板条式 CO₂ 激光器输出功率已达 3.5kW 以上。

板条式 CO₂ 激光器的激光束质量优良。它输出激光为近似 TEMoo 模，与同样功率的轴流式器件相比，光束半径缩小了一半，功率密度提高了 4 倍。这种特性使得其在材料切割时，切口深且切缝窄，显著提高了加工效率和质量。

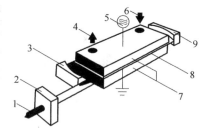

图 10-3 板条式 CO₂ 激光器示意图

1—激光束　2—光束整形器　3—输出
键　4、6—冷却水　5—射频激励
7—后腔镜　8—射频激励放电
9—波导电极

10.2.4 半导体激光器

半导体激光器是一种极具发展前途的高功率激光器，其最简单的形式是 P-N 型跃迁，工作物质为半导体，可采用简单的注入电流的方式来泵浦，提供一个足够大的直流电压就可产生粒子数反转。半导体激光器的主要优点是激光波长短（0.85~1.65μm），可用光纤传输，电能与光能的转换比极高，激光器体积小，输出功率可达 3kW 以上。随着半导体激光器可靠性和使用寿命的提高及价格的降低，在某些领域可以替代 Nd：YAG、CO₂ 激光器。

为便于选用，现将主要的焊接用激光器的特点列于表 10-2 中。

表 10-2　焊接（含切割）用激光器的特点

激光器	波长/μm	振荡方式	重复频率/Hz	输出功率或能量范围	主要用途
红宝石激光器	0.6943	脉冲	0~1	1~100J	点焊、打孔
钕玻璃激光器	1.06	脉冲	0~10	1~100J	点焊、打孔
Nd:YAG 激光器（钇铝石榴石）	1.06	脉冲连续	0~400	1~100J、0~2kW	点焊、打孔焊接、切割、表面处理
板条式 CO_2 激光器	10.6	连续、脉冲	0~5000	0~20kW	焊接、切割、表面处理
光纤激光器	1.0~1.1	连续、脉冲	0~200M	0~50kW	焊接、切割、表面处理
半导体激光器	0.9~1.0	连续、脉冲	0~5000M	0~10kW	焊接、切割、表面处理

10.3　激光焊原理

10.3.1　激光焊分类

按激光对焊件的作用方式，激光焊可分为脉冲激光焊和连续激光焊。脉冲焊时，输入焊件上的能量是断续的、脉冲的。脉冲激光焊中大量使用的脉冲激光器主要是 Nd:YAG 激光器，其适用的重复频率宽。此外还可将连续输出的 Nd:YAG 激光器和 CO_2 激光器用于脉冲焊接，最简单的办法就是打开或关闭装在激光器上的光闸。

按实际作用在焊件上的功率密度，激光焊可分为传热焊（功率密度小于 $10^5 W/cm^2$）和深熔焊（功率密度大于 $10^5 W/cm^2$）。

（1）传热焊　激光光斑功率密度小于 $10^5 W/cm^2$，激光只能将金属表面加热到熔点与沸点之间。焊接时，金属材料表面将吸收的激光能转变为热能，使金属表面温度升高而熔化，然后通过热传导方式把热能传向金属内部，使熔化区逐渐扩大，凝固后形成焊点或焊缝，其熔深轮廓近似为半球形。这种焊接机理称为传热焊，焊接过程类似于 TIG 焊。

传热焊的主要特点是激光光斑的功率密度小，很大一部分光被金属表面反射，光的吸收率较低，熔深浅，焊接速度慢，主要用于薄（<1mm）、小零件的焊接。

（2）深熔焊　激光光斑的功率密度大于 $10^5 W/cm^2$ 时，金属在激光的照射下被迅速加热，其表面温度在极短的时间内（10^{-8}~10^{-6}s）升高到沸点，使金属熔化、汽化。当金属汽化时，所产生的金属蒸气以一定的速度离开熔池，从而对熔化的液态金属产生一个附加压力，使熔池金属表面向下凹陷，在激光光斑下产生一个小凹坑。当光束在小孔底部继续加热时，所产生的金属蒸气一方面压迫坑底的液态金属，使小坑进一步加深；另一方面，向坑外飞出的蒸气将熔化的金属挤向熔池四周。这个过程连续进行下去便在液态金属中形成一个细长的孔洞。当光束能量所产生的金属蒸气的反冲压力与液态金属的表面张力和重力平衡后，小孔不再继续加深，形成一个深度稳定的孔而进行焊接，故称之为激光深熔焊，如图 10-4 所示。

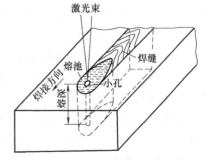

图 10-4　激光深熔焊示意图

10.3.2 激光焊过程中的几种效应

1. 激光的反射和吸收

激光焊时，激光照射到被焊材料表面，一部分被反射，一部分进入材料内部。对不透明材料，透射光被吸收，金属的线性吸收系数为 $10^7 \sim 10^8 / m$，当物体某处光子强度 I 等于表面所吸收的原始光子强度的 $1/e$ 时，该处与表面的距离认为是吸收距离 x_0，即有 63.2% 的光在这段距离中变为热。对于金属，这个距离为 $0.01 \sim 0.1 \mu m$，即激光在金属表面 $0.01 \sim 0.1 \mu m$ 的厚度中被吸收转变为热能，导致金属表面温度升高，再传向金属内部。

金属对光束的反射能力与它所含的自由电子密度有关，自由电子密度越大（即电导率越大），对激光的反射率越大。对同一种金属，反射率还和入射波长有关，波长越短，反射率越低，吸收率越高。由此可知，金、银、铜和铝合金对 CO_2 激光的反射率比其他金属要大得多。

金属表面状态（氧化膜、表面粗糙度、表面涂层等）对入射激光的吸收影响较大。金属表面存在氧化膜可显著增大对 $10.6 \mu m$ 波长激光的吸收率。金属表面越粗糙，对激光的吸收率越高。为增大激光吸收率，可对金属表面进行喷砂处理。应用机械或化学方法对金属表面进行涂层，可有效增大金属对激光的吸收率。

激光功率密度对激光的吸收率也有显著的影响。在激光焊时，激光光斑上的功率密度处于 $10^5 \sim 10^7 W/cm^2$ 时，材料对激光的吸收率就会发生变化。当激光的功率密度大于使材料汽化的功率密度阈值时，材料汽化形成等离子体和小孔，对激光的吸收发生突变，其吸收率取决于等离子体与激光的相互作用和小孔效应等因素。

例如，铝合金 CO_2 激光深熔焊所需的最低功率密度高达 $3.6 \times 10^6 W/cm^2$。进入深熔焊接后，铝合金对激光的吸收率显著增大。图 10-5 所示为铝合金 CO_2 激光焊熔深与激光功率之间的关系。

2. 等离子体行为

激光焊时，被焊材料汽化后在熔池上方形成高温金属蒸气，在激光作用下电离形成等离子体。等离子体会引起光的吸收和散射，改变焦点位置，降低激光功率和热源的集中程度，从而影响焊接过程。极端情况下，等离子体甚至会产生全反射。

等离子体通过韧致辐射吸收激光能量，即在激光场中，高频振荡的电子在和离子碰撞时，会将其相应的振动能变成无规则运动能，结果激光

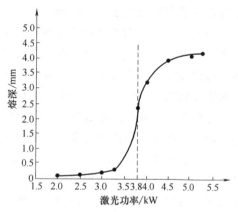

图 10-5 铝合金 CO_2 激光焊熔深与激光功率之间的关系

能量变成等离子体热运动的能量，激光能量被等离子体吸收。等离子体对激光的吸收率与电子密度和蒸气密度成正比，随激光功率密度和作用时间的增长而增大，并与波长的平方成正比。激光通过等离子体改变了吸收和聚焦条件，有时会出现激光束的自聚焦现象。有时会产生逆着激光入射方向传播的激光维持吸收波，不利于焊接，必须加以抑制。激光功率密度进一步增大还会产生激光维持爆发波，它完全持续阻断激光向焊件的传播，因此在采用连续 CO_2 激光深熔焊时，其功率密度均应小于 $10^7 W/cm^2$。

3. 壁聚焦效应

激光深熔焊时，小孔形成以后，激光束将进入小孔。当光束与小孔壁相互作用时，入射激光并不能全部被吸收，有一部分将由孔壁反射在小孔内某处重新汇聚起来，这就是壁聚焦效应。该效应的存在可使激光在小孔内维持较高的功率密度，进一步加热熔化材料。

小孔效应和壁聚焦效应的出现，大幅度改变激光与物质的相互作用过程。当光束进入小孔后，小孔相当于一个吸光的黑体，大幅度提高激光的吸收率。

4. 净化效应

净化效应是指 CO_2 激光焊时，金属中有害杂质元素减少或夹杂物减少的现象。金属中往往含有 S、P、N 等非金属杂质，它们或者独立存在于金属基体中，或者固溶在金属基体中。受到激光照射时，由于非金属的吸收率远远大于金属，故独立存在于金属基体中的杂质随温度的迅速上升而逸出熔池，而固溶于金属基体中的杂质也由于其沸点低、蒸气压高而很容易从熔池逸出。净化效应提高了焊缝的塑性和韧性。当然，激光净化效应产生的前提必须是对焊接区加以有效的保护，使之不受大气等的污染。

5. 激光焊等离子体负面效应的抑制

抑制等离子体负面效应的方法主要有以下几种。

1）侧向下吹气法。在熔池小孔上方，沿侧下方吹送保护气体，一方面吹散电离气体，一方面对熔化金属起保护作用。

2）同轴吹送保护气体法。与侧向下吹气相比，该方法可将部分等离子体压入熔池小孔内，增强对焊缝的加热。

3）双层内外圆管吹送异种气体法。喷嘴由两个同轴圆管组成，外管通 He 气，内管通 Ar 气。外管的 He 气有益于减弱等离子体及保护熔池，内管的 Ar 气可将等离子体抑制于蒸发沟槽内。该方法适用于中等功率的 CO_2 激光焊。

4）光束纵向摆动法。该方法利用光束的移动来避开等离子体。

5）低气压法。该方法的原理是，光束周围压力低时，气体的密度小，等离子体中的电子密度小，因而减小了等离子体的不良影响。该方法需要真空室，实用性不大。

此外，还有侧吸法、外加电场法和外加磁场法。

10.4 激光深熔焊

铝合金激光焊一般采用深熔焊方式，所以有必要对激光深熔焊进行详细的阐述。激光深熔焊时，能量转换是通过熔池小孔完成的。小孔周围是熔融的液体金属，由于壁聚焦效应，这个充满蒸气的小孔犹如"黑体"，吸收几乎全部入射的激光能量。总之，热量是通过激光与物质的直接作用而形成的，而常规的焊接和激光热传导焊接，其热量首先在焊件表面聚积，然后经热传导到达焊件内部，这是激光深熔焊与热传导焊的根本区别。

10.4.1 焊接设备选择

激光深熔焊时，选择激光器的主要考虑因素：①较高的额定输出功率；②宽阔的功率调节范围；③功率渐升、渐降（衰减）功能，以保证焊缝起始和结束处的质量；④激光横模（TEM），它直接影响聚焦光斑直径和功率密度，基模焦点处的功率密度要比多模光束高两个数量级。对于厚件的焊接，通常选用5kW以上的多模激光器。

铝及铝合金激光深熔焊的主要困难是它对 $10.6\mu m$ 波长的 CO_2 激光束的反射率高。铝是热和电的良导体，高密度的自由电子使它成为光的良好反射体，其表面反射率超过90%，也就是说，深熔焊必须依靠小于10%的输入能量开始，这就要求很高的输入功率以保证焊接开始时必需的功率密度。而一旦小孔形成，对光束的吸收率即迅速提高，甚至可达90%，从而能使深熔焊过程顺利进行。例如，采用8kW的激光功率可焊透12.7mm厚的铝合金材料，焊透率约为 1.5mm/kW。

10.4.2 接头设计

传统焊接方法使用的绝大部分接头形式都适合激光焊，需注意的是，由于聚焦后的光束直径很小，因而对装配的精度要求高。在实际应用中，激光焊最常采用的接头形式是对接和搭接。

对接时，装配间隙应不大于材料厚度的10%。焊件的错边和不平度不大于15%，如图10-6所示。尽管激光焊时变形很小，为了确保焊接过程中焊件间的相对位置不变化，应采用适当的夹持方式。此外，由于激光焊时一般不加填料，所以对接间隙还直接影响焊缝的凹陷程度。

搭接时，装配间隙应小于板材厚度的25%，如图10-7所示。如果装配间隙过大，会造成上面焊件烧穿。当焊接不同厚度的焊件时，应将薄件置于厚件之上。

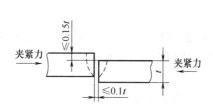

图 10-6 对接装配精度及夹紧方式

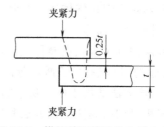

图 10-7 搭接装配精度及夹紧方式

图10-8所示为板材激光焊时常用的接头形式，其中的卷边角接接头具有良好的连接刚性。在吻焊形式中，焊件之间的夹角很小，因此入射光束的能量可绝大部分被吸收。激光吻焊时，可不施夹紧力或仅施很小的夹紧力，其前提是焊件的接触必须良好。

10.4.3 工艺参数及其对熔深的影响

1. 入射光束功率

入射光束功率主要影响熔深，当光斑直径保持不变时，熔深随入射光束功率的增大而变大。由于光束从激光器到焊件的传输过程中存在能量损失，作用在焊件上的功率总是小于激光器的输出功率。入射光束功率应是照射到焊件上的实际功率。

2. 光斑直径

在入射光束功率一定的情况下，光斑尺寸决定了功率

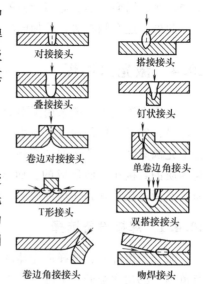

对接接头　　搭接接头

叠接接头　　钉状接头

卷边对接接头　　单卷边角接头

T形接头　　双搭接接头

卷边角接接头　　吻焊接头

图 10-8 板材激光焊常用接头形式

密度的大小。对高斯光束的直径定义为光强下降到中心值的 $1/e$ 或 $1/e^2$ 处所对应的直径，前者包含略大于 60% 的总功率，后者则包含 80% 的总功率，建议采用 $1/e^2$ 的定义方法。

实际测量中所采用的最简单的方法是等温轮廓法，通过对炭化纸的烧焦或对聚丙烯板的穿透来进行测量。聚焦后的光斑直径为

$$d = 2.44 \frac{f\lambda}{D}(3m+1)^{\frac{1}{2}} \tag{10-1}$$

式中　f——聚焦镜焦距（mm）；

　　　λ——激光波长（μm）；

　　　D——聚焦前光斑直径（mm）；

　　　m——激光横模的阶数。

显然，采用短焦距的聚焦镜可使 d 变小，在 f 一定的情况下，横模阶数越低，d 越小，当横模为基模（$m=0$）时，d 最小。

3. 吸收率

吸收率决定了焊件对激光束能量的利用率。研究表明，金属对红外光的吸收率 ρ_A 与它的电阻率 ρ_r 之间的关系为

$$\rho_A = 112.2\sqrt{\rho_r} \tag{10-2}$$

电阻率与温度有关，所以金属的吸收率与温度密切相关。

尽管大多数金属在室温时对 10.6μm 波长激光束的反射率一般都超过 90%，然而一旦熔化、汽化、形成小孔以后，对激光束的吸收率将急剧增大。图 10-9 所示为金属材料吸收率随表面温度和功率密度的变化。由图 10-9 可知，达到沸点时的吸收率已超过 90%。不同金属达到其沸点所需的功率密度也不同，钨为 $10^8 W/cm^2$，铝为 $10^7 W/cm^2$，碳素钢则在 $10^6 W/cm^2$ 以上。对材料表面进行涂层或生成氧化膜，可以有效地提高对激光束的吸收率。

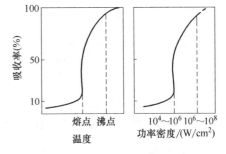

图 10-9　金属材料吸收率随表面温度和功率密度的变化

另外，使用活性气体也能增加材料对激光的吸收率。试验表明，在保护气体（氩气）中添加 $\varphi(O_2)=10\%$ 的氧气，可使熔深增加一倍。

4. 焊接速度

焊接速度影响焊缝的熔深和熔宽。深熔焊时，熔深几乎与焊接速度成反比。在给定材料、给定功率条件下对一定厚度范围的焊件进行焊接时，有一适当的焊接速度范围与之对应。如果速度过高，会导致焊不透；如果速度过低，又会使材料过量熔化，焊缝宽度急剧增大，甚至导致烧损和焊穿。

5. 保护气体成分及流量

深熔焊时，保护气体有两个作用，一是保护被焊部位免受氧化，二是抑制等离子体的负面效应。

图 10-10 所示为不同保护气体对熔深的影响。由图可知，He 可显著改善激光的穿透力，这是由于 He 的电离势高，不易产生等离子体，而 Ar 的电离势低，易产生等离子体。若在 He 中添加有更高电离势的 H_2，则又会进一步改善光束的穿透力，使熔深进一步增大。空气

和 CO_2 对光束穿透力的影响介于 Ar 和 He 之间。

保护气体流量对熔深的影响如图 10-11 所示。在一定的流量范围内，熔深随流量的增大而增大，超过一定值以后，熔深基本维持不变。这是因为流量从小变大时，保护气体去除熔池上方等离子体的作用加强，减小了等离子体对光束的吸收和散射作用，因此熔深增大，一旦流量达到一定值以后，仅靠吹气进一步抑制等离子体负面效应的作用已不明显，因此即使流量再加大，对熔深也就影响不大了。另外，过大的流量不仅会造成浪费，同时还会使焊缝表面凹陷。

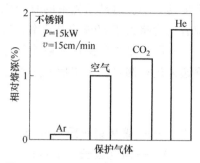

图 10-10　不同保护气体对熔深的影响

高速焊接时，选择保护气体不能仅考虑气体的电离势，还应考虑气体的密度。因为电离势较高的气体往往原子序数较低，质量也较小。高速焊接时，这些较轻的气体不能在短时间内把焊接区域的空气排走，而较重的气体则可实现这一点，因而把较重的气体和较轻而电离势又高的气体混合在一起，将会产生最佳的熔透效果。图 10-12 表明，尽管提高了焊接速度，当在 He 中添加 φ（Ar）= 10% 的 Ar 时，可显著增大熔深。

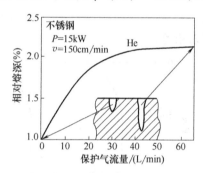

图 10-11　保护气体流量对熔深的影响

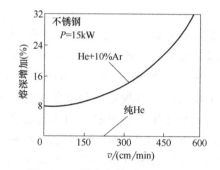

图 10-12　混合气体对熔深的影响

6. 离焦量

离焦量不仅影响焊件表面光斑直径的大小，而且影响光束的入射方向，因而对焊缝形状、熔深和横截面积有较大影响。

10.5　激光复合焊

激光复合焊技术是指将激光与其他焊接方法组合起来的集约式焊接技术，其优点是能充分发挥每种焊接方法的优点并克服某些不足。

1. 激光-电弧焊

图 10-13 和图 10-14 分别是激光-TIG 复合焊和激光-MIG 复合焊示意图。这类复合焊方法的主要优点如下。

1）有效利用激光能量。母材处于固态时对激光的吸收率很低，而熔化后可高达 50% ~ 100%。采用复合焊时，TIG 电弧或 MIG 电弧先将母材熔化，紧接着用激光照射，从而提高母材对激光的吸收率。

2）增大熔深。在电弧作用下，母材熔化形成熔池，而激光则作用在熔池的底部，加之液体金属对激光束的吸收率高，因而复合焊较单纯激光焊的熔深大。

3）稳定电弧。单独采用电弧焊时，焊接电弧有时不稳定，特别是在小电流情况下，当焊接速度提高到一定值时会引起电弧漂移，使焊接无法进行。而采用激光-电弧复合焊时，激光产生的等离子体有助于稳定电弧。

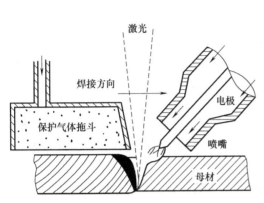

图 10-13 激光-TIG 复合焊接示意图

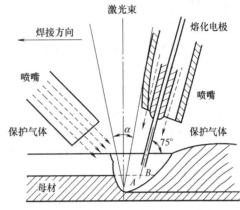

图 10-14 激光-MIG 复合焊接示意图

图 10-15 所示为单纯 TIG 焊和激光-TIG 复合焊时电弧电压和电弧电流的波形。图 10-15a 中焊接速度为 135cm/min，TIG 焊的焊接电流为 100A，可以看出，复合焊时，电弧电压明显下降，焊接电流明显上升。图 10-15b 中焊接速度为 270cm/min，TIG 焊接电流为 70A，可以看到，单纯 TIG 焊接时，电弧电压及焊接电流均不稳定，很难进行焊接，而与激光复合焊接时，电弧电压和电弧电流均很稳定，可顺利进行焊接。

2. 激光-高频焊

该方法是在采用高频焊管机的同时，采用激光对尖劈进行加热，使尖劈在整个厚度方向上的受热均匀，有利于提高焊管的生产率和质量。

3. 激光压焊

图 10-16 是采用激光压焊对薄钢带焊接的示意图。两待焊的薄钢带通过导槽形成 60°的

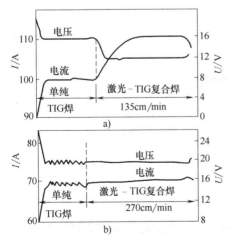

图 10-15 单纯 TIG 焊接和激光-TIG 复合
焊接时电弧电压和电弧电流的波形

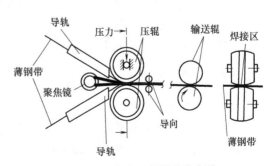

图 10-16 激光压焊焊接薄钢带

张开角，经聚焦的激光束照射到两薄带之间，在上下两压辊的作用下，两薄钢带在未熔化前被压焊在一起，不仅焊缝强度大，而且焊接速度可达到 240m/min（对薄钢带进行激光熔焊时，如果焊接速度大于 30m/min，往往会出现缺陷）。

10.6　铝合金的激光焊

高强度铝合金是宇航、现代轨道客车和汽车等工业广为采用的铝合金，以板材焊接结构件为主。这类铝合金具有密度低、塑性好、易于加工成形、无低温脆性转变及耐大气腐蚀等许多优点。因此本节重点讨论这类铝合金结构的激光焊问题。

在 20 世纪 80 年代初，铝及铝合金的激光加工在欧洲激光加工界还是一个禁区，主要是由于铝合金存在对激光的高反射和自身的高导热性。在当时，激光加工主要是使用波长为 $10.6\mu m$ 的 CO_2 激光器，而铝合金对 CO_2 激光的反射率高达97%，因此铝合金的激光加工十分困难，曾被认为是不可能的。

但激光加工的优越性极大地吸引着从事激光材料加工的科研工作者，他们为此付出了大量的时间和精力来研究铝合金激光加工的可能性。经过多年的努力，高强度铝合金的激光焊研究成果已应用于欧洲空中客车 A340 飞机的制造中，其全部铝合金内隔板均采用激光加工，实现了激光焊接取代传统铆接。它被认为是飞机制造业的一次技术革命。由于激光焊接技术的采用，大幅度简化了飞机机身的制造工艺，减轻了机身的自重，并降低了制造成本。

10.6.1　铝合金 CO_2 激光深熔焊的阈值及影响因素

1. 铝合金 CO_2 激光深熔焊的阈值

如前所述，铝合金激光焊起焊时仅有小于 10% 的激光功率被吸收用于焊接热源并形成小孔效应，进而有效提高入射激光的吸收率，才能进行稳定的小孔深熔焊，因此铝合金激光深熔焊要求较高的激光功率密度。高功率密度可以通过两种方式得到：提高激光功率和减小聚焦光斑直径。

聚焦光斑直径

$$d_f \approx K_f \frac{f}{D} = K_f F = \frac{4\lambda}{\pi K} F \qquad (10\text{-}3)$$

式中　d_f——聚焦光斑直径；

　　　K_f——激光束的束腰直径与远场发散全角的乘积；

　　　f——聚焦镜的焦距；

　　　D——聚焦镜处的光束直径；

　　　F——聚焦数或 F 数，$F = \dfrac{f}{D}$；

　　　λ——激光的波长；

　　　K——激光的光束质量因子，在 0~1 范围取值。

K 值越大，光束质量越好。激光器的光束质量越好，在相同聚焦条件下就可以获得更小的聚焦光斑和更高的功率密度，所以铝合金要获得稳定的激光深熔焊过程，激光器必须具有高功率和很好的光束质量，以便得到高功率密度。图 10-17 所示为不同光束质量（$K = 0.33$、

0.18、0.11）时铝合金激光焊的熔深与焊接速度的关系。由图可知，激光器的光束质量越好，在相同功率和相同速度下获得的熔深越大。

当激光器给定时，也可以通过减小聚焦数来得到聚焦光斑和高功率密度。聚焦数的减小可通过缩短聚焦镜的焦距或扩大光束直径来实现，但由于生产和应用技术等方面的原因，焦距的减小是受到限制的，因此扩大光束直径是切实可行的方案。光束直径扩大的最直接的方式就是调整激光器输出窗口到加工工位的距离。因为激光束总

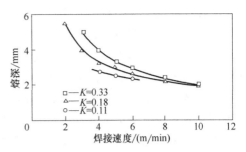

图 10-17　不同光束质量时熔深与焊接速度的关系

存在一定的发散角，随着光束传输距离的增大，光束直径扩大。图 10-18 所示为不同光束直径时熔深与激光功率的关系。由图可知，随着光束直径的扩大，激光深熔焊所需激光功率减小。

2. 铝合金 CO_2 激光深熔焊阈值的影响因素

（1）材料成分　不同的铝合金材料，激光深熔焊的临界功率密度存在较大的差异。一般而言，合金成分越复杂，合金元素含量越高，激光深熔焊的临界功率密度越低。原因是随着合金含量的增大，材料的导电性降低，对激光的吸收率提高，同时导热性降低。另外，合金元素蒸发的难易也会影响激光深熔焊的阈值。图 10-19 所示为几种铝合金 CO_2 激光深熔焊的熔深与深熔焊阈值。

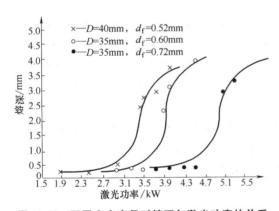

图 10-18　不同光束直径时熔深与激光功率的关系

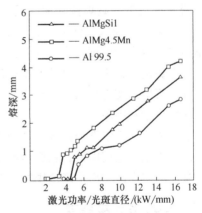

图 10-19　铝合金 CO_2 激光深熔焊的熔深与深熔焊阈值

（2）材料表面状态　如前所述，改变材料表面状态的方法可以采用涂层、表面氧化处理或者表面粗糙化处理。上述表面处理措施均可不同程度地提高铝合金对激光的吸收率。但铝合金表面氧化膜会导致焊缝中产生气孔和裂纹，宇航构件用的铝合金表面一般不允许出现任何细小的划痕，所以在绝大多数情况下不允许使用机械方法来增加表面粗糙度。

（3）气体的影响　研究表明，在铝合金 CO_2 激光焊时，单独使用 Ar 气不能得到稳定的激光深熔焊过程，必须使用 He 气作为控制等离子体的工作气。这是由于铝合金激光深熔焊的临界功率密度很高，而 Ar 气的低导热性和低电离能使等离子体易于扩展，从而不能实现对等离子体的有效控制；而使用其他气体（N_2 或 O_2）作为工作气时，所形成的反应产物必

然损害焊缝的力学性能和耐蚀性能。虽然在铝合金 CO_2 激光焊时，不能单独使用 Ar 气，但在 He 气中添加一定量的 Ar 气可以改善焊接过程的稳定性。所以铝合金 CO_2 激光焊往往采用 He 气和 Ar 气的混合气。研究表明，He 气与 Ar 气的混合比为 3∶1 时，可将光致等离子体对焦点的影响降到最小，He 气与 Ar 气的混合比最好不小于 1∶1。

（4）光致等离子体屏蔽　光致等离子体对入射激光会产生吸收和折射，使得作用在焊件表面的激光功率和功率密度降低，出现等离子体对激光的屏蔽，造成激光深熔焊过程中断，因此必须采取适当的工艺措施予以避免。

图 10-20 所示为采用 20kW 射频激励快速轴流 CO_2 激光器对铸造铝合金 ZAlSi9Mg 进行激光焊时熔深与激光功率的关系。该图清楚描述了从表面重熔到光致等离子体屏蔽的全过程。在 Ⅰ 区，由于激光功率密度较低，吸收只发生在焊件表面，由于铝合金对激光的吸收率极小，绝大部分激光能量被焊件表面反射，熔深很浅。传热焊、表面重熔、激光合金化和熔敷处在这一区间。Ⅱ 区是激光深熔焊区，高功率密度激光束突破焊件表面高反

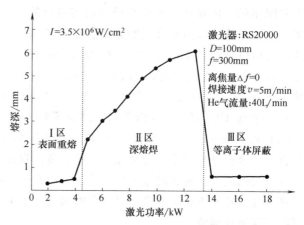

图 10-20　熔深与激光功率的关系

射这一"壁障"而深入焊件内部，其基本特征是金属的大量蒸发和出现小孔效应，能量的耦合率和加工效率大幅度提高。在 Ⅰ 区与 Ⅱ 区之间，传热焊机制和深熔焊机制交替出现，焊接过程极不稳定。在 Ⅲ 区，高功率密度激光引起气体电离形成等离子体。由于等离子体对激光的吸收和折射，使得作用于焊件表面的激光功率和功率密度降低，出现等离子体对激光的屏蔽，深熔焊过程中断。

综上所述，由于铝合金高导热性和对激光的高反射，铝合金激光焊要求激光器输出高功率密度；由于铝的电离能低，铝合金激光焊时比钢铁材料更容易出现等离子体的屏蔽。因此铝合金激光深熔焊的功率密度范围窄，对激光器功率和光束质量的要求高，焊接难度大。

10.6.2　CO_2 激光填丝焊

如图 10-21 所示，在激光填丝焊过程中，通过一个送丝喷嘴提供填充焊丝。焊丝按所处的位置，一部分由激光照射而熔化，一部分由激光诱导的等离子体加热熔化，一部分通过熔池的对流而熔化。同时，为了保护焊接区及控制光致等离子体，还需向激光束与焊丝及焊件作用部位吹送保护气体和等离子体控制气。送丝喷嘴可以与气体喷嘴集成在一起，形成一个同轴组合喷嘴。

图 10-22 所示为送丝喷嘴和送气喷嘴彼此独立位于激光束两侧的焊接机头。两个喷嘴相对于激光束的角度、位置都可以单独调节。图 10-23 所示为用于激光填

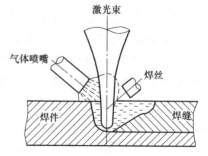

图 10-21　激光填丝焊原理图

丝焊的组合激光焊接机头，送丝喷嘴、等离子体控制气喷嘴和熔池保护喷嘴集成在一起。

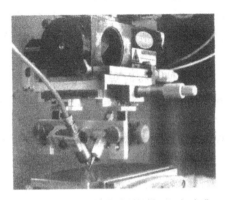

图 10-22　激光填丝焊用独立组合喷嘴

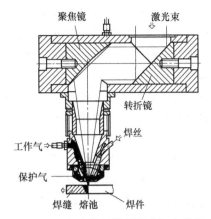

图 10-23　激光填丝焊用集成组合喷嘴

图 10-24 所示为采用同轴组合喷嘴的激光填丝焊示意图。气体输送和焊丝输送采取同轴安排，其优点是调整方便，焊丝对保护气流干扰小。

由于激光焊时需要对等离子体的控制和保护焊接熔池所需的双重气流，因此在焊接过程中气体流量较大。气流纹影分析表明，当 He 气流量达到 30L/min 时，同轴喷嘴会产生一个几乎不受干扰的保护气体的层流（图 10-25）。当 He 气流量达到 40L/min 时，出现干涉条。因此采用同轴喷嘴时 He 气流量一般控制在 20L/min。与 MIG 焊相比，激光焊时，单位焊缝长度所需的 He 气要少得多。

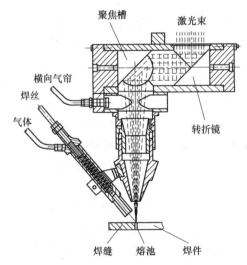

图 10-24　激光焊同轴组合喷嘴

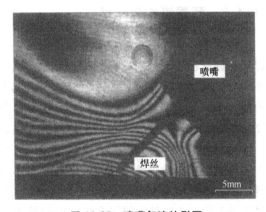

图 10-25　喷嘴气流纹影图

为了保护光学系统元件不受焊接烟气的污染，激光加工头上通常布置有横吹气帘。

相对于激光束和焊件运动方向来说，送丝嘴可以采取"插入"式放置或"拖动"式放置。以"插入"式焊接对接接头时，焊丝移动方向与熔池凝固方向相同，其结晶潜热可用于焊丝的熔化。而在焊接 T 形接头的角焊缝时，由于位置的相对关系，熔池不能用于焊丝的熔化，因为焊缝边缘的快速冷却可能会使焊丝粘在角焊缝上，采用"插入"式送丝时，焊丝就会出现弯曲，从而使焊接过程中断。在"拖动"式送丝时，即使焊丝送进受阻，焊丝将继续被激光熔化，焊接过程可继续稳定进行下去。在最严重的情况下，也只会产生局部焊缝缺陷，所以在焊接T形接头角焊缝时总是采用"拖动"式送丝。这时，焊丝一侧没有熔池，焊丝由激光直接熔化或通过激光等离子体熔化。同时，T形接头对焊丝的侧向摆动也可以起到限制作用。

由于聚焦激光斑点直径很小，一般在1mm以下，为了使焊接时焊丝始终处在聚焦激光斑点的照射之下，要求焊丝必须具有良好的刚直性和指向性。显然，焊丝直径越粗，越容易保证焊丝与激光束的相对位置，但焊丝可能不能充分熔化。当焊丝太细时，刚直性差，焊丝的摆动和弯曲将导致焊丝熔化不均匀，出现焊接过程不稳定现象。铝合金激光焊时，焊丝直径太小，则焊丝的比表面积增大，导致熔池氢含量增大，焊缝中的气孔倾向增大，所以铝合金激光填丝焊时，合适的焊丝直径为0.8~1.6mm。为保证焊接过程的稳定和焊接质量，焊丝应尽可能送至激光的焦点正下方。这样，焊丝熔化均匀，焊缝成形良好。

另外，针对不同直径的焊丝和不同的接头形式，送丝速度与焊接速度必须匹配。图10-26所示为对接焊时送丝速度与焊接速度的匹配关系。在阴影区可以获得稳定的焊接过程和良好的焊缝成形。而在阴影区的下方，由于送丝速度太低，焊丝熔化不连续，导致焊接过程不稳定，焊缝成形不规则。

综上所述，铝合金激光填丝焊可较好地控制焊接过程中的气孔倾向、避免热裂纹的产生，并且使铝合金的焊接过程更趋稳定，从而极大改善了接头的质量，最终使铝合金的激光焊技术走出实验室，进入工业领域，并首先在"空中客车"飞机的机翼、机身的隔板结构上得到成功的应用。

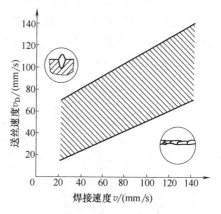

图10-26　对接焊时送丝速度与焊接速度的匹配关系

10.6.3　预置填料激光焊

激光填丝焊的质量有赖于焊丝的对准精度，而对焊丝送进过程的干扰会立即导致焊缝缺陷的产生。此外，当焊接速度很高时，如$v=15\text{m/min}$，母材与焊丝的混合不够均匀，高强度铝合金激光焊时会产生裂纹，所以有时需要采用预置填充材料的方法。

预置填充材料就是预先将填充材料放置在焊接区。预置的方法可分为电镀和涂敷两种。下面以T形接头角焊缝为例进行说明。在这个例子中，填充材料的预置就是指底板的预先镀层和立板的预先涂敷，如图10-27所示。底板可以先进行电镀，随后用化学腐蚀的方法，将底板上除接头以外的镀层去掉，电镀的方式和镀层厚度可根据需要确定。

立板接头处的涂层多采用在立板接头处进行涂敷的工艺措施，可使用喷涂工艺用某些粉末的混合来得到所需要的合金成分，但是这种喷涂层存在相当高的气孔率，所以在喷涂后必须进行后加工处理。

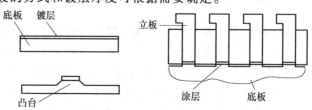

图10-27　T形接头填充材料预置方法

采用预置填充材料的激光焊工艺，预置涂层的厚度不能太小，否则会由于涂层不能提供足够的填充材料以保证充分合金化，而形成凹陷或未熔合等缺陷。

对 AlMgSiCu 铝合金采用填充焊丝 AlSi12 和预置填充材料进行激光焊的结果表明，与填充焊丝相比，预置填充材料时的焊接速度可由 $v = 15\mathrm{m/min}$ 提高至 $v = 20\mathrm{m/min}$。其原因是：这时有更多的填充材料进入焊缝，在凝固时，已凝固的晶粒间会有大量的低熔点液相物。焊缝中的硅可视为一种低熔相。对硅分布的测试表明，采用预置填充材料工艺时，硅含量为 $w(\mathrm{Si}) = 2.5\% \sim 3.5\%$，而采用填充焊丝时 $w(\mathrm{Si}) = 0.4\% \sim 1.6\%$。

10.6.4　激光粉末焊

采用填充粉末的激光焊系统如图 10-28 所示。本节主要针对板条式 CO_2 激光器的激光粉末焊进行简单介绍。

从铝合金的工业应用发展来看，2×××（Al-Cu）系列和 7×××（Al-Zn）系列铝合金主要用于宇航飞行器结构件（如运载火箭燃料贮箱、航天飞机外贮箱等），5×××（Al-Mg）系列铝合金主要用于制造全铝车身部件以提高车体的耐蚀能力并减轻重量，6×××（Al-Mg-Si）系列铝合金则更多用于车身面板的制造以提高抗碰撞的能力。Audi、Ford 和 Honda 等高级轿车、Lotus Elise 和 Renault Spide 赛车的生产采用了铝合金材料。Audi A8 豪华沙龙轿车采用

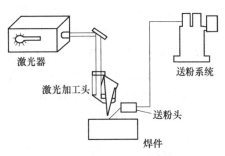

激光器

送粉系统

激光加工头

送粉头

焊件

图 10-28　激光粉末焊系统示意图

全铝的车身结构相设计，与钢结构相比，车身减重 140kg。所以铝合金激光焊也主要集中应用在宇航和汽车两大工业领域。

1. 铝合金粉末材料

激光粉末焊时，填充粉末的添加及选择要综合考虑不同牌号铝合金的焊接性（主要是指产生热裂纹及气孔的倾向）、接头的综合性能和激光焊接工艺。

从抗裂纹角度出发，正确选择填充材料，合理选定焊缝的成分是行之有效的方法。抗裂试验表明，除纯铝、2A16 等少数铝合金外，采用与母材同质的焊丝均具有较大的裂纹倾向，因而不得不采用与母材成分有较大差异的异质焊丝作为填充材料。例如：只有采用高 Mg 含量的 Al-Mg-Zn 焊丝焊接低 Mg 含量的 Al-Mg-Zn 合金板，用 Al-5%Si 焊丝焊接 Al-Cu-Mg 合金板，才能控制裂纹并取得良好的焊接质量；用 Al-5%Si 焊丝可以成功焊接除 Mg 含量较高的合金以外的多数铝合金，尤其是硬铝，而 Al-5%Mg 焊丝一般不用于硬铝的焊接。

铝合金激光粉末焊时，填充粉末的选择方法与上述焊丝的选择相同。专用的铝合金激光焊填充粉末规格有限，常用的有 AlSi5、AlSi12、AlMg5 等牌号。其颗粒直径为 $40 \sim 60\mu\mathrm{m}$，具有很好的工艺流动性。粉末颗粒直径过小，容易结团，黏附在送粉管内壁上，影响送粉质量，焊接时易造成元素过多烧损。

2. 送粉系统

送粉系统主要由送粉器、送粉头及送粉气路等几部分构成。

（1）送粉器　送粉器的作用是储存和输送被选定的合金粉末。激光粉末焊对送粉器的送粉精度、均匀性和稳定性要求极高，一般的螺旋推进式、刮板式及仅靠重力作用送粉的送

粉器由于送粉精度低而均不适用。使用较多的是 Plasma twin10-C（图 10-29）、Meteco MFP2 等带有反馈控制的常用送粉器型号。送粉精度可控制在±1%左右，可基本满足激光加工对送粉的要求。

（2）送粉头　送粉头的功能是把从送粉器流出的粉末准确地送至激光光斑所在位置。薄板激光焊时要求对接焊缝宽度小于 1.5mm，所以对送粉的准直性和准确性极为苛刻。常用的送粉头仅是简单地使用具有一定流量的送粉器，通过送粉器直接输送粉末，送出的粉末束流发散，根本不能满足激光焊时对送粉质量的要求。这也是激光粉末焊不能得到广泛工业应用的主要原因。

自汇聚粉末束喷粉装置的出现大幅度改善了激光粉末焊的送粉质量，如图 10-30 所示。该装置采用同心的双管结构，内层管输送粉末、外层管输送保护气。利用具有一定流速的保护气流对粉末束流起汇聚作用，使之整形，变成具有较好挺度的非发散粉末束流，并具有高的送粉精度、送粉效率及稳定的位置指向性，满足了激光焊对粉末送进的要求。同时由于保护气的同心送进还有效地解决了激光熔池的保护问题。自汇聚粉末束流与发散型粉末束流的比较如图 10-31 所示。

图 10-29　Plasma twin10-C 型送粉器

a) 发散型粉末束流　　b) 自汇聚粉末束流

图 10-30　自汇聚粉末束喷粉装置　　　图 10-31　自汇聚粉末束流与发散型粉末束流的比较

为提高送粉的稳定性，可以给送粉系统加装在线反馈系统，将送粉精度控制在 2% 以内。Meteco MFP2、Plasma twin10-C 等型号送粉器虽然可以满足激光粉末焊的送粉要求，但在使用时，从开始送粉到稳定送粉需要一定的时间，而激光粉末焊必须在送粉稳定后才能进行，这样会浪费许多粉末材料。为解决这一问题，1999 年 HAAS 公司推出一种新型的送粉装置，该装置启动后就能进入稳定送粉工作状态。暂时停止粉末送进时，利用自动阀门把粉末导入一临时储粉瓶中，当再次需要粉末送进时再切换回去。这种送粉装置在保持送粉的连续性、稳定性的同时，还有效提高了粉末的利用率。

3. 粉末颗粒对激光的反射与吸收

粉末颗粒对激光的反射和吸收与激光填丝焊相比，具有如下特点。

1）粉末和母材同时接受激光束照射。

2）粉末颗粒具有更大的表面积，增强了对激光的吸收。

3）粉末颗粒对激光产生漫反射，漫反射的激光一部分被相邻的粉末颗粒吸收，一部分损失掉。

4）焊接过程中，粉末颗粒吸收焊件表面的反射光、光致等离子体的能量、熔池的辐射热，从而大幅度提高了激光能量的利用率。

4. 铝合金激光粉末焊试验研究

采用 Rofin-Sinar 公司生产的板条式 CO_2 激光器 DC-025，光束直径为 21mm，模式为 TEM_{00}，光束质量参数 $K \geqslant 0.7$，最大输出功率 $P_w = 2.6kW$，采用焦距 $f = 150mm$ 的铜质旋转抛物镜聚焦，焦斑直径 $d = 0.25mm$。试验时采用四轴数控工作台、Plasma twin10-C 型送粉器和自汇聚高效送粉头。

试验材料采用汽车和航空工业常用的 Al-Mg-Si 系铝合金——6016 和 6060，试件厚度分别为 1.15mm 和 4mm；粉末材料为 M52C-NS（AlSi12），它们的化学成分见表 10-3，粉末颗粒直径为 $40 \sim 150\mu m$。分别采用扫描方式和送粉方式焊接以进行比较。

表 10-3　铝合金材料及焊接用铝合金粉末的化学成分

材料	成分（质量分数，%）								
	Si	Mg	Cu	Mn	Zn	Fe	Ti	Cr	Al
6016	1.0~1.5	0.25~0.6	0.2	0.2	0.2	0.5	0.15	0.1	余量
6060	0.3~0.6	0.35~0.6	0.1	0.15	0.15	0.1~0.3	0.1	0.05	余量
M52C-NS	12	—	—	—	—	—	—	—	余量

（1）保护气的作用和影响　在激光填丝焊或不加丝的 CO_2 激光焊中，使用 He 气或 He+Ar 混合气体可以有效地控制光致等离子体的不利影响。其他气体由于会产生脆性相或电离势较低而不宜使用。保护气的流量要达到 30L/min 以上才能取得良好的保护效果。这种气体流量对于送粉而言太高而无法使用。试验表明，在对接扫描焊和填粉焊试验中使用 $10 \sim 30L/min$ 的保护气体流量均不能提供有效的保护以获得高质量的焊缝，容易产生气孔、咬边、焊缝不连续及焊缝表面不平滑等缺陷。图 10-32 所示为光致等离子体造成的断续焊缝。通过系列试验表明，使用 $(10 \sim 20L)He + (1 \sim 5L)N_2/min$ 的混合气体可以获得表面成形美观、余高适当且没有明显焊接缺陷的激光粉末焊焊缝（图 10-33）。其中 N_2 气是送粉气流，焊件背面使用 $10 \sim 15L/min$ 的氩气进行保护。

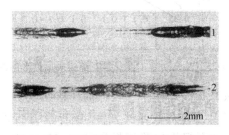

图 10-32　光致等离子体造成的断续焊缝

图 10-33　使用混合气的激光粉末焊焊缝截面

（2）填充粉末对接头冶金行为和成形的影响　Al-Mg-Si 系列铝合金中，Si 含量对接头冶金过程中的热裂纹倾向有重要的影响。铝合金是典型的共晶合金，其结晶裂纹主要发生在结晶过程中的脆性温度区间，如图 10-34 所示。一般而言，脆性温度区间的大小随该合金整个结晶温度区间的增大而增大，在图中的 c 点也就是 B 组分的极限溶解度时，结晶温度区间最大，脆性温度区间也最大，结晶裂纹的倾向也最大。B 组分元素进一步增大时，结晶温度区间和脆性温度区间变小，结晶裂纹倾向降低。

就 Al-Si 合金而言，平衡状态时 Si 的极限溶解度为 1.65%，在焊接时的不平衡状态仅为 0.7% ~ 0.8%，从成分可知，这与 6016 铝合金的含量接近，所以 6016 铝合金具有很强的热裂纹敏感性。而一般认为，当 $w(Si)>5\%$ 时即可大幅度降低铝合金焊缝的热裂纹倾向。试验中使用的是 $w(Si)=12\%$ 的铝合金粉末。经检测，焊缝中的 Si 含量高达 $w(Si)=$ 6% ~ 8%，随 Al-Si 共晶增多，流动性更好，具有很好的"愈合"裂纹作用，当配合使用正确的焊接工艺时可以完全避免焊缝中的热裂纹。

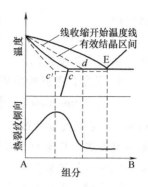

图 10-34　铝合金结晶过程形态变化

试验还表明，不同的激光功率对应存在一个适当的送粉速率范围，如图 10-35 所示。仅在对应的送粉速率范围内，焊缝表面具有正常的余高。大于该送粉速率范围，焊缝余高过大，造成粉末浪费；送粉速率过低，余高太小或消失。这两种情况均会造成不合格的焊缝成形。

（3）离焦量的影响　试验中，将焦平面在焊件表面以上定义为正离焦。在铝合金激光焊中，离焦量的变化对焊缝的表面成形、熔深和焊缝质量影响很大。如 6016 铝合金的扫描焊接时，当采用 2.5kW 的功率、8m/min 的速度、离焦量为 −2 ~ 3mm 时，焊缝中纵向热裂纹总是存在，只有当离焦量为 −3mm 或 +4mm 时才能消除焊缝的热裂纹。其原因在于小的离焦量会使焦斑的能量密度相对增大，在大的温度梯度和冷却速度下造成熔池中柱状晶快速对向生长，在焊接拉应力下沿焊缝中部的柱状晶结合面开裂。图 10-36 所示为 6016 铝合金激光粉末焊时激光功率、离焦量对焊缝表面成形的影响。由图可知，在选择激光功率的同时必须要选择与其相对应的离焦量，以保证获得图中封闭范围内的表面成形平滑的焊缝。

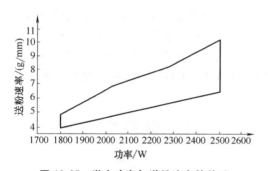

图 10-35　激光功率与送粉速率的关系

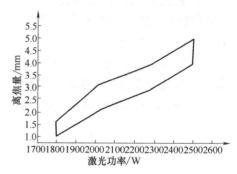

图 10-36　激光功率、离焦量对焊缝表面成形的影响

（4）焊接速度的影响　试验表明，在铝合金激光扫描焊接中，较低的焊接速度使焊缝的纵向热裂纹倾向较大。例如：采用 2.0 ~ 2.5kW 的功率、焊接速度为 5 ~ 8m/min 进行铝合金的激光扫描焊，结果在焊缝中产生了纵向热裂纹；而把焊接速度提高到 8 ~ 12m/min 时，则避免了纵向热裂纹的产生。此外，较低的焊接速度造成焊缝的冷却速度减慢，为焊缝中靠近熔合线部位的气孔聚集长大提供了条件。这一规律对于铝合金激光粉末焊同样适用。必须通过系统的工艺参数优化试验遴选出一定激光功率下所对应的最佳焊接速度。

（5）铝合金激光粉末焊的接头间隙　试验表明，6016 铝合金激光粉末焊，其接头抗拉强度不低于母材强度所对应的允许间隙为 0.5mm，远大于铝合金薄板激光扫描焊接所要求的间隙——不大于板厚的 10%。这大幅度提高了激光粉末焊对结构的适应能力。

（6）接头强度和塑性　在高强度铝合金的无间隙对接激光焊中，填充粉末的使用与否对焊接接头的强度和塑性影响很大。图 10-37 所示为不同工艺的 6016 铝合金激光焊对接接头屈服强度和抗拉强度的对比，图 10-38 所示为伸长率的对比。由图 10-37 可见，母材的抗拉强度最高，平均为 233MPa，采用激光粉末焊的接头次之，平均为 220MPa。试验中发现，首先产生屈服的部位在母材，而且在屈服的部位最终产生断裂。这主要是因为激光焊的焊缝晶粒细小，具有很好的综合性能，而且由于填充粉末的加入使得焊缝成形饱满、美观，余高适当，因而接头具有较好的抵抗变形和断裂的能力。

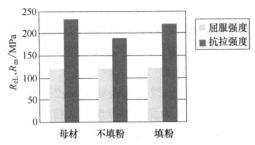

图 10-37　6016 铝合金激光焊对接接头的
屈服强度与抗拉强度

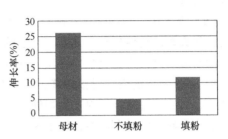

图 10-38　6016 铝合金激光焊对接
接头的伸长率

由图中数据可知，带有激光粉末焊对接接头的试件，当母材部位发生断裂时，其抗拉强度和伸长率都低于纯母材。这是因为焊缝对于拉伸作用力相当于一个拘束，因此在恒载拉伸条件下，应力集中区出现在焊缝两侧，形成塑性变形区，很窄的塑性变形区因变形强化提高了该区的强度，随之整个试件沿载荷方向发生均匀的塑性拉长变形。在均匀变形过程中，应力集中区变形能力减弱，因而其抵抗断裂的能力有所下降。

图 10-37 显示，不同工艺的激光焊接头的屈服强度都与母材相似。试验表明，这些试件的屈服都发生在母材而不是焊缝。对于不填粉末的试件，其抗拉强度仅为 178MPa，明显低于激光粉末焊工艺的试件，断裂发生在焊缝部位，但其拉伸屈服仍然发生在母材部位。出现这种现象的主要原因：不填粉末的激光焊焊缝表面常有咬边、表面凹陷、表面不平滑等宏观缺陷，造成有效横截面积减小及承载能力下降，以致降低了焊缝的抗拉强度。但是激光焊接头由于冷却速度快，细小的晶粒相应地提高了其抵抗变形的能力，致使在拉伸载荷的作用下，屈服会首先发生在焊缝两侧的母材，而不是在焊缝。可是，随着屈服后的加工硬化出现，有缺陷的焊缝受应力集中的影响最终首先产生断裂。扫描电镜的断口分析对此提供了进一步的论据。

在前面关于激光粉末焊工艺的介绍中，曾提到在当时的试验条件下，最好采用大于2100W 的激光功率进行焊接，低于 2100W 的功率输入会导致焊接接头更大的热输入，不仅带来试件较大的变形，还由于使用低功率焊透就必须要降低焊接速度，从而使焊缝变宽。例如：当使用 1700W 的功率时，焊接速度仅为 1.5m/min，焊缝宽 2.1mm；而使用 2500W 的功率时，速度为 4m/min，焊缝仅宽 1.37mm。

对接件之间的间隙对激光粉末焊的焊接质量有很大的影响。此时各种参数的优化选择有重要作用。当选择正确的工艺参数及激光参数时，6016 铝合金板（板厚 1.15mm）CO_2 激光对接焊间隙可达 0.5mm，Nd：YAG 激光对接焊间隙可达 0.4mm，焊缝表面平滑，拉伸试验时断裂均发生在母材。而且随间隙的增大，强度值和塑性值均变化很小。这说明，由于填充粉末的加入使焊缝金属保持了较稳定的性能。同时也表明，选择 AlSi12 作为填充材料焊接 6016 铝合金是非常适合的。

（7）焊接接头的弯曲试验 为了准确考核焊接接头的性能，试验用压头的中心正对焊缝背面的中心，以使试样表面承受较大的拉应力。试验结果表明，采用优化的 CO_2 和 Nd：YAG 焊接参数的填粉接头试件，如 CO_2 激光 2500W、焊接速度 4m/min，YAG 激光功率 2100W、焊接速度 5m/min，冷弯角均可达到 180°，经光学显微镜检查，在焊接接头表面均未发现裂纹。

（8）焊接接头断口分析 铝合金的激光焊接头拉伸试验结果显示，在母材区发生的断裂是比较典型的韧性断裂，其断口存在约 40° 的斜口，断口分析表明为韧窝形貌。而在焊缝发生的断裂则显示为混合断口性质，并且分以下几种情况。

1）不填粉末的激光对接焊缝，当存在明显的焊缝表面咬边时，断裂首先从咬边的缺陷处产生，而后沿着熔合线附近的焊缝扩展，直至断裂。起裂区为脆性的准解理形貌，扩展区为准解理和韧窝的混合形貌，终断区为韧窝形貌。典型的断口形貌如图 10-39 所示。

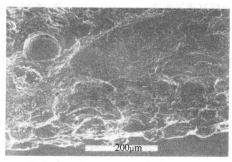

a) 起裂区

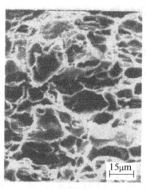

b) 扩展区

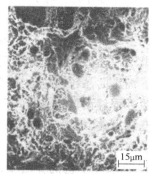

c) 终断区

图 10-39 铝合金拉伸断口形貌

2）不填粉的激光焊缝，如果不存在明显的咬边时，断裂则从焊缝的表面处首先产生，而后向焊缝内部扩展，各区的断口形貌与上述情况相似。

3）填充粉末的激光焊缝，当焊接速度偏低时，会在邻近熔合线的焊缝部位断裂。这主要是因为邻近熔合线的焊缝中存在气孔，减小了有效承载面积，从而降低了该处的承载能力。一般起裂区为准解理形貌，扩展区面积较大且是以准解理为主的混合断口形貌，终断区的面积较小，呈韧性断口形貌。

（9）硬度　填充粉末的铝合金焊接接头的硬度分布比较均匀，其中焊接接头与母材的硬度平均值基本相等。试验数据显示，在正确的焊接工艺下，沿焊缝横截面底部及上部的硬度分布也比较均匀一致。例如 6016 铝合金母材硬度平均值为 71.8HV，而焊缝的硬度平均值为 70.8~71.9HV。

（10）焊接接头的金相组织　对 6016 铝合金激光粉末焊的焊缝进行元素成分面扫描，从所得 EDAX 图谱可知，焊缝成分主要为 Al、Si、Mg、O 等元素，并且主要是 Al 和 Si，没有发现 N 元素（送粉气为 1~5L/min 的氮气）。图 10-40 所示为 6016 铝合金激光粉末焊接头电子显微镜的背散射图像，经谱线测定深色块状物为结晶时先析出的纯 Si；基底的亮色部分为 Al+Si 的共晶化合物；暗色部分为 α-Al。其中 $w(Si)$ 为 8%~11%，而不是平衡状态的 11%~14%。同时焊缝的 X 射线衍射相分析也表明，焊缝主要组成相为 Al 基体与 Al-Si 的共晶化合物。这是激光焊时快速冷却使共晶点成分向平衡点的左下方移动的结果。从基底的相组成及其分布来看，共晶化合物及 α-Al 呈均匀的交错分布。

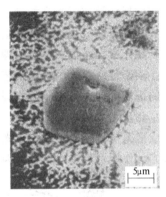

图 10-40　6016 铝合金激光粉末焊接头电子显微镜的背散射图像

除此之外，由于 6016 是 $w(Mg)=0.25\%~0.6\%$ 的 Al-Mg-Si 合金，所以应存在微量 Mg_2Si 相；而根据氧与 Al、Si、Mg 三种金属的亲和力及夹杂物的元素分析，焊缝中的氧元素主要以 Al_2O_3 的质点存在。

10.6.5　激光压焊

1. 激光压焊原理及装置

激光压焊原理如图 10-41 所示。激光束照射在被连接件的结合面上，利用金属材料表面对垂直偏振光的高反射将激光导向焊接区，由于焊接接头特定的几何形状，激光能量在焊接区完全被吸收，使焊件表面极薄的金属加热或者熔化，然后在压力的作用下实现材料的连接。

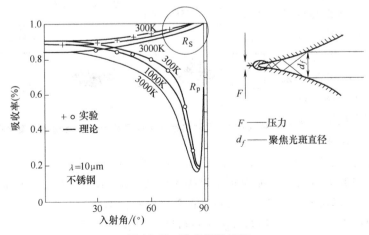

图 10-41　激光压焊原理

与激光熔焊工艺不同，激光压焊利用了金属对激光的高反射特性。当激光束垂直入射时，金属对激光的反射率通常很高。当激光束非垂直入射时，对于平行偏振光，在布儒斯特角时，针对不同的材料，反射率可以减小为垂直入射时的 $1/3 \sim 1/5$，而对于垂直偏振光，随着激光入射角度的增大，反射率不断提高，激光压焊正是利用这一特性得以实现的。图 10-42 所示为激光的偏振状态对激光压焊加热区的影响示意。当光束为平行偏振光时，由于布儒斯特效应，激光能量在焊接区之前几毫米将大部分被吸收，不能实现连接。因此激光压焊关键点之一是必须采用垂直偏振光。

激光压焊不仅在焊接原理上与激光熔焊不同，而且在加工效率上也比激光熔焊大幅度提高。对于传统激光深熔焊工艺，激光功率密度必须足够高，以使材料蒸发形成深熔小孔，小孔的深度近似为熔深，因此焊接过程主要是由金属的蒸发决定的。

与激光深熔焊工艺不同，如图 10-43 所示，激光压焊是根据焊件的厚度，采用一定的光学成形系统将激光束聚焦成光带，激光照射在整个坡口的被焊接处，只有表面极薄的金属在激光的作用下加热或熔化，因此激光能量的利用率极高，焊接速度可以大幅度提高。

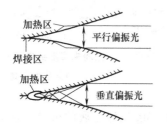

图 10-42　偏振状态对激光压焊加热区的影响

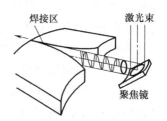

图 10-43　激光压焊示意图

为了得到均匀的焊缝成形，必须保证入射激光聚焦光带功率密度分布均匀，必须根据焊件的厚度，设计合适的光学成形系统。图 10-44 所示为几种典型光束成形系统的原理及成形光带功率密度分布诊断结果，作为对比，同时也给出了激光束原始功率密度分布情况。图 10-44a 所示为不同焦距的双柱面镜系统；图 10-44b 所示为柱面积分镜与柱面镜系统，其中光带宽度由积分镜的宽度决定；图 10-44c 所示为离轴抛物积分镜系统。

由图可见，离轴抛物积分镜系统的激光功率密度分布最为均匀，因此可以获得良好的焊缝成形。图 10-45 所示为激光压焊典型焊缝形貌。图 10-45a 所示为双柱面镜系统所得结果，由于功率密度分布不均匀，局部焊缝宽度增大（约 0.6mm）；图 10-45b 所示

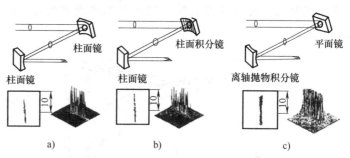

图 10-44　几种典型光束成形系统原理及功率密度分布（$P = 20\mathrm{kW}$）

为离轴抛物积分镜系统所得结果，焊缝成形较图 10-45a 均匀得多。

图 10-46~图 10-48 所示为两种激光压焊接头形式及应用。带材激光压焊装置示意如图 10-16 所示，适用于焊接厚度为 $30\mu\mathrm{m} \sim 3\mathrm{mm}$ 的金属材料，速度达到 $240\mathrm{m/min}$。焊接速度的进一步提高不取决于焊接工艺，而是取决于机械装置的运动速度。

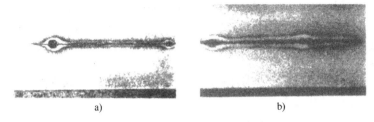

a)　　　　　　　　　　　　　b)

图 10-45　激光压焊典型焊缝形貌

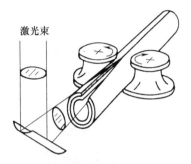

图 10-46　有缝钢管激光压焊示意图

图 10-47　有缝钢管的激光压焊设备

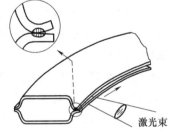

图 10-48　成形板搭接接头及激光压焊示意及其焊缝成形

2. 铝合金激光压焊的接头分析

（1）铝带激光压焊表面状态及工艺参数　针对 0.5mm 厚铝合金带材的激光压焊，研究表面状态及工艺参数对焊接结果的影响。

为了弄清铝合金表面氧化膜对激光压焊的影响，对试样表面进行不同的处理：①丙酮清洗；②丙酮清洗＋碱洗＋丙酮清洗；③丙酮清洗＋刮刀刮削＋丙酮清洗；④丙酮清洗＋钢丝刷刷＋丙酮清洗。试验结果如图 10-49 所示，在相同工艺参数条件下，铝合金板表面的预处理方法对焊缝没有明显的影响。研究表明，焊缝中的夹杂物和缺陷与表面状态无关。

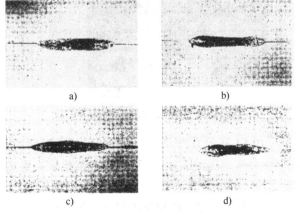

a)　　　　　　　　　　　　b)

c)　　　　　　　　　　　　d)

图 10-49　表面状态的影响

对三种铝合金材料（AlMg4.5Mn、AlZn4.5Mg1、AlMgSi0.7）在不同激光功率和不同压力下进行试验。结果表明：随着激光功率的增大，焊接区的宽度和深度增大（图10-50）；随着压力的增大，焊点的宽度增大而深度减小（图10-51），但是当压力小于30N时，将不能实现材料的连接。

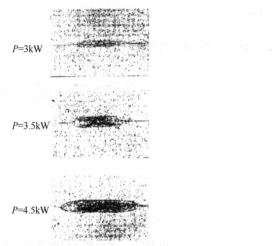

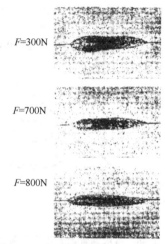

<table>
<tr><td>

P=3kW

P=3.5kW

P=4.5kW

图 10-50 激光功率对焊缝成形的影响
</td><td>

F=300N

F=700N

F=800N

图 10-51 压力对焊缝成形的影响
</td></tr>
</table>

（2）铝合金激光压焊熔核机理分析 目前理论界对这种压焊熔核形成机理尚没有统一认识，这种铝合金焊接所形成的组织是值得研究的。曾经对压焊的熔核形成机理，采用电镜、俄歇探针等多种手段，在大量的工艺试验的基础上进行过研究。

普通压焊的焊缝组织是典型熔核结晶组织，而铝合金激光压焊技术是一种高速、高压焊接方式，组织复杂。图10-52所示为铝带的激光压焊装置。两条待焊铝带由左边上下两带盘送进，在连接箱中由压辊压紧后，再送至激光焊接处完成焊接。铝带激光压焊接头是夹在上、下两铝带中间的，如图10-53所示。

图 10-52 激光压焊装置

图 10-53 铝带激光压焊接头图

图10-54所示为铝带激光压焊的焊缝横断面图。所用激光工艺为：焊速 v_s = 3000mm/s，功率 P = 4kW，压辊压力 N = 500N。与其他接头形式不同，焊接作用在上、下两条铝带（经压辊压紧）的中部。从图10-54看出，不同铝合金可造成不同的熔核结构形式，对 AlMgSi0.7铝合金，其熔核结构仅表现为一种"白带"形式，焊接区的连接可能是熔塑状态。鉴于激光压焊的特殊性，更微观的组织形态的判别还有待于进一步的深入研究。

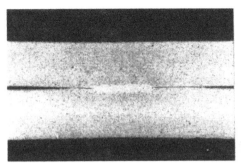
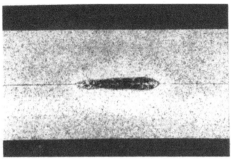

a) AlMgSi0.7板焊件　　　　　　b) AlZn4.5Mg1 板焊件

图 10-54　铝带激光压焊的焊缝横断面

（3）铝带激光压焊接头的硬度　图 10-55 所示为三种铝合金材料激光压焊接头硬度分布。除了 AlMg4.5Mn 铝合金激光压焊接头的硬度比母材降低，另外两种铝合金激光压焊接头的硬度均比母材硬度高。

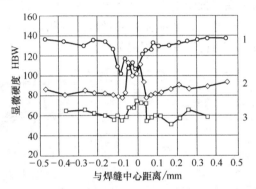

图 10-55　铝合金激光压焊接头硬度分布

1—AlMg4.5Mn　2—AlZn4.5Mg1　3—AlMgSi0.7

10.7　典型工程应用

20 世纪 90 年代起，经过十多年的研究，空客公司成功地将双光束激光焊接技术应用于铝合金机身壁板结构，替代了传统的铆接结构（图 10-56a），使飞机机身的结构从钣铆组装结构过渡到装焊整体结构（图 10-56b）。该技术针对机身壁板的蒙皮-长桁结构，利用两台完全相同的 CO_2 激光器在长桁两侧进行双侧同步焊接，避免了传统的单面焊双面成形工艺对蒙皮完整性的破坏，具有极大的优越性。应用表明：采用双光束激光焊的装焊结构可在不降低结构强度及疲劳寿命的前提下，结构减重 5%～10%，制造成本降低 15%，并显著提高结构的焊接生产率。

双光束激光焊技术最早是由德国的 Bias（不莱梅射线研究所）、Gkss（亥姆霍兹联合会）、Fraunhofer（弗劳恩霍夫材料与射线研究所）、LZH（汉诺威激光研究所）、亚琛工业大学等众多科研院所合作完成的。同时，相关焊接设备由 Schuler-held、M. torres、Rofin 等公司提供。激光焊接技术也成为德国航空业的重点发展技术之一。除了已经研制成功的激光

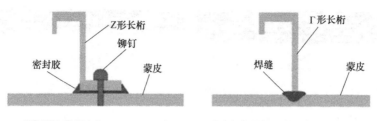

a) 铆接壁板(铆接速度: 0.15~0.25m/min)　　b) 激光焊接结构(焊接速度: 8~10m/min)

图 10-56　激光焊接壁板与铆接壁板截面示意图

焊蒙皮-长桁结构，其他的激光焊应用包括利用机器人焊接角片、焊接 Al-Mg-Sc 材料的着陆襟翼结构及激光焊铝-钛异种材料航空座椅滑轨等。

双光束激光焊技术最早应用于空客 A318 的前机身及中后机身两块壁板的生产制造，并在装机之前通过了 FAA（美国联邦航空管理局）的适航认证。图 10-57 所示为德国空客车间的双光束激光焊接生产线，随着 3 条焊接生产线的购置安装，焊接机身壁板于 2001 年在德国诺登哈姆的空客车间内实现了批量生产。随着此项技术的不断成熟，包括 A340、A380 在内的机型也都采用了激光焊接壁板，且壁板的数量也从开始的 2 块（总计 110m 焊缝），到最多使用 14 块激光焊壁板（总计约 798m 焊缝）。

图 10-57　德国诺登哈姆空客车间的机身下壁板双光束激光焊设备

这套工艺的焊接对象主要包括单曲壁板和双曲壁板，其中双曲壁板中的焊缝是较为复杂的空间曲线，对整个焊接设备和工艺提出了较高的要求。双曲壁板双光束激光焊接的整个工艺流程包括：蒙皮拉伸成形→蒙皮三维表面加工→蒙皮三维轮廓加工→装夹→激光焊→喷丸处理→热处理→表面防腐处理。

焊接长桁前的双曲面机身蒙皮形状采用时效蠕变方法成形。这种机身蒙皮重量轻、强度高、耐蚀，而且材料的损伤容限较高。在进行长桁激光焊过程中，由于铝合金的热膨胀系数较大、弹性模量较小，且双激光束双侧同步焊接的热源具有特殊性，加之金属板材的尺寸较大且厚度较小，再者，蒙皮上多道焊缝会导致焊接应力分布比较复杂，将导致焊接过程中蒙皮壁板产生失稳变形。因此焊接完成后采用喷丸处理，一方面改变蒙皮壁板焊接残余应力分布，起到矫形作用，另一方面进一步提高蒙皮壁板结构的疲劳性能。

图 10-58 所示为 A380 客机使用双光束激光焊的机头下壁板。焊接选用的材料为 6013（蒙皮材料）/6056（长桁材料），与传统的 6061 铝合金相比，这两种材料具有良好的焊接性能，材料本身具有中等强度，同时还具有优异的损伤容限性能。填充材料选用流动性较好的 4047 铝合金焊丝。

图10-58　双光束激光焊的A380客机机头下壁板

近年来，双光束激光焊工艺已应用于多种空客机型的蒙皮-长桁壁板结构的组焊。从A318上的2块焊接机身壁板到A380上的8块焊接机身壁板，焊缝长约650m，再到A350上的18块焊接机身壁板，焊缝长约1000m，在结构减重与制造成本降低方面取得了良好的效果。

2012年以来，经过10多年的自主研制攻关与试飞验证，双光束双侧同步激光焊接技术已成功应用于国产C919大型客机的机身壁板结构、长征五号运载火箭的框桁式舱段结构的焊接制造，显著提升了我国航空航天的制造水平与全球竞争力。

第11章　搅拌摩擦焊

11.1　概述

搅拌摩擦焊（friction stir welding，FSW）也称摩擦搅拌焊，是一项先进的固相连接技术，1991年发明于英国的焊接研究所（the welding institute，TWI）。作为一项创新的摩擦焊技术，经过30多年的应用与发展，搅拌摩擦焊技术已日臻完善并广泛应用于航空、航天、空分、汽车、电子、电力、船舶、轨道交通等诸多轻合金（主要是铝、镁、铜、锌及其合金）结构制造领域，其可焊厚度为2~150mm。对于常规熔焊方法难以焊接的铝/镁合金材料及异种铝/镁合金间的连接，采用搅拌摩擦焊均可获得满意的接头性能，是铝合金焊接技术应用与发展史上的重要里程碑。

搅拌摩擦焊技术本质上是一种基于微区摩擦加热与挤压锻造的绿色固相焊接工艺。在工艺与装备实现方面，以单轴肩搅拌摩擦焊工艺为基础，又发展出了同心双主轴搅拌摩擦焊工艺、双轴肩搅拌摩擦焊工艺、静轴肩搅拌摩擦焊工艺、双面焊搅拌摩擦焊工艺、扭矩平衡式搅拌摩擦焊工艺等，大大拓宽了搅拌摩擦焊的工艺裕度，保障了搅拌摩擦焊过程中产品"形性"的精准调控。

随着搅拌工具的设计与优化、面向产品结构特性的搅拌摩擦焊工艺装备的研制、搅拌摩擦焊过程中的热力耦合分析，以及各种典型轻合金材料搅拌摩擦焊工艺参数的优化及接头性能的评定等方面研究工作的深入，搅拌摩擦焊工艺与装备必将不断完善，其工业应用将会更加深入而广泛。

11.2　搅拌摩擦焊原理与工艺特性

搅拌摩擦焊是一项高效、低耗、低成本、符合环保要求的固相连接技术。如图11-1a所示，其原理是利用轴肩和搅拌工具与焊件间的摩擦热使接合面处的金属塑态化并在搅拌工具和轴肩的共同运动牵引、搅动挤压作用下向后、向下流动，填充，形成固相焊缝的过程。可见，搅拌工具的外形轮廓与转速、焊接压力（即搅拌工具焊接倾角）、焊接速度是焊接过程的关键工艺参数。只要搅拌工具材料的高温强度和耐磨性足够好，就可以实现塑态化温度较高的材料间的搅拌摩擦焊连接。目前，搅拌摩擦焊已成功应用于铝、镁、铜等轻合金板材的连接，在实验室也实现了钛、钢材的搅拌摩擦焊。

由于铝及铝合金的熔点不高（482～660℃），工作温度高于700℃且耐磨的搅拌工具材料容易获得，所以搅拌摩擦焊非常适合焊接同质或异质的铝及铝合金，尤其适合焊接常规熔焊工艺难以焊接的高强度铝合金。即便是熔焊方法易于焊接的铝及铝合金，使用搅拌摩擦焊也可以显著提高接头的性能，并显著减小焊缝的残余应力与焊接变形。由于控制参数少、易于自动化，可将焊接过程中的人为影响因素降到最低。搅拌摩擦焊的接头形式多种多样，包括对接、搭接、角接和丁字接头，如图11-1b所示。

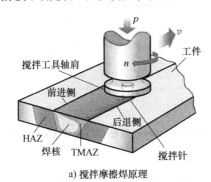 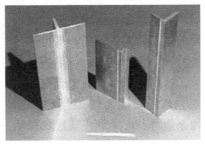

a) 搅拌摩擦焊原理   b) 搅拌摩擦焊接头

图11-1　搅拌摩擦焊原理和接头形式

由焊接原理可知，搅拌摩擦焊消除了气孔产生的根源——熔化结晶，解决了铝及铝合金熔焊的气孔难题，而且搅拌摩擦焊过程还大幅度降低了焊缝内应力水平，使其焊缝内应力明显低于破坏产品结构自身刚性的应力水平，获得优良的"低应力、无变形"焊接效果。铝及铝合金搅拌摩擦焊时，在搅拌工具的摩擦加热与挤压锻造作用下，连接区的塑性金属发生动态回复与再结晶等冶金过程，细化了焊缝区的组织，使接头的强度系数与韧性大幅度提高。

从图11-1a可以清晰地观察到铝合金搅拌摩擦焊接头的典型横断面宏观形貌特征：接头区域由母材、热影响区（HAZ）、热力影响区（TMAZ）、焊核构成，其中热影响区、热力影响区和焊核由搅拌工具的摩擦热与搅拌形变综合使用而产生。研究表明，焊核由细小的经动态再结晶的等轴晶构成，属于充分经历动态再结果过程的区域，其晶粒尺寸比母材的晶粒尺寸要小得多。热力影响区经历了剧烈的挤压塑性变形，并出现局部的动态再结晶而带来的晶粒细化。

与其他焊接方法相比，搅拌摩擦焊具有如下特点：

1）控制参数少、易于实现自动化，焊缝质量一致性高。

2）焊前准备和焊后处理工作很少，降低劳动强度，提高工作效率。

3）焊接温度相对较低，焊缝区的残余应力和残余变形显著减小。

4）采用立式、卧式工装均可实现焊接。

5）搅拌摩擦焊不产生弧光、烟尘、噪声等污染，属于绿色加工方法。

6）焊件接合面的装配间隙小于焊件厚度的10%时，不会影响接头的质量。

但搅拌摩擦焊也有自身的工艺局限性，主要表现如下：

1）需要施加足够大的顶锻压力和向前驱动力，因而需要由一定刚性的装置牢固地夹持待焊零件来实现焊接。

2）由于搅拌工具的回抽，焊缝末尾会存在"匙孔"，焊接时需要增加"引焊板和出焊板"。

3）与弧焊方法相比，搅拌摩擦焊缺乏相对的工艺柔性，对工装设备要求较高，难以用于复杂焊缝的焊接；由于需要施加很大的顶锻压力，也无法在机器人等设备上应用。

4）出现焊接缺陷时，为保证接头的高性能，需要使用固相焊接方法进行补焊。

采用搅拌摩擦焊工艺焊接异质材料，如挤压铝板-锻铝板或者锻铝板-铸铝板时，从焊接接头的宏观横断面上可以清楚地看到搅拌工具的搅拌效果，如图 11-2 所示。洋葱环状的焊核结构是搅拌摩擦焊焊缝的典型组织特征。

搅拌摩擦焊工艺从焊接原理上消除了铝及铝合金熔焊所产生的冶金缺陷及熔焊时冶金元素的挥发问题，大大改善了难于熔焊的铝合金的焊接性，如 2×××、7××× 系列中的难焊铝合金等。这些难于熔焊的铝合金采用搅拌摩擦焊工艺均能获得无气孔、无裂纹、极小的焊接残余应力、近无焊接变形的高质量焊缝。

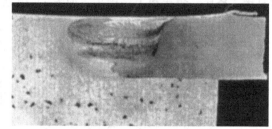

图 11-2　6mm 厚锻铝与铸铝 FSW 接头横断面

从工艺装备实现的角度而言，搅拌摩擦焊工艺设备本质是一台基于 NC 系统的高刚性重型机电设备，与重型龙门铣床结构相似，但在机构实现上需要增加焊接倾角调节机构。根据焊接倾角是否跟随焊接轨迹的联动运动要求，焊接倾角调节机构可设计成手工调节或 NC 随动控制调节。由以上分析可知，搅拌摩擦焊设备是一种完全基于机械运动和机电控制的焊接系统。其设备主要由搅拌摩擦焊机头、工作台和配套的工装夹具三大部分组成。搅拌摩擦焊机头是其核心部分，其主要功能有：夹持搅拌工具，集成搅拌工具冷却系统，施加适当的焊接压力，实现搅拌工具的转动和水平移动。

11.3　搅拌工具的发展

搅拌工具是实现搅拌摩擦焊的关键执行部件，其功能类似熔焊的焊枪。优化设计的搅拌工具是搅拌摩擦焊获得高质量接头的前提。搅拌工具由夹持机构、轴肩和搅拌针构成。其几何形状和尺寸不仅决定着焊接过程的热输入方式，还影响着焊接过程中搅拌工具附近软化区金属的流动形式。对于给定板厚的材料而言，焊接质量和效率主要取决于搅拌工具的红硬性和几何设计外形。因此选择工作温度 650℃ 以上、外形设计合理（即利于塑性金属的流动填充）的搅拌工具是提高焊接质量、焊接效率，获得高性能接头的前提和关键。

对于对接接头焊缝，搅拌针的长度以略小于焊接厚度的 1/10 为宜，焊接厚度越小，搅拌针的长度与焊接厚度差值越小。在搅拌摩擦焊施焊过程中，搅拌针对中扎入接合面直到搅拌工具的轴肩与焊件表面紧密接触，防止塑性软化金属挤出，随后摩擦加热数十秒后启动焊接主机头，开始搅拌摩擦焊过程。为满足工业使用要求，英国焊接研究所（TWI）开发了多种外形设计独特的搅拌针和优化设计的轴肩；美国 NASA 所属马歇尔空间飞行中心也开发出了基于 NC 精准控制的自适应伸缩式搅拌工具。新一代高效搅拌工具的出现极大地拓宽了搅拌摩擦焊的工业应用范围。

1. 搅拌工具的选材与设计

搅拌工具的选材与形状设计是搅拌工具的关键。高温工作的稳定性（即红硬性）和耐磨性是搅拌工具选材的基本要素。搅拌工具材料在高温工作时应具有良好的静、动态性能。

搅拌工具的形状设计有以下三个要点：

1）提高摩擦热的利用率。

2）搅拌针要产生充分的搅动挤压效果。

3）搅拌针对转移金属要产生向下、向后的流动挤压作用以获得致密的高质量焊缝。

搅拌针的外形设计直接决定了焊接速度的大小即焊接效率，因此搅拌针的外形设计是搅拌工具外形设计的关键点。搅拌针在焊接过程中不仅通过与接合面的摩擦来提供热量，更重要的是起到机械搅拌、挤压作用，因而搅拌针的红硬性保持和几何尺寸影响着塑性软化金属的流动形式、被挤压转移材料的体积，进而影响接头的力学性能。正是由于搅拌针在焊接过程中所起的复杂而重要的作用，人们对搅拌工具的研究越来越深入，设计出了多种形式的搅拌针以满足各种焊接状态要求。

新型搅拌工具的设计必须遵循系列化、标准化的原则，否则会造成不同设计、性能各异的搅拌工具规格泛滥，不利于搅拌摩擦焊技术的推广应用。

2. 轴肩形状设计

轴肩在焊接过程中主要起两种作用：①通过与焊件表面间的摩擦产热，提供焊接热源，加热摩擦区域及附近区域；②提供一个封闭的焊接环境，阻止塑性软化金属从轴肩溢出。常见的几种轴肩形貌如图 11-3 所示，它们都是在搅拌针和轴肩的交界处中间凹入。在焊接过程

图 11-3　不同几何形貌的轴肩

中，这种设计形式能够保证轴肩端部下方的软化金属受到向内方向的力，从而有利于将轴肩端部下方形成的软化金属收集到轴肩端面的中心以填充搅拌针后方所形成的空腔；同时，可减小焊接过程中搅拌针内部的应力集中而保护搅拌针。对于特定的焊接板材，为了获得最佳的焊接质量与最大化的焊接效果，应根据该待焊材料的塑性温度、塑性流动特征设计与之相匹配的搅拌工具轴肩的几何外形。

轴肩的直径与搅拌针的根部直径密切相关，一般取搅拌针根部直径的 2.6~2.8 倍。

由于搅拌工具的轴肩在焊接过程中所起的功能主要是摩擦加热与容纳塑态金属，因此技术人员对轴肩的形貌、几何尺寸及其对焊接过程中塑性流动和焊后接头影响方面的研究相对偏少，而将大部分精力主要集中于搅拌针形貌、几何尺寸设计、高耐磨的红硬性结构材料等方面的研究。

11.3.1　柱形搅拌针

如图 11-4 所示，在搅拌摩擦焊工艺应用的初始阶段，主要采用柱形搅拌针进行搅拌摩擦焊。但焊接过程中发现，柱形搅拌针对周围塑态金属的向下、向后的流动挤压效果较弱，塑态金属的流动性较差，造成焊接效率不高，焊后接头的性能不高。

在系统性的搅拌摩擦焊焊接试验中还发现，由于柱形搅拌针纵截面的面积较大，因而在焊接过程中受到的行进阻力较

图 11-4　柱形搅拌针

大；在焊接行进开始的瞬间，容易造成搅拌针从根部断裂，或经过较少的几次焊接后，搅拌针在焊接起始瞬间断裂。这充分说明柱形搅拌针的设计的耐冲击性能较弱。

鉴于柱形搅拌针上述两个显著的缺陷，目前柱形螺纹搅拌工具已逐渐被淘汰，非柱形螺纹搅拌工具在搅拌摩擦焊工程应用中得到普及。

11.3.2　锥形螺纹搅拌针和三槽锥形螺纹搅拌针

搅拌针的外形除常见的圆柱形外，英国的 TWI 还开发了多种外形的搅拌针，包括圆锥形、锥形凹槽螺纹和偏心圆螺纹等形式。其中凹槽螺纹搅拌针（图 11-5）主要用于连接 6082-T6 铝合金板件，25~40mm 厚度的接头采用单面焊，40~70mm 厚度的采用双面焊。

TWI 开发的锥形凹槽螺纹搅拌针的注册商标为 MX Triflute。这种搅拌针的表面设计有奇数个带有陡峭角度的凹槽，凹槽的表面环绕着螺旋线，如图 11-5 所示。这些设计特性将进一步减小搅拌针的体积，有助于焊缝金属的流动及破碎、分散接合面的氧化物。

带有螺纹的锥形搅拌针大大增强了焊缝金属的搅拌作用，因而使得塑性金属更易流动。图 11-6 所示为这种螺纹搅拌针的外形及由它焊接的 75mm 厚的 6082-T6 铝合金焊缝横断面。从图中可以明显看到搅拌针周围的热力影响区范围，焊缝的力学性能和冶金性能也相当令人满意。试验表明，当螺纹间距大于螺纹自身的厚度时，焊缝金属可以获得更好的流动效果。这种搅拌针的设计特性是螺纹间不必保

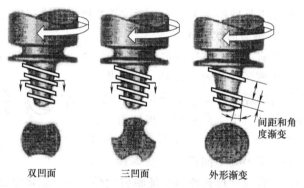

双凹面　　　三凹面　　　外形渐变

间距和角度渐变

图 11-5　TWI 的锥形凹槽螺纹搅拌针及其基本参数

持平行，变螺距的设计可以适应不同材料的连接。

图 11-7 所示为三槽锥形螺纹搅拌针。它是在锥形螺纹搅拌针的锥面上加工了三个螺旋形的凹槽，以减小搅拌针的体积，增加软化金属的流动性，同时破坏并分散附着于焊件表面的氧化物。据计算，锥形螺纹搅拌针所切削的材料只有柱形搅拌针的 60%，三槽螺纹搅拌针所切削的材料只有柱形的 70%。上述搅拌针锥面上的螺纹在焊接过程中给软化的塑态金属施加一个向下、向后的流动挤压作用，有利于获得组织致密的搅拌摩擦焊缝。

图 11-6　螺纹搅拌针和 75mm 厚 6082
　　　　铝合金焊缝横断面

图 11-7　三槽锥形螺纹搅拌针

新一代螺纹式和多螺旋凹槽式搅拌工具的轴肩有着设计精巧的型面。这些轴肩型面可以使轴肩和焊件表面间保持更好的接触以提供紧密的摩擦和防止塑性金属溢出。通过特别设计的轴肩型面，如凹槽、螺旋和同心闭合凹槽，可以截留住塑态金属以增强轴肩和焊件间的接触。带有同心闭合凹槽的轴肩型面可以有效地增强塑态金属接触表面层的流动。

11.3.3 偏心圆搅拌针和偏心圆螺纹搅拌针

图 11-8 和图 11-9 所示分别为偏心圆搅拌针（Trivex^{TM}）和偏心圆螺纹搅拌针（MX-Trivex^{TM}），其外形源于搅拌摩擦焊的动态模拟结果。搅拌摩擦焊动态流动模型是对焊接过程的三维动态模拟，它允许材料之间滑动甚至粘到搅拌针的表面。应用这项模拟技术可以观察到各种不同搅拌工具焊接时塑态金属的流动形式。应用这项技术得到如下结论：在用具有球面特征的搅拌针进行焊接时，焊接方向的前进抗力较小。该模型计算结果还表明，当搅拌针最小的纵截面与搅拌针旋转起来而扫过的纵截面积比在 70% ~ 80% 时，焊接方向的前进抗力最小。偏心圆螺纹搅拌针与偏心圆搅拌针相比，由于带有螺纹，更有利于破碎焊件表面上的氧化膜，能对软化的塑性材料施加强烈的向下、向后搅拌挤压作用，从而获得高强度的接头。

图 11-8 偏心圆搅拌针

图 11-9 偏心圆螺纹搅拌针

11.3.4 非对称螺纹搅拌针

非对称搅拌针与传统搅拌针的设计差异较大，搅拌针的中心轴与搅拌工具的中心轴存在一个偏角，而轴肩的表面垂直于搅拌针的中心轴（图 11-10）。因此在焊接过程中，非对称搅拌针不是绕搅拌针的中心轴旋转。由于搅拌针只有部分表面直接与焊件摩擦接触，搅拌针上部分材料可以被切除以增加焊接过程中软化金属的流动路径，图 11-11 所示为改进后的搅拌针。

图 11-10 非对称搅拌针

图 11-11 改进后的非对称搅拌针

采用非对称搅拌针焊接可以扩大搅拌针周围塑性软化区的范围并提高搅拌针的动态与静态体积比。传统搅拌针的旋转中心即为搅拌针的中心轴，所以只能靠改变搅拌针的外形来改善搅拌针的动、静态体积比。

11.3.5 外开螺纹搅拌针

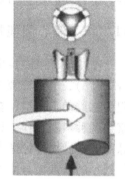

图 11-12 外开螺纹
搅拌针

如图 11-12 所示，外开螺纹搅拌针在靠近轴肩的部分是平截头体，但是在开槽的地方却像树杈一样支开，锥度方向与平截头体相反，其目的在于增加搅拌针的直径而不必改变轴肩的尺寸。另外，搅拌针的端部是一个三叉形的搅拌器。这种外形特征可以显著提高搅拌针扫过体积与搅拌针静态体积间的差值，增大动、静态体积比，改善软化金属沿搅拌针侧面环向流动的路径。外开螺纹搅拌针主要是为搭接和 T 形接头的焊接而设计的。

外开螺纹搅拌针具有如下优点：

1）增强软化金属流动时的混合动作，充分粉碎和分散焊件表面的氧化物。

2）搭接焊时，焊接区域宽度与板厚之比为 190%，焊接压力减小 20%，明显减少轴肩的压入量，有效提高接头的承载能力。

3）使焊接速度提高约 1 倍。

11.3.6 用于搭接的两级搅拌针

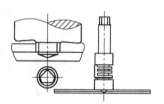

图 11-13 两级搅拌针

用于搭接的两级搅拌针如图 11-13 所示，其典型的形状特征是应用了第二级轴肩。焊接时，第二级轴肩位于上下焊件的界面上，目的在于有效加热待焊部位的搭接面以下金属。下面一级探头的直径较上一级的小并带有五边形平台。这种设计的目的是破碎中间接触面的氧化膜，提高上下层材料的流动性和混合搅拌作用。图 11-14 所示为采用搭接的两级搅拌针与传统搅拌针焊后接头形貌的对比。

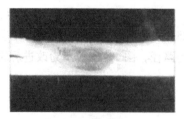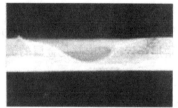

a) 常规搅拌针   b) 两级搅拌针

图 11-14 不同搅拌针搭接接头宏观形貌

11.3.7 可伸缩式搅拌针

采用一体式搅拌工具（即搅拌针长度固定）的搅拌摩擦焊在工程实际应用中会有很大的局限性。其一是用于封闭焊缝时会留下一个锁孔；其二是焊接变厚度接头时需要更换不同长度的搅拌针；其三是不能适应接头厚度连续渐变的焊接工况。

为了克服一体式搅拌工具的上述缺点，技术人员开发了可伸缩式搅拌针。根据搅拌针伸缩的方式可分为手动伸缩式搅拌针（图11-15）和自动伸缩式搅拌针（图11-16）。手动伸缩式搅拌针可通过调节搅拌针的伸长来焊接不同厚度的材料以实现变厚度板材间的连接。自动伸缩式搅拌针不仅具有手动伸缩式搅拌针的功能，还可以在焊接即将结束时将搅拌针逐渐缩回到轴肩内，从而避免匙孔缺陷。目前，NASA所属马歇尔空间飞行中心已成功设计出了基于计算机控制的自动伸缩式搅拌针，解决了铝合金封闭焊缝采用搅拌摩擦焊的匙孔问题和变厚度接头的搅拌摩擦焊难题。

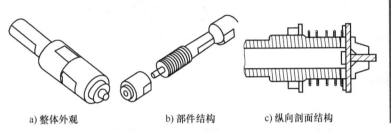

a) 整体外观　　　　b) 部件结构　　　c) 纵向剖面结构

图 11-15　手动伸缩式搅拌针　　　　　图 11-16　自动伸缩式搅拌针

采用自动伸缩式搅拌针焊接变厚度板材的过程如图11-17所示。美国明尼苏达州的MTS系统公司和西雅图的MCE技术公司已向市场提供配置自动伸缩式搅拌工具的搅拌摩擦焊设备。基于这种搅拌摩擦焊设备的搅拌摩擦焊技术在航空、航天、汽车和造船等工业中的应用更具高效、通用和低成本的竞争优势。

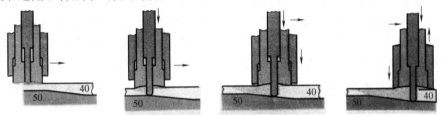

图 11-17　变厚度板材搅拌摩擦焊过程

11.4　铝合金的搅拌摩擦焊

搅拌摩擦焊可以实现铝、镁、铜、钛等多种合金材料的焊接，特别适用于高强度铝合金、铝锂合金等轻合金材料的焊接，包括熔焊方法难以焊接的铝合金，如5×××和6×××系列铝合金，甚至是2×××和7×××系列铝合金间的焊接。焊接时无须保护气体和填充材料，避免了熔焊时容易产生的气孔、夹杂、凝固裂纹等多种缺陷。目前，搅拌摩擦焊已发展成为铝合金焊接结构的主流焊接工艺，完美实现了铝合金结构的优质高效绿色焊接制造。

研究表明，搅拌摩擦焊具有良好的工艺重复性和较宽的工艺裕度。在搅拌工具转速波动-20%~40%和焊接速度波动-33%~100%的条件下，还能够得到优良的接头。搅拌摩擦焊的焊后变形很小，长度为1500mm的7×××系列铝合金挤压型材对接板件的最大变形量仅为2mm，对其接头进行X射线和相控阵超声波扫描无损检查，没有发现类似熔焊的气孔和裂纹等缺陷。

就工业应用前景而言，铝合金、镁合金和铜合金结构件（尤其是板件）的焊接是搅拌摩擦焊的主要应用领域。目前，国内外多家焊接装备公司（ESAB、HAGE、MTI、IGM、北京赛福斯特、上海寰宇航天等）已开发出可焊厚度 1.2～75mm 的铝合金搅拌工具和相应的搅拌摩擦焊机。异种铝及铝合金搅拌摩擦焊焊缝的典型形貌如图 11-18 所示。

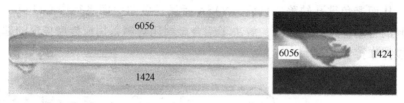

图 11-18　6056 与 1424 铝合金的搅拌摩擦焊焊缝

11.4.1　接头性能及其影响因素

1. 接头的力学性能

试验研究表明，焊态下，搅拌摩擦焊焊缝的焊核强度要大于热影响区的强度。对于退火状态的铝合金，拉伸试验的破坏通常发生在远离焊缝和热影响区的母材上。对于形变强化和热处理强化的铝合金，搅拌摩擦焊后热力影响区的硬度和强度最低，可以通过控制热循环，尤其是通过降低焊缝热力影响区的退火和过时效来改善焊缝的性能。为获得最佳的性能，焊后热处理是提高热处理强化铝合金焊缝性能的最好选择，但在许多工况（高铁车体、火箭贮箱等大尺寸铝合金结构）下，焊后无法进行热处理或不进行热处理。

表 11-1 所列为国产 2A14（相当于美国的 2014 铝合金）、2B16 合金（相当于美国的 2219 铝合金）和 2195 铝锂合金搅拌摩擦焊接头的性能。由表中数据可知，2A14 和 2B16 铝合金搅拌摩擦焊接头强度系数均达到 0.8 以上，高于常规熔焊时的 0.65，2195 铝锂合金的搅拌摩擦焊接头强度系数也达到了 0.75，远高于熔焊时的 0.55，而伸长率均比熔焊接头提高将近一倍。

表 11-1　三种典型航天贮箱结构铝合金搅拌摩擦焊接头的性能

材料	R_m/MPa	$A_e(\%)$	接头强度系数
2A14-T6 母材	422	8	
2A14-T6 接头	350	5	0.83
2B16-T87 母材	425	6	
2B16-T87 接头	340	7.5	0.8
2195-T8 母材	550	13	
2195-T8 接头	410	8～11	0.75

表 11-2 所列为 5×××、6×××、7××× 系列铝合金典型搅拌摩擦焊接头的性能。表中数据表明，对于固溶处理加人工时效的 6082 铝合金，其搅拌摩擦焊接头的抗拉强度焊后经热处理可达到与母材等强，而伸长率有所降低。T4 状态的 6082 铝合金试件焊后经常规时效可以显著提高接头性能。7108 铝合金焊后室温下自然时效，其抗拉强度可达母材的 95%。采用 6mm 厚的 5083-O 和 2014-T6 铝合金焊件进行疲劳试验，当使用应力比 $R=0.1$ 进行疲劳试验时，5083-O 铝合金搅拌摩擦焊对接试件的疲劳性能与其母材相当。试验结果表明，搅拌摩擦焊接头的疲劳性能大多超过相应熔焊接头的设计推荐值。疲劳试验数据分析显示，搅拌摩

擦焊焊缝的疲劳性能与相应熔焊的相当，而在大多数情况下，搅拌摩擦焊焊缝的疲劳性能数据要高于熔焊。

表 11-2　铝合金搅拌摩擦焊接头的性能

材料	R_{eL}/MPa	R_m/MPa	$A_e(\%)$	接头强度系数
5083-O 母材	148	298	23.5	
5083-O 接头	141	298	23.0	1.00
5083-H321 母材	249	336	16.5	
5083-H321 接头	153	305	22.5	0.91
6082-T6 母材	286	301	10.4	
6082-T6 接头	160	254	4.85	0.83
6082-T6 接头+时效	274	300	6.4	1.00
6082-T4 母材	149	260	22.9	
6082-T4 接头	138	244	18.8	0.93
6082-T4 接头+时效	285	310	9.9	1.19
7108-T79 母材	295	370	14	
7108-T79 接头	210	320	12	0.86
7108-T79 接头+自然时效	245	350	11	0.95

要获得优异的疲劳性能，对接焊缝的根部必须完全焊透。与其他焊接工艺一样，避免根部缺陷对搅拌摩擦焊同样至关重要。如果搅拌针的长度相对于焊件的厚度太短，那么在焊件厚度方向上仅是大部分锻造在一起而没有完全焊透，则未焊透部分对接面上的氧化层无法搅拌去除，无损检验方法很难检测到这类缺陷。可以把焊件的底边机加工成倒角或在垫板上磨削一道沟槽以避免出现根部缺陷。为填充接头间的间隙，接头区稍微加大厚度可以有效解决搅拌摩擦焊固有的焊缝减薄问题。

2. 热输入因子与工艺参数的优化

搅拌摩擦焊本质上是以摩擦热作为焊接热源的焊接方法，所以采用热输入评价接头质量的优劣最直接、最有效。根据推导，搅拌摩擦焊的热功率可表示为

$$Q = k\mu nF \tag{11-1}$$

式中　Q——热功率；

k——形状因子，取决于搅拌工具的设计尺寸与形状及搅拌效果；

μ——摩擦系数；

n——搅拌工具转速；

F——焊接压力。

所以，搅拌摩擦焊的热输入 q_E 为

$$q_E = \frac{Q}{v} = k\frac{\mu nF}{v} = k\mu F\frac{n}{v} = k'\frac{n}{v} \tag{11-2}$$

式中　v——焊接速度。

由于搅拌摩擦焊稳态焊接时，摩擦系数和焊接压力均为稳定值，所以将它们与形状因子合并为新的常量系数 k'。由此可见，参数 n/v 直接表征了焊接热输入的大小，称之为热输入因子。

对于给定的焊接过程，系数 k' 为常量，接头的质量只取决于热输入因子 n/v。其值过小，不利于焊缝的固态扩散连接，接头质量下降；反之，n/v 过大，焊缝输入热量过多，易产生组织过热和飞边，损害接头质量。

由此可见，对于给定的搅拌工具和焊接压力，任一搅拌摩擦焊工艺过程，接头的质量主要取决于热输入因子 n/v。对于待连接的母材而言，存在一个热输入因子容限，在该容限内均可获得满意的接头质量。图 11-19 表明了 2219 铝合金搅拌摩擦焊接头力学性能与热输入因子之间的关系。热输入因子还为搅拌摩擦焊参数的选择和优化提供了科学依据。

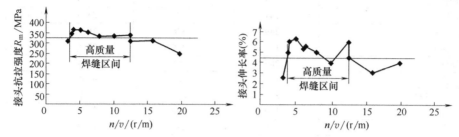

图 11-19   2219 铝合金搅拌摩擦焊接头力学性能与热输入因子间的关系

根据热输入不变准则，由式（11-2）可以得到不同焊接压力的热输入因子为

$$\left(\frac{n}{v}\right)_2 = \frac{F_1}{F_2}\left(\frac{n}{v}\right)_1 \tag{11-3}$$

式中　$\left(\dfrac{n}{v}\right)_1$——焊接压力为 F_1 时对应的热输入因子；

　　　$\left(\dfrac{n}{v}\right)_2$——焊接压力为 F_2 时对应的热输入因子。

由式（11-3）可知，随着焊接压力的变化，热输入因子容限会沿着 X 轴左右移动（焊接压力增大，向左移；反之，向右移），但容限区间宽度不变。所以通过一组参数优化出来的热输入因子容限，通过式（11-3）可以直接获得不同焊接压力下的热输入因子容限，进而得到转速和焊接速度的优化匹配。

图 11-19 表明，当热输入因子 n/v 的取值在 3.5~12 时，可以获得优良的接头抗拉性能；而相应的接头伸长率也分布在较高的取值区间 4.5~6.5。在进行 2219 铝合金搅拌摩擦焊时，为防止搅拌工具的轴肩过热，其转速一般取 700~1200r/min，由图 11-19 可知热输入因子应取 5~8，由此可得到相匹配的焊接速度为 87.5~240mm/min。

由此可见，对于设计定型的搅拌工具而言，焊接压力、搅拌工具转速和焊接速度是影响接头性能的三个关键因素。通过热输入因子可将三者联系起来。焊接压力（即焊接压入量）给定时，搅拌工具转速和焊接速度共同决定了接头性能的优劣，采用热输入因子可以综合而又简单明了地评价两者对接头性能的影响规律。焊接压力改变时，通过热输入因子可以优化工艺参数的匹配。

11.4.2　铝合金搅拌摩擦焊设备

迄今，已有多种规格的搅拌摩擦焊设备投入试验研究和工业应用。如美国 MTS 系统公司已开发出带有自动伸缩搅拌工具的液压驱动搅拌摩擦焊设备，其中一台安装于 South Caro-lina 大学，主要用于高强度铝合金空间封闭焊缝和变厚度焊缝的工艺研究（图 11-20a）。该设备的搅拌工具可在 ±15° 范围内自动倾斜，使用可伸缩式搅拌工具可以对焊缝施加 90kN 的焊接压力，使用常规搅拌工具可以对焊缝施加 130kN 的焊接压力，可焊厚度为 30mm，搅拌工具转速为 2000r/min 时，输出转矩为 340N·m。1997 年 4 月，South Carolina 大学应用该设备完成了 NASA 的 EPSCoR 研究项目。瑞典的 ESAB、奥地利的 HAGE、美国的 I-Stir、北京赛福斯特技术有限公司、贵州航天天马集团、航天工程装备（苏州）有限公司、上海拓璞数控等多家公司的搅拌摩擦焊装备已投入工业级应用。

a) South Carolina大学的搅拌摩擦焊设备　　b) Eclipse航空公司的搅拌摩擦焊设备

图 11-20　MTS 系统公司生产的搅拌摩擦焊设备

2001 年 6 月，MTS 系统公司为 Eclipse 航空公司提供了一套用于焊接 Eclipse500 商务机机翼和机身的搅拌摩擦焊设备（图 11-20b）。美国 MCE 技术公司为马歇尔空间飞行中心配备了两台搅拌摩擦焊设备，用于航天贮箱纵缝和环缝的焊接研究。美国 GTC 公司为洛·马公司生产了 3 台搅拌摩擦焊设备，用于航天飞机外贮箱的焊接。

ESAB 作为英国 TWI 的搅拌摩擦焊工业研究成员，是世界领先的搅拌摩擦焊设备供应商，其装机量名列前茅。ESAB 为波音公司共设计制造了 5 台 SuperStir 搅拌摩擦焊设备，其中一台卧式搅拌摩擦焊设备用于 DeltaⅡ火箭贮箱纵缝的焊接（图 11-21a），两台立式搅拌摩擦焊设备用于 DeltaⅣ火箭贮箱纵缝的焊接（图 11-21b）。

a) 卧式　　b) 立式

图 11-21　用于 Delta 火箭贮箱焊接的 FSW 焊设备

2001 年，ESAB 为 TWI 制造一台大型龙门式搅拌摩擦焊设备（图 12-22）。该设备带有两个搅拌工具，一个搅拌工具用于铝合金高速焊，另一个用于铝合金大型板材的焊接，工作空间尺寸为 8m×5m×1m。

澳大利亚亚特兰大大学机械工程系与英国 TWI 的工程师合作开发了一种轻便的搅拌摩擦焊设备（图 11-23），并已在实验室完成了曲面板材 1∶1 模拟件的焊接试验。澳大利亚海洋观光船的许多平直焊缝都采用这一设备进行焊接。

图 11-22　英国 TWI 的大型龙门式 FSW 设备　　　　图 11-23　便携式 FSW 设备

　　我国北京航空制造工程研究所下属中国搅拌摩擦焊研究中心依据英国 TWI 授权也生产了多台搅拌摩擦焊设备,推进了搅拌摩擦焊技术在我国的研究与应用进程。图 11-24、图 11-25 所示为该单位研制的用于 $\phi3350mm$ 运载火箭贮箱筒段纵缝、箱底焊缝焊接的搅拌摩擦焊设备。

图 11-24　北京航空制造工程研究所研制的贮箱纵缝立式搅拌摩擦焊设备与 $\phi3350mm$ 贮箱筒段

图 11-25　北京航空制造工程研究所研制的贮箱箱底搅拌摩擦焊设备与 $\phi3350mm$ 箱底

11.5　搅拌摩擦焊接头的缺陷、检测和修补

11.5.1　搅拌摩擦焊接头缺陷分类

　　搅拌摩擦焊是一种新型的固态焊接工艺,尤其适用于焊接铝、镁等轻合金。搅拌摩擦焊虽然可避免熔焊缺陷,工艺裕度也比熔焊宽松得多,但在焊接过程中出现工艺波动或装配不

良时，也会产生自身固有的焊接缺陷。经过30年的发展，涉及航天、航空、电力、轨道交通等行业的搅拌摩擦焊技术标准均相继出台，快速推动了搅拌摩擦焊在这些工业领域的工程应用实践。对于搅拌摩擦焊接头固有的缺陷特征、产生机理及其有效补焊均有了充分的研究并取得了丰硕的工程应用成果与经验。

从工艺原理角度，研究与试验结果表明，在搅拌工具形状设计不合理、焊接参数匹配不良时，搅拌摩擦焊焊缝极易出现沟槽/隧道（焊缝未完全填充）、切削填充（图11-26a、b）及未焊透、虫孔、吻接、摩擦面缺陷、根趾部缺陷。

11.5.2 搅拌摩擦焊缺陷的特征及分布

1. 沟槽/隧道缺陷

如图11-26a所示，沟槽缺陷的典型特征是沿搅拌针的前行边形成一道肉眼可见的犁沟。如果犁沟被封闭在焊缝内部，则常称之为隧道缺陷。沟槽/隧道缺陷的形成原因主要是由于搅拌工具

切削的细金属丝

a) 沟槽/隧道缺陷　　b) 切削填充

图11-26　搅拌摩擦焊接头的沟槽/隧道缺陷和切削填充缺陷

设计不合理、焊接速度太快而造成焊接热输入偏低，搅拌针周围的金属塑态软化程度不完全，搅拌转移困难所致。

2. 切削填充

如图11-26b所示，切削填充缺陷是由于搅拌针设计不合理，如形面过渡不圆滑、螺纹外形设计太尖锐或太密等造成。切削填充的焊缝是典型的疏松组织，严重损害接头的性能，必须予以避免。

3. 未焊透

如图11-27所示，未焊透是搅拌摩擦焊焊缝背面最常见的焊接缺陷。由于采用长度略小于接头厚度的搅拌工具压入焊缝接合面，利用肩台与焊缝表面的摩擦热进行加热、搅拌而形成连接，所以总是存在一定厚度的未焊透。当装配状态良好时，搅拌工具所产生的金属向下塑性流动可以完全填充未焊透处而形成连接。但当装配状态出现偏差时，焊缝背面极易形成可见的未焊透。

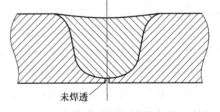

未焊透

图11-27　搅拌摩擦焊焊缝的未焊透缺陷

在工程应用实践中，为保证获得全焊透的1级焊缝，通常采用接头背部开"V"槽或在焊接垫板上开"U"槽来消除根部未焊透或把根部未焊透引出，再通过背部打磨的方式予以消除。

4. 虫孔

如图11-28所示，虫孔类似于熔焊焊缝中的虫形气孔，其本质特征是封闭在焊缝中的隧道。主要是由于搅拌摩擦焊过程中摩擦热输入不足，焊缝金属因搅拌所形成的塑性流动不充分而形成的。常见于搅拌摩擦焊焊缝前行边一侧的根趾部位。焊接速度过快、搅拌工具转速过低、搅拌工具设计不合理等都会在焊缝中形成虫孔。在进行搅拌针的外形设计时，一定要

遵循"增强搅拌挤压流动作用"的原则。

5. 吻接

吻接是搅拌摩擦焊特有的焊接缺陷，其典型的特征是被连接材料间紧密接触但并未形成有效的物理化学结合。吻接缺陷对接头的静载力学性能（强度、弹性、屈服等）影响不大，但对接头的动载性能（疲劳断裂韧性等）的影响极大。吻接缺陷主要分为两类：①接头接合面组织断面的 S 线，如图 11-29 所示；②焊缝前行边与转移金属间、转移金属形成类似洋葱环间的弱连接。上述两类吻接缺陷均

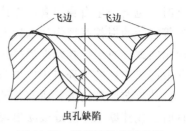

图 11-28 搅拌摩擦焊焊缝的
飞边缺陷与虫孔缺陷

无法通过表面着色渗透、X 光射线探伤、相控阵超声检测等技术手段检测出来。因此，需要从搅拌摩擦焊装焊工艺上采用技术措施来将吻接缺陷的不利影响降到最小，如改进搅拌针外形设计以增强搅拌破碎接合面氧化膜的效果、焊接过程对焊接部位采用惰性气体保护、采用工艺窗口的中间偏上的强规范施焊等。

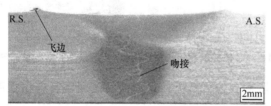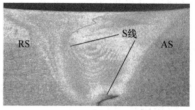

图 11-29 搅拌摩擦焊接头中的 S 线缺陷

R.S./RS—后退侧 A.S./AS—前进侧

研究表明，S 线类吻接缺陷的形成机理如下：搅拌摩擦焊工艺过程的焊接温度达到待焊母材的塑态温度（即 $0.8T_m$，T_m 为母材的熔点），被加热的接头接合面没有惰性气体保护，实际是一个微氧化焊接过程，即使接合面在焊前被机械清理干净，但在焊接过程中也会因为达到塑态温度而出现接合面的氧化现象，其氧化膜的主要成分为非晶态的 Al_2O_3、MgO 等，其熔点非常高，厚度在 $0.5\sim1nm$，Al_2O_3 膜层非常致密，MgO 夹杂在 Al_2O_3 膜中。在搅拌摩擦焊过程中，搅拌针会搅动破碎接合面的氧化膜，在焊缝中残留并呈连续 S 状线形分布，且该缺陷无法通过无损检测手段有效检出。

如图 11-30 所示，EDS（能量色散谱）成分分析表明，6A02-T6 铝合金搅拌摩擦焊接头中的 S 线附近含有大量球状或杆状的细小氧化物，主要由 Al、Mg、Si、O 等元素构成，其中 O 元素的质量分数高达 8.29%、原子百分比高达 13.22%，是母材基体部分氧含量的 5 倍，说明 S 线附近存在大量的氧化物。

对于含有高活性金属元素（锂等）的铝合金（2195/2198 铝锂合金等），为消除 S 线缺陷，建议焊前机械清理接合面及周围的氧化膜，焊接过程采用惰性气体（Ar 气等）保护焊接部位，可有效减少 S 线的形成。

铝合金搅拌摩擦焊接头中 S 线的存在对接头的静载与动载力学性能均有不利影响，尤其对接头的动载力学性能危害更大。研究表明，对于焊后需要热处理的搅拌摩擦焊接头，接头 S 线部位会因热处理长大或扩展，进一步恶化接头的力学性能。图 11-31 所示为 6A02-T6 铝合金搅拌摩擦焊接头（带 S 线）的试件经过"固溶+人工时效"热处理后进行拉伸试验时沿

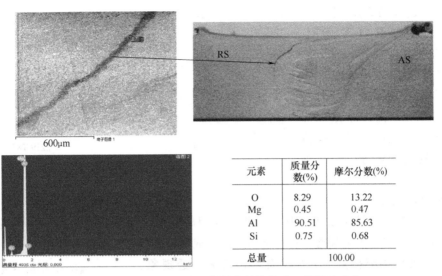

元素	质量分数(%)	摩尔分数(%)
O	8.29	13.22
Mg	0.45	0.47
Al	90.51	85.63
Si	0.75	0.68
总量		100.00

图 11-30　6A02-T6 铝合金搅拌摩擦焊接头 S 线缺陷成分

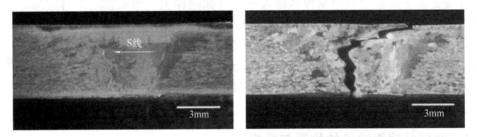

图 11-31　6A02-T6 铝合金搅拌摩擦焊接头（带 S 线）拉断形貌

S 线断裂。

　　除了接合面可见的 S 线缺陷，在搅拌摩擦焊过程中，由于摩擦热输入不足或焊接速度过快，造成前一层转移金属与后一层转移金属之间或者焊缝的转移金属与前行边之间也会形成"不可见"的吻接。其中，前行边与搅拌转移金属间的吻接缺陷虽然在宏观形成紧密接触，但并未在微观上形成可靠连接。这类情况多发生于中厚板以上搅拌摩擦焊接头中。由于中厚板进行搅拌摩擦焊时，接头厚度方向上的温度梯度太大，导致金属搅拌流动较弱，就会造成转移金属与前行边或转移金属层间形成弱连接。这种弱连接缺陷会严重降低结构的焊接可靠性，是中厚板搅拌摩擦焊最致命的缺陷之一。这类吻接缺陷主要通过采用工艺窗口中间偏上的强规范施焊来消除。

　　就吻接缺陷形成机理而言，热输入低于动态再结晶所需的热能、接合面氧化膜没有完全被破碎都会导致焊缝吻接缺陷的产生。因此，搅拌针外形设计不合理、焊接速度过快或者搅拌工具转速偏低都会带来焊缝热输入过低，从而导致吻接缺陷的产生。由于现有的无损探伤检测方法很难发现此类缺陷，所以危害性极大。在工程应用实践中，通常通过正交试验获得工艺参数的匹配窗口，取窗口中值以上的搅拌摩擦焊工艺参数组合就可以完全避免此类缺陷的产生。

6. 摩擦面缺陷

　　摩擦面缺陷是指焊缝表面因搅拌工具轴肩的运动、过量摩擦热作用而造成的飞边、表面不均匀、不连续的起皮/起皱或发黑等现象，如图 11-32 所示。这类缺陷危害性较轻，对于表面成形要求较高的焊缝可以进行适当的人工表面修整。对于大多数铝合金，搅拌摩擦焊焊缝的表面成形良好。对于疲劳性能要求较高的焊缝，必须进行适当的表面修磨处理。

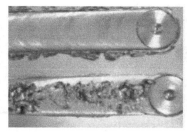 

2A14-T6　　　　　　　　　2219-T87

图 11-32　摩擦面缺陷

7. 根趾部缺陷

根趾部缺陷是指搭接或 T 形接头搅拌摩擦焊时，由于无法实现搭接面的等宽度焊接，接头的根部和趾部均因未焊透而存在缺口，即形成所谓的根趾部缺陷，如图 11-33 所示。

对接接头搅拌摩擦焊时，如果背面出现未焊透现象，发生于搅拌针端部的未填充缺陷也属于根部缺陷。此类根部缺陷主要是由于焊接过程中摩擦热输入不足（如搅拌工具转速较低、焊接速度过快或者焊接厚度较大等造成），搅拌工具周围金属没有达到较好的塑性状态，其流动性差，所以易在根趾部位形成未填充。大厚板铝合金搅拌摩擦焊由于在板厚方向存在明显的温度梯度，产生根趾部缺陷的倾向较大。

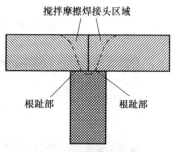

图 11-33　根趾部缺陷

11.5.3　搅拌摩擦焊缺陷的检测与补焊

研究和应用实践表明，表面着色、X 射线检测（或 DR）是搅拌摩擦焊接头缺陷最直接、最有效的无损探伤技术，而相控阵超声检测技术则是上述无损探伤技术的有益补充和探伤复验技术。2008 年，火箭贮箱应用搅拌摩擦焊技术的第一个搅拌摩擦焊技术标准——《变形铝及铝合金搅拌摩擦焊通用技术条件》（院级标准号：Q/RJ 283.1—2008，2013 年升级为 Q/RJ 283.1A—2013 版本），诞生于中国航天科技集团第八研究院。该技术标准已经在火箭贮箱结构生产制造实践中成功使用了十几年，未出现一例超出该技术标准所规定的焊缝等级、缺陷表征及检测的范围。在多年的搅拌摩擦焊生产实践中，表面着色和 X 射线检测已成为搅拌摩擦焊接头质量等级与缺陷检测的首选检测手段，而对于 X 射线检测结果如果产生歧义，则使用相控阵超声检测再进行甄别或确认。

使用表面着色和 X 射线探伤检测搅拌摩擦焊接头的缺陷，具有简单、直观、快速、准确等优点，对操作人员而言，其操作过程如同检测熔焊焊缝一般。而使用相控阵超声检测技术进行搅拌摩擦焊接头的缺陷检测，则操作人员需要专业的培训取证，才能持证上岗操作。由于相控阵超声检测技术需要样块制备、操作培训，其检测过程是一个转换成像过程，因此常用来作为表面着色、X 射线检测手段的补充。目前，国内火箭制造企业均配备了上述三种焊缝检测手段，有效保障了搅拌摩擦焊接头质量检测的有效性。

由于直观反映缺陷的形态和尺寸，利于工作人员对接头缺陷做出恰当的评价和描述，使得接头缺陷的检测与评定技术易于操控，是搅拌摩擦焊接头缺陷检测技术的主流发展方向。

通过实时可视化的数字化 X 射线成像检测技术、相控阵超声检测技术再辅以常规的表面渗透检测技术,可以解决搅拌摩擦焊接头缺陷的无损检测与质量分级问题。

搅拌摩擦焊从试验研究走向工程应用,在解决了接头缺陷的检测问题后,还必须解决接头缺陷的等强修补问题。搅拌摩擦焊作为一种固态焊接方法,接头成形属于塑态连接,其接头缺陷与熔焊缺陷在形成机理、类型和分布特征上存在本质的不同。由于搅拌摩擦焊接头的强度系数高于普通熔焊接头,所以采用何种补焊方法才能有效地修补缺陷并保证接头原有的性能是必须解决的技术难点。

研究与工程应用实践表明,搅拌摩擦焊焊缝的等强补焊工艺主要分为两类:①点状缺陷(匙孔等)的等强补焊;②线性缺陷(隧道/虫孔等)的等强补焊。

对于点状缺陷(匙孔),由于搅拌摩擦焊接头强度系数非常高,常规的熔焊补焊会显著降低接头的强度,不仅抵消了搅拌摩擦焊接头的强度与无变形优势,也为接头的设计带来困难。所以需要采用高质量的固态补焊工艺才能有效保证高的接头强度系数。摩擦塞焊为此提供了相当完美的工艺解决方案。

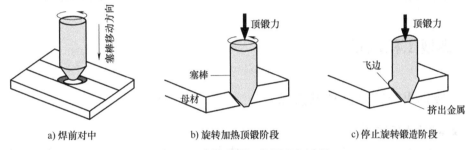

a) 焊前对中　　　　　　b) 旋转加热顶锻阶段　　　　　c) 停止旋转锻造阶段

图 11-34　摩擦塞焊工艺原理与过程

如图 11-34 所示,摩擦塞焊由耗材摩擦焊衍生而来,是一种高效的固相补焊方法。与熔焊修补工艺相比,摩擦塞焊具有高效、补焊接头性能优异、补焊接头残余应力与变形小等突出的工艺优势。采用摩擦塞焊进行补焊,其最大的工艺优势在于一次补焊即可去除缺陷,补焊合格率高达 100%,而熔焊补焊往往需要反复几次打磨、填充,这样既消除了熔焊修补带来的局部变形和矫形工序,又节省了修补时间,是搅拌摩擦焊接头理想的缺陷修补工艺。

此外,摩擦塞焊还有效解决了搅拌摩擦焊用于小厚度构件环缝或封闭焊缝的匙孔补焊问题,大大拓宽了搅拌摩擦焊的应用范围。

对于线性缺陷(隧道/虫孔等)的等强补焊,则采用熔焊(手工 TIG 焊或 MIG 焊)填充材料,再用搅拌摩擦焊重复焊接,使熔焊补焊部位的填充材料转变为锻造组织,并大幅度消除焊接内应力。隧道缺陷的形貌特征是:在焊缝内部沿焊接方向连续线状的孔洞,图 11-35a 是 2219-T87 铝合金搅拌摩擦焊焊缝的隧道缺陷 X 射线照片,图 11-35b 为搅拌摩擦

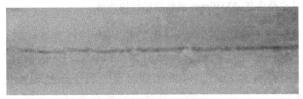

a) 隧道缺陷X射线照片　　　　　　　　b) 隧道缺陷截面金相照片

图 11-35　2219-T87 铝合金搅拌摩擦焊焊缝中的隧道缺陷

焊焊缝隧道缺陷的截面金相照片。

针对火箭贮箱搅拌摩擦焊接头隧道缺陷等强补焊的应用要求，作者深入研究了基于 TIG 焊熔补材料、搅拌摩擦焊增强组织性能的等强补焊工艺。对补焊后的接头进行了微观组织观察与力学性能分析，充分评价了补焊工艺对接头性能的影响。结果表明，对焊缝同一位置进行不大于三次的重复搅拌摩擦焊，接头的力学性能不会出现明显下降；TIG 熔补焊缝经再次搅拌摩擦焊后，其焊缝组织与搅拌摩擦焊焊缝组织特征相似，不会导致接头组织恶化。

如图 11-36 所示，采用作者开发的等强补焊工艺对某型号火箭 ϕ3350mm 液氧贮箱纵缝的隧道缺陷进行了等强补焊，经无损探伤、液压强度试验表明焊缝达到《变形铝及铝合金搅拌摩擦焊通用技术条件》规定的 I 级焊缝质量等级，液氧贮箱结构完全满足设计的指标要求。

图 11-36　某型号火箭 ϕ3350mm 液氧贮箱纵缝搅拌摩擦焊等强补焊（顺利通过液压强度试验）

11.6　典型工程应用

11.6.1　液体火箭贮箱搅拌摩擦焊

1. 液体火箭贮箱结构

如图 11-37 所示，从结构设计角度看，液体火箭贮箱属于高强度铝合金低压容器结构，主要由箱底（即贮箱两端的封头）、短壳、壳段三类部件组焊而成。其中，箱底由顶盖、瓜瓣、叉形环组焊而成；短壳由筒段、L 形框、Ω 形框、筋条铆焊而成；壳段由多节筒段通过环缝组焊而成，而每一节筒段则由多块（常为 4 块）网格壁板通过纵缝组焊而成。此外，贮箱内部、外部和前后底还分布多种法兰、支架、防晃板等附属件。

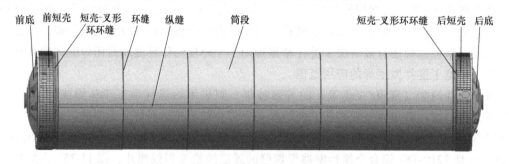

图 11-37　某型号火箭 ϕ3350mm 液氧贮箱结构外形

贮箱的高强度铝合金结构材料已发展了三代：第一代贮箱结构材料为 5A06（即 LF6）铝镁合金，属于非热处理强化铝合金；第二代贮箱结构材料为 2A14、2219 铝铜合金，属于热处理强化铝合金；第三代贮箱结构材料为 2195、1460 铝锂合金，属于热处理强化铝合金。上述三代贮箱结构材料的熔焊焊接性是一代比一代差，但对于搅拌摩擦焊工艺而言，上述三代贮箱结构材料均具有良好的搅拌摩擦焊工艺性。因此，自搅拌摩擦焊技术诞生以来，航天工业成为搅拌摩擦焊率先进行工程应用的行业，尤其是在液体火箭箭体结构、铝合金弹体结构的焊接制造方面，搅拌摩擦焊已成为这类焊接结构的主流焊接工艺。

2. 搅拌摩擦焊在国外液体火箭贮箱制造中的应用

目前，美国液体火箭（SpaceX Falcon9、Boeing Delta IV、Lockheed Martin Atlas V 等）贮箱所采用的材质主要为 2195 铝锂合金、2219 铝铜合金。其贮箱结构的纵/环缝、法兰环缝等均采用搅拌摩擦焊工艺，显著提高了这类铝合金焊缝的质量，显著减小了焊接应力和变形，增强了贮箱焊接结构的完整性和可靠性。

搅拌摩擦焊技术在液体火箭贮箱结构焊接制造中的首次成功应用是波音公司在 Delta II 型运载火箭中间舱段的焊接，并于 1999 年 8 月成功发射。2000 年，波音公司采用搅拌摩擦焊技术完成了 3 件 Delta II 型运载火箭燃料贮箱的筒段。2001 年 4 月，Delta II 型运载火箭发射升空，搅拌摩擦焊技术首次在运载火箭燃料贮箱上成功应用并通过飞行验证。波音公司随后将搅拌摩擦焊技术推广应用于 Delta IV 型运载火箭 φ5000mm 贮箱结构焊接制造，其结构材料为 2219-T87 铝铜合金，贮箱所有的筒段纵缝均采用搅拌摩擦焊工艺，焊接接头强度提高 30%，筒段焊接生产周期缩短了 80%，制造费用降低了 60%，后续波音公司又联合瑞典 ESAB 公司共同开发贮箱环缝搅拌摩擦焊工艺与装备，实现了贮箱全部主结构焊缝的搅拌摩擦焊，如图 11-38 所示。

a) 卧式贮箱纵缝搅拌摩擦焊装备

b) 卧式贮箱环缝搅拌摩擦焊装备

c) Delta IV火箭的共用芯级助推器共底贮箱

图 11-38　波音公司 Delta 系列火箭贮箱搅拌摩擦焊装备

2011 年，为满足未来载人深空探测的需要，美国 NASA 正式启动新一代重型运载火箭即"航天发射系统"（Space Launch System，SLS）的研制，波音公司承担 SLS 芯 1 级液体模块的研制。SLS 芯 1 级液体模块由发动机模块、液氢贮箱、箱间段、液氧贮箱、前裙段构成，其中液氢贮箱长度为 40m、直径为 8.4m，液氧贮箱长度为 16m、直径为 8.4m。2016 年 8 月，波音公司采用立式装焊装备完成了第一件液氢贮箱验证件焊接制造，并顺利通过相关试验测试。该液氢贮箱由 5 节筒段、2 只叉形环、2 只箱底组焊而成，其纵缝与环缝分别通过立式纵缝搅拌摩擦焊装备、立式环缝搅拌摩擦焊装备完成装配与焊接，环缝匙孔的等强补焊采用拉锻式摩擦塞焊装备完成，焊缝质量检测则采用 X 射线数字成像、相控阵超声检测和表面渗透 3 类检测手段。SLS 贮箱的搅拌摩擦焊装备与液氢贮箱如图 11-39 所示。由于 SLS 芯 1 级贮箱纵缝、环缝的厚度均大于 16mm，传统的单面焊搅拌摩擦焊工艺已不能克服焊缝厚度方向上的性能差异，为此波音公司联合搅拌摩擦焊装备提供商 ESAB 专门开发了双轴肩搅拌摩擦焊工艺，圆满解决了贮箱焊缝厚度方向的性能差异难题，对于贮箱环缝的匙孔则采用成熟应用的拉锻式摩擦塞焊工艺进行等强补焊。

a) 立式纵缝搅拌摩擦焊装备

b) 箱底搅拌摩擦焊装备

c) 立式环缝搅拌摩擦焊装备

d) SLS直径8.4m的液氢贮箱

图 11-39　美国 SLS 芯 1 级贮箱搅拌摩擦焊装备与液氢贮箱

在商业航天方面，美国 SpaceX、Blue Origing 等公司相继推出自己的可重复使用液体火箭（Falcon9、New Shepard），推进剂分别采用液氧-煤油、液氧-液氢组合，贮箱结构材料为 2195、2219 两种高强度铝合金。其中，SpaceX 公司的 Falcon9 火箭的构型与波音公司的 DeltaⅣ火箭构型相似，采用共用芯 1 级助推器，已 10 多次实现芯 1 级助推器的重复使用，而 Blue Origing 公司的 New Shepard 亚轨道火箭也成功进行了 20 多次垂直起飞与降落的飞行。这两家美国商业航天公司的液体火箭贮箱在制造方面与波音公司相同，均采用了搅拌摩擦焊技术与装备来实现火箭低温贮箱的焊接制造，如图 11-40 所示。

NASA 下属马歇尔空间飞行中心很早就开展了搅拌摩擦焊相关技术的研究工作，通过与洛·马公司的密切合作，系统评定了搅拌摩擦焊工艺在各种铝合金及铝锂合金上的应用，并购置了三台 GTC 公司提供的搅拌摩擦焊设备用于航天飞机外贮箱的焊接生产。这些铝合金包括 2195、2014、2219、7075 及 6061，厚度在 2.3～38mm，其搅拌摩擦焊焊缝的性能显著优于钨极气体保护焊：抗拉强度提高 15%～20%，塑性提高 1 倍，断裂韧度提高 30%，焊缝的残余应力水平极低，焊后变形明显减小，焊缝组织为锻造的细晶组织，近无缺陷。随后，

图 11-40　美国 SpaceX Falcon9 火箭贮箱环缝搅拌摩擦焊装备

洛·马公司将搅拌摩擦焊工艺成功应用于航天飞机外贮箱、Atlas V 火箭 Vulcan Centaur 火箭贮箱的焊接制造（图 11-41）。其中，航天飞机外贮箱的直径为 8.4m，结构材料为 2195-T8，外贮箱筒体 6 条 8mm 厚的纵缝和 2 条变截面纵缝（其厚度为 8~16.5mm）均采用搅拌摩擦焊工艺焊接。2006 年 12 月，波音公司与洛·马合作成立联合发射联盟（即 ULA），其新开发的低成本、高可靠 Vulcan 运载火箭的贮箱直径为 5.4m，结构材料为 2195 铝锂合金，贮箱的纵环缝均采用立式搅拌摩擦焊装备完成焊接，焊缝合格率达 100%。

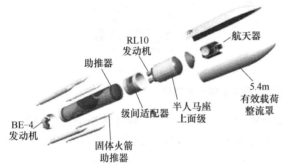

图 11-41　ULA "Vulcan Centaur" 火箭的全搅拌摩擦焊贮箱

三菱重工是日本 H-2B/2C 火箭的研制生产商，除了研制生产 H-2 系列液体火箭，还承担波音公司 Delta 系列火箭贮箱的协作加工，因此在贮箱制造工艺体系方面，三菱重工与波音公司基本相同。2005 年，日本三菱重工完成 H-2B 火箭贮箱箱底旋压、纵环缝回抽式搅拌摩擦焊两种新工艺的开发与验证，并成功应用于 H-2B/2C 系列火箭贮箱的生产制造（见图 11-42）。目前，三菱重工正运用箱底旋压、搅拌摩擦焊等新工艺研制日本最新型的 H-3 液体运载火箭。

欧空局（ESA）2014 年 12 月宣布启动阿丽亚娜 6 型运载火箭的研制，其液氢贮箱直径为 5.5m、长度为 20m，液氧贮箱直径为 5.5m、长度为 12m。在阿丽亚娜 6 型运载火箭的研制进程中，搅拌摩擦焊技术得到充分而深入的应用：贮箱箱底采用了奥地利 HAGE 公司研制的 A 型六轴联动箱底搅拌摩擦焊装备（图 11-43），贮箱纵缝采用了 EASB 提供的立式搅拌摩擦焊装备，贮箱环缝则采用了 EASB 提供的卧式搅拌摩擦焊装备。

3. 搅拌摩擦焊在国内液体火箭贮箱制造中的应用

国内运载火箭贮箱搅拌摩擦焊技术自主创新开发工作始于 CZ-5 运载火箭的研制。作者于上海航天设备制造总厂工作期间（2004.8—2014.8）带领技术团队从事 CZ-5 运载火箭

a) 贮箱环缝回抽式搅拌摩擦焊　　　　　b) H-2B火箭共底贮箱

图 11-42　采用箱底旋压、回抽式搅拌摩擦焊制造的 H-2B 贮箱

a) A型箱底搅拌摩擦焊装备　　　　　b) 阿丽亚娜6型火箭贮箱箱底

图 11-43　阿丽亚娜 6 型火箭箱底搅拌摩擦焊

ϕ3350mm 助推器研制攻关（图 11-44a），独立完成了搅拌摩擦焊技术标准体系的建立与完善（图 11-44b），并推广应用于 CZ-2/3/4/5/6/7/8 等现役、新型号运载火箭贮箱的研制与生产，有效提升了我国运载火箭贮箱的焊接制造质量与效率并达到国际先进水平。

a) CZ-5运载火箭ϕ3350mm液氧贮箱　　　　　b) 搅拌摩擦焊技术标准评审会

图 11-44　搅拌摩擦焊液氧贮箱与搅拌摩擦焊技术标准评审会

经过 20 年的发展，我国运载火箭贮箱的搅拌摩擦焊技术装备已经研发迭代了三代。第一代贮箱搅拌摩擦焊装备主要为解决筒段纵缝、箱底焊缝（纵缝、环缝）而开发的搅拌摩擦焊装备，其技术与装备的亮点在于箱底搅拌摩擦焊装备配置回收式搅拌工具，实现箱底环缝的无匙孔全焊透搅拌摩擦焊，由用户单位联合北京赛福斯特技术有限公司合作研制，如图 11-45 所示。

a) 贮箱纵缝搅拌摩擦焊装备　　　　　　　　　b) 贮箱箱底搅拌摩擦焊装备

图 11-45　国产第一代贮箱搅拌摩擦焊装备

　　第二代贮箱搅拌摩擦焊装备主要解决第一代搅拌摩擦焊装备刚性不足、运动精度不高、回抽式搅拌工具控制精度不高和贮箱环缝的搅拌摩擦焊问题。其技术与装备的亮点是箱底搅拌摩擦焊装备采用六轴联动重型龙门式结构，回抽式搅拌工具采用精密行星丝杠实现高精度位置伺服控制，贮箱环缝实现回抽式搅拌摩擦焊，由用户委托相关数控设备商进行定制，如图 11-46 所示。

图 11-46　国产第二代贮箱搅拌摩擦焊装备

　　第三代贮箱搅拌摩擦焊装备主要是为解决贮箱一体式超长壁板纵缝装配、箱底五轴联动龙门式搅拌摩擦焊结构刚性不足、贮箱环缝箱体同步旋转与装配圆度超差等问题而迭代研发的，如超长壁板纵缝卧式搅拌摩擦焊装备（图 11-47a）、A 型龙门式六轴联动箱底搅拌摩擦焊装备（图 11-47b）、贮箱环缝对称负载式动机头卧式搅拌摩擦焊装备（图 11-47c），由用户提出功能与性能定制要求，再委托相关数控设备商进行定制设计与制造。

11.6.2　飞机结构搅拌摩擦焊

　　在飞机制造领域，新材料、新工艺的应用也是提高飞机性能、降低制造成本的一种有效途径，所以国际上的飞机制造公司除了参与完成许多搅拌摩擦焊的基础研究，还针对飞机的特殊零部件展开了搅拌摩擦焊应用研究，如：飞机机身的纵向、环向、预成形件的搅拌摩擦焊连接，飞机起落架传动支承门、飞机方向翼板、飞机中心翼盒盖板、飞机蒙皮制造，飞机机翼蒙皮结构的修理，飞机地板的搅拌摩擦焊，以及新型商业飞机的搅拌摩擦焊。

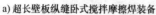
a) 超长壁板纵缝卧式搅拌摩擦焊装备

b) A型龙门式六轴联动箱底搅拌摩擦焊装备

c) 贮箱环缝对称负载式动机头卧式搅拌摩擦焊装备

图 11-47　国产第三代贮箱搅拌摩擦焊装备

从 2000 年开始，波音公司就开展了飞机薄板对接、厚板对接和薄板 T 形接头的搅拌摩擦焊工艺应用研究工作，并率先将搅拌摩擦焊应用于美国空军现役 T-45 教练机起落架支撑门结构（图 11-48a）的焊接制造，替代传统的铆接工艺，省却 60 颗铆钉。2008 年，波音公司已将搅拌摩擦焊工艺应用于 C-17 大型军用运输机货舱地板和载货斜坡地板结构（图 11-48b）的焊接生产，制造成本降低 360 万美元，仅载货斜坡地板就减重 180kg。此外，波音公司还采用搅拌摩擦焊实现了 F-15 战斗机尾翼整流罩结构上薄壁 T 形接头的焊接制造，并通过了飞行测试。2002 年，洛克希德·马丁公司已将搅拌摩擦焊应用于 C-130J 压力舱壁板、地板及隔板的焊接制造，并通过了全尺寸机身段功能验证。

a) T-45教练机起落架支撑门

b) C-17运输机货舱地板

图 11-48　美国波音公司采用搅拌摩擦焊制造的飞机结构

美国 Eclipse 航空公司于 1997 年投资 3 亿美元用于开发搅拌摩擦焊在飞机制造上的应用，并力求通过搅拌摩擦焊技术的应用能够造出高性价比的商务客机（图 11-49 和图 11-50），增强自身的核心竞争力。

Eclipse 航空公司利用 263 条搅拌摩擦焊焊缝取代了 7000 多个螺栓紧固件，使飞机的制造效率提高而成本却大幅度降低，推出了新机型 N500 商务客机。该型号商务客机于 2002 年 6 月通过了 FAA 的认证，2003 年开始批量生产，目前型号已扩展至 Eclipse550、Eclipse2012、Eclipse2016 等。

图 11-49　Eclipse 航空公司的搅拌摩擦焊设备

图 11-50　采用搅拌摩擦焊制造的 Eclipse N500 机身

2001 年，法国 EADS 公司立项开展飞机中心翼盒盖板结构的搅拌摩擦焊应用研究工作。该项目的研究目标是利用对接焊的挤压型材来代替传统的铆接制造方法，以期在飞机中心翼盒的制造中达到减重和降低制造费用的目的。

中心翼盒盖板选用的材料为 10mm 厚的 7055 及 7349 挤压型材，采用搅拌摩擦焊工艺把 3 条自增强挤压型材焊接在一起，形成如图 11-51 所示的 1500mm×480mm 的板件结构，长度方向上的最大变形为 2mm，无损检测没有发现焊缝和根部缺陷，性能测试结果优良，完全满足中心翼盒制造质量与性能指标要求。

欧洲空客公司在 2000 年左右就开展了 2 项有关搅拌摩擦焊的研究工作。项目之一是"飞机框架结构的搅拌摩擦焊"（简称 WAFS）。该项目历时 3 年，由欧洲 13 个主要的飞机制造公司和研究机构合作承担。其内容涉及搅拌摩擦焊技术的标准化、1~6mm

图 11-51　7055 挤压型材中心翼盒
盖板的搅拌摩擦焊

薄板搅拌摩擦焊、6~25mm 厚板搅拌摩擦焊、搅拌摩擦焊过程仿真与模拟和飞机搅拌摩擦焊零部件的设计与开发。

"宇航工业近期商业目标技术应用"（简称 TANGO）是空客公司负责的欧洲第二个搅拌摩擦焊研究项目，项目周期为 2000—2004 年，由 12 个国家 34 个合作伙伴参加，主要研究飞机结构的搅拌摩擦焊问题。这些结构包括铝合金机身的纵环向以焊代铆、预成形件的组焊制造等。

飞机的中间机身部分由许多零部件组成。其中机身的纵向连接部分主要是把飞机门蒙皮面板和机身框架连接在一起。目前，飞机纵向连接主要是搭接，然后用很复杂的方式铆接在一起，其中在铆接过程中的不同时期需要把加强件、连接件、封严件及上支撑件连接在一起。现在欧洲的空客公司已经采用搅拌摩擦焊的挤压型材对接接头来代替飞机机身的这些纵向连接接头（图 11-52）。

如图 11-52 所示，飞机机身的环向连接主要指飞机不同的机身段之间的连接。以往机身的环向连接设计主要是对接结构精密铆接，根据连接载荷的大小，每排接头需要 4 个或 8 个铆钉及高锁，接头

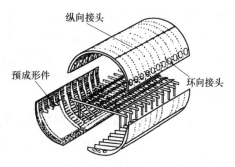

图 11-52　空客飞机机身结构

包括加强板、束缚条、结合板和界面框架。现采用框架间的搅拌摩擦焊代替铆钉连接。

飞机机身包括多个舱门和观察窗口，所有机身开口的部位都需要预成形件来提高开口部位的强度和刚度，引入搅拌摩擦焊工艺后，采用相关小零件装焊连接成一体的制造方式，即节省材料，又降低制造成本，实现绿色生产。飞机机身舱门框架的预成形件如图 11-52 所示。

图 11-53 所示为空客公司采用搅拌摩擦焊技术制造 A340 大型客机的翼肋。空客公司已将搅拌摩擦焊技术大规模用于 A350 机身纵缝的焊接，以取代传统的铆接。资料表明，使用搅拌摩擦焊技术制造飞机机身，每米连接长度可以减重 0.9kg，减重效果明显。

图 11-53　空客公司采用搅拌摩擦焊技术制造 A340 大型客机翼肋

11.6.3　船舶铝合金结构搅拌摩擦焊

铝合金结构上层建筑的应用日益扩大已成为造船业的新趋势，欧洲、澳大利亚、美国、日本等国家和地区的多家造船公司都在积极采用铝合金结构取代原来的钢结构上层建筑。如挪威的 Marine Aluminum 公司，瑞典的 Sapa 公司，荷兰的 Royal Huisman 造船厂，美国的范库弗峰造船公司、联合造船厂、Point Hope 造船所，澳大利亚的 Incat Tasmania Pty 造船有限公司等。建造的铝合金船舶包括快艇、高速渡轮、双体船、邮轮、高速巡逻船、穿波船、海洋观景船、运载液化天然气的铝罐船等。

1996 年，世界上第一台商业化船舶铝合金型材组焊搅拌摩擦焊装备（图 11-54）安装在挪威的 Marine Aluminum 公司。该公司采用该设备生产渔船用的冷冻中空板、快艇的一些部件和大型邮轮、双体船的舷梯、侧板、地板等部件，同时用于生产直升机降落台。这台搅拌摩擦焊设备为全钢结构，质量为 63t，尺寸为 20m×11m，到现在已焊接出 1000km 长的焊缝，其缺陷发生率接近于 0，焊接过程与焊接质量非常稳定。

Marine Aluminum 向各大造船厂提供标准尺寸的采用搅拌摩擦焊连接的铝合金预制型材（图 11-54），缩短了造船周期。采用搅拌摩擦焊预制板材使船体装配过程更精确、更简单。造船厂不再考虑全过程的铝合金连接问题，而仅仅是改造流水线以采用标准的预制板组装船体。

图 11-55 所示为采用搅拌摩擦焊预制板材组装制成的船体部件。图 11-56 所示为采用搅拌摩擦焊预制板材制造船体的双体船和邮轮。图 11-56 左图所示的双体船所采用的铝合金搅拌摩擦焊预制板占船体总用铝量的 25%，通过采用搅拌摩擦焊预制板部件，并改造相应的流水线，使整船的生产成本降低了 5%。

图 11-54 采用搅拌摩擦焊制造船用型材

图 11-55 采用搅拌摩擦焊制造船用预制板构件

图 11-56 采用搅拌摩擦焊预制板的双体船和邮轮

图 11-56 右图所示邮轮的第二层、第三层均采用了搅拌摩擦焊预制板材，预制板材的宽度超过了上层建筑宽度的 50%，大大节约了船体的制造成本。

造船厂对搅拌摩擦焊预制型材的评价可归结如下：

1）工艺与产品成熟且环保。

2）产品焊接过程、焊缝质量稳定一致，产品尺寸公差变化小。

3）预制型材生产率高，焊后近无变形。

4）小尺寸型材组焊成大尺寸型材，成本低、效率高，生产灵活。

1998 年，日本 SLM 公司将搅拌摩擦焊技术应用在夹层结构件和海水防护壁板的焊接生产中。该海水防护壁板由 5 块宽度为 250mm 的 5083-H112 铝合金挤压型材组成，经搅拌摩擦焊焊接后，壁板尺寸为 1250mm×5000mm，如图 11-57 所示。采用搅拌摩擦焊组焊的型材变形很小，焊缝的正面和背面非常平整，焊缝也具有良好的耐蚀性。

随后，日本三井造船株式会社（MES）玉

图 11-57 日本 SLM 公司采用搅拌摩擦焊生产的 5083-H112 型材板

野分部采用搅拌摩擦焊焊接了最高航速达 42.8kn(1kn=1.852km/h) 的客货两用船，并成功通过 2m 的高海浪试验。该船被命名为"Super Liner Ogasawara"，可以装载 740 名乘客和 201t 货物。

澳大利亚 Adelaide 大学与英国 TWI 公司合作研发了一种便捷式搅拌摩擦焊设备（图 11-58），成功实现轻型高速海洋游船的曲面壁板焊接。根据此项研究，澳大利亚 RFI 公司研制成功了新型海洋观光船，如图 11-59 所示。

图 11-58 便捷式搅拌摩擦焊装备

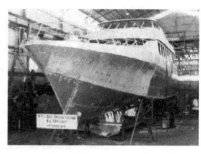

图 11-59 RFI 公司采用搅拌摩擦焊与爆炸成形研制的新型海洋观光船

此外，英国 Norsk Hydro 公司利用搅拌摩擦焊焊接了气垫船体和上层结构。葡萄牙的船厂安装了适合小批量散件焊接的模块化搅拌摩擦焊设备，实现了铝合金部件的现场装配焊接。美国尼克尔斯兄弟造船公司在航速达 102km/h 的 X-Craft 级战斗舰中成功使用搅拌摩擦焊技术。荷兰 Royal Huisman 造船厂建造的"雅典娜"号邮轮几乎全部采用搅拌摩擦焊制造铝合金结构件，全长 90m、宽 12.2m、高 5.5m，功率为 1.47×10^6W，自重 982t。瑞士的"Seven Seas Navigator"号大型豪华铝合金邮轮采用了搅拌摩擦焊制造上层建筑结构，如图 11-60 所示。

图 11-60 "Seven Seas Navigator"号大型豪华铝合金邮轮

中国搅拌摩擦焊中心研发了多个系列的搅拌摩擦焊设备，并成功开发出船用铝合金结构件的搅拌摩擦焊技术。2005 年，该中心自主设计制造了国内最大的全长 15m 的船用型材制造搅拌摩擦焊设备，可实现 2.5m×12m 的大壁板铝合金型材的批量化制造，如图 11-61 所

图 11-61 国产船舶铝合金壁板搅拌摩擦焊设备与产品

示。2006 年，中国搅拌摩擦焊中心研制了我国第一台船舶铝合金壁板的焊接设备，并且建立了专业化的生产加工车间。迄今，中国搅拌摩擦焊中心与客户已在国内多地建立了船舶铝合金型材板搅拌摩擦焊生产基地。

11.6.4 轨道交通铝合金车体搅拌摩擦焊

轨道交通工具存在多种轻量化铝合金车体结构，如城铁/地铁车体、高铁车体、均为中高强度铝合金挤压型材组焊车体结构。随着高速铁路的快速发展和城市轨道交通市场需求的不断扩大，铝合金车体的市场份额已超过 70%。过去铝合金型材车体的组焊主要采用 MIG 焊工艺，存在焊接效率低、接头强度损失大、受环境温湿度影响、焊接烟尘污染环境、焊接成本高及易产生裂纹、气孔等缺陷，已成为轨道交通车辆产品提高质量与生产能力的制约因素。

1998 年发生在德国 Eschede 的撞车事故及 1999 年发生在英国 Ladbroke Grove 的撞车事故，引起了人们对铝合金车辆结构焊接制造技术的再思考。在 1999 年的事故中，许多焊接接头灾难性地失效（焊缝开裂）。调查结果表明，铝合金挤压成形件沿着焊缝断开。这是由于熔焊焊缝的冲击韧性比较差，缺乏塑性变形能力，结构沿着焊缝失效，而不是以设想的方式发生变形，所以熔焊接头的抗撞击能力比较低。调查报告（HSC Report）建议采用替代熔焊的方法焊接铝合金。由此，搅拌摩擦焊技术是铝合金列车制造中最受关注的替代性焊接技术。

铝合金搅拌摩擦焊能够完全克服铝合金熔焊的缺点，不仅无须焊丝、惰性气体保护、温湿度控制，而且能够获得高质量、高效率、近无变形的焊接接头，现已发展成为轨道交通车辆铝合金焊接结构的主导焊接工艺。日立公司在 1998 年最早将搅拌摩擦焊技术用于地铁车体侧墙，随后推广应用于地铁、城轨动车组及高铁的铝合金车体的多个构件（侧墙、车顶板、车钩连接板、地板、枕梁等）的焊接制造，接头形式包括单层单面、双层双面（图 11-62）。后续，日本川崎重工（KHI）、住友轻金属、日本车辆制造等公司均采用搅拌摩擦焊技术生产铝合金车体的宽幅型材和相关构件。

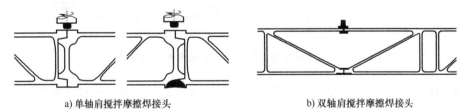

a) 单轴肩搅拌摩擦焊接头   b) 双轴肩搅拌摩擦焊接头

图 11-62 铝合金车体构件的搅拌摩擦焊工艺

铝合金车体构件（车顶板、侧墙、底架地板、车体总装等）的搅拌摩擦焊生产属于超大尺寸焊接部件的装配与焊接工程，对于部件焊前尺寸精度、装配精度、焊接过程的控形控性（对中与焊缝成形等）都有着严格的要求。例如，对于侧墙，长度基本上在 24m 以上，接头采用锁底对接，要求焊接过程中必须对中施焊，焊缝成形必须均匀一致以满足免涂装的车体总装要求。这就要求铝合金车体部件的组焊过程必须采用激光焊缝跟踪系统（图 11-63）以实现焊接过程中实时对中焊接，采用恒压力控制系统以实现焊接过程实时恒压力焊接以获得均匀一致的焊接表面成形。

图 11-63 FOOKE 采用双激光系统实现搅拌摩擦焊对中与恒压力控制

搅拌摩擦焊工艺过程的恒压力控制主要通过两种技术途径实现：①以焊接顶锻力为控制对象，采用液压伺服控制实现；②以高精度位移为控制对象，采用激光精密测距反馈实现。从技术发展来看，基于高精度位移控制的激光精密测距与对中技术更为简单可靠，具有激光控制模块单元体积小、精度高、动态响应快、灵敏度高并易与 NC 系统集成等突出的优点，是搅拌摩擦焊过程对中与恒压力控制技术的主要发展方向。

日立公司在铝合金列车制造方面提出了 A-Train 概念，即采用搅拌摩擦焊技术拼接双面铝合金型材来制造自支撑结构的铝合金车厢（图 11-64）。现在，以 A-Train 概念为蓝本的列车已广泛服务于日本轨道交通业。A-Train 概念列车比普通列车运行速度更快，车厢内环境却更安静，并且抗冲击性更好。搅拌摩擦焊组焊的铝合金车体构件尺寸精度高、无变形，并实现了车体的模块化焊接制造。

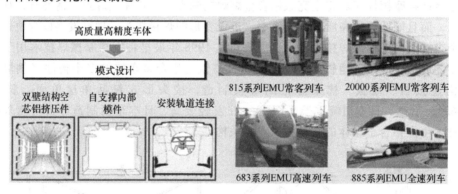

图 11-64 用于日本轨道交通的 A-Train 概念列车设计特性和车型

瑞典 SAPA 公司从 1997 年开始向所有主要列车生产商提供采用搅拌摩擦焊工艺的铝合金挤压型材焊接部件，这些列车生产商包括 Alstom、Bombardier、CAF、Siemens 等公司。Alstom 为丹麦制造的客车的车顶板部件采用了搅拌摩擦焊工艺，如图 11-65 所示。

Bombardier 在市郊城轨车体和地铁车辆侧墙等车体部件中采用搅拌摩擦焊工艺，焊接速度高达 2m/min，焊缝质量合格率达 100%，构件焊后变形很小，焊后的铝合金车体壁板喷涂后具有非常出色的表面光洁度，如图 11-66 所示。

国内轨道交通铝合金车体构件的搅拌摩擦焊研究工作始于 2003 年。2003—2008 年为铝合金车体构件搅拌摩擦焊基础研究阶段，其间完成了铝合金车体构件的搅拌摩擦焊接头设计、与 MIG 焊接头性能的综合对比、工艺适应性评价等基础研究工作，为搅拌摩擦焊工艺替代 MIG 焊工艺提供了丰富的数据支撑。2009 年以后，国内中车集团下属的长春客车厂、

a) 采用搅拌摩擦焊组焊的丹麦客车　　　　　b) 客车车顶板部件与车体组装

图 11-65　Alstom 为丹麦制造的轨道客车

图 11-66　Bombardier 采用搅拌摩擦焊制造的 Class377 客车车体

常州轨道车辆牵引研究中心、株洲电力机车厂、青岛四方车辆厂、南京浦镇车辆厂等单位积极推进铝合金车体构件的搅拌摩擦焊工程化应用，成果丰硕。

2010 年 8 月，青岛四方车辆厂完成广州地铁 5 号线铝合金车体的生产，其中侧墙构件采用了搅拌摩擦焊组焊，至今服役运营多年，情况良好。2011 年，上海地铁 13 号线侧墙采用了搅拌摩擦焊工艺，车体平面度为 1mm/m，极大地提高了车体整体平面度和商品化效果。2012 年，长春客车厂为深圳 2 号线、7 号线、9 号线提供铝合金地铁列车，侧墙、车顶板采用先进的搅拌摩擦焊技术，搅拌摩擦焊技术得到进一步推广和应用。2013 年，株洲电力机车厂向马来西亚出口采用搅拌摩擦焊制造的地铁列车，其车体的侧墙、底架地板、车顶板、车钩丛板座等构件均采用搅拌摩擦焊制造，成为国内第一个向国外出口搅拌摩擦焊车体的项目。2014 年 12 月，青岛四方车辆厂完成我国标准动车组搅拌摩擦焊样车车体的研制，实现了搅拌摩擦焊技术在高速动车组车体上的生产应用，其中枕梁、牵引梁、车钩丛板座、端墙板等构件均采用了搅拌摩擦焊工艺。应用搅拌摩擦焊技术的轨道交通铝合金车体如图 11-67 所示。

11.6.5　输变电装备铝合金结构搅拌摩擦焊

在超高压、特高压输变电线路中配置有多种气体绝缘开关（gas insulated switchgear，GIS）、气体绝缘线路（gas insulated line，GIL）、隔离开关、断路器等高压开关设备，其 GIS 外壳、GIL 筒体均属于 "Al-Mg 系板材卷焊筒体+法兰" 的焊接结构，铝合金导体的结构材料为 T6 状态的 6063（Al-Mg 系）铝合金。

GIS 设备的壳体均由 6~12mm 的 Al-Mg 系板材卷焊后与法兰组焊而成（图 11-68）；GIL 筒体的标准长度为 18m，筒壁厚度为 4~10mm，采用铝合金卷材经熔焊（TIG 焊等）组焊成

a) 上海地铁13号线

b) 深圳地铁列车

c) 马来西亚地铁列车

d) 我国标准动车组

图 11-67 应用搅拌摩擦焊技术的轨道交通铝合金车体

螺旋管（图 11-69）或采用铝合金板材经搅拌摩擦焊组焊成直缝管（图 11-70）；导电杆的接头设计为锁底接头的环焊缝设计，过去多采用"MIG 焊打底及填充+TIG 焊重熔"的焊接工艺，现在更多采用搅拌摩擦焊来实现锁底环缝的焊接（图 11-71）。

图 11-68 GIS 壳体

图 11-69 GIL 螺旋管

图 11-70 搅拌摩擦焊 GIL 直缝管

图 11-71 搅拌摩擦焊铝合金导体

精简环焊缝设计是 GIS 壳体、GIL 筒体生产制造的主要发展方向。随着铝合金板材轧制水平的提高，板材组织与力学性能的各向异性可被控制在 2% 以内，因此筒体/壳体的纵缝可以设计为平行轧制方向。由于铝合金板材在轧制方向的长度几乎没有限制，可以简化筒体的环缝设计与装焊。结构设计上没有环焊缝的 GIS 壳体、GIL 搅拌摩擦焊直缝筒体的应用会日益广泛。

目前，搅拌摩擦焊技术已在电力装备应用中展现出巨大的潜力，但还没有展开大规模的应用，尚处于初级阶段，仅有少量装备在电网中试用。搅拌摩擦焊接头的力学性能（拉伸、断裂、疲劳、耐蚀性能等）、冶金性能、断裂破坏机理、模拟试验、无损检测、电导率、电阻率及气密性等研究工作是电力行业推广应用搅拌摩擦焊技术的基础，仍然需要开展深入而全面的基础研究。同时，要基于电力行业装备对于零部件电性能的技术要求而进行工艺优化，并进行型式试验考核，能够快速推进搅拌摩擦焊技术在输变电装备上的工程应用。

11.6.6 电子系统铝合金结构搅拌摩擦焊

电子行业中存在多种铝合金精密构件，如相控阵雷达面板、合成孔径集分流器、液冷散热板、液体机箱等。对耐蚀性能要求高的铝合金构件多采用5×××铝合金，对耐蚀性能要求不高的铝合金构件多采用6×××铝合金。

相控阵雷达常装备于大型驱逐舰、航母等军用舰艇，是舰队警戒、空域防御、导弹预警的"火眼金睛"。相控阵雷达面板结构的设计经历了两代：①分体式结构设计——主结构支撑面板+液冷散热板；②一体式水冷结构设计——主结构支撑面板与液冷散热板集成设计。对于分体式相控阵雷达面板结构，其制造工艺主要由厚板焊接（MIG焊/搅拌摩擦焊）、消应力热处理、精密机加工构成。对于一体式水冷结构相控阵雷达面板，其制造工艺主要由精密机加工、搅拌摩擦焊、消应力热处理构成。

分体式相控阵雷达面板结构厚度为50~150mm，长×宽的范围为（6~16m）×（4~6m），由2块铝板对接焊而成。在2007年以前，2块厚铝板的对接焊主要采用手工或半自动MIG焊，一道70mm厚、6m长的对接焊缝，采用X形坡口正反面多道熔覆填充焊，由于每道熔覆焊缝均要求进行无损检测以确保焊缝无气孔、裂纹，因此焊接作业时间常常持续20~30天。焊后角变形大、焊缝残余应力大、焊工劳动强度大、作业环境恶劣、作业效率低是该类相控阵雷达面板生产制造的主要瓶颈，如图11-72所示。

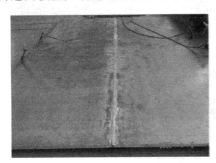

图11-72 MIG半自动焊的70mm厚相控阵雷达面板

2006年，笔者在上海航天设备制造总厂工作期间，完成了50~110mm相控阵雷达面板搅拌摩擦焊装备与焊接工艺的攻关，与北京赛福斯特技术有限公司合作研制了国内第一台相控阵雷达面板纵缝焊接设备，并自主开发了配套的搅拌摩擦焊工艺，实现了我国相控阵雷达面板的高质量、高效率、无变形绿色焊接制造（图11-73）。生产实践证明，采用搅拌摩擦焊工艺替代MIG焊工艺焊接相控阵雷达面板，焊缝质量合格率达100%，一块面板的焊接生产周期由20~30天缩短为2天，焊接角变形为零，有力保障了我国舰载相控阵雷达的批量生产进度要求。

图11-73　分体式相控阵雷达面板焊接变形对比

2011—2013年，笔者在国家04专项的资助下自主完成了一体式水冷结构相控阵雷达面板的并联式二维搅拌摩擦焊设备及其焊接工艺的攻关（图11-74），有力推动了我国相控阵雷达面板的结构优化设计与优质高效绿色焊接制造。

图11-74　一体式相控阵雷达面板搅拌摩擦焊

此外，并联式二维搅拌摩擦焊设备与工艺还推广应用于战机合成孔径雷达集分流器（图11-75a）、舰载末端防空导弹发控箱（图11-75b）的优质高效绿色焊接制造，其搅拌摩擦焊焊缝与母材的耐蚀性能相当，有效解决了舰载铝合金结构熔焊焊缝的耐蚀难题。

a) 集分流器　　　　　　　　　　　　b) 舰载发控箱

图11-75　机载雷达集分流器与舰载发控箱

11.6.7　电动汽车铝合金结构搅拌摩擦焊

车身材料采用铝合金是汽车减重的有效途径，可以提高燃油效率及汽车安全系数。汽车设计专家希望可以用铝合金替代目前车身的钢结构，但过去铝合金如何连接一直是令人头疼的问题，因为铝合金导热性、导电性好，电阻焊、弧焊、激光焊都很难实现铝合金的可靠连接，连接问题成为限制铝合金应用的瓶颈。虽然可以采用铆接，但设备的成本过高。搅拌摩擦焊的出现成功解决了这一问题，可进一步推进铝合金材料在汽车领域的广泛应用。

如图11-76所示，马自达汽车公司是第一个将搅拌摩擦焊应用于汽车车身制造的汽车制造商，采用该技术制造了 2004 款马自达 RX-8 铝合金材质的车身后门及发动机舱盖。

过去，车身板材的连接采用电阻点焊技术，焊接过程需要大型专用设备来提供持续的大电流。而采用搅拌摩擦焊只需要一个非消耗的搅拌工具，旋转着插入焊件，通过搅拌工具与焊件之间的摩擦，使金属软化并发生塑性流动，通过搅拌工具施加的锻压力即形成可靠的连接。

采用搅拌摩擦焊唯一的能量消耗是驱动搅拌工具旋转及施加锻压力所消耗的电能，整个焊接过程不需要传统电阻点焊所必需的大电流及压缩空气。采用搅拌摩擦焊技术焊接铝合金节约了 99% 的能量。由于不需要大型的供电设备及专用的点焊设备，设备成本降低了 40%，焊接过程中绿色环保、无飞溅和烟尘，焊接环境安全。

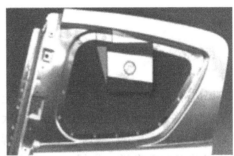

图 11-76　RX-8 的后门及发动机舱盖的制造采用了搅拌摩擦焊

在瑞典的 Sapa，搅拌摩擦焊已用于铝质汽车零部件的大规模生产。这里安装了一台 Esab 生产的 Superstir 搅拌摩擦焊机。该焊机具有两个搅拌机头，可以从双面同时焊接中空的铝板型材。这台搅拌摩擦焊机配备了一个转盘式加载和卸载装置，保证了焊接过程中两个机头的对中。

随着电动汽车的快速发展，铝合金电动汽车电池托盘的焊接制造成为搅拌摩擦焊技术应用的新兴产业。用于焊接铝合金电动汽车电池托盘结构的搅拌摩擦焊设备大多为小型二维龙门式搅拌摩擦焊设备，并配置自动压紧工装，实现铝合金电池托盘的搅拌摩擦焊自动焊。搅拌摩擦焊焊接的铝合金电池托盘如图 11-77 所示。

图 11-77　搅拌摩擦焊焊接的铝合金电池托盘

此外，搅拌摩擦焊在武器装备铝合金构件绿色焊接制造中的应用日益广泛，如铝合金/镁合金弹体结构、铝合金导弹贮运发射箱/筒体等，对于实现武器装备的高效批量化生产能力具有重要的技术保障作用。

第12章 电 阻 焊

12.1 概述

电阻焊是将焊件夹紧于两电极之间并通以电流，利用电流流经焊件接触面及邻近区域时所产生的电阻热使焊件接触面熔化或达到高温塑性状态，从而获得焊接接头的一种焊接方法。

电阻焊方法包括点焊、缝焊、凸焊、对焊，如图 12-1 所示。

对于铝及铝合金来说，凸焊及对焊不适用，但对焊范畴内的闪光对焊仍较为适用。

电阻焊方法有如下优点：

1）熔核形成过程中始终被塑性环包围，熔化金属与空气隔绝，不会发生氧化。

2）加热时间短，热量集中，热影响区窄，应力变形小。

3）无须填充金属，无须保护气体，焊接成本低。

4）设备机电一体化，焊接过程机械化、自动化，无嘈杂声响、无有害气体，劳动条件好。

5）生产率高，适用于大批量生产。

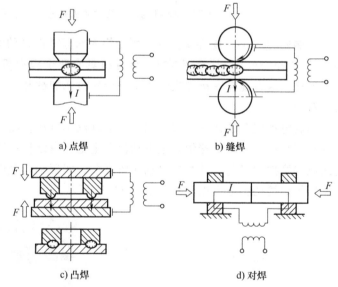

a) 点焊 b) 缝焊

c) 凸焊 d) 对焊

图 12-1 电阻焊方法

电阻焊方法也有如下一些缺点：

1）点焊、缝焊的接头为搭接形式，增大了结构质量，熔核周围呈尖角，接头抗拉强度及疲劳强度较低。

2）设备投资大，维修复杂，用电量大，单相交流焊机造成三相不平衡，不利于电网正常运行。

3）目前尚缺乏简单、有效、可靠的电阻焊质量无损检测及监控方法。

铝及铝合金氧化性强，电导率低，应用电阻焊较其他金属更为困难。

12.2 焊接原理

12.2.1 热的产生

电阻焊产生的热量如下式所示：

$$Q = I^2 R t \tag{12-1}$$

式中 Q——焊接时产生的热量（J）；

　　I——焊接电流（A）；

　　R——电极间总电阻（Ω）；

　　t——焊接时间（s）。

电极间总电阻 R 由焊件自身的电阻 R_w、两焊件间的接触电阻 R_c 和电极与两焊件之间的接触电阻 R_{ew} 组成，如图 12-2 及下式所示。

$$R = 2R_w + R_c + 2R_{ew} \tag{12-2}$$

1. 电阻对产热的影响

（1）焊件自身电阻　焊件自身电阻 R_w 与材料的电阻率有关。铝及铝合金电导率高，电阻率低，加之热导率高，因此，焊件自身电阻产热较小，散热较快，所需的焊接电流可达几万安培。

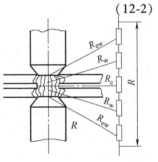

图 12-2　点焊时的电阻分布

电阻率还与材料的成分和状态有关，合金元素越多，电阻率即越高，铝合金的电阻率高于工业纯铝，变形强化状态或热处理强化状态铝合金的电阻率高于退火状态铝合金的电阻率。例如，2A12-O 状态的电阻率为 $4.3\mu\Omega \cdot cm$，而 2A12-T4 状态的电阻率为 $7.3\mu\Omega \cdot cm$。

材料的电阻率还与温度有关。温度升高时，电阻率增大，金属熔化时的电阻率比熔化前高 $1\sim2$ 倍。

随着温度的升高，金属的压溃强度降低，焊件与焊件之间和焊件与电极之间的接触面积增大，焊件自身电阻即相应减小。熔核形成前，焊件电阻逐渐增大，熔核形成后又逐渐减小。

焊件电阻还要受电极压力变化的影响。多点点焊时，电极压力的变化可引起焊件与焊件之间和焊件与电极之间接触面积的变化，从而可影响电流的分布。随着电极压力的增大，电流线的分布将较分散，焊件电阻将相应减小。

熔核开始形成时，由于熔化区的面积尚小，电阻较大，迫使大部分电流从其周围的压接区流过，使该区再相继熔化，熔核不断扩展，但由于电极端面直径的限制，熔核直径一般不超过电极端面直径的20%。熔核过分扩展时，熔核外围的塑性环将因失压而难以形成，导致熔化金属溅出而产生喷溅。

（2）接触电阻　接触电阻 R_{ew} 和 R_c 与焊件表面质量状态及电极压力大小有关。

焊件和电极表面有氧化物或脏污时，由于其电阻系数高，接触电阻大，妨碍电流通过。当氧化物和污物层过厚时，甚至会使电流不能导通。

焊件表面十分洁净时，由于表面微观不平，只能在焊件表面粗糙的局部形成接触点，在接触点处形成电流线收拢，电流通道缩小，接触电阻增大，如图 12-3 所示。

电极压力增大时，表面粗糙的凸点将被压溃，凸点的接触面增大，数量增多，表面上的氧化膜也容易被挤破。温度升高时，金属的压溃强度降低（铝合金在350℃时，压溃强度趋近于零），即使电极压力不变，凸点的接触面也会增大，数量也会增多。由此可见，接触电阻将随电极压力的增大和温度的升高而显著减小。因此当表面清理得十分洁净时，接触电阻仅在通电开始的极短时间内存在，随后就会迅速减小直至消失。

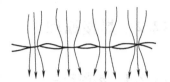

图 12-3　电流经微观粗糙表面时的电流线

接触电阻 R_c 尽管存在的时间极短，但在以很短的焊接时间和很大的电流点焊铝合金薄件时，它对熔核的形成和焊点强度的稳定仍具有非常显著的影响。

电极与焊件之间的接触电阻 R_{ew} 与焊件之间的接触电阻 R_c 相比，由于铜合金电极的电阻率比焊件的低，因此 R_{ew} 比 R_c 小，对熔核形成的影响不大。

2. 工艺因素对产热及焊接质量的影响

工艺因素可影响电流、电流密度、电阻，从而将影响电阻焊的质量。

（1）焊接电流　由式（12-1）可见，产热与电流 I 的平方成正比，而电流本身是一个很大的数值，因此电流对产热的影响比电阻大，是一个必须严格控制的参数。

引起电流变化的主要因素是电网电压波动和交流焊机二次回路阻抗的变化。对直流焊机来说，二次回路阻抗的变化对电流无明显的影响。

随着电流的增大，熔核尺寸和接头的抗剪强度将增大，如图12-4所示。

在图12-4中，曲线的陡峭段 AB 相当于已通电加热但焊件尚未熔化的状态。倾斜段 BC 相当于已发生熔化的状态。接近 C 点处，焊点强度增大缓慢，说明此时电流的变化对抗剪强度的影响已经不大了。越过 C 点后，由于熔化金属发生喷溅或焊件表面压缩过深，抗剪强度将降低。

多点点焊时，焊接电流将向已焊成的焊点分流，从而降低点焊的电流密度和焊接热，使焊点强度显著下降。

（2）焊接时间　焊接时间与焊接电流在一定范围内互相协调、互为补充，可保证熔核尺寸和焊点强度。为此，可采用大电流和短时间（硬规范），也可采用较小电流和长时间（软规范），视母材的性能、厚度和所用焊机的功率而定。

（3）电极压力　如上所述，电极压力对电极间总电阻 R 及产热有明显的影响。电极压力增大时，R 显著减小，此时焊接电流虽略有增大，但不足以影响因 R 减小而引起产热的减小。因此随着电极压力的增大，焊点强度将随之降低，如图12-5所示。

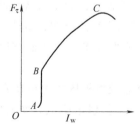

图 12-4　焊接电流 I_w 对焊点
抗剪强度 F_τ 的影响

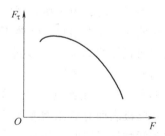

图 12-5　电极压力 F 对焊点
抗剪强度 F_τ 的影响

为保证焊点强度不变，可在增大电极压力的同时，增大焊接电流或延长焊接时间，以补偿电阻减小的影响。

但电极压力不可过小，否则可能引起喷溅而使焊点强度降低。

（4）电极形状及材料性能　由于电极的接触面积可决定电流密度，电极材料的电阻率和热导率关系到电阻热的产生和散失，因而电极的形状和材料对熔核的形成有着显著的影响。随着电极端头的变形和磨损，接触面积将增大，焊点强度将降低。

（5）焊件表面状况　如前所述，焊件表面状况（氧化物、油污及其他杂质）可影响表面接触电阻，影响产热或焊点质量（喷溅、焊件表面烧损）。表层异物的不均匀性还会影响焊点产热及质量的不一致性。因此，焊前彻底清理焊件表面是保证取得优质电阻焊接头的必要条件。

12.2.2　热的平衡

点焊时产生的总热量 Q 只有一部分用于形成熔核，较大部分将因散热而损失。此种热平衡可如下式所示：

$$Q = Q_1 + Q_2$$

式中　Q_1——形成熔核的有效热量；

Q_2——损失的热量。

有效热量（用于形成熔核）与金属的热物理性质及熔化金属量有关，而与焊接工艺条件无关。一般 $Q_1 = (10\% \sim 30\%)Q$。铝及铝合金作为电阻率低和热导率高的金属，Q_1 取下限。

损失的热量 Q_2 主要包括通过电极传导而损失的热量 $[(30\% \sim 50\%)Q]$ 和通过焊件传导的热量（约占 $20\%Q$）。

辐射到大气中的热量占 $0 \sim 5\%Q$，对点焊可忽略不计。它与电极的材料、形状、冷却条件及所选用的工艺条件有关。例如，采用硬规范时的热损失比选用软规范的热损失小。

由于热损失随焊接时间的延长和金属温度的升高而增大，因此当焊接电流不足时，只延长焊接时间虽可在某一时刻达到产热与散热的平衡，但继续延长焊接时间将无助于熔核的增大。由此说明，采用小功率焊机不能焊接铝及铝合金。

点焊不同厚度焊件时，通过调整不同电极的散热（改变其一电极的材料或接触面积或在其一电极下加工艺垫片等），可矫正熔核的偏移，增大薄件一侧的焊透率。

焊接区的温度分布是产热与散热综合平衡的结果。点焊时的温度分布如图 12-6 所示。

由图 12-6 可见，最高温度总是位于焊缝区中心，超过被焊金属熔点 T_m 的部分形成熔化核心，核内温度可能高于熔点 T_m。由于电极的强烈散热，温度从熔核边界到焊件外表面衰减很快，外表面的温度通常不超过 $0.6T_m$。温度在径向也随熔核边界向外的距离增大而迅速降低。金属的导

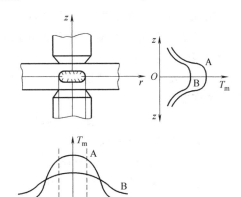

图 12-6　点焊时的温度分布

A—焊钢时　B—焊铝时

热性越好，所选用的规范越软，温度降低越平滑，温度梯度也越小。

缝焊时，由于熔核连续形成，对已焊部位起后热作用，对待焊部位起预热作用，故温度分布曲线较点焊时平坦。焊接速度高时，缝焊时的温度将呈不对称分布，如图 12-7 所示。

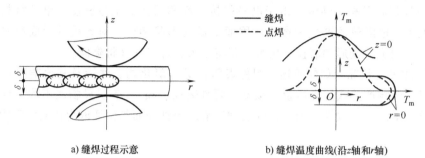

a) 缝焊过程示意　　　　　b) 缝焊温度曲线(沿z轴和r轴)

图 12-7　缝焊时的温度分布

温度分布曲线越平坦，则接头的热影响区越大，焊件表面越易过热，电极越容易磨损。因此在焊机功率允许的条件下，宜选用硬规范进行焊接。

12.2.3　焊接循环

点焊循环由 4 个基本阶段组成，如图 12-8 所示。

（1）预压阶段　电极开始加压，直到焊接电流开始接通。

（2）焊接阶段　焊接电流通过焊件，使之发热并生成熔核。

（3）维持阶段　切断焊接电流，电极压力继续维持。在此时间内，熔核凝固、冷却。

（4）休止阶段　电极停止加压，直至下一个焊点循环开始。

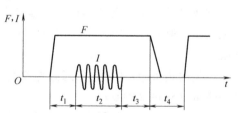

图 12-8　点焊的基本焊接循环

F—电极压力　I—焊接电流　t_1—预压时间
t_2—焊接时间　t_3—维持时间　t_4—休止时间

通电焊接必须在电极压力达到满值后进行，否则可能因压力过低而产生喷溅或因压力不一致而使产热和焊点强度波动。

电极卸压必须在电流全部切断之后，否则电极与焊件之间将产生火花，甚至烧穿焊件。

为了改善接头的性能，有时需要插入下列一个或多个工艺措施：

1）加大预压力，消除焊件之间的间隙，使之紧密贴合。

2）加入预热脉冲，提高金属的塑性，使之易于紧密贴合，防止喷溅。

3）在维持阶段加大电极压力，形成锻压，以压实熔核，防止产生裂纹或缩孔。

2A12-T4 是一种固熔时效的热处理强化铝合金，焊接时热裂倾向大。为防止点焊时产生裂纹，在其厚度大于 2mm 时，可能采用如图

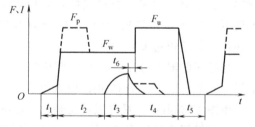

图 12-9　2A12-T4 铝合金的焊接循环

F_p—预压压力　F_w—焊接压力　F_u—锻压压力
I—焊接电流脉冲　t_1—电极下落时间
t_2—预压时间　t_3—焊接时间　t_4—锻压时间
t_5—休止时间　t_6—锻压滞后时间

12-9 所示的复杂焊接循环，图中的虚线是可能插入的特殊工艺措施。

12.3 电阻焊设备

电阻焊设备包括电阻焊机和电阻焊机的控制装置。

12.3.1 电阻焊机

电阻焊机按用途分，有点焊机、缝焊机、凸焊机、对焊机、闪光对焊机；按电气性能分，有单相工频交流焊机、三相二次（回路）整流焊机、三相低频焊机、电容储能焊机、逆变式焊机。

1. 单相工频交流焊机

此类焊机的交流频率为 50Hz，功率范围为 0.5~500kVA，其电路原理图和电压波形如图 12-10 所示。

此类焊机的结构和电路简单，操作方便，因此使用最广，产量最大。它的缺点在于单相负荷，三相不平衡。对于铝及铝合金来说，它可用于焊接要求不高的薄壁焊件，但不适用于焊接重要的焊接结构。

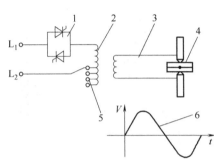

图 12-10　单相工频交流焊机电路原理图
1—断续器　2—阻焊变压器　3—二次回路
4—焊件　5—级数调节器　6—电压波形

2. 三相二次整流焊机

这类焊机是在阻焊变压器的二次输出端接入大功率硅整流器，使得二次回路中流过的电流是整流后的脉动直流，其电路原理如图 12-11 所示，其电压波形如图 12-12 所示。

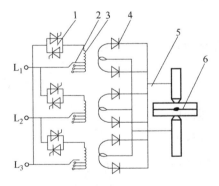

图 12-11　三相二次整流焊机电路原理图
1—断续器　2—级数调节器　3—阻焊变压器
4—大功率硅整流器　5—二次回路　6—焊件

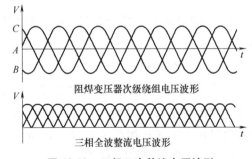

图 12-12　三相二次整流电压波形

此类焊机具有如下特点：

1）与工频交流不同，焊接电流不需要经过零点，单方向的脉动直流在通过焊件时产生的电磁力可使电流集中。因此，点焊时，焊点成形好；缝焊时，便于提高焊接速度；闪光焊时，闪光稳定，可减小闪光所需电压及焊机功率。

2）电流的大小仅与电阻成正比，可控制对邻近焊点的分流，焊接回路尺寸对感抗的影响很小。

3）直流电流受二次回路内磁性材料多少的影响极小。焊接时在电极臂之间不像通交流电时那样会产生交变电磁力，因此电极压力稳定。

4）三相负荷平衡。

5）由于增加了大功率硅整流器，成本提高，通过大电流时要消耗一定的电功率。

3. 三相低频焊机

三相低频焊机是一种特殊的具有三相一次线圈和单相二次线圈的变压器构成的焊机，其电路原理如图12-13所示，电流波形如图12-14所示。

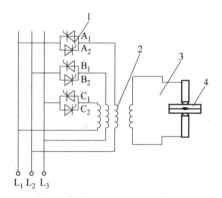
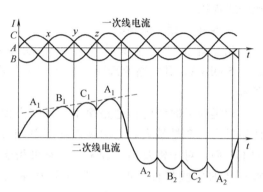

图12-13　三相低频焊机电路原理图
1—断续器　2—阻焊变压器　3—二次回路　4—焊件

图12-14　三相低频焊机电流波形

三相低频焊机具有如下特点：

1）由于是低频率脉动的焊接电流，因此二次回路的感抗很小，可降低焊接时的需用功率，功率因数也可提高（0.95左右）。

2）三相负荷平衡。

3）控制线路抗干扰能力强，焊接过程稳定，焊接质量可靠。

4. 电容储能焊机

这类焊机由一组电容器、一个将其充电到预定电压的电路及一个阻焊变压器（有的储能焊机可以由电容器直接向焊件放电而无须采用阻焊变压器）组成，焊机可单相或三相供电，其电路原理如图12-15所示。

这类焊机能在瞬时产生很大的电流，不受网路电压波动的直接影响，因此可用于精密零件的焊接，如精密仪器仪表零件、电真空器件、金属细丝及异种金属的焊接。

5. 逆变式焊机

逆变式焊机是继逆变式电弧焊机之后于20世纪80年代中期发展起来的新品种，其电路原理如图12-16所示。

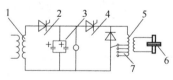
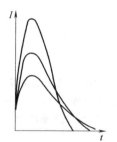

图12-15　电容储能焊机电路原理图
1—中间变压器　2—充电电路　3—电容器组　4—放电电路　5—阻焊变压器　6—焊件　7—级数调节器

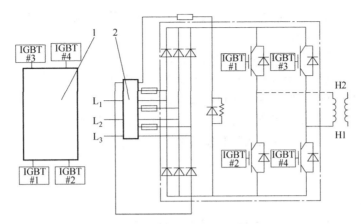

图 12-16 逆变式阻焊机电路原理图

1—调节器/驱动器 2—隔离接触器

12.3.2 电阻焊机的控制装置

电阻焊机控制装置的主要功能为：①提供信号控制焊机动作；②接通和切断焊接电流；③控制焊接电流值。

控制装置一般包括：程序转换定时器、热量控制器、触发器和断续器等。

1. 程序转换定时器

程序转换定时器用于控制一个完整的电阻焊程序中每段程序的延时，也可用于控制焊机其他的机械动作，如传动或分度转动。

点焊及缝焊的4个基本程序为加压时间、焊接时间、维持时间、休止时间。有时还插入个别附加程序，如加大预压、预热、后热、锻压等。

过去定时线路一般由电阻电容组成，利用RC时间常数以实现定时。目前多改用计数器以保证延时周数与设定周数完全一致。

采用微处理器的控制装置时，一类只设固定式程序，程序的次序不能改变，不需要用的程序延时设置为0。另一类中的程序可任意编排，也可重复选用。

2. 热量控制器

焊接时的热量调节即焊接电流的调节。热量的有级调节方法是改变阻焊变压器一次绕组的匝数，热量的无级精细调节则是利用控制电子断续器中晶闸管的触发角。

焊接时的热量控制是电阻焊控制装置的基础。自动控制的内容包括：①电网电压自动补偿（恒压控制）；②焊接电流自动补偿（恒流控制）；③上坡、下坡控制；④预热、后热；⑤电流递增（电流递增器）。

3. 触发器、断续器

触发器是将触发脉冲耦合输出到受控制的晶闸管。断续器用于接通或切断阻焊变压器与电网的连接，通常采用晶闸管组，对定时要求不高时也可采用电磁接触器。

4. 微处理器控制器

新型微处理器控制器除可设置多项正常焊接程序外，还可提供许多其他功能：

1）能设定电流随电流递增器递增而变化的电流上下限。

2）能设定功率因数上下限及折算到电网电压时每1%热量输出的焊接电流上下限，以便监视焊接回路的变化情况。

3）能在焊接电流低于设定值时自动进行补偿。

4）能等待电网电压高于某一设定值时才指令开始焊接。

5）能监视晶闸管断续器是否存在短路或误触发。

6）能等待上下电极接触闭合后再指令开始焊接，以节省预压时间。

7）能自诊断并显示所出现的故障和输入输出所处的状态。

12.4 点焊

点焊是一种用于制造不要求气密、焊接变形小的搭接结构的焊接方法，它特别适用于由钣金件或钣金件与挤压型材组成的薄壁加强结构。点焊是一种高效、经济的焊接方法。但是，铝及铝合金的热物理特性也给它们的点焊技术带来一定的难度。

铝及铝合金的电导率和热导率高，点焊时必须采用很大的电流才能以足够的电阻热去形成熔核，同时，必须防止过热，以免电极黏附和电极铜离子向焊件包铝层扩散，降低接头的耐蚀性。

铝及铝合金线膨胀系数大，熔核凝固时收缩应力大，易引起裂纹，特别是点焊裂纹倾向大的铝合金（如2A12、7A04等）时，更易引起焊接裂纹。

铝及铝合金表面易生成 Al_2O_3 氧化膜，点焊时易引起喷溅，熔核成形不良，焊点强度低，或焊点强度不稳定。但是，随着铝及铝合金的应用日益广泛，近代的铝及铝合金点焊技术已发展成熟。

1. 接头形式

点焊的接头多为搭接接头或折边接头，如图12-17所示。设计时，必须考虑好电极的可达性，选用好边距、搭接量、点距、装配间隙和对焊点最小强度的要求，对焊透率的要求等。

作为工艺因素，装配间隙应尽可能小，否则将多消耗一部分电极压力，使实际的焊接压力降低。间隙不均匀时将使电极压力波动，造成焊点

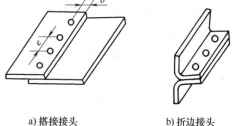

a）搭接接头   b）折边接头

图 12-17 点焊接头形式

强度不稳定。过大的间隙可能引起严重喷溅。许用的间隙值取决于焊件的厚度和刚度。厚度和刚度越大，许用间隙值应越小。

单个焊点的抗剪强度取决于两焊件交界面上熔核的直径和截面积。单个焊点的正拉强度是焊点承受垂直于焊接方向的拉伸载荷时的强度。抗拉强度与抗剪强度之比作为点焊接头延性指标。此比值越大，接头延性越好。

为了保证接头强度，工艺上还需保证满足焊透率和压痕深度的要求。焊透率的表达式为

$\eta = \dfrac{h}{\delta - c} \times 100\%$，两板上的焊透率应结合熔核尺寸分别测量，如图12-18所示。

测算所得的焊透率应为20%~80%。焊接不同厚度的两零件时，每一零件上的最小焊透率可为其中薄件厚度的20%。压痕深度不应超过零件厚度的15%。如果两零件厚度比大于

2∶1，或在不易接近的部位施焊，以及在接头一侧使用平头电极时，压痕深度可增大到零件厚度的 20%～25%。

多个焊点形成的接头强度还与点距和焊点分布有关。点距小时，接头会因分流而影响其强度，大的点距又会限制可安排的焊点数量。因此，多列焊点最好交错排列。

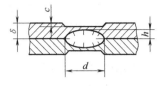

图 12-18　低倍磨片上的熔核尺寸

2. 焊接设备选择

点焊铝及铝合金时，点焊机应具有下列特性：

1）能在短的焊接时间内提供大电流。

2）电流波形最好有缓升缓降特性。

3）能精确控制焊接参数，且不受网路电压波动的影响。

4）能提供阶形和马鞍形电极压力。

5）机头的摩擦力小、惯性小，电极随动性好。

当前国内使用的 300～1000kVA 的直流脉冲点焊机、二次整流点焊机及三相低频点焊机均具有上述特性。单相工频交流点焊机不具备这些特性，仅限用于不重要的铝及铝合金薄件，其功率一般不超过 400kVA。

点焊电极应采用 I 类电极合金、球形端面，以利于压实熔核和散热。

由于电流密度大和铝的氧化膜存在，点焊时易粘电极，不仅影响焊件外观，还会因电流减小而降低接头强度，为此需经常修整电极。电极修整一次后可焊的焊点数与焊接参数、材料牌号、表面清理情况、有无电流波形调制、电极材料及其冷却情况等因素有关。通常点焊工业纯铝为 5～10 点，点焊 5A06、2A12 时为 25～30 点。

3. 焊件表面清理

铝及铝合金表面主要清理方法为化学方法。先在碱溶液中去油和冲洗，再将焊件浸入正磷酸（H_3PO_4，每升水中 110～150g）中进行腐蚀。为了减慢新氧化膜的成长速度和填充新膜的孔隙，在腐蚀的同时在重铬酸钾或重铬酸钠钝化剂水溶液（$K_2Cr_2O_7$ 或 $Na_2Cr_2O_7$，每升水中 1.5～0.8g，温度 30～50℃）中进行钝化处理。腐蚀钝化后进行冲洗，然后在硝酸（HNO_3，每升水中 1.5～2.5g，温度 20～25℃）中进行中和亮化，并再次冲洗，在 75℃ 的干燥室中干燥或用热空气吹干。经此种清理后，焊件在焊接前可保持 72h。

对铝合金也可用机械方法进行清理，用 0 号或 00 号砂布或用电动或风动的不锈钢丝刷等。但为防止损伤焊件表面，钢丝直径不得超过 0.2mm，钢丝长度不得短于 40mm，刷子在焊件上的压紧力不得超过 20N，清理后的待焊时间不超过 3h。

为了确保焊接质量和焊点强度的稳定性，经化学方法清理后，临焊前再用钢丝刷清理焊件搭接的内表面。

为检验焊件清理的质量，清理后应测量两铝合金焊件的两电极间的总电阻 R。测量方法是使用类似于点焊机的专用装置，上面的一个电极对电极夹绝缘，在电极间夹紧两个焊件。这样测出的 R 值可客观地反映出表面清理的质量。对于 2A12、7A04、5A06 铝合金，R 值不得超过 120μΩ，刚清理后的 R 值一般为 40～50μΩ。对于电导率更好的 3A21、5A02 铝合金及烧结铝类的材料，R 不得超过 40μΩ。

4. 工艺参数选择

首先选定电极的端面形状和尺寸，其次是初步选定电极压力和焊接时间，然后调节焊接电流，以不同的电流焊接试样，检验试样的熔核直径。符合要求后，在适当的范围内调节电极压力、焊接时间和焊接电流，再进行试样的焊接和检验，直到焊点质量和性能完全符合技术条件所规定的要求为止。

最常用的检验试样的方法是撕开法。优质焊点的标志是：在撕开试样的一片试片上有圆孔，在另一片试片上有圆形凸台。此外，必要时需进行焊点的低倍检查和测量、拉伸试验和X射线照相检验，以判定焊透率、抗剪强度和有无缩孔、裂纹等。

以试样选择工艺参数时，要充分考虑试样和焊件在分流、二次回路内铁磁物质的影响，以及在装配间隙方面的差异，并适当加以调整。

5. 点焊技术

在单相交流点焊机及直流脉冲点焊机上焊接铝及铝合金时，可供参考的点焊参数见表12-1~表12-3。在三相二次整流点焊机上焊接铝及铝合金时，也可参考上述数据，但需适当延长焊接时间，减小焊接电流。

防锈铝3A21强度低、延性好、焊接性好，不产生裂纹，通常采用恒定的电极加压曲线。硬铝（如2A12）、超硬铝（如7A04）强度高、延性低、焊接性不良，易产生焊接裂纹，必须采用阶形电极加压曲线（参见12.2.3节及图12-9），以防止产生焊接裂纹。但对于薄件，采用大的恒定压力或利用有缓冷脉冲的双脉冲加热，也可避免产生裂纹。

表 12-1 铝及铝合金单相交流点焊参数

焊接厚度 /mm	电极直径 /mm	球面电极半径 /mm	电极压力 /N	焊接电流 /kA	通电时间 /s	焊点核心直径 /mm
0.4+0.4	16	75	1470~1764	15~17	0.06	2.8
0.5+0.5	16	75	1764~2254	16~20	0.06~0.10	3.2
0.7+0.7	16	75	1960~2450	20~25	0.08~0.10	3.6
0.8+0.8	16	100	2254~2842	20~25	0.10~0.12	4.0
0.9+0.9	16	100	2646~2940	22~25	0.12~0.14	4.3
1.0+1.0	16	100	2646~3724	22~26	0.12~0.16	4.6
1.2+1.2	16	100	2744~3920	24~30	0.14~0.16	5.3
1.5+1.5	16	150	3920~4900	27~32	0.14~0.16	6.0
1.6+1.6	16	150	3920~5390	32~40	0.18~0.20	6.4
1.8+1.8	22	200	4018~6860	36~42	0.20~0.22	7.0
2.0+2.0	22	200	4900~6860	38~46	0.20~0.22	7.6
2.3+2.3	22	200	5390~7644	42~50	0.20~0.22	8.4
2.5+2.5	22	200	4900~7840	56~60	0.20~0.24	9.0

表 12-2 铝合金 3A21、5A03、5A05 点焊参数

板厚 /mm	电极球面半径 /mm	电极压力 /kN	焊接时间 /周	焊接电流 /kA	锻压力 /kN
0.8	75	2.0~2.5	2	25~28	—
1.0	100	2.5~3.6	2	29~32	—
1.5	150	3.5~4.0	3	35~40	—
2.0	200	4.5~5.0	5	45~50	—
2.5	200	6.0~6.5	5~7	49~55	—
3.0	200	8	6~9	57~60	22

表 12-3 铝合金 2A12-T4、7A04-T6 点焊参数

板厚 /mm	电极球面半径 /mm	电极压力 /kN	焊接时间 /周	焊接电流 /kA	锻压力 /kN	锻压滞后断电时刻 /周
0.5	75	2.3~3.1	1	19~26	3.0~3.2	0.5
0.8	100	3.1~3.5	2	26~36	5.0~8.0	0.5
1.0	100	3.6~4.0	2	29~36	8.0~9.0	0.5
1.3	100	4.0~4.2	2	40~46	10~10.5	1
1.6	150	5.0~5.9	3	41~54	12.5~14	1
1.8	200	6.8~7.3	3	45~50	15~16	1
2.0	200	7.0~9.0	5	50~55	19~19.5	1
2.3	200	8.0~10	5	70~75	23~24	1
2.5	200	8.0~11	7	80~85	25~26	1
3.0	200	11~12	8	90~94	30~32	2

采用阶形压力时，施加锻压力必须滞后于断电的时刻，通常是 0~2 周，如果施加锻压力过早，即等于增大了焊接压力，将影响产热，导致焊点强度降低和波动。如果施加锻压力过迟，则熔核早已冷却结晶和形成裂纹。有时因为电磁气阀动作延迟或因气路不畅通造成锻压力增长缓慢，只好提前于断电时刻施加锻压，否则不足以防止裂纹。

点焊不同厚度的零件或不同材料（不同热物理特性）时，熔核将不以交界面对称，而是向厚件或导电和导热性差的一侧偏移，造成薄件或导电和导热性好的一侧焊透率减小，从而使焊点直径减小，强度降低。

熔核偏移现象是由于两零件产热和散热条件不相同而引起的。矫正熔核偏移的原则是：设法增大薄件或导电导热性好的一侧的产热而减少其散热。常用的几种方法如下：

（1）改变一侧电极的直径 薄件或导电导热性较好的一侧采用直径较小或球面半径较小的电极，使这一侧的接触面积较小，增大这一侧的电流密度，减小从电极散热。

（2）改变一侧的电极材料 在薄件或导电导热性较好的一侧采用导热性较差的电极材料，以减少这一侧的散热。

（3）采用工艺垫片 在薄件或导热导电性较好的一侧于电极与焊件之间垫一块由导热性较差的金属制成的垫片（厚度为 0.2~0.3mm）以减少这一侧的散热。

（4）采用硬规范 缩短通电焊接时间，增大焊件间接触电阻产热的影响，减小电极散热的影响。此方法在点焊厚薄差异很大的焊件时收效明显。电容储能点焊能有效点焊厚薄差异大的焊件即符合此原理。但点焊一侧厚度很大的焊件时，由于焊接时间不能缩短，接触电阻对产热及熔核形成几乎没有影响，此时采用软规范反而可使热量有足够时间向焊件界面处传导，从而有利于矫正熔核偏移。例如，在点焊 3.5mm 的 5A06 合金（导电性较差）与 5.6mm 的 2A14 合金（导电性较好）的焊件时，熔核严重偏于较薄的 5A06 合金，但将通电时间由 13 周波延长至 20 周波后，熔核偏移即得以矫正。

6. 胶接点焊技术

将胶接工艺与点焊工艺结合而制成的胶接点焊结构在飞机制造等工业上已获得广泛的应用。与点焊相比，胶接点焊具有下列优点：

1）密封性好。点焊结构是非密封结构，胶接点焊结构是密封结构。

2）结构强度高。胶接点焊接头的抗剪强度为点焊抗剪强度的 2 倍以上，疲劳强度为点焊接头的 3~5 倍。

胶接点焊的缺点是成本较高，胶的固化时间长，耗电量较大。

胶接点焊的关键在于涂胶，可有下列三种方式：

1）先涂胶后点焊。

2）先点焊后灌胶。灌胶的方法是用注胶枪将胶液注射到搭接缝中。

3）在搭接的两零件间夹一层固态胶膜，胶膜的宽度与搭接的宽度相同，在需要点焊的部位将胶膜冲一个比焊点略大的孔，然后在胶膜有孔的部位进行点焊。

第一种方法要求胶液活性期较长，对工作场地的温度、湿度和涂胶后的搁置时间有严格要求，以便胶液能从两零件结合面内被挤出。

先涂胶后点焊时，挤出的胶液会污染电极，影响操作，影响产品质量，而且胶固化前必须校正焊后变形，给生产增加困难。

第二种方法要求胶粘剂具有良好的流动性，以利于充满搭接缝；但流动性也不能太大，否则胶液将会流失。

先点焊后灌胶的缺点是搭接面的宽度受到限制。当搭接宽度超过 40mm，如果点焊后搭接面不平，胶液即不容易渗透到整个搭接面而形成局部缺胶。

但先点焊后灌胶的方法简便，质量易于保证，多余的胶液也易于消除。

胶接点焊用的胶粘剂一般都是改性环氧胶。

12.5 缝焊

缝焊是用一对滚轮电极与焊件做相对运动，从而形成一个一个的焊点熔核相互搭叠的密封焊缝的焊接方法，相当于连续搭叠点焊。

缝焊技术与点焊相似，但有自己的特点。

1. 电极

缝焊用的电极是圆形的滚轮，其直径一般为 50～600mm，常用直径为 180～250mm。滚轮厚度为 10～20mm，外缘表面的形状有圆柱面、圆弧面及个别的圆锥面。

滚轮通常采用外部冷却方式，有时也采用内部冷却方式，特别是用于缝焊铝合金，但其构造比较复杂。

2. 缝焊方法

有三种缝焊方法，即连续缝焊、断续缝焊和步进缝焊。

连续缝焊时，滚轮转动与电流导通都是连续的，因此易使焊件表面过热，电极严重磨损，因而很少使用，但可在高速缝焊等特殊情况下应用。

断续缝焊时，滚轮连续转动，电流断续导通，在休止时间内，滚轮和焊件得以冷却，因而滚轮寿命较长，焊件热影响区及变形得以减小。但由于滚轮不断离开焊接区，熔核结晶时电极压力减小，因此仍易产生表面过热，内部产生缩孔或裂纹。如果焊点搭叠量超过熔核长度的50%，则后一个焊点的熔化金属可填充前一焊点内的缩孔，但最后一个焊点的缩孔仍无法填补。采用微机控制，在焊缝收尾部分逐点减小焊接电流，可避免最后一个焊点产生缩孔。

步进缝焊时，滚轮断续转动，电流在滚轮不动时导通，此时金属的熔化和结晶均在滚轮不动时进行，从而可改善散热和压实的条件，提高焊缝质量，延长电极寿命。当缝焊硬铝时，必须采用步进缝焊方法。

3. 缝焊工艺

缝焊接头的形成本质上与点焊相同，影响焊接质量的诸因素也类似。

铝及铝合金缝焊时，由于分流不可避免，焊接电流应比点焊时提高 15%~50%，电极压力提高 5%~10%。焊接设备一般为三相供电的直流脉冲缝焊机或二次整流的步进缝焊机。为了加强散热，铝合金缝焊时应采用圆弧形端面的滚轮，且必须采用外部水冷。

缝焊时主要通过焊接时间来控制熔核尺寸，通过休止时间来控制熔核的重叠量。在较低的焊接速度下，焊接时间与休止时间之比为 1.25∶1~2∶1。当焊接速度较高时，焊点间距增大，为了此时能获得相同重叠量的焊缝，必须增大此比例，如 3∶1 或更高。

为了避免喷溅及提高焊缝致密性，必须采用较低的缝焊速度，有时还采用步进缝焊。

滚轮的直径和焊件的曲率半径均影响滚盘与板件之间的接触面积，从而影响电流场的分布和散热，导致熔核位置的偏移，如图 12-19 所示。当滚轮直径不同而焊件厚度相同时，熔核偏向小直径滚轮一侧。当滚轮直径与焊件厚度均相同而焊件呈弯曲形状时，熔核将偏向焊件凸向滚轮的一侧。

不同厚度或不同热物理特性的材料组合缝焊时，熔核偏移的方向及纠正偏移的方法与点焊时类似。

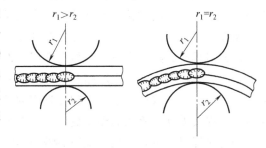

a) 滚轮直径不同的影响　　b) 板件弯曲的影响

图 12-19　缝焊熔核偏移示意

在 FJ-400 型直流脉冲缝焊机上进行缝焊时，可供参考的铝合金缝焊参数见表 12-4。采用三相二次整流焊机时，该表内参数也可供参考。

表 12-4　铝合金缝焊参数

板厚 /mm	滚轮圆弧 半径/mm	步距 （点距） /mm	3A21、5A03、5A06				2A12、7A04			
			电极压力 /kN	焊接时间 /周	焊接电流 /kA	每分钟 点数	电极压力 /kN	焊接时间 /周	焊接电流 /kA	每分钟 点数
1.0	100	2.5	3.5	3	49.6	120~150	5.5	4	48	120~150
1.5	100	2.5	4.2	5	49.6	120~150	8.5	6	48	100~120
2.0	150	3.8	5.5	6	51.4	100~120	9.0	6	51.4	80~100
3.0	150	4.2	7.0	8	60.0	60~80	10	7	51.4	60~80
3.5	150	4.2	—	—	—	—	10	8	51.4	60~80

12.6　闪光电阻对焊

闪光电阻对焊是电阻对焊的一种特殊形式，简称闪光对焊。电阻对焊方法不适用于铝及铝合金，因在对焊过程中难以去除铝的氧化物，焊缝内易残存氧化夹杂物。但闪光电阻对焊过程中可动态排除过程中生成的氧化物，因而可作为铝及铝合金的一种适用焊接方法。

1. 焊接过程

闪光对焊过程可分为两个阶段：

（1）闪光阶段　闪光的主要作用是加热焊件。在此阶段，先接电源，再使两焊件轻微接触，形成许多接触点。接触点迅速电阻加热并熔化，成为对接两端面的液体金属过梁。由于液体过梁中的电流密度极高，过梁中的液体金属蒸发，过梁爆破。焊件的两夹钳之一为可移动的动夹钳，随着动夹钳相应的缓慢推进，过梁也不断产生和不断爆破，在金属蒸气压力和电磁力的作用下，液态金属微粒（包括其氧化物）不断从接口喷射出来，形成火花急流——闪光。

在闪光过程中，两焊件不断缩短，端面温度也不断升高，过梁爆破也加快，动夹钳的推进速度也逐渐相应增大，直至焊件的整个端面形成一层液态金属层，并在焊件端部一定深度上使金属达到塑性变形温度，闪光过程方可结束。

（2）顶锻阶段　在闪光阶段结束时，立即对焊件施加足够的顶锻力，接口间隙迅速缩小，过梁停止爆破，即进入顶锻阶段。顶锻的作用是封闭焊件端面的间隙和液体金属过梁爆破后留下的火口，同时挤出端面的液体金属及氧化夹杂物，使洁净的塑性状态下的两焊件金属紧密接触，并使接头区产生一定的塑性变形和发生再结晶，形成共同晶粒和牢固的接头。

闪光对焊时，过程中虽出现熔化金属，但实质上是高温塑性状态下的固态焊接。闪光阶段的过程必须稳定，不发生断路和短路。断路会减弱焊接处自保护作用，使接头氧化。短路会使焊件过烧，导致焊件报废。闪光过程的进行必须强烈，以使单位时间内能有相当多的过梁爆破，焊接处预防氧化的作用更好。这在闪光后期尤为重要。

闪光对焊时起主要作用的是接触电阻 R_c，它是两焊件端面间液体金属过梁的总电阻，其大小取决于同时存在的过梁数及其横截面积。

闪光对焊时的 R_c 存在于整个闪光阶段，虽然其电阻值在过程中逐渐减小，但始终大于两焊件的自身电阻 $2R_w$，直到顶锻开始瞬间 R_c 才完全消失。

闪光对焊可分为连续闪光对焊和预热闪光对焊，后者是闪光阶段前增加一个预热阶段。预热的方法是向焊件导通断续的电流脉冲。预热的目的和效果如下：

1）减小需用功率，可在小容量焊机上焊截面积较大的焊件，以便激发连续的闪光过程。

2）降低焊后的冷却速度。

3）缩短闪光的时间，减小闪光数量。

预热闪光对焊的缺点是延长了焊接周期，过程自动化更为复杂。

闪光对焊的焊接循环如图12-20所示。图中的复位时间 t_5 是指动夹钳由卸出焊件至回到原位的时间。预热有电阻预热和闪光预热两种方法，图12-20b所示的预热方法为电阻预热。

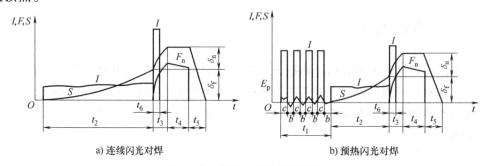

a）连续闪光对焊　　　　　　　b）预热闪光对焊

图12-20　闪光对焊的焊接循环

2. 焊接参数分析和选择

（1）伸出长度 l_0　l_0 影响沿焊件轴向的温度分布及接头的塑性变形。l_0 的增大使焊接回路的阻抗增大，需用功率也要增大。一般情况下，棒材和管材 $l_0 = (0.7 \sim 1.0)d$，d 为圆棒料的直径或方棒料的边长。对于薄板，厚度 $\delta = 1 \sim 4\text{mm}$，为了顶锻时不失稳，一般取 $l_0 = (4 \sim 5)\delta$。

不同的金属闪光对焊时，为使两焊件的温度一致，导电导热性差的金属取较小的 l_0。

（2）闪光电流 I_f 和顶锻电流 I_u　I_f 取决于焊件的截面积和闪光所需的电流密度 j_f。j_f 又与材料的热物理性质、闪光速度、焊件截面的面积和形状以及端面的加热状态有关。在闪光过程中，随着闪光速度 v_f 的逐渐加大和接触电阻 R_c 的逐渐减小，j_f 将增大。顶锻时，R_c 迅速消失，电流将急骤增大直至达到顶锻电流 I_u。

（3）闪光数量 δ_f　选择闪光数量时，应满足在闪光结束时整个焊件端面有一层熔化金属，同时在焊件端部一定深度上的金属能达到高温塑性变形的温度，因此 δ_f 不能过小。但 δ_f 也不能过大，否则浪费材料，降低效率。如果闪光前有预热程序，则 δ_f 可比连续闪光时小 30% ~ 50%。

（4）闪光速度 v_f　足够大的闪光速度才能保证闪光过程的激烈和稳定。但 v_f 过大会使加热区过窄，增大塑性变形的困难。因此应根据不同情况，选择所需的闪光速度。

当材料易氧化或导电、导热性比较好时，v_f 应较大；当有预热时，易于激发闪光，v_f 可较大；当进入顶锻前需有强烈闪光时，v_f 可较大，以保证在端面上获得均匀的熔化金属层。

（5）顶锻数量 δ_u　δ_u 影响液态金属的排出和塑性变形的大小。δ_u 过小时，液态金属可能残留在接口中，易形成疏松、缩孔、裂纹、氧化物夹杂等缺陷。δ_u 过大时，也会因晶纹弯曲严重而降低接头的冲击韧性。

顶锻时，为防止接口氧化，在端面接口闭合前不宜马上切断电流。因此，顶锻数量应包括有电流顶锻数量和无电流顶锻数量，前者为后者的 50% ~ 100%。

（6）顶锻速度 v_u　为避免接口区因金属冷却而造成液态金属排出困难及塑性状态金属变形困难，以及防止端面金属氧化，顶锻速度越大越好。铝合金的导热性好，焊接时需要很大的顶锻速度（$150 \sim 200\text{mm/s}$）。对于同一种金属，如果接口区冷却速度大，也需要加大顶锻速度。

（7）顶锻压力 F_u　F_u 通常以单位面积的压力即顶锻压力来表示。顶锻压力的大小应保证能挤出接口内的液态金属并在接头处产生一定的塑性变形。F_u 过小，则变形不足，接头强度降低；F_u 过大，则变形量过大，晶纹弯曲严重，又会降低接头的冲击韧性。

顶锻压力的大小视金属的性能、温度分布特点，顶锻数量和速度，焊件端面形状等因素而异。焊接导热性好的铝合金时，顶锻压力宜选较大（$150 \sim 400\text{MPa}$）。

（8）预热　当采用闪光前预热时，预热温度根据材料性能和焊件截面积进行选择。导热、导电性好的材料，截面积大的焊件，预热温度可相应调高。预热时间与焊机功率、材料性能、焊件截面积有关，它取决于所需的预热温度。

（9）夹钳的夹持力 F_c　F_c 必须保证焊件在顶锻时不打滑，应保证 $F_c \geqslant \dfrac{F_u}{2f}$，其中 F_u 为顶锻力，f 为夹钳与焊件间的摩擦系数。通常 $F_c = (1.5 \sim 4.0)F_u$。

3. 焊接工艺

闪光对焊时，两焊件对接面的形状和尺寸应基本一致，否则将不能保证两焊件的加热和塑性变形也能一致，两者的尺寸相差不应超过15%，如图12-21所示。

闪光对焊大截面焊件时，宜将一个焊件的端面倒角，使电流密度增大，以便于激发闪光。大截面焊件的倒角尺寸如图12-22所示，可供参考。

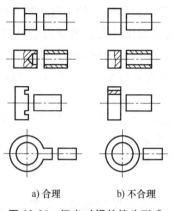

a) 合理　　　b) 不合理

图 12-21　闪光对焊的接头形式

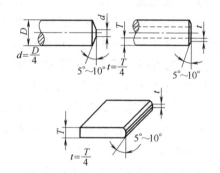

图 12-22　大截面焊件的倒角尺寸

闪光对焊时，因端部金属在闪光时将被烧掉，故对端面清理要求不甚严格，但不能不予清理（例如铝件表面有厚层氧化物），否则无法导通电流。

标准的闪光对焊机由机架、静夹具、动夹具、闪光和顶锻机构、阻焊变压器、级数调节器和电控装置组成。典型的闪光对焊机主要技术参数见表12-5。

铝及铝合金熔点低，导电、导热性好，需采用很大的功率。由于易氧化、氧化物熔点高，氧化物不易排挤出去，又由于强度、硬度较低，加热时易软化，结晶温度区间及半熔化区间宽，故需采用很高的顶锻模式，以便在闪光对焊过程中将氧化物、半熔化区中的熔化金属全部排除出去，尽量减小热影响区和降低软化程度，防止产生疏松、缩孔、氧化物夹杂、裂纹等缺陷。

表 12-5　典型闪光对焊机主要技术参数

焊机型号	类　型	送进机构	额定功率 /kVA	负载持续率 （%）	二次空载电压 /V	夹紧力 /kN	顶锻力 /kN	碳钢焊接截面积/mm^2
UN1-75		杠杆	75	20	3.52~7.04	螺旋	30	600
UN2-150-2	通用	电动机-凸轮	150	20	4.05~8.10	100	65	1000
UN-40			40	50	3.7~6.3	45	14	320
UN17-150-1			150	50	3.8~7.6	160	80	1000
UN7-400	轮圈专用	气压-液压	400	50	6.55~11.18	680	340	2000
UY-125	钢窗专用		125	50	5.51~10.85	75	45	400
UY5-300	薄板专用	凸轮烧化气-液压顶锻	300	20	2.84~9.05	350	250	2500
UN6-500	钢轨专用	液压	500	40	6.8~12.6	600	350	8500

可供参考的铝及铝合金闪光对焊参数见表12-6。

表 12-6　铝及铝合金闪光对焊参数

工艺参数	棒材				板材		
	工业纯铝				2A50		5A06
	工件尺寸/mm						
	$\phi20$	$\phi25$	$\phi23$	$\phi38$	4	6	4~7
空载电压/V	—	—	—	—	6	7.5	10
最大电流/kA	58	63	63	63	—	—	—
伸出长度/mm	38	43	50	65	12	14	13
闪光留量/mm	17	20	22	28	8	1.0	14
闪光时间/s	1.7	1.9	2.8	5.0	1.2	1.5	5.0
平均闪光速度/(mm/s)	11.3	10.5	7.9	5.6	5.8	6.5	2.8
最大闪光速度/(mm/s)	—	—	—	—	15	15	6
顶锻数量/mm	13	13	14	15	7	8.5	12
顶锻速度/(mm/s)	150	150	150	150	150	150	200
顶锻压力/MPa	64	170	190	120	180~200	200~220	130
有电流顶锻量/mm	6	6	7	7	3	3	6~8
比功率/(kVA/mm²)	—	—	—	—	0.4	0.4	—

12.7　铝合金电阻点焊新型 MRD 电极

与钢电阻点焊相比，铝合金电阻点焊具有能耗较高、时间短、焊接质量不稳定（表面易生产氧化膜）、焊接工艺窗口窄（导热性、导电性高所致）、热变形大（铝合金膨胀系数较大）、电极寿命相对较短等工艺特性。因此，铝合金电阻点焊必须在回路中介入较大的脉冲电流，通常采用短时间大电流的硬规范。一般而言，铝合金电阻点焊电流是钢的 2~3 倍。而时间却只有钢的 1/3~1/2，见表 12-7。

表 12-7　5×××、6×××铝合金与低碳钢电阻点焊参数比较

材料	电流 I/A	时间 T/s	电极压力 F/kN
低碳钢	11	0.16	2.7
5×××、6×××铝合金	25	0.08	2.5

铝合金表面易生成氧化铝膜层，而且分布无规律、致密，如果未清理干净将导致焊件间的局部接触电阻增大，大脉冲电流通过焊件时，往往会导致产生飞溅、铜铝合金化，造成点焊工艺不稳定。电阻点焊铝合金所用的纯铜电极，其导电性与铝合金的导电性差别较小，而采用的焊接电流强度是低碳钢的 2~3 倍，从而可能出现 E/W（电极/焊件）界面接触点集中大量热量，甚至出现加速铜铝合金化一级粘连的现象，极大缩短了电极的寿命。

为解决铝合金车身电阻点焊工艺不稳定性高与电极寿命短的难题，通用汽车公司开发了一种新的多环圆顶电极（MRD）。如图 12-23 所示，所谓的多环圆顶电极，就是电极的形状设计成半圆球形或旋转椭球形，并在表面设计多个同心凸环。焊接时多个同心凸环能够使相接触的铝合金表面产生变形，从而刺破铝合金表面的氧化层，有效提高铝合金点焊工艺的稳定性。

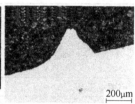

a) 电极全貌　　　　　　b) 局部3D图　　　　　　c) 截面　　　　　　d) 单个圆环截面

图 12-23　通用汽车公司开发的铝合金电阻点焊专用 MRD 电极

与平头电极相比，MRD 在接头强度和工艺稳定性方面更具优势：①MRD 电极焊点的拉剪和正拉稳定性都高于平头电极；②MRD 电极焊接时可在圆环处均匀地刺破材料表面氧化膜，使氧化膜在电极压力的作用下被挤压到圆环附近规律性分布，电流均匀通过，从而通过环形接触点在合金内部形成导电，提高产热效率，最终形成的熔核直径波动小即工艺稳定性好；③常规平头电极表面点蚀严重、铜/铝合金化严重，电极寿命短，而 MRD 电极由于圆环的存在加大了接触面积，表面散热更好、温度较低，从而有效延长了电极寿命，使得焊点连续性更好、接头强度更稳定。

12.8　典型工程应用

在工程应用中，铝合金电阻点焊广泛应用于电动车车身结构、火箭贮箱防晃板/电缆盒等构件、导弹/卫星铝合金包装箱/贮运发射箱等结构的搭接连接，其中尤以汽车工业中铝合金车身部件的电阻点焊应用规模最大，自动化程度最高。

通用汽车公司开发的铝合金电阻点焊用 MRD 电极专利技术目前已广泛应用于多款铝合金车身部件的机器人点焊产线，如雪弗莱兰克尔维特跑车（图 12-24）、特斯拉多款电动车身（图 12-25）等。

图 12-24　雪弗莱兰克尔维特跑车车身电阻点焊（MRD 电极）

图 12-25　特斯拉 Model 3 铝合金车身电阻点焊（MRD 电极）

在火箭贮箱防晃板/电缆盒/气瓶安装支座（图 12-26）、导弹/卫星铝合金包装箱/贮运发射箱（图 12-27）等结构制造领域，由于产品的多品种、小批量特色，其电阻点焊仍以常规的平头铜电极为主，MRD 电极应用较少。

图 12-26　火箭贮箱附属件的电阻点焊

图 12-27　导弹铝合金包装箱附属组件的电阻点焊

第13章 钎 焊

13.1 概述

1. 定义

钎焊是利用熔化温度比被焊材料（母材）低的金属或合金作为钎焊材料，在低于母材熔化温度而高于钎料熔化温度的条件下，使熔化的液体钎料在母材的固体表面发生润湿、铺展，填充母材之间的缝隙，并与固态母材发生化学反应而形成冶金结合的连接方法。

2. 发展

钎焊是人类最早实现金属连接的方法之一，可追溯到四五千年之前，古埃及采用银铜来钎焊铜管，用金钎料连接护符盒等。考古发现，我国在战国初期就已经使用锡铅钎料来连接青铜器，秦始皇兵马俑中的青铜马车也大量采用了钎焊技术。

现代钎焊技术是在 20 世纪 30 年代因冶金和化工技术的快速发展而得到了新生，尤其是二战后航空、航天、核能、电子等新技术、新材料、新结构的蓬勃发展，对连接技术提出了更高的要求，钎焊得到极大的重视而得以迅速发展，应用也越来越广泛。我国现代钎焊技术是响应航空航天制造发展需求而开始的。20 世纪 50 年代中期，苏联专家阿洛夫教授在北京航空航天大学（原北京航空学院）提出：钎焊对航空制造的作用将越来越显著，中国的航空学院焊接专业需要开展钎焊技术的教学培养工作。因此庄鸿寿教授开始翻译、编著钎焊专业教材（1962 年机械工业出版社出版），1960 年率先在北航开展钎焊专业课程教学工作，为我国的现代钎焊发展做出了不可磨灭的贡献。

3. 特点

钎焊一直被视为一种特种焊接技术，常用于熔焊方法难以实现可靠焊接的材料与结构。例如：异种金属/材料熔焊时存在严重的冶金不相容，界面形成极脆性金属间化合物，以及异种材料组合中陶瓷、复合材料等无法熔化等问题；搭接套接结构、大面积接触界面结构、超小超薄管路焊接结构等采用熔焊方法无法实施，如这些结构待焊部位或者熔焊设备难以达到，或者焊接质量控制困难等。上述困难和问题，钎焊方法恰恰能够有针对性地有效解决，如：通过熔点较低的钎料熔化后润湿待焊母材，可以与陶瓷、复合材料等非金属材料形成可靠的界面连接，从而提高异种材料钎焊性能；液态钎料还可以有效地隔离异种金属，从而避免异种金属之间形成脆性金属间化合物；而针对熔焊方法无法实施的结构来讲，可以通过液态钎料的润湿、铺展而有效填充结构连接间隙，从而获得可靠的大面积接触的界面连接结构。

此外，钎焊方法还具有以下独特优点。

1）钎焊温度明显低于待焊材料（母材）的熔化温度（或典型热处理温度），母材不熔化，对其组织和性能的热损伤小。此外，针对电子元器件不能承受高温长时作用，可以采用较低温度的软钎焊技术来实现电子电路装联。

2）钎焊温度低，应力和变形远低于熔焊，整体均匀加热甚至可以实现高精度无变形的连接。

3）可以根据结构形式和功能需求选择不同的钎焊材料与工艺，满足不同的钎焊连接需求；可同时完成数量众多、复杂密集的钎缝结构生产，生产率高。

钎焊过程中多采用与被焊材料不同的合金或金属作为钎料，因此存在着以下问题：母材与钎料组织成分差异大，容易引起电化学腐蚀；钎料熔点低于母材熔点，多采用非对接接头形式，结构承受静动载能力较低；钎焊工艺对母材待焊表面和装配精度要求高。

4. 应用

经过几十年的发展，钎焊在当前实际工程中主要应用于以下方面。

1）电气互联：以锡基钎料为主的软钎焊技术，是电气互联、电子电路装联最重要的技术。

2）结构承载：采用高熔点钎料实现承受温度和力学载荷的结构连接，在航空航天领域，不锈钢和高温合金等材料广泛应用的高温钎焊技术，其钎焊接头具有与母材相当的强度，能够承受较大的力学载荷，甚至可以应用于高温承力环境。

3）功能装联：密封特性和传热性能也是钎焊技术应用的重要领域，如管路连接、壳体封装等对密封性能要求很高，特别是在航空航天、核能和功率器件装焊等领域，对钎焊密封性能要求极高，而大功率器件散热技术对界面钎焊连接的需求日益上升。此外，钎焊技术能够提供异种材料的界面冶金结合和过渡结构等可靠连接。

随着航空、航天、电子和微电子技术的高速发展，大量新材料（单晶、金属间化合物、耐热合金、复合材料等）和新结构（异种材料连接结构等）得到广泛的应用，钎焊技术所独具的优势更加展现出了光明的前景。

13.2　钎焊基本原理

从焊接过程和现象上看，钎焊过程与熔焊类似之处在于都是由利用热源加热熔化材料，液态金属冷却凝固形成接头这两个过程构成，二者的区别如下。

（1）加热熔化过程中　熔焊温度远高于母材的熔化温度，母材和填充材料（焊丝、焊条等）全部熔化，并且熔化的液态金属与母材成分差异不大；而钎焊温度则低于母材的熔化温度，只发生钎料熔化现象，母材不熔化，熔化钎料形成的液态金属与母材成分差异较大。

（2）冷却凝固过程中　熔焊时熔化的液态金属与母材成分基本相同，不必与母材之间发生润湿、铺展等物化反应，可以直接从半熔化的晶粒上开始结晶并长大；而钎焊时熔化的液态金属（即钎料）成分与母材差异大，液态钎料首先和固态母材表面发生相互物理化学作用，即液态钎料在母材表面的润湿与铺展，液态钎料在固态母材间隙中的填缝，液态钎料与固态母材之间的相互作用（溶解、扩散和化合等），然后在母材表面凝固结晶并形成钎焊接头。

　　通过上述对比可知，钎焊过程中，钎料熔化之后，液态钎料必须能润湿母材，然后才能发生铺展和填缝效应，并且与母材成分发生物化反应（溶解、扩散和化合等），最后才凝固结晶并形成接头。由此可以将钎焊过程分为润湿铺展过程、毛细填缝过程、钎料与母材的相互作用过程三个阶段。实际上钎焊过程中液态钎料流动过程是在钎焊间隙中进行的，润湿和毛细填缝过程几乎同时发生，因此下面按照液态钎料的润湿与毛细填缝、液态钎料与母材的相互作用两个过程来介绍。

13.2.1　液态钎料的润湿与毛细填缝

1. 液态钎料的润湿与铺展

　　润湿是钎焊过程的基础，液态钎料良好地润湿固态母材表面是钎焊过程顺利进行，获得优质钎焊接头的保证。

　　所谓润湿就是液体与固体表面接触后相互黏附的现象，是液相与固相接触后逐渐取代固体表面气相的过程。处于稳定状态的自由液体因其内聚力的作用将一直保持球形状态，当液体与固体表面接触时，液固两相之间产生了附着力。内聚力大于附着力，液体不能黏附到固体表面；内聚力小于附着力，液体就能够黏附到固体表面，即发生润湿作用。钎焊时，钎料熔化后成为液态，与固态母材接触时，液态钎料在母材表面上形成均匀、平滑、连续且附着牢固的过程，称为液态钎料在母材表面的润湿。

　　从物理化学知识得知，若液滴和固体界面的变化能使液-固体系自由能降低，则液滴将沿固体表面自动流开铺平，如图 13-1 所示，这种现象称为润湿铺展。图中 θ 称为润湿角；σ_{gs}、σ_{lg}、σ_{ls} 分别表示固/气、液/气、液/固界面间的界面张力。理想状态下，润湿角与界面张力之间关系可以采用 Young 公式来表达

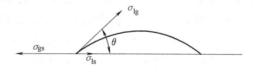

图 13-1　液滴在固体表面上的润湿铺展示意图

$$\cos\theta = \frac{\sigma_{gs} - \sigma_{ls}}{\sigma_{lg}} \tag{13-1}$$

　　当 $\sigma_{gs} > \sigma_{ls}$ 时，$\cos\theta$ 为正值，即 $0° < \theta < 90°$，液体能润湿固体；当 $\sigma_{gs} < \sigma_{ls}$ 时，$\cos\theta$ 为负值，即 $90° < \theta < 180°$，液体不能润湿固体。润湿角 θ 越小，液滴对固体表面的润湿性越好，当润湿角 $\theta = 0°$ 时，称为完全润湿；润湿角越大，液滴对固体母材的润湿性越差，当润湿角为 $180°$ 时，称为完全不润湿，液滴呈球状。润湿角 θ（也可以采用铺展面积）常用来评定液态钎料对母材润湿性能的好坏，工程上一般希望润湿角小于 $20°$。

　　上述润湿过程是以液固相间没有冶金反应为前提的，实际上许多钎料在钎焊时会与固态母材发生一定的相互作用，如溶解、扩散。如果液态钎料与母材间有一定的互溶度，一般可发生润湿，反之，则较难润湿。例如，液态 Zn 和固态 Al 在 500℃ 下有近 30% 的互溶度，它们润湿得很好；液态 Pb 和固态 Al 在 500℃ 下几乎完全没有互溶度，它们极难润湿。钎焊过程中，影响液态钎料润湿性的因素主要有钎料与母材的成分，母材的表面状态，钎剂、钎料中的微量合金元素，钎焊温度，钎焊时间及钎焊气氛等。

2. 液态钎料的毛细填缝

钎焊过程就是熔化的液态钎料润湿母材表面,沿表面铺展(或流动)和毛细填充间隙(填缝)的过程。通常钎焊间隙很小,类似于毛细管,熔化的液态钎料润湿母材后,在钎焊间隙的毛细作用下,被吸入并填满整个间隙,这个过程就是液态钎料的毛细填缝过程。毛细填缝是获得优质钎焊接头的必要保证。液态钎料润湿性好,流动速度快,就能够迅速填满钎焊间隙并形成圆滑的钎角;钎料润湿性差,间隙填充不良,就不能形成良好的钎角;在不润湿的情况下,液态钎料甚至会流出间隙,聚集形成球状钎料。

钎焊过程经常使用钎剂,则钎焊过程除了液态钎料的毛细填缝,还有一个钎剂填缝过程。钎焊过程中,随着钎焊温度的升高,钎剂首先发生熔化,液态钎剂流入待焊母材表面的间隙,与母材表面发生物化作用,清净母材表面,为钎料填缝创造条件;随着钎焊温度继续升高,钎料开始熔化并开始发生润湿铺展和毛细填缝;液态钎料在排除钎剂残渣并填入钎焊间隙的同时,与固态母材发生物化作用。当钎料填满间隙,经过一定时间保温后就开始冷却、凝固,完成整个钎焊过程。

影响钎料毛细填缝的因素很多,包括母材、钎料和钎剂及诸多工艺因素。

(1)母材及钎料的成分 如果液态钎料与固态母材通过相互作用能发生互溶或产生某种化合物,则它们将发生润湿并有利于毛细填缝;如果它们之间不发生相互作用,则它们的润湿作用很小,甚至不发生润湿,不能填缝。此外,液态钎料与母材之间的溶解与扩散将导致液态钎料的成分、密度、黏度和熔化温度区间等变化,都会影响液态钎料的填缝行为。

(2)母材表面状况 如果母材表面未经彻底清理,特别是铝及铝合金表面存在氧化物及油污,则液态钎料在母材表面往往凝聚呈球状,既不能发生润湿,也不会填缝。母材粗糙表面上纵横交错的细槽对液态钎料可起特殊的毛细作用,促进液态钎料沿母材表面铺展和毛细填缝。但对于与母材具有强烈相互作用的液体钎料,这些细槽将迅速被其溶解而失去作用。

(3)钎剂 钎焊时使用钎剂可清除钎料和母材表面的氧化物,减小液态钎料的表面张力,有利于润湿和填缝。

(4)装配间隙 钎焊间隙对液态钎料的填缝过程影响显著,不同的钎料与母材组合均有适合的钎焊间隙。间隙过大,则毛细作用不明显,填缝能力差;而间隙过小,甚至无间隙,液态钎料难以穿过。如果间隙呈细长平面,如 T 形接头的间隙,吸入的液态钎料可在间隙内发生定向流动;如果间隙面积较大,如两平板搭接的间隙,吸入的液态钎料将发生大面积的地毯式推进,但此种流动的定向性较弱,沿搭接的宽度方向,各点向前推进的速度不一致,有时还发生侧向流动。由于液态钎料流动路线紊乱,钎料填缝前沿不整齐,可造成钎缝不致密,产生气孔、夹渣等质量缺陷。

(5)钎焊温度 钎焊温度越高,液/气和液/固界面张力减小,钎料润湿性提高,液态钎料的填缝能力同样也增大。但钎焊温度不能过高,以免造成母材熔蚀、钎料流失及母材晶粒长大等问题。

3. 钎料润湿铺展及填缝试验

硬钎料润湿铺展及填缝试验方法采用 GB/T 11364—2008。

(1)试件制备

1)试件形状、尺寸和钎料、钎剂的放置如图 13-2~图 13-4 所示。

2）试件材料与实际构件相同。在对比试验时应选择适合钎焊的金属材料。

3）铺展试验的试件要求表面光洁、平整；填缝试验的试件中，内管 B 与杯 C 之间应有一定间隙，以使熔融钎料通过间隙流入外管 A 与内管 B 的毛细间隙中。

4）试验面应采用适当方法清理，除去油污及氧化物等杂质。

（2）钎料和钎剂

1）钎料在试验前要适当清理。铺展试验和填缝试验中钎料的形状和用料没有特殊规定。对比试验时，钎料形状和用量必须一致。

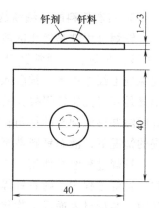

图 13-2　钎料润湿铺展试件形状及尺寸示意图

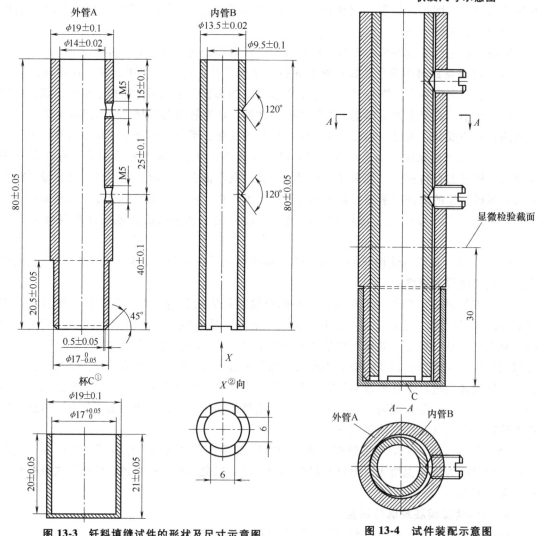

图 13-3　钎料填缝试件的形状及尺寸示意图

① 杯 C 为试件的基座。

② 内管 B 的端部按图示加工深 $1^{+0.05}_{0}$ mm，宽（6 ± 0.05）mm 的四个等同的矩形沟槽。

图 13-4　试件装配示意图

2）需使用钎剂时，应选择在钎焊温度区间具有较高活性的钎剂，其用量无特殊要求，但应确保钎料及母材在钎焊过程中不发生二次氧化。对比试验时应保证钎剂种类及其用量的一致性。

（3）加热装置 加热装置为箱式电炉，如图13-5所示。也可采用满足试验条件的其他加热方式。

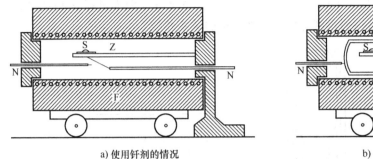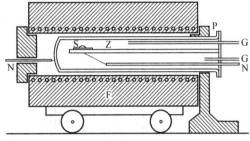

a) 使用钎剂的情况   b) 使用保护气体或真空的情况

图13-5 加热装置

F—电炉 Z—试验平台 S—试验件 N—热电偶 G—保护气体进气管及出气管 P—石英管

1）加热装置炉膛必须有足够的均温区，将试件均匀加热至钎焊温度。

2）加热装置必须具有测量炉温及试件温度的装置。

3）试验平台应水平放置，试验平台及其支撑杆应选用耐高温的金属材料。

（4）铺展试验

1）试验温度为相应的钎焊温度。

2）试验前，钎料置于试件的上表面中心位置，如需使用钎剂，应将其覆盖于钎料上，然后将试件平放在试验平台上。

3）采用快速加热工艺时，试验平台应先预热到试验温度，经预热的试验平台在炉外停留的时间不得超过15s。

4）试件达到试验温度后，板厚为1mm的试件推荐保温30s；板厚1mm以上的试件推荐保温50s。采用真空钎焊等慢速升温钎焊工艺时，可采用较长保温时间。

5）试验结束时，应使试件静止，并冷却至室温，试验结果通过铺展面积和铺展系数来表达。

采用适当的仪器测量钎料铺展面积（推荐使用求积仪），以 cm^2 为单位。

采用适当的仪器测量钎料铺展之后的高度，根据式（13-2）计算铺展系数。

重复5次试验，结果取其平均值，试验结果表示到小数点后两位。

$$K = \frac{D-H}{D} \times 100\% \tag{13-2}$$

式中　K——铺展系数；

　　　H——钎料在母材表面铺展后的高度（mm）；

　　　D——与钎料体积相等的球体的直径（mm），$D = 1.24V^{1/3}$（V 为试验中使用的钎料的质量与密度的比值）。

（5）填缝试验

1）试验温度为相应的钎焊温度。

2）试验前，将钎料（切成 15～20mm 小段）尽可能放置在内管 B 内腔中，如需用钎剂，应将钎剂置于内腔中。钎料与钎剂的混合方法依据它们的特性，推荐使用 1400mm³ 钎料和适量钎剂。

3）填缝性试验的保温时间推荐为试件达到试验温度后 50s，采用真空钎焊等慢速升温钎焊工艺时，可采用较长保温时间。

4）如图 13-6 所示，至少从 2 个或更多方向对试管中钎料填缝横截面进行 X 射线透视，并如图 13-7 所示记录试件上标注的角度与钎料填缝高度的关系曲线。

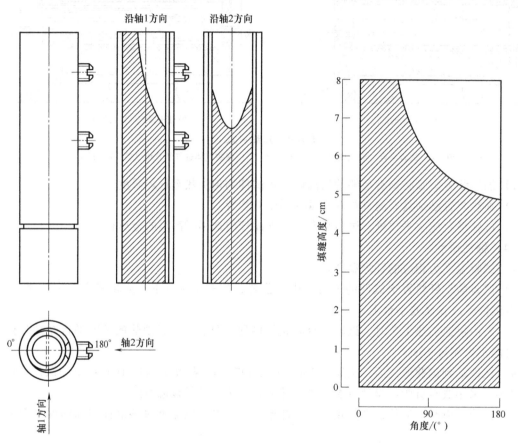

图 13-6　射线透视检查示意图　　　　图 13-7　试件上标注的角度与钎料填缝高度的关系

5）在距试管底部 30mm 的横截面处进行显微组织观察，如果想获得更多的数据，也可取更多的横截面。显微组织观察时，可获得钎料填缝宽度、钎料与母材的合金化情况及钎料与母材的相互扩散情况的数据。

13.2.2　液态钎料与母材的相互作用

液态钎料润湿母材并发生毛细填缝的同时，与母材发生相互作用，主要包括：母材向液态钎料的溶解，钎料组分向母材的扩散。

1. 母材向液态钎料的溶解

母材中某些组分（包括主要元素和合金元素）在液态钎料中具有一定溶解度，在浓度梯度的作用下会向液态钎料中溶解。钎料与母材在液态下能够互溶，则钎焊过程中钎料易于润湿母材，母材将向液态钎料中溶解。母材向钎料的适量溶解，有利于改善液态钎料的润湿性和流动性，可使钎缝成分合金化，如用锌基钎料来钎焊铝时，钎缝成分中铝的含量将有所增加，有利于提高接头强度。但过度溶解会使液态钎料的熔点和黏度提高、流动性变坏，导致填缝不完善，同时母材表面出现溶蚀缺陷，严重时甚至出现溶穿现象。液态钎料的成分由于母材溶解而最终形成固溶体组织的钎缝，则钎焊接头的强度和延性将会提高。如果由于母材溶解而最终形成具有脆性金属间化合物的组织，则钎焊接头的强度及延性将会降低。

影响母材溶解的主要因素：母材与钎料的相互作用（通过合金相图分析）、钎料用量、钎焊温度、保温时间等。母材与钎料之间相互作用越强烈，钎焊温度越高、保温时间越长、钎料用量越大，则母材向液态钎料的溶解就越强。合理选择钎焊材料和工艺参数，有助于控制母材的溶解。

2. 钎料组分向母材的扩散

钎料中某组分浓度高于母材时，会发生该组分向母材的扩散。扩散方式包括：体积扩散，即钎料组分向整个母材晶粒内扩散；晶间扩散，即钎料组分扩散到母材晶粒的边界。钎料组分扩散量与浓度梯度、扩散系数、接触面积、温度和扩散时间有关。其中温度的影响最大，温度升高，扩散系数迅速增大。浓度梯度、接触面积和扩散系数越大，扩散时间越长，钎料组分向母材中扩散越显著。扩散系数与晶体结构、原子半径、元素之间的化学反应有关，如果钎料中某些元素与母材迅速形成金属间化合物，则显著抑制溶质元素向母材的扩散。钎料组分向母材的扩散还容易出现晶间渗入现象，使晶界变脆，导致钎焊接头性能变差，尤其是钎焊薄件时，晶间渗入可能贯穿整个焊件厚度。因此应降低钎焊温度或缩短保温时间，尽量避免或降低晶间扩散的程度。

13.2.3 钎焊接头的形成与特征

为了获得优质的钎焊接头，必须使液态钎料良好地润湿母材，充分填满整个钎缝并与母材发生良好的相互作用。润湿、毛细填缝、母材与钎料相互作用等过程并不是相互独立、依次进行的，而是相互交叉进行的。在钎焊温度条件下保温一定时间，降温使得钎缝液态金属凝固结晶，钎料与母材便形成了一个完整的接头。

钎焊接头在组织成分、性能上是不均匀的，基本上由三个区域组成，如图13-8所示：母材上靠近钎缝界面的扩散区、钎缝界面区和钎缝中心区。扩散区组织是钎料组分向母材扩散形成的，多数情况下依然是母材的组织结构，也有部分出现钎料元素扩散至母材晶界造成的晶间渗透现象。界面区组织是母材向钎料溶解及与钎料组分化学反应后形成的，可能是固溶体或金属间化合物。钎缝中心区由于母材的溶解和钎料组分的扩散及结晶时的偏析，其组织也不同于钎料的原始组织，主要由固

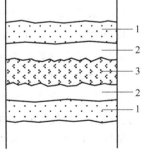

图13-8 钎缝组织示意图

1—扩散区 2—界面区
3—钎缝中心区

溶体、共晶体和金属间化合物组织构成。钎缝间隙大时，该区组织同钎料原始组织较接近；间隙小时，二者差别可能极大。

综上所述，钎焊接头区域主要形成三类组织结构：固溶体、金属间化合物和共晶体组织。

1. 固溶体

当钎料与母材具有相同基体时，钎缝界面区最容易形成固溶体，如用铝基钎料钎焊铝及铝合金。当母材与钎料具有同一类型的结晶点阵和相近的原子半径，二者相图出现固溶体时，说明钎料与母材之间能形成固溶体，则钎缝界面区出现固溶体组织，甚至大量母材溶入液态钎料中，或者钎料中成分迅速扩展至母材，使得钎缝中心区也出现固溶体组织，如用锌基钎料钎焊铝，用镍基钎料钎焊不锈钢等。尽管钎料本身不是固溶体组织，但在钎缝中及界面区附近可出现固溶体组织。

固溶体组织强度和塑性优良，对接头性能有利。

2. 金属间化合物

当钎料与母材在相图上可形成化合物时，则液态钎料与母材的相互作用将可能使接头中形成金属间化合物相，主要出现在钎缝界面区。此外，钎料中存在化合物成分且钎焊过程不容易扩散消失，或者与母材中某些溶解至液态钎料中的成分也容易形成化合物时，在钎缝中心区也将出现化合物。金属间化合物一般较脆，当接头内特别是钎缝界面区形成连续的化合物层时，钎焊接头的性能将显著降低，少量弥散分布的硬脆性金属间化合物反而有助于提高钎缝强度。

3. 共晶体

当采用具有共晶体组织的钎料钎焊铝合金，如用 Al-Si 共晶体钎料钎焊铝及铝合金时，钎缝中可出现共晶体组织。此外，非共晶体钎料通过与母材的相互作用或者钎料与母材之间能够形成共晶体时，也能在钎缝或其界面生成共晶体组织。

13.3　铝合金的钎焊性

与其他常用金属（如钢、铜等）相比，铝合金的钎焊性并不是很好。铝合金钎焊时主要存在如下困难。

（1）氧化问题　铝对氧的亲和力极大，表面有一层致密且化学稳定、熔点很高的氧化膜，难以去除，并且在钎焊加热过程中将继续氧化，产生新的氧化膜，阻碍钎料和母材的润湿和结合，成为钎焊时的主要障碍之一。

（2）过烧问题　铝合金材料中的镁、铜、硅、锌等合金元素，在提高铝合金强度的同时，也带来了氧化性加剧的问题，更重要的是，较多合金元素的加入造成某些铝合金固相线大幅度降低。而硬钎焊采用的钎料与母材的固相线温度相差不大，钎焊温度一旦选择不合适，母材（特别是热处理强化铝合金）易发生过时效软化、退火软化现象，更严重的是造成母材晶界液化，即过烧现象，导致结构性能恶化。

（3）腐蚀问题　铝合金氧化问题严重，无论采用软钎焊还是硬钎焊，大多采用钎剂保护，常用的活性强的软钎剂和氯化物硬钎剂残渣对接头有严重的化学腐蚀作用。钎缝与母材组织成分差异大，接头对电化学腐蚀敏感，尤其是锡基软钎料与铝合金电极电位差异大，电化学腐蚀严重。

铝合金中合金元素不同，钎焊性也不同。常用的铝及铝合金的钎焊性见表 13-1。

表 13-1 常用的铝及铝合金的钎焊性

类别			牌号	主要成分(质量分数,%)	熔化温度/℃	钎焊性	
						软钎焊	硬钎焊
工业纯铝			1060~8A06	Al≥99.0	≈660	优良	优良
变形铝及铝合金	防锈铝	铝镁	5005	Al-1Mg	634~654	良好	优良
			5A02	Al-2.5Mg-0.3Mn	627~652	困难	良好
			5A03	Al-3.5Mg-0.45Mn-0.65Si	627~652	困难	很差
			5A05	Al-4.5Mg-0.45Mn	568~638	困难	很差
			5A06	Al-6.3Mg-0.65Mn	550~620	很差	很差
		铝锰	3A21	Al-1.2Mn	643~654	优良	优良
	热处理强化铝合金	硬铝	2A11	Al-4.3Cu-0.6Mg-0.6Mn	612~641	很差	很差
			2A12	Al-4.3Cu-1.5Mg-0.5Mn	502~638	很差	很差
			2A16	Al-6.5Cu-0.6Mn	549	困难	良好
		锻铝	6A02	Al-0.4Cu-0.7Mg-0.25Mn-0.8Si	593~652	良好	良好
			2B50	Al-2.4Cu-0.6Mg-0.9Si-0.15Ti	555	困难	困难
			2A90	Al-4Cu-0.5Mn-0.75Fe-0.75Si-2Ni	509~633	很差	困难
		超硬铝	7A04	Al-1.7Cu-2.4Mg-0.4Mn-6Zn-0.2Cr	477~638	很差	困难
铸造铝合金			ZL102	Al-12Si	577~582	很差	困难
			ZL202	Al-5Cu-0.8Mn-0.25Ti	549~584	困难	困难
			ZL301	Al-10.5Mg	525~615	很差	很差

由上述分析可知，能用于钎焊的铝合金材料并不多，能够直接硬钎焊的铝合金包括纯铝、铝锰合金、镁含量 $w(Mg)<2\%$ 的铝镁合金，以及少量的铝镁硅和铝铜硅合金等。

为了防止铝合金软钎焊电化学腐蚀问题的产生，一般将铝合金表面镀敷处理，如镀镍、镀铜、镀金、镀银等，几乎所有的铝合金进行镀敷处理后均可进行软钎焊，因此航空航天领域中许多难焊铝合金采用软钎焊时一般首先镀敷处理，如航天器的飞轮、陀螺等惯导器件、热控系统中的铝合金热管等。此外铝合金镀镍处理后同样能够大幅度提高铝基硬钎料的润湿性，因此对于一些合金元素较多但固相线较高的铝合金，同样能够提高其钎焊性。

随着异种材料连接结构的广泛应用，工程中存在大量的铝合金与其他金属材料的连接情况。铝合金与其他金属钎焊时除了存在铝合金的典型钎焊困难（氧化、过烧和腐蚀），还具有特殊的异种金属钎焊的问题。

（1）严重的冶金不相容性 铝合金中的铝元素与大多数金属之间都存在明显的冶金不相容性，容易发生剧烈化学反应，形成金属间化合物。如铝和不锈钢中的铁将形成多种 Al-Fe 化合物：$FeAl_3$、$FeAl_2$、$FeAl$、Fe_2Al、Fe_2Al_7 和 Fe_2Al_5 等，大多为脆性化合物；铝和钛会形成 $TiAl_3$、$TiAl_2$、$TiAl$、Ti_3Al 等；铝和铜之间会形成 Cu_2Al、Cu_3Al_2、$CuAl$、$CuAl_2$ 等化合物，其中 Cu_2Al 是一种极脆的金属间化合物。脆性金属间化合物的形成与钎焊材料、钎焊参数及母材的表面状态密切相关。脆性金属间化合物形成的位置与状态对钎焊接头的性能具有显著影响，钎缝界面区形成脆性金属间化合物且以片层状沿界面分布，会严重恶化接头性能，钎缝中心区出现连续的脆性金属间化合物也会影响接头性能，但是钎缝区呈现弥散分布的化合物反而有助于提高接头性能。

（2）热物理性能不匹配 铝合金的热物理参数与其他金属差异很大，尤其是热膨胀系数，是不锈钢和铜的 1.5 倍，是钛的 3 倍。钎焊升温过程中铝的膨胀变形要远大于不锈钢、铜和钛等，但此时为自由膨胀变形。钎焊降温过程中，铝的收缩变形同样明显大于其他金属，此时铝合金与其他金属已然形成牢固的钎焊接头，不能自由变形，由此在钎焊接头中产生了非常严重的热致残余应力；钎焊界面端部也会因铝和其他金属的弹性模量差异产生应力集中；此外钎焊界面处的组织严重不均匀（还出现脆性化合物层）也会造成应力通过时发生畸变。这些情况都将威胁到钎焊接头的质量和性能。

13.4 铝用钎焊材料

钎焊材料包括钎料和钎剂，决定着钎焊是否顺利进行、接头的质量和性能及服役行为。

1. 钎料的基本要求

钎料的熔化温度需要低于被焊材料，并且需要具有良好的润湿铺展性能，以便于获得质量和性能优异的钎焊接头，因此钎料决定着钎焊接头的使用性能。一般而言，钎料应满足下列基本要求。

1）合适的熔化温度范围，钎料液相线温度必须低于母材的固相线温度，并且液固相线间隔不能过大。铝合金由于合金元素不同，固相线温度差异悬殊，因此铝合金固相线温度是铝基钎料研制中的一个挑战，如常用的 Al-Si 系列钎料液相线温度为 450~550℃，能用于铝合金钎焊的钎料极其稀少。

2）在钎焊温度下对母材具有良好的润湿、铺展及填充间隙的能力。能够直接钎焊铝合金的钎料主要包括用于硬钎焊的铝基钎料、用于软钎焊的锌基钎料和锡基含锌（含银）钎料。

3）钎料和母材能够进行良好的化学反应，以实现良好的润湿连接。

4）不含或少含易挥发的元素和有害或有毒的元素或杂质，成分稳定。

5）满足钎焊接头力学性能、耐蚀性能及其他性能的要求。

2. 钎剂的基本要求

钎剂是大多数钎焊过程中必须采用的，能够有效去除母材和钎焊材料表面氧化膜，提高钎料润湿性的一种溶剂。一般来讲，钎剂需要满足以下指标。

1）必须在钎料熔化前熔化或呈现液态，最好能在母材氧化前开始熔化。

2）能有效去除钎料和母材表面的氧化膜。

3）能在钎料熔化时呈熔融液态，并保持于整个钎焊过程。

4）能在接头和钎料表面铺展，覆盖整个钎焊区域，隔绝氧化性气体。

5）能减小母材与液态钎料之间的表面张力，促进润湿。

6）钎焊过程结束后容易被清除。

钎料和钎剂可以分别供货，钎料可以采用粉、条、带、箔等状态，钎剂可以采用液体、粉末等状态。钎料和钎剂也可以混合成钎料膏、药芯钎丝或钎料成形件。此外还可以将铝硅钎料箔带轧制在铝合金母材表面形成钎料覆层板（钎焊板）。

13.4.1 铝用软钎料

根据铝合金构件的使用性能要求，当不作为承力结构，而是以密封、传热等为需求且要求钎焊温度不能过高时，可以采用软钎焊。软钎焊需要使用软钎料和软钎剂。

软钎料指的是液相线温度（或熔点）低于 450℃的钎料。适用于铝合金的软钎料根据其熔化温度可以分为低温软钎料（150~260℃）、中温软钎料（260~370℃）、高温软钎料

（370~430℃）三种。

1. 低温软钎料

低温软钎料能用于直接钎焊铝合金的主要是 Sn-Zn 系钎料，熔化温度为 198~260℃，典型成分有 Sn9Zn 共晶钎料（熔点 198℃）。Sn9Zn 钎焊工艺性好，配合软钎剂使用在铝合金母材表面易于润湿和铺展，能获得很高的接头强度。例如钎焊 3A21（3003）铝合金时，尽管钎料基体强度只有 50MPa 左右，但钎焊接头在拉伸或剪切时，断裂均发生在 3A21 母材上，原因是 Sn-Zn 钎料中的 Zn 与铝合金中的 Al 反应强烈，在铝合金母材界面生长出很多针刺状固溶体伸入钎缝，形成嵌入状结合，从而大幅度提高了界面连接强度。但 Sn-Zn 钎料钎焊铝合金接头的耐蚀性很差，不宜用于湿热环境。

Sn-Pb 共晶合金（Sn62Pb38，熔点 183℃）不能直接用于钎焊铝合金，钎料在铝合金表面润湿性极差，结合能力很弱，并且 Sn-Pb 钎缝与 Al 母材的电极电位相差很大，极其容易发生电化学腐蚀，造成钎缝沿晶界破坏。为了提高 Sn-Pb 钎料在铝合金上的润湿性，抑制电化学腐蚀，一般要在铝合金表面镀敷处理，如镀镍、镀铜、镀金、镀银等。镀敷处理不仅解决了润湿性和电化学腐蚀的双重难题，而且所有的铝合金均可以镀敷处理后进行软钎焊，从而提高了铝合金软钎焊的应用范围。镀敷处理会提高生产成本，无表面镀敷处理的铝合金采用锡基钎料，需要在其基础上添加少量 Zn、Cd、Ag 等元素，有助于改善钎焊特性和接头的耐蚀性，但 Cd 对人体健康不利。

2. 中温软钎料

中温软钎料以 Zn-Sn 和 Zn-Cd 合金为主。Zn-Cd 软钎料的钎焊工艺性和接头的力学性能、耐蚀性比低温软钎料有所改善，但 Cd 含量高，对人体健康不利。Zn-Sn 软钎料中 Zn 的含量高，与母材 Al 的互溶作用强烈，液态黏度大，流动性较差，且易向母材晶间渗透，因此软钎焊过程宜快速进行，或将钎料原位插入间隙并原位填充间隙。

3. 高温软钎料

高温软钎料主要是 Zn-Al 系合金。Zn-Al 共晶合金加工性差，随着 Al 含量增大，合金的成形加工性能明显改善。由于钎料中 Zn 含量很高，与铝合金母材的互溶作用非常强烈，很容易发生溶蚀及向母材晶间渗透，故软钎焊过程中应十分注意钎焊温度的控制，且不宜使钎料在钎缝中长距离流动，最好是将钎料原位插入间隙并原位填充间隙。Zn-Al 合金钎料的接头耐蚀性不太高，但加入少量碱土金属和稀土元素后可提高其耐蚀性，如加 Sr 和 Mg，同时尽量减少 Bi、Sn 等其他杂质。Zn5Al0.01Sr 钎料的液相线温度为 385℃；Zn-Al-Cu-Mg-Re 钎料 [成分为 Zn-（1%~5%）Al-（0.5%~2.7%）Cu-（0.04%~0.06%）Mg-（0.03%~0.06%）Re]，熔化温度范围为 385~393℃，钎焊温度为 460~480℃，适用于火焰钎焊，对接接头抗拉强度不低于母材，冷弯角可达 180°，在大气中耐蚀性良好，冰柜铝管套接接头在大气中放置 4 年以上仍无实质性变化。

铝的软钎料特点及国内外已公开的部分钎料见表 13-2 和表 13-3。

表 13-2 铝的软钎料特点

钎料	熔点范围/℃	钎料成分	可操作性	润湿性	强度	耐蚀性	对母材的影响
低温软钎料	150~260	Sn-Zn 系 Sn-Pb 系 Sn-Zn-Cd 系	容易	较差	低	差	无影响

（续）

钎料	熔点范围/℃	钎料成分	可操作性	润湿性	强度	耐蚀性	对母材的影响
中温软钎料	260~370	Zn-Cd 系 Zn-Sn 系	中等	优秀 良好	中	中	热处理合金 有软化现象
高温软钎料	370~430	Zn-Al 系 Zn-Al-Cu 系	较难	良好	高	好	热处理合金 有软化现象

表 13-3　国内外的部分软钎料

钎料类别	化学成分（质量分数，%）						熔化温度 /℃
	Zn	Cd	Sn	Pb	Cu	Al	
锌-锡钎料	58±2		40±2		2±0.5		200~350
	10		90				200
锌-镉钎料	60±2	40±2					266~335
锌-铝钎料	72.5±2.5					27.5±2.5	430~500
	65				15	20	415~425
锡-铅钎料	9±1	9±1	31±2	51±2			150~210

13.4.2　铝用软钎剂

铝合金氧化严重，大气环境下钎焊必须采用钎剂，以去除母材表面氧化膜，促进软钎料的润湿铺展。与软钎料配合使用的软钎剂按其去除氧化膜的方式分为有机软钎剂和反应软钎剂。两者均有腐蚀性，前者较弱，后者较强。

1. 有机软钎剂

有机软钎剂由三乙醇胺和氟硼酸盐构成，部分钎剂配方见表 13-4。

表 13-4　部分有机软钎剂的配方

序号	代号	成分（质量分数，%）	钎焊温度/℃	特殊应用
1	QJ204	三乙醇胺(82.5)，$Cd(BF_4)_2$(10)，$Zn(BF_4)_2$(2.5)，NH_4BF_4(5)	270	—
2	Φ61A	三乙醇胺(82)，$Zn(BF_4)_2$(10)，NH_4BF_4(8)	—	—
3	Φ54A	三乙醇胺(82)，$Cd(BF_4)_2$(10)，NH_4BF_4(8)	—	—
4	1060X	三乙醇胺(62)，乙醇胺(20)，$Zn(BF_4)_2$(8)，$Sn(BF_4)$(5)， NH_4BF_4(5)	250	—
5	1160U	三乙醇胺(37)，松香(30)，$Zn(BF_4)_2$(10)，$Sn(BF_4)_2$(8)， NH_4BF_4(15)	250	水不溶，适用 电子线路

有机软钎剂成分中，三乙醇胺为溶剂，氟硼酸盐为活性剂。关于软钎剂去膜机理，以氟硼酸锌活性剂为例，钎焊温度条件下，钎剂呈现液态，氟硼酸锌分解为氟化锌和三氟化硼，溶液中的氟离子能够去除氧化膜，并且三氟化硼与氧化铝反应生成氟化铝和三氧化二硼，也可以起到去膜作用。同时金属离子 Zn^{2+}（或 Cd^{2+}、Sn^{2+} 等）被铝还原，沉积在铝合金表面，使得软钎料能够顺利润湿铝合金母材。但 ZnCd 共晶温度为 265℃，在该温度下三乙醇胺已开始焦化，需要采用快速加热的方法，否则将失去活性；而 SnZn 共晶温度为 198℃，可以在三乙醇胺焦化前呈现最大的活性。

整体而言，有机软钎剂活性较弱，在加热中容易失效，需要采用快速加热的方式；钎剂作用时会产生大量气体，影响钎料的润湿和填缝；钎剂残渣容易吸潮，有腐蚀性。

2. 反应软钎剂

反应软钎剂一般与中温软钎料和高温软钎料配合使用，成分中以 $ZnCl_2$、$SnCl_2$ 等氯化物为主，适当添加少量氟化物作为破膜剂以增强钎剂活性，表 13-5 列出了部分反应软钎剂配方。反应软钎剂去膜机理：$ZnCl_2$、$SnCl_2$ 等与铝发生置换反应，沉积 Zn、Sn 等纯金属于母材表面，起提高润湿能力的作用。使用反应软钎剂时，应预先将钎料和钎剂一起置于待钎焊处，以防钎剂失效。反应软钎剂具有强烈的腐蚀性，残渣必须在钎焊后清除干净。

表 13-5　部分反应软钎剂的配方

序号	代号	成分(质量分数,%)	熔化温度/℃	特殊应用
1		$ZnCl_2(55)$,$SnCl_2(28)$,$NH_4Br(15)$,$NaF(2)$		
2	QJ203	$SnCl_2(88)$,$NH_4Cl(10)$,$NaF(2)$	215	钎铝无烟
3		$ZnCl_2(88)$,$NH_4Cl(10)$,$NaF(2)$		
4		$ZnBr_2(50\sim30)$,$KBr(50\sim70)$		
5	—	$PbCl_2(95\sim97)$,$KCl(1.5\sim2.5)$,$CoCl_2(1.5\sim2.5)$	—	铝面涂 Pb
6	Φ134	$KCl(35)$,$LiCl(30)$,$ZnF_2(10)$,$CdCl_2(15)$,$ZnCl_2(10)$	390	
7	—	$ZnCl_2(48.6)$,$SnCl_2(32.4)$,$KCl(15.0)$,$KF(2.0)$,$AgCl(2.0)$	—	配 Sn-Pb(85)钎料,高耐蚀

13.4.3　铝用硬钎料

适用于铝合金的硬钎料均为 Al 基钎料，以 Al-Si 系合金为主，主要用于工业纯铝、铝锰系 3A21 合金、镁含量低于 2%（质量分数）的铝镁合金以及 6061、6063 等铝镁硅合金。表 13-6 列出了国产标准铝基钎料的化学成分和熔化温度范围。表 13-7 列出了美国标准铝钎料的化学成分。

表 13-6　国产标准铝基钎料（GB/T 13815—2008）

型号		化学成分(质量分数,%)								熔化温度范围/℃（参考值）	
		Al	Si	Fe	Cu	Mn	Mg	Zn	其他元素	固相线	液相线
Al-Si											
BAl95Si	余量	4.5~6.0	≤0.6	≤0.30	≤0.15	≤0.20		≤0.10	Ti≤0.15	575	630
BAl92Si	余量	6.8~8.2	≤0.8	≤0.25	≤0.10	—		≤0.20	—	575	615
BAl90Si	余量	9.0~11.0	≤0.8	≤0.30	≤0.05	≤0.05		≤0.10	Ti≤0.20	575	590
BAl88Si	余量	11.0~13.0	≤0.8	≤0.30	≤0.05	≤0.10		≤0.20	—	575	585
Al-Si-Cu											
BAl86SiCu	余量	9.3~10.7	≤0.8	3.3~4.7	≤0.15	≤0.10		≤0.20	Cr≤0.15	520	585
Al-Si-Mg											
BAl89SiMg	余量	9.5~10.5	≤0.8	≤0.25	≤0.10	1.0~2.0		≤0.20	—	555	590
BAl89SiMg(Bi)	余量	9.5~10.5	≤0.8	≤0.25	≤0.10	1.0~2.0		≤0.20	Bi 0.02~0.20	555	590
BAl89Si(Mg)	余量	9.50~11.0	≤0.8	≤0.25	≤0.10	0.2~1.0		≤0.20	—	559	591
BAl88Si(Mg)	余量	11.0~13.0	≤0.8	≤0.25	≤0.10	0.10~0.50		≤0.20	—	562	582
BAl87SiMg	余量	10.5~13.0	≤0.8	≤0.25	≤0.10	1.0~2.0		≤0.20	—	559	579
Al-Si-Zn											
BAl87SiZn	余量	9.0~11.0	≤0.8	≤0.30	≤0.05	≤0.05		0.50~3.0		576	588
BAl85SiZn	余量	10.5~13.0	≤0.8	≤0.25	≤0.10	—		0.50~3.0		576	609

注：1. 所有型号钎料中，Cd 元素的最大含量为 0.01%（质量分数），Pb 元素的最大含量为 0.025%（质量分数）。

2. 其他每个未定义元素的最大含量为 0.05%（质量分数），未定义元素总含量不应高于 0.15%（质量分数）。

表 13-7　美国标准铝钎料（AWS A5.8—2021）

AWS 类别	UNS 号[②]	化学成分（质量分数,%）[①]												其他元素[③]	
		Si	Cu	Mg	Bi	Fe	Zn	Mn	Cr	Ni	Ti	Be	Al	单个	总量
BAlSi-2	A94343	6.8~8.2	0.25	—		0.80	0.20	0.10					余量	0.05	0.15
BAlSi-3	A94145	9.3~10.7	3.3~4.7	0.15		0.80	0.20	0.15	0.15				余量	0.05	0.15
BAlSi-4	A94047	11.0~13.0	0.30	0.10		0.80	0.20	0.15					余量	0.05	0.15
BAlSi-5	A94045	9.0~11.0	0.30	0.05		0.80	0.10	0.05			0.20		余量	0.05	0.15
BAlSi-7	A94004	9.0~10.5	0.25	1.0~2.0		0.80	0.20	0.10					余量	0.05	0.15
BAlSi-9	A94147	11.0~13.0	0.25	0.10~0.50		0.80	0.20	0.10					余量	0.05	0.15
BAlSi-11	A94104	9.0~10.5	0.25	1.0~2.0	0.02~0.20	0.80	0.20	0.10					余量	0.05	0.15
BMg-1	M19001	0.05	0.05	余量	—	0.01	1.7~2.3	0.15~1.50				0.0002~0.0008	8.3~9.7		0.30

① 除非另有注明，单一值为最大值。

② ASTM DS-56《金属和合金的统一编号体系》。

③ 钎焊填充金属应对本列表中列有规定数值的那些元素进行分析。如果在分析过程中表明有其他元素存在，应确定那些元素的含量，以保证其总含量不超过规定的极限值。

尽管表 13-6 和表 13-7 中有很多种铝钎料，但工程应用最广泛的还是 Al12Si 共晶钎料和 Al11.5Si1.5Mg 钎料。Al12Si 共晶钎料应用最为广泛，配合铝用硬钎剂可以在空气中钎焊，也可以在保护气体环境下钎焊，或者不采用硬钎剂在真空环境下钎焊。Al11.5Si1.5Mg 钎料主要在真空环境下应用。

为便于复杂结构（如大面积热交换器）的钎焊，可以将 Al-Si 钎料预先包覆在铝合金板表面，从而制成钎焊板，可以单面、双面包覆钎料层。国产铝合金钎焊板见表 13-8。采用钎焊板进行铝钎焊时，温度应尽量低，时间尽可能缩短，否则，482℃ 以上长时间加热将造成钎料层内的 Si 向母材扩散，导致钎料量减少。

表 13-8　国产铝合金钎焊板

钎焊板牌号	基本金属（芯层）	包覆层	包覆层熔化温度范围/℃
LF63-1	3A21	Al(11~12.5)Si	577~582
LT-3	3A21	Al(6.8~8.2)Si	577~612

Al-Si 钎料合金液相线温度偏高，应用范围受到限制，一般只用于钎焊工业纯铝、3A21（3003）和 6063 等少量铝合金。此外，Al-Si 钎料偏脆，加工性较差，多数难以成材，仅以铸条状供应。在 Al-Si 钎料中添加稀土元素有助于提高钎料加工性能，如 Al-Si-Sr-La 钎料，其成分为 $w(\mathrm{Si}) \approx 13\%$，$w(\mathrm{Sr}) \approx 0.03\%$，$w(\mathrm{La}) \approx 0.03\%$，$w(\mathrm{Be}) = 0.4\% \sim 0.8\%$，$w(\mathrm{Al})$ 余量，固相线温度为 570℃，液相线温度为 575℃，接头的抗拉强度可超过母材 3003，对接接头冷弯角可达 180°。

为了进一步降低 Al-Si 合金的熔化温度，可向 Al-Si 合金中添加 Cu、Zn、Ge。Al6Si28Cu

合金液相线温度可降至535℃，Al10Si4Cu（6~7）Zn合金液相线温度可降至525~560℃，但它们的接头耐蚀性均较Al-Si钎料接头低。Al5Si35Ge合金的液相线温度可降至455~480℃，此中温钎料正符合铝合金硬钎焊的需要，其钎焊工艺性良好，但Ge含量较高，钎料价格昂贵。

13.4.4 铝用硬钎剂

铝合金用硬钎剂有氯化物钎剂、氟化物钎剂。

1. 氯化物钎剂

氯化物钎剂由基质、去膜剂和界面活性剂组成。

（1）基质 基质由碱金属或碱土金属的氯化物混合熔盐组成，化学性质稳定，和铝不发生反应，如KCl-LiCl系、KCl-LiCl-NaCl系等。它的作用是：作为其他组分的溶剂，钎焊过程中呈液态覆盖钎焊区域以隔离空气，控制溶剂的熔化温度以便与钎料的熔化温度相匹配。

（2）去膜剂 去膜剂主要成分为氟离子（F^-），常用LiF、KF、NaF和AlF_3等。去除氧化膜的效果主要与F^-浓度有关，而与化合物的种类关系不大。

（3）界面活性剂 界面活性剂主要是重金属离子，如Zn^{2+}、Cd^{2+}、Sn^{2+}等。钎剂反应时，铝进入钎剂成为Al^{3+}，金属离子被还原并沉积在铝母材表面上，经与母材相互作用并合金化后，在钎焊温度下应呈液态，具有更高的活性。

氯化物钎剂应用广泛，但缺点是易吸湿，保管使用不便，有腐蚀性，钎焊后需烦琐清洗，若清洗不净则将发生腐蚀，此外，对环境有污染，废水需治理。配方已公布或已成为商品的氯化物钎剂见表13-9。

表13-9 铝用氯化物钎剂的配方和使用

序号	钎剂代号	钎剂组成（质量分数，%）	熔化温度/℃	特殊应用
1	QJ201	LiCl（32），KCl（50），NaF（10），$ZnCl_2$（8）	≈460	—
2	QJ202	LiCl（42），KCl（28），NaF（6），$ZnCl_2$（24）	≈440	—
3	211	LiCl（14），KCl（47），NaCl（27），AlF_3（5），$CdCl_2$（4），$ZnCl_2$（3）	≈550	—
4	YJl7	LiCl（41），KCl（51），KF（3.7），AlF_3（4.3）	≈370	浸沾钎焊
5	H701	LiCl（12），KCl（46），NaCl（26），KF-AlF_3共晶（10），$ZnCl_2$（1.3），C_2Cl_2（4.7）	≈500	—
6	Φ3	NaCl（38），KCl（47），NaF（10），$SnCl_2$（5）	—	—
7	Φ5	LiCl（38），KCl（45），NaF（10），$CdCl_2$（4），$SnCl_2$（3）	≈390	—
8	Φ124	LiCl（23），NaCl（22），KCl（41），NaF（6），$ZnCl_2$（8）	—	—
9	ΦB3X	LiCl（36），KCl（40），NaF（8），$ZnCl_2$（16）	≈380	—
10	—	LiCl（80），KCl（14），K_2ZrF_2（6）	≈560	长时间加热稳定
11	129A	LiCl（11.8），NaCl（33.0），KCl（49.5），LiF（1.9），$ZnCl_2$（1.6），$CdCl_2$（2.2）	550	
12	5572P	$SrCl_2$（28.3），LiCl（60.2），LiF（4.4），$ZnCl_2$（3.0），$CsCl_2$（4.1）	524	
13	1320P	LiCl（50），KCl（40），LiF（4），$SnCl_2$（3），$ZnCl_2$（3）	360	适用于ZnAl钎料

2. 氟化物钎剂

氟化物钎剂即氟铝酸钾钎剂，是一种无腐蚀性的钎剂。氟铝酸钾钎剂是KF-AlF_3系中的

K_3AlF_6 与 $KAlF_4$ 于 558℃ 时生成的共晶成分熔盐，其中 AlF_3 的质量分数为 54.2%，如图 13-9 中的 E_2 点。氟铝酸钾钎剂在水中溶解度很小，使用时制成水悬浮液均布于焊件上，烘干后形成一层极薄的钎剂膜，然后入炉钎焊。熔化温度（558℃）偏高，只能用于钎焊工业纯铝及 3A21、6063 等少数铝合金。

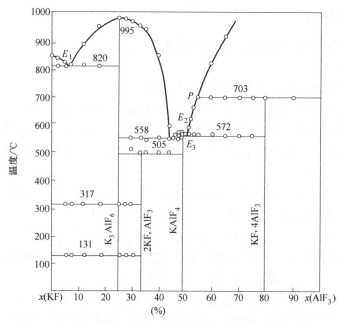

图 13-9 KF-AlF$_3$ 系合金相图

氟铝酸钾钎剂的去膜机制通常认为是钎剂熔化后高浓度的氟离子（F^-）穿透氧化铝膜缝隙并溶解掉氧化膜。此外，有研究认为常用商用氟铝酸钾钎剂中 Si 杂质无法根除，钎剂熔化后以 SiF_6^{2-} 形式存在的 Si 杂质迅速被 Al 还原，形成 Si 原子，并沉积在铝合金表面与 Al 合金化，在铝表面形成熔融态的合金层，而实现去膜效果，Si 杂质反而成为"天赐的"活性剂。

氟铝酸钾钎剂最适合炉中钎焊，在干燥空气中钎焊即可获得满意效果，最好采用氮气保护炉中钎焊。氟铝酸钾钎剂采用火焰钎焊效果不佳，燃气燃烧生成 H_2O 和 CO_2，加上高温 $KAlF_4$ 水解，Al_2O_3 残渣增多，接头不美观。

氟铝酸钾钎剂的最大缺点是熔化温度过高，不适用于固相线温度较低的高强度铝合金钎焊，如 2024 铝合金固相线温度仅有 500℃，超过此温度钎焊，2024 母材会发生过烧现象而导致报废。

氟铝酸铯钎剂为 CsF-AlF$_3$ 系共晶，其合金相图如图 13-10a 所示，用于钎剂的共晶点 E_2 的成分应是 $x(AlF_3) = 42\%$，$x(CsF) = 56\%$，熔化温度为 471℃。CsF-AlF$_3$ 钎剂有较高的钎焊效率，对火焰加热时的稳定性也比氟铝酸钾钎剂高，对 Mg 含量高的铝合金有特殊的活性。此外 KF-CsF-AlF$_3$ 系钎剂的最低熔化温度可达 460℃，几乎可用于钎焊所有的铝合金。

RbF-AlF$_3$ 系合金相图如图 13-10b 所示，RbF 的相对分子质量较小（104.5），比 CsF 便宜，共晶点 E_2 的温度为 486℃。

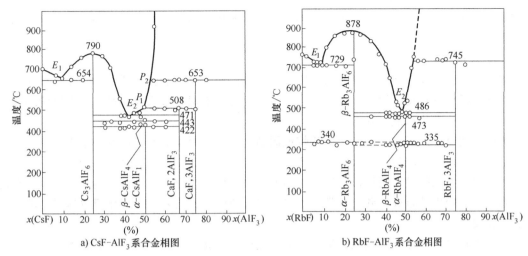

a) CsF-AlF$_3$系合金相图　　　　　b) RbF-AlF$_3$系合金相图

图 13-10　Cs-AlF$_3$系合金相图和 RbF-AlF$_3$系合金相图

13.5　钎焊工艺过程

　　一个铝合金结构拟采用钎焊技术进行生产，其基本过程应当是：①确定该结构采用的铝合金的具体牌号与状态，分析其钎焊性优劣；②明确该结构具体特征、使用环境和性能要求，确定采用硬钎焊还是软钎焊；③根据使用要求选择钎焊材料（是铝基硬钎料，还是锌基或锡基软钎料）；④优选焊接加热方法；⑤铝合金结构表面预处理和钎焊材料装配；⑥优化焊接参数，确定最佳工艺方案；⑦对钎焊接头进行质量和性能检测。

　　下面简单介绍一下铝合金母材钎焊前的表面处理工艺、钎焊接头形式与钎料装配、钎焊方法和工艺参数、钎焊接头的缺陷等。

13.5.1　钎焊前母材表面处理

1. 表面镀敷处理

　　可直接钎焊的铝合金型号并不多，仅有工业纯铝、3A21（3003）、6061 和 6063，以及镁含量 $w(Mg)<2\%$ 的铝镁合金等。但工程应用中必然存在各种型号的铝合金结构需要钎焊，而对于这些钎焊性较差的铝合金，主要问题是氧化膜去除困难导致钎焊润湿性差、母材固相线温度过低，缺乏合适的钎料等。为了解决这些铝合金的钎焊问题，除了需要研制液相线满足要求的钎料，铝合金表面进行镀敷处理是极其关键的解决措施。

　　铝合金表面镀敷处理不仅能够解决不同型号铝合金润湿性差的问题，而且对于不同的结构功能需求（如承力、密封、导热、导电等）均可采用镀敷处理来提高结构性能，不仅在硬钎焊时抑制界面化合物产生而获得更高的接头性能，还可以提高软钎焊接头的钎焊质量，遏制软钎焊接头的电化学腐蚀问题等。

　　铝合金表面镀敷处理工艺主要有镀镍、镀金、镀银和镀铜等，其中表面镀镍工艺比较简单，成本较低，并且镀镍层和铝合金基体结合较好，是大多数铝合金硬钎焊和软钎焊采用的处理工艺，与各种适用于铝合金的钎料润湿性较好，尤其是对于采用锡基钎料的软钎焊接头，还可以有效抑制电化学腐蚀问题。而镀金、镀银等工艺相对成本较高，镀金层抗长期氧化性较好，仅适用于特殊情况和需求，如航空航天领域中的重要元器件壳体结构等；镀铜处理应用很少。

2. 表面清理

铝合金表面存在油污、杂物和氧化膜，对钎焊的顺利进行和接头质量影响很大，表面氧化膜将严重阻碍钎料良好润湿、连接铝合金，因此钎焊前铝合金表面必须进行严格清理，去除表面的油污、杂物和氧化膜。

表面除油可采用三氯乙烯、三氯乙烷或酒精、汽油、丙酮等有机溶剂。小批量生产时将零件沉浸在有机溶剂内除油，大批量生产时将零件放置在有机溶剂蒸气内除油。

表面去除氧化膜可采用机械方法或化学方法。机械方法只限于钢棉、锉刀、刮刀、不锈钢丝刷等，但禁用砂布或喷砂。化学方法包括酸洗或碱洗，前者用于氧化膜较薄时，后者用于氧化膜较厚时。

氧化膜较厚时，应先用机械方法局部清除过厚的氧化物或氧化膜，再用质量分数为5%的 NaOH 碱液清洗，温度保持在 60℃ 左右，碱洗时间最好控制在 10~15s，以免侵蚀过度。碱洗后应用冷水或热水冲净碱液，然后用稀硝酸或铬酸（CrO_3 水溶液加少量重铬酸钾）中和，使零件表面光滑，再用冷水或热水冲洗，最后用热空气将零件吹干。

零件清洗后，应尽早进行钎焊，最多不超过 24h。

13.5.2 钎焊接头形式

钎缝强度一般不高于母材，但钎焊接头的承载能力不一定低于母材，主要是由于钎焊常采用搭接形式，增大钎缝面积来提高接头的承载能力。钎焊零件等宽度搭接时，搭接长度一般应不小于较薄零件厚度的 4 倍（软钎焊）、3 倍（硬钎焊）。钎焊结构很少采用对接形式，必要时也要采用斜对接形式，斜对接时的钎焊连接面积至少应比钎焊件正常截面积大 2 倍。常用铝合金钎焊接头形式如图 13-11 所示。

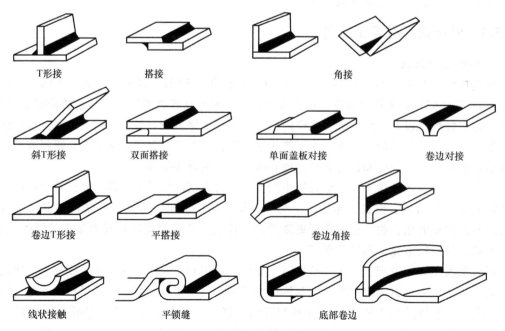

T形接　　搭接　　　　　　角接

斜T形接　　双面搭接　　单面盖板对接　　卷边对接

卷边T形接　　平搭接　　　卷边角接

线状接触　　平锁缝　　　底部卷边

图 13-11　常用铝合金钎焊接头形式

设计钎焊接头时还要考虑下列因素：

1）接头应便于待钎焊零件的装配及自紧固，如图 13-12 所示。

2）接头应便于安置钎料，如图 13-13 所示。

3）封闭接头应便于钎焊时排出气体，如图 13-14 所示的工艺性出气通道（可称为工艺

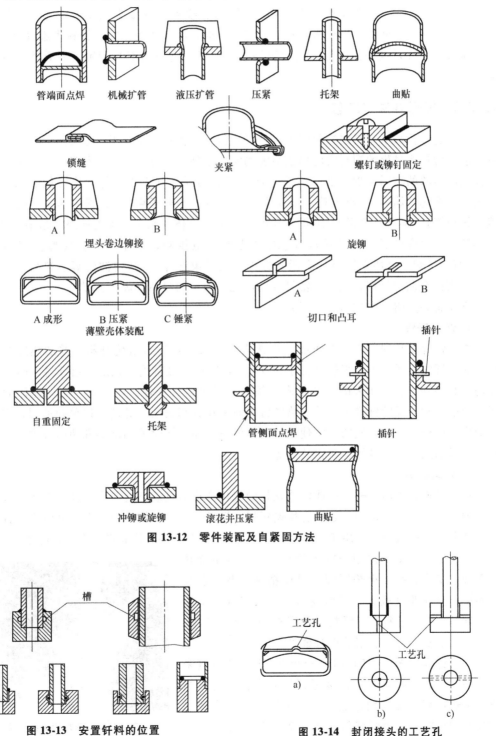

图 13-12 零件装配及自紧固方法

图 13-13 安置钎料的位置

图 13-14 封闭接头的工艺孔

孔），否则，钎焊时接头间隙内的空气受热膨胀，将妨碍液态钎料填入，或使已填满间隙的液态钎料被气压挤出，造成钎焊缺陷。

4）设计异种材料接头（特别是环形套接）时，应考虑其热膨胀系数差异。可经过计算或工艺试验，确定其装配间隙。

5）接头应有适当的间隙。钎焊间隙对钎缝的致密性及接头强度影响显著。间隙过小时，钎料无法流入间隙，造成未钎透；间隙过大时，毛细作用减弱，钎料也难以流入接头间隙，接头致密性及接头强度低。大面积搭接钎焊时，宜采用不等间隙，引导液态钎料定向流动。

13.5.3 钎焊方法与工艺

钎焊过程依赖于钎料的熔化润湿母材形成接头，因此需要采用合适的热源来熔化钎料。只要能够为钎焊过程的顺利实施提供足够的温度条件，均可成为钎焊热源。常用的钎焊方法均是按照热源的不同来划分的。当前能够使用的热源有电弧热、化学热（如氧乙炔焰、汽油火焰、液化气焰等）、电阻热、高能束流（如激光、电子束等）、感应热、机械能（如摩擦、振动等），甚至是高温的物体（固体、气体或液体均可），因此钎焊方法有烙铁钎焊、火焰钎焊、感应钎焊、电阻钎焊（包括电热板、电烘箱、电阻炉等，典型代表为炉中钎焊）、真空钎焊、高能束钎焊（有激光钎焊和电子束钎焊）、超声波钎焊、热风钎焊、浸沾钎焊（液体介质中钎焊，包括盐浴钎焊和熔化钎料中的浸沾钎焊等）等。

下面简要介绍一些常用的钎焊方法。

1. 烙铁钎焊

烙铁钎焊就是利用烙铁工作部（烙铁头）积聚的热量来熔化钎料，并加热钎焊处的母材而完成钎焊，适用于钎焊温度低于300℃的软钎料（最常用的就是锡铅钎料，即焊锡）钎焊薄件和小件，航空航天电子和仪表等领域常采用烙铁钎焊，如飞轮、陀螺壳体的密封钎焊，导电环和导线的钎焊连接等。烙铁钎焊时采用钎剂去膜。钎剂可以单独使用，但在电子工业中多以松香芯钎料丝的形式使用。烙铁钎焊时还可同时采用刮擦和超声波去膜方法，此外电热板加热钎焊也常用于锡铅软钎焊工艺。

2. 火焰钎焊

火焰钎焊是利用可燃气体或液体燃料的气化产物与氧或空气混合燃烧所形成的火焰进行加热的钎焊方法。最常用的是氧乙炔焰钎焊，设备简单，操作灵活，燃气来源广，且不受焊件尺寸和结构的限制，多用于手工生产，也常用于修补，应用非常广泛，如电冰箱管接头、挤压型窗框、公交车顶棚等钎焊接头。但铝合金加热时无颜色变化，手工火焰钎焊时难以精确检测控制加热温度，操作难度较大，焊后变形大。火焰钎焊适用于以铜基、铝基钎料和银钎料钎焊碳素钢、低合金钢、不锈钢、铜及铜合金、铝及铝合金等。

火焰钎焊（图13-15）时，开始应使钎炬沿钎缝来回运动，使之均匀地加热到接近钎焊温度，避免火焰直接加热钎剂而使钎剂过热失效，然后用手送进棒状或丝状的钎料。采用膏状钎剂或钎剂溶液去膜，火焰

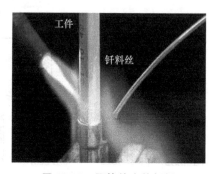

图13-15 导管的火焰钎焊

连续向前熔化钎料，直至填满钎缝间隙。

3. 感应钎焊

感应钎焊（图13-16）是利用零件的待钎焊部分在交变电磁场中被感应加热，熔化钎焊材料来实现钎焊的方法。感应电流的频率一般不低于1kHz，中频（1~10kHz）适用于钎焊大厚件，高频（>20kHz）加热迅速，特别适用于钎焊薄件。感应钎焊加热速度快、效率高，可局部加热，易实现自动化，广泛用于钎焊钢、铜及铜合金、高温合金等的具有对称形状的焊件，特别适用于管件套接、管和法兰、轴和轴套之类的接头。感应钎焊频率越高，电流渗透深度越小，适用于需要表面层迅速加热的场合，如铝合金与不锈钢等异种金属钎焊，采用铝基钎料配合高频感应钎焊，加热时间极短，能够有效避免金属间化合物的形成，获得高性能的钎焊接头。对于航空航天

图13-16　刀具的感应钎焊

领域众多的异种金属导管结构，尤其是铝合金与其他金属的组合，与火焰钎焊、炉中钎焊相比，高频感应钎焊接头性能和质量更加优异。

感应钎焊时，预先把钎料和钎剂放好，可使用箔状、丝状、粉末状和膏状的钎料。根据不同的保护方式分为空气中感应钎焊、保护气体中感应钎焊和真空感应钎焊。空气中可采用液态和膏状的钎剂去膜。

感应圈是感应钎焊设备的重要器件，对于保证钎焊质量和提高生产率有重大影响。通常感应圈均用纯铜管制作，通水冷却，管壁厚度一般为1~1.5mm，感应圈的形状应与所钎焊的接头相似，并与焊件保持不大于3mm的均匀间隙。图13-17所示为感应钎焊常用的感应圈。

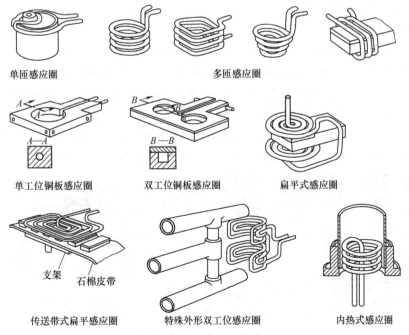

单匝感应圈　　　　　　　多匝感应圈

单工位铜板感应圈　　双工位铜板感应圈　　扁平式感应圈

支架　石棉皮带

传送带式扁平感应圈　　特殊外形双工位感应圈　　内热式感应圈

图13-17　感应圈基本结构形式

4. 炉中钎焊

炉中钎焊是将装配好的加有钎料和钎剂的工件放入电阻炉中加热实现钎焊的方法。其优点是炉内气氛可控,加热均匀精确;工件整体均匀加热,变形小;适用于大规模生产,成本低,用途广。但加热时间长,空气炉中钎焊工件氧化严重,工件尺寸受加热炉限制明显。根据钎焊保护气氛不同,炉中钎焊分为空气炉中钎焊、保护气氛炉中钎焊和真空炉中钎焊。空气炉中钎焊必须采用钎剂去膜,惰性气体(氩气)和中性气体(氮气)保护炉中钎焊有时也会采用少量钎剂,而活性气体(常用氨分解炉)和真空炉中钎焊不采用钎剂。

空气炉中钎焊铝及铝合金前,预先将钎剂溶解在蒸馏水中,配成质量分数为50%~75%的溶液,再涂覆或喷布在待钎焊表面上;也可将适量的粉末钎剂覆盖于钎料及钎焊面处,在粉末上喷少量酒精或蒸馏水以定型,然后烘干,将装配好的组件放进炉中进行加热钎焊。为防止母材过热、过烧、熔化,必须严格控制加热温度。一般空气加热炉内温度是不均匀的,但其内必须备有一个均温区,均温区内的温差一般不应超过±5℃,如果用 Al-Si 钎料钎焊Al-Si-Mg 系铝合金时,其温差应不超过±2℃。空气炉中钎焊是一种技术难度较小、生产率较高、钎焊变形较小的钎焊方法,例如,在多温区连续加热炉内大批量生产电冰箱蒸发器时,生产率可达 500 件/h。

保护气氛炉中钎焊时采用无腐蚀性的氟化物钎剂。采用氮气保护的炉中氟化物钎剂钎焊的方法称为 NoColok 钎焊法,即无腐蚀性钎剂钎焊法,在轿车空调机蒸发器和冷凝器生产中取得良好效果。例如,钎焊炉膛长 8m,以高纯氮气保护,采用 Al-Si 共晶钎料匹配 $KAlF_4$-K_3AlF_6 共晶钎剂,采用钎料包覆的钎焊板作为主要零件组装在一起,以 268mm/min 的速度在炉内传送带上移动,经过 600℃、605℃、610℃、625℃、620℃ 的 5 段温区加热,当组装件温度达到钎焊温度 595℃ 时保温 1min 以上,即完成钎焊,然后冷却出炉。

与采用氯化物钎剂的炉中钎焊相比,氟化物钎剂无腐蚀性,钎焊后的焊件无须清洗,生产率高,因而得到了广泛应用。

5. 真空钎焊

真空钎焊是将预先放置好钎料的铝合金工件放入真空炉(图 13-18)中,抽真空至 $(1~5)×10^{-3}Pa$;通电加热,当工件加热至钎焊温度(如对于 Al11.5Si1.5Mg 钎料,600~610℃)后保温一定时间;保温结束后,真空环境一直保持到焊件冷却至 150℃ 以下后方能取出焊件。真空环境保护效果好,不采用钎剂,钎焊质量优异,炉中钎焊整体均匀加热工件,钎焊变形极小,接头具有良好的力学性能和耐蚀性能。但真空钎焊对工件的外形尺寸有所限制,也不适用于含高蒸气压元素(如锌、锰、镁和磷等)较多的钎料和工件,真空设

图 13-18 真空钎焊炉外观与炉内钎焊加热区域

备复杂昂贵，对环境和人员要求较高，生产率较低。

铝合金真空钎焊时无须钎剂，但对真空度要求较高，一般采用 Al-Si-Mg 钎料，$w(\mathrm{Mg})=$ 1%~2%（参见表 13-6 和表 13-7），同时采用镁蒸气工艺盒措施，即在真空室内将金属镁块/粉与待钎焊铝合金结构件一起放入一个不完全密封的不锈钢盒（现通称工艺盒）内，钎焊加热时金属镁蒸发为镁蒸气，工艺盒中高浓度镁蒸气不但能降低残余氧的分压，而且可以将铝合金母材表面形成的很薄的 Al_2O_3 膜还原，并阻止母材和铝基钎料进一步氧化，改善镁蒸气与液态钎料、铝合金母材之间的界面特性。铝合金真空钎焊技术已成功地应用于铝合金热交换器及微波器件等重要产品的钎焊生产。

6. 高能束钎焊

高能束钎焊是采用电子束或激光作为热源来加热熔化钎料实现钎焊的一类方法。电子束钎焊是利用在高真空下高能电子流撞击工件的钎焊部位来实现迅速钎焊加热的，能量密度高，加热速度快，真空保护工件不易氧化，但设备复杂，钎焊过程生产率低、成本高。

与电子束钎焊相比，激光钎焊具有以下独特优点：能量可无接触地传递给工件，具有较大的灵活性；不受母材的热物理性能和电磁性能的限制实现钎焊加热，可以实现对微小面积的高速加热并对毗连母材不产生明显影响，尤其适宜于钎焊连接对加热敏感的微电子器件等；在空气、保护气氛和真空中均可进行钎焊。图 13-19 所示为激光钎焊示意图。

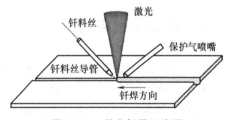

图 13-19　激光钎焊示意图

13.5.4　钎焊的典型缺陷及其成因

钎焊完成后，除采用无腐蚀性的氟化物钎剂和真空钎焊的焊件外，其他所有的钎剂钎焊的铝合金焊件必须进行钎剂残渣的清除工序，以防止焊件腐蚀。有机软钎剂残渣可用甲醇、三氯乙烯等有机溶剂予以清除。反应钎剂残渣可先用盐酸溶液清洗，再用 NaOH 水溶液中和，最后用热水和冷水洗净。氯化物钎剂残渣腐蚀性强，需严格清理：先在 60~80℃ 的热水中浸泡 10min，用毛刷仔细去除钎缝上的残渣，并用冷水清洗；再在体积分数为 15% 的硝酸水溶液中浸泡 30min，最后用冷水清洗干净。

钎焊结构件都需要检验，以判定钎焊质量是否符合要求。检验方法主要分为破坏性检验和无损检测两大类。破坏性检验包括钎焊接头的力学性能测试和微观组织观察，只针对重要结构件进行抽查检验，或者是确定钎焊材料和工艺方案及新品研制阶段采用。工程中多采用无损检测方法。首先进行外观检查，确认钎缝成形是否良好，有无缺陷等；内部质量则一般通过 X 射线探伤、超声波探伤来确定内部是否有未钎透、气孔等缺陷；此外采用磁粉检测、渗透检测等方法检测钎缝是否有穿透性缺陷，用泄漏检测方法对钎缝的密封性能进行检测；对于某些传热界面连接结构还需要进行界面传热检测等。

钎焊过程中工艺参数选择不当，将形成如下内部缺陷。

（1）未钎透　即钎料填缝不良，部分间隙未被填满。产生未钎透的原因有：焊前母材表面清理不干净，装配不佳造成间隙不均匀，采用的钎料、钎剂不佳（如钎料润湿性差、钎剂活性差、失效等），钎料添加量少、安置不当或因钎焊工艺不当造成钎料流失，钎焊温度过低或温度分布不均匀造成部分钎料熔化不完全。

（2）气孔 产生原因有：焊前母材表面清理不干净；装配不佳造成间隙不均匀；钎剂去膜能力弱；钎料析出气体，封闭接头无排气措施。

（3）夹渣 产生原因有：装配不佳造成间隙不均匀，钎剂量过多，钎料与钎剂熔化温度不匹配，加热不均匀，钎料及钎剂在间隙内湍流造成两面填缝。

（4）母材溶蚀 产生原因有：钎料与母材固溶度大，相互作用强烈；钎焊温度过高或保温时间过长；钎料量过多。

（5）开裂 包括钎缝开裂和母材开裂两种。造成钎缝开裂的原因有：钎缝组织结晶温度区间过大，组织脆性大，钎缝冷却时零件相互错动。造成母材开裂的原因有：钎料向母材晶间渗入形成脆性相，结构或夹具刚性过大，结构内应力大，加热不均匀及母材发生过烧现象。此外，异种材料钎焊时，由于热膨胀系数差异大产生的拉应力过大，容易造成钎缝和母材的开裂。

13.6 典型工程应用

由于能直接钎焊的铝合金并不多，因此实际铝合金钎焊结构主要是管路（导管）结构、微波器件、散热器结构及高精度元器件壳体结构等，采用的铝合金大多以 3A21（3003）、6063、6061 等为主。近年来随着异种材料连接结构应用越来越广泛，铝合金与其他金属的钎焊也越来越重要。

13.6.1 计算机铝合金机箱气体保护炉中钎焊

翅片式散热计算机机箱结构材料为 3A21（3003）铝合金，外形尺寸为 400mm×200mm×220mm，其结构和零件装配如图 13-20 所示。机箱零件厚度：两内侧板厚 5~8mm，翅片厚0.2mm，前后面板厚 6~10mm。机箱共有 4 条长 380mm 的钎缝，160 条长 360mm 的钎缝，合计总长度为 59120mm。设计要求各面直线度和平面度均小于 0.5mm。

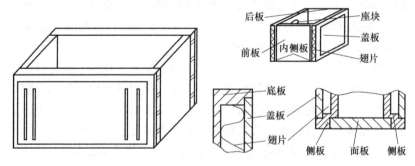

图 13-20 机箱外形与分解结构和零件

铝合金机箱零件装配前，对零件及钎料片进行严格的去油、去氧化膜清洗。用蒸馏水将钎剂调成糊状，涂于钎料片上，放入 250℃烘箱中烘干，以除去钎剂中的水分。装配时，将各钎料片分别插入各钎焊部位，装配间隙保持为 0.03~0.06mm，不可过大或过小，否则会使钎焊处无钎料填充而产生未钎透。按图样检查各部位尺寸，采用不锈钢制 U 形压条及 C

形夹定位两侧面零件（侧板、翅片、面板），再用长螺杆和U形压条将各件组装成为一体，如图13-21所示。氩弧焊定位（16个定位点），撤除长U形压条及双头螺杆，但仍保持两侧零件的夹具。

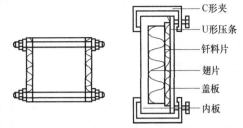

图13-21 机箱焊前装配示意图及侧板装配图

钎焊材料选用 HLAlSi11.7 或 HLAlSi11.7SrLa钎料和 QF 型无腐蚀性氟化物钎剂（共晶温度560℃），以纯氩或氮气作为保护气体。炉中钎焊时钎焊温度为 640℃，钎焊持续时间为 15min。通过观察窗连续监视炉内钎剂和钎料熔化的动态过程，适当调整保护气体流量和钎焊过程持续时间。

采用上述技术，机箱产品钎焊质量及尺寸精度均满足设计要求。

13.6.2 铝合金微波器件真空炉中钎焊

波导是雷达系统中一种高精度的核心功能部件，是用于传输微波（输向信号和回波信号）的管状装置。波导一般为铝合金材质的多型腔结构，首先铣削加工出型腔，线切割外形尺寸，然后叠加装配到一起形成多层多道平面钎缝。由于波导器件结构复杂，对几何尺寸精度和表面粗糙度要求极高，并且钎焊过程不允许采用钎剂，钎焊接头不允许未钎透和钎焊后机械加工，因此最佳工艺为用真空钎焊进行一体化制造。

目前最常用微波或者毫米波波导材料为 3A21 或 6063 铝合金，固相线超过 630℃，典型钎焊工艺就是真空炉中钎焊，典型钎料为 Al11.5Si1.5Mg，形状根据钎焊部位的需要可以采用块状、片状、丝状等，片状钎料厚度一般采用 0.05~0.1mm。

钎焊前，铝合金波导及钎料均需表面化学清洗，波导待焊表面还需要进行机械打磨。根据结构组装法兰、隔片、调谐块及钎料，采用自定位、氩弧焊定位或激光焊定位。组装后放在钎焊托板上，其上放置一个相应尺寸的工艺罩，罩内放入适量镁块，放入真空钎焊炉。工艺参数：绝对压力为 $(1~5)\times10^{-3}$Pa，钎焊温度为 600~610℃，保温时间为 1~5min。钎焊后取出铝合金波导器件，真空钎焊质量优异，不需要清洗和修整；器件的表面质量、尺寸精度、表面粗糙度和电性能参数均满足产品设计要求。

13.6.3 铝合金高效散热微通道结构真空炉中钎焊

航空航天器中有众多功率载荷器件，承担着不同的功能，功率器件运行过程中产生的废热需要尽快散发出去，否则大量废热积累将影响器件的可靠运行。雷达器件（包括波导）同样需要尽快界面高效散热。当前比较常用的方法是采用散热结构，铝合金散热结构应用最为广泛，包括散热器、辐射器、冷凝器、冷板微通道等众多高效散热结构。

铝合金冷板微通道是一种高效散热结构，常用铝合金为 3A21、6063、6061 等，其结构基本上均由机械加工微槽道的基板和整体铝合金盖板组合焊接而成，如图 13-22 所示。焊接工艺可以采用真空炉中钎焊和气体保护炉中钎焊两种工艺。

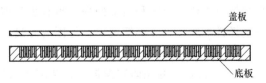

图13-22 铝合金冷板微通道结构示意图

（1）真空炉中钎焊 基本工艺与铝合金波导真空钎焊类似，同样采用 Al11.5Si1.5Mg 片状钎料，厚度为 0.05~0.15mm。工艺参数：绝对压力为 $(1~5)×10^{-3}$Pa，钎焊温度为 600~610℃，焊接工装压力保持在为 0.1MPa，保温时间为 5~10min。具体工艺还可以根据结构大小、炉中待焊结构数量的多少进行微调，设置合理的加热保温台阶及合适的钎焊时间。

（2）气体保护炉中钎焊 一般采用 Al12Si（BAl88Si）钎料，匹配熔化温度为 560~585℃的无腐蚀性 KF-AlF$_3$ 钎剂，常用保护措施为预抽真空后通氮气或者氩气保护，钎焊温度为 600~610℃，保温时间为 5~10min。钎焊后取出铝合金微通道结构，用冷水冲洗内部，可以清除钎剂残渣。

为便于冷板微通道等复杂结构的钎焊，可采用铝板表面预先包覆有相应钎料的钎焊板，特别适用于铝合金大面积钎焊结构，包覆的钎料层一般为 Al12Si 和 Al11.5Si1.5Mg 钎料，厚度基本上为 0.05~0.1mm。这种改善的钎料工艺不但能用于真空炉中钎焊，同样适用于气体保护炉中钎焊；但钎焊过程应尽可能短，因为 482℃以上长时间缓慢加热时，钎料包覆层内的 Si 将向钎焊板芯层母材扩散。

13.6.4 铝合金飞轮密封软钎焊

惯性导航与执行机构有飞轮和各种陀螺，是现代航天器姿态和行为控制的关键核心部件，其连续长寿命安全转动性能是航天器高可靠、高精度、长寿命安全运行的重要保障。以飞轮为例，其主要功能器件，如控制器、电动机的定子和转子部件与轴承组件组装在轮体上，整个轮体由壳体密封起来，形成一个完整的飞轮结构，如图 13-23 所示。影响飞轮长期连续安全转动性能的最关键因素就是飞轮的长期服役真空密封性能。

飞轮壳体是保障内部功能器件安全运行的保护罩，因此一般采用高强度铝合金（如 2A70）来作为壳体材料。钎焊密封过程中飞轮轴承处不能承受高温（不允许超过 80℃），否则将造成轴承处润滑油变质而影响其转动性能，此外飞轮内部很多元器件也不能承受长时间高温作用，因此飞轮密封只能采用软钎焊技术。2A70 铝合金软钎焊性能不太理想，并且铝合金软钎焊还容易发生电化学腐蚀，因此飞轮壳体必须进行镀敷处理。当前采用基本钎焊密封工艺流程如下。

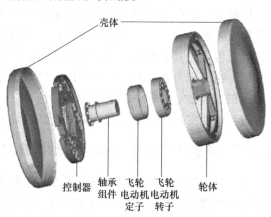

图 13-23 飞轮结构示意图

1）壳体进行表面镀敷处理，目前常规镀敷处理主要是镀镍和镀金处理，也有少量镀银处理的工艺。镍成本远低于金和银，并且与锡基钎料不发生过渡溶解现象，是国内外最广泛应用的表面处理工艺。

2）壳体和铜带进行钎料的预钎涂，一般采用 Sn-Pb 共晶钎料。

3）将预钎涂的壳体和铜带进行装配密封焊接。

图 13-24 所示为全自动飞轮壳体低温密封钎焊设备、焊接过程及飞轮产品。图 13-25 所示为软钎焊密封的空间惯性执行机构（飞轮、速度仪陀螺和控制力矩陀螺）。

图 13-24　全自动飞轮壳体低温密封钎焊设备、焊接过程及飞轮产品

图 13-25　软钎焊密封的空间惯性执行机构（飞轮、速度仪陀螺和控制力矩陀螺）

13.6.5　铝合金与不锈钢管路结构的硬钎焊

　　管路系统是航空航天器的血管，主要功能是输送燃料、润滑介质等液体，对过渡结构的密封性能和力学性能要求很高。根据使用要求不同有铝合金、不锈钢和钛合金等多种材质，同种材质的管路一般采用熔焊方法进行连接，而不同材质管路之间的连通一直采用密封螺纹连接方式。密封螺纹连接结构重量大，密封效果不能满足长期服役要求。钎焊是异种金属管路结构最佳的连接方法。

　　铝合金与不锈钢管路结构采用硬钎焊，钎料选择 Al-Si、Al-Si-Mg 及在 Al-Si 基础上添加的其他降熔元素（如 Cu、Zn 等）的钎料等，钎剂可以选用氟化物钎剂（如 $KAlF_4$-K_3AlF_6 系列钎剂）和氯化物钎剂（如 $ZnCl_2$-NH_4Cl 系反应钎剂等），但氯化物钎剂残渣很难清理干净，会产生明显的腐蚀问题。钎焊方法可以采用炉中钎焊、真空钎焊和高频感应钎焊等，配合采用真空、惰性气体、钎剂等保护措施。铝合金与不锈钢之间直接接触钎焊将形成脆性的金属间化合物层，应采用不锈钢表面镀敷处理，如电镀铜或镍，热浸镀锌、铝或银等；或者采用快速加热方法，如高频感应钎焊、激光钎焊等，可把 Fe_3Al 相脆性层控制在极薄的范围，使接头具有较好的性能。结构装配上铝合金为外套管、不锈钢为内插管，这样产生的残余应力为压应力，有助于提高管路过渡接头的承载能力。

1. 空气炉中钎焊匹配氯化物钎剂

　　火箭中有大量直径不同（50~350mm）的 6A02 铝合金与 12Cr18Ni9Ti 不锈钢管路过渡

环接头，如图 13-26 所示。采用的钎焊工艺如下：空气炉中钎焊，ZL102（Al12Si）钎料，匹配 C550 氯化物钎剂；首先将铝合金与表面镀镍的不锈钢管装配好，将块状钎料和粉末状钎剂放置到待焊部位，空气炉中加热；加热过程中钎剂熔化后需再次添加钎剂，钎料熔化填满钎缝并从内孔溢出，钎焊完成。钎焊接头放入热水煮沸半小时去除钎剂残渣。

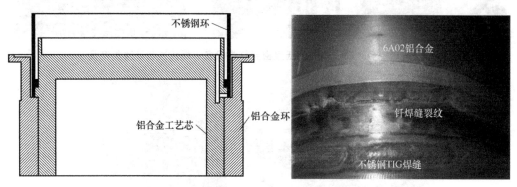

图 13-26　6A02 与 12Cr18Ni9Ti 过渡环装配示意图与过渡环接头开裂照片

钎焊接头烘干后抽真空放入密封袋中保存，经长时间保存后，对过渡接头的不锈钢侧与不锈钢波纹管进行 TIG 装配焊，焊接过程中出现了钎缝开裂现象，如图 13-26 所示。断口形貌分析（图 13-27）发现：铝合金与不锈钢钎缝上部出现裂纹缺陷，断口表面不锈钢侧上部镀镍层消失，而断口表面铝合金侧出现大量 Al-Fe 脆性化合物；钎焊界面下部存在严重的腐蚀现象。该现象表明：由于长时间高温钎焊，不锈钢表面镀镍层全部溶入液态钎料，铝和铁反应生成脆性金属间化合物层；钎焊过程中两侧添加氯化物钎剂，高温作用使得钎剂变质粘在钎缝下部，形成大量的未钎透、钎剂残渣等缺陷，无法在沸水清洗过程中彻底清除；氯化物钎剂残渣具有严重腐蚀性，长时间保存不善导致发生严重腐蚀，使得钎焊界面有效承载面积大幅度减小，在机械加工和再次焊接加热时出现开裂现象。

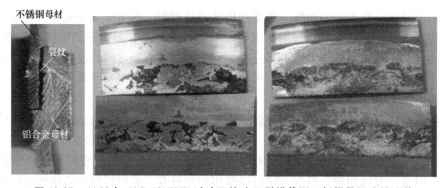

图 13-27　6A02 与 12Cr18Ni9Ti 过渡环接头开裂横截面、钎焊界面腐蚀照片

2. 真空炉中钎焊

卫星推进系统铝合金与不锈钢导管结构采用了真空炉中钎焊工艺。铝合金 3A21 为外套管，不锈钢 12Cr18Ni9Ti 为内插管，导管配合面直径为 10mm，装配间隙为 0.04~0.1mm，插接深度为 3mm。钎料为 Al11.5Si0.5Mg 钎料，真空炉中放置镁粉工艺盒，绝对压力为 $(1~5)×10^{-3}$Pa，钎焊温度为 600~610℃，钎焊时间为 10min。不锈钢表面状态为两种，一种是未做任何处理，另一种是表面镀镍处理。图 13-28 所示为铝合金与不锈钢导管钎焊接头

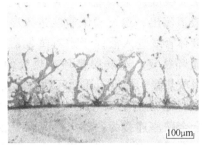

a) 3A21与12Cr18Ni9Ti直接真空钎焊　　　　b) 3A21与表面镀镍的12Cr18Ni9Ti真空钎焊

图 13-28　铝合金与不锈钢导管钎焊接头的微观组织

的微观组织。

不锈钢表面未做任何处理与铝合金直接钎焊，钎料与不锈钢连接界面形成了一层很厚的连续的黑色 Al-Fe 金属间化合物（图 13-28a），呈现明显的脆性，钎焊接头强度不到铝合金母材强度的 60%，不能满足卫星推进系统管路过渡环接头的性能要求。不锈钢表面镀镍后有效抑制了 Al-Fe 脆性金属间化合物的产生，从图 13-28b 中可以看到钎料与不锈钢连接界面上黑色金属间化合物大幅度减少，经过成分测试后发现该化合物为 Al-Ni 化合物，脆性大幅度下降，钎焊接头强度超过铝合金母材强度的 80%，达到了管路过渡环接头的性能要求。

3. 氩气保护高频感应钎焊

高频感应钎焊能实现快速加热，可以在尽可能短的时间内完成焊接，能够抑制金属间化合物的形成。铝合金 3A21 为外套管，不锈钢 12Cr18Ni9Ti 为内插管，导管配合面直径为 10mm，装配间隙为 $0.04 \sim 0.1$mm，插接深度为 3mm。Al12Si 钎料配合氟铝酸钾钎剂，加热电流为 220A，加热时间为 $25 \sim 26$s。

图 13-29 所示为采用氩气保护高频感应钎焊工艺直接钎焊铝合金和不锈钢的钎焊接头照片和界面微观组织。由微观组织可以看到，即使不锈钢表面没有进行镀镍处理，钎料与不锈钢连接界面上也没有任何化合物形成，说明高频感应钎焊加热时间短，来不及产生金属间化合物，接头未发现气孔等任何钎焊缺陷。接头拉伸试验发现，全部在铝合金母材上发生断裂，接头强度超过了母材强度；密封性能（氦质谱检漏、单点漏率）为 1×10^{-10}Pa $\cdot$ m^3/s。

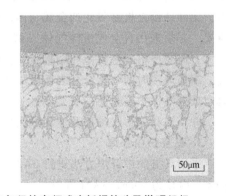

图 13-29　氩气保护高频感应钎焊接头及微观组织

13.6.6　铝合金与不锈钢环路热管的大面积软钎焊

环路热管是一个两相高效传热结构，如图 13-30 所示，是高功率航天器上一种有效的热控手段，由蒸发器、储液器、冷凝器、蒸气管线和液体管线构成一个回路。其工作原理是：蒸发器与航天功率器件（热源）接触，热源产生的大量热量通过铝合金鞍座传递到蒸发器，蒸发器中的工质吸收热量从毛细芯外表面蒸发，产生的蒸气从蒸气槽道流出，通过蒸气管线进入冷凝器，冷凝成液体，经液体管线进入液体干道对蒸发器毛细芯进行补给，如此循环往复。蒸发器是环路热管的核心部件，具有从热源吸收热量、提供工质循环动力两大重要功能，由中间具有液体通道的毛细芯压制在不锈钢蒸发管中，外边通过铝合金鞍座连接为一体。冷凝器是由不锈钢蒸气管线与铝合金翅片连接而成。铝合金鞍座与不锈钢蒸发管之间的连接、不锈钢管线与铝合金翅片之间的连接对于高效传热和可靠连接具有极大的作用和意义。

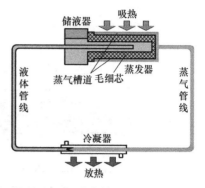

图 13-30 环路热管（LHP）组成图

环路热管蒸发器中毛细芯对温度比较敏感，要求铝合金鞍座与不锈钢蒸发管之间连接，钎料熔点不能低于170℃、钎焊温度不能高于240℃，因此需要采用锡铅软钎焊工艺。

铝合金和不锈钢的软钎焊性较差，为了提高钎料对铝合金的润湿性，防止铝合金钎焊后产生电化学腐蚀，铝合金鞍座孔内壁、铝合金翅片在焊前需要镀镍处理。由于温度限制苛刻，钎焊材料选择采用锡铅共晶钎料，配合磷酸钎剂进行钎焊。不锈钢蒸发管直径为25mm，钎焊长度达到300mm，钎焊面积超过了15000mm^2。验证试件的钎着率超过了95%，与传统的导热脂界面传热工程实施参数（1000W/m^2·K）相比，钎焊界面传热工程实施参数超过了50000W/m^2·K。

13.6.7 铝钛钎焊技术

航天器推进系统中还有许多铝合金与钛合金导管连接结构，常用的铝合金导管材料为3A21（3003）、6063和6061等，常用钛合金导管材料为TA2、TA7、TC4等。铝钛钎焊多采用铝基钎料，如Al-Si、Al-Si-Mg及在Al-Si基础上添加其他降熔元素（如Cu、Zn等）的钎料。铝和钛都是极易氧化的金属，因此焊前严格去除氧化膜和焊接过程中防止继续氧化极其重要，必须采用真空或惰性气体（氩气）保护。铝和钛热膨胀系数差异悬殊，热致残余应力大，需要严格工艺规范和结构设计。铝和钛容易反应形成金属间化合物，因此降低钎焊温度、缩短焊接时间、钛合金表面做隔离镀层是非常有效的工艺措施。多采用真空炉中钎焊、真空或氩气保护高频感应钎焊等。高频感应钎焊加热时间短，脆性金属间化合物来不及形成，并且铝和钛膨胀来不及达到最大程度，有助于获得优质高强的钎焊接头。

1. 真空炉中钎焊

采用真空炉中钎焊方法进行3A21铝合金导管与TC4钛合金导管连接。TC4导管外径为8mm，内径为6mm；3A21导管外径为10mm，内径为6mm；搭接部位铝合金的内径为8mm，深度为3mm；装配间隙0.04~0.1mm。选择Al11.5Si0.5Mg钎料，绝对压力为（1~5）×10^{-3}Pa，钎焊温度为600~610℃，钎焊时间为5~10min。钛合金表面镀镍处理有助于铝基钎料的润湿，抑制Al-Ti金属间化合物的形成，获得更好的钎焊质量。图13-31所示为TC4表面未做处理和镀镍处理与3A21真空钎焊接头微观组织。

2. 氩气保护高频感应钎焊

高频感应钎焊加热速度快，有助于抑制铝钛金属间化合物的形成，并且对真空度要求不如炉中钎焊苛刻，甚至可以采用惰性气体（氩气）保护配合使用少量氟化物钎剂（如

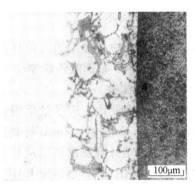

a) 钛合金表面未做处理　　　　　　　　　　b) 钛合金表面镀镍

图 13-31　3A21 与 TC4 真空钎焊接头微观组织

$KAlF_4-K_3AlF_6$ 钎剂），即可获得良好的钎焊质量。

　　3A21 导管搭接部位内径和 TA2 导管外径均为 8mm，装配间隙为 0.04~0.1mm，插接深度为 3mm。采用 Al-12Si 钎料，匹配 $KAlF_4-K_3AlF_6$ 钎剂，焊接电流为 190A，加热时间为 25~27s。感应加热前先抽真空至 $10^{-2}Pa$ 级别，然后通入氩气，压力达到 100Pa 为止，然后开始感应钎焊，钎焊结束后立即抽真空。钎焊获得了质量和性能良好的接头，拉伸试验结果发现，全部在铝合金母材上发生断裂，密封性能（氦质谱检漏、单点漏率）为 $1\times10^{-10}Pa\cdot m^3/s$，钎缝无气孔缺陷。

　　图 13-32 所示为 3A21 与 TA2 采用 Al12Si 钎料高频感应钎焊接头及微观组织。由图可知，铝基钎料与钛合金连接界面上没有任何化合

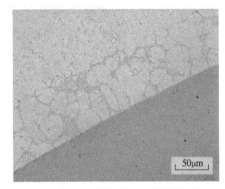

图 13-32　铝合金与钛合金高频感应钎焊接头及微观组织

物的形成，说明高频感应钎焊工艺加热时间非常短，金属间化合物还来不及产生，因而获得了力学性能和密封性能都非常好的接头。

3. 铝合金与钛合金熔钎焊技术

　　铝合金和钛合金熔点相差约 1000℃，可以采用熔钎焊工艺，即铝合金和焊丝熔化而钛合金不熔化，利用熔化液态铝合金对钛合金的润湿和铺展，形成原子间扩散和冶金结合而连接到一起。其工艺难点在于精确控制焊接热输入，使铝合金与铝焊丝熔化，而钛合金不熔化；快速焊接不但要产生润湿铺展，还要尽量降低形成化合物的可能性。

　　熔钎焊工艺目前还处于研究探索阶段。常用铝合金有纯铝、Al-Mn、Al-Mg、Al-Cu-Mg、Al-Cu-Si 合金等熔焊性能较好的铝合金，钛合金有纯钛 TA2 和 TC4 等，焊丝大多采用 Al-Si、Al-Si-Mg、Al-Mg 合金；焊接热源采用激光、电子束、TIG/MIG 弧焊电源；铝钛熔钎焊技术研究为快速高效焊接制造铝/钛复合结构提供了新的思路。

13.6.8 铝铜钎焊技术

铝和铜是国民生产中最常用的两种材料，铝铜结构应用极为广泛，如冰箱中的铝铜导管、汽车电池铝铜电极、铝铜散热器等。

1. 铝铜导管钎焊结构

铝铜导管钎焊结构设计上应尽量采用将铜管插接到铝管中的连接方式，如图 13-33 所示。目前一般采用 Zn-Sn 钎料、Zn-Al 钎料配合反应软钎剂进行火焰钎焊或高频感应钎焊来连接，也可以采用 Al12Si 钎料匹配 $KAlF_4$-K_3AlF_6 钎剂进行高频感应钎焊。现场安装式高频感应钎焊工艺能解决操作难度问题，提高生产率。

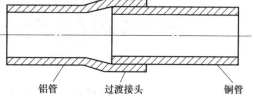

铝管　　　过渡接头　　　铜管

图 13-33　高频感应钎焊铝铜导管接头形状设计

2. 铝铜散热器

铝铜散热器广泛应用于电子行业和机电行业。采用无铅钎料进行钎焊，如 Sn-Cu、Sn-Ag-Cu 钎料配合相应的钎剂都可以获得良好的效果，钎焊工艺可以采用空气炉中加热的工艺。图 13-34 所示为两种不同形状的铝铜散热器。

图 13-34　两种不同形状的铝铜散热器

第14章 扩 散 焊

14.1 概述

扩散焊（也称扩散连接）是在不高于母材熔点的温度和不致引起母材产生宏观变形的压力的作用下，使相互接触的两零件表层发生微观塑性变形，实现紧密的物理接触，通过表层原子相互扩散一定时间后，形成新的扩散结合层而实现冶金结合的过程。

扩散焊是人类较早实现金属连接的方法之一。采用锻焊技术制造的叙利亚"大马士革剑"就是利用纯铁与生铁在锻造过程中原子相互扩散而形成一体的；明朝宋应星《天工开物》记载，将铜和铁入炉加热，经锻打来制造刀和斧等兵器。现代扩散焊技术是随着二战后航空、航天、核能、电子等新技术、新材料、新结构的蓬勃发展而迅速发展起来的，尤其是20世纪50年代末苏联（卡扎克夫）发明了第一台真空扩散焊接设备，更是大大推进了扩散焊技术的发展和应用。

扩散焊利用原子扩散机理实现被焊材料的可靠结合，既可用于同种材料的扩散焊接，又可用于异种材料扩散焊接。根据被焊材料之间是否添加第三种材料（中间层），扩散焊可以分为无中间层扩散焊、有中间层扩散焊。无中间层扩散焊过程中一般无液相形成，故又称无中间层固相扩散焊。在被焊材料之间添加很薄的、易变形的、促进扩散的材料，即中间层（或中间扩散层），根据焊接过程中是否有液相形成等现象，有中间层扩散焊可以分为有中间层的固相扩散焊和过渡（瞬时）液相扩散焊等。扩散焊又可以与其他加工过程复合实现超塑成形扩散焊和烧结扩散焊等。

与熔焊、钎焊技术相比，扩散焊是典型的固相连接技术，在焊接过程中被焊材料不会发生熔化现象，因而大大避免了裂纹、气孔等液相连接技术的典型缺陷；而通过原子扩散使得界面形成与母材组织类似的扩散结合层，又克服了由于钎缝组织与母材差异大而导致的接头耐温性能和力学性能弱化的缺点。

整体而言，扩散焊具有以下典型优点：

1）接头质量好。扩散焊接头的微观组织和性能与母材相同或相近。

2）可焊接用其他焊接方法难于焊接的材料，如焊接性不良的同种材料，相互不溶或熔化时会产生脆性金属间化合物的异种材料等。

3）焊接变形小。扩散焊时整体加热和冷却，施加的压力不致引起焊件宏观塑性变形，机械加工后扩散焊的焊件无须再行加工。

4）可焊接截面大、结构复杂的焊件，如波纹板夹层结构，经与成形和热处理工艺相结合，可实现其超塑成形并扩散连接。

同时扩散焊也存在着以下缺点：对待焊材料的表面制备和装配要求很高；焊接热循环时间长，生产率低下；设备一次性投资较大，焊件尺寸受设备的限制；接头质量检验较难，检测手段尚不完善。目前应用最多的还是特种需求领域和场合，如航空航天领域极其重要的高精密特种焊接需求、常规难焊材料与结构（如陶瓷、金属间化合物、非晶态及单晶合金、异种材料结构等）。

14.2　固相扩散焊

固相扩散焊就是在焊接过程中被焊接材料（母材）一直保持固相，通过接触表面两侧母材的原子相互扩散来实现焊接。典型应用就是钛合金结构的固相扩散焊。对于液相连接容易形成金属间化合物的异种金属，如铝合金与铜、铝合金与钢（不锈钢），以及铝合金与钛合金等，固相扩散焊也是一种较好的焊接方法选择，焊接温度低，金属间化合物的形成得以有效控制。

14.2.1　固相扩散焊原理

固相扩散焊的特点是扩散焊接过程中不出现液相。

原子扩散是扩散焊的本质，实现原子扩散的前提条件是两个原子之间接近到可以相互作用的距离。图 14-1 所示为原子间作用力与原子间距的关系。

由图 14-1 所示，平衡位置处原子间作用力为零；当两个原子的间距大于平衡位置所处的距离时，原子间作用力表现为引力；当两个原子的间距小于平衡位置所处的距离时，原子间作用力表现为斥力。两个原子相互间隔很大时，原子间相互作用引力接近于零；随着两个原子相互靠近，相互引力逐渐增大，当原子间距为金属晶体原子点阵平均原

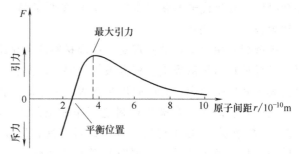

图 14-1　原子间作用力与原子间距的关系

子间距的 1.5 倍左右时，原子相互引力达到最大值；随着原子继续靠近，引力逐渐减小；当到达平衡位置时，原子间作用力为零，能量达到极小值，两个原子进入稳定结合状态，此时金属晶体自由电子共有，与晶格点阵金属离子相互作用形成金属键。接触界面两侧的母材原子全部都进入稳定结合状态，即表明两个母材扩散焊接为一个整体。

固相扩散焊过程实际上是实现接触界面两侧的原子相互吸引并结合到一起的过程。由于被焊接材料（母材）表面存在凹凸不平，即使是经过精密加工的表面，其表面轮廓算术平均偏差也要达到 $(0.8 \sim 1.6) \times 10^{-6} m$，距离原子引力作用范围的 $(1 \sim 5) \times 10^{-10} m$ 还有 4 个数量级的差别，并且即使采用正常的压力条件，两个表面实际接触面积依然只有全部表面积的 1%左右，而其他的部位原子间距远远大于引力作用范围。此外，被焊接材料表面还存在着氧化膜、污物和表面吸附层（图 14-2），严重影响金属原子形成金属键。母材晶体位向和晶

体结构等也都是影响界面结合力的重要因素。使
接触表面两侧原子接近到引力作用范围，实现两
个原子的相互吸引结合，以及原子之间的相互扩
散就是扩散焊的基本工艺过程和连接本质。

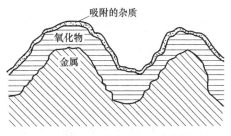

图 14-2　金属真实表面示意图

实现界面两侧原子相互靠近，最重要的工艺
手段就是施加压力，金属材料在压力作用下发生
塑性变形，压力越大，表面接触面积则越大。另
一重要工艺措施是升高温度，温度越高，金属材
料越容易发生塑性变形，表面接触面积增大。当被焊接材料不容易发生塑性变形时，常常在
接触界面处使用塑性较好的中间层材料，通过塑性中间层的变形来提高表面接触面积。另外
当接触界面形成液相时，两个待焊表面将迅速靠近到相互作用的范围，大大降低了压力的作
用，并且容易形成润湿作用，提高结合能力。

如何实现界面两侧原子的相互吸引结合？被焊接材料表面原子靠近到引力作用范围是一
个基本前提条件，相互吸引的两个原子结合为一个整体才是真正实现两个待焊材料结合的基
础和核心本质。结合键不同，材料焊接结合强度也不同。对于同种金属材料而言，相同原子
靠近到引力作用范围后，自由电子共有，与晶格点阵金属离子相互作用形成金属键。金属键
键合作用力强，形成金属键的扩散焊界面结合强度高，两侧待焊金属完全变为一个整体。阻
碍其有效结合的关键因素是待焊表面的氧化膜、污物和吸附层等，因此必须彻底去除氧化
膜、污物和吸附层等，裸露出新鲜金属原子表面，才能够使它们相互吸引并结合形成金属
键。因此，焊前需采用机械、物理和化学手段严格清理待焊表面，焊接过程中还要采用惰性
气体、还原性气体或真空保护措施防止待焊表面继续氧化。对于异种金属或者采用与待焊材
料不同的塑性中间层金属材料，界面两侧发生不同种原子之间的相互扩散结合，会发生固
溶、置换、化合等反应。通过固溶和置换大多形成固溶体结构，其界面结合强度优异。通过
共晶反应形成共晶体，以及化学反应形成金属间化合物的，其界面结合强度与形成的共晶
体、金属间化合物的性质有关。对于金属与非金属材料的扩散焊，主要是通过两种方式形成
结合，一种是利用待焊金属或者中间层金属与非金属发生化学反应形成共价键化合物，结合
强度较好；另一种是利用待焊金属或者中间层金属具有良好的塑性，金属原子与非金属原子
之间靠近到引力作用范围距离，依靠原子引力（或分子引力、范德华力）和金属塑性与非
金属之间的机械啮合来形成结合，结合强度一般。

界面附近原子间相互扩散是形成良好扩散连接接头的重要保障。界面两侧原子靠近并结
合后，增大了表面接触，更多的原子将参与到其中，不仅发生垂直于界面的扩散，也向平行
于界面的方向扩散，即发生体积扩散，将原本由于表面凹凸不平形成的空洞慢慢地缩小，导
致原始界面和空洞慢慢消失，两侧母材成功扩散结合为一个整体。

通过上述原子扩散机制分析，固相扩散焊过程可以分解为三个阶段：待焊表面塑性变形
物理接触阶段、接触界面原子活化结合界面迁移阶段、界面原子体积扩散形成冶金连接阶
段。图 14-3 所示为固相扩散焊三阶段示意图。

1. 待焊表面塑性变形物理接触阶段

扩散焊前对待焊表面进行严格清理，去除氧化膜、污物和表面吸附层，裸露出新鲜的金
属表面，然后尽快焊接，以防止新鲜金属表面再次被氧化或污染。为了防止焊接过程中待焊

表面被氧化，进行固相扩散焊时，常采用真空或者惰性气体保护措施。在一定温度和压力作用下，待焊材料表面紧密接触，凹凸不平的接触界面局部发生微观塑性变形，接触点面积增大；在持续压力和高温作用下，更多的材料表面发生塑性变形，促使整个表面全面接触，如图 14-3b 所示，此时依然存在部分未接触形成微孔洞残留在界面上。

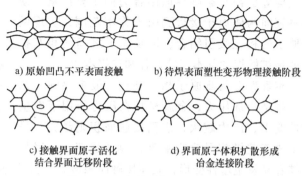

a) 原始凹凸不平表面接触　　b) 待焊表面塑性变形物理接触阶段

c) 接触界面原子活化　　　　d) 界面原子体积扩散形成
结合界面迁移阶段　　　　　冶金连接阶段

图 14-3　固相扩散焊三阶段示意图

2. 接触界面原子活化结合界面迁移阶段

在压力作用下，接触界面上彼此靠近的原子达到引力作用范围而彼此吸引。相同原子自由电子共有，与晶格点阵金属离子相互作用形成金属键；不同原子根据不同情况分别发生间隙扩散、置换及化合等作用，形成固溶体、共晶体和化合物。与之相近的原子同时发生相同反应，则表面该位置接触原子活化（激活）而结合，形成一体，原始界面消失，而没有靠近的部位依然存在空洞和界面。在压力作用下更多的原子彼此靠近进入激活结合的状态，使得界面发生迁移并逐渐消失，但依然有许多微小空洞遗留在晶粒内部或边界，如图 14-3c 所示。

3. 界面原子体积扩散形成冶金连接阶段

在温度和压力作用下，原子继续向远离界面的方向扩散，不仅从一侧母材内部穿过界面向另外一侧母材纵深方向扩散，还向界面附近空洞方向扩散，从而促使空洞逐渐缩小并消失。原始的接触界面和空洞消失，与母材完全变为一体，形成可靠的焊接接头，如图 14-3d 所示。

上述扩散焊过程并不是相互独立、依次进行的，而是相互交叉进行的。

14.2.2　固相扩散焊工艺

1. 工艺过程

常用材料的固相扩散焊工艺流程如下：首先对待焊母材表面进行严格清理；然后根据被焊结构特点和技术要求选择合适的保护环境，以真空保护为主；根据被焊材料特点和需求选择是否采用中间层，然后使用合理工装组装后放入扩散焊设备；优化选择最佳的温度、压力和保温时间进行扩散焊，获得优质的钎焊接头。

焊前氧化膜的去除对于扩散焊顺利进行和接头质量性能影响显著，尤其是铝合金氧化性严重，焊前必须采用碱洗和酸洗两道工序来严格去除铝合金氧化膜。此外，为了保证铝合金在焊接过程中不继续氧化，必须采用保护措施，如惰性气体（Ar）、中性气体（N_2）、还原性气体（H_2）和真空保护。高真空环境避免了气体与待焊材料之间的相互作用，能够提供优异的保护，扩散焊多采用真空保护，也常被称为真空扩散焊技术。

为了获得良好的表面接触，以促进界面原子的有效扩散，对于塑性变形较困难的材料多采用塑性良好的金属或合金作为中间层。中间层材料不但能够改善待焊材料表面接触情况，还可以改善界面冶金反应，抑制夹杂物形成等作用，从而有效提高扩散焊质量和接头性能。

中间层一般主要选择容易塑性变形的金属或合金材料，尤其是纯金属较多，如铜、铝、金、银、镍、钛等；选择物化性能与母材相近、不与母材发生不良冶金反应（如形成脆性金属间化合物等）的合金材料；电极电位与母材也不能差异悬殊，以免接头发生电化学腐蚀；合金中最好含有容易扩散的元素等。中间层材料可以采用箔状和涂镀层等形式，厚度一般在 $10\sim100\mu m$，如针对含有 Al、Ti 元素较多的镍基高温合金固相扩散焊时，最好在待焊表面镀覆一层 $10\mu m$ 左右的 Ni 膜，不但能够改善表面接触情况，还可以抑制母材中 Al、Ti 等元素的氧化，提高连接质量和性能。

为了防止压头与待焊工件表面、待焊工件不需要焊接的接触表面在扩散焊过程发生焊合现象，需要在这些部位预加片状或粉状的隔离剂。隔离剂熔化温度或软化温度必须显著高于焊接温度，具有很好的高温化学稳定性，以避免与待焊工件、压头或工装夹具等发生化学反应，焊接过程中也不能释放有害气体污染待焊表面、破坏保护气氛或真空度等。

2. 工艺参数

固相扩散焊规范和工艺流程对接头质量和性能的影响非常显著，工艺参数主要包括温度、压力、保温时间、表面粗糙度、保护气氛、加热和冷却速度等。

（1）温度　温度是扩散焊最重要的工艺参数。温度越高，材料塑性变形能力越强，原子扩散速度越快，促进再结晶和界面两侧共同晶粒的形成，待焊表面达到紧密接触所需要的压力就越小。但温度过高容易造成母材软化、组织粗大、焊接变形大。当采用中间层或异种金属扩散焊时，温度过高则可能受到材料冶金和物化特性的限制而出现再结晶、低熔共晶和金属间化合物生成等问题，从而对扩散焊质量和性能产生不利影响。工程中扩散焊温度常采用母材熔点的 50%~80%，以 70% 居多。

（2）压力　压力对于保证待焊表面紧密接触、激活界面两侧原子扩散、弥合界面空洞等具有重要作用。压力越大，界面扩散连接效果越好，但也会造成一定的变形，因此压力需要和温度、时间优化匹配。温度越高需要适当降低压力，以免造成待焊表面的宏观变形，尤其是对于冷板微通道、空心叶片、层板式喷注器等具有精确内孔结构的材料来讲，压力更要精确控制，以防止内孔尺寸过大变形而影响结构功能。工程中压力多采用 0.5~50MPa。铝合金扩散焊压力常选用 3~7MPa，如采用热等静压，压力可选用 75MPa 左右。焊件晶粒度较大或表面较粗糙时，压力可选得稍大。压力上限取决于对焊件总体变形量的限制及加压机构的能力。

（3）保温时间　保温时间与温度、压力、中间层、表面粗糙度等因素密切相关，也受接头质量与性能要求的限制。保温时间过短容易造成界面孔洞残余，接头性能不稳定；而保温时间过长则可能导致接头过热，晶粒过大，接头强度不高。一般根据材料和结构不同，保温时间从几分钟到几十小时长短不一。

（4）表面粗糙度　母材表面粗糙度也是影响接头质量的重要因素，平面度高、表面粗糙度值小对于提高界面接触面积有巨大作用，同样也会提高接头质量。

（5）保护气氛　保护气氛对扩散焊质量同样存在影响，对于铝合金之类氧化性强的金属材料，高真空保护是实现可靠焊接的保证，一般绝对压力不低于 $1\times10^{-3}Pa$。保护气体以氩气为主，氩气纯度、流量、压力均会影响扩散焊接头的质量。超塑成形扩散焊工艺常采用负压的氩气保护（抽低真空—充氩—抽低真空，如此反复三次）。在其他参数相同的条件下，真空扩散焊时所需保温时间比常压的氩气保护扩散焊时短。

（6）加热和冷却速度　加热和冷却速度与结构的尺寸大小、复杂程度等有关，尺寸大、结构复杂时，需要适当控制加热过程，如增加保温环节等均温手段；冷却时也需要加以控制，尤其是异种材料扩散焊时，要尽量缓慢冷却，以缓释应力。

可供参考的同种及异种金属扩散焊工艺参数见表 14-1。

表 14-1　同种及异种金属扩散焊工艺参数

序号	待焊材料	中间层	焊接温度/℃	焊接压力/MPa	保温时间/min	绝对压力/10^{-3}Pa
1	Al+Al	Si	580	9.8	1	—
2	5A06+5A06	5A02	500	3	60	50
3	Al+Cu	无	500	9.8	10	6.67
4	Al+钢	无	460	1.9	15	13.3
5	5A06+不锈钢	无	550	13.7	15	13.3

3. 扩散焊设备

固相扩散焊设备一般具有加热装置、加压装置、焊接控制装置和真空（或气体保护）系统等。加热装置有冷壁式或热壁式真空（或气体保护）电阻加热炉，或普通加热炉但备有真空（或气体保护）箱等。加压装置常采用液压或气压的加压机构，热等静压机、热压机等也可用作扩散焊设备。

14.2.3　固相扩散焊接头组织与缺陷

扩散焊完成后，形成了完整的扩散焊接头。扩散焊焊缝区域的组织与待焊母材组合情况、是否采用中间层材料及扩散焊工艺参数密切相关。

尽管理论上固相扩散焊能够形成与母材相同的组织，但实际上形成与母材完全相同的组织是非常困难且也是极其稀少的，只有在同种纯金属固相扩散焊时才能形成与母材完全一致的组织。即便是同种母材无中间层的固相扩散焊，由于待焊母材多为合金材料，如铝合金中除了铝基体还含有多种合金元素，如铜、硅、镁、锌等，固相扩散焊过程中合金中不同组元的扩散系数不同，界面扩散区域各元素扩散并不均匀，因此不可能形成与母材完全相同的组织，而只能形成与母材类似的固溶体组织。固溶体组织强度和塑性优良，对接头性能有利。而对于采用中间层材料或者是异种母材的固相扩散焊，根据不同母材之间的、母材和中间层材料之间的相互作用不同，焊接界面区域大多形成固溶体和化合物等组织，界面上出现连续层状的脆性金属间化合物将影响接头性能。

固相扩散焊接头区域，采用了不合理的工艺参数条件下经常会出现各种影响焊接质量和性能的缺陷，常见缺陷主要如下：

1）未焊合：界面上扩散不良或存在氧化膜而造成未焊合。产生原因有温度过低、压力不足、保温时间短、真空度不良、待焊表面粗糙、清理不干净及结构位置不正确等。

2）界面微孔洞：大多由于表面粗糙度值大未能通过扩散改善，或异种金属扩散速度不同而长时间扩散造成微孔洞。

3）结构变形：由于压力太大、温度过高、保温时间太长等原因造成结构变形。

4）局部开裂：多出现于异种材料连接界面边缘，由于加热和冷却速度太快、压力和温度选择不合适、保温时间过长、局部尺寸变化悬殊等原因引起。

扩散焊典型缺陷是未焊合与微孔洞（界面孔洞及扩散孔洞）。界面微孔洞的形式如图

14-4 所示。当表面制备清理不良，保护气氛中氧分压过高，工艺参数选用不当时，易产生上述缺陷。尤其是在焊件边缘部位，因压应力状态不同，更易出现缺陷。

目前固相扩散焊内部缺陷一般还是采用 X 射线探伤和相控阵超声探伤等无损检验方法。由于扩散焊缺陷一般都是厚度极小的面缺陷，传统非破坏性检查方法，如 X 射线照相检验、普通超声检验、超高频（≥50MHz）超声扫描检验等均对这种面缺陷不够敏感和有效，因此并不能得到完全可靠的检测结果，只能加强工艺保证，严密控制扩散焊工艺的各个环节（接头设计、材料选用、零件制备、表面清理、焊接设备状态、装配焊接工艺规程及实际工艺过程等），形成久经

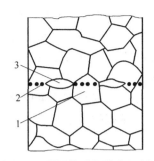

图 14-4　界面微孔洞缺陷示意图
1—被焊金属间的共同晶粒
2—晶内球形小孔洞　3—界面疏孔

考验的、经得起随时质量检查的成熟工艺。另一方面，规定一定的抽检比例，进行抽检；再者，通过焊件的使用性能试验，如液压强度试验、真空检漏试验等，进行产品质量验收性检验。

14.3　液相扩散焊

固相扩散焊能够实现许多难焊材料的可靠焊接，但同时也存在着下列问题：①对于难变形材料，如高强度高硬度材料、塑性较差的材料等，表面接触困难，只能依赖塑性中间层来实现有限的表面接触，影响原子扩散和焊接质量；②原子扩散速度较低影响扩散焊效率；③压力过大容易造成薄壁构件或内部精巧孔腔结构变形过大而影响尺寸精度，并且对接头形式也有所限制。上述原因造成某些材料的固相扩散焊很难获得较好的效果。

上述问题的根源在于界面接触区域一直以固相塑性变形来实现原子间距的靠近，固相变形无法深入到每一个区域，但液相有可能实现 100% 的界面接触。原子在液相中的扩散速度远远大于它在固相中的扩散速度，能大大缩减扩散时间，有助于界面成分与母材之间的均匀化。界面液相的存在也能有效减小焊接压力，避免了压力过大对薄壁构件或内部精巧孔腔结构造成变形过大的问题。借鉴钎料在低于母材熔点温度条件下熔化且钎料与母材成分相互溶解扩散机理，出现了液相扩散焊技术，即在扩散焊过程中有液相出现并参与的一种焊接技术。

14.3.1　液相扩散焊机制

液相扩散焊的最大特点是在扩散焊过程中有液相出现。当液相只有在降温条件下才能开始凝固结晶的过程一般被称为扩散钎焊（或接触扩散钎焊），实际上是一种钎焊技术；而在焊接过程中有液相出现且在之后的继续焊接保温过程中由于原子扩散而逐渐消失的焊接过程被称为过渡液相（或瞬时液相，transit liquid phase，TLP）扩散焊。

1. 液相的产生

液相的产生是液相扩散焊最重要的现象和过程。在扩散焊过程中液相的产生只有两种机制：反应形成低熔点相（多数以共晶相为主）而成为液相，直接采用含有降熔元素的中间层熔化形成液相。

1）反应生成低熔点相的液相形成机制：多数针对两种不同材料，可以是两种不同的待焊材料组合，也可以是待焊母材与中间层材料的组合，两种材料在焊接温度下通过接触扩散能够发生低熔共晶反应，从而在焊接温度条件下在界面接触部位生成了液相，如 Al+Ni、Al+Cu、Al+Zn、Al+Be、Al+Mg、Al+Ag、Al+Si、Al+Ge 等，其共晶温度见表 14-2。实际上除了低熔共晶反应能生成液相，对于个别材料组合，如 Au+Cu、Au+Ni 等，发生匀晶反应也会生成低熔点液相。

表 14-2　铝合金与其他金属共晶温度

异材组合 A+B	共晶体（或固溶体）的熔化温度/℃	在共晶体熔化温度下的固溶度（%）		备　注
		A 溶入 B	B 溶入 A	
Al+Zn	382	1.0	17.8	无化合物生成
Al+Ge	424	7.2	—	
Al+Si	577	—	1.65	
Al+Be	645	—	0.03	
Al+Ag	566	5.15	44.4	有化合物生成
Al+Mg	437	17.4	12.7	
Al+Ni	640	11.0	0	
Al+Cu	548	5.7	52.5	

通过低熔共晶反应生成液相机制中，只有其中一种材料作为中间层与待焊母材的组合反应生成的液相在继续焊接保温过程中才有可能通过溶质原子的扩散而消失，这种工艺才是真正的液相扩散焊。对于两种不同的母材接触反应生成低熔点液相，在继续焊接保温过程中将不断地产生液相，只要其中一种母材没有被消耗完，液相就不会停止产生，因此只能通过降温凝固才能终止焊接过程，这种焊接工艺被称为扩散钎焊。

2）含有降熔元素的中间层在焊接温度条件下直接熔化形成液相机制：采用低熔点的中间层材料，在焊接温度条件下熔化后液相填充接触界面间隙，这一过程与钎焊相同，这样的中间层可以采用上述具有低熔共晶成分点的材料，但是为了在随后的继续焊接保温过程中，溶质原子能够快速扩散至母材，一般选择在母材中扩散系数较大的溶质原子作为降熔元素。焊接温度下直接熔化形成液相，母材会迅速地向液相中溶解，而液相中的溶质原子（大多也是降熔元素）迅速向母材扩散，使液相成分改变而发生等温凝固，形成接头。这种通过溶质原子向母材扩散改变了液相成分而发生等温凝固的工艺过程被称为 TLP 扩散焊。在 TLP 扩散焊过程中，液相或者是从焊接开始中间层直接熔化形成，或者由于原子扩散发生低熔共晶形成，但都是在焊接结束前由于液相成分变化发生等温凝固而消失，并非贯穿整个焊接过程。

2. TLP 扩散焊过程与机理

TLP 扩散焊最广泛的应用实际上还是在航空航天领域中的 Ni 基及 Co 基等高温合金、Ti 合金、陶瓷、异种材料等难焊材料组合。近年来，TLP 扩散焊技术由于还具有低温连接、高温服役的独特优势而引起了众多研究者的兴趣，也成为新材料、新结构和新应用的研究热点。

TLP 扩散焊过程（图 14-5）根据液相的产生和消失现象一般分为如下四个阶段：

1）中间层熔化阶段。中间层在温度和压力作用下发生接触熔化或直接熔化，形成液相。

2）液相区变宽阶段。母材向液相中不断溶解使得液相宽度增大，当液相中溶质原子浓度降低到 $C_{\alpha L}$ 时达到最大宽度。

3）等温凝固阶段。原子扩散使得靠近母材的液相发生等温凝固，当液相中溶质原子最高浓度小于 $C_{\alpha S}$ 时，等温凝固结束。

4）接头均匀化阶段。继续保温可以使界面区溶质原子分布更加均匀，形成了和母材成分基本相似的连接接头。

假设中间层为 100% B，与母材 A 具有接触共晶熔化现象，图 14-6 所示为 TLP 扩散焊过程中原子扩散引起的等温凝固和均匀化过程，以更好地理解 TLP 扩散焊机制。实际工程采用的中间层中降熔元素 B 含量多选择在共晶点附近，在焊接温度下直接熔化，没有接触扩散反应的过程，能够有效缩短时间。

（1）中间层熔化阶段　母材 A 与中间层 B 的 TLP 扩散焊开始，A 和 B 均为固态，其中降熔元素 B 的浓度分别为 C_0 和 C_B，如图 14-6a 所示。由于温度和一定压力的存在，界面接触区域 A 和 B 发生相互扩散。随着温度从室温不断升高，固态扩散系数也随之增大，当温度超过共晶温度一直到连接温度 T_B，接触界面处发生熔化，形成液态共晶体。液相中靠近母材处降熔元素 B 的

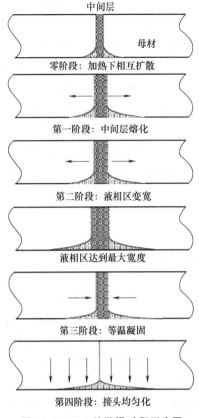

图 14-5　TLP 扩散焊过程示意图

浓度为 $C_{\alpha L}$，靠近中间层处降熔元素 B 的浓度为 $C_{\beta L}$。母材和中间层向液相中的溶解速度受液态扩散速度的控制，特征为不断出现液相，固液边界一直在扩大。当中间层材料完全熔化时（图 14-6b），液相中降熔元素 B 的最高浓度降低到 $C_{\beta L}$，靠近母材固相 B 的浓度为 $C_{\alpha L}$。如果采用的中间层本身就处于共晶点附近，则当温度升高到连接温度 T_B 时，中间层熔化，中间层与母材之间的接触熔化就不是该阶段的主控要素，此时液相中降熔元素 B 的浓度最高为固态中间层 B 的含量。

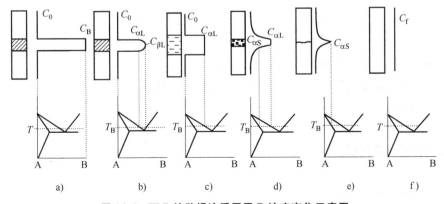

图 14-6　TLP 扩散焊溶质原子 B 浓度变化示意图

（2）液相区变宽（液相均匀化）阶段　中间层熔化结束后，液相中溶质原子 B 的浓度存在着从中央到固液边界到母材 A 的正的浓度梯度，溶质原子将继续向固液边界扩散，促使母材 A 的继续溶解。液相中溶质原子 B 的浓度不断降低，液相成分迅速均匀化，而液相区也在不断变宽。当液相与熔化边缘的固相成分达到平衡时，液相中溶质原子 B 的浓度为 $C_{\alpha L}$（图 14-6c），液相区达到了最大宽度。

液相区最大宽度是该阶段最大特征，也是整个 TLP 扩散焊过程的控制变量。一般通过溶质原子质量守恒定律来求解液相区最大宽度。

假设中间层厚度为 W_0，浓度为 C_B，液相区达最大宽度 W_{max} 时，液相平均浓度为 $C_{\alpha L}$，假定溶解造成的体积变化忽略不计，根据溶质原子在液相中的质量平衡可以获得液相区最大宽度为

$$W_{max} = W_0 \left[1 + \frac{C_B - C_{\alpha L}}{C_{\alpha L}} \cdot \frac{\rho_B}{\rho_A} \right]$$

式中　ρ_A 和 ρ_B——A 和 B 的密度；

$\quad\quad C_B$——溶质原子 B 的浓度；

$\quad\quad C_{\alpha L}$——溶质原子等温凝固为 α 相的液相浓度。

（3）等温凝固阶段　液相区达到最大宽度时，液固界面处溶质原子的浓度为 $C_{\alpha L}$，而对应的固相母材中溶质原子的浓度仅有 $C_{\alpha S}$，液相中的溶质原子 B 将穿过固液边界向母材 A 扩散。液固界面微小区域 B 浓度由 $C_{\alpha L}$ 降至 $C_{\alpha S}$ 时，该部分液相转化为固相，即液固界面向液相中心推进，这就是 TLP 扩散焊的等温凝固过程。等温凝固部分的溶质原子浓度为 $C_{\alpha S}$，剩余液相仍保持在 $C_{\alpha L}$（图 14-6d）。随着液固界面不断地向液相中心推进，液相数量逐渐减少，当液相全部消失，等温凝固过程结束，此时等温凝固区域的溶质原子浓度为 $C_{\alpha S}$（图 14-6e）。

等温凝固过程是 TLP 扩散焊的标志性特征，凝固完全由溶质原子 B 在母材 A 中的固态扩散行为控制在恒温下进行，主要影响因素包括溶质原子在母材 A 中的固态扩散度 D_S、溶质原子在母材 A 液相和固相中的极限溶解度 $C_{\alpha L}$ 和 $C_{\alpha S}$、液相区的宽度等。等温凝固完成时间是 TLP 扩散焊最主要的标志参量，决定了 TLP 扩散焊过程的保温时间。等温凝固完成时间 t_3 与液相区宽度、溶质原子在连接温度 T_B 下液相和固相的极限溶解度、液相和固相的摩尔体积，以及溶质原子在固相中的扩散系数有关，可以通过下式求解：

$$t_3 = \frac{\pi V_S^2}{16 C_{\alpha S}^2} \left(\frac{C_{\alpha L}}{V_L} - \frac{C_{\alpha S}}{V_S} \right)^2 \frac{W_0^2}{D_0} \left(\frac{C_B}{C_{\alpha L}} \right)^2 \exp\left(\frac{Q}{RT} \right)$$

式中　W_0——中间层厚度；

$\quad\quad C_B$——中间层材料中溶质原子 B 的浓度；

$C_{\alpha L}$ 和 $C_{\alpha S}$——溶质原子等温凝固为 α 相的液相浓度和固相浓度；

$\quad V_L$ 和 V_S——各自的摩尔体积；

$\quad\quad D_0$——扩散系数的频率因子；

$\quad\quad Q$——扩散激活能；

$\quad\quad R$——气体常数；

$\quad\quad T$——连接温度 T_B。

（4）接头均匀化阶段　等温凝固结束后，接头区域溶质原子的浓度最高为 $C_{\alpha S}$，为了保

证接头区域溶质原子分布均匀，继续保温，原子 B 继续向母材中扩散，开始均匀化过程。当溶质原子浓度达到均一化浓度 C_f（图 14-6f），均匀化过程结束。实际上当溶质原子浓度分布均低于 $C_{\alpha S}$ 时，接头区域基本是由母材 A 的 α 固溶体组织构成，均匀化过程就可以结束。

TLP 扩散焊四阶段理论只是为了更好地理解整个焊接机制，实际上四个阶段没有明确的分界线，几个阶段是相互交织在一起，同时在发生的。因此，计算所得的液相区最大宽度实际上也是不可能达到的，这是因为溶质原子在液相中扩散、母材向液相中溶解的过程中，同时也向固态母材中不断地扩散。同样道理，等温凝固时间也比理论计算值要短，更何况母材中晶界和其他有利于原子扩散的组织也会大大缩短等温凝固时间。

14.3.2　TLP 扩散焊中间层

中间层材料是 TLP 扩散焊的基础和关键影响因素，在焊接过程中起着如下重要作用：

1）在 TLP 扩散焊初期形成液相，并润湿填充母材接触表面，大大改善了固相扩散焊表面仅能通过塑性变形而造成的接触不良现象，并且有效降低了待焊表面的制备质量，还减小了焊接压力，大幅度控制了薄壁构件或内部精巧孔腔结构的变形。

2）改善扩散条件，加速扩散过程，降低焊接时的温度，缩短焊接时间。避免或减轻因异材物理化学特性差异过大所引起的难题，如热应力过大、出现扩散孔洞等。

3）通过扩散界面大多形成与母材组织类似的固溶体，改善冶金反应，避免或减少不希望出现的组织，如脆性的金属间化合物或共晶体。快速扩散实现等温凝固等关键作用。

一般来讲，中间层材料大多选择与待焊母材成分相近，但含有少量易扩散的降熔元素的合金，如镍基中间层中的 B、Si 等元素；或是能与母材发生共晶反应又能在一定的保温时间内扩散到母材中的金属。TLP 扩散焊中间层尽量避免采用与母材容易形成脆性化合物的合金材料，也尽量避免使用有可能引起电化学腐蚀的中间层材料。

中间层厚度一般为几十微米，以利于缩短等温凝固和均匀化的时间。厚度在 $30\sim100\mu m$ 时，中间层可以箔片形式夹在两待连接表面之间。不能轧成箔材的中间层材料可用电镀、渗涂、真空蒸镀、等离子喷涂等方法涂覆在待连接表面上，镀层厚度可仅为数微米。中间层可两层或三层复合。中间层厚度可根据最终成分来计算、初选、修正，通过试验确定。

14.3.3　TLP 扩散焊工艺过程

TLP 扩散焊工艺参数选择原则与固相扩散焊类似，重点是需要根据母材与中间层的特性和相互作用来确定焊接温度和保温时间。

TLP 扩散焊的焊接温度一般稍高于中间层材料的熔点或共晶反应温度，在不影响母材组织与性能的前提下可适当提高焊接温度，以利于加快等温凝固和均匀化扩散过程，从而有效缩短焊接保温时间。焊接保温时间由等温凝固和均匀化过程决定，取决于中间层厚度和接头组织成分均匀度的要求。

TLP 扩散焊对压力要求不高，保持待焊表面与液相有效接触即可，与钎焊类似，压力过大容易挤出液相，使得界面区域组织成分发生变化。TLP 扩散焊一般采用真空环境，尤其是氧化性严重的金属、TLP 扩散焊温度较高的情况。在中间层材料与母材通过共晶反应形成液相的过程中，如果加热速度过低，则可能因扩散而使接触面上成分变化，影响液相共晶生成。

　　TLP 扩散焊的焊接接头的组织基本上都是与母材类似的固溶体组织，通过降熔元素（溶质原子）在母材中的扩散，使得溶质原子在接头区域的浓度降低至在母材中的最大固溶度以下，由此形成了固溶体组织。当采用共晶反应形成低熔点液相时，根据溶质原子在基体中的固溶度变化，界面区域除了固溶体组织，晶界边缘还有可能析出一些金属间化合物，但并不影响接头性能；当溶质原子在基体中扩散系数不高时，界面区域还有可能形成共晶体和化合物组织。对于金属与陶瓷等非金属的 TLP 扩散焊时，只能进行金属一侧的等温凝固，而陶瓷等非金属一侧要依赖液态中间层与陶瓷反应形成的共价键化合物结合层来实现有效结合；此外还依靠原子引力（或分子引力、范德华力）及液相与非金属之间形成的机械啮合来实现焊合。

14.4　典型工程应用

　　铝合金氧化性严重，表面氧化膜致密，扩散焊过程中还继续生成新的氧化膜，扩散焊技术难度大，其应用受到限制。

14.4.1　6063 铝合金冷板微通道结构真空扩散焊

　　铝合金冷板微通道结构是一种高效散热结构，随着电子微电子技术、航天技术和雷达相控阵技术等的飞速发展和广泛应用，电子器件功率密度迅猛发展，对快速高效散热要求越来越高，更为先进的高冷效的散热结构，如冷板、微通道等需求日益高涨，减小液冷通道尺寸、提高进水压力是解决雷达 T/R 组件高功率安装密度散热问题的有效途径。

　　冷板微通道结构材料为 6063 铝合金，其中盖板尺寸为 90mm×45mm×13mm，底板尺寸为 90mm×45mm×15mm，底板上微流道的宽度为 2.5mm、高度为 4mm，筋条宽度为 2mm，其结构示意图如图 14-7a 所示。

　　扩散焊工艺为无中间层的真空固相扩散焊，焊接温度为 520～540℃，保温时间为 90min，压力为 10～25kN，绝对压力低于 $1×10^{-3}$Pa，扩散焊试样下压量为 0.5mm。图 14-7b 所示为焊后横截面宏观形貌，从图中可以看到，盖板与底板之间的缝隙已经完全消失，通过原子扩散结合成为一体（图 14-7c），筋条一半高度的位置向内部流道发生了微小的鼓胀变形。

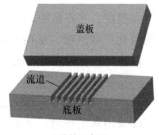
a) 结构示意图

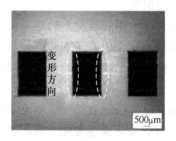
b) 焊后横截面宏观形貌

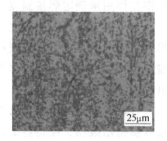
c) 焊缝微观组织

图 14-7　6063 铝合金微通道结构示意图和焊接区域宏微观组织

对微流道两侧焊缝截取拉伸试样测试其结合强度，抗拉强度为84.5MPa，达到了焊后6063母材抗拉强度的90%以上。6063铝合金为可热处理强化铝合金，采用520~540℃固溶处理2~2.5h后，在180~200℃进行人工时效4~6h，然后气冷淬火，扩散焊接头抗拉强度提高到了186.5MPa。

14.4.2　铝合金与不锈钢导管过渡接头热压扩散焊

航天推进系统中存在众多的铝合金与不锈钢异性金属导管过渡结构，主要用于输送液氧、燃料或其他冷却介质等，因此对异性金属导管过渡接头要求较高，过渡接头结构需要具有足够的液压强度和真空密封性，并能承受−196~+100℃的反复交变冷热冲击。铝合金有1060、5A06、2A12等，不锈钢材料为12Cr18Ni9Ti。导管直径为40~80mm，管壁厚度为3~4mm。

铝合金与不锈钢导管过渡接头形式采用套管对接，管件端部加工成一定的配合锥度，铝管端在接头外侧，钢管端在接头内侧。为防止铝管热压变形，将导管过渡接头装夹在夹具内。图14-8所示为接头形式和工装夹具的示意图。焊接前对钢管、铝管端面进行精车及抛光，并对其表面进行机械及化学清理。采用真空热压固相扩散焊工艺，将钢管及铝管加热到200~500℃，将不锈钢管强力插入铝管中，压入时的

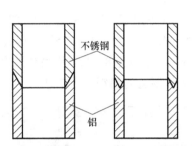
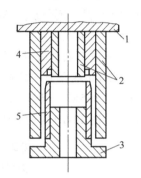

图14-8　铝合金和不锈钢接头形式和工装夹具示意图
1—顶盖　2—衬套　3—底座　4—铝件　5—不锈钢件

摩擦作用可破坏待连接表面的氧化膜。将组装好的工件连同夹具送入绝对压力为1.3×10^{-2}Pa的热压炉中，可防止待连接表面加热时进一步氧化。

结果表明，铝合金和不锈钢过渡接头加热到350~400℃，两管端部配合锥角在30°~40°，搭接长度大于4mm，两管长度大于30mm，能够形成致密牢固的扩散焊接头。

扩散焊导管过渡接头性能良好。接头抗拉试件的断裂位置为铝管一侧，为韧性断裂，在不锈钢一侧粘有铝合金，弯曲角大于120°；通过了−196~+100℃的反复交变冷热冲击试验（20次）、30~40atm（1atm＝101.325kPa）液压强度试验、150atm的气密性试验和氦质谱仪真空检漏试验（漏率小于10^{-9}Pa·m³/s）。XRD结果显示接头结合面上无脆性金属间化合物生成。

真空热压固相扩散焊工艺已成功地制出440mm×3mm、48mm×4mm的不锈钢与铝合金（1060、5A06、2A12）、不锈钢与钛合金、5A06铝合金与钛合金的过渡接头。

14.4.3　铝铜双金属结构固相扩散焊

我国某航空仪表采用了铝铜双金属片，材料分别是厚度为1mm的5A02铝合金和厚度为0.5mm的T2纯铜。作为航空仪表复合材料，铝铜双金属片要求具有一定的强度和良好的导电性能，采用真空固相扩散焊工艺：绝对压力为$1\sim5\times10^{-3}$Pa，扩散焊温度为530~540℃，保温时间为10min，扩散压力为10MPa。图14-9所示为真空固相扩散焊的铝铜双金属片及其

扩散焊接界面微观组织。铝铜双金属片结合性能和导电性能均满足飞机仪表指标要求。

图 14-9 铝铜双金属片结构以及铝铜扩散焊接界面微观组织

从铝铜扩散界面微观组织看出，铝铜界面上形成了不同的化合物组织，从 5A02 铝合金到 T2 纯铜一侧分别是 AlCu 和 $AlCu_4$ 化合物组织。由于焊接温度低于 Al-Cu 二元共晶温度，界面上未出现极脆性的 Al_2Cu 化合物相。

某航空聚能破甲弹铝铜复合罩采用了 7A09 铝合金与 T2 纯铜，由于 7A09 铝合金是 Al-Zn-Mg-Cu 系合金，其固溶处理温度通常为 460~475℃，因此选择的固相扩散焊工艺如下：温度为 485℃，保温时间为 20min，压力为 8MPa。检测结果表明，铝铜复合罩焊合率达 95% 以上，图 14-10 所示为固相扩散焊制造的铝铜复合罩结构。

图 14-10 固相扩散焊制造的铝铜复合罩结构

第15章 其他焊接方法

15.1 火焰气焊

火焰气焊是一种利用可燃气体与助燃气体混合燃烧，所得的高温气体火焰作为热源而施行熔焊的方法。火焰气焊常简称为气焊。

用于火焰气焊的助燃气体为纯氧，可燃气体包括乙炔、液化石油气、天然气及煤气等。其中乙炔应用最普遍，但有时可用天然气取代。

早在电弧焊方法广泛应用以前，氧乙炔火焰气焊已成为广泛用于焊接各种金属零件的熔焊方法。随着新材料技术和新焊接技术的发展，火焰气焊方法的不适应性日益明显。它的热效率低，热输入不集中，母材热影响区宽，焊接接头力学性能低，焊件受热面积大，焊后变形大，焊接时需采用溶剂，焊后需清除熔渣及残余溶剂，如果清除不尽则将产生腐蚀。因此火焰气焊已比较落后，不能广泛使用，已基本被其他先进的焊接方法（如 TIG 焊、MIG 焊）所取代。

但是火焰气焊设备简单、操作灵活、成本低廉、无须电源，因而仍可作为工业纯铝等材料的薄件及焊接质量技术要求不高的焊件和野外现场缺电情况下使用的一种焊接方法。

15.1.1 火焰特性

常用的火焰来源于氧气与乙炔气的燃烧过程。工业用氧气按纯度分为三级，一级纯度不低于 99.5%，二级纯度不低于 99.2%，三级纯度不低于 98.5%。氧气的纯度对火焰气焊的效率和质量有明显的影响，当质量要求较高时应用一级纯度的氧气。乙炔是一种碳氢化合物，分子式为 C_2H_2，在常温和大气压下为无色气体。工业用乙炔含有硫化氢（H_2S）、磷化氢（PH_3）等杂质，故具有特殊的臭味。在标准状态下，$1m^3$ 乙炔重 1.17kg，比空气轻。气体乙炔能溶于水、丙酮等液体中。乙炔属于不饱和烃，具有不稳定性，本身有爆炸性。

乙炔在纯氧中完全燃烧时能生成大量的热，其化学反应式为

$$C_2H_2 + 2.5O_2 \longrightarrow 2CO_2 + H_2O + 1302.7kJ/mol \tag{15-1}$$

由式（15-1）可见，1 个体积的乙炔完全燃烧时需要 2.5 个体积的氧。

与乙炔混合燃烧的氧有两个来源。其一为通过焊炬参加反应的氧，反应式为

$$C_2H_2 + O_2 \longrightarrow 2CO + H_2 + 450.4kJ/mol \tag{15-2}$$

其二为周围空气参加反应的氧，反应式为

$$2CO+H_2+1.5O_2 \longrightarrow 2CO_2+H_2O+852.3kJ/mol \tag{15-3}$$

1个体积的乙炔与从焊炬内送出的1个体积的氧燃烧而形成的火焰称为正常焰或中性焰。但由于小部分氢与混合气中的氧燃烧而成为水蒸气，且有时氧气中含有杂质，因此由焊炬提供的氧应稍多一些，即氧与乙炔的比例达1.1~1.2时才能形成正常焰。

正常焰具有轮廓明显的焰芯，在端部呈圆形。正常焰一般是金属气焊时最合适的火焰。

当氧与乙炔的混合比小于1.1时，火焰变成碳化焰，其焰芯轮廓不如正常焰明显。碳化焰具有较强的还原作用。当氧与乙炔的混合比大于1.2时，火焰变成氧化焰，其焰芯呈圆锥体状。氧气过剩时氧化较强烈，火焰的中层和火舌的长度都大为缩短，燃烧时带有噪声，噪声的大小取决于氧的压力和火焰中气体混合的比例。

三种氧乙炔焰的形状如图15-1所示。

正常氧乙炔焰的温度与火焰距内部焰芯的距离有关，见表15-1。

氧化焰氧化性过强，使焊缝内产生大量氧化物和气孔，因此不适用于焊接铝及铝合金。正常焰虽适用于焊接铝及铝合金，但正常焰的可调幅度太窄。因此在实际焊铝时，可将火焰调成微碳化焰。

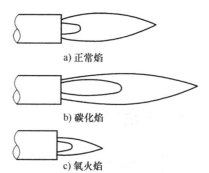

a) 正常焰
b) 碳化焰
c) 氧火焰

图 15-1 三种氧乙炔焰的形状

表 15-1 氧乙炔焰距离内部焰芯的火焰温度

距离内部焰芯/mm	温度/℃	距离内部焰芯/mm	温度/℃
3	3050~3150	11	2650~2850
4	2850~3050	25	2450~2650

15.1.2 溶剂

火焰气焊铝时，母材难免氧化，氧化膜将妨碍气焊过程正常进行，因此火焰气焊铝时必须采用强力溶剂。

铝气焊溶剂的主要作用如下：

1）溶解焊件及熔池表面的 Al_2O_3 氧化膜，并在熔池表面形成一层熔融的、可挥发的熔渣，借以保护熔池免受连续氧化。

2）排除熔池中的气体、氧化物及其他夹杂物。

3）改善熔池金属的流动性，以便焊缝成形良好。

铝气焊溶剂一般由钾、钠、锂、钙的氯化物和氟化物粉末组成。多种铝气焊溶剂的成分见表15-2。

表 15-2 铝气焊溶剂

序号	组成（质量分数,%）									备注
	铝块晶石	氟化钠	氟化钙	氯化钠	氯化钾	氯化钡	氯化锂	硼砂	其他	
1	—	7.5~9	—	27~30	49.5~52	—	13.5~15	—	—	
2	—	—	4	19	29	48	—	—	—	硝酸钾 28
3	30	—	—	30	40	—	—	—	—	
4	20	—	—	40	40	—	—	—	—	
5	—	15	—	45	30	—	10	—	—	
6	—	—	—	27	18	—	14	硝酸钾 41	—	

（续）

序号	组成（质量分数,%）									备注
	铝块晶石	氟化钠	氟化钙	氯化钠	氯化钾	氯化钡	氯化锂	硼砂	其他	
7	—	20	—	20	40	20	—	—	—	
8	—	—	—	25	25	—	—	40	硫酸钠10	
9	4.8	—	14.8	—	—	33.3	19.5	氧化镁 2.8	氟化镁 24.8	硝酸钾28
10	—	氟化锂15	—	—	—	70	15	—	—	
11	—	—	—	9	3	—	—	40	硫酸钾20	
12	4.5	—	—	40	15	—	—	—	—	
13	20	—	—	30	50	—	—	—	—	

铝气焊溶剂极易吸潮，故应瓶装密封，防止受潮失效。焊接前将溶剂与水混合，调成稀薄的、能自由流动的糊状，保存在玻璃或陶器内，不能用钢、铜、铝作为存放容器，因它们对溶剂混合物有污染。焊丝和焊件焊接区均可浸渍或刷涂一层溶剂，以便在预热或焊接时防止其氧化。溶剂最好是随调随用，每4h调动一次，不要久放以免其呈颗粒板结，造成使用困难或变质失效。气焊时，溶剂应在母材和焊丝熔化温度以下即开始反应。

气焊过程结束后，必须彻底清除溶剂的残渣。清除时可采用化学方法，也可将零件浸于沸水中用刷子刷除。

铝气焊用焊丝可为标准焊丝，也可为母材的切条。

15.1.3　火焰气焊工艺

铝气焊的接头形式主要为无坡口对接，一方面它比较适合于薄件，另一方面它可避免非对接接头上的溶剂渗入接头间隙而引起腐蚀。当被迫采用非对接接头时，则必须采用密封焊，防止潮气或溶剂进入零件之间的间隙。

铝气焊的接头形式如图15-2所示，搭接及T形接的密封焊如图15-3所示。

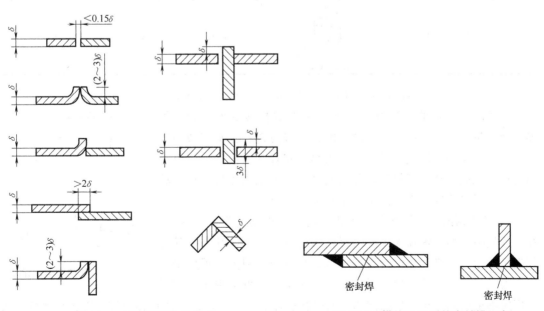

图15-2　铝气焊的接头形式　　　　图15-3　搭接及T形接密封焊示意

铝气焊接头的坡口形式及尺寸见表15-3。

铝火焰气焊时变形较大。对于简单的对接接头，可预留不等间隙，如图15-4所示。

表 15-3　铝气焊接头的坡口形式及尺寸

板厚 δ/mm	坡口名称	坡口形式	根部间隙 b/mm	钝边 p/mm	坡口角度 α/(°)
<2	卷边		<0.5	4~5	—
2~3	卷边		<0.5	5~6	—
<5	I 形坡口		0.5~3	—	—
5~12	Y 形坡口		2~4	1~3	65±5
12~20	Y 形坡口		4~6	3~5	65±5
6~12	X 形坡口		2~4	1.5~3	65±5
12~20	双面 Y 形坡口		0~3	3~5	65±5

按图 15-4，间隙 $a_2 = a_1 + (0.01 \sim 0.02)$ mm，a_1 约为 1mm。

焊接时，焊嘴的规格及火焰的调节对焊接接头的质量、性能、变形量、生产率都有很大的影响，一般应选择正常焰或燃气稍过量的碳化焰，燃气量过大时，火焰中将存在游离的氢，以至引起焊缝气孔、疏松等缺陷。焊嘴的规格一般根据零件厚度、坡口形式、焊接位置及焊工技术水平而定。

表 15-4 列出了气焊不同厚度铝材时建议选用的焊炬、焊嘴、孔径等规格。如果焊嘴太小，易促成未焊透、夹渣等缺陷。随着焊嘴尺寸增大，接头热影响区即加宽，显微组织粗大，焊后变形量增大。焊接厚度较小的铝材时，为防止烧穿，可选用比焊接同

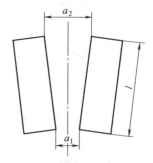

图 15-4　不等间隙装配示意

等厚度钢板的焊嘴小 1 号的焊嘴，而焊接较厚铝材时，可采用比焊接同等厚度钢板的焊嘴大 1 号的焊嘴。

表 15-4　气焊时焊炬、焊嘴及乙炔气消耗量

铝板厚度/mm	1.2	1.5~2.0	3.0~4.0	5.0~7.0	7.0~10.0	10.0~20.0
焊丝直径/mm	1.5~2.0	2.0~2.5	2.0~2.5	4.0~5.0	5.0~6.0	5.0~10.0
射吸式焊炬型号	H01~6	H01~6	H01~6	H01~12	H01~12	H01~20
焊嘴号码	1	1~2	3~4	1~3	2~4	4~5
焊嘴直径/mm	0.9	0.9~1.0	1.1~1.3	1.4~1.8	1.6~2.0	3.0~6.2
乙炔气消耗量/(L/h)	75~150	150~300	300~500	500~1400	1400~2000	~2500

　　气焊厚度大于5mm的铝材时，需进行预热，预热温度为100~300℃，预热方法可采用氧乙炔焰焊炬及喷嘴，预热温度可用表面测温计、测温笔或凭工人经验进行检查。

　　气焊铝及铝合金时，常采用左向焊法，它有利于防止金属过热和晶粒长大。焊接厚度大于5mm的铝材时，则可用右向焊法，它有利于加热铝材至较高的温度，使铝材迅速熔化，同时，也便于观察熔池，便于操作。

　　在气焊过程中，焊炬、焊丝和焊件之间需保持一定的角度。

　　焊接3mm以下薄壁板材及管材时，焊炬应向焊接方向后方倾斜15°~30°，焊丝向焊接方向前方倾斜40°~50°。随着焊件温度升高，焊炬倾角应相应减小。为预防熔池温度过高而产生烧穿缺陷，焊炬可做周期性的上下摆动（幅度3~4mm）。焊炬焰芯距熔池表面3~6mm。

　　根据焊件熔化情况及焊接速度，及时向熔池填充焊丝，焊丝的添加要同焊炬的动作密切配合，焊丝应一滴一滴地落入熔池，并随时将焊丝从熔池前拉出一段距离，挑去熔池表面上的氧化膜，促使熔滴更好地与熔池金属熔合。在添加焊丝过程中，应尽量避免焊丝端部与焰芯接触。焊接厚度大或装配间隙小的焊件时，应尽可能压低火焰，以利焊透。

　　气焊厚度大于3mm的铝材时，应先使焊炬向焊接方向后方倾斜90°左右，随着焊件温度不断升高，倾角可逐渐降至45°~70°。结束焊接时，倾角减至最小，同时稍抬高焊炬，使火焰沿熔池表面移动，以避免烧穿、填满弧坑。

15.2　变形焊

　　变形焊是一种只借助压力使待焊金属产生塑性变形而实现固态金属键合的焊接方法。变形焊时，通过塑性变形挤出连接界面上的氧化膜等杂质，使已洁净的金属紧密接触，形成原子键合力，实现冶金结合。

　　在室温下进行的变形焊又称为冷压焊；高于室温，在100~300℃下的变形焊称为热压焊；在超高真空环境中进行的变形焊称为超高真空变形焊。

　　常用的变形焊的连接形式有搭接和对接，如图15-5和图15-6所示。

　　搭接变形焊时，用钢制压头加压。当压头压入必要深度后，焊接即

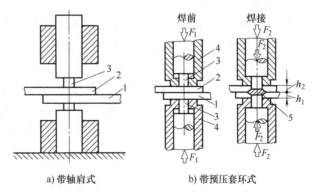

a) 带轴肩式　　　b) 带预压套环式

图 15-5　搭接冷压焊示意

1、2—焊件　3—压头　4—预压套环　5—焊接接头
h_1、h_2—焊件厚度　F_1—预压力　F_2—焊接压力

告完成。用柱状压头形成焊点，称为点焊；用滚轮式压头形成长缝，称为缝焊，或称滚压焊。焊后一般需去除飞边。

对接变形焊过程类似于电阻对焊，如图15-6所示。

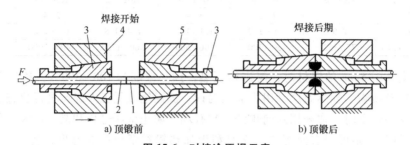

图15-6　对接冷压焊示意

1、2—焊件　3—钳口　4—活动夹具　5—固定夹具

加压是变形焊时发生变形的前提，变形量是实现两表面键合的重要条件。塑性变形的作用如下：

1）破碎氧化膜。

2）定向流动的塑性变形将氧化膜和杂质挤出界面。

3）提高表面平面度，使两金属表面上的原子互相紧密接触，形成键合力。

在不同的环境条件下进行变形焊时所需的最小变形量（变形程度）不同。

1）在大气和室温条件下——60%以上。

2）在纯氩气氛和室温条件下——20%以下。

3）在超高真空环境条件下——5%以下。

在同样的大气和室温条件下，不同的材质以不同的表面状态进行变形焊时所需的最小变形量也不同。表面氧化膜硬而脆时（如铝），所需的最小变形量小，表面氧化膜软而韧时（如钢），所需的最小变形量大。如果表面有油污，则多大的变形量也无助于焊合。

待焊界面的表面粗糙度主要对精密真空变形焊起作用。显然，界面的表面粗糙度值越小，则所需的最小变形量越小，此时所需的变形量只需克服表面粗糙度的作用即可。

变形焊具有下列许多优点：

1）变形焊不需要填充金属，设备简单，主要焊接参数已由加压模具尺寸确定，焊接质量稳定，易于操作和自动化，生产率高，成本低。

2）不用焊剂，不会引起接头腐蚀。

3）焊接时温升不高，适用于对热敏感的铝合金的焊接，以及热物理特性相差大，或液相、固相不互溶、不共格，高温下易生成脆性金属间化合物的铝与其他金属的组合焊接。

变形焊的缺点是焊件局部残余变形大，单件生产时需专用设备。

15.2.1　冷压焊

冷压焊是变形焊的主要形式，在几十种焊接方法中，其焊接温度最低，焊接时的变形速度不会引起接头升温，也不发生界面两侧原子的相互扩散，不存在焊接热影响区、软化区，不产生脆性的金属间化合物。

经过焊接时严重变形的冷压焊接头的结合界面均呈现复杂的峰谷和犬牙交错的空间形

貌，如图15-7所示。

图15-7a是Al-Cu对接冷压焊接头侧向界面线的形态照片，可见犬牙交错特征。图15-7b是Al-Cd对接冷压焊接头正向界面的空间形态照片，可见峰谷沟壑叠加的特征，表明其结合界面的面积比简单的几何面积大，同时，由于冷压焊过程中的形变硬化而使接头强化。因此在正常情况下，同种金属冷压焊接头的强度不低于母材，异种金属冷压焊接头的强度不低于软金属的强度。由于结合界面大，故接头的导电性、耐蚀性优良。

a) ×7500　　　　b) ×50

图15-7　冷压焊接头形貌

冷压焊的搭接厚度或对接断面受焊机吨位的限制而不能过大，焊件硬度受模具材质的限制而不能过高，因此冷压焊主要适用于硬度不高、延性很好的材料如铝及铝合金的焊接，它们与其他材料的焊接，以及薄板、线材、棒材、管材的焊接。

影响冷压焊质量的因素如下：

（1）焊件表面状态　焊件表面状态主要是指表面的清洁度及表面粗糙度。

焊件表面的油膜、水膜及其他有机杂质是冷压焊的"天敌"。在挤压过程中，它们会延展成微小的薄膜，不论焊件产生多大的塑性变形也无法将它们彻底挤出界面。这样的表面必须彻底清理。氧化膜呈脆性且其膜厚不大的表面（如铝件表面的 Al_2O_3）在塑性变形量大于65%的条件下，允许不予清理即行施焊。

清理可用化学或物理清洗方法，但效果最好、效率最高的清理方法是用钢丝刷或钢丝轮进行清理。

冷压焊一般对焊件表面粗糙度没有很高的要求。经过轧制、剪切或切削的表面均可用于冷压焊，带有微小沟槽的表面在挤压过程中有利于整个界面切向位移，有利于变形焊过程。

（2）塑性变形程度　实现冷压焊所需的最小塑性变形量称为"变形程度"，它是判断材料焊接性和控制焊接质量的关键参数。例如纯铝的"变形程度"值最小，说明其冷压焊的焊接性最好。

实际焊接时的变形量要大于该金属的标称"变形程度"值，但不宜过大，过大的变形量会增大冷作硬化效应，使韧性降低。例如，铝及多数铝合金搭接冷压焊的压缩率多控制在65%~70%范围内。

搭接冷压焊的塑性变形程度即压缩率（ε）用焊件冷压点焊时被压缩的厚度与总厚度的百分比来表示，即

$$\varepsilon = \frac{(h_1 + h_2) - h}{h_1 + h_2} \times 100\%$$

式中　h_1、h_2——每一焊件的厚度；

　　　　h——压缩后的剩余厚度。

材料的最小压缩率见表15-5。

表 15-5 材料搭接点焊时的最小压缩率

材料	压缩率（%）	材料	压缩率（%）
钝铝	60	硬铝	80
工业纯铝	63	铝与铜	84
铝合金 $w(Mg)=2\%$	70	铝与钛	88

对接冷压焊的塑性变形程度用总压缩量（L）表示，它为焊件伸出长度与顶锻次数的乘积，即

$$L = n(l_1 + l_2)$$

式中　l_1——固定钳口一侧焊件的每次伸出长度；

　　　l_2——活动钳口一侧焊件的每次伸出长度；

　　　n——挤压次数。

足够的总压缩量是保证获得合格接头的关键因素。对于延性好、形变硬化不强烈的金属，焊件的伸出长度通常小于或等于其直径或厚度，可一次焊成。对于硬度较大、形变硬化较强的金属，其伸出长度通常等于或大于焊件的直径或厚度，需要多次顶锻才能焊成。对于大多数材料，顶锻次数一般不大于 3 次。

几种材料的对接冷压焊最小总压缩量见表 15-6。

表 15-6 几种材料的对接冷压焊最小总压缩量

材料	每一焊件的最小总压缩量		顶锻次数
	圆形件（直径 d）	矩形件（厚度 h_1）	
Al+Al	$(1.6\sim2.0)d$	$(1.6\sim2.0)h_1$	2
Al+Cu	Al$(2\sim3)d$ Cu$(3\sim4)d$	Al$(2\sim3)h_1$ Cu$(2\sim3)h_1$	3
Al+Ag	Al$(2\sim3)d$ Ag$(3\sim4)d$	Al$(2\sim3)h_1$ Ag$(3\sim4)h_1$	3~4

为减少顶锻次数，希望伸出长度尽可能大，但过大时顶锻可能使焊件弯曲，导致焊接过程失败。直径 d 或厚度 h_1 越小的焊件被顶弯的倾向越大。同种材料相焊时，通常取伸出长度为 $(0.8\sim1.3)d$ 或 $(0.8\sim1.3)h_1$，断面小的焊件取下限，大者取上限。异种材料相焊时，各自的伸出长度以两者弹性模量 E 之比值选取，较软的焊件的伸出长度相应减小。

（3）焊接压力　压力是冷压焊过程中唯一的外加能量，通过模具传递到待焊部位，使金属产生塑性变形。焊接总压力既与材料的强度及焊件的横截面积有关，也与模具的结构尺寸有关。理论计算焊接压力的公式如下：

$$F = pS$$

式中　F——焊接压力（N）；

　　　p——单位压力（MPa）；

　　　S——焊件的横截面积（mm^2）。

对于对接冷压焊，S 是指焊件的横截面积；对于搭接冷压焊，S 是指压头端面的面积。

在冷压焊过程中，由于塑性变形导致硬化和模具对金属的拘束作用，单位压力会不断增大。对接冷压焊时，焊件随变形的进程而被镦粗，使焊件的名义断面积不断增大，从而在焊接末期所需的焊接压力比焊接初始时的焊接压力要显著增大。

几种材料的单位面积所需焊接压力见表 15-7。

表15-7 几种材料冷压焊单位面积所需的压力 （单位：MPa）

材　　料	搭接冷压焊	对接冷压焊
Al+Al	750~1000	1800~3000
Al+Cu	1500~2000	>2000
铝合金	1500~2000	>2000

　　冷压焊模具的结构尺寸对焊接压力的影响很大，这对冷压焊机的设计者至关重要，但对于使用者，只要冷压焊设备设计定型，其模具的结构尺寸即相应定型，使用者可根据冷压焊机的技术参数选取所需的焊接压力。各种冷压焊设备的技术参数见表15-8。

表15-8 各种冷压焊设备的技术参数

施压设备	压力① /10^4N	可焊断面积/mm²			设备参考质量/kg	设备参考尺寸/mm	备注
		铝	铝与铜	铜			
携带式焊钳	(1)	0.5~20	0.5~10	0.5~10	1.4~2.5	全长310	LTY型
台式对焊钳	(1~3)	0.5~30	0.5~20	0.5~20	4.6~8	全长320	
小车式对焊钳	(1~5)	3~35	3~30	3~20	170	1500×7500×750	
气动对接焊机	5	2.0~200	2.0~20	2.0~20	62	500×300×300	自动重复顶锻
	0.8	0.5~7	0.5~4	0.5~4	35	400×300×300	
油压对接焊机	20	20~200	20~120	20~120	700	1000×900×1400	QL型自动重复顶锻
	40	20~400	20~250	20~250	1500	1500×1000×1200	
	80	50~800	50~600	50~600	2700	1500×1300×1700	
	120	100~1500	100~1000	100~1000	2700	1650×1350×1700	
携带式搭接焊钳	(0.8)	厚度1mm以下			1.0~2	全长200 厚350	
气动搭接焊机	50	厚度3.5mm以下			250	680×400×1400	
油压搭接焊机	40	厚度3mm以下			200	1500×800×1000	

① 括号内的压力值为计算值。

　　在冷压焊生产中，由于所需的塑性变形是由模具确定的，只要压力得以确保，焊件表面清洁，焊接质量即可获保证，与操作人员的作业技巧关系不大。

　　焊接质量检验一般立足于抽查。搭接冷压焊接头需做抗剥离试验，质量合格接头的被撕裂部位应位于紧邻焊缝的母材上。对接冷压焊接头因对弯曲开裂最敏感，故只做抗弯试验即可鉴别其焊接质量。抗弯试验方法：将接头夹在虎钳上，焊缝横向位于钳口上侧1~2mm处，用手先弯曲90°角，再反向弯曲180°角，如果接头不在焊合界面上开裂，该接头的质量即被认为合格。目前，冷压焊已在许多特殊场景下获得了应用。

　　搭接冷压焊方法可用于焊接厚度为0.01~20mm的箔材、带材、板材、管材，常用于导线或母线的连接，也可用于焊接要求气密性的接头。其中，滚压焊适用于焊接长度大的焊缝，例如制造铝及铝合金的管道、容器；套压焊用于电器元件的封帽封装及日用铝制品的焊接。

　　对接冷压焊方法可用于焊接最小断面为0.5mm²（用手焊钳）、最大断面达500mm²（用液压焊机）的简单或异型断面的线材、棒材、板材、管材，可用于接长同种材料，制造双金属过渡接头。电力电气工程中的铝导线、铝母线的冷压焊应用最为广泛。

　　冷压焊特别适用于制造不允许升温、不允许母材软化或退火、不允许烧坏绝缘的一些材料或产品。例如，HLJ高强度变形强化铝合金导体，当温升超过150℃时，其强度大幅度降低。某些铝制外导体的通信电缆或铝皮电力电缆，焊接铝管前已装入电绝缘材料，焊接时温升不允许超过 120℃；某些石英谐振子及铝质电容器的封盖工序，Nb-Ti 超导线的接续等也不允许升温过高。

冷压焊也特别适用于焊接异种材料的组合，包括加热焊接时异种金属间易产生脆性的金属间化合物的异材组合。对于这类接头的使用温度要分别加以限制。例如铝与铜的接头，使用时短期温升（1h 内）限制在 300℃ 以下，长期的允许温升不超过 200℃。

15.2.2　热压焊

热压焊也称加热的变形焊。热压焊变形程度大，施焊压力大。为了减小施焊压力，可将焊件的温度提高，以提高固态金属原子的活力，降低被焊金属的流动极限，以便用较小的压力和变形程度实现固态焊接。

热压焊时，通常对焊件加热的温度为 300℃ 左右。

热压焊在本质上与冷压焊相同，它是在较高温度下对焊件施加压力，使被焊金属产生足够的塑性变形，使界面两侧金属原子间发生结合。

热压焊多用于电路、器件中金属引线与基板导体或芯片的铝金属膜。

15.2.3　超高真空变形焊

在超高真空环境中的变形焊与在大气中的变形焊比较，明显的不同是没有氧化膜的再生。当界面上不存在氧化膜时，变形焊所需的变形量就仅仅为了使两表面上的金属原子接近到能 100% 接触键合程度，这个变形量的大小视两表面加工的平滑度而定。经过极细致的超精加工达到超高精度的平面，经探针检测，其峰谷间距约为 200 个原子层的厚度。而一般机加工表面的峰谷间距则可达几万个原子层的厚度。

工件表面的氧化膜在真空中施焊时是不能通过挥发而自行消失的，因此变形焊前必须进行清理。最好的方法是采用（考夫曼枪）离子束清理，它不但能去除（通过溅射）氧化膜和吸附的其他杂质及气体，还能将界面上的凸出点削平。

超高真空变形焊具有下列特点：

1）没有氧化膜的影响，各种金属变形焊时的焊接性差异很小。

2）变形量不足大气中压焊的 6%，压痕最小，可实现精密焊接。

3）焊接所需变形量的大小，只取决于被焊表面的加工精度，表面粗糙度值越小，所需变形量越小。

超高真空变形焊方法特别适用于在宇宙空间超高真空环境条件下的焊接。但是，空间飞行器结构上有些载荷为拉应力的连接组合件（如螺栓连接）不宜采用压焊进行连接，否则容易发生接头在拉应力作用下开裂失效。

15.3　爆炸焊

爆炸焊是一种以炸药为能源进行金属间焊接的方法。炸药爆轰的能量使两被焊金属面发生高速倾斜撞击，在撞击面上造成一薄层金属的塑性变形、适量的熔化和原子间的相互扩散等过程，使同种或异种的金属在这一短暂过程中形成结合及连接。

爆炸焊的特点如下：

1）能将同种或异种的金属迅速和强固地焊接在一起。

2）工艺简单，易于掌握。

3）无须厂房，无须大型设备和大量投资。

4）不仅可点焊及线焊，而且可施行面焊即爆炸复合，从而可制成大面积的复合板、复合管、复合棒、复合异型件等。

5）能源为低爆速的混合炸药，它们价廉、易得、安全、使用方便。

15.3.1 爆炸焊过程及焊接原理

以金属复合板的爆炸焊为例，其工艺安装如图15-8所示，其瞬间状态如图15-9所示。

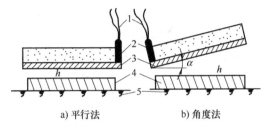

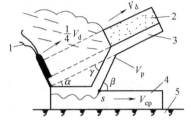

图 15-8　复合板爆炸焊前的工艺安装示意

1—雷管　2—炸药　3—复板　4—基板

5—基础（地面）　α—安装角　h—间隙

图 15-9　角度法爆炸焊过程瞬间状态示意

1—雷管　2—炸药　3—复板　4—基板　5—地面

V_d—炸药的爆轰速度　$\frac{1}{4}V_d$—爆炸产物速度　V_p—复板

下落速度　V_{cp}—碰撞点 s 的移动速度即焊接速度

α—安装角　β—撞击角　γ—弯折角

当预置在复板上的炸药被雷管引爆后，爆轰波和爆炸产物的能量便在复板上传播，并将一部分能量传递给复板，使复板向下运动并加速，随后迅速向基板倾斜撞击。在此过程中，产生了切向应力。在切向应力的作用下，与波形成的同时，界面两侧一薄层金属的晶粒发生纤维状的塑性变形。在两板厚度方向，离界面越近，切向应力越大，塑性变形也越大。随着与界面距离的增大，切向应力越来越小，变形程度也越来越小。在塑性变形过程中，大部分能量转换成热能。在爆炸焊的具体情况下，转换系数可达90%以上。如此大量的热能积聚在界面上，在近似绝热的条件下，必然引起紧邻界面两侧的薄层金属温度升高，当高达熔点后，部分金属将发生熔化，熔化的金属在波的形成过程中大部分被推向漩涡区，少量残留在波脊上，其厚度以微米计。由金属物理学可知，在短暂的高应力（数千至数万兆帕）、高温（数千至数万摄氏度）、金属发生塑性变形和熔化及它们综合作用的条件下，界面两侧基体金属的原子必将发生相互扩散。

具有如上所述的金属塑性变形、熔化和扩散，以及呈波形特征的结合区就是基体金属间的成分、组织和性能的过渡区，即焊接过渡区。通常此区很窄（在0.01~1mm范围内），但它却是强固地连接两基体金属的纽带，其性质和强度直接与工艺参数有关，并强烈地影响着基体金属之间的结合强度、加工性能及使用性能。

图15-9中的 s 点以 V_{cp} 速度移动即是爆炸过程的进行。炸药的化学能释放及其在金属中被吸收、传递、转换和分配，以及界面上许多过程的进行，都是在若干微秒的时间内发生的，因此爆炸焊也是在一瞬间完成的。

以爆炸焊方法制成的金属复合材料的结合区通常呈波形，如图 15-10 所示。这种波形是这样形成的：炸药爆炸以后生成爆轰波及爆炸产物，后者以 $V_{cp}/4$ 的速度（图 15-9）随后运动，爆轰波在复板上传播的过程中，将其波动向前的能量传递给复板，从而引起复板相应位置的物质发生波动，当随后复板向基板高速撞击时，使这种撞击过程也波动式地进行。由于复板对基板的撞击压力超过它们的动态屈服强度，从而使界面上出现的变形被"固化"即形成波状的塑性变形。这种波形原为锯齿状，在跟随爆轰波运动的爆炸产物的能量作用下，锯齿变得弯曲和平滑。在整个爆炸过程中，随着爆轰波在复板上的传播，复板和基板连续而波动地互相撞击，在两者的撞击面上便同时连续地形成波形。

分析和研究还表明，当炸药、金属材料及异种金属材料之间的作用（撞击）在强度和特性方面有所不同时，在它们的结合区将形成不同形状和参数（波长、波幅和频率）的波形，如图 15-10 所示。在此，炸药是外因，金属本身是内因，它们之间的相互作用是过程和手段，这三者是形成各自波形所缺一不可的。

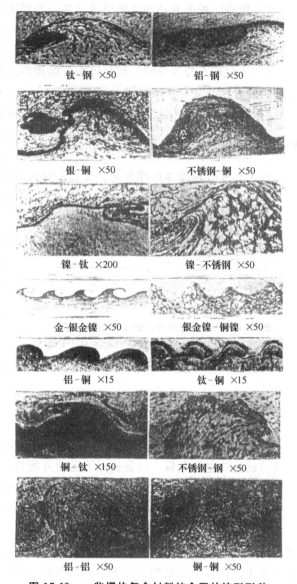

图 15-10　一些爆炸复合材料结合区的波形形貌

15.3.2　爆炸焊工艺

1. 爆炸焊的类型

爆炸焊的类型、方式、方法、方案多种多样。就爆炸焊的工件形状而论，有板-板、管-管、棒-棒、管-板、管-棒、板-棒、异型件，还有金属粉末与板。就爆炸焊的接头形式而论，有搭接、对接、斜接。就爆炸焊实施的位置而论，有地面、地下、水下、空中及真空中。就爆炸焊程序而论，有一次、两次、多次、多层。此外，还有单面和双面爆炸焊，内、外和内外同时爆炸焊，热爆炸焊和冷爆炸焊[⊖]，以及成组爆炸焊、成排爆炸焊和成堆爆炸焊等。爆炸焊工艺还可与压力加工工艺，如轧压、锻压、旋压、冲压、挤压、拉拔和爆炸成形等联合起来，以生产更大、更长、更薄、更粗、更细和异型的金属复合材料及零部件，这种联合是爆炸焊方法的延伸和发展。

⊖　热爆炸焊是常温下 a_K 值很小的材料在加热到 a_K 值转变温度以上后进行的爆炸焊。
　　冷爆炸焊是塑性太高的金属在液氮中冷硬并取出后立即进行的爆炸焊。

2. 工艺安装

部分爆炸焊的工艺安装如图 15-11 所示。由图可见，不同的爆炸焊方法，有不同的安装工艺，但它们都有一些必须注意的问题。以复合板为例，问题如下：

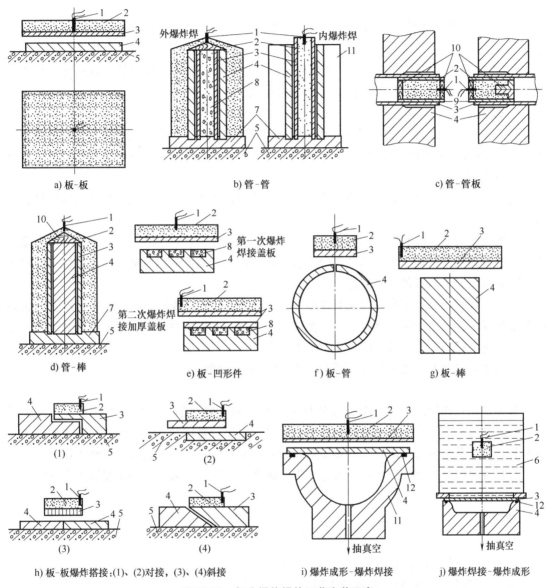

图 15-11　部分爆炸焊的工艺安装示意

1—雷管　2—炸药　3—复层（板或管）　4—基层（板、管、管板、棒或凹形件）　5—地面（基础）
6—传压介质（水）　7—底座　8—低熔点或可溶性材料　9—塑料管　10—木塞　11—模具　12—真空橡胶圈

1）爆炸大面积复合板时用平行法。此时如果用角度法，前端则因间隙距离增大很多，复板过分加速，使它与基板撞击时能量过大。这样会扩大边部打伤打裂的范围，从而减小复合板的有效面积和增加金属的损耗。

2）在安装大面积复板后，再平整的金属板材中部也会下垂或翘曲，以致与基板表面接触。此时为保证复板下垂位置与基板表面保持一定间隙，可在该处放置一个或几个高度等于或稍小于间隙值的金属片。

3）爆炸大面积复合板时，最好用中心起爆法引爆炸药，或者从长边中部引爆炸药。这样可使间隙中气体的排出路程最短，有利于复板和基板的顺利撞击，减小结合区金属熔化的面积和数量。

4）为了引爆低爆速的主体炸药和减小雷管区的面积，通常在雷管下放置一定数量的高爆速炸药。

5）为了将边部缺陷引出复合板之外和保证边部质量，通常复板的长、宽尺寸比基板的大20~50mm。管与管板爆炸焊时，管材也应有类似的伸出量。

3. 焊前准备

按产品和工艺要求，准备所需尺寸的复层和基层的材料。以复合板为例，基板的厚度可为0.1~500mm，复板的厚度可为0.1~300mm。基板越厚，基板与复板的厚度比越大，越容易实现爆炸焊。

待复合表面必须洁净，焊前需用机械方法、化学方法或电化学方法对表面特别是结合面进行彻底清理。

根据工艺和金属材料的形状和尺寸，选择炸药的品种、状态和数量。对复合板进行爆炸焊时，通常选用那些便于堆放和装填的粉状炸药，而对有曲面的涡轮叶片类的耐蚀金属覆面来说，则选用易于成形的塑性炸药。

在爆炸焊现场进行安装时，安装方法如图15-11所示，并做好临爆前的一切准备，包括接好起爆线、搬走所用的工具和物品、撤离工作人员、安插警戒旗等。根据炸药数量和有无屏障，设置半径为25m、50m或100m的危险区。

待工作人员和有关物件完全撤至安全区后，用起爆器通过雷管引爆炸药，完成爆炸焊过程。

保证爆炸焊成功的重要环节是选好焊接参数，如复层与基层金属材料的厚度、长度尺寸，炸药的品种、状态、数量及其爆炸特性数据，安装后复层与基层之间的间隙距离等。在金属材料与炸药品种确定之后，只要知道炸药量和间隙距离，即可进行试验性爆炸焊。

炸药量和间隙距离可先用经验表达式进行计算。以复合板为例，经验表达式之一为

$$h = A(\rho\delta)^{0.6}$$

$$W_e = BC\frac{(\rho\delta)^{0.6}R_{eL}}{h^{0.5}}$$

式中　h——复板与基板之间的间隙距离（cm）；

　　　W_e——复板单位面积上布放的炸药量（g/cm^2）；

　　　ρ——复板的密度（g/cm^3）；

　　　δ——复板的厚度（cm）；

　　　R_{eL}——复板金属材料的下屈服强度（MPa）；

A、B、C——计算系数（A为0.1~1.0，B为0.05~3.0，C为0.5~2.5）。

计算出h和W_e的数值后，准备相应尺寸的间隙柱和炸药的总需量，然后进行一组小型复合板爆炸焊试验，根据试验结果对原h和W_e的计算值进行适当的调整，再利用试验所得的能满足技术要求的工艺参数进行大面积复合板的爆炸焊。

15.3.3 爆炸焊缺陷和检验

1. 爆炸焊缺陷

爆炸焊的缺陷可以分为宏观和微观两大类。主要的宏观缺陷如下：

（1）爆炸结合不良 进行爆炸焊以后，复层与基层之间全部或大部分没有结合，即使结合但强度甚低。欲克服这种缺陷，首先应选择低爆速的炸药，其次是使用足够的炸药量和适当的间隙距离。此外，采用中心起爆法等能缩短间隙中气体排出的路程，创造有利的排气条件的引爆方法。

（2）鼓包 在复合板的局部位置（通常在起爆端）上复层偶尔凸起，其间充满气体，在敲击下发出"梆梆"的空响声。欲消除鼓包，在选择低爆速炸药、最佳药量和最佳间隙值之后，重要的是创造良好的排气条件。

（3）大面积熔化 某些双金属，如钛-钢爆炸复合板，在撬开复层和基层后，有时在结合面上会发现大面积金属被熔化的现象。这一现象发生的原因是：在爆炸焊过程中，间隙内未及时排出的气体在高压下被绝热压缩，大量的绝热压缩热便使气泡周围的一薄层金属熔化。减轻和消除该缺陷的办法是采用低速炸药和中心起爆法等，以创造良好的排气条件，避免间隙中气体的绝热压缩过程发生。

（4）表面烧伤 表面烧伤是指复层表面被爆热氧化烧伤的情况。使用低爆速的炸药和采用黄油、水玻璃或沥青等保护层，可以防止这一缺陷的发生。

（5）爆炸变形 在爆炸载荷剩余能量的作用下，复合板（管）在长、宽和厚三个方向的尺寸和形状上发生宏观的和不规则的变形。变形后的复合件在加工和使用前必须校平（复合板）或校直（复合管）。爆炸变形在一般情况下无法避免，但可设法减轻。

欲使这种变形最小，需要增大基础的刚度和采取其他特殊的工艺措施。这一点，对于无法校平的大型复合管板件来说尤为重要。

（6）爆炸脆裂 a_K 值较小、强度和硬度特高的金属材料，采用一般的爆炸焊方法时，将脆断和开裂。实施热爆工艺可以消除这种现象。

（7）雷管区缺陷 在雷管引爆的部位，由于能量不足和气体排不出去会造成复层和基层未能很好结合的缺陷。可用增加附加药包和将它引出复合面积之外的办法来尽量缩小。

（8）边部打裂 除雷管区之外的复合板的其余周边或复合管（棒）的前端，由于边界效应而使复层被打伤打裂从而形成缺陷。这一现象产生的原因主要是周边和前端能量过大。减轻和消除它的办法是减少前端（复合管、棒）或边部（复合板）的药量，增大复板或复管的尺寸，或者在厚复板的待结合面之外的周边刻槽等。

（9）爆炸打伤 由于炸药结块或分布不均匀，使局部能量过大或者炸药内混有固态硬物，它们撞击复层表面，使其对应位置上出现麻坑、凹坑或小沟等影响表面质量的缺陷。细化和净化炸药及均匀布药是防止复层表面打伤的主要措施。

微观缺陷见于爆炸复合材料的内部，可用一些非破坏性和破坏性的方法检测出来。这些缺陷的存在，会造成同一复合材料内显微组织和力学性能的不均匀。

2. 爆炸焊质量检验

（1）非破坏性检验

1）表面质量检验。主要检查复层的外观情况、尺寸偏差、翘曲度等，以及表面缺陷，如打裂、打伤、烧伤、氧化等。

2）轻敲检验。用锤子对复层多个部位逐一轻敲，以其声响来初步判断复合材料的结合质量，由此还可大致计算其结合面积。

3）超声检验。检验目的是定量测定复合材料的层间结合情况及结合面积，相应的国家标准如 GB/T 7734—2015。

（2）接头性能试验

1）剪切试验。常用的剪切试样及模具如图 15-12 所示。

由试验所得的一些铝的异材爆炸复合接头的抗剪强度如下：

Al+Cu：70~100MPa。

Al+钢：70~120MPa。

Al+不锈钢：70~90MPa。

Al（2A01 铝合金）+铜：60~150MPa。

2）拉伸试验。典型的爆炸焊接头拉伸试样如图 15-13 所示。

a) 剪切试样　b) 剪切试验

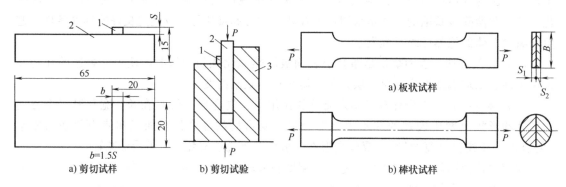

图 15-12　爆炸复合板的剪切试样及模具

1—复板　2—基板　3—剪切模具

a) 板状试样　b) 棒状试样

图 15-13　爆炸焊接头拉伸试样

当复层较薄时，宜用板状试样。当复层较厚时，则用棒状试样。两种试样的具体尺寸可尽量与相关的单金属材料拉伸试样国家标准相近。

铜与硬铝（2A12）的复合板拉伸性能：R_m = 265~305MPa，A = 6.5%~10.9%。试样为板状。

3）弯曲试验。弯曲试验所得的弯曲角数据可用来表征爆炸复合材料（板或管）的结合性能和加工性能。

弯曲试验分为内弯（复层在内）、外弯（复层在外）和侧弯，如图 15-14 所示。

内弯试验用的弯曲试样的形状和尺寸之一如图 15-15 所示。

4）显微硬度检验与金相分析。显微硬度检验及金相分析结果可供确定材料各部位在爆炸前后性能的变化及其变化规律，确定某些特殊部位特殊组织的性质和影响，以确定结合区组织和形态的特点为平面结合、波形结合或熔化层结合。

视具体情况和需要，还可对爆炸复合的接头其他方面的性能，如冲击、扭转、杯突、疲劳、循环、耐蚀性及结合区化学成分、物理组成等进行检测及分析。

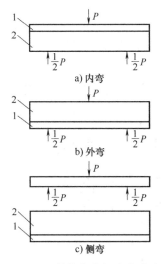

图 15-14　爆炸复合板弯曲试验

1—复板　2—基板

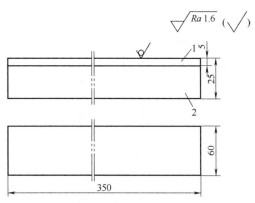

图 15-15　一种内弯试样的形状和尺寸

1—复板　2—基板

15.3.4　爆炸焊技术的应用

爆炸焊技术可用以焊接物理和化学性质相同、相近及相异悬殊的金属材料。国内外已试验成功的爆炸焊的金属组合如图 15-16 所示。

爆炸焊技术可用来生产如铝-钢等具有特殊物理和化学性能的结构材料，以满足石化、化肥、农药、轻工和冶金等设备制造行业的需要。

爆炸焊技术可用来制造各种形状的工件（板、管等）、各种接头形式的异材组合的过渡接头，以便用常规的方法来解决各种工程中异种金属组合结构的设计和制造问题。此外，爆炸焊技术还可用来解决其他许多特殊工程难题。

15.3.5　爆炸焊生产安全

众所周知，爆炸焊是以炸药为能源的，因此爆炸焊工作中的安全问题就显得格外重要。实践中必须注意的事项如下：

1）爆炸场地应设置在远离建筑物的地方。

2）炸药库管理人员须昼夜值班，外人不得入内；炸药、雷管和导爆索等火工用品须分类分开存放，它们的入库和出库要严加管理，做到账物相符。

3）所有工作人员必须遵守国家有关政策法令，接受安全和保卫部门的监督，接受工种训练和考核，并取得操作证。

4）炸药和原材料、雷管和工作人员均须分车运输，严禁炸药和雷管同车运输。

5）所有工作人员应在当班班长和安全员的指挥下进行工作；现场操作应按预定的工艺规程进行，特别是雷管和起爆器应自始至终由一人保管及使用，绝不可两人或多人保管和使用。

6）工艺安装完毕且所有人员和备用物件撤至安全区后方能引爆炸药。引爆前发出预定信号，使所有人员做好防声、防震和安全准备。

7）炸药爆炸 3min 后，工作人员方能进入现场。

8）若遇瞎炮，必须 3min 后方能进入现场检查和处理。

	1 碳素钢	2 低合金钢	3 合金钢	4 不锈钢	5 银 Ag	6 铝及其合金 Al	7 金 Au	8 钴合金 Co	9 铜合金 Cu	10 镁 Mg	11 钼 Mo	12 铌 Nb	13 镍 Ni	14 铅 Pb	15 铂 Pt	16 钽 Ta	17 钛 Ti	18 钨 W	19 锆 Zr	20 哈斯特洛依合金 (Hastelloy)	21 斯太立特合金 (Stellite 6B)
21 (Stellite 6B) 斯太立特合金			•	•																	
20 (Hastelloy) 哈斯特洛依合金	•		•										•							•	
19 锆 Zr	⊡	□	•	□		□			□			□				⊡	⊡		⊡		
18 钨 W	□	□																			
17 钛 Ti	□	□	⊡	⊡	•	⊡			⊡	•		⊡	⊡			⊡	⊡				
16 钽 Ta	□	□	⊡	⊡		⊡	•		⊡			⊡				⊡					
15 铂 Pt												•	•		•						
14 铅 Pb	□								□												
13 镍 Ni	⊡	□	⊡	⊡		•			⊡				⊡								
12 铌 Nb	□		⊡	•		⊡			⊡			•									
11 钼 Mo	□			□																	
10 镁 Mg						•			•												
9 铜合金 Cu	⊡	□	⊡	⊡	•	⊡	•		⊡												
8 钴合金 Co			•	•																	
7 金 Au					□																
6 铝及其合金 Al	⊡	□	⊡	⊡		⊡															
5 银 Ag	•			•	•																
4 不锈钢	⊡	□	⊡	⊡																	
3 合金钢	⊡	□	□																		
2 低合金钢	□	□																			
1 碳素钢	⊡																				

• —— 国外已试验成功的组合

□ —— 我国已试验成功的组合

⊡ —— 国内外均已试验成功的组合

图 15-16　国内外同种及异种金属组合爆炸焊的情况

9）严禁将火种火源带入工作现场。

10）爆炸工作每告一段落要进行一次安全总结，查找事故苗头，杜绝隐患。

爆炸焊生产中通常使用低爆速的混合炸药，如铵盐和铵油炸药。前者由硝酸铵和一定比例的食盐组成，后者由硝酸铵和一定比例的柴油组成，仅使用少量的梯恩梯作为引爆炸药。硝酸铵是一种常见的化肥，它是非常稳定的。它与食盐和柴油混合以后"惰性"更大。颗粒状的硝酸铵和鳞片状的梯恩梯可以用球磨机破碎成粉末而不会爆炸。铵盐和铵油炸药只有在梯恩梯等高爆速炸药的引爆之下才能稳定爆炸。梯恩梯炸药还得靠雷管来引爆，而雷管中高爆炸药只有在起爆器发出的数百伏高电压下才会爆炸。所以，在现场操作中，只要严格控制好雷管和起爆器，通常是不会出现严重的安全事故的。

15.4　超声波焊

超声波焊是利用超声波频率（$f > 16kHz$）的机械振动能量与静压力共同作用而连接同种或异种金属或非金属的一种特殊焊接方法。

金属超声焊时，既不向焊件输送电流，也不向焊件引入高温热源，只是在静压力下将弹性振动能转变为焊件间的摩擦功、形变能及随后有限的温升。两母材之间的冶金结合是在母材不发生熔化的情况下实现的，因而超声焊是一种固态焊接方法。

超声波焊方法具有下列特点及优点：

1）固态焊接，不受冶金焊接性的约束，没有气相、液相的参与，不需要其他热源的输入。

2）焊接所需的功率随焊件厚度及硬度的增大而呈指数剧增，因此较适用于焊接片、箔、丝等微型、精密、薄件的搭接接头。

3）可用于焊接几乎所有的塑性材料，特别适用于焊接物理特性差异较大（如热导性、硬度）、厚度相差较大的异种材料的组合，以及高热导率、高电导率的材料（如金、银、铜、铝等）。

15.4.1　超声波焊接系统及其工作原理

超声波焊接系统如图 15-17 所示。

由上声极传输的弹性振动能是经过一系列的能量及传递环节产生的。其中，超声波发生器是一个变频装置，它将工频电流转变为超声波频率（15~60kHz）的振荡电流。换能器则利用逆压电效应将电能转换成弹性机械振动能。传振杆、聚能器用来放大振幅，并通过耦合杆、上声极传递到焊件。换能器、传振杆、聚能器、耦合杆及上声极构成一个整体，称为声学系统。声学系统中各个组元的自振频率将按同一个频率来设计。当超声波发生器的振荡电流频率与声学系统的自振频率一致时，系统即产生谐振（共振）并向焊件输出弹性振动能。

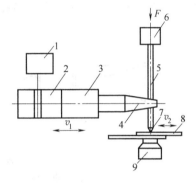

图 15-17　超声波焊接系统

1—超声波发生器　2—换能器　3—传
振杆　4—聚能器　5—耦合杆
6—静载　7—上声极
8—焊件　9—下声极　F—静压力
v_1—纵向振动方向　v_2—弯曲振动方向

常用的超声波焊接方法可分为点焊、环焊、缝焊及线焊。

（1）点焊　根据上声极的振动状况可将点焊时的振动分为纵向振动系统（轻型结构）、弯曲振动系统（重型结构）及介于两者之间的轻型弯曲振动系统，如图 15-18 所示。

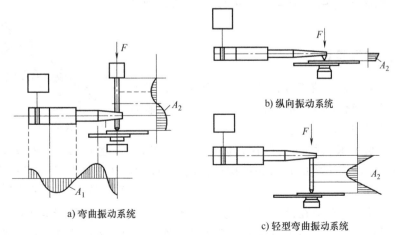

a) 弯曲振动系统

b) 纵向振动系统

c) 轻型弯曲振动系统

图 15-18　超声点焊的振动类型

A_1—纵向振动有振幅分布　A_2—弯曲振动的振幅分布

轻型结构适用于功率小于 500W 的小功率焊机。重型结构适用于千瓦级大功率焊机。轻型弯曲振动系统适用于小功率焊机，它兼有两种振动系统的诸多优点。

（2）环焊 用环焊方法可一次形成一条封闭的焊缝，采用的是扭转振动系统，如图 15-19 所示。

环焊时，耦合杆带动上声极做扭转振动，振幅相对于声极轴线呈对称分布，轴心区振幅为零，边缘部位振幅最大。显然，环焊方法最适用于微电子器件的封装。有时环焊也用于要求高气密性直线焊缝的焊接以代替缝焊。

由于一次环焊的焊缝面积较大而需要较大的功率输入，因此，常采用多个换能器的反向同步驱动方式。

（3）缝焊 缝焊机的振动系统按其焊盘的振动状态可分为纵向振动、弯曲振动及扭转振动，如图 15-20 所示。

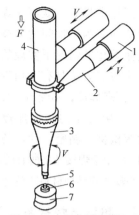

图 15-19 超声波环焊示意

1—换能器 2、3—聚能器 4—耦合杆
5—上声极 6—焊件 7—下声极
F—静压力 V—振动方向

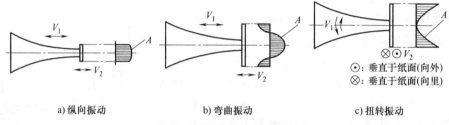

a) 纵向振动　　　　　b) 弯曲振动　　　　　c) 扭转振动

图 15-20 超声波缝焊的振动形式

A—焊盘上振幅分布 V_1—聚能器上振动方向 V_2—焊点上的振动方向

常见的振动形式是纵向振动，只是滚盘的尺寸受到驱动功率的限制。

缝焊可形成密封的连续焊缝，通常将焊件夹持在上下焊盘之间，在特殊情况下可采用平板式下声极。

（4）线焊 线焊可视为点焊方法的一种延伸。通过线状上声极可一次焊成长达 150mm 的线状焊缝。此法最适用于金属薄箔的线状封口，如图 15-21 所示。

15.4.2 超声波焊接设备

以点焊机为例，超声波点焊机的典型结构由超声波发生器（A）、声学系统（B）、加压机构（C）及程控装置（D）等组成，如图 15-22 所示。

超声波缝焊机的滚盘按其工作状态进行设计。例如，选择弯曲振动状态时，滚盘的自振频率应设计成与换能器频率相一致。

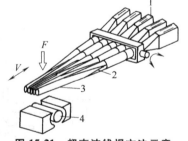

图 15-21 超声波线焊方法示意

1—换能器 2—聚能器 3—125mm 长焊接声极头 4—周围绕放管形坯料的心轴

与上声极相反，下声极在设计时应选择表面反谐振状态，从而使谐振能在下声极表面反射，以减少能量损失。有时为了简化设计或受工作条件限制，也可选择质量大的下声极。

向焊件施加静压力的加压机构是焊接的必要条件。实际使用时，加压机构可能包括焊件夹持机构，如图 15-23 所示。超声波焊接时，防止焊件滑动以便更有效地传输振动能量，往往十分重要。

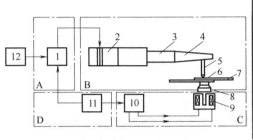

a) 超声波点焊机的构成

b) 功率为3kW的超声波缝焊机

图 15-22　超声波点焊机的典型结构组成

1—超声波发生器　2—换能器　3—传振杆　4—聚能器　5—耦合杆
6—上声极　7—焊件　8—下声极　9—电磁加压装置
10—控制加压电源　11—程控器　12—电源

图 15-23　焊件夹持机构

1—声学头　2—夹紧头　3—丝
（焊件之一）　4—焊件
5—下声极

国产超声波焊机的技术参数见表 15-9。

表 15-9　国产超声波焊机的技术参数

型号	发生器功率 /W	谐振频率 /kHz	静压力/N	焊接时间/s	焊接速度 /(m/min)	可焊件厚度/mm
CHJ-28 点焊机	0.5	45	15~120	0.1~0.3		0.03~0.12
KDS-80 点焊机	80	20	20~200	0.05~6.0	0.7~2.3	0.06+0.06
SD-0.25 点焊机	250	19~21	15~100	0~1.5		0.15+0.15
SE-0.25 缝焊机	250	19~21	15~180		0.5~3	0.15+0.15
P1925 点焊机	250	19.5~22.5	20~195	0.1~1.0		0.25+0.25
P1950 点焊机	500	19.5~22.5	40~350	0.1~2.0		0.35+0.35
CHD-1 点焊机	1000	18~20	600	0.1~3.0		0.5+0.5
CHF1 缝焊机	1000	18~20	500		1~5	0.4+0.4
CHF-3 缝焊机	3000	18~20	600		1~12	0.6+0.6
SD-5 焊机	5000	17~18	4000	0.1~0.3		1.5+1.5

15.4.3　超声波焊接工艺

超声波焊时，母材不发生熔化，焊点不受过大的压力，无很大变形，也没有电流和电流的分流，因此与电阻焊相较，在设计焊点的点距、边距等参数时受到的限制较少。

例如，在点焊结构设计中，超声波点焊的边距没有限制，必要时可沿板边点焊。超声波点焊的点距可任意选定，可以重叠，甚至可以重复焊（修补）。此外，超声波点焊的行距也可以任选。

接头设计时应注意如何控制焊件谐振的问题。如果焊件沿振动方向的自振频率与引入的超声振动频率相等或相近，则焊接时可能引起焊件谐振及已焊的焊点脱开，严重时可导致焊件疲劳断裂。解决这个问题的简单方法是改变焊件与声学系统振动方向的相对位置或者在焊件上夹持质量块以改变焊件的自振频率，如图 15-24 所示。

超声波焊的主要参数是：振幅、振动频率、静压力及焊接时间。

焊接时需用的功率 P（W）取决于焊件的厚度 δ（mm）和材料的硬度 H（HV），并可按下式确定：

$$P = KH^{3/2}\delta^{3/2}$$

式中　K——常数。

需用功率与焊件硬度和厚度的关系如图 15-25 所示。

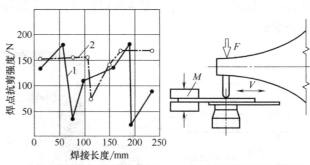

a) 焊点抗剪强度与焊接长度关系　　b) 加质量块改变自振频率

图 15-24　焊件与声学系统振动方向相对位置的改变
1—自由状态　2—夹固状态　M—夹固　F—静压力　V—振动方向

由于在实际应用中测量超声功率尚有困难，因此常用振幅表示功率的大小。超声功率与振幅的关系可由下式确定：

$$P = 4\mu SFAf$$

式中　P——超声功率；

　　　F——静压力；

　　　S——焊点面积；

　　　A——振幅；

　　　μ——摩擦系数；

　　　f——振动频率。

常用振幅为 $5 \sim 25\mu m$。当换能器材料及其结构按功率选定后，振幅值的大小还与聚能器的放大系数有关。

调节发生器的功率输出，即可调节振幅的大小。铝-镁合金超声波点焊的焊点抗剪强度与振幅的关系如图 15-26 所示。

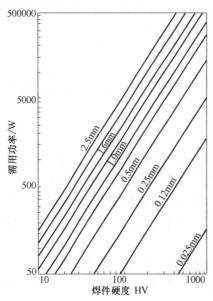

图 15-25　需用功率与焊件硬度和厚度的关系

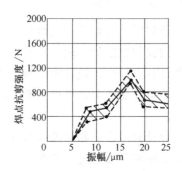

图 15-26　铝-镁合金焊点抗剪强度与振幅的关系

由图 15-26 可见，焊点抗剪强度随振幅的增大而提高。当振幅过小，如 $A<6\mu m$ 时，无论焊接时间多长或静压力多大也无法形成焊点。振幅还有一个上限值，超过此值后焊点强度反而降低。

超声波焊的谐振频率 f 在工艺上有两重意义，即谐振频率的选定及焊接时的失谐率。

谐振频率按焊件厚度及母材物理特性来选择。焊接薄件时，宜选用高的谐振频率（如 80kHz），以便在维持功率相等的前提下降低需用的振幅。但提高频率后会增大声学系统内的传播损耗，因而大功率超声波焊机在设计时一般选择 16~20kHz 的较低频率。低于 16kHz 的频率由于出现噪声而很少采用。

硬度及屈服强度较低的材料宜于采用较低的频率，反之，则选用稍高的频率。

由于超声波焊过程中负载变化剧烈，随时可能出现失谐现象，从而导致接头强度降低或不稳定。因此焊机选择的频率一旦被确定，工艺上就应维持声学系统的谐振，这是稳定焊点质量的基本保证。

焊点抗剪强度与振动频率的关系如图 15-27 所示。可见，材料的硬度越大，厚度越大，偏离谐振频率（即失谐）的影响也就越显著。

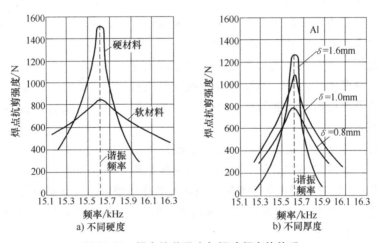

图 15-27　焊点抗剪强度与振动频率的关系

静压力是直接影响功率输出及焊件变形条件的重要因素，它的选择取决于材料厚度及硬度。

通过绘制临界曲线的方法可确定上述各焊接参数的相互影响，如图 15-28 所示。

一般选用最小可用功率时的静压力和比最小可用功率稍高的功率进行焊接。

15.4.4　接头性能及焊接机理

超声波焊的接头具有良好的力学性能。由于焊点强度目前尚无专用的标准，因而焊点的抗剪强度通常是与电阻点焊的抗剪强度相比较。在一般情况下，超声波点焊的焊点强度比电阻点焊的焊点强度最低标准值高一倍

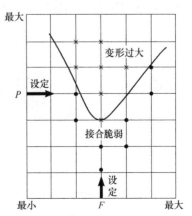

图 15-28　静压力与功率的临界曲线

P—功率　F—静压力

左右。

几种超声波点焊的铝合金焊点的抗剪强度数据见表 15-10。

表 15-10　超声波点焊铝合金焊点的抗剪强度

材料	牌号	工件厚度/mm	平均抗剪强度/10^2N
铝合金	2020-T6	1.0	55.2±2.2
	3003-H14	1.0	32.5±1.8
	5052-H34	1.0	33.4±1.3
	6061-T6	1.0	35.6±1.8
	7075-T6	1.25	68.5±4.0

如果就焊点的疲劳强度与电阻点焊比较，则超声波点焊接头的抗疲劳性能也优于电阻点焊。2024-T3 铝合金焊点的疲劳强度如图 15-29 所示。

超声波点焊的焊点抗剪强度的重复性特别好，焊点的平均剪力变化值小于 10%。

超声波缝焊的接头强度对厚度小于 0.5mm 的薄板而言一般为母材强度的 85%~100%。

由于超声波焊接头的母材未发生过熔化，因而焊点在耐介质腐蚀性能方面与母材几乎没有差别。

超声波焊的焊点表面通常比较粗糙，这是上声极与焊件表面之间相对摩擦的结果。如果焊接参数及声极选择不当，焊点四周可能出现翘曲皱缩，甚至发生焊点周围母材表面的破坏。

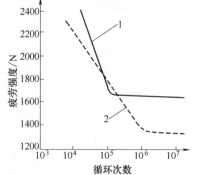

图 15-29　2024-T3 铝合金焊点的疲劳强度
1—超声波焊　2—电阻点焊

超声波点焊的焊点显微组织通常与母材呈相同的组织状态，这是固态焊最主要的特征。纯铝焊点的显微组织如图 15-30 所示。通过金属界面间摩擦所破坏的氧化铝膜以旋涡状被排除在焊点四周，在结合面上没有熔化的迹象，但出现了局部再结晶现象，图 15-30 所示的强烈塑性流动的形貌是超声波焊接头组织的共同特征。

表面有包铝层的 Al-Cu 合金可以在不破坏包铝层的情况下直接进行超声波点焊，这将有利于改善焊点的耐蚀性能。表面有包铝层的 Al-Cu 合金超声波点焊的焊点显微组织如图 15-31 所示。

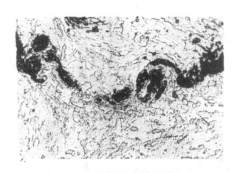

图 15-30　纯铝焊点的显微组织

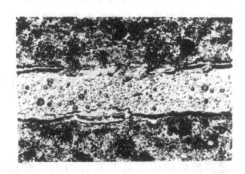

图 15-31　带包铝层的 Al-Cu 合金焊点的显微组织

至此，超声波焊的机理可综述如下：

超声波焊接头的形成主要归因于振动剪切力、静压力和焊区温升三个因素的作用，焊接过程可细分为以下三个进程：

（1）摩擦　超声波焊时，首先由于超声振动而在焊件间产生摩擦，其相对摩擦的速度与摩擦焊时的摩擦速度相近，只是振幅仅为几十微米。此时，焊件表面残留的氧化物等杂质被从焊件表面排除，两母材以洁净的金属表面相互紧密接触。

（2）应力及应变作用　从光弹应力模型可见，切应力的方向每秒可变化几千次，这种应力作用特征也是引起摩擦进程的起因。在促成母材间发生局部连接后，这种振动的应力和应变将为进一步形成金属间冶金结合创造条件。

在上述进程中，由于局部表面滑移及塑性变形，焊区的局部温度升高，经过测定，焊区的温度为金属熔点的 35%~50%。

（3）冶金结合　在上述进程中，焊区金属可发生相变、再结晶、扩散及金属间的键合等冶金现象，这已为光学显微镜和电子显微镜对焊缝进行检测分析结果所证实。

15.4.5　超声波焊的应用

铝及铝合金硬度低，延性好，不仅适于采用超声波焊，而且适于超声波焊铝与其他许多金属，例如 Al 与 Cu、Ge、Au、Ta、Ni、Pt、Zr、Mg、Be 及硅、铁、钢、不锈钢等。

超声波焊广泛用于微电子器件的连接及电子器件的封装等工业生产。其中最成功的应用是集成电路元件的连接。例如，在 $1mm^2$ 的硅片上，数百条直径为 25~50μm 的 Al 丝与涂 Au 的厚膜之间需用焊接方法连接起来，其互连质量及成品率曾是集成电路制造工艺中的关键。早期的连接方法为热键合法（即金丝球法）。由于其热阻性高，对芯片有热损伤，该法已逐步被淘汰，取而代之的是超声波焊接法和由超声波与热压相结合的热点键合法。

制造太阳能硅电池（如卫星上用的太阳能电池）时，已采用超声波焊取代电阻焊，其电路内的涂膜硅片的厚度为 0.15~0.2mm，铝导线的厚度为 0.2mm。

在飞船的核电转换装置中，Al 和不锈钢组件的超声波焊也获得了应用。

在 ODFPS2-25000/500 型超高压变压器的屏蔽构件上，共采用了 500 个组件，计有 50000 个焊点，屏蔽铝箔的厚度为 0.06mm，超声波点焊后，每个焊点的接地电阻值小于 0.7Ω。

在微机的制造中，超声波点焊方法正逐步替代原来的钎焊及电阻焊方法，例如，已使用超声波点焊铝励磁线圈与铝导线的接头。

现在，超声波焊接的铝塑复合管已被大量使用。应用的一种超声波缝焊机，功率为 2kW，焊接速度为 4~12m/min，可焊厚度为 0.2~0.5mm 的铝箔。这种缝焊机可满足连续 72h 工作的要求，并能保持稳定的输出。

铝箔生产线上的接头、包装件的密封、铝制罐的密封等，也都借助于超声波焊技术。

第16章　焊接接头质量检验

16.1　概述

　　焊接检验是铝合金焊接结构生产过程中质量保证和控制的重要环节。它是指对焊接结构及其生产过程的检验。其检验内容不仅包括对焊缝或焊接接头的质量检验，而且包括对制造该产品的原材料、生产人员、采用的设备、制定的工艺方法和生产环境等的检验。本章主要针对铝合金焊接接头的质量检验展开论述，其他检验内容读者可参阅《焊接手册》《焊接工程师手册》等工具书。

　　焊接接头在制造过程中受各种因素的影响，其质量不可能完美无缺，不可避免地会产生焊接缺陷，这些焊接缺陷可在不同程度上影响结构的质量和安全使用。

　　焊接缺陷是指由焊接过程在焊接接头中发生的金属不连续、不致密或连接不良的现象。焊接接头中一般都存在缺陷，缺陷的存在将影响焊接接头的质量。例如：气孔首先影响焊缝的致密性，其次减小焊缝的有效面积，降低焊缝的强度和韧性；裂纹的危害比气孔更为严重，因为裂纹两端的缺口效应会造成严重的应力集中，很容易引起扩展，形成宏观裂纹或造成整体断裂。因此，焊接缺陷的存在将直接影响到焊接结构的安全使用。但是，要获得无缺陷的焊接接头在技术上是相当困难的，也是不经济的。焊接缺陷的种类很多，各类缺陷的形态不同，对接头质量的影响也不相同。因此根据焊接结构使用的环境不同，对其质量要求也不一样，有些结构的焊接接头中允许有一定数量和一定尺寸的缺陷存在，有些重要结构则不允许存在任何缺陷。

　　评定焊接接头质量优劣的依据是缺陷的种类、大小、数量、形态、分布及危害程度。焊接接头中的缺陷，有的可通过补焊来修复，有的需要铲除焊道后重新焊接，有的直接作为判废的依据。

　　国际焊接学会（IIW）第Ⅴ委员会从质量管理角度提出了两个质量标准 Q_A 和 Q_B 来评判焊接缺陷的严重程度，如图16-1所示。Q_A 是用于正常质量管理的质量水平，它是生产厂家的努力目标，必须按 Q_A 进行管理生产，Q_A 也是用户的期望标准；Q_B 是根据合于使用准则确定缺陷容限的最低质量水平，只要产

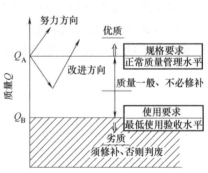

图16-1　IIW—Ⅴ的质量标准示意图

品质量不低于 Q_B 的质量水平，该产品即使存在焊接缺陷，也能满足使用要求，不必返修就可以投入使用。如果达不到 Q_B 的质量水平，则该产品存在的焊接缺陷只能经修补处理后才能使用，否则报废。

这样，达到 Q_A 标准以上的焊接产品便可认为是无焊接缺陷的优质产品，而达不到 Q_B 标准的焊接产品即为有严重焊接缺陷的劣质产品，处于 Q_A 和 Q_B 标准之间的产品就属于虽有焊接缺陷但可使用的一般质量的产品。这里 Q_B 的质量水平便成为产品验收的最低标准。

必须指出，焊接缺陷对每一结构，甚至每一结构中的每一构件都不相同。通常由测试、计算和相关判据（如"焊接结构的安全评定"等）才能确定。

焊接检验的目的之一就是运用各种检验方法把接头的各种缺陷检查出来，并按有关标准进行评定，以决定对缺陷的处理。

16.2　焊接接头质量检验方法

16.2.1　焊接检验方法的分类

铝合金焊接接头质量检验方法，按其特点和内容可归纳为表16-1所列的两大类。

表 16-1　焊接检验方法分类

类别	特点	内容	
破坏性检验	检验过程中需破坏被检对象的结构	力学性能试验	包括拉伸、弯曲、冲击、硬度、疲劳、韧度等试验
		化学分析与试验	化学成分分析、晶间腐蚀试验、微区成分分析
		金相与断口的分析试验	宏观组织分析、微观组织分析、断口检验与分析
非破坏性检验	检验过程中不破坏被检对象的结构和材料	外观检验	包括母材、焊材、坡口、焊缝等表面质量检验，成品的外观几何形状和尺寸的检验
		强度试验	水压强度试验、气压强度试验
		致密性试验	气密性试验、吹气试验、载水试验、水冲试验、沉水试验、煤油试验、渗透试验、氦检漏试验等
		无损检测试验	射线检测、超声波检测、渗透检测

16.2.2　破坏性检验方法

破坏性检验是从焊件或试件接头部位上切取试样，或以产品（或模拟体）的整体破坏做试验，以检验其各种力学性能、化学成分和金相组织等的试验方法。

需要指出的是，破坏性检验中的许多试验方法与焊接性试验中使用的方法是一样的，只是试验的目的和要求有些差别。前者用于批量生产的产品质量抽检及产品失效分析，后者用于材料性能的评定。

1. 焊缝金属及焊接接头力学性能试验

（1）拉伸试验　拉伸试验用于评定焊缝或焊接接头的强度和塑性。抗拉强度和屈服强度的差值（$R_m - R_{eL}$）能定性说明焊缝或焊接接头的塑性储备量。通过断后伸长率（A）和断面收缩率（Z）的比较可以看出塑性变形的不均匀程度，能定性说明焊缝金属的偏析和组织不均匀性，以及焊接接头各区域的性能差别。

焊缝金属的拉伸试验应按 GB/T 2652—2022《金属材料焊缝破坏性试验　熔化焊接头焊

缝金属纵向拉伸试验》标准执行。焊接接头的拉伸试验应按 GB/T 2651—2023《金属材料焊缝破坏性试验 横向拉伸试验》标准执行。

（2）弯曲试验 试验用于评定焊接接头塑性并可反映出焊接接头各个区域的塑性差别，暴露焊接缺陷，考核熔合区的接合质量。弯曲试验可分为横弯、纵弯、正弯、背弯和侧弯试验。侧弯试验可评定焊缝与母材之间的接合强度、双金属焊接接头过渡层及异种材料接头的脆性、多层焊的层间缺陷等。

焊接接头的弯曲试验应按 GB/T 2653—2008《焊接接头弯曲试验方法》标准进行。

（3）冲击试验 冲击试验用于评定焊缝金属和焊接接头的韧性和缺口敏感性。试样为 V 型缺口，缺口应开在焊接接头最薄弱区，如熔合区、过热区、焊缝根部等。缺口表面粗糙度、加工方法对冲击值均有影响。缺口加工应采用成形刀具，以获得真实的冲击值。V 型缺口冲击试验应在专门的试验机上进行。根据需要可以做常温冲击、低温冲击和高温冲击试验。后两种试验需把冲击试样冷却或加热至规定温度下进行。

冲击试样的断口情况对接头是否处于脆性状态的判断很重要，常常被用于宏观和微观断口分析。

焊接接头冲击试验应按 GB/T 2650—2022《金属材料焊缝破坏性试验 冲击试验》标准进行。

（4）硬度试验 硬度试验用于评定焊接接头的硬化倾向，并可间接考核焊接接头的脆化程度。硬度试验可以评定焊接接头的洛氏、布氏和维氏硬度，以对比焊接接头各个区域性能上的差别，找出区域性偏析和熔合区的硬化或软化倾向。

焊接接头硬度试验应按 GB/T 2654—2008《焊接接头硬度试验方法》的标准进行。

（5）断裂韧度 K_{IC} 或 COD 试验 断裂韧度 K_{IC} 或 COD 试验用于评定焊接接头的断裂韧度，通常将预制疲劳裂纹分别开在焊缝、熔合线和热影响区，评定各区的断裂韧度。试验应按 GB/T 4161—2007《金属材料 平面应变断裂韧度 K_{IC} 试验方法》或 GB/T 28896—2023《金属材料 焊接接头准静态断裂韧度测定的试验方法》的标准进行。

（6）疲劳试验 疲劳试验用于评定焊缝金属和焊接接头的疲劳强度及焊接接头疲劳裂纹扩展速率（da/dN）。

评定焊缝金属和焊接接头的疲劳强度时，应按 GB/T 4337—2015《金属材料 疲劳试验 旋转弯曲方法》、GB/T 3075—2021《金属材料 疲劳试验 轴向力控制方法》、GB/T 26077—2021《金属材料 疲劳试验 轴向应变控制方法》等标准进行。焊接接头疲劳裂纹扩展速率测定方法可按照或参考 GB/T 6398—2017《金属材料 疲劳试验 疲劳裂纹扩展方法》的规定进行。

2. 焊接金相检验

焊接金相检验（或分析）是把截取焊接接头上的金属试样经加工、磨光、抛光和选用适当的方法显示其组织后，用肉眼或在显微镜下进行组织观察，并根据焊接冶金、焊接工艺、金相图与相变原理和有关技术文件，对照相应的标准和图谱，定性或定量地分析接头的组织形貌特征，从而判断焊接接头的质量和性能，查找接头产生缺陷或断裂的原因，以及与焊接方法或焊接工艺之间的关系。金相分析包括光学金相分析和电子金相分析。光学金相分析包括宏观分析和显微分析。

（1）宏观组织检验 宏观组织检验也称低倍检验，直接用肉眼或通过 30 倍以下的放大镜来检查经侵蚀或不经侵蚀的金属截面，以确定其宏观组织及缺陷类型，能在一个很大的视域范围内，对材料的不均匀性、宏观组织缺陷的分布和类别等进行检测和评定。

对于焊接接头，主要观察焊缝一次结晶的方向、大小，熔池的形状和尺寸，各种焊接缺陷如夹杂物、裂纹、未焊透、未熔合、气孔、焊道成形不良等，焊层断面形态，熔合线，焊接接头各区域（包括热影响区）的界限尺寸等。

（2）显微组织检验　利用光学显微镜（放大倍数在50~2000）检查焊接接头各区域的微观组织、偏析和分布。通过微观组织分析，研究母材、焊接材料与焊接工艺存在的问题及解决的途径。例如，对焊接热影响区过热区组织形态和各组织百分数相对量的检查，可以估计出过热区的性能，并可根据过热区组织情况来决定对焊接工艺的调整，或评价材料的焊接性等。

（3）断口分析　断口分析是对断裂试样或构件断裂的破断表面形貌进行研究，了解材料断裂时呈现的各种断裂形态特征，探讨其断裂机理和材料性能的关系。

断口分析的目的：①判定断裂性质，寻找破断原因；②研究断裂机理；③提出防止断裂的措施。因此，断口分析是事故（失效）分析中的重要手段。在焊接检验中主要是了解断口的组成、断裂的性质（塑性或脆性）及断裂的类型（晶间、穿晶或复合）、组织与缺陷及其对断裂行为的影响等。断口主要来源于冲击、拉伸、疲劳等试样的断口，折断试验法的断口和结构破裂、失效的断口等。

断口分析一般包括宏观分析和微观分析。前者指用肉眼或20倍以下的放大镜分析断口，后者指用光学显微镜或电子显微镜研究断口。宏观分析和微观分析不可分割，互相补充，不能互相代替。

宏观断口分析主要是看金属断口上纤维区、放射区和剪切唇三者的形貌、特征、分布及各自所占的比例（面积），从中判断断裂的性质和类型。如果是裂纹，就可以确定断裂源的位置和裂纹扩展的方向等。

微观断口分析的目的是进一步确认宏观分析的结果，它是在宏观分析基础上，选择断裂源部位、扩展部位、快速破断区及其他可疑区域进行微观观察。

光学显微镜使用方便，设备简单，常用立式显微镜直接观察断口。由于光学显微镜的景深和物镜的工作距离较小，观察粗糙的断口较困难，只能在几十倍下观察。更高倍数观察常被现代的电子显微镜代替。

透射电子显微镜（TEM）的景深大，分辨能力和放大倍数均很高，对于观察粗糙断口的细节很有效，因而可获得更多有用信息，且得到的断口图像清晰。用透射电镜研究断口必须采用复型法，复型的制取方法有一次复型和二次复型两种。由于采用复型法，因此不必切割试样，这为一些体积庞大的断口做分析提供了便利。

扫描电子显微镜（SEM）具有景深大、可直接观察断口、不需要制备复型、图像清晰，且能从低倍到高倍连续定点观察等优点，这对寻找断裂源、跟踪断裂途径及研究细节很有效，故被广泛采用。但断口试件不能很大（$\phi 20mm$ 以下），分辨率较低（约 10nm）。扫描电镜还常配有 X 射线波长色散谱仪和 X 射线能量色散谱仪，可用来分析断口上的微区化学成分，对断口表面的夹杂物、腐蚀产物等进行分析，这对分析断裂失效原因很有用。

为能顺利地进行断口分析，必须保证断口清洁和不受损伤，否则就会影响分析和判断，甚至会导致错误的结论。为防止断口的氧化和腐蚀，可将失效件置于干燥器内，或与干燥剂同置于密封箱内。需长期保存者，应加涂层保护并与硅胶同时装入塑料袋内封存。

　　清理断口上的锈迹、附着物时应慎重，因它常反映所处的环境情况。最好先做化学、X射线结构或能谱分析，再清洗断口，取样时，不应损伤断口。如采用火焰切割，应防止热的影响和熔化金属飞溅；如用锯或砂轮片切割，宜干切，或先加涂层保护再切。断口上的灰尘及散落物，可用压缩空气或小毛刷清理，油脂可用丙酮等溶剂清洗。断口清洗后，用酒精淋洗并热风吹干后即可观察。

　　表16-2所列为几种主要断裂方式的断口特征，供判断断裂性质时参考；表16-3所列为焊接裂纹的断口分析。

表16-2　几种主要断裂方式的断口特征

断裂方式	延性断裂		脆性断裂		疲劳断裂	
	切断型	正断型（纤维区）	缺口脆断	低温脆断	低周疲劳	高周疲劳
放射花样	不出现,高强钢有时出现	不出现	明显	稍不明显	较不明显,极粗,近于平行的人字纹	明显,极细
弧形迹线	不出现	不出现	不出现	不出现	贝纹线,应力幅大时明显	贝纹线,应力幅小时不明显
断口粗糙程度	比较光滑	粗糙,呈齿状	极粗	粗糙	较光滑,粗糙程度与裂纹扩展速度成正比	极光滑,粗糙程度与裂纹扩展速度成正比
色彩	较弱的金属光泽	灰色,熟丝状光泽	白亮色,接近金属光泽	结晶状金属光泽	白亮色	灰黑色,扩展越大越白
与最大正应力的夹角	45°	宏观断口呈直角(平)	直角(平)	直角(平)	扩展小时直角,扩展速度大时近45°	直角
缺陷断口形态	菊花状平断口	无区别	不出现	不出现	不很明显,有时呈延性断口	有裂纹核心区,扩展中有时明显出现

表16-3　焊接裂纹的断口分析

裂纹类型	裂纹形式	主要成因	断口特征
热裂纹（晶间裂纹）	凝固(结晶)裂纹	焊缝金属结晶发生偏析,在晶界形成低熔点化合物所致	在断口上可看到低熔点化合物存在,铝合金中多为低熔点共晶物,如 Si、$CuAl_2$、Mg_2Si、$CuMgAl_2$、$CuMg_5Si_4Al_4$ 等;电子衍射可以鉴定这些化合物
	液化裂纹	靠近熔合线的母材上发生,晶界上的低熔点化合物发生局部熔化,形成液态薄膜而弱化	在晶界上析出第二相,铝合金中多为低熔点金属间化合物(低熔点共晶物)

（4）化学分析与试验

1）化学成分分析。主要是对焊缝金属的化学成分进行分析。从焊缝金属中钻取试样是关键，除应注意试样不得氧化和沾染油污外，还应注意取样部位在焊缝中所处的位置和层次。不同层次的焊缝金属受母材的稀释作用不同。一般以多层焊或多层堆焊的第三层以上的成分作为熔敷金属的成分。

2）扩散氢的测定。熔敷金属中扩散氢的测定有45℃甘油法、水银法和热导法三种。过去多用甘油法，按《熔敷金属中扩散氢测定方法》（GB/T 3965—2012）规定进行。但甘油法测定精度较差，正逐步被热导法所代替。水银法因污染问题而极少应用。

3）腐蚀试验。金属和焊接接头的腐蚀破坏有总体腐蚀、晶间腐蚀、刀状腐蚀、点腐蚀、应力腐蚀、海水腐蚀、气体腐蚀和腐蚀疲劳等。非热处理强化的铝及铝合金（Al、Al-

Mn、Al-Mg 合金）的耐蚀性优于热处理强化的铝合金的耐蚀性。

各种铝合金在腐蚀环境中几乎都有产生应力腐蚀的倾向，只是敏感程度不等而已。评定母材或焊接接头在应力状态下的腐蚀抗力的方法有常规力学方法和断裂力学方法。常规力学方法主要有恒载拉伸试验法等，通过试验可以获得断裂应力与断裂时间关系曲线，在规定时间内试样不发生断裂的最大应力被定义为在该介质中的临界应力，记为 σ_{SCC}。断裂力学方法是采用标准试样在应力腐蚀条件下测定临界断裂韧度 K_{ISCC} 或 J_{ISCC}，以及应力腐蚀裂纹的亚临界扩展速率 da/dt。

临界应力 σ_{SCC} 和断裂韧度 K_{ISCC}、J_{ISCC}，以及应力腐蚀裂纹扩展速率都可作为评定金属材料及焊接接头在腐蚀介质中应力腐蚀抗力的性能指标，并用于工程设计和寿命估算。比值 $\dfrac{\sigma_{SCC}}{R_{eL}}$ 和 $\dfrac{K_{ISCC}}{K_{IC}}$ 可以作为衡量材料应力腐蚀性能的敏感性指标，这里 R_{eL} 和 K_{IC} 分别为材料在空气中的下屈服强度和断裂韧度。

目前国家标准的应力腐蚀试验方法都是适用于均质材料的，适用于焊接接头的试验标准尚未制定。对焊接接头各部位的应力腐蚀性能的测定多采用热模拟技术来制备试样。

16.2.3 非破坏性检验方法

非破坏性检验是不破坏被检对象的结构和材料的检验方法，它包括外观检验、压力（强度）试验、致密性试验和无损检测试验等。

（1）外观检验 外观检验是用肉眼或借助样板或用低倍放大镜观察焊件，以发现表面缺陷及测量焊缝外形尺寸的方法。

表面缺陷主要是未熔合、咬边、焊瘤、裂纹和表面气孔等。多层焊时，应重视根部焊道的外观质量。因为根部焊道最先施焊，散热快，最易产生根部裂纹、未焊透、气孔、夹杂等缺陷，它还承受随后各层焊接时所引起的横向拉应力。大厚度铝合金板的焊接接头应进行两次以上检验，一次在焊后立即检验，以后再结合液压、气密、表面处理、存放等试验或工序后继续对焊接接头表面进行外观检验。

对焊接接头一般应 100% 地进行外观检验，外观检验的工具一般为目视或采用 5~10 倍的放大镜。焊接接头外部出现缺陷常常是焊接接头内部产生缺陷的标志，需要接头内部检测以后才能最后评定。

焊缝外形及其尺寸的检查通常借助样板或量规进行，如图 16-2 和图 16-3 所示。

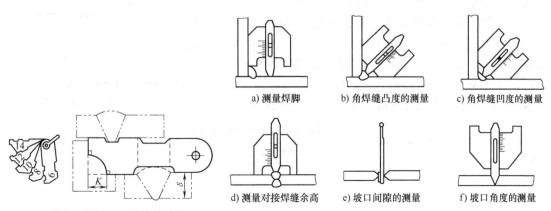

图 16-2 样板组和焊缝的质量

a) 测量焊脚 b) 角焊缝凸度的测量 c) 角焊缝凹度的测量
d) 测量对接焊缝余高 e) 坡口间隙的测量 f) 坡口角度的测量

图 16-3 万能量规及其用法

（2）其他试验方法 产品制造技术条件中有时规定，焊接结构需进行焊接接头致密性试验，如容器类焊接结构的液压强度试验、气压试验等。这些试验的结果也是对焊接接头缺陷及性能的合用性的最终评定。这些试验应按相应标准的要求及相关试验的规程进行。

16.2.4 无损检测

无损检测（NDT）属于非破坏性检验。它是不损伤被检查焊接接头或产品的性能和结构完整性而检测其缺陷的方法。现代无损检测技术不仅能判断缺陷是否存在，而且能对缺陷的性质、形状、大小、位置、取向等做出定性、定量的评定，还能借此分析缺陷的危害程度。这是一项使用非常方便、检验速度快而又不损伤产品的适用技术。

凡能对材料或构件实行无损检测的各种力、声、光、热、电、磁、化学、电磁波或核辐射等方法，广义上都可认为是无损检测方法。对于铝及铝合金焊接接头，通常采用射线、超声波（包括相控阵超声）、渗透、涡流这四种常规无损检测方法，其中射线和超声波检测适用于焊缝内部缺陷的检测，渗透和涡流检测则适用于焊缝表面质量的检验。每一种无损检测方法都有其优点和局限性，因此应根据焊缝的材质和结构形状来选择合适的检测方法。

随着无损检测技术的进步，其他新型的无损检测技术不断涌现，如声发射、激光全息、红外、微波等。这里重点介绍铝及铝合金焊接接头常用的无损检测方法——射线、超声波、渗透和涡流检测。铝及铝合金焊接接头的无损检测方法的适用性和特点见表16-4。

表 16-4 主要无损检测方法的适用性和特点

序号	检测方法	缩写	最适用的缺陷类型	基本特点
1	射线检测	RT	内部缺陷	直观,体积型缺陷灵敏度高
2	超声波检测	UT	表面与内部缺陷	速度快,平面型缺陷灵敏度高
3	渗透检测	PT	表面开口缺陷	操作简单
4	涡流检测	ET	表层缺陷	适用于导体材料的构件

1. 射线检测

焊缝射线照相是检验焊缝完好性的传统方法，特别适用于检测体积状缺陷，当焊缝厚度≤20mm 时，也可检测出开口性裂纹等平面形缺陷。

（1）射线照相原理 焊缝射线照相是利用（X、γ）射线源发出的贯穿辐射线穿透焊缝后使胶片感光，焊缝中的缺陷影像便显示在经过处理后的射线照相底片上，如图 16-4 所示。

（2）射线源输入的选择 射线源的种类很多，在焊缝射线照相探伤中主要采用的是 X 射线和 γ 射线。射线照相的主要参数是射线的能量与射线源尺寸。射线源尺寸越小缺陷影像越清晰。在能够达到穿透焊件使胶片感光的前提下，应当选择能量较低的射线以提高缺陷影像的反差。射线源尺寸与最大穿透厚度见表16-5。

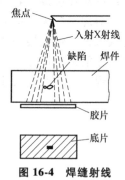

图 16-4 焊缝射线照相检测原理

表 16-5 射线源尺寸与最大穿透厚度

射线源	能量/keV	焦点尺寸/mm	钢最大穿透厚度/mm		铝合金最大穿透厚度（高灵敏度）/mm
			高灵敏度	低灵敏度	
X 射线	50	—	1	2	20
	75	—	3	5	50
	100	1.0	10	25	100

（续）

射线源	能量/keV	焦点尺寸/mm	钢最大穿透厚度/mm		铝合金最大穿透厚度（高灵敏度）/mm
			高灵敏度	低灵敏度	
X 射线	150	2.0	15	50	130
	200	3×3	25	75	160
	300	3.0	40	90	200
	400	4~4.5	75	110	300
	1000	7.0	125	160	—
	2000	—	200	250	—
	8000	2.0	300	350	—
	30000	0.2~0.3	325	400	—
γ 射线	Ir192	0.5~2	60	100	—
	Co60	2~4	125	200	—
	Yb169	0.3~0.5	3	12	—

（3）射线照相胶片的选择　射线穿透焊件后形成的缺陷潜影是眼睛所观察不到的，利用胶片表面乳胶膜的感光特性可以把射线强度潜影转化成可见影像。乳胶膜是由能够感光的银盐颗粒和明胶构成，银盐颗粒越细越容易看出缺陷影像的细节。因此，胶片的质量可以用乳剂层中的银盐粒度、感光速度和反差系数来表达。常用的工业射线照相胶片可分为四个等级，见表 16-6。银盐粒度越小缺陷影像越清晰，但是感光速度变慢，曝光量会成倍增加。因此，只在检测细小裂纹等缺陷时才选用微粒或超微粒胶片。

表 16-6　工业 X 射线胶片的分类和特性

分类	粒度/μm	反差	速度	对应胶片					适用范围
				天津	Agfa	Kodak	Fuji	Do Pont	
I	超微粒 0.07~0.25	很高 4.0~8.0	慢 4.1~10.1	—	D2 D3	SR DR R	25 50	NDT 35 45	检查铝合金，铅屏增感或不增感
II	微粒 0.27~0.46	高 3.7~7.5	较慢 1.6~2.85	V	D4 D5	M MX T	59 80	NDT 55	检查细裂纹，也用来检查轻金属
III	细粒 0.57~0.66	中 3.5~6.8	中 1	III	D7	AX AA CX	100	NDT 65 70	检查钢焊缝
IV	粗粒 0.67~1.05	低 3.0~6.0	快 0.6~0.7	II	D8 D10	RP	150 400	NDT 75 89	采用荧光增感检验厚件，弥补射线穿透能力不足

射线束中的射线量子射到胶片银盐颗粒上以后，除了使其感光，量子的剩余能量会使银盐颗粒释放出自由电子并使其周围颗粒再次感光，形成一个感光圆而不是一个感光点，因而影像不是很清晰。胶片不清晰度 U_f 主要取决于乳胶膜中的银含量与明胶比，并且与射线的能量有很大关系，见表 16-7。

表 16-7　胶片不清晰度 U_f 与射线输入能量之间关系的试验值

能量/MeV	0.05	0.10	0.20	0.30	0.40	1.00	2.00	5.00	8.00	20.0	24.0	Ir-192	Co-60
U_f/mm	0.03	0.05	0.09	0.12	0.15	0.24	0.32	0.45	0.60	0.80	0.95	0.17	0.35

（4）增感屏的选择　射线照相采用的增感屏分为荧光、金属荧光和金属箔三类，前两类在焊缝的检验中已基本不采用，而广泛应用的是金属箔增感屏。对增感屏的基本要求是厚

度均匀、表面光滑平整、有一定的刚性和不易损伤等。金属箔增感屏的尺寸与胶片尺寸相同，其厚度依据射线输入按表16-8的推荐值进行选择。

表 16-8　增感屏厚度

射线种类	增感屏材料	前屏厚度/mm	后屏厚度/mm
<120keV	铅	—	≥0.1
120~250keV	铅	0.025~0.125	≥0.1
250~500keV	铅	0.05~0.16	≥0.1
1~3MeV	铅	1.0~1.6	1.0~1.6
3~8MeV	铜、铅	1.0~1.6	1.0~1.6
8~25MeV	钽、钨、铅	1.0~1.6	1.0~1.6
Ir-192	铅	0.05~0.16	≥0.16
Co-60	铜、钢、铅	0.5~2.0	0.25~1.0

（5）射线照相检验级别　为了评定射线照相技术对缺陷影像质量的影响，习惯上在工件的表面放置一个钢丝或钻孔形的像质计随工件一起透照，因此它的影像也出现在底片上。通常把眼睛可识别的最小钢丝直径或孔径的影像用来衡量射线照相技术与底片处理过程的质量，简称像质指数或像质计灵敏度。

底片上影像的质量与射线照相技术和器材有关，按照采用的射线源种类及其能量的高低、胶片类型、增感方式、底片黑度、射线源尺寸和射线源与胶片距离等参数，可以把射线照相技术划分为若干个质量级别。例如 GB T 3323.1—2019《焊缝无损检测　射线检测　第1部分：X 和伽玛射线的胶片技术》标准中就把射线检测技术的质量划分为 A 级和 B 级，质量级别顺次增高，因此可根据产品的检验要求来选择合适的检验级别，其中 A 级为普通级，B 级为优化级。标准中规定，不同透照厚度和检验级别的像质指数应达到标准所规定的要求。

（6）射线照相像质计灵敏度与裂纹的检出率　射线照相的像质计灵敏度（即像质指数）与钢丝影像在底片上的对比度和清晰度有关。研究表明：像质计灵敏度与缺陷的检出率没有直接关系，特别是裂纹的检出能力与像质计灵敏度的关系更小。反之，底片的清晰度与裂纹的检出率有较大的相关性。清晰度可由影像的虚影大小来测量，其值与透照技术中占主导的几何不清晰度（U_g，该值近似与射线源尺寸成正比，与射线源到胶片间的距离 S_{fd} 成反比）和胶片固有不清晰度（U_f）有关。几何不清晰度与胶片固有不清晰度对像质计灵敏度与裂纹相对检出率的影响（由 U_g/U_f 度量）如图 16-5 所示。从图中可以看出：像质计灵敏度与几何不清晰度关系不大，甚至当几何不清晰度 U_g 的变化范围达

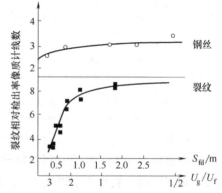

图 16-5　像质计灵敏度和裂纹相对检出率与几何不清晰度的关系

（0.5~2.5）U_f 时，可识别像质计钢丝影像的直径仅变化一根；反之，裂纹检出率的改变却很大，为提高裂纹的检出率，还应该使射束尽可能与裂纹的方向平行。

（7）焊缝射线照相的一般程序　焊缝射线照相前首先应充分了解被检验焊件的材质、焊接方法和几何尺寸等参数，确定检验要求与验收标准，然后选择射源、胶片、增感屏和像

质计等，并进一步确定透照方式和几何条件。焊缝射线照相的一般程序见表16-9。

表 16-9　焊缝射线照相的一般程序

序号	项目	内　容
1	射线照相条件准备	检验对象与检验要求的确定→射线照相质量等级的选用→射线源和能量的选用→胶片与增感屏的选用→像质计的选用及放置要求→透照方式和几何条件的确定
2	焊缝射线照相	放置胶片、像质计与标记→按几何要求放置射线源→无用射线和散射线的屏蔽→按曝光规范进行透照→胶片的暗室处理→底片质量的检验
3	焊缝质量评定	底片的观察与缺陷评定→焊缝质量级别的确定→评定记录与检验报告→底片及报告的存档

（8）底片上缺陷影像的识别　焊缝缺陷一般分为裂纹、气孔、夹渣、未熔合与未焊透、形状缺陷以及其他缺陷等。其中常见焊接缺陷影像的特征见表16-10。在焊缝射线照相底片上除上述缺陷影像外，还可能出现一些伪缺陷影像，应注意区分以避免将其按焊缝缺陷处理，造成误判。几种常出现的伪缺陷及其原因见表16-11。

表 16-10　底片上常见焊接缺陷影像的特征

缺陷种类	缺陷影像特征	产生原因
气孔	多数为圆形、椭圆形黑点，其中心黑度较大，也有针状、柱状气孔。其分布情况不一，有密集的、单个的和链状的	1）焊丝表面清理不净 2）母材表面清理不净 3）焊接速度太快或弧长过长 4）母材坡口处存在夹层
夹渣	形状不规则，有点、条块等，黑度不均匀。一般条状夹渣都与焊缝平行，或与未焊透、未熔合等混合出现	1）母材和焊丝表面清理不净 2）多层焊时，层间清理不彻底
未焊透	在底片上呈现规则的、直线状的黑色线条，常伴有气孔或夹渣。在X、V形坡口的焊缝中，根部未焊透都出现在焊缝中间，K形坡口则偏离焊缝中心	1）间隙太小 2）焊接电流或电压不当 3）焊接速度太快 4）坡口不正常等
未熔合	坡口未熔合影像一般一侧平直、另一侧有弯曲，黑度淡而均匀，时常伴有夹渣。层间未熔合影像不规则，且不易分辨	1）坡口不够清洁 2）坡口尺寸不当 3）焊接电流或电压小
裂纹	一般呈直线或略带锯齿状的细纹，轮廓分明，两端尖细，中部稍宽，有时呈现树枝状影像	1）母材与焊接材料不当 2）焊接热处理不当 3）应力太大或应力集中 4）焊接工艺不正确
夹钨	底片上呈现圆形或不规则的亮斑点，且轮廓清晰	采用钨极气体保护焊时，钨极爆裂或熔化的钨粒进入焊缝金属

表 16-11　焊缝射线照相底片上常出现的伪缺陷及其原因

影像特征	可能的原因
细小霉斑	底片陈旧发霉
底片角上边缘有雾	暗盒封闭不严，漏光
普遍严重发灰	红灯不安全，显影液失效或胶片存放不当或过期
暗黑色珠状影像	显影处理前溅上显影液滴
黑色枝状条纹	静电感光
密集黑色小点	定影时，银粒子流动
黑度较大的点和线	局部受机械压伤或划伤
淡色圆环斑	显影过程中有气泡
淡色斑点或区域	增感屏损坏或夹有纸片，显影前胶片上溅上定影液也会产生这种现象

（9）射线照相底片的评定　射线探伤是目前应用最多的铝及铝合金焊接接头无损检验方法。由于各行业对铝合金焊接接头的性能要求不同，因此对于铝及铝合金焊缝的射线照相底片评定必须依据各行业的标准来进行。一般的评定程序为：首先对底片本身质量进行检查，看其像质指数、黑度、识别标记和伪缺陷影像等指标是否达到标准的要求，然后对合格底片再根据缺陷性质和数量进行焊缝质量评级。这里不再赘述。

（10）射线照相的新技术——缺陷的实时显示（即数字成像 X 射线检测）　虽然采用胶片射线照相方式具有较好的分辨率、较高的对比度及底片黑度动态范围大等特点，但由于胶片感光时，胶片吸收射线的效率很低，从而导致曝光时间增长，又需要后续的显影、定影与干燥处理等，使得从照相到底片可观察的时间变得很长，成本也因而增高。另外，因为难以实现检验过程的自动化，其应用范围受到一定的限制。

在替代胶片的射线照相技术中，目前能实现缺陷影像实时显示的技术主要有 X 射线图像增强器系统，并已达到实用阶段。它是采用一种可以把 X 射线转化为光线的图像转换增强器放在待检工件后面，缺陷影像经过增强后亮度很高，增强系数达 100~1000 倍，但尺寸缩小为原来的近 1/10。缺陷的光学影像再经过大广角透镜组投射到摄像机上，如图 16-6 所示。由于亮度高，因此不需要高灵敏度摄影机即可满足焊缝射线照相时缺陷显示的要求。目前，该系统已在工业系统中得到了初步应用。

2. 超声波检测

超声波一般是指频率高于 20kHz、人耳不易听到的一种机械波。高频的超声波波束具有与光学相近的指向性，所以可用于无损检测。超声波检测法（UT）是利用超声波探测材料表层和内部缺陷的无损检测方法。

超声波检测适用于检测焊缝中的平面型缺陷，如裂纹、未焊透和未熔合等。焊缝厚度较大时（如 ≥20mm），其优点更明显。

（1）超声波检测原理　焊缝检测时常用脉冲反射法超声波检测。它是利用焊缝中的缺陷与正常组织具有不同的声阻抗和声波在不同声阻抗的异质界面上会产生反射的原理来发现缺陷的。检测过程由探头中的压电换能

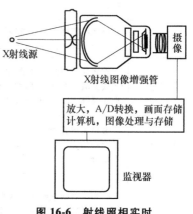

图 16-6　射线照相实时
显示图像增强系统

器发射脉冲超声波，通过声耦合介质（水、油、甘油或糨糊等）传播到焊件中，遇到缺陷后产生反射波，经换能器转换成电信号，放大后显示在荧光屏上或打印在纸带上。根据探头位置和声波的传播时间（在荧光屏上回波位置）可求得缺陷位置；观察反射波的幅度可以近似地评估缺陷的大小，如图 16-7 所示。近年来人们又开发出多种缺陷显示方法，如数字显示、彩色显像等。

（2）超声波探头　探头是一种声电换能器。它由压电晶片、透声楔块和吸收阻尼背衬组成，如图 16-8 所示。常用的压电晶片材料有石英、硫酸锂和钛酸铅等，其功能为将电信号转换为声信号和相反的转换，称为可逆压电效应。有机玻璃楔块可按一定方向把声波传送到焊缝中和完成反向传送。背衬可以吸收杂波以减小脉冲宽度。根据工件的特殊检测要求，还可以选择各种角度专用的聚焦探头、双晶片探头、窄脉冲探头、爬行波探头和电磁声探头等。专用探头的特点见表 16-12。

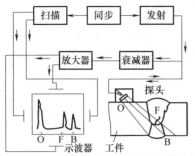

图 16-7　A 型显示脉冲反射式焊缝超声波检测原理图

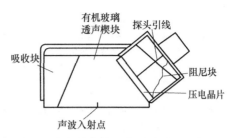

图 16-8　焊缝超声波检测斜探头示意图

表 16-12　焊缝超声波检测各种专用探头的特点

探头类型	应用特点
聚焦探头	波束变细，缺陷横向分辨率高，有利于测量缺陷的实际尺寸。目前，单一探头的聚焦区可达 $100\sim200mm$
双晶片探头	发射与接收晶片分开，始脉冲很窄，减小测量盲区。目前，在常规仪器上脉冲宽度可达 $0.3\mu s$ 以下
窄脉冲探头	脉冲宽度窄，缺陷纵向分辨率高。目前，在常规仪器上脉冲宽度可达 $0.3\mu s$ 以下
爬行波探头	近表面传播的纵波，多采用发收分离式双晶片结构，适用于探测不锈钢堆焊层内和结合面的缺陷及堆焊层下的再热裂纹
电磁声探头	可产生水平极化的横波，不需要耦合剂就可以在焊缝和探头间进行传播，适用于检测奥氏体不锈钢焊缝

（3）超声波探伤仪　目前工业上常用的手工脉冲反射式超声波探伤仪器基本上是由同步、发射、接收和显示等电路组成。除了广泛采用的模拟电路仪器，还可以选用新型的数字化超声波探伤仪。这种以单片或单板机为基础的数字超声波探伤仪，多数都具有存储探伤参数和缺陷波形、计算缺陷坐标位置及打印检验结果等功能（如能存储 100 组检验参数、缺陷波形及上千点的测厚数据等）。近来，利用场致发光显示屏幕的超小型数字超声波仪器，其体积和质量比常规示波管（CRT）仪器减小很多，屏幕亮度很高且与探测厚度无关，这样更便于手工探伤操作。几种常用仪器的主要参数见表 16-13。这些参数对检测过程的影响见表 16-14。

表 16-13　常用的脉冲反射式超声波探伤仪的主要参数

主要参数	CTS 22	CTS 23	USK 7	USIP 12	USN 52	EPOC-Ⅲ	SONIC1200
探伤频率/MHz	$0.5\sim10$	$0.5\sim20$	$0.5\sim10$	$0.5\sim25$	$0.3\sim12$	$0.5\sim15$	$1\sim20$
增益或衰减/dB	80	90	104	120	110	100	110
近表面分辨力/mm	≥3	≥2	≥2	≥1.3	≥1.5	≥1.5	≥1.5
薄板分辨力/mm	—	≤1~1.2	≤1~1.5	0.5	0.6	0.6	0.6
探测范围/mm	10~1200	5~5000	10~1000	5~15000	5~5000	4~5000	5~5000
屏幕尺寸/mm（长×宽）与类型	68×55 CRT	68×55 CRT	70×55 CRT	100×80 CRT	146×67 场致发光	67×60 场致发光	60×60 场致发光
尺寸/mm（宽×高×长或厚）	254×110 ×335	254×140 ×355	240×95 ×300	360×195 ×450	250×133 ×146	156×289 ×48	241×140 ×90
质量/kg	6.2	7.2	5.1	18	2.7	1.2~2.2	1.6~2.7

注：仪器 CTS：中国汕头；US：美国 Krautkramer 公司；EPOC：美国 PANAMETRICS 公司；SONIC：美国 STAVELEY 公司。

表 16-14 超声波探伤仪参数对检测过程的影响

仪器参数	对探伤过程的影响
检测频率	由于声波绕射现象的限制,最高探伤灵敏度约为 1/2 波长。因此提高频率有利于发现小缺陷。频率高,脉冲宽度窄,波束直径小,分辨率高;反之,频率高,声衰减增大,不利于检测厚度大和晶粒粗的材料。碳素钢与合金结构钢焊缝探伤频率为 1~5MHz,不锈钢焊缝为 0.5~1.8MHz
增益与衰减	仪器放大量为 100~120dB,可调节范围在 80~110dB,此值越高仪器适用范围越大,灵敏度越高。读数分档越细,测量精度越高。最细刻度分档为 0.1~2dB
发射脉冲	发射脉冲电压越高,发射声波强度越大,探测深度越深。一般为 100~400V,可探测焊缝厚度达 350mm。脉冲宽度越窄,缺陷的分辨能力越高,一般脉冲宽度为 20~1000ns。脉冲升起时间越短,缺陷位置测量精度越高,一般小于 15ns
频带宽度	仪器频带宽度越宽,阻塞时间越短,上下表面探伤盲区越小,薄板检测分辨能力越高。最大频带宽度可达 15~30MHz;最小探测盲区达 1.3~2mm

(4) 检验级别 焊缝中缺陷的位置、形状和方向直接影响缺陷的声反射信号强度。由于缺陷存在的任意性,超声波检测焊缝的方向越多,波束垂直于缺陷平面的概率越大,缺陷的检出率也越高。我国 NB/T 47013.3—2015《承压设备无损检测 第 3 部分:超声检测》标准中把超声检测技术等级分为 A、B、C 三个级别。超声检测技术等级的选择应符合制造、安装等有关规范、标准及设计图样规定。其中 B 级适合于受压容器。各级中的检测面、检测侧和探头角度的规定见表 16-15 和图 16-9。

表 16-15 焊缝超声波检测的检测面、检测侧和探头折射角

板厚/mm	检测面			检测方法	使用的探头折射角或 K 值
	A	B	C		
<25	单面单侧	单面双侧(1 和 2 或 3 和 4)或双面单侧(1 和 3 或 2 和 4)		直射法及一次反射法	70°(K2.5、K2.0)
≥25~50				直射法	70° 或 60°(K2.5、K2.0、K1.5)
≥50~100	—				45° 或 60°;45°和 60°,45°和 70°并用(K1 或 K1.5;K1 和 K1.5,K1 和 K2.0 并用)
≥100	—	双面双侧			45°和 60°并用(K1 和 K1.5 或 K2 并用)

各级中规定的检测面均应适当地修磨,表面粗糙度值不超过 6.3μm,以保证良好的声耦合。

(5) 超声波检测灵敏度 超声波检测的灵敏度是以发现同厚度同材质对比试块上规定尺寸的人工缺陷来衡量的。常用的人工缺陷有长横孔、平底孔和短横孔等。厚度为 8~40mm 的工件应采用图 16-10a 所示的长横孔试块,厚度大于 40mm 的工件所用长横孔对比试块详见 NB/T 47013.3—2015。距离-波幅曲线如图 16-10b 所示。

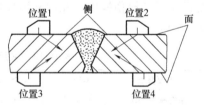

图 16-9 检测面和检测侧

a) 对比试块

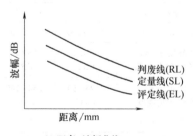

b) 距离-波幅曲线

图 16-10 对比试块与距离-波幅曲线 (DAC)

为了提高钻孔精度，孔径不能太大或太小，一般取孔径 $d \geq 1.5\lambda$（波长），例如 NB/T 47013.3—2015《承压设备无损检测　第 3 部分：超声检测》附录 H 铝和铝合金制及钛承压设备对接接头超声检测方法和质量分级中 1 号对比试块选定的长横孔直径为 2mm。这样，可以通过一组不同深度的 ϕ2mm 孔反射回波制作对应的距离-波幅曲线，从而获取 ϕ2mm 级别的检测灵敏度。另一方面，超声波检测的灵敏度很高，可以发现很细小的焊缝缺陷，几乎不受工件厚度的限制，然而对于焊缝宏观质量控制来说，只有当缺陷尺寸超过毫米数量级才有实际意义。因此各种标准对超声波检测灵敏度都规定了一个起始界限值并都采用三档评定原则，即评定线、定量线和判废线等灵敏度级别。当缺陷反射波幅度超过评定线时，才予以评定（估判其性质），超过定量线时，要测量其长度，超过判废线时，则判为不合格。

NB/T 47013.3—2015 标准中规定的各级灵敏度见表 16-16。表 16-16 中距离-波幅曲线代表不同深度 ϕ2mm 孔反射波的高度在距离-波幅坐标系中的连线，如图 16-10b 所示。为了计量方便起见，表中把衡量波幅的百分比换算成其对数的分贝值，即 dB 值（一般探伤仪器上均有 dB 刻度，其值可以直接读出）。

表 16-16　铝和铝合金制承压设备对接接头超声波检测距离-波幅曲线的灵敏度

评定线	定量线	判废线
ϕ2mm-18dB	ϕ2mm-12dB	ϕ2mm-4dB

（6）焊缝超声波检测的一般程序　焊缝超声波检测可分为检测准备和现场检测两个部分，其一般程序如图 16-11 所示。

（7）平板对接焊缝的超声波检测技术　检测前检测人员应了解受检工件的材质、结构、厚度、曲率、坡口形式、焊接方法和焊接过程情况等资料。检测灵敏度应调到不低于评定线。

检测过程中，探头移动速度不大于 150mm/s，相邻两次探头移动间隔至少有探头宽度 10% 的重叠。为了增加声束在水平方向的视野，探头移动过程中还应做 10°~15° 的转动。为了发现焊缝中的横向裂纹，B 级以上的检验还应使探头做平行或斜平行于焊缝的探测扫查。板厚大于 40mm 的窄间隙焊缝，还应做串列扫查，以发现边界未熔合等垂直于表面的缺陷。探头扫查移动区的长度在采用直射法时应大于 0.75P，采用一次反射检测法时应大于 1.25P。其中 $P = 2T\tan\beta$，如图 16-12 所示。

为了确定缺陷的位置、方向和形状，应观察缺陷反射波的动态波形并区分是否是伪信号。在发现的缺陷波处可以采用前后、左右、转角和环绕四种基本扫查方法（见图 16-13），完成测量操作。

（8）其他结构焊缝的超声检测　除了平板对接焊缝，其他结构焊缝的检测应尽量采用平板焊缝检验中行之有效的各种方法。在选择检测面和探头时应考虑到检测各种类型缺陷的可能性，并使波束尽可能垂直于焊缝中的主要缺陷。典型的探头形式如图 16-14 所示。

（9）缺陷尺寸参数的测量　在焊缝超声波检测中，缺陷尺寸参数主要是指缺陷的波幅和其指示长度。

缺陷指示长度的测量有两种方法：当缺陷反射波只有一个高点或高点起伏小于 4dB 时，采用降低 6dB 相对灵敏度法测长（或称半波高法），如图 16-15a 所示；当缺陷反射波峰起伏变化，含有多个高点时，采用端点峰值法测长，如图 16-15b 所示。

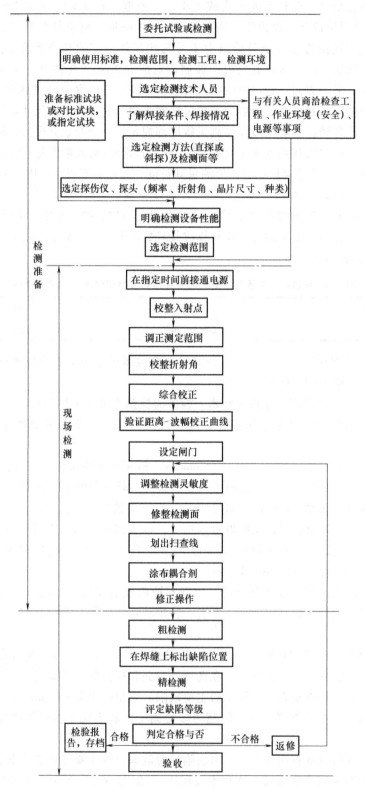

图 16-11 焊缝超声波检测的一般程序

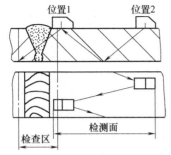

图 16-12　直射法与一次反射检测法示意图

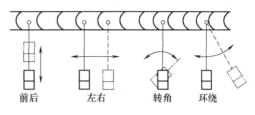

图 16-13　四种基本扫查方法

（10）缺陷的评定　金属焊缝的超声波检测因声速和声阻抗不同，其检测频率和探头角度各不同，但超声波检测的技术均可参照钢焊缝的检测方法，所以这里以 NB/T 47013.3—2015 标准为例来概述一下缺陷的评定。对于具体行业，一定要参照本行业的焊缝超声波检测标准执行。

1）超过评定线的信号应注意是否具有裂纹时未熔合、未焊透等类型缺陷特征，若有怀疑时，应采取改变探头折射角（K 值）、增加检测面、观察动态波形并结合结构工艺特征判定，若对波形不能判断时，应辅以其他检测方法综合判定。

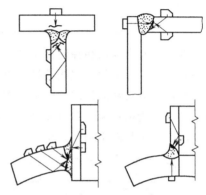

图 16-14　T 形、Γ 形和管座角焊缝的检测面和探头形式

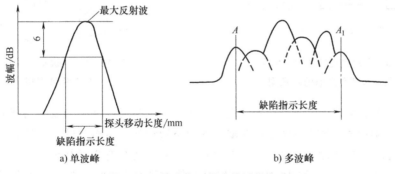

a) 单波峰　　　　　　　　　b) 多波峰

图 16-15　缺陷指示长度的测量方法

2）沿缺陷长度方向相邻的两缺陷，其长度方向间距小于其中较小的缺陷长度且两缺陷在与缺陷长度相垂直方向的间距小于 5mm 时，应作为一条缺陷处理，以两缺陷长度之和作为其指示长度（间距计入）。如果两缺陷在长度方向投影有重叠，则以两缺陷在长度方向上投影的左、右端点间距离作为其指示长度。

3）焊接接头不允许存在裂纹、未熔合和未焊透等缺陷。

4）评定线以下的缺陷均评为Ⅰ级。

铝和铝合金制承压设备对接接头超声波检测质量分级按表 16-17 的规定执行。

（11）焊缝超声波检测技术的新进展　过去十几年来超声波检测技术进展很快，特别是在换能器、自动化和缺陷图像显示方面有了实质性的进步，为铝及铝合金固相连接缺陷（如摩擦搅拌焊接头、扩散焊接头等）的有效检测提供了理想的技术手段。

表 16-17　铝和铝合金制承压设备对接接头超声波检测质量分级　（单位：mm）

等级	工件厚度 t	反射波幅所在区域	允许的单个缺陷指示长度
I	8~40	I	≤20
	>40~80		≤40
	8~40	II	≤10
	>40~80		≤$t/4$，最大不超过20
II	8~40	I	≤20
	>40~80		≤40
	8~40	II	≤10
	>40~80		≤$t/3$，最大不超过25
III	8~80	II	超过II级者
		III	所有缺陷
		I	超过II级者

在换能器方面的相控阵探头和电磁声探头已经达到工程应用阶段，并有商品出售。典型的采用多个单元晶片按照线性排列可产生波束上下或左右摆动的探头如图 16-16 所示。采用磁铁与高频电流线圈组成的电磁声探头具有不需要耦合液即可传递声脉冲，检测过程不需要与工件表面紧密接触，并可按照相控制阵原理摆动波束以及产生水平极化横波等特点。典型的电磁声探头如图 16-17 所示。

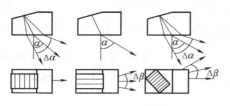

a)折射角动态改变　b)波束左右摆动　c)波束左右上下空间摆动

图 16-16　晶片线性排列相控阵探头
不同波束摆动形态的示意图

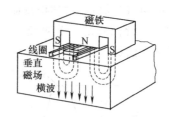

图 16-17　电磁声探头产生
超声横波原理

超声波检测技术的另一进展是采用衍射波测量缺陷自身高度。当发射与接收探头分别放置在缺陷左右两侧时，发射的纵波将在缺陷的上下边缘处产生微弱的衍射波，并且都能传播到接收探头处，形成缺陷上下端的衍射波信号。同时，还会有 2 种甚至 2 种以上的变形脉冲波出现，如图 16-18 所示。因为缺陷的衍射纵波信号先到达接收探头处，因此很容易区分出真正的缺陷波。测量出缺陷上下端点衍射波的时间差就可以直接计算出缺陷的自身高度，精

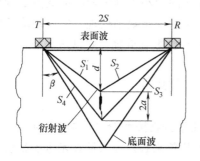

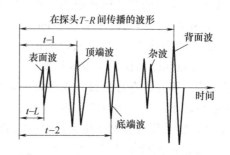

图 16-18　衍射波测量缺陷时各种波的声程、波形与传播时间示意图
T—发射探头　R—接收探头　S—探头间距离的1/2　β—纵波折射角

度可达 0.5～1mm，其最大的特点是不需要事先校准，从而摆脱了脉冲反射法检测中缺陷波幅与其尺寸无线性对应关系的缺点及反复校准参数的困难。探头平行于缺陷移动时各衍射波声信号的 D 扫描图像如图 16-19 所示。

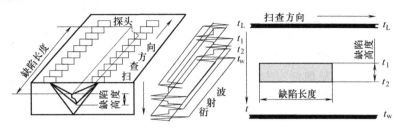

图 16-19　探头平行于缺陷移动时各衍射波声信号的 D 扫描图像示意图

在检测过程自动化领域中，随着缺陷信号采集系统与计算机功能的提高以及机械系统的优化，目前自动超声波检测系统已经走出试验室并广泛地应用到核能与石油化工等工程检验中。其特点如下：

1）缺陷检出率与手工检测方法相当，但排除了人的因素干扰，可重复性较高。

2）可以采用先进的数据采集与处理技术，使缺陷尺寸的测量更加准确，如衍射波法、聚焦波法、人工合成聚焦波法、相空间阵列探头和串列探头检测法等都可以在自动检测系统中实现。

3）可以工作在恶劣环境中，如核辐射与深海环境、长距离地下石油天然气输送管道的检测等。

一般自动超声波检测系统包括硬件与软件两部分。硬件部分由自动扫查器、控制计算机及与计算机通信的各种接口卡等构成，如超声波发射接收卡、数据采集卡、电动机控制卡与驱动器等，如图 16-20 所示。软件由实时控制、数据采集、图像处理与缺陷显示等组成。工件检测前事先把检测参数输入计算机，全部检测完成后再把检测过程采集的缺陷数据结合检测参数（如折射角与声速等）重新调出，做进一步分析与处理，并能得到焊缝缺陷的三维彩色投影图像，如图 16-21 所示（C 为俯视图，B 为侧视图，D 为主视图），使检测结果更准确，从而便于分析与判定。

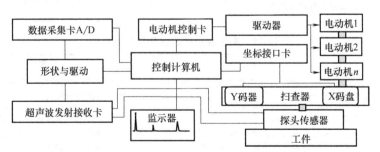

图 16-20　自动超声波检测系统硬件结构示意图

3. 渗透检测

（1）渗透检测的原理与分类　当含有颜料或荧光粉剂的渗透液喷洒或涂敷在被检焊缝的表面上时，利用液体的毛细作用，使其渗入表面开口的缺陷中。然后清洗去除表面上多余的渗透液，干燥后施加显像剂，将缺陷中的渗透液吸附到焊缝表面上来，从而能观察到缺陷的显示痕迹，进而评定焊缝的质量。其基本步骤如图 16-22 所示。

一般可以按照渗透剂和清洗过程的不同，把渗透检测划分为表 16-18 所列类别。同样还可以按照不同的显像过程把渗透检测划分为采用干式显像剂、湿式显像剂（包括快干显像剂）和不用显像剂的显像方法。

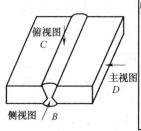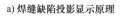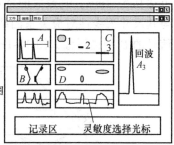

a) 焊缝缺陷投影显示原理　　b) 计算机屏幕上可得到的缺陷三侧投影图与动静态波幅图

图 16-21　投影扫描缺陷图像显示原理

（2）渗透检测剂与灵敏度试块

1）渗透检测剂包括渗透剂、去除剂和显像剂，其组分和性能要求见表 16-19。

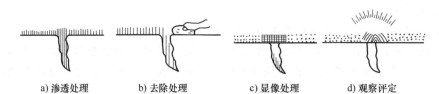

a) 渗透处理　　b) 去除处理　　c) 显像处理　　d) 观察评定

图 16-22　渗透检测的基本步骤

表 16-18　检测方法、渗透剂类别与适用范围

方法名称	渗透剂种类	特点与应用范围
荧光渗透检测	水洗型荧光渗透剂	零件表面上多余的荧光渗透液可直接用水清洗掉。在紫外线灯下，缺陷有明显的荧光痕迹，易于水洗，检查速度快，适用于中小件的批量检查
	后乳化型荧光渗透剂	零件表面上多余的荧光渗透液要用乳化剂乳化处理后方能水洗清除。有极明亮的荧光痕迹，灵敏度很高，适用于高质量检查
	溶剂去除型荧光渗透剂	零件表面上多余的荧光渗透液要用溶剂去除。检验成本高，一般不用
着色渗透检测	水洗型着色渗透剂	与水洗型荧光渗透剂相似，不需要紫外线光源
	后乳化型着色渗透剂	与后乳化型荧光渗透剂相似，不需要紫外线光源
	溶剂去除型着色渗透剂	一般装在喷罐中，便于携带，广泛用于无水区高空、野外结构的焊缝检验

表 16-19　渗透检测剂的组分和性能要求

渗透检测剂	组成特点	性能要求
渗透剂	一般由颜料、溶剂、乳化剂和多种改善渗透性能的附加成分组成	渗透力强，鲜艳的颜色或鲜明的荧光，清洗性能好并易于从缺陷中吸出
去除剂	1）水洗型去除剂主要是水 2）后乳化型主要为乳化剂和水，乳化剂以表面活性剂为主并附加有调整黏度等的溶剂 3）溶剂去除型主要是有机溶剂	乳化剂应易于去除渗透液，黏度适中，良好的洗涤作用，外观易与渗透剂区分，性能稳定，无腐蚀，闪点高，无毒，对渗透液溶解度大，有一定的挥发性和表面湿润性，不干扰渗透剂功能
显像剂	1）干式显像剂为粒状白色无机粉末，如氧化镁、氧化钛粉等 2）湿式显像剂为显像粉末溶解水中的悬浮液，附加润湿剂、分散剂及防腐剂等 3）快干式显像剂是将显像粉末加在挥发性有机溶剂中，加有限制剂和稀释剂等	各种显像剂都要满足： 1）显像粉末呈微粒状，易形成均匀薄层 2）与渗透剂有高的衬度对比 3）吸湿能力强，吸湿速度快 4）性能稳定，无腐蚀，对人体无害

2）常用的渗透检测灵敏度试块如图 16-23 所示。根据试块的材料和制造工艺的不同，划分为 A、B 和 C 三种类型，其主要参数与用途见表 16-20。

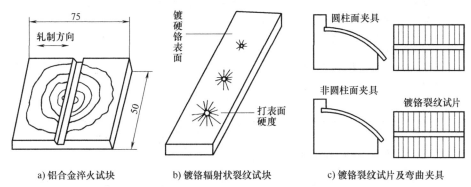

a) 铝合金淬火试块   b) 镀铬辐射状裂纹试块   c) 镀铬裂纹试片及弯曲夹具

图 16-23 常用渗透检测灵敏度试块

表 16-20 常用的渗透检测灵敏度试块主要参数与用途

试块名称	类型	试块材料	试块尺寸/mm	缺陷形式	主要用途
铝合金淬火试块	A	铝合金	50×75 厚度 8~10	淬火裂纹	灵敏度对比，综合性能比较
不锈钢镀铬辐射状裂纹试块	B	12Cr18Ni9Ti 单面镀铬	130×25×4 镀层厚度 0.025	压制裂纹	校正操作方法和工艺系统灵敏度
黄铜板镀铬裂纹试块	C	黄铜镀铬	100×70×4 镀层厚 0.02~0.05	弯曲裂纹	鉴别渗透剂性能和确定灵敏度等级

（3）渗透检测的基本过程

1）渗透清理。去除被检工件表面油污、氧化皮、锈蚀、油漆、焊渣和飞溅物等，可以打磨、酸洗、碱洗或溶剂洗。清洗后必须烘干，尤其是缺陷内部烘干更重要。

2）涂敷渗透剂。为了使液体充满缺陷，渗透时间应足够长，一般应大于 10min。

3）清除多余渗透剂。对自乳化型渗透剂，用布擦后再用清洗剂清洗；对后乳化型渗透剂，还要增加乳化剂的乳化工序，而后水洗。此过程宜快速进行，一般不超过 5min，以防干燥和过洗。

4）涂敷显像剂。要求涂层薄而均匀。

5）检查评定。对着色法，用肉眼直接观察，对细小缺陷可借助 3~10 倍放大镜观察；对荧光法，则借助紫外线光源的照射，使荧光物发光后才能观察。

（4）渗透检测方法的选择 选用渗透检测方法时，应考虑试件的材质、尺寸、检测数量、表面粗糙度、预计缺陷的种类和大小，同时还应考虑能源、检测剂性能、操作特点及经济性，详见表 16-21。

表 16-21 渗透检测方法的选择

条 件		渗透剂	显像剂
根据缺陷选定	宽深比大的缺陷	后乳化型荧光渗透剂	湿式或快干式,缺陷较长也可用干式
	深度在 10μm 以下的缺陷		
	深度在 30μm 左右的缺陷	水洗型、溶剂去除型荧光或着色渗透剂	湿式、快干式、干式(仅适于荧光法)
	深度在 30μm 以上的缺陷		
	密集缺陷及缺陷表面形状的观察	水洗型、后乳化型荧光	干式显像

（续）

条　件		渗透剂	显像剂
根据被检工件选择	批量小工件的检测	水洗型、后乳化型荧光	湿式、干式
	少量而不定期的工件	溶剂去除型荧光或着色	快干式显像
	大型工件及构件的局部检测		
根据表面粗糙度选择	螺纹等的根部	水洗型荧光或着色法	湿式、快干式、干式（仅适于荧光法）
	铸、锻件等粗糙表面（Ra 为 $300\mu m$ 左右）		
	机加工表面（Ra 为 $5\sim100\mu m$）	水洗型、溶剂去除型荧光或着色法	干式（仅适于荧光法）、湿式、快干式显像剂
	打磨、抛光表面（Ra 为 $0.1\sim6\mu m$）	后乳化型荧光法	
	焊波及其他较平缓的凸凹表面	水洗型、溶剂去除型荧光或着色法	
	无法得到较暗的条件	着色法	湿式、快干式
	无电源及水源的场合	溶剂去除型着色法	快干式
	高空作业、携带困难		

（5）痕迹的解释与缺陷评定　对显示痕迹的解释是正确判定缺陷的基础，痕迹可能是真实缺陷引起的，也可能是由于结构形状或表面多余渗透液未清洗干净所致。

常见焊接缺陷痕迹的特征见表16-22。一般焊缝表面不允许有裂纹、未焊透、未熔合与链状气孔和夹渣等缺陷痕迹。其他缺陷的允许程度应参考各专业标准的规定。

表 16-22　常见焊接缺陷痕迹的特征

缺陷种类	显示痕迹的特征
焊接气孔	显示呈圆形、椭圆形或长圆形,显示比较均匀,边缘减淡
焊缝与热影响区裂纹　热裂纹	一般显示出带曲折的波浪状或锯齿状的细条纹
冷裂纹	一般显示出较直的细条纹
弧坑裂纹	显示出星状或锯齿状条纹
应力腐蚀裂纹	一般在热影响区或横贯焊缝部位显示出直而长的较粗条纹
未焊透	呈一条连续或断续直线条纹
未熔合	呈直线状或椭圆形条纹
夹渣	缺陷显示不规则,形状多样且深浅不一

4. 无损检测方法的比较与选择

为了正确地选择无损检测方法，表16-23对几种常用检测方法做了比较，其中射线检测可检厚度见表16-24。表16-25则按缺陷所在位置说明检测方法的选择。

表 16-23　几种无损检测法比较

检测方法	能探出的缺陷	可检厚度	灵敏度	判伤方法	备注
着色检测	贯穿表面的缺陷（如微细裂纹、气孔等）	表面	缺陷宽度小于 0.01mm、深度小于 0.03mm 者检测不出	直接根据着色溶液（渗透液）在吸附（显影）剂上的分布，确定缺陷位置。缺陷深度不能确定	焊接接头表面一般不需加工,有时需打磨
荧光检测					
超声波检测	内部缺陷（裂纹、未焊透、气孔及夹渣）	焊缝厚度上几乎不受限制,下限一般为 8~10mm,最小可达 2mm 左右	能探出直径大于 1mm 以上的气孔、夹渣。探裂纹较灵敏。探表面及近表面的缺陷较不灵敏	根据荧光屏上信号的指示,可判断有无缺陷及其位置和其大致的大小,判断缺陷种类较难	检测部位的表面需加工,可以单面探测

（续）

检测方法	能探出的缺陷	可检厚度	灵敏度	判伤方法	备注
X 射线检测	内部裂纹、气孔、未焊透、夹渣等缺陷	见表16-24	能检测尺寸大于焊缝厚度1%~2%的缺陷	从底片上能直接判断缺陷种类、大小和分布；对平面形缺陷（如裂纹）不如超声波灵敏	焊接接头表面不需加工，正反两个面都必须是可接近的
γ 射线检测			较 X 射线低，一般约为焊缝厚度的3%		
高能射线检测			较 X 射线及 γ 射线高，一般可达到小于焊缝厚度的1%		

表 16-24　不同能量射线可检厚度

射线种类	能源类别	钢材厚度/mm	射线种类	能源类别	钢材厚度/mm
X 射线	50kV	0.1~0.6	高能射线	1MV 静电加速器	25~130
	100kV	1.0~5.0		2MV 静电加速器	25~230
				24MV 电子感应加速器	60~600
	150kV	≤25	γ 射线	镭	60~150
	250kV	≤60		钴	60~150
				铱 192	1.0~65

表 16-25　检测方法的选择

缺陷位置	检测方法和对象	特　点	检测条件
表面和近表面（数毫米内）缺陷	超声波表面波法和板波法，适用于金属材料	能发现表面裂纹（如疲劳裂纹），板波法还能发现板内的分层等	要求工件表面粗糙度值较小，并去除油污及其他附着物
	渗透法，适用于各种金属和非金属材料	能发现与表面连通的裂纹、折叠、疏松、气孔等	工件表面粗糙度值小则检测灵敏度也高，对工件形状无限制，但要求完全去除油污及其他附着物
内部缺陷	射线照相法，适用于一般金属和非金属材料	较易发现铸件和焊缝中的气孔、夹渣、焊透等体积性缺陷，不易发现极薄的层状缺陷和裂纹，故不适用于锻件及轧制的或拉制的型材	对工件表面无特殊要求，但对形状和厚度有一定限制。对钢材的最大透射厚度：用一般 X 射线时约100mm，用 γ 射线时约200mm，用高能加速器时约300mm
	超声纵波法，适用于一般金属、部分非金属材料和粘合层	能发现锻件中的白点、裂纹、夹渣、分层，以及非金属材料中的气泡、分层，粘合层中的粘合不良	表面一般需加工至 $Ra6.3~1.6\mu m$，以保证同探头有良好的声耦合，平整而仅有薄氧化层者也可检测；如采用浸液或水层耦合法则可检测表面粗糙的工件；可测钢材厚（深）度为 1~1.5m
	超声横波法，适用于焊缝、管、棒、锻件等	易发现焊缝中较大的裂纹、未焊透和夹渣等，其次是气孔、点状夹渣等；能发现管、棒和锻件中与表面成一定角度的缺陷	光滑无锈的钢板焊缝，经清除飞溅物后即可检测，通常可检测的厚度为6mm 以上；管、棒等型材大多需用浸液法，并用机械装置使探头围绕工件做螺旋形扫查；表面粗糙度值小则检测灵敏度也高；最小可检测直径约 6mm

第17章 铝合金的电弧增材制造

17.1 概述

铝合金的电弧增材制造（wire arc additive manufacturing，WAAM）是指应用电弧熔丝实现铝合金构件的增材制造，也是电弧熔焊工艺在铝合金增材制造领域的拓展应用。WAAM能够满足复杂构型的铝合金航空航天零部件的优质高效制造要求。随着 WAAM 技术体系的发展与完善，该工艺必将在航空航天领域复杂构型零部件的设计与制造中获得更为广泛的应用。

电弧增材制造是根据"离散-沉积"制造思想，以电弧（主要有熔化极电弧、非熔化极电弧和等离子弧三种基本类型）作为热源，熔化连续送进的金属丝材并按照预设切片路径逐层沉积，最终获得三维实体构件的制造技术，是直接能量沉积制造（direct energy deposition，DED）的代表性方法之一。用电弧增材制造技术成形的构件通常是由全熔覆金属组成，化学成分相对均匀，致密度高。由于铝合金材料自身对激光能量的吸收率较低，真空电子束加工容易引起铝元素挥发，因而从材料、工艺、效率、成本等方面综合考虑，WAAM技术十分适用于制备复杂构型的铝合金构件。

17.1.1 电弧增材制造原理与分类

电弧增材制造过程是一个将三维实体先离散后沉积的过程，如图 17-1 所示，通过对三维模型的切片分层、轨迹填充，完成从体到面、从面到线的离散，而后又通过电弧熔化丝材按照既定轨迹熔覆，实现由线到面、由面到体三维堆积成形。

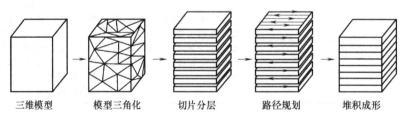

三维模型　　模型三角化　　切片分层　　路径规划　　堆积成形

图 17-1　电弧增材制造过程示意图

铝合金电弧增材制造工艺按照丝材送进方式的不同，可分为同轴送丝和旁轴送丝两种基本形式。根据采用热源种类的不同，可分为非熔化极电弧增材制造技术、等离子弧增材制造技术和熔化极电弧增材制造技术。

1. 非熔化极电弧增材制造

非熔化极电弧增材制造（gas tungsten arc based additive manufacturing，GTA-AM）工艺一般使用非熔化极气体保护焊设备（通常为变极性或交流设备）作为热源系统，利用钨极与铝合金增材基板之间产生的电弧作为热源，熔化铝合金基体形成熔池，连续送进的铝合金丝材在电弧作用下完全熔化并以特定的熔滴过渡方式进入熔池，按照预定路径移动热源并进行逐层沉积形成三维结构，如图17-2所示，铝合金丝材从旁路送进并熔化凝固形成沉积层，熔覆过程中丝材宜保持在电弧前进侧送给。

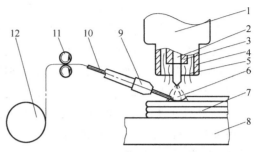

图 17-2 非熔化极电弧增材制造原理图

1—非熔化极焊枪 2—钨极 3—导电嘴 4—枪体
5—惰性气体 6—电弧 7—沉积层 8—增材基板
9—送丝嘴 10—丝材 11—送丝轮 12—丝盘

2. 等离子弧增材制造

等离子弧增材制造（plasma arc based additive manufacturing，PA-AM）工艺一般使用等离子弧焊设备（通常为变极性等离子弧设备）作为热源系统。具有高能量密度的等离子弧作用于铝合金基板表面形成熔池，铝合金丝材通过送丝装置进入熔池并发生完全熔化，同时等离子弧按预定路径运动，液态金属逐层凝固沉积直至形成最终的铝合金构件，如图17-3所示。相较于非熔化极电弧，等离子弧的弧柱区能量密度高、电弧挺度大，因此该方法具有沉积效率高、成形过程稳定等突出的优点。

3. 熔化极电弧增材制造

在实际应用中，熔化极电弧过高的热输入及其特定的熔滴过渡方式也为铝合金增材制造过程带来了诸多问题，如飞溅、气孔、热裂纹、成形质量差等。奥地利Fronius公司基于电源精确能量控制和"无飞溅"丝材机械推拉辅助熔滴的"冷金属过渡"，开发出了冷金属过渡（cold metal

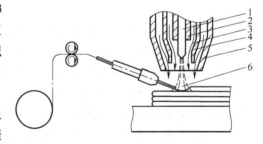

图 17-3 等离子弧增材制造原理图

1—钨极 2——体式水冷基座 3—惰性气体
4—压缩喷嘴 5—枪体 6—等离子弧

transfer，CMT）焊接装备系统，目前已成为一种较广泛应用的熔化极电弧增材热源。CMT技术通过丝材机械回抽辅助的方式实现沉积过程中的冷热循环交替，显著降低热输入并明显改善增材制造过程中的飞溅等问题，同时结合变极性与脉冲电流调制技术，在常规CMT基础上又衍生出变极性CMT（CMT advanced）、脉冲CMT（CMT pulse）和脉冲变极性CMT（CMT pulse advanced）等多种工艺模式，可以根据不同系列牌号丝材的材料特性选择最适合的工艺模式。

17.1.2 电弧增材制造技术特点

（1）成形效率高 电弧热源覆盖面积大，释放能量高，能够快速熔化连续送进的丝材使其沉积，单个电弧头的沉积效率可以高达每小时数千克。沉积效率大小取决于丝材送给速度（送丝速度）和与热输入有关的工艺参数，而工艺参数的选择需要根据增材制造构件尺寸规格、材料特性、性能要求等多方面因素综合确定，即沉积效率需依据实际情况在一定范围内调整。

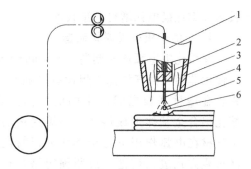

图 17-4　熔化极电弧增材制造原理图
1—熔化极焊枪　2—惰性气体　3—枪体
4—丝材　5—熔滴　6—电弧

（2）成形构件力学性能好　相较于粉末增材制造构件，由丝材熔化后凝固得到的金属构件具有更高的致密度，且 WAAM 过程中通过特定措施可以较好地解决组分、组织、性能不均匀等问题，从而最终保证 WAAM 成形件具有很好的力学性能。

（3）材料和设备成本相对较低　相较于增材制造专用粉末的制备，金属丝材的制造成本更低，而且材料利用率更高，电弧热源装备系统成本通常仅为激光器、电子束发生器的 10%～30%。

（4）适用于制造中等及以下复杂程度的大尺寸构件　受限于电弧与熔池的可控性，WAAM 不适合制造复杂程度较高的金属构件。但 WAAM 一般不需要配套冶炼设备或锻造设备，进而突破了成形构件的尺寸限制，且具有较高的沉积效率，因此适用于大尺寸构件的直接制造。

17.2　铝合金电弧增材制造系统

铝合金 WAAM 系统通常由计算机系统、热源装备系统、送丝系统、运动执行系统等子系统及必要的辅助附件（如预热和冷却系统、工装夹具等）组成。

计算机系统通常主要用于铝合金构件 WAAM 的前处理，如创建三维模型、模型切片处理、针对每一层的截面轮廓进行增材路径填充规划等。同时，为了实现主动控制构件质量，需要对增材制造过程进行实时监测，一般会运用电弧增材制造过程多信息融合的在线监测技术，主要用于熔池图像、电参数、温度场、保护气体流量等特征信息的在线实时监测和数据分析管理。

热源装备系统主要用于产生稳定的电弧热源，其构成与传统焊接装备系统基本一致，一般包括电源装备、专用焊枪、冷却系统和保护气等。受铝合金表面氧化膜的影响，铝合金 WAAM 在选取电源装备时，必须考虑电弧对铝合金氧化膜的清理效果，通常选择交流/变极性装备或熔化极装备。近年来，研究人员较多地选择奥地利 Fronius CMT 电源系统，发挥其热输入小、成形稳定等技术优势；北京航空航天大学研制出了超声频方波脉冲变极性增材制造电源装备，利用其独特的电超声效应，可实现对增材制造铝合金构件内部气孔缺陷和组织性能的协同控制；基于交流/变极性等离子弧电源，如德国 EWM Tetrix552 等，也可组成具有较高沉积效率的铝合金等离子弧增材制造系统，如图 17-5 所示。

送丝系统用于实现铝合金丝材的储存、传输、矫直和导向功能，包括丝盘或丝桶、导丝管、矫直器、送丝机和送丝嘴等部件，如图 17-6 所示。目前，铝合金丝材通常是为焊接生产、以卷线形式（盘丝或桶装丝）提供；导丝管用于约束丝材传输路径并串联各部件；矫直器用于将长期以卷线形式存放而具有一定弯曲度的铝合金丝材矫直；送丝机为铝合金丝材的连续运动提供动力；送丝嘴用于确定丝材送入熔池的位置与角度。熔化极焊枪以连续送进

a) Fronius CMT电源

b) 超声频方波脉冲变极性增材制造电源

c) EWM等离子弧电源

图 17-5　铝合金 WAAM 常用电源装备

的丝材作为电极，其送丝嘴置于焊枪中，是焊枪的一部分；而非熔化极焊枪或等离子弧焊枪则需要旁轴送丝或者送丝嘴与焊枪集成的一体式送丝（图 17-7）。一体式送丝方式的送丝嘴与钨极间的夹角 α 明显小于旁轴送丝方式的夹角。

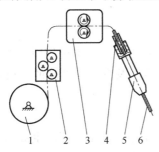

图 17-6　送丝系统示意图

1—丝盘　2—校直器　3—送丝机
4—导丝管　5—送丝嘴　6—丝材

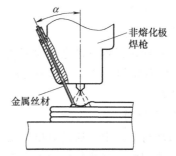

图 17-7　一体式送丝方式示意图

运动执行系统主要用于带动专用焊枪及其他配件按照规定路径运动。运动执行系统既可以是工业机器人系统，也可以是机床系统等，通常包括运动控制器和运动执行机构，如工业机器人系统包括机器人控制器和机器人本体。典型的运动执行系统主要有工业机器人和数控机床，其中基于工业机器人的 WAAM 系统基本结构组成如图 17-8 所示。

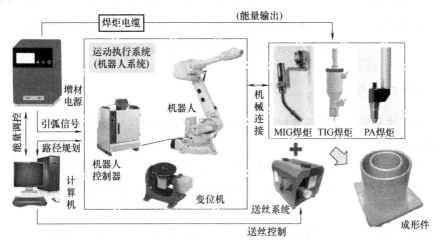

图 17-8　基于工业机器人的 WAAM 系统

17.3 铝合金电弧增材制造工艺过程

铝合金 WAAM 工艺过程主要可以分为模型处理、成形前准备、沉积成形、成形后处理四个阶段。

17.3.1 模型处理

模型处理主要在计算机上完成，主要包括模型准备、切片处理、路径规划三个步骤。

1. 模型准备

由于 WAAM 成形表面粗糙，尺寸精度较低，还存在热变形以及辅助支撑结构，WAAM 直接沉积成形构件通常为毛坯件，沉积成形后通常需要进行后处理，因此建立模型时需要考虑加工余量、支撑、预变形控制等因素对三维模型进行处理，添加后续加工余量及支撑结构，得到毛坯模型。

2. 切片处理

切片处理用以将三维毛坯模型离散为逐层堆叠的二维截面。目前常用的切片方法为基于 STL 模型的分层切片算法，其中又包括等厚度的切片分层算法及自适应层高的分层切片算法等诸多方法。

3. 路径规划

电弧增材制造中，通过对单层切片的轮廓进行扫描，基于一定填充算法生成单层增材制造路径，典型的填充路径规划如图 17-9 所示。具体路径规划方案的选取则需要根据目标产品的具体形状、精度、工期等方面要求来综合选定。

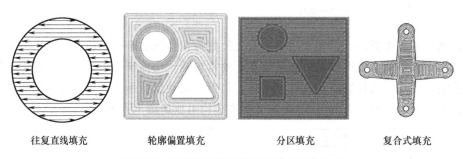

| 往复直线填充 | 轮廓偏置填充 | 分区填充 | 复合式填充 |

图 17-9　电弧增材制造典型的填充路径规划

17.3.2 成形前准备

成形前准备主要是针对电弧增材制造成形装备、铝合金丝材及铝合金基板的准备工作。

1. 成形装备

（1）装备检查　WAAM 前需对增材电源、运动执行系统等相关设备进行检查，确保电源的地线正确连接，保护气、冷却水正常循环工作，运动执行系统与增材电源之间的控制接口连接正确。

（2）运动程序试运行　在增材电源系统不开启的情况下启动运动执行系统，试运行填充路径程序，保证运动程序编写正确，排除成形过程中运动盲区和与工装干涉等风险，以及确保运行路径在预定基体范围内。

2. 铝合金丝材

成形前需确保铝合金丝材准备足量。通过毛坯模型的体积估算所需的铝合金丝材用量，一般准备的丝材体积应为毛坯模型体积的 1.5 倍，且应保证同一构件成形过程中使用的丝材来自于同一厂家、同一批次。更换不同牌号的铝合金丝材后一般都需要清理送丝机。另外，铝合金盘丝或桶装丝均需干燥保存，以减少丝材表面吸附水分，有利于降低铝合金增材构件内部的气孔缺陷。

3. 铝合金基板

铝合金基板的准备工作一般包括基板选用、表面清理、装夹固定及基板预热四个步骤。

（1）基板选用 增材制造铝合金基板一般选用与铝合金丝材相同牌号或成分相近的材料，水平方向尺寸应大于模型最大面积切片的水平尺寸，以预留出足够的空间用于工装固定。基板应具有足够抵抗热变形的能力，其厚度尺寸视成形构件总体积而定。

（2）表面清理 成形前需对铝合金基板表面进行认真清理，去除基板表面油污与氧化膜，一方面有利于抑制增材制造缺陷，另一方面有助于提高沉积部分与铝合金基板之间的结合能力。通常可采用激光清洗、化学清洗（酸碱洗）、机械打磨等多种方式进行表面清理，清理后使用无水乙醇擦拭干净并烘干，放入干燥箱保存备用，避免再次氧化。

（3）装夹固定 对铝合金基板进行装夹固定，一方面防止基板在成形过程中位置发生变动，另一方面用以约束基板的热变形。于基板四周边缘进行均匀夹持，采用压块进行装夹时需根据成形构件体积（或热输入）设定压块数量。成形构件体积越大，成形过程中的热输入越大，引起的基板热变形越大，需要的压块数量越多。对铝合金基板不应给予过大的约束力，应予以基板一定的热变形空间，以利于释放部分应力，防止因应力过大而导致基板开裂及工装的受力变形或断裂。

（4）基板预热 对于铝合金这类热传导快的基体材料，在增材制造前需要对基板进行预热，以有利于基板表面熔池的形成和扩张及熔滴的铺展，减少未熔合等缺陷的发生，有助于提高铝合金增材制造构件与基板的结合强度。通常可采用电阻加热等方式对铝合金基板进行预热。也可利用电弧自身热量进行预热。一般铝合金基板预热温度可控制在 100~120℃。

17.3.3 沉积成形

沉积成形是铝合金电弧增材制造过程最主要的阶段，单层沉积过程中主要控制热输入、沉积速度及弧长等特征参数，多层沉积过程中还需要进行层间温度的控制。

1. 成形参数调控

（1）热输入控制 增材制造过程中，过大的热输入易导致成形缺陷，而热输入过小则直接影响沉积速度及沉积层与铝合金基板之间的结合强度。

通常，WAAM 的熔敷热输入为

$$Q = \eta I U / v$$

式中　η——成形热效率；

U——电弧电压；

I——电流；

v——电弧移动速度。

在弧长一定的条件下，可通过对电流 I 及电弧移动速度 v 的调节实现对增材制造过程热输入的控制。

（2）沉积速度控制 沉积速度的控制主要通过设定送丝速度来实现。在非熔化极电弧或等离子弧作为增材热源时，电弧热量一定的条件下，过小的送丝速度增大了热输入，容易引起成形缺陷，同时降低了沉积速度；过大的送丝速度则会造成丝材还未熔化便送入熔池，使丝材与构件之间发生碰撞，其反作用力会对送丝系统造成一定损害。一般可通过观察熔滴过渡是否稳定来判断送丝速度是否合适。

（3）弧长控制 不同材料的熔点与表面张力系数不同，相同材料在不同的弧长下表现出不同的熔滴过渡形式。为保证沉积过程的稳定进行，单道沉积中应保持弧长恒定，对于表面过于粗糙的工件，可加装弧长追踪装置进行实时弧长调节。

铝合金非熔化极电弧增材制造过程一般保持弧长为 $3\sim6mm$。在铝合金熔化极电弧增材制造过程中，由于其电极为连续熔化的丝材，电弧形态随熔滴过渡动态变化，难以直接控制弧长，通常可通过控制焊枪嘴与基板（沉积顶层）间的距离间接保证弧长，一般该距离控制在 $8\sim15mm$。

2. 层间温度控制

在多层沉积过程中，层间温度过高会导致沉积层过热，引起热变形、热裂纹及晶粒粗大等问题，而层间温度过低又不利于熔滴铺展，易形成未熔合及孔隙缺陷。对于铝合金增材制造，层间温度一般控制在 $100\sim120℃$。沉积层热量随时间向外部环境传导，通过控制两沉积层之间的等待时间可对层间温度进行控制，也可通过加装主动冷却装置，加速层间冷却以提高整体成形速率。

17.3.4 成形后处理

电弧增材制造的构件一般为毛坯件，还需要进行减材加工、热处理等后续处理，以及质量检测等工序后才可应用。

1. 减材加工

铝合金 WAAM 成形毛坯件通常需要配合减材加工，去除支撑结构、表面碳化物及氧化物、深沟等特征，以保证表面粗糙度及尺寸精度。减材加工后得到的三维构件与初始三维模型相同。

2. 热处理

铝合金电弧增材制造的构件由于成形过程中的较高热输入及复杂热循环，其内部存在较大内应力，可对成形构件进行热处理以消除内应力，一般为退火处理。对于使用 2×××、7××× 等可热处理强化铝合金成形的构件，则可以通过"固溶+时效"等热处理方法发挥出铝合金材料的最优性能。

3. 质量检测

铝合金 WAAM 成形件的质量主要包括成形质量和内部质量。对于成形质量，操作人员按照相关技术文件要求对成形件的表面质量和关键特征尺寸进行检测，若存在不符合技术要求的地方，可反馈给工艺人员进行判定，并采取打磨、修复等处理方式进行补救。对于内部质量，可通过诸多无损探伤手段（如 X 射线探伤、超声检测、工业 CT 等）基于相关技术要求进行检测，通常关注铝合金成形构件的气孔、热裂纹、未熔合等常见缺陷。

17.4　铝合金电弧增材制造常用材料

铝合金 WAAM 主要以盘装或桶装丝材为原材料，以便于实现自动化送丝，直径通常为 1.2mm，根据实际需要也可以采用 0.8mm、1.0mm 或 1.6mm 等直径的丝材，但当直径小于 0.8mm 时，由于铝合金丝材较软，现有送丝系统很难实现高速送丝条件下的校直和准确送进。作为 WAAM 原材料，丝材化学成分对增材制造的结构件性能的影响至关重要。目前尚无针对电弧增材制造专用丝材化学成分的标准。现阶段铝合金 WAAM 应用中大多使用商用铝合金焊丝，而增材制造是一个多层多道、经历复杂热循环的过程，更容易出现合金元素烧损等情况，因此对于各类商用铝合金焊丝，需根据不同种类铝合金材料特性判定其是否适用于 WAAM。目前，已有部分铝合金丝材生产厂家面向 WAAM 研制增材制造专用丝材，常用于增材制造的铝合金丝材见表 17-1。随着增材制造技术的不断发展和进步，开发生产增材制造专用的高性能铝合金丝材会变得越来越重要。

表 17-1　几种常用于增材制造的铝合金丝材

合金类别		代表牌号	主要合金组分（质量分数，%）	合金特性	主要应用对象
铸造铝合金		ZL114A	Si:6.6~7.5 Mg:0.45~0.75 Ti:0.1~0.2	铸造性能佳，裂纹倾向性小，收缩率低，有很好的耐蚀性和气密性，以及良好的力学性能和焊接性	弹箭复杂舱段、进气道、设备舱等
		ZL205A	Cu:4.6~5.5 Mn:0.3~0.5 Zr:0.05~0.2	具有高的强度和热稳定性，但铸造性和耐蚀性稍差	火箭燃料贮箱，发动机缸体、活塞、缸盖等
变形铝合金	铝铜系合金	2219	Cu:5.8~6.8 Mn:0.2~0.4 Zr:0.1~0.25	低温性能好，机械加工性能好，焊接性好，可热处理强化，适用于结构件、高强度焊件	航天器燃料贮箱等
		2024	Cu:3.8~4.9 Mn:0.30~1.0 Mg:1.2~1.8	高强度硬铝，焊接性好，耐蚀性不高，可热处理强化，在淬火和冷作硬化后其加工性能尚好	飞机骨架、蒙皮、隔框、翼肋、翼梁、铆钉等
	铝镁系合金	5A06	Mg:5.8~6.8 Mn:0.50~0.8 Ti:0.02~0.1	具有较高的强度和腐蚀稳定性，熔焊性能良好，加工性能良好	飞机油箱、飞机蒙皮部件、导弹零件、装甲等
		5B06	Mg:5.8~6.8 Mn:0.50~0.8 Ti:0.1~0.3	具有较高强度，良好的塑性、耐磨性、耐蚀性、可加工性及焊接性	飞航装备舱段、进气道、端框、焊接容器受力零件、飞机蒙皮、骨架部件等
		5B71	Mg:5.8~6.8 Sc:0.3~0.5 Zr:0.08~0.15	强度高、耐蚀性好、塑性好、热稳定性及焊接性优异	航天、航空、舰船的焊接荷重结构件，运载火箭外形壳体等

除上述几种铝合金丝材外，7×××系列铝合金作为高强度铝合金的典型代表，也已开展了一定的 WAAM 应用研究探索，如 7075 铝合金等。但由于 7×××系列铝合金中的 Zn 含量较高、焊接性差，目前 7×××系列铝合金丝材用作 WAAM 商业原料的实例较少。

此外，纳米增强相改性是近年来备受关注的一种可获得高性能铝合金 WAAM 构件的有效方法。在铝合金 WAAM 过程中，一方面，纳米异质颗粒的加入可降低形核功，促进非均匀形核；另一方面，纳米颗粒可通过钉扎晶界来抑制晶粒的长大。在上述两方面因素的综合作用下，铝合金熔体凝固可形成均匀细小的等轴晶，从而有助于显著提升铝合金 WAAM 构件的力学性能。因此掺有纳米 TiC 颗粒的 2219 铝合金 WAAM 专用丝材被开发出来，试验结果表明 TiC-2219 铝合金 WAAM 构件具有很好的组织均匀性和很高的力学性能，但目前对于这类丝材中异质颗粒的含量及丝材制备工艺等方面仍需要继续探索和优化。

17.5　铝合金电弧增材制造缺陷及质量控制

WAAM 技术的本质就是连续堆焊，在铝合金熔焊过程中所遇到的问题，在电弧增材制造过程中也同样存在。同时，相较于铝合金熔焊工艺，WAAM 过程更加复杂，也衍生出更多的制造缺陷。铝合金 WAAM 成形时，主要面临着诸如孔洞、热裂纹、未熔合、变形及残余应力等一系列问题，这些问题也是降低铝合金 WAAM 成形质量与使役性能的重要原因。

17.5.1　孔洞缺陷的形成与解决措施

孔洞缺陷是铝合金 WAAM 过程中最为突出的问题，也是难题之一。铝合金增材制造构件内部孔洞缺陷的存在，大幅度减小了构件的有效截面面积，在受力状态下就减小了构件的承载面积，而且容易引起应力集中，是铝合金增材制造构件中潜在的裂纹源，导致成形构件强度、塑性和韧性均显著下降，是损害铝合金使役性能的主要冶金缺陷之一。通常情况下，铝合金 WAAM 构件内部孔洞缺陷主要包括氢气孔和凝固缩孔两大类。

1. 氢气孔

氢极易溶于液态铝及铝合金，液态铝合金冷却凝固时，过饱和的氢原子以气体的形式从固态铝中析出，而当铝的凝固速度高于氢气逸出速度时，氢气来不及逸出而保留在沉积态构件中，形成气孔缺陷。熔池中氢的来源主要包括碳氢化合物（油脂、油等）、丝材表面吸附的水分、基板表面的污染物和工作环境或保护气体等。

2. 凝固缩孔

金属由液态转为固态的凝固过程中发生体积收缩，导致液相无法完全填充固相间隙，使得铝合金凝固后产生大量孔洞。

铝合金增材构件中形成的孔洞，无论是氢气孔，还是凝固缩孔，都与沉积时的热输入、熔深、树枝晶生长、晶粒形状/尺寸，甚至保护气体类型和流量等因素密切相关。相比较而言，较大的熔深和较粗的柱状晶粒更不利于氢气的逸出。

抑制铝合金 WAAM 孔洞缺陷的有效措施主要有提高铝合金丝材质量、使用先进增材制造工艺方法及采用复合成形技术等。

（1）提高铝合金丝材质量　铝合金丝材质量主要包括丝材表面状态、几何尺寸、物理性能稳定性等，对电弧增材制造构件的特性均有着重要的影响。丝材显微硬度和成分不均匀将导致送丝和电弧不稳定、成形精度低，而丝材内部孔隙缺陷是氢气的聚集点，将导致增材制造构件内部产生大量气孔。丝材表面刮削质量不佳则产生凹坑并附着油污，导致沉积层表面污染，一般呈黑色。在丝材生产过程中有效去除丝材表面的油脂、水分、氢化物等，可减少熔池中氢的含量，从源头抑制气孔产生。因此控制铝合金增材制造构件中的气孔缺陷，需要选用内部质量好的丝材，并要求丝材表面光洁，无裂纹、毛刺，使用前要除去丝材表面的油脂、水分和氢化物等。

（2）先进电弧增材制造工艺方法　先进 WAAM 工艺方法可有效调控传统增材制造中的缺陷。典型代表之一就是基于脉冲弧焊电源的增材制造技术，通过对电源输出电流进行脉冲调制，将脉冲能量通过电弧负载直接作用于熔池，显著增强熔池流动性，促进气泡逸出，从而大幅度降低气孔率，同时还具有很好的细化组织效果。新型脉冲弧焊电源有多种，典型代表如熔化极电弧有奥地利 Fronius 公司的 CMT Pulse 及 CMT Pulse Advanced 电源，非熔化极电弧有北京航空航天大学开发的复合超声频方波脉冲变极性电弧电源等，在铝合金 WAAM 中均展现出了很好的工艺效果。

（3）复合成形技术　复合成形技术是指在增材制造过程中同步引入其他加工处理方式，以达到协同提升铝合金 WAAM 产品质量的目的。针对铝合金 WAAM 孔洞缺陷问题，通常可采用机械振动、层间轧制、激光冲击等手段降低孔洞率。工件振动增强 WAAM 装置如图 17-10 所示，该系统通过设置振动装置，高频振动工件边缘，有效促进了熔池内气泡的逸出，但该方法不能将孔洞完全去除。复合层间轧制 WAAM 装置如图 17-11 所示，其基本原理为：完成单层沉积后，在沉积层尚存在一定塑性变形能力时使用碾轮对沉积层实施轧制，使沉积态中的微气孔被压扁或闭合，从而显著降低气孔率。

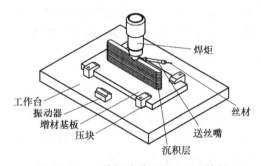

图 17-10　工件振动增强 WAAM 装置

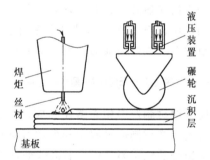

图 17-11　复合层间轧制 WAAM 装置

17.5.2　热裂纹缺陷及解决措施

裂纹的存在会大幅度降低铝合金 WAAM 构件的力学性能，甚至造成构件失效，引发严重安全事故。热裂纹缺陷是铝合金 WAAM 制造中比较常见的缺陷之一，一般形成于温度冷却至固液相线附近的阶段，此时熔融态金属少且伴随发生固相收缩，液相不足且流速较慢，无法完全填充固相收缩带来的空隙，在收缩应力作用下产生沿晶开裂，甚至会产生贯穿式裂纹。铝合金 WAAM 过程的熔池体积小、温度高，而铝合金加热熔化和冷却凝固速度快，容易形成不平衡的结晶过程，固液相之间的溶质元素来不及充分扩散，使合金元素在晶界处产生偏析，导致沉积层成分和组织的不均匀。同时，增材过程中铝合金沉积层反复重熔，已凝固沉积层重熔时产生一定数量的低熔点共晶体，并被推到晶界形成液态薄膜，当再次凝固时，在热胀冷缩的作用下热影响区的热应力转变为拉应力，晶界处的液膜被撕裂而形成裂纹。此外，在增材制造过程的交替热循环作用下，铝合金 WAAM 构件内部存在较大残余应力，当采取不恰当的热处理工艺时，残余应力会导致固溶、淬火过程中构件内部产生热处理裂纹。

铝合金 WAAM 构件热裂纹缺陷的形成与其熔化、凝固过程有关，涉及增材制造过程热输入、材料特性及微观组织等影响因素，通过优化成形过程工艺参数、降低材料裂纹敏感性及细化组织等措施可有效控制铝合金 WAAM 构件的热裂纹缺陷。

（1）工艺参数优化 一般来说，通过减小冷却速度或降低沉积过程中的热输入可以显著减少铝合金 WAAM 成形过程中的热裂纹。根据热裂纹形成原理，熄弧位置由于冷却速度快，同时缺乏液态金属补充而容易出现沉积态热裂纹。因此铝合金 WAAM 成形交叉结构或多层多道复杂结构时，通常可通过调整工艺参数、送丝路径等成形策略和熄弧过程控制来避免产生热裂纹。对于热处理造成的热裂纹，则需要制定适用于铝合金 WAAM 成形构件的热处理制度。

（2）材料成分优化 材料成分对铝合金热裂纹敏感性有着重要的影响，如 Cu、Mg、Zn、Si 等元素极易导致凝固过程中的热撕裂，但随着 Si 含量的增大，铝合金沉积层的裂纹敏感性呈现先升高后降低的变化。而通过在合金中添加亚微米级的 TiB_2 等特定元素，可有效减少凝固收缩时产生的凝固裂纹，从而提高其断裂韧度。

（3）晶粒细化 晶粒细化可有效抑制热裂纹缺陷的产生。晶粒细化的方法有多种，如添加纳米颗粒增强相、采用特殊增材制造工艺等。一方面，纳米颗粒能够降低形核功，促进非均匀形核，同时还可钉扎晶界抑制晶粒的长大，使铝合金熔体凝固后形成细小等轴晶，从而有利于消除热裂纹；另一方面，在铝合金电弧增材制造过程中，通过施加外部机械振动，或使用机械超声-电弧复合热源及复合超声频方波脉冲变极性电弧热源等，均有利于在铝合金增材制造的构件内部形成细小等轴晶组织，从而降低热裂纹风险。

17.5.3 未熔合问题及解决措施

电弧增材制造中相邻路径间应以一定的比例相互搭接，以保证多道沉积拼接表面的平整。在实际增材制造过程中相邻路径之间由于未完全熔合而形成的空隙，被称为未熔合缺陷。未熔合缺陷主要是由于温度较低导致熔融金属未完全铺展或路径规划不合理，导致沉积路径间距过大以至于相邻路径间无法形成有效搭接而形成的。未熔合缺陷表现为多种形式，如平行路径未熔合（图 17-12a）、路径拐角未熔合（图 17-12b）等。铝合金的凝固速度快，熔融状态的流动性不佳，因此铝合金 WAAM 中易出现未熔合缺陷。

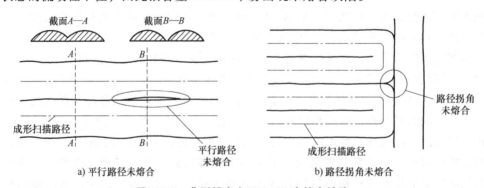

a) 平行路径未熔合   b) 路径拐角未熔合

图 17-12 典型铝合金 WAAM 未熔合缺陷

针对未熔合缺陷，可采取基板预热、提高热输入及路径优化等方法来解决。

（1）基板预热 在路径规划合理的情况下，未熔合缺陷通常发生在增材制造过程的第一层，而随着沉积的进行，未熔合缺陷逐渐减少。这主要是由于第一层沉积开始前系统无热输入，铝合金基板温度较低，且铝合金热传导快，从而不利于第一层沉积时的熔池扩张及熔滴铺展。因此可对基板进行预热，以提高第一层的熔覆宽度，可以在一定程度上预防未熔合缺陷。

（2）提高热输入　提高增材制造的热输入，有利于熔滴的铺展，增加熔覆宽度。但过高的热输入会引起热裂纹、热变形等一系列问题，热输入过高时可考虑缩小路径间距以降低对高热输入的需求。

（3）路径优化　通常，缩小路径间距以提升搭接率可在一定程度上解决未熔合问题，但搭接率的过度提升容易导致成形表面不平整，也使得热量集中而影响成形质量，同时也造成实际增材轨迹的增加，使沉积效率降低，因此成形前需对路径间距进行有约束优化。针对图 17-12b 所示的路径拐角未熔合类缺陷，也可通过更换路径填充策略来解决。

17.5.4　变形和残余应力问题及解决措施

铝及铝合金的线膨胀系数大，弹性模量小，刚性差，导致铝合金 WAAM 构件普遍具有较严重的变形及残余应力问题。变形问题主要是由成形过程中重复受热膨胀及冷却收缩引起的，在大型薄壁铝合金 WAAM 构件中表现得尤其严重。残余应力则是未完全消除而残留在构件内部的应力，主要由增材制造过程中不均匀受热及固定约束所引起。

目前，常用于解决变形与残余应力问题的措施主要有后续热处理、层间轧制、层间冷却、超声冲击及激光冲击等方法。其中，超声冲击是通过细化构件内部晶粒及调控晶粒取向分布而减小残余应力。

17.6　典型工程应用

电弧增材制造的沉积效率高、成本低且其成形件具有较好的力学性能。目前国内外诸多科研机构、高校、企业等围绕铝合金 WAAM 技术装备及其工程应用开展了全面研究工作，显著提升了铝合金 WAAM 技术与工艺装备的成熟度，并有效推动了电弧增材制造大型铝合金结构件的工程化应用。

英国克兰菲尔德大学（Cranfield University）联合欧洲航天局、洛克希德·马丁、庞巴迪等诸多国际知名企业针对铝合金电弧增材制造开展了广泛合作，成功试制了诸多大尺寸铝合金结构件，典型代表如图 17-13 所示。2018 年，该研究团队主要成员成立了 WAAM3D 增材制造公司，旨在为工业界提供完整的直接能量沉积（DED）工艺方案，主要包括整机 WAAM 系统、WAAM 软件、高质量增材专用丝材、技术咨询和培训等产品及服务，其旗舰

a）沉积态整体框梁　　　　　　　　　b）机加工后的整体框梁

图 17-13　英国克兰菲尔德大学研究团队制造的典型铝合金 WAAM 结构件

产品 RoboWAAM 大尺寸 3D 金属增材打印平台（图 17-14）可实现尺寸为几米的金属部件开发。

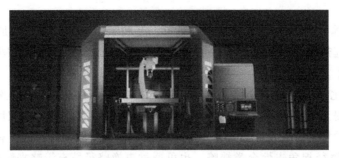

图 17-14　WAAM3D 公司 RoboWAAM 大尺寸 3D 金属增材打印平台

欧洲空客旗下 Stelia 航宇公司 2018 年采用 WAAM 技术研制了铝合金加强筋壁板，如图 17-15 所示。该壁板基于拓扑优化设计加强筋结构，利用 WAAM 技术灵活近净成形特点，直接在壁板的内表面生成加强筋，避免了衔接薄弱的缺陷，减少了零部件数量，提升了结构的稳定性。WAAM 技术在制造运载火箭这种超大型金属结构时表现出了极佳的适用性，一方面能够保障超大型金属构件的生产率，缩短研发周期；另一方面保证超大型金属构件的结构完整性，减少结构上薄弱环节。图 17-16 所示为美国 Relativity Space 公司生产的 WAAM 设备与火箭鼻锥。

图 17-15　Stelia 航宇公司研制　　　　　图 17-16　Relativity Space 公司生产
　　的 WAAM 加强筋壁板　　　　　　　　　的 WAAM 设备与火箭鼻锥

在国内，北京航空航天大学、哈尔滨工业大学、西安交通大学、华中科技大学、南京理工大学、北京工业大学等单位均研制出了成套铝合金电弧增材制造系统，并深入开展了针对多系列铝合金材料构件 WAAM 技术的工程应用研究。图 17-17 所示为国内高校研制的铝合金 WAAM 结构件。

基于 WAAM 技术成功研制出了管路支架、壳体、框梁等航空、航天领域关键构件，且其中部分成果已在重点型号装备上应用。图 17-18 所示为北京航星机器制造有限公司制备的典型铝合金 WAAM 构件，其中图 17-18b、c 所示的端框及夹层结构使用 5A06 铝合金丝材成形，内部质量达到了 HB 5480 I 类 B 级水平，抗拉强度达到 300MPa，断后伸长率达到 10% 以上。

首都航天机械有限公司增材制造公司于 2020 年 12 月成立，主要从事增材工艺设计一体

a) 法兰筒段结构(北京航空航天大学)

b) 网格结构(华中科技大学)

c) 1m级火箭贮箱(西安交通大学)

d) 2.25m直径加筋环(西安交通大学)

图 17-17 国内高校研制的铝合金 WAAM 构件

a) 框梁结构

b) 夹层结构

c) 端框结构1

d) 端框结构2

图 17-18 北京航星机器制造有限公司制备的典型铝合金 WAAM 构件

化服务、原材料耗材供应、产品打印、工艺技术研发、非标装备研发等业务。公司自主研发的 WAAM 装备系统可成形铝合金、高温合金、钛合金、镁合金等系列材料，沉积效率最大可达 1000cm³/h。图 17-19 所示为该公司生产的铝合金管路支架。图 17-20 所示为基于

WAAM 生产的铝合金多星适配器壳体，内部质量达到了焊缝 Ⅱ 级 （NB/T 47013.2） 以上水平，抗拉强度 ≥340MPa、断后伸长率 ≥8%。

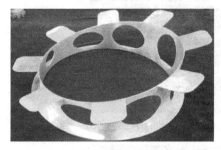

图 17-19　铝合金管路支架

图 17-20　铝合金多星适配器壳体

　　南京 ENIGMA 工业自动化技术有限公司推出了 ArcMan 系列多款 WAAM 系统，代表之一如图 17-20a 所示。ArcMan 系列 WAAM 系统的成形效率可达数千克每小时，最大成形尺寸达 4m×3m×1m/φ2.5m×1.2m。

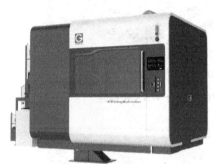

a) ArcMan P1200型WAAM系统

b) 基于WAAM生产的铝合金惯导安装板构件

图 17-21　ENIGMA 公司 WAAM 系统及铝合金成形件

第18章　铝合金焊接结构完整性分析

18.1　概述

铝合金焊接结构具有轻质、耐蚀、耐低温等特点，在航空航天、轨道车辆、船舶、能源、化工、建筑等结构中得到广泛的应用。结构完整性分析是铝合金焊接结构设计与制造、使用与维护等方面的基础，对于保证铝合金焊接结构的可靠性、安全性及经济性具有重要意义。

目前，我国的有关工程装备与结构领域正在迅速扩大铝合金焊接结构的应用范围，但是在铝合金焊接结构完整性分析方面尚缺乏系统的研究工作，这对于铝合金焊接结构设计与制造技术水平的提升产生一定的影响。为此，需要借鉴焊接结构完整性分析的一般方法，考虑铝合金焊接结构的特点，对铝合金焊接结构完整性进行系统分析。铝合金的强度、弹性模量、密度、导热、热膨胀等性能与钢材相比有显著不同，其焊接行为也有一定的差异，因此铝合金焊接结构完整性与焊接钢结构完整性也有所不同。但是在结构完整性原则方面是一致的，都是需要通过基于分析的设计与制造来保证焊接结构的整体可靠性。

焊接结构具有整体性和承载能力强等优点，但是焊接过程又对结构产生影响，结构使用过程中也必然要承受载荷及环境作用。研究焊接作用与使役损伤对焊接结构全生命周期结构完整性的影响成为焊接结构完整性分析的主题。铝合金焊接结构完整性分析也是如此，主要任务就是研究焊接对铝合金的作用效应，进而分析铝合金焊接结构失效行为及合于使用性。

根据焊接结构的经济可承受性要求，完整性应保证结构的可用性（适用性或合于使用性）。焊接结构的合于使用是指结构在规定的寿命期内具有足够的可以承受预见的载荷和环境条件（包括统计变异性）的功能。即合于使用是结构完整性要求所要达到的目标，合于使用评定就是分析损伤对焊接结构完整性的影响，确定焊接结构的完整程度。因此，合于使用评定是铝合金焊接结构完整性研究的主要内容之一。

合于使用评定又称工程临界分析（engineering critical assessment，ECA），是以断裂力学、弹塑性力学及可靠性系统工程为基础的工程分析方法。在制造过程中，结构中出现了缺陷，根据"合于使用"原则确定该结构是否可以验收；在结构使用过程中，评定所发现的缺陷是否允许存在；在设计新的焊接结构时，规定了缺陷验收的标准。国内外长期以来广泛开展了断裂评估技术的研究工作，形成了以断裂力学为基础的合于使用评定方法，有关应用已产生显著的经济效益和社会效益。多个国家已经建立了适用于焊接结构设计、制造和验收的"合于使用"原则的标准，成为焊接结构设计、制造、验收相关标准的补充。

现代焊接结构分析的关键是在焊接结构全生命周期引入结构完整性及合于使用性评定。焊接结构的完整性就是要保证焊接结构在承受外载和环境作用下的整体性要求。焊接结构的整体性要求包括接头的强度、结构的刚度与稳定性、抗断裂性、耐久性等。焊接接头的性能不均匀性、焊接应力与变形、接头细节应力集中、焊接缺陷等因素对焊接结构的完整性都有不同程度的影响。因此，焊接结构完整性分析要比均质材料结构复杂得多。铝合金焊接结构的设计、制造、使用和维护等各个阶段都需要考虑结构完整性问题，要根据产品结构的性能要求，制定具体的分析方法、试验项目、评价准则等工作内容，以保证焊接结构的完整性。

18.2　铝合金焊接结构完整性特点

18.2.1　铝合金焊接接头

1. 焊接接头的基本类型

根据被连接构件间的相对位置，焊接接头的形式有多种类型。图 18-1 所示为典型熔焊接头，包括对接接头（图 18-1a～e）、搭接接头（图 18-1f～h）、T 形接头（图 18-1i）、角接接头（图 18-1j）、塞焊接头（图 18-1k）。其中对接接头从力学角度看是比较理想的接头形式，适用于大多数熔焊方法。图 18-2 所示为典型搅拌摩擦焊接头。

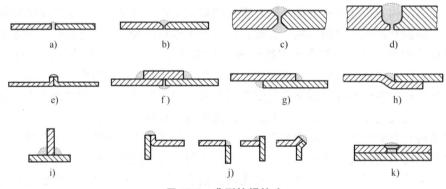

a)　　　b)　　　c)　　　d)

e)　　　f)　　　g)　　　h)

i)　　　j)　　　k)

图 18-1　典型熔焊接头

在焊接结构中，焊接接头主要起两方面的作用：①连接作用，把焊件连接成一个整体；②传力作用，传递焊件承受的载荷。据此可将焊接接头分为工作接头和联系接头。工作接头的焊缝与焊件串联，焊缝传递全部载荷，焊缝一旦断裂，结构就会失效，其焊缝称为工作焊缝（图 18-3a、b）；联系接头的焊缝与焊件并联，焊缝传递很小的部分载荷，焊缝一旦断裂，结构不会立即失效，其焊缝称为联系焊缝（图 18-3c、d）。

联系焊缝所承受的应力称为联系应力。工作焊缝所承受的应力称为工作应力。双重性焊缝则既承受联系应力又承受工作应力。设计焊接接头时，联系焊缝无须计算焊缝强度，工作焊缝必须计算焊缝强度。

实际焊接结构的焊缝通常按其具体结构型式和作用进行分类。如图 18-4 所示的运载火箭用铝合金贮箱焊接结构，其筒体有环缝和纵缝，封头也有纵缝与环缝，此外还有接管焊缝等。

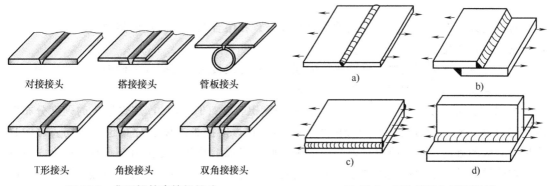

| 对接接头 | 搭接接头 | 管板接头 |
| T形接头 | 角接接头 | 双角接接头 |

图 18-2　典型搅拌摩擦焊接头　　　**图 18-3　工作焊缝与联系焊缝**

2. 铝合金焊接接头的组织与性能

（1）熔焊接头组织与性能　铝合金焊接接头是铝合金焊接结构的基本要素。熔焊的焊接接头由焊缝区、熔合区、热影响区及母材区组成，如图 18-5 所示。焊缝一般由填充金属及部分母材熔合而得，通常为铸造组织；熔合区是焊缝与母材热影响区的交界区域，其组织、化学成分及性能更为复杂；热影响区内的金属相当于经历了不同的热处理，其组织、性能变化较大；母材区虽然没有经历组织变化，但也受到焊接热循环的某种影响。因此，焊接接头在化学成分、显微组织及力学性能等方面均属于不均匀体。

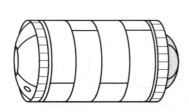

图 18-4　运载火箭贮箱焊接结构

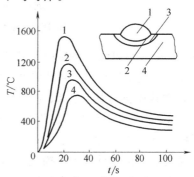

图 18-5　焊接接头的组成及各区经历的热循环

1—熔敷金属　2—熔合线　3—热影响区　4—母材

　　铝合金常规熔焊接头在不同热循环的作用下会形成组织形态不同的区域。各个区域的组织形态决定了接头各区域的力学性能。可热处理强化的铝合金和非热处理强化铝合金的熔焊接头，其热影响区显著不同。

　　图 18-6 所示为某牌号可热处理强化铝合金熔焊接头的组织。由图可知，铝合金熔焊接头由焊缝、熔合区（局部熔化区）、热影响区和母材组成。其中，熔合区又可细分为半熔化区和未混合区，热影响区又可细分为淬火区（固熔区）和软化区。

　　对冷作硬化铝合金而言，焊接时加热温度高于300℃的热影响区会发生软化（再结晶），

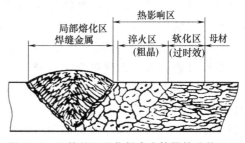

图 18-6　可热处理强化铝合金熔焊接头的组织

形成所谓的软化区，冷作硬化程度越高，软化区的宽度也越大。

对于退火状态和非热处理强化的铝合金而言，在熔合线及其附近的热影响区中，由于过热会发生晶粒粗化现象。

由于硬度指标可间接地估计接头区的强度、塑性及接头产生裂纹的倾向，因此，硬度高的区域其强度也高，而塑性、韧性都相应较低。

图18-7所示为典型的可热处理强化的高强度铝合金（T6状态）熔焊接头的硬度分布曲线。与O状态铝合金相比，铝合金的种类不同，其焊接接头的硬度分布也不相同，总的趋势是焊缝区的硬度最低，两边热影响区的硬度则波浪式上升并最终上升至母材的硬度。所以热影响区的塑性和韧性也呈现波浪式的变化趋势。这进一步说明了铝合金焊接接头力学性能的不均匀性。

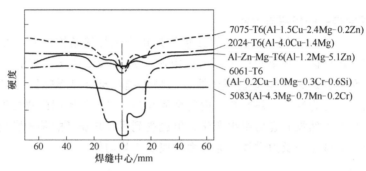

图18-7　铝合金熔焊接头的硬度分布曲线

由于产生过热组织、晶粒粗大或产生不利的组织带，熔合区的塑性和韧性下降显著，在许多情况下，这里是裂纹、局部脆性破坏的发源地，是焊接接头的一个薄弱区。

（2）搅拌摩擦焊接头组织与性能　如图18-8所示，搅拌摩擦焊接头由焊核（D）、热力影响区（C）、热影响区（B）和母材（A）构成。所谓热力影响区是指热塑性变形区，焊核也是热力影响区的一部分。焊

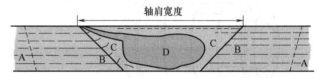

图18-8　搅拌摩擦焊接头组织特征

核是动态再结晶非常完全的区域，而热力影响区则是少部分发生动态再结晶而大部分金属受

到搅拌挤压和摩擦热作用的焊缝区域，其主要特征是热力搅拌作用产生的流变形态。

图18-9所示为铝合金搅拌摩擦焊接头横截面硬度分布。铝合金搅拌摩擦焊接头的强度具有更大的不均匀性。母材具有最大的抗拉强度和屈服强度；焊核区材料强度值最小，但是延性最强；纵向焊缝包含了焊核区、热力影响区、热影响区及部分母材，其强度和延性介于母材与焊核材料之间；由于焊核区材料强度低于母材，焊接接头横向拉伸时首先在焊缝区域屈服，在热力影响区部位断裂。

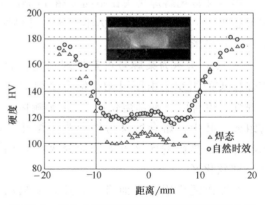

图18-9　铝合金搅拌摩擦焊接头横截面硬度分布

焊接接头区域在制造过程中会经历不同的冷热加工。其中主要是焊接和切割，有时还要经历火焰加工、弯曲、矫直和退火等焊后热处理。这些热加工会使焊接接头受到不同程度的热循环，因而其强度、塑性、韧性等力学性能也随之发生相应的变化。特别是热影响区受焊接温度场梯度的影响，各点经历的热循环不同，该区域内力学性能的不均匀性更为严重和复杂。

3. 铝合金焊接接头的软化区与强度设计

（1）铝合金焊接接头的软化区　如前所述，无论是非时效强化的铝合金还是时效强化的铝合金，其焊接接头热影响区都会出现软化现象，导致接头强度低于母材的强度（图 18-10）。铝合金熔焊接头热影响区通常可以划分两个区域（图 18-11a），其中 1 区的温度较高，已达到固溶的温度范围，冷却过程可发生一定程度的时效过程；2 区的温度较低，未达到固溶的温度范围，而发生了过时效。工程中通常采用简化的方法确定铝合金焊接接头的软化区范围。对于薄板，焊接温度场沿板厚方向均匀分布，热影响区沿板厚方向的变化可忽略，简化处理时用垂直板面的直线划分接头的软化区（图 18-11b），B—B 为热影响区宽度，取位于接头单侧 A—B 之间的 1/2 处的 C—C 为软化区宽度。对于厚板焊接接头，可依热影响区的轮廓确定软化区宽度（图 18-11c）。

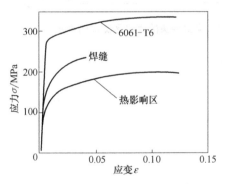

图 18-10　6061-T6 铝合金及焊缝和
热影响区的应力-应变曲线

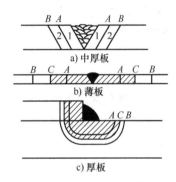

图 18-11　铝合金焊接接头
软化区范围

铝合金结构设计规范规定各种类型铝合金焊接接头的软化区宽度（记为 b_{haz}）以焊缝中线及根部为基准向各个方向延伸（图 18-11）。不同接头和工艺条件下，b_{haz} 不同。实际焊接中必须对 b_{haz} 进行限制，避免软化区范围过大。例如，形变硬化铝合金 MIG 焊，道间温度低于 60 ℃时，b_{haz} 的限值见表 18-1。

表 18-1　铝合金焊接接头软化区宽度限值　　　　　　　　　　（单位：mm）

板厚 t	b_{haz}	
	MIG 焊	TIG 焊
0<t≤6	20	30
6<t≤12	30	—
12<t≤25	35	—
t>25	40	—

多道焊时道间温度对焊接区温度分布有较大影响，会导致软化区范围发生变化。如果道间温度超过 60℃，则需要根据被焊材料的性质对上述 b_{haz} 进行适当修正。若两个或更多的

焊缝彼此相邻近，软化区范围将部分重叠，这时可以将其合并处理。如果焊缝接近板端，则热量的散失将减少。如果焊缝至板端的距离小于 $3b_{haz}$，则认为软化区扩展至板端。热处理强化与形变强化铝合金搅拌摩擦焊接头 b_{haz} 可参考 MIG 焊的要求。图 18-12 所示为典型接头的软化区宽度的确定。

（2）铝合金焊接接头的强度设计　设计焊接接头时必须考虑焊接热影响区软化造成的接头强度下降问题。因此，在铝合金焊接接头设计中，除了要校核焊缝的强度，还必须计算焊接热影响区的强度，同时要考虑软化区范围，并采取相应的设计和制造措施，以保证结构的安全性。

铝合金焊接接头的软化可分别用屈服强度软化系数 $\rho_{o,haz}$ 和极限强度软化系数 $\rho_{u,haz}$ 表征。屈服强度软化系数为

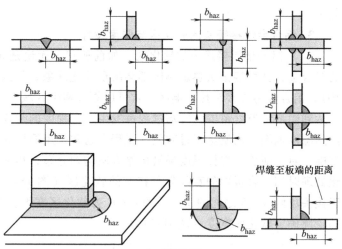

图 18-12　典型接头的软化区宽度的确定

$$\rho_{o,haz} = \frac{f_{o,haz}}{f_o} \tag{18-1}$$

式中　$f_{o,haz}$——软化区屈服强度；

f_o——母材屈服强度。

极限强度软化系数为

$$\rho_{u,haz} = \frac{f_{u,haz}}{f_u} \tag{18-2}$$

式中　$f_{u,haz}$——软化区抗拉强度；

f_u——母材抗拉强度。

表 18-2 所列为典型合金及焊接条件下的焊接接头软化系数。

表 18-2　典型合金及焊接条件下的焊接接头软化系数

铝合金	热处理条件	ρ_{haz}(MIG)	ρ_{haz}(TIG)
6×××	T5	0.65	0.60
6×××	T6	0.65	0.50
7×××	T6	0.80	0.60
5×××	H22	0.86	0.86
5×××	H24	0.80	0.80
3×××	H14/H16/H18	0.60	0.60

焊接接头焊缝承受正应力 σ_w 和剪应力 τ_w 的强度校核分别为

$$\sigma_w \leqslant \frac{f_w}{\gamma_w} \tag{18-3}$$

$$\tau_w \leqslant \frac{1}{\sqrt{3}} \frac{f_w}{\gamma_w} \qquad (18-4)$$

正应力和剪应力同时存在时的强度校核为

$$\sqrt{\sigma_w^2 + 3\tau_w^2} \leqslant \frac{f_w}{\gamma_w} \qquad (18-5)$$

式中　f_w——焊缝的抗拉强度；

　　γ_w——焊接接头的分项安全系数，一般取 1.25。

热影响区的正应力和剪应力的强度校核分别为

$$\sigma_{haz} \leqslant \frac{f_{u,haz}}{\gamma_w} \qquad (18-6)$$

$$\tau_{haz} \leqslant \frac{f_{v,haz}}{\gamma_w} \qquad (18-7)$$

正应力和剪应力同时存在时的强度校核为

$$\sqrt{\sigma_{haz}^2 + 3\tau_{haz}^2} \leqslant \frac{f_{u,haz}}{\gamma_w} \qquad (18-8)$$

式中　$f_{u,haz} = \rho_{haz} f_u$；

　　$f_{v,haz} = \rho_{haz} \dfrac{f_u}{\sqrt{3}}$；

　　ρ_{haz}——热影响区软化系数；

　　f_u——母材抗拉强度。

从接头承载的角度来看，软化区的作用相当于减薄，强度计算时需要对截面进行折减。根据软化系数可确定软化区有效厚度（图 18-13）。典型接头需要进行强度校核的区域如图 18-14 所示。

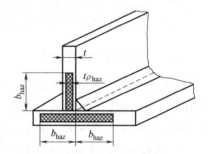

图 18-13　软化区有效厚度

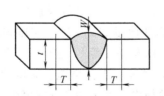 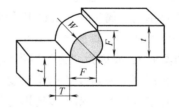

图 18-14　铝合金焊接接头强度校核区域

W—焊缝余高　F—角焊缝焊趾宽度　T—软化区宽度

对于实际结构而言，应用焊后热处理强化铝合金焊接接头较为困难，这就要求焊接接头强度设计时分析热影响区软化对结构承载的影响，提出可行的补偿措施。例如，增加焊接区板厚以保证整体结构的承载能力（图 18-15）。

18.2.2　焊接缺陷

焊接缺陷是焊接接头中偏离常态的组织结构。焊接

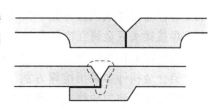

图 18-15　铝合金焊接接头的
局部增厚设计

缺陷也称为焊接不连续性，当焊接不连续的程度使焊接结构不符合质量标准或规范规定的限值或容限时则被判为质量缺陷，其判别结果依赖于质量标准。焊接缺陷是焊接结构中最严重的不完整性问题。焊接结构在制造及运行过程中不可避免地存在或出现各种各样的缺陷，焊接缺陷将直接影响结构的强度和使用性能，构成对结构可靠与安全性的潜在风险。因此，研究焊接结构的不完整性的重点是掌握焊接缺陷形成机制及其作用，以更好地控制或消除焊接缺陷。

焊接缺陷的种类较多，根据缺陷性质和特征，焊接缺陷主要有裂纹、夹渣、气孔、未熔合和未焊透、形状和尺寸不良等。按其在焊缝中的位置不同，可分为外部缺陷和内部缺陷，根据缺陷对结构脆断的影响程度，又可将焊接缺陷分为平面缺陷、体积缺陷和成形不良三种类型。

1）平面缺陷，如裂纹、未熔合和未焊透等。这类缺陷对断裂的影响取决于缺陷的大小、取向、位置和缺陷前沿的尖锐程度。缺陷面垂直于应力方向的缺陷、表面及近表面缺陷和前沿尖锐的裂纹，对断裂的影响最大。

2）体积缺陷，如气孔、夹渣等，它们对断裂的影响程度一般低于平面缺陷。

3）成形不良，如焊道的加高过大或不足、角变形或焊缝处的错边等，它们会给结构造成应力集中或附加应力，对焊接结构的断裂强度产生不利影响。

铝合金焊接缺陷的形态及形成机制与焊接方法有关，具体内容可见本书的相关章节。

18.2.3 焊接应力和变形

焊接应力和变形直接影响结构的使用性能和制造质量，焊接应力的存在有可能导致产生裂纹，而变形则影响结构的形状和尺寸误差。因此，掌握焊接应力与变形的规律，了解其作用与影响，有利于采取相应的措施以便控制、减小或消除其不利影响。

1. 焊接应力与变形产生机理及影响因素

（1）焊接应力与变形产生机理　焊接时的局部热输入是产生焊接应力与变形的决定性因素（图18-16）。热输入是通过材料因素、制造因素和结构因素所构成的内拘束度和外拘束度而影响热源周围的金属运动，最终形成焊接应力与变形。材料因素主要包含材料特性、热物理常数及力学性能 [热膨胀系数 $\alpha = f(T)$，弹性模量 $E = f(T)$，屈服强度 $R_{eL} = f(T)$，$R_{eL}(T) \approx 0$ 时的温度 T_K 或称为"力学熔化温度"，以及相变等]，在焊接温度场中，这些特性呈现出决定热源周围金属运动的内拘束度。制造因素（工艺措施、夹持状态）和结构因素（构件形状、厚度及刚性）则更多地影响着热源周围金属运动的外拘束度。

焊接应力与变形是由多因素交互作用而导致的结果。随焊接热过程而变化的内应力场和构件变形称为焊接瞬态应力与变形。而焊后，在室温条件下，残留于构件中的内应力场和宏观变形称为焊接残余应力和焊接残余变形。

焊接接头区金属在冷却到较低温度时，材料又回复到弹性状态。此时，若有金相组织转变，则伴随有体积变化，出现相变应力。

铝合金构件多采用熔焊方法制造。熔焊时的焊接应力与变形问题最为突出，电阻焊次之。钎焊的不均匀加热或不均匀冷却也会引起构件中产生残余应力和变形。在钎焊和扩散焊接头中，由于采用不同材料的钎料或中间过渡层，热膨胀系数的差异也是导致残余应力场的一个重要因素。

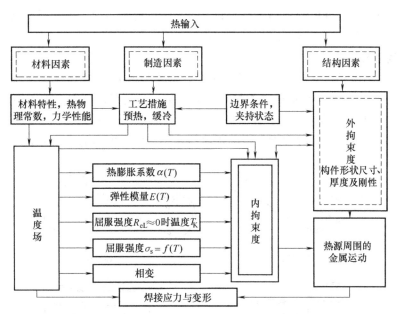

图18-16 引起焊接应力与变形的主要因素及其内在联系

由于焊接应力与变形问题的复杂性，在工程实践中，往往采用试验测试、理论分析和数值计算相结合的方法，掌握其规律，以期能达到预测、控制和调整焊接应力与应变的目的。

（2）**材料物理特性和力学特性的影响** 焊接应力和变形的产生和发展是一个随加热和冷却而变化的材料热弹塑性应力-应变的动态过程。铝合金构件熔焊时，影响这一过程的主要因素为铝合金的热物理特性和力学特性随温度的变化。

1）铝合金物理特性随温度的变化。热导率 λ、热扩散率 a、比热容 c、密度 ρ 和热焓是影响铝合金焊接温度场分布的主要热物理参数。这些热物理参数均随温度的变化而发生变化。而线膨胀系数 α 随温度的变化则是决定焊接应力、应变的重要物理特性。

2）铝合金力学特性变化的影响。在焊接热过程中，铝合金的力学特性随温度的升高或降低而发生变化。图18-17给出了5A06（LF6）铝合金的屈服强度 R_{eL}、弹性模量 E 和线膨胀系数 α 与温度的关系曲线。可以看到，温度高于300℃时，R_{eL} 和 E 迅速降低到接近零的水平。而线胀系数则与温度呈现良好的线性关系。铝合金高温力学性能的变化规律，直接影响焊接热弹塑性应力-应变的全过程和残余应力的大小。试验证明，铝合金材料的 R_{eL}、E 和 α 随温度变化的这种规律使得铝合金焊缝中的峰值拉应力往往低于铝合金自身的屈服强度。

（3）**构件的几何尺寸和热源类型的影响** 焊接热源的类型、热源能量密度分布、热源移动速度（焊接速度）、构件几何尺寸都直接影响焊接温度场的分布与形态，因而也决定着焊接的应力与变形的演变规律。

在进行焊接热弹塑性应力-应变过程有限元分

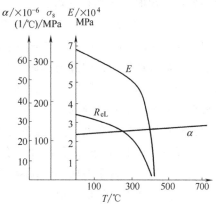

图18-17 5A06铝合金力学性能与温度的关系

析时，焊接热源功率密度模型和热效率系数直接影响求解的精度，必须根据具体的焊接方法并结合一定的试验测试来确定，以提高求解精度。

2. 焊接残余应力分布

焊接构件形式多样，其中采用熔焊方法焊接的中厚和薄壁构件接头形式如图 18-18 所示。在 15~20mm 厚的焊接结构中，焊接残余应力基本上是双轴（双向即平面应力）的，通常沿焊缝方向（纵向）的应力比垂直于焊缝方向（横向）的应力大，而厚度方向的残余应力很小，可以忽略不计。只有在大厚度的焊接结构中，厚度方向的应力才有较大的数值。

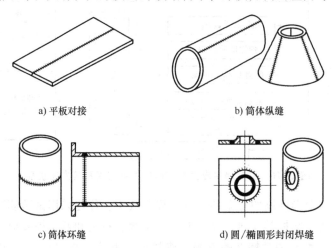

a) 平板对接　　　　　　　　b) 筒体纵缝

c) 筒体环缝　　　　　　d) 圆/椭圆形封闭焊缝

图 18-18　中厚和薄壁构件的典型焊接接头形式

焊接残余应力的分布是不均匀的，焊后收缩趋势越大的区域应力值越大，且是拉应力，其最大值在低碳钢和不锈钢上可达到母材的屈服强度，而对于铝合金和钛合金的接头，焊缝的最大残余拉应力则一般小于屈服强度；远离焊缝的区域则表现为压应力。焊接加热区越宽，则残余应力波及面也越宽。一般而言，焊接残余应力只是一种局部效应，在焊缝两侧 200~300mm 处很快衰减。

焊接残余应力的分布较为复杂，与周围环境拘束有关。在一条焊缝上，由于焊接的先后顺序不同，彼此相互影响，特别是后焊的对先焊的影响较大。同一工件上的几条焊缝，后焊的一条对先焊的一条都有影响。

（1）纵向残余应力　把平行于焊缝方向的应力称为纵向应力，用 σ_x 表示。在铝合金焊接结构中，焊缝及其附近的压缩塑性变形区内的 σ_x 为拉应力，其数值一般小于铝合金的屈服强度。图 18-19 所示为长板对接后焊缝各截面上 σ_x 的分布。

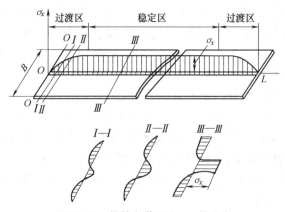

在板条中段的 σ_x 分布和前面的分析是一致的，但在长板条的两端情况就有所不同。因为端面 $O—O$ 是自由边界，它的表面没有应力，$\sigma_x = 0$。靠近端面的截面 $I—I$ 和 $II—II$，其内应力要小于中段

图 18-19　焊缝各截面上 σ_x 的分布

的，但随着截面离开端面距离的增大，σ_x 逐渐趋于稳定值。图中用垂直于板条平面的距离来表示焊缝上 σ_x 的大小。在板条的端部存在一个内应力过渡区，板条中间有一个内应力稳定区。当板条较短时，就不存在稳定区。板条越短，其值就越小。图 18-20 所示为不同长度焊缝中纵向应力 σ_x 的分布。

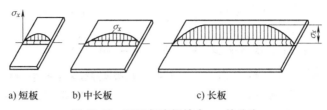

a) 短板　　　　b) 中长板　　　　　　c) 长板

图 18-20　不同长度焊缝中 σ_x 的分布

圆筒环缝所引起的纵向残余应力分布规律与平板直缝有所不同（图 18-21），其大小取决于圆筒直径、厚度及焊接塑性压缩变形区的宽度。环缝上的纵向残余应力随圆筒直径增大而增大，随塑性变形区的扩大而减小。直径增大，其分布逐渐与平板接近。

（2）横向残余应力　把垂直于焊缝方向的应力称为横向应力，用 σ_y 表示。横向残余应力是焊缝及其附近塑性变形区的纵向收缩和横向收缩共同作用的结果。横向残余应力在与焊缝平行的各截面上的分布大体与焊缝截面上的相似，但是离开焊缝的距离越大，应力值就越小，到边缘上 $\sigma_y=0$，如图 18-22 所示。

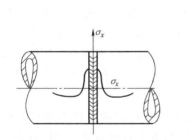

图 18-21　圆筒环缝纵向残余应力分布

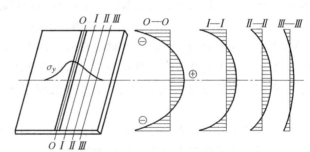

图 18-22　横向应力 σ_y 沿板宽方向的分布

（3）厚板中的残余应力　厚板焊接结构中除了存在纵向应力 σ_x、横向残余应力 σ_y，还存在着较大的厚度方向的残余应力 σ_z。这三个方向的内应力在厚度方向上的分布极不均匀，对于不同焊接工艺，其分布规律差别较大。图 18-23 所示为 240mm 电渣焊接头中厚度方向应力分布。σ_z 为拉应力，在厚度中心部位最大，达 180MPa。σ_x 和 σ_y 也是中心部位最大，焊缝中心出现三向拉应力。σ_z 随板厚的增大而增大，在表面 σ_z 为压应力。

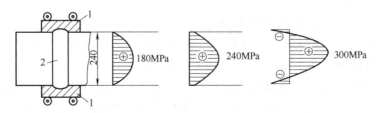

图 18-23　电渣焊接头中厚度方向应力分布

1—水冷铜滑板　2—焊缝

多层焊时，焊缝表面上的 σ_x 和 σ_y 比中心部位大，σ_z 的数值较小，可能为压应力，也可能为拉应力。图 18-24 所示为 80mm低碳钢厚板多层多道焊缝中残余应力的分布情况，其中对接焊缝根部的数值极大，大大超过了母材的屈服强度。这是由于每焊一层，即产生一层的角变形，在根部多次拉伸塑性变形的累积造成形变硬化，使应力不断增大。严重时，可达金属的抗拉强度，导致焊缝根部开裂。如果焊接时限制焊缝

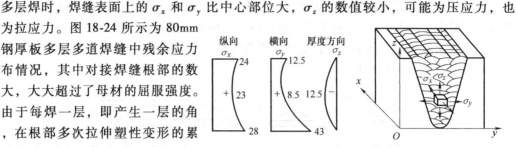

图 18-24　低碳钢厚板多层多道焊缝中的残余应力分布
注：图中数据单位为 MPa。

的角变形，则有可能在根部产生压应力。σ_y 的平均值与测量点在焊缝长度上的位置有关，但其表面应力大于中心的分布趋势是相似的。铝合金厚板多层多道焊缝中应力分布规律与此相似。

在航天工业中也存在大厚度铝合金焊件，如美国土星Ⅴ号一级运载火箭上直径为 10m 的 Y 形环。Y 形环的材料为 2219 铝合金，断面尺寸为 $139.7mm \times 68.58mm$，是由 3 个弧段拼焊而成，最初采用熔化极氩弧焊进行多层填充焊，焊缝层数为 100 层，后改用局部真空电子束焊，焊缝层数从 100 层减至 2 层，装配和焊接时间从 80h 减少到 8h，焊缝强度系数从 50% 提高到 75%，接头质量显著提高。俄罗斯能源号运载火箭一级 8m 直径的贮箱壳段，由 3 块长 8.4m、高 2.1m、厚 42mm 的板壳通过 3 条纵向焊缝连接而成，采用立式装配，应用局部真空电子束垂直向上焊，一次焊接成形，其环缝则采用高频脉冲熔化极氩弧焊进行多层填丝横焊，贮箱上的法兰盘焊缝也采用了局部真空电子束焊。这些大厚度铝合金焊件的焊缝中，都存在沿厚度方向的残余应力，其中熔化极氩弧多层焊的残余应力要比电子束焊的大得多。

（4）拘束板中的焊接残余应力　对接焊时，如对两块板的外缘焊前在横向加以刚性约束，则焊后纵向残余应力分布基本与无约束相近，但其横向拘束应力则为单一的拉应力，如图 18-25 所示。板宽越小，拘束应力越大；板宽越大，拘束应力相应越小。焊缝较长时，先焊的焊缝中产生的横向拉应力较后焊的焊缝中产生的拉应力小，如图 18-25b 所示。当外加约束去除后，部分拘束应力将消除，残余应力将重新分布。

（5）封闭焊缝所引起的残余应力板壳结构（如航天飞行器的铝合金贮箱

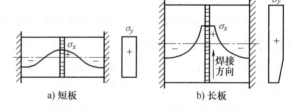

a) 短板　　　　　　　b) 长板
图 18-25　刚性拘束对焊接应力的影响

等）上的接管和法兰盘焊缝属于封闭焊缝，拘束度大。其内应力的大小与构件和连接件（法兰、接管）的刚度有关。刚度越大，其内应力就越大。

图 18-26 所示为圆盘中焊入镶块后的残余应力分布。纵向应力（即周向应力）σ_t 在焊缝附近为拉应力，其值最大可达屈服强度值；横向应力（径向应力）σ_r 始终为拉应力。在镶块中部有一个 σ_r 和 σ_t 相等的均匀双轴拉应力场。镶块直径越小，圆盘对它的拘束越大，这个均匀双轴应力值也越大。

3. 焊接残余应力测量方法

通常采用实验力学的方法，包括机械方法和物理方法，测定构件中的焊接残余应力。机械方法一般属于破坏性测试，也称为应力释放法，在释放应力的同时，用电阻应变片、机械应变仪、栅线或光弹法、表面脆裂涂层测得其相应的弹性应变量。物理方法多属于非破坏性测试，如 X 射线法等。图18-27 列出了焊接残余应力的测量方法。在工程应用中，仍以破坏性方法为主，超声法和中子辐照法正日益引起人们的重视。

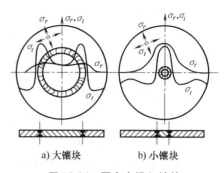

图18-26　圆盘中焊入镶块后的残余应力分布

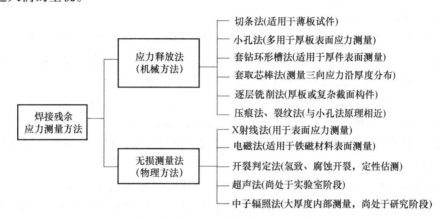

图18-27　焊接残余应力测量方法

4. 焊接残余应力的影响

构件中的焊接残余应力并不都是有害的。在分析它对结构失效或使用性能可能带来的影响时，应根据不同材料、不同结构设计、不同承载条件和不同运行环境进行具体分析。

（1）对构件承受静载能力的影响　在焊接构件中，焊缝区的纵向拉伸残余应力的峰值较高，有时可接近材料屈服强度。当外载工作应力和它的方向一致而相叠加，则该局部区域因屈服而发生塑性变形，当外载工作应力进一步增大时，塑性变形区可逐渐扩大。当构件的有效承载截面发生全面屈服，则在外载荷继续增加时，焊接残余应力的作用会消失。由此可见，在塑性良好的构件上，焊接残余应力对承受静载能力没有影响；而在塑性差的构件上，一般不会出现局部塑性屈服区扩大现象，所以在峰值应力区的应力达到抗拉强度后，构件会发生局部破坏，导致结构断裂。

（2）对结构脆性断裂的影响　显然，焊缝中的裂纹尖端处于焊接残余拉应力区域时，会加剧裂纹尖端的应力集中并导致裂纹起裂，造成低应力脆性断裂。这一点对于韧性低的材料更为危险。因此，在断裂评定中必须考虑拉伸残余应力与工作应力共同作用的影响，应当引入应力强度修正系数。若裂纹尖端处于焊接残余拉应力范围内，则缺陷尖端的应力强度增大，裂纹趋向于扩展，直至裂纹尖端越出残余拉应力范围。随后裂纹有可能停止扩展或继续扩展，这主要取决于裂纹长度、应力强度和结构运行环境温度。焊接残余应力只分布于局部区域，对断裂的影响也局限于这一范围。

（3）对疲劳强度的影响　焊接残余拉应力阻碍裂纹闭合，它在疲劳载荷中提高了应力平均值，从而加剧了应力循环损坏。当焊接区的拉应力使应力循环的平均值增大时，疲劳强度会降低。焊接接头是应力集中区，残余拉应力对疲劳的不利影响也会更明显。在工作应力作用下，在疲劳的应力循环中，残余应力的峰值有可能降低，循环次数越多，降低的幅度也越大。

为了提高焊接结构的疲劳强度，不仅要着手减小残余应力，还要减小焊接接头区的应力集中，避免接头区的几何不完整性和力学不连续性，如去除焊缝余高和咬边，使表面平滑。在重要承力结构件的疲劳设计和评定中，对于拉伸残余应力大的部位，应引入有效应力比值，而不能仅考虑实际工作应力比值。

焊接构件中的压缩残余应力可以降低应力比值并使裂纹闭合，从而延缓或终止疲劳裂纹的扩展。可采用不同工艺措施，利用压缩残余应力，改善焊接结构抗疲劳性能，如点状加热、局部捶击或超载处理等。

（4）对结构刚度的影响 当外载的工作应力为拉应力时，与焊缝中的峰值拉应力相叠加，会发生局部屈服；在随后的卸载过程中，构件的回弹量小于加载时的变形量，构件卸载后不能回复到初始尺寸。尤其在焊接梁形构件时，这种现象会降低结构刚度。

当构件承受压缩外载时，由于焊接内应力中的压应力成分一般低于 R_{eL}，外载应力与它的叠加未达到 R_{eL}，结构在弹性范围内工作，不会出现有效截面积减小的现象。

当构件受弯曲时，内应力对刚度的影响与焊缝的位置有关，焊缝所在部位的弯曲应力越大，则其影响也越大。

（5）对受压杆件稳定性的影响 当外载引起的压应力与焊接残余压应力叠加之和达到 σ_s，这部分截面就丧失进一步承受外载的能力，削弱了杆件的有效截面积，并改变了有效截面积的分布，会损害受压杆件的稳定性。内应力对受压杆件稳定性的影响大小与内应力的分布有关。

（6）对应力腐蚀的影响 一些焊接构件工作在有腐蚀性的环境中，尽管外载的工作应力不一定很高，但焊接残余应力本身就会引起应力腐蚀开裂。这是在拉应力与电化学反应共同作用下发生的，残余应力与工作应力叠加后的拉应力值越高，应力腐蚀开裂的时间越短。

为了提高焊接构件的耐应力腐蚀性能，应选用对特定的环境和工作介质具有良好耐蚀性的材料，或对焊接构件进行消除残余应力的处理。

（7）对构件精度和尺寸稳定性的影响 焊接构件在焊后的机加工或放置一段时间后，由于原应力场要重新平衡，不稳定组织随时间发生变化而产生组织内应力，都会对构件的精度和尺寸造成偏差。

5. 焊接残余应力的控制和消除

为减小结构的焊接残余应力，应从设计和焊接工艺调整两方面采取措施。

（1）减小焊接残余应力的设计措施 设计上减小焊接残余应力的核心是正确布置焊缝，从而避免应力叠加，降低应力峰值。

1）尽量减少焊缝的数量，在保证结构强度的前提下，尽量减小焊缝截面尺寸和长度。

2）焊缝应避免过分集中，焊缝间应保证足够的距离，要尽可能避免交叉，以免出现三向复杂应力。如尽可能避免设计交叉十字焊缝，法兰盘环缝和接管焊缝应避免开在焊缝上。

3）焊缝不要布置在高应力区及截面突变的地方，以避免应力集中。

4）采用刚性较小的接头形式。如在铝合金贮箱法兰盘焊接处设计翻边，可降低焊缝的约束度，减小焊接应力。

（2）减小焊接残余应力的工艺措施

1）采用合理的焊接顺序和方向，其基本原则是：让大多数焊缝在刚性较小的情况下施焊，以便自由收缩而减小焊接应力。

① 板件拼焊时，先焊错开的短焊缝，后焊直通的长焊缝，使焊缝有较大的横向收缩余地。焊接长焊缝时，采用由中央向两端施焊法，焊接方向指向自由端，使焊缝两端能够较自由地收缩。

② 结构施焊时，应先焊收缩量较大的焊缝，因为先焊的焊缝收缩时受阻较小，可较自由地收缩，故焊接残余应力也较小。例如，结构上既有对接焊缝也有角接焊缝时，应先焊对接焊缝，因为对接焊缝的收缩量比角接焊缝的大。

③ 应先焊工作时受力较大的焊缝，使内应力合理分布。由于先焊的部位会受到压应力，可与工作应力部分抵消。

④ 焊接平面上的交叉焊缝时，应该特别注意交叉处的焊缝质量，应采用保证交叉点部位不易产生缺陷、刚性约束较小的焊接顺序。例如 T 形接头焊缝和十字接头焊缝，应按图 18-28a、b、c 所示的顺序焊接，而图 18-28d 所示则为不合理的焊接顺序。

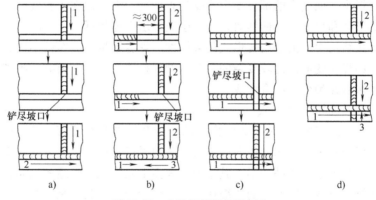

图 18-28　交叉焊缝的焊接顺序

2）缩小焊接区与结构整体之间的温差，从而减小焊接残余应力。通过整体预热，采用较小的热输入均可达到目的。

3）锤击焊缝。在每道焊缝的冷却过程中，用圆头小锤锤击焊缝，使焊缝金属受到锤击减薄而向四周延展，补偿焊缝的一部分收缩，从而减小焊接残余应力与变形。多层多道焊时，第一层及最后一层一般不锤击，以防产生根部裂纹及影响焊缝表面质量。

（3）焊后消除焊接残余应力的方法　焊后残余应力调整和松弛的方法有热处理和加载两类。

1）**热处理法**：采用各种加热方法，以及不同的工艺程序，利用高温时材料屈服强度下降和蠕变现象，达到松弛焊接残余应力的目的，同时还可以改善焊接接头的性能，提高塑性。

生产中常采用整体高温回火和局部高温回火两种方式来减小或消除结构件的焊接残余应力。局部高温回火的效果不及整体高温回火，但可降低残余应力的峰值，使应力分布比较平缓，多用于比较简单的拘束度较小的焊接接头。对容器环缝，加热宽度 B 按公式 $B=5\sqrt{R\delta}$

（R 为容器直径，δ 为壁厚，单位均为 mm）取值。

铝合金焊接构件，由于母材自身塑性较好，一般不需要采用热处理法消除焊接残余应力。

2）加载法：用力使焊接接头拉伸，使残余应力区产生塑性变形，达到松弛残余应力的目的。生产上采用的加载法有机械拉伸法、温差拉伸法和随焊振动法。

对于铝合金构件，多采用温差拉伸法和随焊振动法来消除焊接残余应力。对于铝合金容器类构件，有时也采用液压试验进行机械拉伸，降低残余应力水平。例如在焊接 2A14 铝合金贮箱壳段纵缝时，采用低应力无变形焊接方法（一种在焊接过程中进行的温差拉伸法）可以取得非常好的减小残余应力、防止热裂纹倾向的效果。我国在生产神舟飞船的舱体构件时，成功应用了随焊锤击（振动）法来控制和消除构件的残余应力和变形。

6. 焊接残余变形

焊接残余变形是焊接后残存于结构中的变形。焊接残余变形可分为平面内变形和平面外变形，纵向、横向收缩和回转变形属于平面内变形，角变形、纵向弯曲变形和失稳变形属于平面外变形。

焊接残余变形与焊接残余应力密切相关，出现的情况大体上相反，产生高应力的部位其变形被拘束即变形小，低应力的部位变形不受拘束即变形大。但在工程实际中，人们希望结构在具有较高的形状和尺寸精度的同时，其残余应力水平也较低。

在实际的焊接结构中，由于结构形式的多样性、焊缝数量与分布的不同、焊接顺序和方向的不同，产生的焊接变形是比较复杂的。常见的焊接残余变形主要有五种基本类型，复杂的焊接残余变形多由几种变形组合而成。

（1）焊接残余变形的基本形式

1）收缩变形。收缩变形可细分为纵向收缩变形和横向收缩变形（图 18-29a）。这是焊缝及其附近加热区域的纵向收缩和横向收缩所产生的平行于焊缝长度方向和垂直于焊缝长度方向上的变形，是最基本的两种变形，其余变形大多由此引起。焊缝的纵向收缩是由焊接过程中构件焊缝区纵向显著缩短引起的压缩造成的。焊缝的横向收缩是由焊接过程中的横向压缩所造成的，并随焊接坡口初始间隙的减小而增大，使构件横向缩短。

2）弯曲变形。弯曲变形是当焊缝的位置偏离焊件中心线时，由焊缝的纵向收缩和横向收缩引起的变形（图 18-29b）。

3）角变形。角变形是由于焊缝横截面形状不对称或施焊层次不合理，致使横向收缩量在焊缝厚度方向上分布不均匀所产生的变形（图 18-29c）。在堆焊、对接、搭接和 T 形接头上，往往会产生角变形。

4）扭曲变形。扭曲变形也称螺旋形变形，是由装配不良、施焊程序不合理，致使焊缝纵向收缩和横向收缩没有一定规律而引起的变形（图 18-29d）。它是角变形在梁、柱等结构上综合作用的一种变形形式。

5）失稳变形。失稳变形是由于焊缝的收缩使刚性较小的结构局部失稳而引起的变形（图 18-29e 和图 18-29f）。在薄板焊接时，焊缝收缩量大于丧失稳定的临界压缩量时将出现这种变形。这类变形常为波浪变形。由于收缩力引起的压缩残余应力会引起薄板产生一种不稳定的横向变形，这种"皱折"或挠曲表现为垂直于板材平面上较大的挠度。

此外，在火焰切割过程中也可观察到焊接坡口或切割面张开或闭合形式的变形。

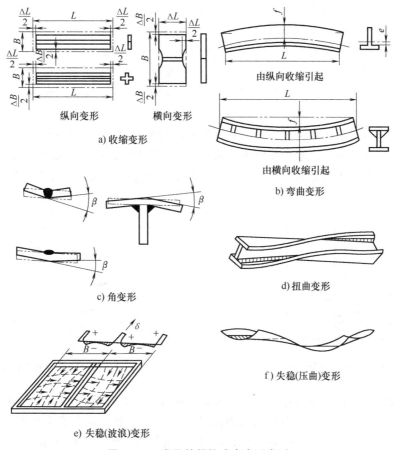

a) 收缩变形

由纵向收缩引起

由横向收缩引起

b) 弯曲变形

c) 角变形

d) 扭曲变形

e) 失稳(波浪)变形

f) 失稳(压曲)变形

图 18-29　常见的焊接残余变形类型

（2）焊接残余变形的危害　为了提高焊接结构的制造质量和使用的安全可靠性，必须对焊接残余变形加以控制。焊接残余变形对制造和使用的危害主要表现在以下三个方面：

1）焊接残余变形影响结构尺寸精度和外观质量。为保证结构的形状和尺寸精度，就不得不采用矫正、修整等耗费时间和人力的作业，这导致制造成本上升，生产环境恶化；部件的焊接变形使组装变得困难，需经矫正后方可装配，造成组装件的装配质量下降。

2）焊接残余变形引起局部应力和附加应力。焊接残余变形在外载作用下会引起局部应力集中和附加应力，降低结构的承载能力。

3）焊接残余变形矫正可能产生负面的力学效应。矫正可能使材料的塑性下降，甚至引发新的残余应力，损害结构的使用性能。

（3）典型构件的焊接残余变形　在薄壁或中厚度的板材结构上的焊接残余变形多种多样，比较典型的有：板件对接直线焊缝、圆筒对接环形焊缝和壳体上的安装座圆形封闭焊缝所引起的构件变形；在厚板重型结构上的焊接残余变形则以焊缝的横向收缩变形引起的坡口间隙变化和多层多道焊的角变形为主。

1）板件对接。在板件上完成直线对接焊缝时，会发生面内变形，包括因横截面上温度分布不均匀引起对接缝张开的面内弯曲变形，如图 18-30 所示由焊缝的纵向收缩和横向收缩造成的面内弯曲变形。图 18-30 中 θ 表示面内弯矩，它会使未焊接的间隙闭合。在热应力作用下，焊接过程中板件的面外瞬态失稳变形会对焊后残余变形产生不利影响。因此在薄板焊接时，对纵向直焊缝多采用琴键式夹具多点压紧，防止焊接过程中板件发生面外瞬态失稳。尤其是在铝合金薄板对接焊过程中，往往会在板件或焊缝两侧发生上凸的面外瞬态失稳变形（形似角变形）。为了防止这类上凸失稳角变形造成难以矫正的后果，应严格规定琴键式夹具压板在焊缝两侧的间距，如：板厚为 2mm 时，间距不大于 25mm；板厚为 5mm 时，间距不大于 35mm。

焊接后对接焊缝会引起的板件纵向和横向收缩变形也会导致失稳挠曲变形（图 18-31）。在纵向形成曲率半径为 r 的弯曲变形并有挠度 f；在横截面上焊缝中心低于板件边缘。焊后平板失稳，焊缝在平板失稳状态下相应缩短，其中一部分峰值拉应力有所降低。

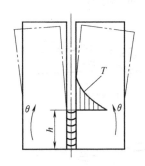

图 18-30　板件对接焊过程中的面内变形

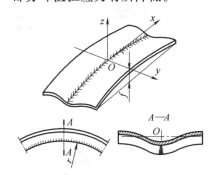

图 18-31　板对接焊后的典型失稳状态

在同样条件下，铝板对接焊后的挠曲失稳变形挠度 f 比钢板的 f 值要大 30% 左右。这是因为板件的临界失稳压应力值与材料的弹性模量 E 值呈正比，而铝合金板材的 E 值仅为钢材的 1/3，尽管铝合金板件上的焊接残余应力的绝对值低于钢板上的数值，但铝板在焊后的失稳变形仍然大于钢板的变形。

2）圆筒对接环形焊缝。图 18-32 所示为薄壁圆筒对接环形焊缝所引起的变形，在焊缝中心线上所产生的下凹变形 w 最大；而在离开焊缝稍远处还会出现上凸的变形，幅值较小。这种因为环形焊缝在周长上缩短造成的壳体变形特性，可由板壳弹性理论进行计算而求得。图 18-33 所示为直径为 320mm、壁厚为 1mm 的不锈钢筒体焊后变形实测值。

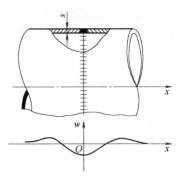

图 18-32　不锈钢圆筒对接环形焊缝引起的变形

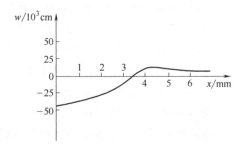

图 18-33　不锈钢筒体焊后变形实测值

薄壁构件的直线对接焊缝（如壁板、壳体的对接焊缝等）在琴键式纵向焊接夹具上施焊时，构件焊后仍然会产生失稳波浪变形，在焊缝纵向产生挠曲 f，如图 18-34 所示。

容器的焊接壳体结构多为筒体与刚性较大的安装边（法兰盘）用环形焊缝连接。在筒体上的素线变形较大，如图 18-35a 所示。在图 18-35b 上可以看到，铝合金筒体在环缝处为凸起变形。由于铝合金具有良好的导热性，同时在焊缝两侧的结构刚性有差别，在焊缝两侧产生不同的凸起变形量，其差值为 Δw。在大部分薄壁结构上，环形焊缝的径向收缩可引起安装边角变形。图 18-35c 所示为 $\phi800mm$、厚度为 0.8mm 的 GH2132 壳体上环缝收缩引起安装边角变形的实测结果。

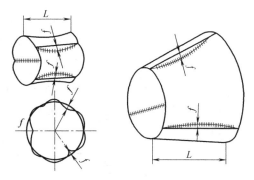

图 18-34 薄壁壳体纵向焊缝引起的失稳挠曲变形（f 表示最大挠度）

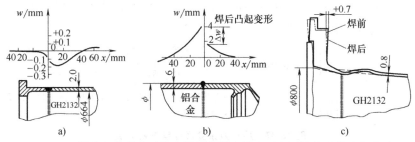

图 18-35 筒体与安装边对接环缝引起的素线变形实测值与安装边角变形

3）壳体上安装座圆形封闭焊缝。薄壁壳体（如铝合金贮箱等）的结构刚性不同，圆形封闭焊缝在壳体上引起的变形也各异。大多数壳体在焊后型面发生畸变，在焊缝处塌陷，周围会发生失稳变形。如图 18-36 所示，虚线 1 为型面的设计位置，焊后偏离了设计要求，2 为变形后的位置。这类变形主要是由焊缝的横向收缩和焊缝沿周长方向的纵向收缩引起的。

（4）焊接残余变形的控制和消除 在航空、航天、造船等工业中，铝合金构件多以中厚和薄壁构件存在，由于铝合金的线膨胀系数比钢的大许多，所以焊接过程中焊缝的收缩量较大，容易产生变形，焊后残余变形量也大，对构件的尺寸稳定性和几何完整性危害很大。必须从设计、工艺两方面采取措施来避免和减小焊接残余变形。

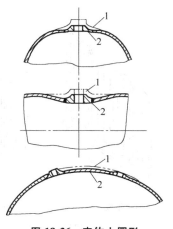

图 18-36 壳体上圆形焊缝引起型面塌陷

从焊接结构的设计开始，就应考虑控制变形可能采用的措施；进入制造阶段，可采用焊前的预防变形措施和焊接过程中的主动控制工艺措施；在焊接完成后，应选择适当的矫正措施来减小或消除已发生的残余变形。焊接残余变形控制方法的分类如图 18-37 所示。

1）预变形法。预变形法也称反变形法。根据预测的焊接变形大小和方向，在待焊工件装配时造成与焊接残余变形大小相当、方向相反的预变形量，如图 18-40 所示。焊后焊接残余变形量抵消了预变形量，使构件回复到设计要求的几何型面和尺寸。

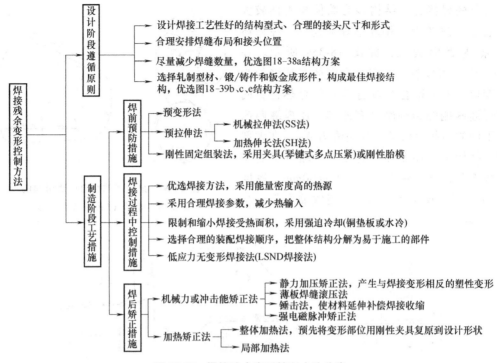

图 18-37 焊接残余变形控制方法分类

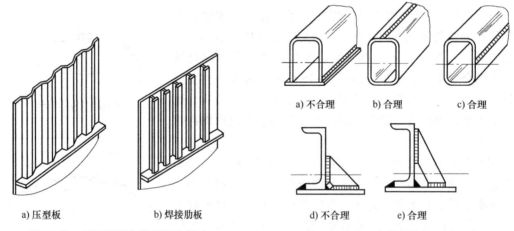

a) 压型板　　　　　b) 焊接肋板

图 18-38 用压型板代替焊接肋板以减少焊缝数量和焊接变形

图 18-39 合理安排焊缝位置防止变形

　　当构件刚度过大（如工字梁翼板较厚或大型箱形梁等），采用上述预变形有困难时，可以先将梁的翼板强制反变形，如图 18-41a、b 所示，也可以将梁的腹板在下料拼板时做成上挠的，再进行装配焊接，如图 18-41c 所示。

　　2）预拉伸法。预拉伸法多用于薄板平面结构件，如壁板的焊接。在焊前先将薄板件用机械方法拉伸或用加热方法使之伸长，再与其他构件（如框架或筋条）装配焊接在一起。焊接是在薄板有预张力或有预先热膨胀量的情况下进行的。焊后去除预拉伸或加热，薄板回复初始状态，即可有效减小残余应力，控制波浪失稳变形效果明显。表 18-3 所列为采用机械拉伸法（SS 法）、加热伸长法（SH 法）和二者并用的拉伸加热法（SSH 法），把薄板与壁板骨架焊接成一个整体构件时的工艺实施方案。对于面积较大的壁板结构，预拉伸法要求有专门设计的机械装置与自动化焊接设备配套，应用上受到局限。在 SH 法中，也可以用电流通过面板自身电阻而直接加热的办法取代附加的加热器间接加热以简化工艺。

3）低应力无变形焊接法（LSDN 焊接法）。它本质上与温差拉伸法相同，都是利用温度场产生应变补偿效应。其区别在于，温差拉伸法在焊后实施，LSDN 焊接法在焊接过程中实施。

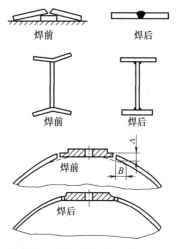

图 18-40 在不同工件上采用的预变形措施

低应力无变形焊接法如图 18-42 所示，在焊缝区有铜垫板进行冷却，两侧有加热元件（图 18-42a），形成一个特定的预置温度场（曲线 T），最高温度 T_{max} 离开焊缝中心线的距离为 H，因此产生相应的预置拉伸效应（曲线 σ），如图 18-42b 所示。图 18-42c 所示为实际温度场。焊缝两侧用双支点 P_1 和 P_2 压紧工件，P_2 离开焊缝中心的距离为 G，防止在加热和焊接过程中的瞬态面

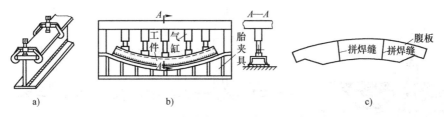

a)   b)   c)

图 18-41 防止构件变形采取的强制反变形措施

表 18-3 采用预拉伸法控制壁板焊接失稳变形

方法	工艺实施方案	状态分析
SS 法:机械拉伸	组装焊接　框架 夹头　　面板	焊缝
SH 法:加热伸长	组装焊接　加热器　框架 面板 隔底底座	热膨胀
SSH 法:机械拉伸+加热伸长	组装焊接　加热器　框架 夹头　　面板	拉伸+热膨胀

外失稳变形，保证在焊接高温区的预置拉伸效应。这是一种在焊接过程中直接控制瞬态热应力与变形的产生和发展的主动控制措施。焊后残余应力峰值可以降低 2/3 以上，图 18-42d 所示为残余应力场的对比。图 18-42e 所示为常规焊后残余压缩塑性应变（曲线 1）和 LSND 焊接法焊后残余压缩塑性应变（曲线 2）的对比。根据要求，调整预置温度场，还可以在焊缝中造成压应力，使残余应力场重新分布。随着焊缝中拉应力水平的降低，两侧的压应力也降到临界失稳应力水平以下，焊件不再失稳。因此焊后焊件没有焊接残余变形，保持焊前平直状态。

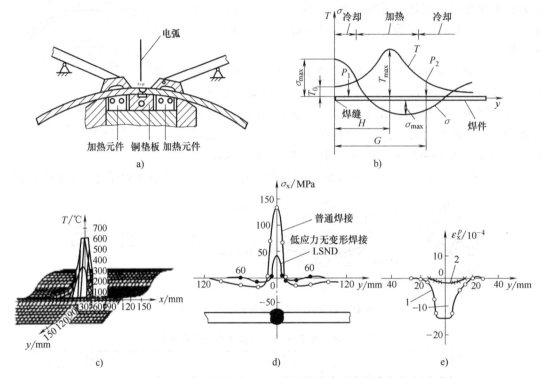

图 18-42　低应力无变形焊接法原理工艺实施方案及在铝合金上实测对比

低应力无变形焊接法适用于各类材料，如铝合金、不锈钢、高温合金等。预置温度场中的最高温度因材料和结构而异，一般在 100~300℃，可根据待焊件来优选预置温度场。实践证明，预置温度场还有利于改善高强铝合金的焊接接头性能。低应力无变形焊接法可以用于钨极氩弧焊、等离子弧焊及其他熔焊过程，常用的焊接参数可保持不变。

在低应力无变形焊接法的基础上发展了"动态"控制的低应力无变形（DC-LSND）焊接法。该方法利用一个有急剧冷却作用的热沉（冷源）紧跟在焊接热源（电弧）之后，如图 18-43a 所示，在热源-热沉之间有极陡的温度梯度，如图 18-43b 所示，高温金属在急冷中被拉伸，补偿焊缝区的塑性变形。焊后在薄板上同样可以达到完全无变形的效果，焊缝中的残余应力甚至可转变为压应力（见图 18-42e）。

图 18-44a 所示为在低碳钢上的实测结果，图 18-44b 所示为在不锈钢上的实测结果。与常规焊后的残余应力分布（曲线 a）相比，热沉参数的变化明显影响残余应力的重新分布。这种动态控制的低应力无变形焊接法（DC-LSND 焊接法），比静态 LSND 焊接法更具良好的工艺柔性。

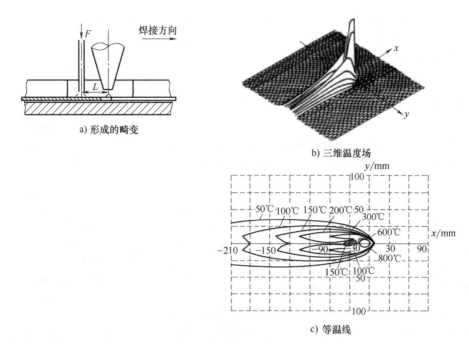

a) 形成的畸变

b) 三维温度场

c) 等温线

图 18-43　热源-热沉焊接

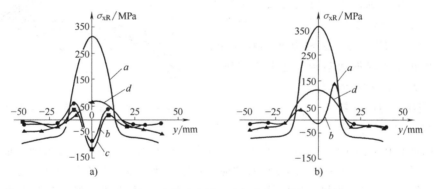

a)　　　　　　　　　　　b)

图 18-44　热源-热沉动态控制的低应力无变形焊接效果

4）薄板焊缝滚压法。焊缝滚压技术不仅可用于消除薄壁构件上的焊接残余应力，而且是一种焊后矫正板壳构件变形的有效手段，多用于自动焊的规则焊缝（直线焊缝、环形焊缝）。此外，窄轮滚压法也用于某些材料（如铝合金）焊接接头的强化，但滚压时产生的塑性变形量比用于消除应力和变形时大得多。用窄轮滚压法还可以在工件待焊处先造成预变形，以抵消焊接残余变形。

5）局部加热法。多采用火焰对焊接构件局部加热，在高温处，材料的热膨胀受到构件本身刚性制约，产生局部压缩塑性变形，冷却后收缩，抵消了焊后在该部位的伸长变形，达到矫正目的。可见，局部加热法的原理与锤击法的原理正好相反。锤击法是在有缩短变形的部位造成金属延展，达到矫正变形的目的。

图 18-45 所示为在刚性较好的构件上（焊接工字梁、带纵缝的管件）局部加热的部位，直接用火焰加热构件横截面上金属延伸变形区，但加热面积应有限定。

在矫正薄壁构件失稳波浪变形时，会由于火焰加热面积过大而发生新的翘曲变形。因此，可采用多孔压板防止薄板在加热过程中变形，通过压板上的小孔加热，限制受热面积，增强矫形效果。有时也可以采用热量更集中的钨极氩弧或等离子弧作为热源，但应防止加热时金属过热或熔化。

6）强电磁脉冲矫正法（电磁锤法）。利用强电磁脉冲形成的电磁场冲击力，在焊件上产生与焊接残余变形相反的变形量，达到矫正目的。

该方法适用于电导率高的铝、铜等材料的薄壁焊接构件。对电导率低的材料，需在工件与电磁锤之间放置铝或铜质薄板。采用该方法矫正的优点是：在工件表面不会产生如锤击或点状加压所形成的撞击损伤痕迹，冲击能量可控。操作时，应注意高压线圈绝缘可靠。

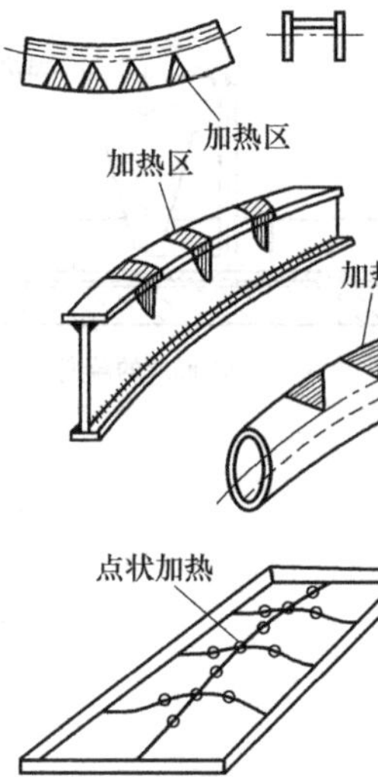

图 18-45　火焰局部加热矫正焊接残余变形

7）其他矫正法。对于某些刚度较大的焊接构件，还可采用静力加压矫正法。如图 18-46 所示，利用外力使构件产生与焊接残余变形方向相反的塑性变形，二者互相抵消。

除了采用压力机，还可用锤击法来延展焊缝及其周围压缩塑性变形区域的金属，达到消除焊接残余变形的目的。这种方法比较简单，经常用来矫正不太厚的板结构。锤击法的缺点是劳动强度大，表面质量欠佳。

7. 焊接接头的应力集中

焊接结构中的焊接接头是一个工作应力分布不均匀因而存在应力集中的部位。在某些情况下，应力集中会给焊接接头强度带来相当严重的影响，必须予以充分重视。焊接接头的应力集中主要由以下几方面因素引起：

图 18-46　采用加压机构矫正工字梁的挠曲变形

1）焊接工艺缺陷。焊接时产生的夹杂、气孔、咬边、未焊透、裂纹等会造成接头结构上的不连续，在上述不连续处均会引起焊接接头的应力集中，其中咬边和未焊透引起的焊接接头应力集中较为严重。裂纹所引起的焊接接头应力集中更为严重，特别是与工作应力方向垂直的裂纹。因为裂纹存在尖锐的尖端，应力集中尤其严重，在很小的工作应力作用下就会发生起裂，进而扩展。

2）接头形式。不同接头形式会引起不同程度的应力集中，对接接头的应力集中程度最小，搭接和十字接头的应力集中程度较大。改变焊缝形状，改变焊透情况，把焊趾加工成圆滑过渡，使应力传递缓和，均可大大减小应力集中程度。

3）加工过程中的缺陷。在结构件加工制造过程中，如切割不平，或有裂纹、弧坑、样冲眼、焊疤等缺陷，都会引起应力集中。

应力集中的程度常以应力集中系数 K_T 表示：

$$K_T = \frac{\sigma_{max}}{\sigma_m}$$

（18-9）

式中　σ_{max}——截面中最大应力；

　　　σ_m——截面中平均应力。

一般采用试验法确定 K_T 值，也可用解析法求得。当结构的截面几何形状比较简单时，可以用弹性力学方法计算 K_T。结构比较复杂时，可用有限元法，或者用光弹、电测等试验方法确定 K_T。

铝合金结构中，用于承载的焊接接头绝大多数为对接接头，少数为搭接接头和 T 形（十字）接头，其他接头形式一般不承受载荷，或者只起连接作用，所以这里只讨论对接接头、搭接接头和 T 形接头的应力分布。

（1）对接接头的应力分布　在焊接生产中，对接接头的焊缝表面通常略高于母材表面，高出部分称为余高，由此产生了接头几何外形上的不连续，在焊缝与母材的过渡处引起应力集中，其应力分布如图 18-47 所示。

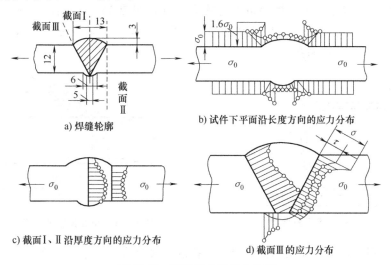

a) 焊缝轮廓

b) 试件下平面沿长度方向的应力分布

c) 截面Ⅰ、Ⅱ沿厚度方向的应力分布

d) 截面Ⅲ的应力分布

图 18-47　对接接头的应力分布

对接接头的最大应力集中部位在焊趾部位，其应力集中系数 K_T 主要与焊缝余高 c、焊趾圆弧半径 r、焊缝过渡角 θ 等参数有关。一般而言，c 越大，r 越小，θ 越大，则接头的应力集中程度越大。按照图 18-47 所示的模型，焊缝余高与母材的过渡处，应力集中系数最大，为 1.6；在焊缝背面与母材过渡处，应力集中系数为 1.5。典型接头 K_T 与几何参数的关系如图 18-48 所示。由图可知，减小 r 和增大 c 都会使 K_T 增大，可见用增大 c 来增大焊缝截面十分不利，对动载结构的疲劳强度更为不利。

对接接头的外形变化与其他接头相比仍是不大的，所以它的应力集中程度较小，而且也易于降低和去除。因此对接接头是各种焊接结构中采用最多的，是最完善的一种接头形式，受力好、强度大和节省金属是它的优点。

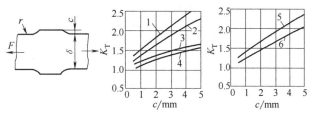

图 18-48　K_T 与 c 和 r 的关系

1—$\delta = 10mm$，$r = 0.5mm$　　2—$\delta = 40mm$，$r = 0.5mm$
3—$\delta = 10mm$，$r = 3mm$　　　4—$\delta = 40mm$，$r = 3mm$
5—$\delta = 10mm$，$r = 1mm$　　　6—$\delta = 40mm$，$r = 1mm$

（2）搭接接头的应力分布　由于搭接接头中两板件中心线不一致，受力时会产生附加弯矩而影响焊缝强度（图18-49），因此，一般结构件的焊缝都不采用搭接形式。

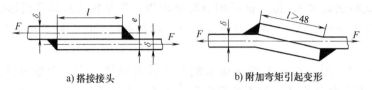

a）搭接接头　　　　　　　　　b）附加弯矩引起变形

图18-49　搭接接头承载后出现的附加变形

搭接接头的应力分布不均匀，其应力集中比对接接头的情况复杂得多。在搭接接头中，根据受力方向的不同，搭接角焊缝可分为与力作用方向垂直的正面角焊缝、与力作用方向平行的侧面角焊缝、与力作用方向倾斜的斜向角焊缝，如图18-50所示。

1）正面角焊缝接头。正面搭接角焊缝的应力分布如图18-51所示，其应力分布很不均匀，其中角焊缝的根部点 A 和焊趾点 B 都有较大的应力集中，减小其夹角 θ，增大熔深和焊透根部，可降低应力集中系数。

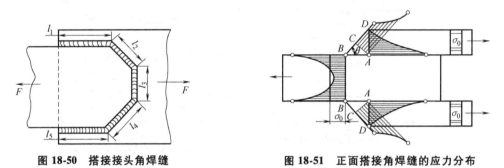

图18-50　搭接接头角焊缝　　　　　　**图18-51　正面搭接角焊缝的应力分布**

2）侧面角焊缝接头。在用侧面角焊缝连接的搭接接头中，应力分布更为复杂，焊缝中既有正应力又有切应力，切应力沿侧面焊缝长度上的分布是不均匀的，它与焊缝尺寸、截面尺寸和外力作用点的位置等因素有关。

图18-52所示为仅有侧面焊缝的搭接接头应力分布，正应力在焊趾点处应力集中增大。

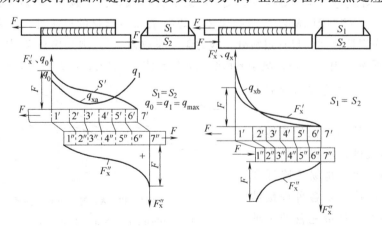

a）一对拉力作用下的搭接接头　　　　　b）一拉力和一压力作用下的搭接接头

图18-52　侧面搭接焊缝变形分布示意图

切应力 q_{xa} 沿焊缝长度呈两端高、中部低的分布。

对于 18-52a 所示的情况，上板通过的力 F'_x 从左到右逐渐由 F 减小到零，下板通过的力 F''_x 从左到右逐渐由零增大到 F，两块板上各对应点之间的相对位移也不是均匀分布的，而是两端高、中间低，单位长度焊缝上传递的切应力 q_{xa} 也是两端高、中间低。对于图 18-52b 所示的情况，上板受拉，拉力 F'_x 从左到右逐渐减小；而下板受压，压力 F''_x 从左到右也逐渐减小。这样，两块板上各对应点之间的相对位移从左到右逐渐减小，因而单位长度焊缝上传递的切应力 q_{xa} 以左端为最高，向右逐渐减小。如果两板截面积相等，则两端切应力 τ 相等；如果截面积不相等，则小截面一端的 τ 大于大截面一端。切应力集中系数 K_τ 取决于焊缝长度 l 与焊脚尺寸 K 之比（l/K），以及正应力 σ 与切应力 τ 之比（σ/τ）。l/K 和 σ/τ 越大，应力集中越严重。为了控制焊缝上的应力分布，侧面焊缝的长度 l 与焊脚尺寸 K 之比一般不宜大于 50。

图 18-53 所示为不同长度侧面角焊缝的应力分布图，与图 18-54a 所示的应力分布相似，也是两端高、中间低，随着搭接长度的增加，名义平均应力减小，故应力集中系数增大。

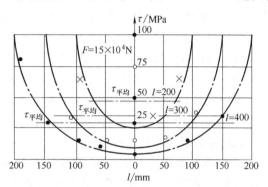

图 18-53 不同长度侧面角焊缝的应力分布图

3）联合角焊缝接头。既有侧面角焊缝又有正面角焊缝的搭接接头，称为联合角焊缝搭接接头，其应力分布如图 18-54b 所示。与仅有侧面角焊缝的搭接接头（图 18-54a）相比，在 A—A 截面上的正应力分布较为均匀，最大切应力 τ_{max} 明显减小，A—A 截面两端点上的应力集中得到改善。由于正面角焊缝承担了一部分外力，且正面角焊缝比侧面角焊缝刚度大、变形小，所以侧面角焊缝的切应力分布也得到改善。在设计搭接接头时，增添正面角焊缝不但可以改善应力分布，还可以缩短搭接的长度。

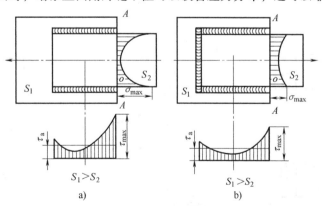

图 18-54 侧面角焊缝和联合角焊缝搭接接头应力分布对比

4）盖板接头中的工作应力分布。盖板接头中有双盖板搭接和单盖板搭接。图 18-55a 所示为仅用侧面角焊缝连接的盖板接头。在盖板范围内，各截面正应力的分布非常不均匀，靠近侧面焊缝部位的应力大，而远离焊缝并处于构件轴线位置上的应力小。图 18-55b 所示为增添正面角焊缝连接的盖板接头，其各横截面正应力分布情况得到明显改善，比图 18-55a

所示的应力集中大为降低。尽管如此，这种盖板接头在承受动载的结构中，其疲劳强度很低。

（3）T形（十字）接头的应力分布　T形（十字）接头能承受各种方向的力和力矩，是各种箱形结构中最常见的接头形式。由于T形接头焊缝向母材过渡急剧，接头在外力作用下力线扭曲很大，应力分布极不均匀，且情况比较复杂，在角焊缝根部和趾部都有很大的应力集中。图18-56a所示为未开坡口的T形接头中正面焊缝的应力分布情况，由于整个厚度没有焊透，所以焊缝根部应力集中很大。在焊趾截面 $B—B$ 上应力分布也是不均匀的，点 B 的应力集中系数值随角焊缝的形状而变，如图18-57所示，应力集中系数值随 θ 角减小而减小，也随焊脚尺寸增大而减小。

图18-56b所示为开坡口并焊透的T形接头应力分布情况，接头的应力集中大大降低，可见保证焊透是降低T形接头应力集中的重要措施之一。

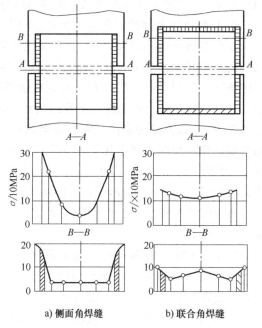

a) 侧面角焊缝　　　　b) 联合角焊缝

图 18-55　加盖板接头的应力分布

无载荷分担的十字接头的应力集中系数一般都小于有载荷分担的十字接头。如图18-57和图18-58所示，应力集中系数 K_T 随角焊缝 θ 角的增大而增大，随焊脚尺寸 K 与板厚 δ 之比减小而增大，但在其角焊缝根部和焊趾点 B 处也有应力集中。当 $\theta=45°$、$K=0.8\delta$ 时，点 B 的应力集中系数可达3.2左右。T形接头由于偏心的影响，点 A 和点 B 的应力集中系数都比十字接头的小。

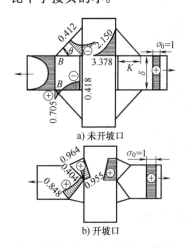

a) 未开坡口

b) 开坡口

图 18-56　T 形（十字）接头的应力分布

注：图中数据单位为 MPa。

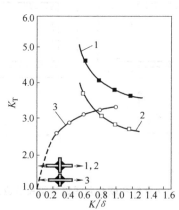

图 18-57　角焊缝的形状、尺寸与应力集中的关系

1—45°工作焊缝　2—30°、90°工作焊缝　3—45°联系焊缝

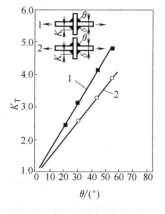

图 18-58　角焊缝角度与应力集中的关系

1—工作焊缝 $K=0.8\delta$
2—联系焊缝 $K=0.8\delta$

18.3　铝合金焊接接头的断裂分析

18.3.1　焊接接头的断裂失效

　　焊接接头的断裂主要有脆性断裂、延性断裂、疲劳断裂、应力腐蚀断裂（环境断裂）和蠕变断裂等类型，其中最为严重的是脆性断裂、疲劳断裂和应力腐蚀断裂三种类型。

　　焊接接头是焊接结构的薄弱区，焊接时产生的各种冶金缺陷、几何缺陷和力学缺陷都集中在接头区。这些缺陷都可能是导致接头发生断裂的断裂源，裂纹通常在应力低于屈服强度的条件下，由作用载荷的施加而逐步扩展，最终导致突发性低应力断裂。

　　焊接接头的断裂应力与缺陷或裂纹的存在有关。一方面，裂纹削弱了接头强度，裂纹越长，所引起的应力集中越严重，裂纹扩展速率随时间的持续而增大；另一方面，随着裂纹尺寸的增大，接头的断裂强度进一步降低。

　　为了估算一定尺寸的裂纹（及其扩展速率）与结构断裂强度间的定量关系而发展了断裂力学。由于不同结构材料对裂纹的扩展阻力不同，从而提出了断裂韧度的概念。断裂韧度实际上反映了带裂纹体抵抗裂纹扩展，特别是抵抗裂纹发生失稳扩展的能力。理论研究及试验结果均表明，当材料一定时，裂纹的扩展行为与裂纹尖端附近区域的应力场分布有密切的关系。焊接接头断裂韧度与裂纹尖端应力场强度因子的明显特点就在于焊接接头存在力学不均匀性。

　　焊接接头在力学、冶金组织等性能方面存在较大的非均质性，存在特性不一的焊接残余应力场。研究表明，在这样的条件下，除非焊缝中具有严重缺陷，或材料强度很高，或材料经过热处理，使得焊接残余应力作用相对减弱外，裂纹一般是在焊接接头区起裂，然后进入母材并在其中扩展。显然，考虑焊缝、热影响区的起裂性能是主要的，而对母材则需要考虑其止裂性能，这是焊接结构断裂控制设计的基本内容。

18.3.2　铝合金焊接接头的断裂

1. 铝合金的断裂机制

　　从微观来看，穿晶破断、穿晶剪切和沿晶开裂是铝合金的三种基本断裂模式。这三种基本断裂模式都是基于同一种基础断裂机理——微孔形核、长大和聚合（又称为微孔聚合型断裂机制），而第二相质点在基础断裂机理中起着主导作用。

　　韧性断裂的断口一般呈纤维状，色泽灰暗，边缘有剪切唇，断口附近有宏观的塑性变形。杯锥状断口是一种常见的韧性断裂的断口。杯锥状断口底部是与主应力方向垂直的宏观平断口，它是材料处在平面应变状态下的韧性断裂的断口。断口并不是完全平直而有很细小的凹凸，这些凹凸的小斜面又和拉伸轴成45°角，故呈纤维状。另外一种典型的韧性断裂的断口是切断斜断口，它是切应力在平面应力状态下形成的，断口附近有明显的宏观塑性变形。

　　韧性断裂的微观特征形态是韧窝。韧窝的实质是材料微区塑性变形，形成空洞聚集和长大，导致材料断裂所留下的圆形或椭圆形凹坑，如图18-59所示。由于所受应力状态的不同，所以显微空隙的形核、长大、聚集过程不同，据此韧窝又可分为正交（等轴）韧窝、撕裂韧窝和剪切韧窝。在正应力作用下，应力在整个断口表面上分布均匀，使垂直于主应力的杯底中心部位形核的纤维空隙向各方向均匀长大，最后形成等轴的韧窝，即正交断裂韧窝。

在切应力和撕裂应力作用下，显微空隙在形核和长大的过程中，其四周所承受的应力是不均匀的，因而变形也是不均匀的，断裂后所形成的韧窝形貌呈抛物线状，两者所不同的是，在撕裂应力作用下两个相匹配断口表面上的韧窝拉长方向是一致的；而在切应力作用下，剪切韧窝的两个相匹配断口表面上的方向是相反的。三种应力状态所产生的显微空隙聚集过程及韧窝花样示意如图18-60所示。

晶界脆性断裂是指沿晶粒边界发生的分离。晶界脆性断裂的断口宏观性特征呈颗粒状或粗瓷状，

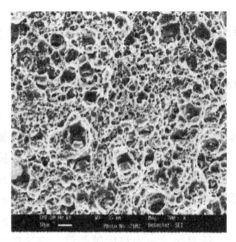

图18-59 韧性断裂的韧窝花样电镜图像

色泽较灰暗，但比韧性断口要光亮。断裂前没有可以觉察到的塑性变形，断口一般与主应力垂直，表面平齐，边缘有剪切唇。晶界脆性断裂的断口微观形态特性是明显的多面体，没有明显塑性变形，呈现不同程度的晶粒多面体，外形如岩石状花样或冰糖块状花样。

事实上，在铝合金基体中，沿特定晶体学平面的解理断裂只在非常特殊的情况下才可能出现，而且常与特定的环境条件有关，环境对铝合金的断裂模式通常有很大的影响。在一般情况下，穿晶断裂的铝合金有时可能发生沿晶开裂。在某些情况下，环境会改变铝合金基础断裂微观机理，出现类解理型断裂。对于高强铝合金而言，其实际的断裂模式通常是混合型的，以一种模式为主，还伴有其他模式。例如，2219铝合金搅拌摩擦焊接头拉伸断口研究表明，其断裂以穿晶剪切为主，但伴有一定程度的类解理型断裂。由于铝合金熔焊接头组织的不均匀性较搅拌摩擦焊接头更大，可以预测在铝合金熔焊接头的断裂中，仍以剪切型断裂为主，但拉伸断裂的解理所占的比例会明显上升。

2. 铝合金焊接接头断裂特性

铝合金焊接接头受载时，无缺陷的部分发生一定的弹塑性变形，接头缺陷的尖

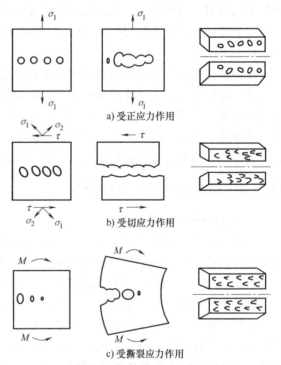

a) 受正应力作用

b) 受切应力作用

c) 受撕裂应力作用

图18-60 三种应力状态所产生的显微空隙聚集过程及韧窝花样示意图

端或应力集中处产生裂纹，接头部分区域也以微孔聚合机制形成新的裂纹，随后该裂纹以一定形式扩展到一定尺寸后就发生失稳扩展，造成接头断裂破坏。

铝合金焊接接头如果没有缺陷，则在载荷作用下，会在接头应力集中处或接头内部产生

微孔聚合型裂纹，裂纹进而扩展，最终导致接头断裂失效。

铝合金虽然具有良好的塑性和断裂韧度，但由于铝合金焊接接头的力学性能和冶金性能的非均质性，接头区存在宏观和微观裂纹源，其受力状态和几何不连续性复杂，所以造成其微观断裂机制不是单一的微孔聚合型断裂，更不可能是纯解理断裂，而是以接头区的微裂纹源受力扩展开裂为主、微孔聚合型断裂为辅的混合断裂行为。

就铝合金焊接结构而言，由于铝合金自身具有较高的塑性，其焊接接头的力学性能虽然下降明显，但仍保持较高的断裂韧度，所以其断裂行为在宏观上仍然属于延性断裂。

铝合金焊接接头中存在的多个裂纹源（如焊接热裂纹、气孔、夹渣等），都可以看作是铝合金微观组织发生穿晶破断、穿晶剪切和沿晶开裂时的宏观裂纹源。只不过这些宏观裂纹源是由焊接加工形成的。这些存在于铝合金焊接接头的宏观裂纹源，在工作应力和自身的应力集中的共同作用下，裂纹源的尖端发生应力畸变，应力集中加剧，当裂纹尖端的应变量达到其临界值时，将发生延性断裂；而如果裂纹尖端的应力首先达到其临界值（如裂纹尖端恰好处于接头组织内的脆性相中），则将发生局部微观的类解理断裂。

当铝合金焊接接头的质量符合设计要求时，容器类结构延性断裂的实际爆破压力接近设计的爆破压力，但当焊缝存在大量的裂纹源、严重的应力集中或冶金组织较差，均会造成接头部位发生延性断裂失效，严重时造成低压爆破。

在铝合金焊接接头中，由于存在各种析出相、夹杂物和元素偏析，出现第二相粒子，甚至出现脆性薄层，在环境（如应力腐蚀）、温度和机械（如三向应力状态）等载荷作用下，将有可能导致局部微观晶界的脆性断裂。尤其是 Al-Cu 系合金熔焊困难，接头内部容易产生微小热裂纹源（焊缝中的结晶裂纹、熔合区的液化裂纹等）。在随后的构件存放过程中，上述裂纹源会在残余应力和应力集中的作用下发生起裂扩展，经一段时间后，形成一定尺寸的表面可见的扩展裂纹。带有这种扩展裂纹的容器进行液压试验时，即可能发生低应力脆性爆破。

由于铝合金焊接接头具有较好的塑性和韧性，所以断裂时往往不是碎裂，即碎片不多，而只裂开一个口子，造成泄漏。壁厚均匀的铝合金圆筒形容器常常在纵向焊缝的中部熔合线处起裂，并沿焊缝熔合线向两端扩展。当圆筒容器两端封头有焊接的法兰盘时，则延性断裂极有可能发生于法兰盘焊缝处。例如，为考核 2219 铝合金搅拌摩擦焊焊缝的性能和用于我国航天贮箱纵缝焊接的可行性，采用国产 2219 铝合金制造了两个厚度为 4mm 的 ϕ500mm 半圆筒段，通过两道搅拌摩擦焊纵缝焊接成为一个完整的 ϕ500mm 的圆筒段。完成纵缝焊接后，该圆筒段和两个带有熔焊的法兰盘环缝的封头再通过两道熔焊的环缝焊接成为 ϕ500mm 的贮箱缩比件，如图 18-61 所示。该缩比件焊接完成后进行液压爆破试验以考察纵缝的性能。当试验压力加至 4.1MPa 时，一端封头上的法兰盘环缝发生破裂，而搅拌摩擦焊的纵缝未发现任何起裂裂纹，但有明显的塑性变形痕迹。液压后破裂的法兰环缝如图 18-62 所示。断口分析表明，法兰盘环缝断裂的起裂位置位于应力集中严重的焊趾处，然后沿熔合线扩展直至缩比件爆破，其性质属于典型的延性断裂。

图 18-61　2219 铝合金
ϕ500mm 贮箱缩比件

3. 铝合金焊接接头断裂的原因

铝合金焊接接头发生延性断裂的主要原因有两个：其一是焊

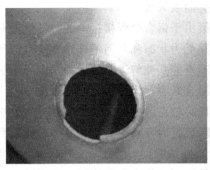

a) 液压后破裂的贮箱封头　　　　　　b) 液压后破裂的法兰环缝

图 18-62　液压后破裂的贮箱封头和法兰环缝

接接头有效承载面积减小，其二是外加载荷增大。

铝合金焊接结构完成后，由于焊接接头是薄弱区，存在多处焊缝缺陷即裂纹源，不仅减小了承载截面，还导致应力集中，使构件不能承受正常载荷，危险截面的真实应力超过接头的抗拉强度，最终导致接头发生断裂失效。

由于结构设计不当，焊接接头的冶金、几何和力学性能的非均质性和不连续性带来附加应力和焊接残余应力，造成接头的实际承载大于设计应力，从而增大接头延性断裂的倾向。

4. 预防铝合金焊接接头断裂的措施

根据焊接接头延性断裂失效原因的分析，主要从设计、焊接、检验等环节来提高构件的安全度。其具体措施如下：

1）合理设计结构，避免拐角、死角等应力集中，截面变化处应过渡圆滑，强度核算应保证足够的安全系数。

2）严格控制铝合金材料和焊丝材料的质量，必要时进行材料及接头的力学性能（包括断裂力学性能）复验。

3）正确选用焊丝材料和适当的焊接工艺，防止接头出现各种缺陷（特别是焊接裂纹等），保证接头有足够的强度和安全度。

4）接头焊后应进行必要的焊缝修整，降低几何不连续性，如有必要，焊后可适当进行消除应力处理，如随焊碾压等。装配时应防止出现过大的强制装配应力。

18.3.3　断裂力学判据

断裂力学判据是含缺陷结构的断裂评定的基本准则，断裂力学判据主要包括线弹性断裂力学的应力强度因子（K）判据，弹塑性断裂力学的 J 积分和裂纹尖端张开位移（CTOD）判据、裂纹张开角（CTOA）判据等。

1. 线弹性断裂力学判据

根据线弹性断裂力学理论，裂纹尖端区的应力、位移和应变完全由 K_{I} 决定，K_{I} 称为应力强度因子，它是衡量裂纹尖端区应力场强度的重要参数，下标 Ⅰ 代表 Ⅰ 型（张开型）裂纹。同样可以定义 Ⅱ 型和 Ⅲ 型裂纹的应力强度因子 K_{II} 和 K_{III}。受单向均匀拉伸应力作用的无限大平板有长度 $2a$ 的中心裂纹的应力强度因子为

$$K_{\mathrm{I}} = \sigma\sqrt{\pi a} \tag{18-10}$$

即应力强度因子 K_I 取决于裂纹的形状和尺寸，也取决于应力的大小，同时考虑了应力与裂纹形状及尺寸的综合影响。

当裂纹应力强度因子 K_I（也是裂纹扩展驱动力）达到某一临界值时，带裂纹的构件就会发生断裂，这一临界值称为断裂韧度 K_{IC}，K_{IC} 是材料对裂纹扩展的抗力。因此断裂准则为

$$K_I \geqslant K_{IC} \tag{18-11}$$

应当注意：裂纹扩展驱动力 K_I 与应力和裂纹长度有关，与材料本身的固有性能无关；而断裂韧度 K_{IC} 是反映材料阻止裂纹扩展的能力，是材料本身的特性。K_{IC} 值可通过有关标准试验方法来获得。

K_{IC} 一般是指材料在平面应变下的断裂韧度，平面应力状态下的断裂韧度（用 K_C 表示）和试样厚度有关，而当板材厚度增加到达到平面应变状态时断裂韧度就趋于一稳定的最低值，这时的 K_{IC} 便与板材或试样的厚度无关了（图18-63）。

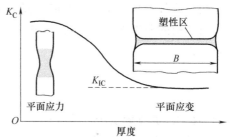

图 18-63 断裂韧度与厚度的关系

K_{IC} 反映了最危险的平面应变断裂情况，从平面应力向平面应变过渡的相对厚度取决于材料的强度，较高的屈服强度意味着较小的塑性区，K_C 和 K_{IC} 一般随屈服强度增大而降低。材料的屈服强度越高，达到平面应变状态的板材厚度越小。

图18-64所示为典型铝合金的断裂韧度分布。

2. 弹塑性断裂力学判据

线弹性断裂力学的应用限于小范围屈服的条件。对于延性较好的金属材料，裂纹尖端区已不满足小范围屈服的条件，线弹性断裂力学理论已不再适用，需要采用弹塑性断裂力学的方法分析构件裂纹尖端的应力-应变场。

为了描述弹塑性断裂问题，需要寻找新的断裂控制参量。J 积分和裂纹张开位移（COD）是常用的弹塑性断裂力学参量。

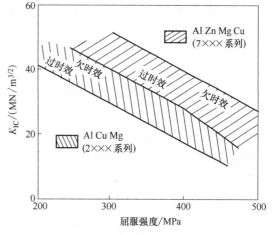

图 18-64 铝合金的断裂韧度分布

（1）J 积分判据 Rice 于1968年提出用 J 积分表征裂纹尖端附近应力-应变场的强度。可以证明，J 积分与积分路径无关，即 J 积分的守恒性。

在小范围屈服的条件下，J 积分与应力强度因子 K 和能量释放率 G 具有对应关系，如平面应力的 I 型裂纹问题有

$$J = \frac{K_I^2}{E} = G_I \tag{18-12}$$

由此可见，J 积分上具有能量释放率的物理意义。J 积分是表征材料弹塑性断裂行为的

特征参量，断裂准则为

$$J \geqslant J_{IC} \tag{18-13}$$

J_{IC} 为平面应变条件下的 J 积分临界值，即弹塑性断裂韧度，为材料常数，可以通过标准试验方法测定。

需要指出，塑性变形是不可逆的，因此求 J 值必须单调加载，不能有卸载现象。但裂纹扩展意味着有部分区域卸载，所以通常 J 积分不能处理裂纹的连续扩展问题，其临界值只是开裂点，不一定是失稳断裂点。

在实际生产中很少用 J_{IC} 来计算裂纹体的承载能力，这是因为 J 积分的数学表达式中应力和裂纹尺寸等参数的关系不像应力强度因子那样直接，即使知道 J_{IC} 值，也很难用来计算含裂纹结构的断裂强度。目前，J 积分判据主要是通过用小试样测出 J_{IC}，换算成大试样的 K_{IC}，即

$$K_{IC} = \sqrt{\frac{J_{IC}E}{1-v^2}} \tag{18-14}$$

然后再根据 K_I 判据解决中、低强度钢大型件的断裂问题。

（2）裂纹张开位移判据 对承载裂纹体结构，由于裂纹尖端的应力高度集中，致使该区材料发生塑性滑移，进而导致裂纹尖端的钝化，裂纹面随之张开，称为裂纹张开位移（COD）。根据不同的度量方法和应用目的，裂纹张开位移常用裂纹尖端张开位移（CTOD）和裂纹尖端张开角（CTOA）来表征。

1）裂纹尖端张开位移（CTOD）。Wells 认为 CTOD 可以表征裂纹尖端附近的塑性变形程度，因此提出了 CTOD 判据。裂纹体受 I 型载荷时，裂纹尖端张开位移 δ 达到极限值 δ_C 时裂纹会起裂扩展，断裂准则为

$$\delta \geqslant \delta_C \tag{18-15}$$

δ_C 为材料的裂纹扩展阻力，可通过标准试验方法测定。与 J 积分判据一样，CTOD 是一个起裂判据，而无法预测裂纹是否稳定扩展。

为了便于试验测定和数值计算，CTOD 常用的定义方法如图 18-65 所示。图 18-65a 采用裂纹扩展时原始裂纹顶端位置的张开位移作为 CTOD。采用这个定义直观易懂，所以应用较广。但缺点是，从理论上讲原始裂纹顶端的位置难以确定。图 18-65b 采用变形后裂纹表面上弹塑性区交界点处的位移量作为 CTOD，这一定义具有明显的力学意义，但试验中不容易测得。图 18-65c 采用从变形后裂纹顶端对称于原裂纹作一直角，与上下裂纹表面的交点之间的距离定义为 CTOD，这一定义被广泛地应用于中心穿透裂纹问题的研究，便于有限元分析。图 18-65d 定义 COTD 为变形后钝化裂纹自由表面轮廓线的两切线点在裂尖处的距

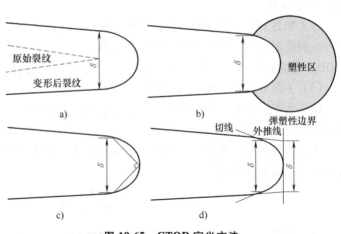

图 18-65 CTOD 定义方法

离或原裂纹面延长线外推与过裂纹顶端的切垂线交点的距离，这个定义不但便于测定，而且在大多数情况下应用均有令人满意的精度。

鉴于标准断裂韧度试验的局限，德国 GKSS 研究中心提出了局部 CTOD（δ_5）测试方法，即测量跨越裂纹尖端 5mm 标距的位移值，如图 18-66 所示。研究表明 δ_5 与标准 CTOD 和 J 积分是有关系的，δ_5 在试件表面测量，而标准 CTOD 和 J 积分则代表整个厚度的平均值，因此 δ_5 与这两个量的关系取决于厚度方向上裂纹的曲率。

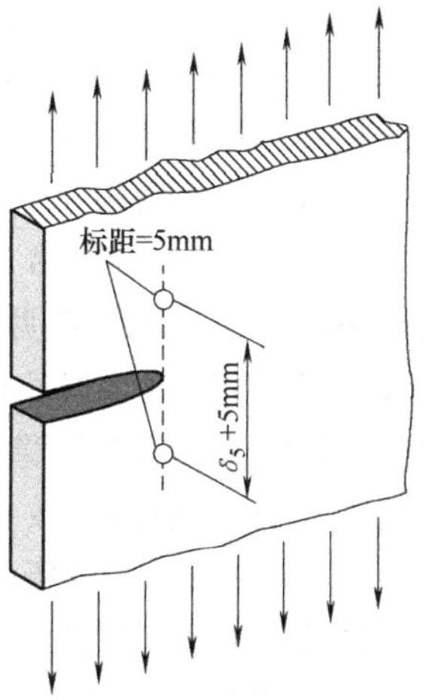

CTOD 是裂尖变形的直接量度，在材料发生整体屈服之前均适用。与 J 积分相似，小范围屈服条件下 CTOD 与应力强度因子是等价的。平面应力条件下的小范围屈服时无限大平板中心裂纹受到单向拉伸时的 δ 与 K_I 的一般关系为

$$\delta = \alpha \frac{K_I^2}{ER_{eL}} \qquad (18\text{-}16)$$

式中　α——系数；

　　　E——材料的弹性模量。

J 积分与 CTOD 之间的一般关系为

$$J = kR_{eL}\delta \qquad (18\text{-}17)$$

k 值在 $1.1 \sim 2.0$，其数值主要由试件的几何形状、约束条件和材料的硬化特性等决定。

图 18-67 所示为 2219 铝合金搅拌摩擦焊接头各区域的临界 CTOD 值比较。由此可见其焊接接头的断裂韧度存在较大的不均匀性。

2）裂纹尖端张开角（CTOA）。CTOA 可以定义为裂纹尖端到位于距裂尖后部特征距离 d 处裂纹两表面上两点之间所连直线的夹角 ψ，如图 18-68 所示。

依据上述定义，CTOA 计算式为

$$\text{CTOA} = 2\arctan\left(\frac{\delta}{2d}\right) \qquad (18\text{-}18)$$

除此之外，还存在其他的定义方法，如：

$$\text{CTOA} = 2\arctan\left(\frac{1}{2}\frac{d\delta}{da}\right) \qquad (18\text{-}19)$$

式中　da——裂纹扩展微量；

　　　$d\delta$——与裂纹扩展微量对应的张开位移。

图 18-66　局部 CTOD 测量示意图

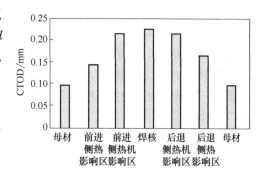

图 18-67　2219 铝合金搅拌摩擦焊接头各区域的临界 CTOD 值比较

考察式（18-19）关于 CTOA 的定义可知，由于 $d\delta/da$ 实质为 $\delta\text{-}a$ 曲线的斜率，那么 CTOA 必然与张开位移 δ 存在一一对应关系。研究表明，裂纹处于稳定扩展阶段时 CTOA 保持为常数，也就是说 $d\delta/da$ 为常数，表明此时 $\delta\text{-}a$ 呈线性关系。

对 I 型裂纹，当裂尖张开位移达到临界值（CTOD）$_i$ 时，裂纹开始扩展，之后裂纹扩展由 CTOA 控制。假设在裂纹稳定扩展阶段 CTOA 存在最大值（CTOA）$_{\max}$，那么可以认为它实际代表了裂纹扩展的最大驱动力。该值在经过一个瞬时阶段后达到稳定值（CTOA）$_c$，因

而裂纹扩展临界条件为

$$(CTOA)_{max} = (CTOA)_C \qquad (18\text{-}20)$$

如果 $(CTOA)_{max} < (CTOA)_C$，即使裂纹起始也不会扩展，更不会产生大范围韧性断裂。$(CTOA)_C$ 仅与材料性能、结构几何形状有关。

采用 CTOD 与 CTOA 作为裂纹起始判据具有相同的效果。试验结果表明，裂纹扩展初期为非稳态阶段，CTOD 仍控制裂纹微量扩展，而 CTOA 随裂纹扩展而降低。当裂纹稳定扩展后，随着裂尖的不断前进，CTOD 已经失效，而 CTOA 为定值。

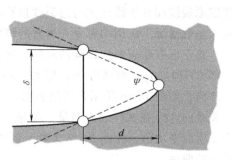

图 18-68　CTOA 的定义

图 18-69 所示为薄板铝合金的 CTOA 与裂纹稳定扩展的关系。在发生撕裂裂纹稳定扩展后，试件 2/1 厚度裂纹扩展量之后的 CTOA 值基本保持在一定值附近。

（3）撕裂能　为了评价铝合金的抗断裂性能，还可采用撕裂抗力或撕裂能等参量来表征。含缺口材料在外载作用下发生的缺口尖端延性开裂称为撕裂，撕裂过程吸收的能量就是材料抵抗撕裂作用的能力。通常用含缺口试样拉伸试验进行测定，如图 18-70 所示。含缺口试样载荷-位移曲线下的面积为撕裂能 E，撕裂面积为 bt，单位面积的撕裂能为

$$UPE = \frac{E}{bt} \qquad (18\text{-}21)$$

UPE 的单位为 kJ/m^2。UPE 反映了材料强度和延性的综合影响，材料的拉伸强度和延性越高，UPE 越高，则抗撕裂能力越强。

图 18-71 所示为 2××× 系列与 7××× 系列铝合金 UPE 的比较。

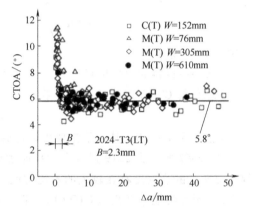

图 18-69　薄板铝合金 CTOA 与
裂纹稳定扩展的关系

C（T）—紧凑 CTOA 拉伸试样　M（T）—中心裂纹
CTOA 拉伸试样　W—C（T）试样的宽度、
M（T）试样的半宽度　B—铝合金试样的厚度

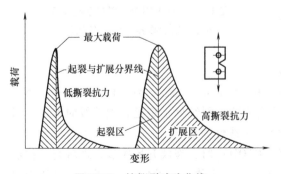

图 18-70　抗撕裂试验曲线

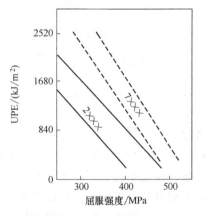

图 18-71　2×××系列与 7×××
系列铝合金 UPE 的比较

18.4　铝合金焊接接头的疲劳分析

疲劳是指由交变应力引起的裂纹起始、缓慢扩展，导致焊接接头性能下降所产生的结构损伤。因为疲劳裂纹发展的最后阶段——失稳扩展断裂是突然发生的，没有预兆，无明显塑性变形，故难以采取预防措施，所以疲劳裂纹对结构的安全性具有严重的威胁。

结构由铆接连接发展到焊接连接，对疲劳的敏感性和产生裂纹的危险性更大。这是因为：①铆接对裂纹扩展具有阻碍作用，而焊接接头一旦产生裂纹，裂纹扩展不受阻止，直至整个构件断裂；②焊接必然存在冶金、几何和力学等方面的缺陷。

18.4.1　材料疲劳基本概念

1. 疲劳裂纹萌生和扩展机理

焊接结构疲劳裂纹通常发生在焊接接头几何形状发生变化或焊接缺陷等应力集中处。材料的疲劳断裂过程一般都要经历裂纹萌生、稳定扩展和失稳扩展（即瞬时断裂）三个阶段。裂纹的萌生和发展如图 18-72a 所示。

疲劳裂纹大多是在金属表面上萌生的，疲劳裂纹的萌生区也称为疲劳源区。随着循环加载的不断进行，金属表面出现滑移带的挤入和挤出现象，如图 18-72b 所示，滑移带的挤入会形成严重的应力集中，从而形成微裂纹。微裂纹扩展（即第Ⅰ阶段扩展）到几个晶粒或几十个晶粒的深度后，裂纹的扩展方向开始由与应力成45°角的方向逐渐转向与拉应力相垂直的方向，进入第Ⅱ阶段的裂纹扩展并形成宏观疲劳裂纹直至失稳和断裂。断裂是疲劳破坏的最终阶段（即第Ⅲ阶段扩展），这个阶段和前两个阶段不同，它是在一瞬间突然发生的。

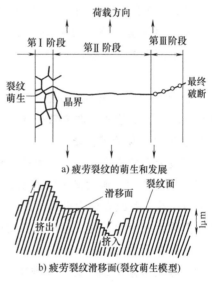

a) 疲劳裂纹的萌生和发展

b) 疲劳裂纹滑移面(裂纹萌生模型)

图 18-72　疲劳裂纹萌生和扩展机理

2. 疲劳破坏的基本类型

在工程中，导致接头疲劳破坏的交变应力或应变主要是由变动载荷、温度变化、振动、超载试验、开停工、检修、周期性接触等引起的。疲劳的寿命与交变应力或应变的变化幅度、频率和循环次数，应力集中，残余应力，缺陷的性质、尺寸大小和方位，环境温度和介质，材料特性等因素有关。根据结构不同的工况条件，疲劳可分为以下基本类型：

（1）高周疲劳　这种疲劳是工程结构中最常见的疲劳，即公称应力小于材料的屈服强度，疲劳破坏的应力循环周次在 10^5 以上，交变应力幅是决定高周疲劳寿命的主要因素。在高周疲劳中，应力-应变曲线呈线性关系（图 18-73a），其应力循环特性为一次连续的加载和卸载在构件中产生一次正弦波循环应力。

（2）低周疲劳　这类疲劳是指高应力、低周次的疲劳。在某些工程结构中，如管结构的顶点和鞍点、压力容器的接管、飞机起落架、炮筒等位置，由于循环载荷的作用，在应力集中区引起明显的塑性变形循环，其应力-应变曲线已不是高周疲劳中的线性关系，而是一个滞回曲线（图18-73b）。这时以应力参数表示已不适合，代之以应变和疲劳破坏时的循环次数来表示疲劳曲线，这就是高应变低周次疲劳，即作用的应力超过弹性范围，疲劳周次在 10^5 以下。

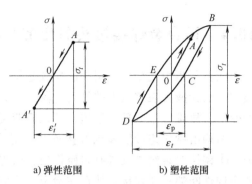

a) 弹性范围　　　　b) 塑性范围

图 18-73　循环载荷下的应力-应变关系

（3）热疲劳　该类疲劳是在温度变化所产生的反复热应力作用下引起的，如涡轮机的转子、热轧轧辊和热锻锻模产生的疲劳。热疲劳破坏是塑性变形损伤积累的结果，具有与低周疲劳相似的应变-寿命规律，可看成是温度周期变化下的低周疲劳。

当工作温度高于材料的蠕变温度时，在材料产生蠕变现象的同时，也会因温度变化而产生热疲劳，出现蠕变-疲劳的交互作用，形成蠕变疲劳或高温疲劳。

（4）腐蚀疲劳　该类疲劳是在交变载荷和腐蚀介质（如酸、碱、海水和活性气体等）共同作用下产生的，如船用螺旋桨、涡轮机叶片、蒸汽管道、海洋金属结构等常产生这种疲劳。

（5）接触疲劳　该类疲劳是指机件的接触表面在接触应力反复作用下出现麻点剥落或表面压碎剥落，而造成机件失效破坏。

3. 疲劳寿命和疲劳极限

常用疲劳寿命和疲劳极限来表征结构（接头）的疲劳抗力。

（1）疲劳寿命　假设接头没有初始裂纹，经过一定的应力循环后，由于疲劳损伤的积累而形成裂纹。裂纹在应力循环下继续扩展，直至发生全截面脆性断裂。裂纹形成前的应力循环次数称为疲劳的无裂纹寿命，裂纹形成后到疲劳断裂的应力循环次数称为裂纹扩展寿命。总疲劳寿命为两者之和。

（2）疲劳极限　试样受"无数次"应力循环而不发生疲劳破坏的最大应力值，称为疲劳强度，也称无限疲劳强度，以 σ_r 表示。脚标 r 表示该试验应力的循环特征，如工程上最常用的弯曲对称循环疲劳强度，以 σ_{-1} 表示。

疲劳寿命和疲劳极限可采用 S-N 曲线进行分析。图18-74所示为钢与铝合金光滑试件的 S-N 曲线。从图中可以看出，当循环次数 N 达到一定的数值后，钢的 S-N 曲线就趋于水平，但铝合金的 S-N 曲线则没有明显的水平直线段。对于钢而言，S-N 曲线的水平直线对应的最大应力为疲劳极限。对于 S-N 曲线没有明显水平直线段的材料（如铝合金），通常规定承受一定次数应力循环（如 10^7）而不发生破坏的最大应力定为某一特定循环特征下的条件疲劳极限。焊接接头通常使用条件疲劳极限。

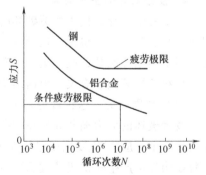

图 18-74　钢与铝合金光滑试件的 S-N 曲线

4. 变幅载荷疲劳和疲劳累积损伤

在工程实际中，大多数结构都在随机变幅载荷下服役，研究其疲劳更具实际意义。Palmgren 和 Miner 认为疲劳是不同应力水平及其发生率所产生的疲劳损伤的线性叠加，从而提出了疲劳线性累加损伤定则：

$$D = \sum \frac{n_i}{N_i} \qquad (18\text{-}22)$$

式中　n_i——相应于应力水平 $\Delta\sigma_i$ 的循环次数；

$\quad\quad N_i$——相应于应力水平 $\Delta\sigma_i$ 的疲劳破坏循环次数。

当 $D \geqslant 1$ 时，产生疲劳破坏。

由式（18-22）可推导出将变幅应力等效成等幅应力的表达式：

$$\Delta\sigma_{eq} = \left[\frac{\sum (n_i \Delta\sigma_i^m)}{N} \right]^{\frac{1}{m}} \qquad (18\text{-}23)$$

式中　$\Delta\sigma_{eq}$——等效等幅应力；

$\quad\quad N$——$\Delta\sigma_{eq}$ 作用下的破坏次数，此时 $N = \sum n_i$；

$\quad\quad \Delta\sigma_i$——变载荷引起的各应力水平；

$\quad\quad n_i$——相应于 $\Delta\sigma_i$ 的循环次数。

Palmgren-Miner 定则假定：①低于疲劳强度的应力不导致疲劳损伤；②略去了大小不同载荷加载顺序的影响。由于这些假定，式（18-23）有一定的误差。然而，对于焊接结构而言，它是偏于保守的，而且使用起来简单方便，各国最新版的疲劳设计规范仍采用这一定则把变幅疲劳转换为等效等幅疲劳。

5. 疲劳裂纹扩展速率

根据断裂力学理论，一个含有初始裂纹（长度为 a_0）的构件，当承受静载荷时，只有当应力水平达到临界应力 σ_c 时，亦即裂纹尖端的应力强度因子达到临界值 K_{IC}（或 K_C）时，才会发生失稳破坏。若静载荷作用下的应力 $\sigma < \sigma_c$，则构件不会发生破坏。但是，如果构件承受一个具有一定幅值的循环应力的作用，这个初始裂纹就会发生缓慢扩展，当裂纹长度达到临界裂纹长度 a_c 时，构件就会发生破坏。裂纹在循环应力作用下，由初始裂纹长度 a_0 扩展到临界裂纹长度 a_c 的这一段过程，称为疲劳裂纹的亚临界扩展。采用带裂纹的试样，在给定载荷条件下进行恒幅疲劳试验，记录裂纹扩展过程中的裂纹长度 a 和循环次数 N，即可得到如图 18-75 所示的 a-N 曲线。

如果在应力循环 ΔN 次后，裂纹扩展为 Δa，则每一应力循环的裂纹扩展为 $\Delta a/\Delta N$，这称为疲劳裂纹亚临界扩展速率，简称疲劳裂纹扩展速率，即 a-N 曲线的斜率，用 $\mathrm{d}a/\mathrm{d}N$ 表示。Paris 指出，应力强度因子 K 既然能够描述裂纹尖端应力场强度，那么可以认为 K 值也是控制疲劳裂纹扩展速率的主要力学参量。疲劳裂纹扩展速率 $\mathrm{d}a/\mathrm{d}N$ 与裂纹尖端应力强度因子幅度 ΔK 在双对数坐标系中具有相关性，如图 18-76 所示。据此提出了描述疲劳裂纹扩展速率的重要经验公式——Paris 公式，即

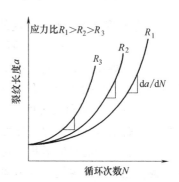

图 18-75　疲劳裂纹扩展曲线

$$\frac{\mathrm{d}a}{\mathrm{d}N} = C\Delta K^{m} \tag{18-24}$$

式中 ΔK——应力强度因子幅度（$\Delta K = K_{\max} - K_{\min}$）；

$K_{\max}$，$K_{\min}$——与 $\sigma_{\max}$ 和 $\sigma_{\min}$ 分别对应的应力强度因子；

C，m——与环境、频率、温度和循环特性等因素有关的材料常数。

图 18-77 所示为典型铝合金 $\mathrm{d}a/\mathrm{d}N$-ΔK 关系。

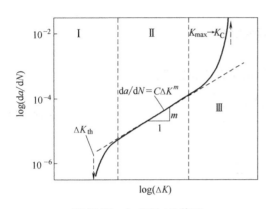

图 18-76 $\mathrm{d}a/\mathrm{d}N$-ΔK 关系

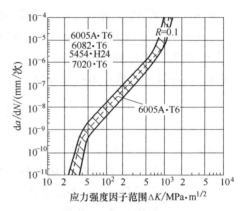

图 18-77 典型铝合金 $\mathrm{d}a/\mathrm{d}N$-ΔK 关系

研究表明，ΔK 及最大应力强度因子 $K_{\max}$ 较低时，其裂纹扩展速率仅由 ΔK 所决定，$K_{\max}$ 对疲劳裂纹的扩展基本上没有影响；当 $K_{\max}$ 接近材料的断裂韧度，如 $K_{\max} \geq 0.7K_C$（或 K_{IC}），$K_{\max}$ 的作用相对增大，Paris 公式往往低估了裂纹的扩展速率。此时的 $\mathrm{d}a/\mathrm{d}N$ 需要由 ΔK 和 $K_{\max}$ 两个参量来描述。此外，对于 K_{IC} 较低的脆性材料，K_{IC} 对裂纹扩展的第 II 阶段也有影响。为了反映 $K_{\max}$、K_{IC} 和 ΔK 对疲劳裂纹扩展行为的影响，Forman 提出了如下表达式：

$$\frac{\mathrm{d}a}{\mathrm{d}N} = \frac{c\Delta K^{m}}{(1-R)K_{IC} - \Delta K} \tag{18-25}$$

式中 R——循环应力比，即循环最大应力与循环最小应力的比。

Forman 公式不仅考虑了平均应力对裂纹扩展速率的影响，也反映了断裂韧度的影响，即 K_{IC} 越高，$\mathrm{d}a/\mathrm{d}N$ 值越小，这一点对构件的选材非常重要。

18.4.2 焊接接头的疲劳

1. 影响焊接接头疲劳强度的因素

对母材疲劳强度有影响的因素，如应力集中、表面状态、截面尺寸、加载情况、介质等，同样对焊接接头的疲劳强度有影响。除此之外，焊接接头自身的一些特点，如接头性能的不均匀性、焊接残余应力、焊接缺陷等，都对接头的疲劳强度有影响。

（1）应力集中和表面状态 结构上几何不连续的部位都会产生不同程度的应力集中。母材表面的缺口和内部的缺陷可造成应力集中。焊接接头本身就是个几何不连续体，不同的接头形式和不同的焊缝形状，就有不同程度的应力集中，其中角焊缝的接头应力集中较为严重。构件上缺口越尖锐，应力集中越严重（即应力集中系数 K 越大），疲劳强度降低也越大。不同材料或同一材料因组织和强度不同，缺口的敏感性（或缺口效应）是不相同的。

高强度铝合金较低强度铝合金对缺口敏感，在同样的缺口下，高强度铝合金的疲劳强度比低强度铝合金低很多。在焊接接头中，承载焊缝的缺口效应比非承载焊缝强烈，而承载焊缝中又以垂直于焊缝轴线方向加载时对缺口最敏感。

焊接接头表面粗糙相当于存在很多微缺口，这些微缺口的应力集中导致疲劳强度下降。表面越粗糙，疲劳极限降低就越严重。母材的强度水平越高，表面状态的影响也越大。焊缝表面过于粗糙，对接头的疲劳强度不利。

图 18-78 所示为典型焊接接头焊趾疲劳裂纹。

（2）焊接残余应力　焊接结构的残余应力对疲劳强度是有影响的。由于焊接残余应力的存在，改变了平均应力的大小，而应力幅却没有改变。在拉伸残余应力区，由于平均应力增大，其工作应力有可能达到或超出疲劳极限，对疲劳强度有不利影响。反之，压缩残余应力对提高疲劳强度是有利的。对于塑性材料，当循环特征 $r >$ 1 时，材料是先屈服后才疲劳破坏，这时残余应力已不产生影响。

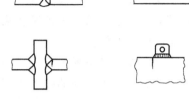

图 18-78　典型焊接接头焊趾疲劳裂纹

焊接残余应力在结构上是拉应力与压应力同时存在。如果能将残余压应力调整到位于材料表面或应力集中区，则是十分有利的；如果在材料表面或应力集中区存在的是残余拉应力，则极为不利，应设法消除。

（3）焊接缺陷　焊接缺陷对疲劳强度影响的大小与缺陷的种类、尺寸、方向和位置有关。片型缺陷（如裂纹、未熔合、未焊透）比带圆角的缺陷（如气孔等）影响大；表面缺陷比内部缺陷影响大；与作用力方向垂直的片型缺陷的影响比其他方向的大；位于残余拉应力场内的缺陷，其影响比在残余压应力场内的大；同样的缺陷，位于应力集中场内（如焊趾裂纹和根部裂纹）的影响比在均匀应力场中的影响大。

2. 铝合金焊接接头疲劳强度的分析方法

焊接接头的疲劳裂纹多起源于焊趾或焊根等局部应力集中区，发生在焊趾或焊根处的疲劳裂纹会进入热影响区或母材，且焊趾与焊根处同时存在缺口效应和不均匀性。在焊接接头疲劳损伤中，局部最大应力起着主导作用，焊接接头和焊接结构的疲劳强度的工程评定已发展了不同层次的方法，如名义应力评定方法、结构应力评定方法、局部应力应变评定方法和断裂力学评定方法等。这里主要介绍名义应力评定方法。

名义应力评定方法是根据结构细节的 $S\text{-}N$ 曲线进行疲劳强度设计，包括无限寿命设计和有限寿命设计两种方法。无限寿命设计法使用的是 $S\text{-}N$ 曲线的水平部分，亦即疲劳极限；而有限寿命设计法使用的是 $S\text{-}N$ 曲线的斜线部分，亦即有限寿命部分。无限寿命设计时的设计应力要低于疲劳极限，比设计应力低的低应力对构件的疲劳强度没有影响。而有限寿命设计应力一般都高于疲劳极限，这时需要按照一定的累计损伤理论来估算总的疲劳损伤，因此，有限寿命设计要解决的首要问题是确定恒幅载荷作用下各类结构细节的 $S\text{-}N$ 曲线。

大量试验结果表明，影响焊接接头疲劳强度的主要因素是应力范围和结构构造细节，当然材料性质和焊接质量也有较大影响，而载荷循环特性的影响较小。因此，以名义应力为基础的焊接结构的疲劳设计规范大多采用应力范围和结构细节分类进行疲劳强度设计，要求焊接结构设计疲劳载荷应力范围不得超过规定的疲劳许用应力范围。

焊接构件的疲劳许用应力范围是根据疲劳强度试验结果并考虑一定的安全系数来确定

的。现行的焊接构件疲劳强度设计标准中一般规定未消除应力的焊接件许用应力范围不再考虑平均应力的影响,但许用应力范围的最大值不得高于静载许用应力。

图 18-79 所示为对接接头和十字接头的名义应力范围与循环次数的关系,表明对接接头和十字接头具有不同的疲劳质量等级或疲劳许用应力。

目前一些有关疲劳设计和评定的标准多采用名义应力表征典型焊接结构件及接头的疲劳强度。这些规范均依据焊接接头细节特征对其疲劳强度进行分类,形成了焊接接头疲劳质量分级方法,为评定各类焊接接头疲劳强度的工程评定提供了方便。

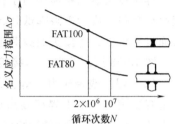

图 18-79 对接接头和十字接头的名义应力范围与循环次数的关系

不同的焊接接头形式对应于不同的缺口等级,而不同的缺口等级对应于不同的疲劳质量等级,因此不同的焊接接头的疲劳质量就可以用疲劳等级来评定。焊接接头疲劳质量分级是将接头分为不同的缺口等级并对各缺口等级规定不同的 S-N 曲线和工作寿命曲线。S-N 曲线和工作寿命曲线通常是关于应力水平和循环次数的线性曲线,焊接接头在按其几何形状、焊缝种类、加载形式及制造等级分类后便可归于一族许用应力或持久应力值不同的标准 S-N 曲线和工作寿命曲线。

表 18-4 所列为 Al-Mg 合金焊接接头形式与缺口等级。从表中可以看出,不同的焊接接头形式对应于不同的缺口等级,缺口等级越低,其对应的 S-N 曲线的位置也越低(图 18-80),也就表示这种焊接接头的疲劳寿命越短。

表 18-4 Al-Mg 合金焊接接头形式与缺口等级

焊接接头形式	缺口等级	$S_2 \times 10^6 / MPa$
	C	43.0
	D	38.0
	E	31.0
	G	27.0
	H	22.3

（续）

焊接接头形式	缺口等级	$S_2 \times 10^6 / \text{MPa}$
	I	14.5

目前，国际上有关焊接接头的疲劳强度设计大多采用质量等级 S-N 曲线确定焊接接头的疲劳质量。国际焊接学会第ⅩⅢ委员会提出的有关焊接结构和构件疲劳设计推荐标准将焊接接头的疲劳设计要求或内在疲劳强度用 S-N 曲线族来分级，所有级别的 S-N 曲线在双对数坐标系中互相平行，各疲劳曲线具有 97.7% 的存活率。每条曲线的应力范围和循环次数的关系为

$$S^3 N = C \qquad (18-26)$$

式中 C——常数。

质量等级根据疲劳寿命为 2×10^6 所对应的应力范围 $S_{2 \times 10^6}$ 确定。例如，FAT50 表示疲劳寿命为 2×10^6 所对应的疲劳强度 $S_{2 \times 10^6} = 50\text{MPa}$。图 18-81

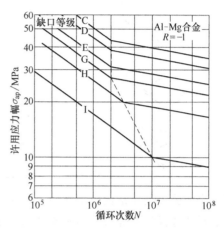

图 18-80 Al-Mg 合金焊接接头的缺口等级

所示为国际焊接学会推荐使用的铝合金焊接接头疲劳质量等级标准 S-N 曲线。典型焊接接头疲劳质量等级见表 18-5。

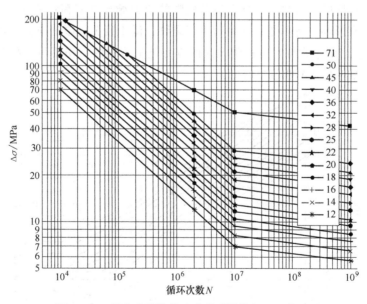

图 18-81 铝合金焊接接头疲劳质量等级 S-N 曲线

采用名义应力方法评定焊接结构的疲劳强度时，应根据结构节点的形式、受力方向和焊接工艺，选取合适的疲劳等级 S-N 曲线。由于各种结构设计标准不同，不同结构采用的焊接接头形式也存在很大差异，因此，对于复杂的焊接结构确定某一具体焊接接头究竟应该归于

表 18-5　典型铝合金焊接接头疲劳质量等级

接头形式	FAT	接头形式	FAT
	40		25
	36 ~ 50		22
	25 ~ 36		18 ~ 28
	28		14 ~ 18

哪一个疲劳等级还是比较困难的。一般是根据疲劳危险区的主应力方向并结合该区域焊接接头的形式选择疲劳等级，同时要考虑焊接及其他处理工艺的影响。在设计阶段，结构中疲劳强度要求不高的区域可以选择较低级别的接头，疲劳强度要求高的区域就要选择较高级别的接头。在疲劳强度评定时，同等载荷条件下，要特别注意分析低级别接头的疲劳损伤。

经典的 S-N 曲线理论认为，应力水平低于疲劳极限将不产生疲劳损伤，因此在线性累积损伤中往往将低于疲劳极限的应力循环略去，而不计其产生的损伤，这也是影响线性累积损伤预测疲劳寿命精度的原因之一。低于疲劳极限的应力循环在载荷谱中所占的百分数很高，对疲劳损伤肯定有影响。特别是结构中萌生了裂纹，低于疲劳极限的应力循环也会导致裂纹（或损伤）扩展。当低于常幅疲劳极限 S_{10^7} 的应力范围造成的损伤不可忽略时，IIW 建议按照图 18-82 所示方法对 S-N 曲线进行修正。

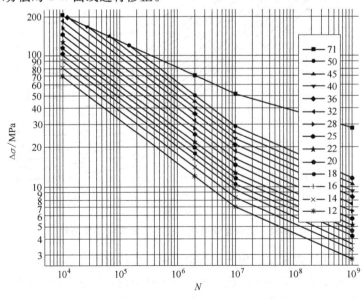

图 18-82　用于累积损伤计算的铝合金焊接接头疲劳质量等级 S-N 曲线

3. 提高焊接接头疲劳强度的措施

（1）降低应力集中　疲劳裂纹源于焊接接头和结构上的应力集中点，消除或降低应力集中的一切手段都可以提高结构的疲劳强度。

1）采用合理的结构形式。优先选用对接接头，尽量不用搭接接头；重要结构最好把 T 形接头或角接头改成对接接头，让焊缝避开拐角部位；必须采用 T 形接头或角接头时，希望采用全熔透的焊缝。

尽量避免偏心受载的设计，使构件内力的传递流畅、分布均匀，不引起附加应力。

减小断面突变，当板厚或板宽相差悬殊而需对接时，应设计平缓的过渡区；结构上的尖角或拐角处应做成圆弧状，其曲率半径越大越好。

避免三条焊缝空间交汇；焊缝尽量不设置在结构的应力集中区，尽量不在主要受拉构件上设置横向焊缝；不可避免时，一定要保证该焊缝的内外质量，减小焊趾处的应力集中。

只能单面施焊的对接焊缝，在重要结构上不允许在其背面放置永久性垫板；避免采用断续焊缝，因为每段焊缝的始末端有较高的应力集中。

综上所述，在常温静载下工作的焊接结构和在动载或低温下工作的焊接结构，在构造设计上有着不同的要求，后者更要重视细部设计。

2）正确的焊缝形状和良好的焊缝内外质量。对接接头焊缝的余高应尽可能小，焊后最好能刨（或磨）平而不留余高；T 形接头最好采用带凹度表面的角焊缝，不采用呈凸度的角焊缝；焊缝与母材表面交界处的焊趾应平滑过渡，必要时对焊趾进行磨削或氩弧重熔，以降低该处的应力集中。

任何焊接缺陷都有不同程度的应力集中，尤其是片型焊接缺陷，如裂纹、未焊透、未熔合和咬边等对疲劳强度影响最大。因此，在结构设计上要保证每条焊缝易于施焊，以减少焊接缺陷，同时，发现的超标缺陷必须清除。

（2）调整残余应力场　残余压应力可以提高焊接接头疲劳强度，而残余拉应力则降低疲劳强度。因此，若能调整构件表面或应力集中处存在的残余压应力，就能提高接头疲劳强度。例如，通过调整施焊顺序、局部加热等都有可能获得有利于提高疲劳强度的残余应力场。图 18-83 所示工字梁对接，对接焊缝 1 受弯曲应力最大。若在接头两端预留一段角焊缝 3 不焊，先焊焊缝 1，再焊腹板对接缝 2，焊缝 2 的收缩，使焊缝 1 产生残余压应力。最后焊预留的角焊缝 3，它的收缩使缝 1 与缝 2 都产生残余压应力。试验表明，这种焊接顺序比先焊焊缝 2、后焊焊缝 1 时疲劳强度提高 30%。图 18-84 所示为纵向焊缝连接节点板，在纵缝端部缺口处是应力集中点，采取点状局部加热，只要加热位置适当，就能形成一个残余应力场，使缺口处获得有利的残余压应力。

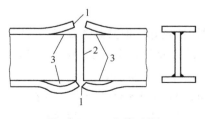

图 18-83　工字梁对接

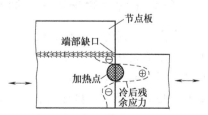

图 18-84　纵向焊缝连接节点板

此外，还可以采取表面形变强化，如滚压、锤击或喷丸等工艺使焊接接头表面塑性变形而硬化，从而在表层产生残余压应力，以提高疲劳强度。

（3）改善接头的组织和性能　提高母材金属和焊缝金属的疲劳抗力还应从材料内在质量考虑。应提高材料和焊丝的冶金质量，减少接头中的夹杂物。如有可能，可通过焊接接头热处理来获得最佳的组织状态，在提高强度的同时，也能提高接头塑性、韧性和抗疲劳性能。

接头的强度、塑性和韧性应合理配合。强度是接头抵抗断裂的能力，但高强度材料对缺口敏感。塑性的主要作用是通过塑性变形，吸收变形功、削减应力峰值，使高应力重新分布，同时，也使缺口和裂纹尖端得以钝化，使裂纹的扩展得以缓和甚至停止。塑性能保证强度充分发挥，所以对于高强度铝合金接头，设法提高接头的塑性和韧性，将显著改善接头的抗疲劳能力。

18.5　铝合金焊接接头的腐蚀分析

18.5.1　焊接接头的腐蚀

腐蚀是金属材料在使用过程中与周围环境（或介质）之间发生化学或电化学作用而被损伤或破坏的现象。根据腐蚀形成的机制可将腐蚀分为化学腐蚀和电化学腐蚀两大类。通常所见的腐蚀现象绝大多数属于电化学腐蚀性质。

焊接接头的腐蚀在机制上与母材的腐蚀并无根本性的区别，但焊接接头在成分、组织及力学性能上存在不均匀性的综合影响，使焊接接头的腐蚀更加复杂化，焊接接头的耐蚀性一般低于母材。焊接接头的腐蚀行为取决于母材及焊接材料的性质、所受的应力状态及所处的环境效应。

焊接接头的腐蚀形态分为全面腐蚀、局部腐蚀及在应力作用下的腐蚀等。全面腐蚀是在焊接接头整个表面或大部分表面上发生的腐蚀。表面各处的腐蚀速度大致相等的全面腐蚀又称为均匀腐蚀。局部腐蚀是在焊接接头某些特定的部位优先进行并以远大于其他部位的腐蚀速度发展的腐蚀。局部腐蚀的形态多种多样，如晶间腐蚀、点蚀等。在应力的作用下，腐蚀会加剧，主要的表现形式是应力腐蚀和应力腐蚀断裂。

全面腐蚀是可以预测的，其危害性不大。局部腐蚀则难以预测，其腐蚀破坏往往在没有明显预兆时突然发生，其危害性甚大。

焊接接头常见的腐蚀形式如图 18-85 所示。

18.5.2　铝合金焊接接头的腐蚀特点

总的来说，与其他金属相比较，铝及铝合金的耐蚀性较好，但其具体表现则与铝及铝合金的种类，化学成分及环境介质有关。非热处理强化的铝及铝合金（如 Al、Al-Mn、Al-Mg 合金）的耐蚀性优于热处理强化的铝合金（如 Al-Cu-Mg、Al-Zn-Mg 合金）的耐蚀性，例如，Al-Cu-Mg 合金及其焊接接头有产生晶间腐蚀倾向，Al-Zn-Mg 合金及其焊接接头有产生应力腐蚀和应力腐蚀开裂倾向。各种铝及铝合金耐大气腐蚀能力较好，但耐海水腐蚀及海洋性气候腐蚀的能力较差。

沿金属的晶粒边界或晶界邻近区域发展的腐蚀称为晶间腐蚀，晶间腐蚀往往成为应力腐

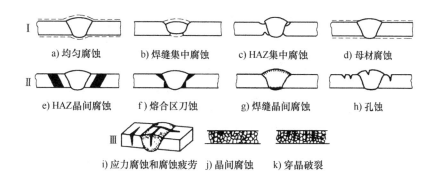

图 18-85　焊接接头常见的腐蚀形式

Ⅰ—全面腐蚀　Ⅱ—局部腐蚀　Ⅲ—应力腐蚀

蚀的先导。晶间腐蚀时，金属表面只见轻微腐蚀，而其内部腐蚀已造成沿晶的网络状裂纹，金属的强度因而明显降低。

引起晶间腐蚀的具体原因是在显微组织内有第二相沿晶析出，导致晶界附近某一电位较正的组分贫化，例如 Al-Cu-Mg 硬铝合金，由于 $CuAl_2$ 析出而形成贫铜区。众所周知，在同一介质环境中，电位越负的金属越易成为电偶的阳极而被腐蚀，电位越正的金属越易成为电偶的阴极而不易被腐蚀。金属组织的变化引起电化学腐蚀，此过程的结果即为晶间腐蚀。

针对铝合金焊接结构断裂控制而言，应力腐蚀的影响最大。

18.5.3　铝合金焊接接头的应力腐蚀

1. 应力腐蚀开裂

焊接接头在介质环境中受静应力作用而产生的断裂称为应力腐蚀断裂（stress corrossion cracking，SCC）。应力腐蚀断裂是焊接接头在应力（通常为拉应力）与腐蚀性介质共同作用的结果。应力腐蚀断裂是一个自发的过程，只要将焊接接头（结构）置于特定的腐蚀性环境内，同时承受一定的拉应力，就可能产生应力腐蚀断裂。它往往在远低于金属屈服强度的低应力下和即使是很微弱的腐蚀性环境中即可以裂纹的形式出现，是一种低应力下的脆性断裂，危害极大。

引起焊接接头 SCC 的应力为焊接结构加工和焊接过程中产生的残余内应力与工作应力的叠加。应力腐蚀开裂的条件是，当焊接接头所承受的应力或 K、J 小于相应的临界值［临界应力 σ_{SCC} 或应力强度因子 K_{ISCC}，或临界积分（J_{ISCC}）］时，不会发生 SCC，即使焊接接头上存在应力腐蚀裂纹，此裂纹也不会扩展。当焊接接头裂纹应力强度因子大于 K_{ISCC} 时则发生开裂和扩展，裂纹扩展达到材料临界条件时发生断裂。

应力腐蚀开裂与断裂的条件如图 18-86 所示。图 18-87 所示为典型铝合金的应力腐蚀开裂的临界应力。

应力腐蚀断裂过程包括三个阶段：腐蚀裂纹的萌生、亚临界稳定扩展、失稳扩展。金属表面的腐蚀，如孔蚀、晶间腐蚀等往往会成为裂纹源，从而缩短应力腐蚀裂纹的萌生期。萌生的裂纹就像树根一样有许多分叉，其中有一个分叉可能发展成为主裂纹而快速扩展，其余分叉的扩展可能停止或扩展相当缓慢。裂纹一旦形成，即以近乎稳定的速度扩展，进入亚临

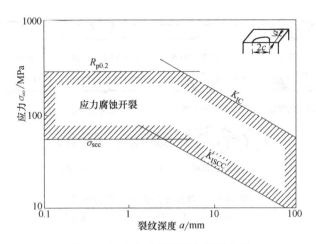

图 18-86　应力腐蚀开裂与断裂条件

界稳定扩展阶段，直至机械失稳断裂。

　　应力腐蚀裂纹的扩展速度 $\mathrm{d}a/\mathrm{d}t$ 与裂纹尖端的应力强度因子 K 常有如图 18-88 所示的三阶段特征。在第 I 阶段，当裂纹尖端的应力强度因子 K 较小时，随着 K 的减小，$\mathrm{d}a/\mathrm{d}t$ 急剧降低；当 K 小于 K_{ISCC} 时，裂纹不会扩展。在第 II 阶段，裂纹以稳定的速度 $\mathrm{d}a/\mathrm{d}t_{\mathrm{II}}$ 扩展；当裂纹尖端的应力强度因子达到 K_{IC} 时，裂纹扩展进入第 III 阶段，即失稳扩展直至断裂。

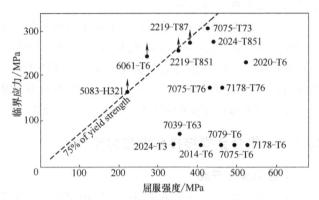

**图 18-87　典型铝合金的应力腐蚀开裂的
临界应力（3.5%NaCl 溶液）**

　　因此从工程角度来说，可将 K_{ISCC} 和 $\mathrm{d}a/\mathrm{d}t_{\mathrm{II}}$ 作为判断材料和焊接接头抵抗应力腐蚀裂纹扩展能力的性能指标。图 18-89 所示为典型 7××× 系列铝合金的应力腐蚀 $\mathrm{d}a/\mathrm{d}t$-K 关系。

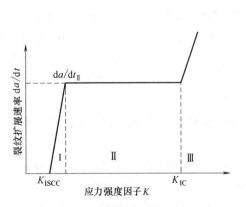

**图 18-88　应力腐蚀裂纹扩展的
$\mathrm{d}a/\mathrm{d}t$-K 曲线示意图**

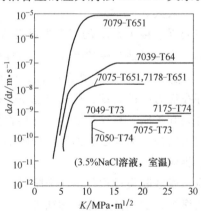

**图 18-89　典型 7××× 系列铝合金
的应力腐蚀 $\mathrm{d}a/\mathrm{d}t$-K 关系**

应力腐蚀的宏观形貌特征主要有：断口常与主应力方向垂直，裂纹有分枝；裂纹源区及亚临界扩展区常因腐蚀产物的堆积而失去金属光泽；裂纹源区可能存在局部腐蚀（点蚀或晶间腐蚀等）或焊接缺陷（焊接裂纹等）；最后的失稳断裂区具有放射花样或人字纹。在微观上，因环境介质及应力水平的不同，应力腐蚀裂纹可以是沿晶、穿晶或混合型断裂特征，断口上常有塑性变形的痕迹，呈冰糖块状、贝纹状、羽毛状等花样。

2. 影响焊接接头应力腐蚀断裂的因素

可能影响焊接接头产生应力腐蚀断裂的因素很多。

（1）材料的种类及成分　在铝合金中，热处理强化的高强度铝合金，特别是 Al-Zn-Mg、Al-Zn-Mg-Cu 等超硬铝合金，具有很高的在焊接接头内产生应力腐蚀断裂的敏感性。甚至连耐蚀性良好的非热处理强化的 Al-Mg 合金，当其 Mg 含量很高时，也对应力腐蚀敏感。

（2）焊接填充材料与母材的匹配　有些铝合金的焊接性较差，为此，一般选择焊接填充材料时往往只注意它与母材在改善焊接性上的配合，例如调整焊缝金属的化学成分、强度、塑性、韧性，从而使焊缝的成分和组织与母材形成很大的差异，但由此也形成了焊缝与母材在电化学性质上的差异而可能不利于降低此种焊接接头对产生应力腐蚀断裂的敏感性。

（3）焊接接头显微组织的变化　焊接时，焊缝区、熔合区、热影响区可能产生晶粒粗化、晶界熔化、晶界脆化等不均匀或不平衡的组织，它们可能增大焊接接头对 SCC 的敏感性。从金属物理可知，晶格在热力学上处于平衡状态的组织对 SCC 的抗力最高，而远离平衡状态的组织容易产生 SCC。

（4）焊接残余应力　焊接残余应力对 SCC 有很大的影响。在无外加载荷的情况下，焊接残余拉应力也足以使焊接接头产生 SCC。

（5）焊接缺陷　焊接接头上的缺陷，特别是片型缺陷，如焊接裂纹（结晶裂纹或液化裂纹），常伴有很大的应力集中，焊接缺陷和焊接残余拉应力相结合，常易促成 SCC。

由于焊接接头存在化学成分、显微组织及力学性能上的不均匀性，即使选材正确，焊接工艺得当，焊接接头的 SCC 抗力也往往低于母材。例如，在 NaCl 达 3% 的液态介质环境下，铝合金母材的 σ_{SCC}/R_{eL} 为 0.6，焊接接头的 σ_{SCC}/R_{eL} 为 0.5。

3. 预防焊接接头 SCC 的措施

（1）全面地、正确地选用结构材料　选材时，必须全面考虑产品结构的使用特性，考核材料的理化特性、工艺特性、焊接性、耐蚀性，必要时应检测母材的 K_{IC}、K_{ISCC}。

（2）全面地、正确地选用焊接材料　为与母材匹配而选用焊接材料时，除应保证其焊接接头不产生焊接缺陷，满足力学性能要求外，还应考核其焊缝和焊接接头与环境介质的相容性、耐蚀性及对产生应力腐蚀断裂的敏感性，必要时应检测焊接接头各区的 K_{IC}、K_{ISCC}。

（3）焊接残余应力　减小或消除焊接残余应力的一切工艺技术措施都是防止焊接结构产生应力腐蚀断裂的有效措施。

（4）焊后处理　有些铝合金，例如 Al-Zn-Mg、Al-Zn-Mg-Cu 合金的焊接接头需进行焊后热处理，以便改善焊接接头的显微组织，减小对 SCC 的敏感性。在某些介质环境下，有时需对焊接结构、焊接接头进行表面防护处理。

18.6　焊接结构的合于使用评定

焊接结构在制造及运行过程中不可避免地会存在或出现各种各样的缺陷或损伤，以及可能超出设计预期的载荷等因素对结构的完整性和安全性产生影响。焊接结构的合于使用评定是多学科交叉集成的科学方法，其目标是考虑如何在经济可承受的条件下保证结构的完整性和适用性。

18.6.1　含缺陷结构的失效评定图及分析方法

含缺陷结构的合于使用评定经历了线弹性断裂力学的应力强度因子（K）判据、弹塑性断裂力学的裂纹尖端张开位移（CTOD）判据到考虑脆性断裂和塑性失稳两种失效机制的双判据方法的发展历程。这里重点介绍基于失效评定图的含缺陷结构合于使用评定方法。

1. 失效评定图

失效评定图的概念最早是由英国中央电力局（CEGB）提出的，又称为 R6 评定方法。失效评定图（图 18-90）纵轴和横轴分别代表断裂驱动力与断裂阻力的比率及施加载荷与塑性失稳载荷的比率，以如下两个参量表示：

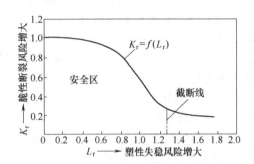

图 18-90　失效评定曲线

$$K_r = \frac{K}{K_{mat}} \text{ 或 } K_r = \sqrt{\delta_r} = (\delta/\delta_{mat})^{1/2} \quad (18\text{-}27)$$

$$L_r = \frac{P}{P_L(\sigma_y)} \quad (18\text{-}28)$$

式中　K 或 δ——断裂驱动力；

K_{mat} 或 δ_{mat}——断裂阻力；

P——施加载荷；

P_L——塑性失稳载荷。

K_r 和 L_r 取决于施加载荷、材料性能及裂纹尺寸、形状等几何参数。

失效评定曲线根据材料、载荷数据的不同，有多种类型评定曲线供选择。这里仅介绍最简单的评定曲线。当仅知道材料屈服应力时，失效评定曲线由下式定义：

$$\begin{cases} f(L_r) = (1+0.5L_r^2)^{-1/2}\left[0.3+0.7\exp(-0.6L_r^6)\right], L_r \leqslant L_r^{max} \\ f(L_r) = 0, L_r > L_r^{max} \end{cases} \quad (18\text{-}29)$$

截断线位于塑性失稳点 $L_r < L\dfrac{1}{2}\dfrac{\sigma_u}{\sigma_{y_{rmax}}}$，$\sigma_u$ 为流变应力。

采用失效评定曲线方法对有缺陷构件进行失效分析时，需要按有关规范要求对缺陷进行规则化处理，然后分别计算 K_r 和 L_r 并标在失效评定图上作为评定点。如果评定点位于坐标轴与失效评定曲线之间，则结构是安全的，根据评定点的位置可评估缺陷的危险程度；如果评定点位于失效曲线之外的区域，则结构是不安全的；如果评定点落在失效评定曲线、截断线（$L_r = L_r^{max}$）及纵横坐标之间，则缺陷是安全的，否则缺陷是不安全的，如果评定点落在失效曲线上，则结构处于临界状态。

根据评定点在失效评定图所处的区域，可判断结构断裂的模式（图 18-91），结构的不同断裂模式与其断裂控制参量相对应。

2. 评定点的计算

（1）载荷比 L_r 的计算　R6 方法中将载荷及由此而形成的应力分为两类：可能导致塑性

破坏的载荷所产生的应力 σ^P（即一次应力），由对塑性破坏无影响的载荷所产生的应力 σ^S（即二次应力）。由压力、自重或与其他部件相互作用等施加的外载荷所产生的应力为一次应力，一般而言，这类应力是不会自平衡的。二次应力是由内部变形不协调而产生的应力，如温度梯度和焊接过程所产生的应力等，这些应力是能自平衡的，不对载荷比产生影响，因此只在断裂比中考虑二次应力的作用。有些内应力在整个结构上是平衡的，但在有裂纹的截面

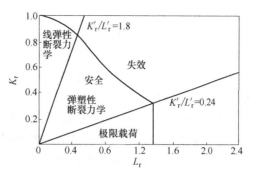

图 18-91　断裂模式与失效评定曲线

上可能是不平衡的，此时可假定为一次应力，这样偏于安全。

在失效评定图中考虑了塑性极限的影响，这项影响是用横坐标参数 L_r 表达的，它表示有裂纹结构接近塑性屈服程度的度量。计算 L_r 值所用的外加载荷是那些认为对塑性破坏起作用的载荷，也就是能产生一次应力的载荷。L_r 的计算是所评定的受载条件与引起结构塑性屈服的载荷之比，即

$$L_r = \frac{能产生\ \sigma^P\ 应力的总外加载荷}{有裂纹结构的塑性屈服载荷} = \frac{P}{P_0} = \frac{\sigma^P}{\sigma_F} \tag{18-30}$$

式中　σ_F——塑性屈服载荷。

塑性屈服载荷依赖于材料的屈服应力和所评定缺陷的性质。对于穿透裂纹，屈服载荷是指所谓的总体屈服载荷或结构的弹塑性极限载荷。对于未穿透裂纹，屈服载荷是局部（韧带）极限载荷。焊接接头的极限载荷受焊缝强度匹配的影响，有关内容见后。

（2）断裂比 K_r 的计算　K_r 值表示接近线弹性失效程度的度量。根据应力的分类，K_r 包括一次应力、二次应力及两者之间的相互作用，即

$$K_r = K_r^P + K_r^S + \rho(a) = \frac{K_r^P(a)}{K_{mat}} + \frac{K_r^S(a)}{K_{mat}} + \rho(a) \tag{18-31}$$

式中　$K_r^P(a)$——对应裂纹尺寸 a，一次应力产生的弹性应力强度因子；

　　　$K_r^S(a)$——对应裂纹尺寸 a，二次应力产生的弹性应力强度因子；

　　　$\rho(a)$——一次应力和二次应力之间相互作用在内的塑性修正系数，简记 ρ。

18.6.2　焊接结构的断裂评定

根据断裂力学原理评定含缺陷焊接结构的合于使用性，需要按照有关规范计算缺陷所在区域的应力或应变分布，确定缺陷尺寸和材料断裂阻力参数，选择失效准则，从而判定焊接结构的合于使用性。焊接结构断裂评定必须考虑焊缝强度非匹配及焊接残余应力等因素的影响。

1. 合于使用评定的基本参量

焊接结构合于使用评定所需的参量包括应力或应变、缺陷尺寸、材料的断裂阻力等，这些参量的分析是焊接结构合于使用评定的基础。

（1）应力参量　焊接结构合于使用评定所需的应力参量的获得需要对结构进行详细的应力分析，然后进行应力分类。根据应力产生的原因、应力分布及对失效影响，应力参量可

分为以下几类：

1）基本应力：包括薄膜应力和弯曲应力，由外载（压力和其他机械载荷）在结构中产生的应力（正应力或剪应力），满足外载-内力平衡。

2）二次应力：包括构件变形约束和边界条件引起的薄膜应力和弯曲应力，以及热应力和残余应力，满足变形协调条件。

3）峰值应力：包括构件局部形状改变所引起的应力，具有高度局部性，不会引起整个结构的明显变形，是导致疲劳破坏、脆性断裂的可能根源。

总应力为构件截面的基本应力、二次应力和峰值应力的叠加。焊接结构合于使用评定中要对结构关键部位逐一进行详细应力计算，然后进行应力分类。

（2）缺陷形状及规则化 焊接结构合于使用评定将缺陷分为平面缺陷和体积缺陷。平面缺陷对焊接结构断裂的影响最大，因此这里只讨论平面缺陷。平面缺陷根据其位置不同，又分为穿透缺陷、表面缺陷和埋藏缺陷（图18-92）。

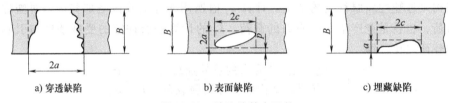

a) 穿透缺陷　　　　　b) 表面缺陷　　　　　c) 埋藏缺陷

图 18-92　缺陷的基本形状

在对缺陷进行评定时，需要将缺陷进行规则化处理。表面缺陷和埋藏缺陷分别假定为半椭圆形裂纹和椭圆形埋藏裂纹。简化时要考虑多个缺陷的相互作用，应根据有关规范进行复合化处理，即将相邻的小缺陷合并为一个虚拟的大缺陷（图18-93）。不同的缺陷评定规范给出了不同的复合准则，依据是相邻缺陷之间的距离 s，当 $s \leqslant$ 规定值时则进行复合处理。缺陷规则化为表面缺陷和埋藏缺陷后可进一步换算成当量（或称等效的）贯穿裂纹尺寸，换算曲线如图18-94所示，其中 $\bar{a}$ 为当量贯穿裂纹的半长。

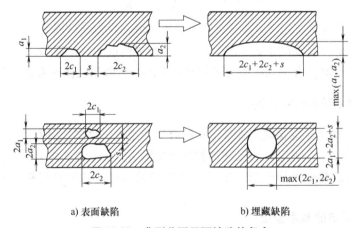

a) 表面缺陷　　　　　　　b) 埋藏缺陷

图 18-93　典型共面平面缺陷的复合

（3）材料性能

1）断裂参量。断裂参量主要包括断裂驱动力和断裂阻力。断裂驱动力由断裂应力、缺陷尺寸和结构形式所决定，断裂阻力一般以材料的断裂韧度来表征。

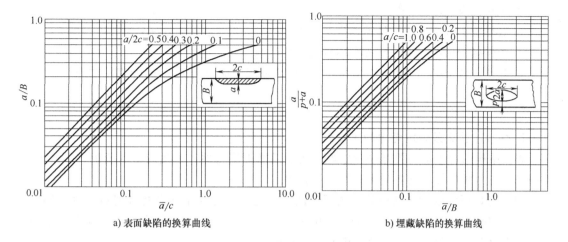

a) 表面缺陷的换算曲线　　　　　　　　　　b) 埋藏缺陷的换算曲线

图 18-94　表面缺陷和埋藏缺陷的换算曲线

评定中所采用的断裂韧度（即 K_{mat} 或 δ_{mat}）取决于分析的类别，主要参数定义如下：

① K_{IC}：线弹性平面应变断裂韧度，应符合材料平面应变断裂韧度试验标准中有关有效性的要求。

② K_C：线弹性平面应力断裂韧度，不完全符合材料平面应变断裂韧度试验标准中有关有效性的要求。

③ $K_{0.2}$：发生 0.2mm 的钝化和裂纹扩展后的断裂韧度，这一断裂韧度值提供了以裂纹起裂韧度作为评定依据的工程近似值，可由 J 积分试验值转换而来，即

$$K_{0.2} = \left(\frac{EJ_{0.2}}{1-\mu^2}\right)^{1/2} \tag{18-32}$$

式中　$J_{0.2}$——裂纹有 0.2mm 钝化和裂纹扩展后的 J 积分值。

④ K_g：裂纹发生有限延性扩展 Δa_g 后的断裂韧度，此值也由 J 积分试验值转换而来，即

$$K_g = \left(\frac{EJ_g}{1-\mu^2}\right)^{1/2} \tag{18-33}$$

式中　J_g——阻力曲线上对应扩展量为 Δa_g 的 J_R 值。

⑤ $K_R(\Delta a)$：裂纹发生延性扩展 Δa 后的断裂韧度，这一断裂韧度可以大于 K_g 值，此值由韧性撕裂 J 积分阻力曲线转换而得，即

$$K_R(\Delta a) = \left(\frac{EJ_R(\Delta a)}{1-\mu^2}\right)^{1/2} \tag{18-34}$$

式中　$J_R(\Delta a)$——J 积分与裂纹扩展量 Δa 的关系曲线上相应取值。

如果采用 δ_{mat} 作为断裂韧度，同样可根据评定需要分别选择 δ_c、δ_u、δ_i、δ_g、$\delta_{0.2}$ 等参量。

2）拉伸性能。

① 下屈服强度 R_{eL}：由单轴拉伸试验得到的下限屈服强度或对应 0.2% 应变的条件屈服强度。

② 抗拉强度 R_m：由单轴拉伸试验得到的工程应力应变曲线上的拉伸极限应力。

③ 流变应力 $\overline{\sigma}$：控制材料不发生塑性破坏的应力水平，$\overline{\sigma}=(\sigma_y+\sigma_u)/2$。

④ 弹性模量 E：选用时要考虑环境温度的影响。

⑤ 参考应变 ε_{ref}：为单轴拉伸真实应力应变曲线上应力为 $L_r\sigma_y$ 时的真实应变。当 $L_r=1$ 时，$\varepsilon_{ref}=\dfrac{R_{eL}}{E}+0.002$。

2. 焊接结构失效评定考虑的主要因素

焊接结构的合于使用要充分考虑焊接接头性能不均匀性、焊接应力与变形、焊接缺陷、接头细节应力集中等因素对结构完整性的影响。

(1) 考虑焊缝强度非匹配的失效评定曲线　当评定对象不涉及焊缝时或强度非匹配程度不超过 10% 时，可采用均值材料的 R6 曲线作为评定曲线。当焊缝非匹配程度超过 10% 时，则需要考虑失配因子对失效评定曲线的影响。

(2) 强度失配焊接接头的极限载荷计算模型　在考虑强度失配焊接接头的失效评定曲线中涉及焊接接头极限载荷 F_{YM} 与母材的极限载荷 F_{YB} 的比值 F_{YM}/F_{YB}，F_{YM}/F_{YB} 与强度失配、裂纹位置及载荷类型等因素有关。

(3) 焊接残余应力的处理　一般认为，焊接残余应力是自平衡力系，对失效评定曲线及载荷比不产生影响。因此，在失效评定中只考虑残余应力对断裂比的影响。在计算断裂比时要估计焊接残余应力的大小或分布，然后按照二次应力的计算方法计算断裂比。

总之，焊接结构的合于使用评定需要多学科知识和多数据源提供支持。开展铝合金焊接结构合于使用评定技术研究与应用，在结构的设计、制造、使用和维护等各个阶段建立具体的工作计划，对保证铝合金结构的安全性与经济性具有极其重要的意义。

参 考 文 献

［1］ 吕耀辉. 铝合金变极性穿孔型等离子弧焊接工艺的研究［D］. 北京：北京工业大学，2003.

［2］ 赵熹华. 焊接检验［M］. 北京：机械工业出版社，1993.

［3］ 中国机械工程学会焊接学会. 焊接手册：第 2 卷　材料的焊接［M］. 3 版. 北京：机械工业出版社，2014.

［4］ GENE MATHERS. The welding of aluminium and its allays［M］. Cambrige：Woodhead Publishing Limited Cambridge，2002.

［5］ 丁东红，黄荣，张显程，等. 电弧增材制造研究进展：多源信息传感［J］. 焊接技术，2022，51（10）：1-20；113.

［6］ 郑兵. 铝合金穿孔型等离子弧焊缝成形稳定性［D］. 哈尔滨：哈尔滨工业大学，1995.

［7］ 黄伯云，等. 中国材料工程大典：第 4 卷　有色金属材料工程　上［M］. 北京：化学工业出版社，2006.

［8］ 雷玉成. 铝合金等离子弧立焊焊缝成形稳定性的研究［J］. 焊接技术，1994（3）：12-14.

［9］ 雷玉成. 穿孔法等离子弧立焊起弧过程的研究［J］. 江苏理工大学学报，1996，17（1）：26-29.

［10］ PANG Q，NUNES A C，MCLURE J. Workpiece cleaning during variable polarity plasma arc welding of aluminum［J］. Journal of Engineering for Industry，1994，116（11）：463-466.

［11］ 吴铺宪. 等离子弧焊接钛合金气瓶的起弧和收尾的控制［J］. 上海航天，1994（5）：49-51.

［12］ FUERSCHBACH P W. Cathodic cleaning and heat input in variable polarity plasma arc welding of aluminum［J］. Welding Journal，1998，77（2）：76-s-85-s.

［13］ DUPONT J N，MARDER A R. Thermal efficiency of arc processes［J］. Welding Journal，1995，74（12）：406-416.

［14］ 常云龙，陈德善，肖纪云. 磁控等离子弧的基本特性［J］. 焊接设备与材料，2001，30（4）：29-30.

［15］ 吕耀辉，陈树君，韩永全，等. 铝合金变极性等离子弧焊接工艺中的双弧现象［J］. 焊接，2003（6）：27-29.

［16］ AWS. Specification for bare aluminum and aluminum-alloy welding electrodes and rods：ANSI/AWS A5.10：2021［S］. Miami：［s. n.］，2020.

［17］ 周宣，吴勇军，高长贵. 氩弧焊用焊丝的表面处理［C］//第六届全国焊接学术会议论文选集. 北京：中国机械工程学会，1990.

［18］ 从保强，苏勇，齐铂金，等. 铝合金电弧填丝增材制造技术研究［J］. 航天制造技术，2016（3）：29-32；37.

［19］ 赵俊彦. 铝合金自行车最佳焊接接头形式设计［J］. 焊接，1993（4）：21-23.

［20］ 任慧娇，周冠男，从保强，等. 增材制造技术在航空航天金属构件领域的发展及应用［J］. 航空制造技术，2020，63（10）：72-77.

［21］ 黄旺福，黄金刚. 铝及铝合金焊接指南［M］. 长沙：湖南科学技术出版社，2004.

［22］ 戴宝坤，徐禾水. AlMg4.5Mn 铝合金的焊接［J］. 焊接，1995（10）：15-18.

［23］ 吕耀辉，陈树君，殷树言. 铝合金变极性等离子弧焊电源的研制［J］. 航天制造技术，2003（1）：3-5.

［24］ 《航空制造工程手册》总编委会. 航空制造工程手册：焊接［M］. 北京：航空工业出版社，1996.

［25］ 李生田，刘志远. 焊接结构现代无损检测技术［J］. 北京：机械工业出版社，2000.

[26] 曾传勇，王晓霞，等. 大型铝合金低温压力容器特种接头的 MIG 焊 [C]//第九次全国焊接会议论文集. 哈尔滨：黑龙江人民出版社，1999.

[27] 郑兵，王其隆，王涛. 方波交流等离子弧立焊主维弧干涉原因及解决措施 [J]. 焊接学报，1995，16（1）：1-8.

[28] 范绍林，王衡，李玉祥，等. MIG 焊在大厚度铝板焊接上的应用 [J]. 焊接，1998（12）：19.

[29] 赵恒勋，刘金荣. 铝合金焊缝区低温脆化倾向 [J]. 舰船科学技术，1994（6）：63-68.

[30] 任家烈，吴爱萍. 先进材料的连接 [M]. 北京：机械工业出版社，2000.

[31] 邱惠中. 国外 Al-Li 合金及其航天产品的制造技术 [J]. 宇航材料工艺，1998（4）：39-43.

[32] 刘可群. 铝锂合金 [C]//铝钪合金研讨会论文集. 长沙：中南工业大学出版社，1993.

[33] 张春杰，齐超琪，赵凯，等. 大型航空航天铝合金承力构件增材制造技术 [J]. 电焊机，2021，51（8）：39-54；177.

[34] 中国机械工程学会焊接分会. 焊接手册：第 1 卷　焊接方法及设备 [M]. 3 版（修订版）. 北京：机械工业出版社，2016.

[35] MARTINEZ L F. Effect of weld gas flow rate on Al-Li weldability [J]. Journal of Engineering for Industry，1993，115（3）：263-267.

[36] 张启运. 铝及其合金的无腐蚀不溶性钎剂：续 [J]. 焊接，1995（10）：2-3.

[37] 钱乙余，薛松柏. 国内外钎焊与扩散焊的现状及发展 [C]//第十次全国焊接会议论文集. 哈尔滨：黑龙江人民出版社，2001.

[38] 孙世杰. 英国克兰菲尔德大学使用增材制造技术制作大型金属结构件 [J]. 粉末冶金工业，2017，（27）：46.

[39] 李权，王福德，王国庆，等. 航空航天轻质金属材料电弧熔丝增材制造技术 [J]. 航空制造技术，2018，61（3）：74-82；89.

[40] 何文林，汤绍武. 铝合金翅片式散热机箱气体保护机箱 [C]//第九届全国钎焊与扩散焊技术交流会论文集. 北京：中国机械工程学会，1996.

[41] 虞觉奇. Y-2 型中温锌基铝钎料的研究 [J]. 焊接，1997（8）：11.

[42] 崔可浚，李雨清，付懋鸿，等. 铝合金贮箱封头 TIG 自动氩弧焊系统 [J]. 焊接，1993（10）：5-9.

[43] ZHANG C，GAO M，ZENG X Y. Workpiece vibration augmented wire arc additive manufacturing of high strength aluminum alloy [J]. Journal of Materials Processing Technology. 2019，271：85-92.

[44] 熊华平，郭绍庆，刘伟，等. 航空金属材料增材制造技术 [M]. 北京：航空工业出版社，2019.

[45] 邹一心. 扩散焊接的现状与展望 [C]//第八届全国钎焊与扩散焊技术交流会论文集. 北京：中国机械工程学会，1995.

[46] 张九海，张杰，周荣林，等. 铝-不锈钢的热压扩散连接 [J]. 焊接，1995（8）：9-12.

[47] 韩启飞，符瑞，胡锦龙，等. 电弧熔丝增材制造铝合金研究进展 [J]. 材料工程，2022，50（4）：62-73.

[48] 刘春飞，张益坤. 电子束焊接技术发展历史、现状及展望 [J]. 航天制造技术，2003（1）：33-36.

[49] 刘春飞. 运载贮箱用 2219 类铝合金的电子束焊 [J]. 航天制造技术，2002（4）：3-9.

[50] 中国机械工程学会焊接学会. 焊接手册：第 3 卷　焊接结构 [M]. 3 版（修订本）. 北京：机械工业出版社，2015.

[51] 李志远，等. 先进连接方法 [M]. 北京：机械工业出版社，2000.

[52] 游敏，郑小玲. 连接结构分析 [M]. 武汉：华中科技大学出版社，2004.

[53] 陈祝年. 焊接工程师手册 [M]. 3 版. 北京：机械工业出版社，2018.

[54] 王宽福. 压力容器焊接结构工程分析 [M]. 北京：化学工业出版社，1998.

［55］ 从保强，齐铂金，周兴国，等. 铝合金超快变换复合脉冲方波 VPTIG 焊接技术［J］. 焊接学报，2009，30（2）：25-29.

［56］ 刘静安，谢水生. 铝合金材料的应用与技术开发［M］. 北京：冶金工业出版社，2004.

［57］ SVERLDIN A DRITS A M，et al. Aluminum-lithium alloys for aerospace［J］. Advanced Materials & Process，1998（6）：49-51.

［58］ MIDLING O T，OOSTERKAMP L D，BERSAAS J. Friction stir welding aluminum process and applications［C］//Joints in Aluminium-INALCO'98. Cambridge：Abington Publishing，1999：175-183.

［59］ 赵锴，杨成刚，易翔. CMT 焊接技术的应用、发展与展望［J］. 电焊机，2022，52（5）：60-66.

［60］ KALLEE S W，NICHOLAS E D，THOMAS W M. Industrialization of friction stir welding for aerospace structure. structures and technologies challenges for future launchers［C］//Third European Conference，Strasbourg：National Centre for Space Studies，2001.

［61］ 雷聪蕊，葛正浩，魏林林，等. 3D 打印模型切片及路径规划研究综述［J］. 计算机工程与应用，2021，57（3）：24-32.

［62］ 中国机械工程学会焊接分会. 2004 航空航天焊接国际论坛论文集［C］. 北京：机械工业出版社，2004.

［63］ SIVATSAN T S，SUDARSHAN T S. Welding of lightweight aluminum-lithium alloys［J］. Welding Journal，1997，76（7）：173-185.

［64］ 杨遇春. Al-Li 合金的开发与应用［J］. 宇航材料工艺，1997（1）：7-12.

［65］ PICKENS J R. High Strength Al-Cu-Li Alloys for Launch Systems［C］.［S.l.：s.n.］，1994.

［66］ DAWES C J，THOMAS W M. Friction stir process welds aluminum alloys［J］. Welding Journal，1996，75（9）：55-57.

［67］ 栾国红，郭德伦，张田仓，等. 革命性的宇航结构件焊接新技术：搅拌摩擦焊［J］. 航空制造技术，2002（12）：31-36.

［68］ KALLEE S W，NICHOLAS E D. Causing a stir in the future［J］. Welding and Joining，1998（2）：18-21.

［69］ THREADGILL P L. Friction stir welds in aluminum alloys-preliminary microstructural assessment［J］. TWI Bulletin March，1997（4）.

［70］ THOMAS W M. Friction stir welding and related friction process characteristics［C］//Joints in Aluminium-INALCO'98. Cambridge：Abington Publishing，1999：157-174.

［71］ JOHNSEN M R. Friction stir welding takes off at boeing［J］. Welding Journal，1999，78（2）：35-39.

［72］ 熊焕. 低温贮箱及铝锂合金的应用［J］. 导弹与航天运载技术，2001（6）：33-46.

［73］ 唐伟，等. 搅拌摩擦焊及其在铝合金连接中的应用［C］//第九次全国焊接会议论文集. 哈尔滨：黑龙江人民出版社，1999.

［74］ 姚君山，张彦华，王国庆，等. 搅拌摩擦焊技术研究进展［J］. 宇航材料工艺，2003，33（4）：24-29；52.

［75］ 姚君山. 航天贮箱先进焊接技术研究［D］. 北京：中国运载火箭技术研究院，2004.

［76］ 夏德顺，王国庆. 搅拌摩擦焊接在运载火箭上的应用［J］. 导弹与航天运载技术，2002（4）：27-32.

［77］ BELITSKY E D. Advanced welding boosts space program［J］. Advanced Manufacturing，2000（3）：41-45.

［78］ PAULA H. Friction plug weld repair of space shuttle external tank［J］. Welding & Metal Fabrication，2000（9）：6-8.

［79］ 左铁钏，等. 高强铝合金的激光加工［M］. 北京：国防工业出版社，2002.

［80］ RHODES C G，MAHONEY M W，BINGEL W H. Effects of friction stir welding on microstructure of 7075 aluminum ［J］. Scripta Mater，1997，36（1）：69-75.

［81］ 梁少兵，王凯，丁东红，等. 电弧增材制造路径工艺规划的研究现状与发展 ［J］. 精密成形工程，2020，12（4）：86-93.

［82］ DAWES C J，THOMAS W M. Friction stir process welds aluminum alloys ［J］. Welding Journal，1996，75（3）：41-45.